Introduction to
Quantum Mechanics
Second Edition

S. M. Blinder

제2판

양자화학 입문

이종백 • 임인택 • 고경철 옮김

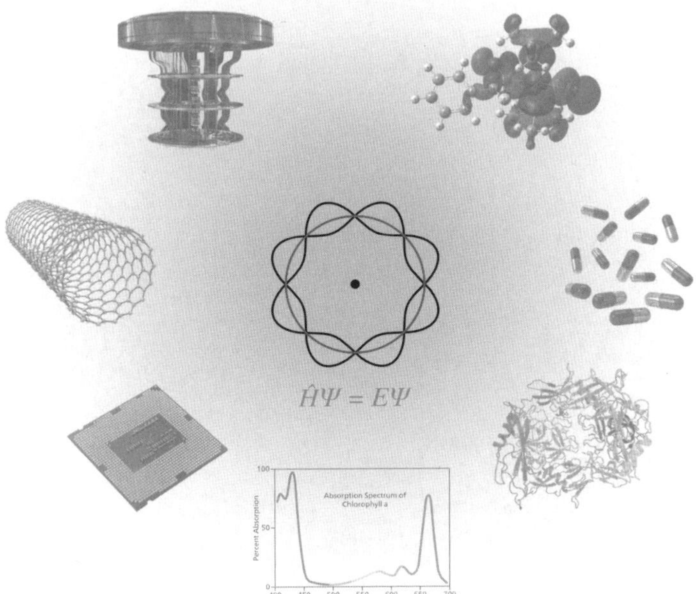

사이플러스
Science plus

옮긴이 머리말

Preface

이 책은 S. M. Blinder 교수가 쓴 *Introduction to Quantum Mechanics* 제2판을 우리말로 번역한 것이다. 저자는 1963년부터 미시간 대학교에서 화학, 물리학, 수학 및 철학 등 여러 영역을 넘나들며 강의를 맡아왔으나 주된 분야는 양자론에 대한 것이다. 그가 저술한 책을 보더라도 *Foundations of Quantum Dynamics* (1974), *Introduction to Quantum Mechanics* (2004), *Twenty-First Century Quantum Mechanics* (공저, 2017) 등을 포함하여 양자역학 분야가 주된 연구 과제임을 알 수 있다. 그는 양자역학의 Feynman 경로-적분 수식화에서 정확한 Coulomb(수소 원자) propagator를 최초로 유도하기도 하였다.

초판은 2003년도에 물리화학 교과서로 출간되었다. 그러나 화학과 학생들뿐만 아니라, 재료과학과, 분자 생물학, 지구과학과 학생들도 독립적으로 공부할 수 있도록 수식을 최소화하여 비교적 쉽게 기술되었다. 2020년에 발간된 제2판은 최근 연구 성과를 반영하여 초판에 비하여 훨씬 풍부한 내용을 담고 있다.

책의 내용은 크게 두 부분으로 나뉘어져 있다. 전반부에서는 양자역학이 태동하게 된 경위를 설명하고 양자역학의 원리, 양자 이론에 대한 수학적 기초를 기술하였다. 그리고 우주 구성의 시원이 되는 수소 원자와 헬륨 원자에 대한 Schrödinger 방정식의 정확한 해를 유도하고 Dirac의 방법에 따라 일반화하였는데 주로 행렬의 방법을 사용하였다. 후반부에서는 분자 대칭과 양자역학의 분자에 대한 응용을 다루고 있는데, 이원자 분자뿐만 아니라 암모니아, 물, 금속과 반도체 등 다원자 분자 및 고체에 대한 응용, 레이저의 원리 등도 설명하고 있다.

제2판에서 두드러지게 개정된 내용을 보자면 먼저 제5장은 Hermite, Legendre 및 Laguerre 함수와 같은 특수 함수들을 단편적 응용이 아니라 통일된 내용으로 다루었으며, 양자역학에 적용할 수 있도록 수리적 과제도 수록하였다. 제10장은 원자 구조와 주기율표를 다루고 있다. "상온에서 금속은 보통 고체인데 수은은 왜 액체인가?", "보통 색깔을 띠지 않는 다른 금속과 달리 금은 왜 색깔을 띠는가?", "주기율표에서 금에 인접한 은은 왜 색깔을 띠지 않는가?" 등 흔히 간과하기 쉬운 주제들을 상대성 효과를 이용하여 잘 설명하고 있다. 제14장은 근래 계산 화학의 실제 적용에 지배적 접근법이 된 밀도 범함수 이론을 광범위하게 설명하였다. 제17장은 학부 물리화학 강좌에서 양자화학의 주제이기도 한 기체 분자에 대한 통계열역학을 다루었고, 분자분광학 유도 상수들을 통계열역학으로 자세하게 설명하였다. 제16장과 18장에서는 분자 분광학과 핵-자기 공명을 양자역학적 원리를 바탕으로 자세히 설명하기 때문에 분광학의 기본 원리를 보다 명확하게 이해할 수 있게 하였다. 제19장은 양자역학의 산실이 되었던 중요한 회의나 실험을 제시할 뿐 아니라 그 안에 얽힌 철학적 문제들을 자세히 설명하였으므로 양자역학의 역사를 이해하고 사유의 지평을 넓히는 데 많은 도움이 될 것이다. 제20장은 최근 큰 관심사인 양자 컴퓨터에 대해 자세하게 설명하였다. 양자 컴퓨터의 알고리즘을 공부하는 것은 양자 이론과 양자 정보의 기본에 대한 이해력을 증진시키는 데 매우 중요하며, 앞으로 핵융합 발전처럼 크나큰 잠재력을 지닌 분야라 생각된다.

흔히 양자역학은 물리학도들의 영역일 뿐이라 생각하기 십상이다. 그러나 이 책은 수리적 부분을 제외하면 도리어 양자화학에 더 가까운 책이라고 여겨진다. 설명하는 데에 수학적 요소를 최소화하였으며 재료과학과 분자 생물학 관련 주제들도 담고 있어서 물리학도는 물론이려니와 화학, 재료과학 및 분자생물학도들에게 화학적 응용력을 높이는 데 크게 도움이 되리라 믿는다. 실제로 양자역학은 소립자나 원자 그리고 이들로 구성되는 물질에서 일어나는 여러 현상을 이해하는 데 필요 불가결하기 때문에 물리학, 화학, 생물학, 핵공학, 전자공학 등 여러 과학 분야를 연구하는 기반 학문이기도 하다.

학술용어는 "물리학 용어집"과 "대한화학회 화학술어집"에 따랐다. 필요한 경우 원서의 표기를 괄호 안에 넣어 이해를 돕도록 하였다. 원저자의 뜻을 잘 반영하기 위해 노력하였지만, 오역이나 불충분한 번역 등 여러 가지 부족한 점이 많으리라 생각된다. 앞으로 많은 지도 편달을 부탁드린다.

그간 한국어판이 출판되도록 애쓰신 Blinder 교수의 한국인 며느리 Hye-Min Lea Blinder의 수고에 감사를 드린다. 처음부터 끝까지 함께 애쓰신 사이플러스 관계자 여러분의 노고는 말할 나위도 없다.

2022년 2월 10일
옮긴이 적음

제2판 지은이 머리말

Preface to the 2nd edition

초판이 출판된 이후 15년 동안 독자들로부터 내용을 좀 더 보충하고 발전시켜보면 좋겠다는 긍정적인 메시지를 정말 많이 받아 왔다. 또한 이 기간 동안 내 자신의 경험도 매우 풍부해졌다. 나는 Mathematica 및 여러 가지 과학 소프트웨어 개발회사인 Wolfram Research에서 재택근무 컴퓨터 과학자로서 제2의 인생을 시작하였다. 특히 Wolfram 데모 프로젝트와 인연을 맺어 왔는데, 이 프로젝트를 통해 양자 현상과 연관된 주제에 수백 가지 관련된 모형을 제작하고 외부 저자들에 의한 수천 가지 요구를 편집할 수 있는 기회가 주어졌다.

제2판에서는 초판에 있는 자료들을 많이 편집하고 또한 훨씬 더 많이 수록하였다. 이 중 몇 가지는 원래 내용보다 상당히 향상되었는데 모두 학생들과 동료들이 추천해 준 것이다. 결과적으로 이 책은 이제 더 이상 간략하게 편집된 한 학기 분량의 교과서는 아니다. 그러나 고급 주제 몇 가지를 각자 판단에 따라 제외한다면 여전히 한 학기 분량의 교과서로 사용해도 괜찮을 것 같다. 제5장에는 특수 함수를 더 수록하였는데, Hermite, Legendre 및 Laguerre 함수를 양자역학 응용에 각각 단편적으로 제시하지 않고 더 통일된 내용으로 다루고자 하였다. 덧붙여 양자역학의 적용에 의미가 있는 수리적인 토픽도 수록하였다.

제14장은 이제 계산 화학의 실제적인 적용에서 지배적인 접근법이 된 밀도 범함수 이론(density functional theory)에 대해 광범위하게 설명하였다. 제17장은 분자 기체에 대한 통계열역학을 다루고 있는데, 분자분광학으로부터 유도된 상수들을 아주 자연스럽게 설명하게 된다. 통계열역학은 양자화학이 주된 주제인 많은 학부 물리화학 강좌에서도 마찬가지로 다루고 있다.

제20장은 양자 컴퓨터에 대한 소개이다. 이것은 현재 거의 핵융합 발전처럼 무궁무진한 잠재력을 지닌 분야라고 자신 있게 말할 수 있는 분야이다. 양자 계산을 고려하는 것은 여전히 양자 이론과 양자 정보의 기본에 대한 이해력을 증진시키는 데 빛을 비추는 것과 같다. 마지막 장을 이해하기 위해서는 이 책의 나머지 챕터보다 더 높은 수준의 지식이 필요하지만, 건너뛰어도 괜찮다.

마지막으로, 이러한 노력이 가능하고 보람되게 만들어 준 많은 동료, 학생, 독자, 비평가 그리고 가족에게 다시 한 번 감사하는 바이다.

Michigan, Ann Arbor에서
2019년 11월

제1판 지은이 머리말

Preface to the 1st edition

이 책은 대학교 3 · 4학년과 대학원 학생들에게 양자론을 가르쳐 온 40년 동안의 축적물이다. 이 책을 저술한 의도는 물리화학 강의를 받으면서 덜 부담스러운 한 학기용 교과서로 사용하거나, 화학과, 재료과학과, 분자생물학과 또는 지구과학과(혹은 물리학과까지도) 학생들이 화학적 응용력을 높이고자 할 때 양자역학을 독립적으로 공부할 수 있도록 하기 위함이다.

몇 개 장의 부록으로 실은 내용은 더 알고자 하는 학생들을 위한 자료이지만 연속적인 흐름에 방해를 받지 않으니 부담 없이 지나쳐도 괜찮을 것 같다. 또한 각 장마다 마지막 부분에 문제를 몇 개씩 수록하였는데, 수학적으로 풀어나가는 것보다는 개념을 이해하는 쪽으로 접근하는 것이 좋겠다. 문제를 택하는 데 있어서는 Shaum's Physical Chemistry (McGraw-Hill, New York, 1989)를 많이 참조하였다.

많은 선생님, 학생, 동료와 가족 그리고 개개인 모두 언급하기에는 너무 많은 모든 분들이 오랫동안 보여주신 관심에 깊이 감사하는 바이다.

Michigan, Ann Arbor에서
2003년 5월

지은이 소개

About the author

S. M. Blinder는 현재 미시간 대학교 화학 및 물리학과 명예교수이다. 그는 뉴욕 시에서 태어났으며 Cornell 대학교에서 학부를 졸업하였고, 물리학과의 Hans Bethe와 화학과의 Peter Debye에게 사사하였다. 그는 1958년 Harvard 대학교 화학물리학과에서 W. E. Moffitt와 J. H. Van Vleck (Nobel Laureate in Physics, 1977) 지도하에 박사학위를 수여하였다. Blinder 교수는 이론 화학과 수리 물리 여러 분야에 걸쳐 200여 편의 논문을 출판하였다. 그는 최초로 양자역학의 Feynman의 경로 적분 수식화에서 정확한 Coulomb (수소 원자) propagator를 유도하였다. 그가 저술한 책으로는 *Advanced Physical Chemistry* (Macmillan, 1969); *Foundations of Quantum Dynamics* (Academic Press, 1974); *Introduction to Quantum Mechanics* (Elsevier, 2004); *Guide to Essential Math* (Elsevier, 2008, Second Edition 2013); *Twenty-First Century Quantum Mechanics*, coauthored with Prof. G. Fano (Springer, 2017) 등이 있다. 그는 *Mathematical Physics in Theoretical Chemistry* (Elsevier, 2018)의 편집자로도 활동하였다.

Blinder 교수는 1963년부터 미시간 대학교와 인연을 맺어 왔다. 그는 화학, 물리학, 수학 및 철학 분야에서 수많은 강의를 맡아 왔는데, 대부분 양자론에 대한 강의를 담당해 왔다. 그는 현재 Wolfram Research (Mathematica 및 여러 가지 과학 소프트웨어 개발회사)에서 재택근무 수석 과학자로 활동하고 있다. 그는 또한 체스 주니어 챔피언이었고 숙련된 첼리스트이다. 그는 현재 부인과 함께 Ann Arbor에 살고 있다.

차 례

Contents

제4장 양자역학의 원리 • 61

제5장 특수 함수 • 81

제6장 조화 진동자 • 113

제17장 통계 열역학 • 303

제18장 핵 자기 공명 • 325

제19장 경이로운 양자세계 • 347

연습 문제의 해답은 사이플러스 홈페이지(www.sciplus.co.kr) 고객 센터에서 다운로드받을 수 있습니다.

제1장 원자와 광자: 양자론의 기원

Atoms and photons: origins of the quantum theory

1.1 원자와 아원자 입자

물질을 이루는 기본 요소가 눈에 안 보이는 아주 작은 입자인 원자라는 개념은 기원전 5세기 그리스 철학자인 Miletus의 Leucippus와 Abdera의 Democritus까지 거슬러 올라간다. 영국의 화학자 John Dalton은 19세기 초에 그리스의 원자 철학을 진정한 과학적 이론으로 발전시켰다. 그의 논문 *화학 철학의 새로운 시스템*에서 원자의 존재에 대한 확실한 현상학적 증거를 일정 성분비의 법칙과 배수 비례의 법칙에 의해 제시하였다. 일정 성분비의 법칙은 화합물이 작은 정수의 질량비로 구성 성분을 포함한다는 관찰에 근거한다. Dalton은 이것이 물질의 셀 수 있는 작은 단위가 존재하는 결과라고 가정하였다. 더구나 이 사실은 배수 비례의 법칙에 의해서 더 확실하게 되었는데, 이 법칙에 의하면 동일한 원소가 몇 가지 다른 화합물을 만들 때 일련의 어떤 정수 비로 결합된다는 것이다. 이에 대한 고전적인 예는 NO_2, NO, N_2O, N_2O_4 및 N_2O_5의 질소 산화물이다. 간접적 증거로부터 얻어진 추측과 추론에서 2000년이 지난 지금 그림 1.1에 나타낸 것처럼 실제로 개개 원자를 보게 되었다.

Leucippus

"원자(atom)"라는 단어는 "더 이상 나눌 수 없다"는 뜻의 고대 그리스어 *atomos*라는 단어에서 유래되었다. 그러나 19세기 후반, 원자가 물질의 궁극적인 기본 단위가 아니라는 것이 점점 분명해졌다. Michael Faraday는 물질의 전기적 성질과 아원자(subatomic) 입자들의 존재를 제안하였다. 이는 1896년 Henri Becquerel에 의해 원자로부터 알파, 베타, 감마선이 방출되는 방사성 붕괴 현상이 발견됨으로써 분명해졌다. 1897년 J. J. Thomson은 전자가 모든 원자들의 기본 구성 성분임을 확인하였고, 이는 음의 전기 전하를 가지고 있다는 것을 밝혔다. 전하의 크기는 이제 $-e$로 표기한다.

Democritus

원자 내부를 보기 위하여 Ernest Rutherford는 1911년 얇은 금종이를 방사성 물질에서 나오는 양으로 하전된 알파 입자로 쏘았다. 고-에너지의 알파 입자 대부분은 바로 금종이를 뚫고 지나갔다. 하지만 몇몇의 알파 입자들은 원자의 중앙에 작고 무거운 물질이 모여 있는 것처럼 강하게 튕겨져 나왔다(그림 1.2 참조). Rutherford는 원자의 핵 모형을 제안하였다. 이제 우리가 이해하는 바와 같이, 원자번호 Z인 전기

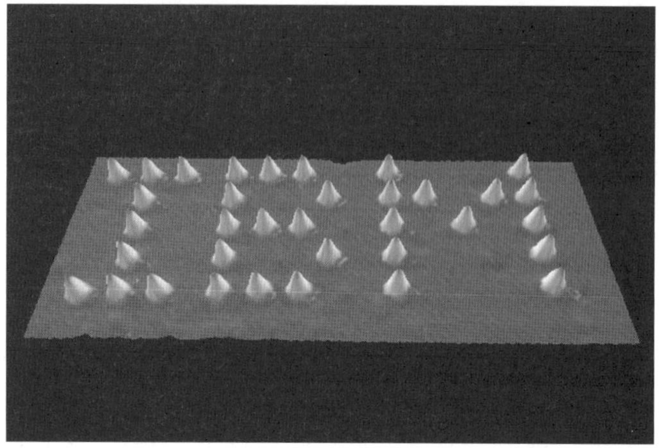

그림 1.1 IBM 실험실의 터널 주사 현미경으로 관찰한 니켈(110) 면에 있는 제논 원자들의 전자 구름이다.

John Dalton

적으로 중성인 원자는 원자 질량의 대부분을 차지하며 $+Ze$의 양전하를 가진 핵과 주위를 둘러싸고 있는 $-e$의 음전하를 가지고 있는 질량이 작은 Z개의 전자로 구성되어 있다. 가장 간단한 원자는 $Z = 1$이고, $+e$의 전하를 가진 하나의 양성자와 하나의 전자로 이루어진 수소이다. 그 후 1932년 Chadwick의 중성자 발견으로, 원자핵의 구조가 밝혀졌다. 원자번호 Z와 질량수 A를 갖는 핵은 Z개의 양성자와 $A - Z$개의 중성자로 구성되어 있다. 핵의 직경은 수 10^{-15} m 정도 크기이다. 핵보다 10^5배 더 큰 원자의 관점에서 보면 핵은 $+Ze$의 전하를 갖는 점처럼 행동한다.

1960년대에는 Murray Gell-Mann에 의해 양성자와 중성자 자체도 어떤 더 작은

J. J. Thomson

Ernest Rutherford

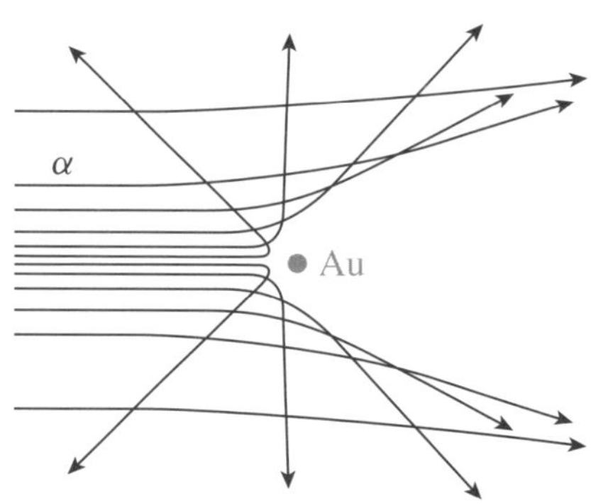

그림 1.2 하나의 금 핵에 의한 알파 입자들의 Rutherford 산란에서 대표적인 궤적들.

알갱이로 구성되어 있다는 증거들이 나오기 시작하였다. 현재까지 잘 알려진 '표준 모형(standard model)'에 의하면 양성자와 중성자는 각각 3개의 *쿼크 uud*와 *udd*로 구성되어 있다. 업 쿼크(up quark)인 u는 $+\frac{2}{3}e$의 전하, 다운 쿼크(down quark)인 d는 $-\frac{1}{3}e$의 전하를 가지고 있다. 많은 노력에도 불구하고 개별적인 쿼크는 지금까지 분리되어 관측되지 않았다. 반면 전자는 관측 가능한 기본 입자로서의 위상을 유지하고 있다.

Murray Gell-Mann

이제 Richard Feynman의 책 *The Feynman Lectures on Physics*, Vol I, p 1-2에 있는 원자에 대한 말을 인용하고 이 절을 마치고자 한다:

> *만약 엄청난 사건에 의해 모든 과학적 지식이 파괴되어야 하고, 단지 한 문장만이 다음 세대에게 전해져야 할 때..., 가장 적은 단어로 가장 많은 정보를 담을 수 있는 말은 무엇일까요? 나는 그것이 원자 가설이라고 믿습니다... 모든 것은 원자로 이루어져 있습니다. 작은 입자는 끊임없이 움직이며 조금 떨어져 있을 때 서로를 끌어당기지만 완전히 합쳐지려고 할 때는 반발합니다. 그 한 문장 속에 세상에 대한 엄청난 양의 정보가 담겨져 있습니다.*

Richard Feynman

1.2 전자기 파

아마도 19세기에 물리에서 가장 위대한 성과 중 하나는 1864년 James Clerk Maxwell에 의한 전기, 자기 및 광학 현상의 통합일 것이다. Maxwell 방정식은 부록 1A에 요약되어 있다. 1887년 Heinrich Hertz는 처음으로 Maxwell이 예견한 전자기파(특히 라디오파)를 처음으로 전하를 가속시켜서 실험적으로 만들고 검출하였다. 그림 1.3에 나타낸 것처럼 전자기파는 서로 수직인 전기장과 자기장으로 구성되어 있다. 이들 전기장 **E**와 자기장 **B**는 같은 위상의 높은 진동수로 진동하면서 **E** × **B**의 방향으로 진행한다.

James Clerk Maxwell

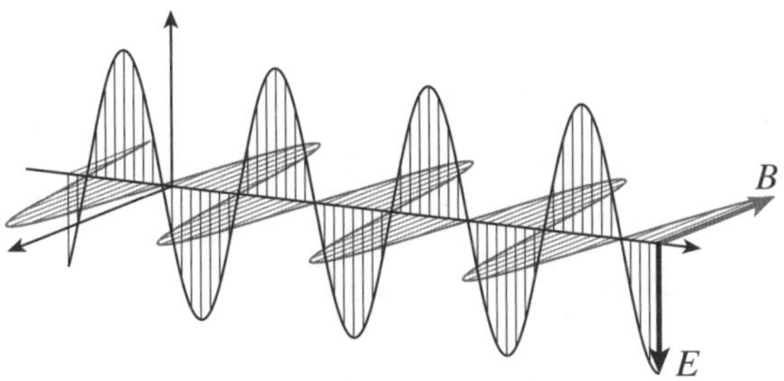

그림 1.3 단색광의 선형 편광된 전자기파 그림.

Heinrich Hertz

파장 λ는 전기장(혹은 자기장)의 연속적인 최대값 사이 거리이다. 진동수 ν는 공간의 고정된 점에서 초당 진동수를 나타낸다. 진동수의 역수 $\tau = 1/\nu$는 진동주기, 즉 한 파장의 진동이 어떤 고정점을 지나는 시간을 나타낸다. 따라서 전자기파의 전파 속도는 $\lambda = c\tau$ 혹은 더 친숙한 표현으로는

$$\lambda\ \nu = c \tag{1.1}$$

에 의해서 정해진다. 여기서 $c = 2.9979 \times 10^8$ m/sec로서 진공에서 모든 전자기파의 전파 속도와 같다. 보통 c는 *빛의* 속도라 부른다. 진동수는 헤르츠(hertz, Hz), 즉 초당 진동수로 표현된다.

전자기 복사는 그림 1.4에 나타낸 것처럼 감마선, X-선, 자외선, 가시광선, 적외

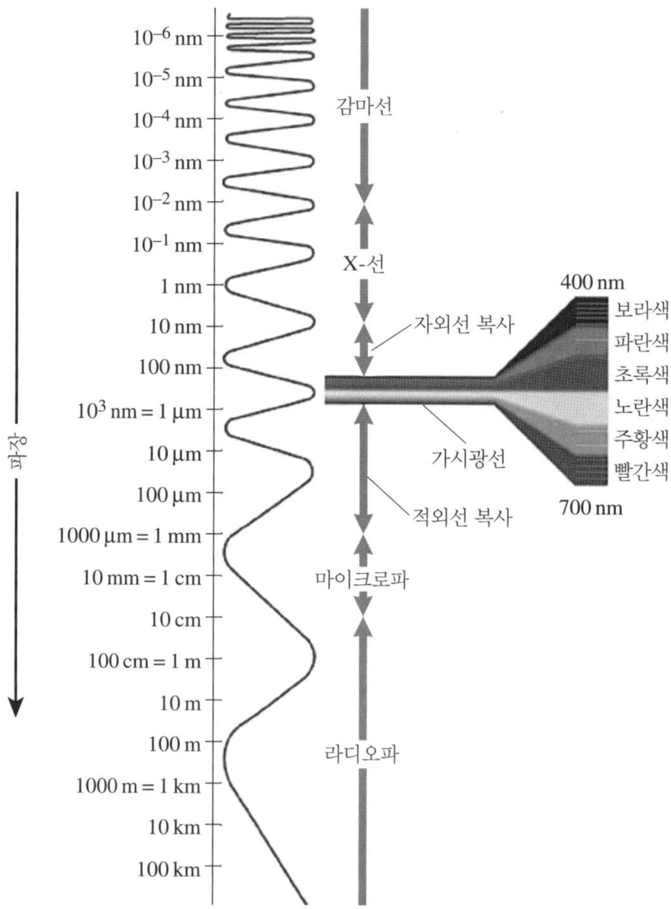

그림 1.4 여러 복사선의 파장을 보여주는 전자기 스펙트럼. R. A. Freedman and W. J. Kaufmann III, *Universe* (Freeman, New York, 2001)에서 발췌함.

선, 마이크로파 및 라디오파 등 여러 파장에 걸쳐서 존재한다고 알려져 있다.

1.3 고전물리학의 3가지 실패

1687년 출간된 Isaac Newton의 걸작 *Principia*는 현대 물리학의 시작을 나타낸다. Newton은 운동과 중력의 근본 법칙을 설명했을 뿐만 아니라 이후 2세기 동안 과학적 사고를 선도하였던 일반적인 철학적 세계관을 확립하였다. 물리적 세계에 대한 이러한 이론 체계는 "고전 물리학"으로 알려져 있다. 고전물리학의 가장 큰 특징은 원인과 결과의 관계이다. 우주의 현 상태에 대한 충분한 정보가 주어진다면 최소한 원리적으로 우주의 (완전한 역사뿐 아니라) 먼 미래를 예측할 수 있다. 이러한 능력은 *결정론*(determinism)이라 알려져 있다. 예를 들면, 일식과 월식은 수초 이내의 정확도로 몇 세기에 앞서 예측될 수 있다. (하지만 흥미롭게도 날씨가 일식을 충분히 볼 수 있을 정도로 맑을지는 며칠 앞일지라도 예측할 수 없다!)

Isaac Newton

고전물리학의 또 다른 핵심은 전자기에 대한 Maxwell의 이론이다. 전자기 복사선과 관련된 세 가지 이상한 현상에 의해 양자 이론이 출발되었다고 추정되는데, 이는 고전 물리학의 방법으로는 잘 설명할 수 *없었다*. 이들 중 첫 번째는 흑체 복사이다. 이 흑체 복사는 1900년 처음으로 Max Planck에 의해 주도적으로 연구되었다. 두 번째는 광전 효과인데, 1905년 Albert Einstein에 의해 연구되었다. 세 번째는 선스펙트럼 연구이다. 1913년 이 연구로 Neils Bohr는 세계적으로 유명해졌다. 양자역학의 공식은 결국 1925년과 1926년에 정립되었으며, 주로 Schrödinger, Heisenberg, Dirac에 의해서 이루어졌다. 이 장 나머지에서는 Planck, Einstein, Bohr가 양자역학 초기에 얼마나 기여했는지 기술할 것이다.

1.4 흑체 복사

뜨거운 물체가 빛을 낸다는 것은 경험으로 알 수 있다. 불속에 던져진 금속 조각은 빨갛게 달궈진다. 온도가 더 높아지면 불꽃은 백열등처럼 밝게 될 것이다. 훨씬 더 뜨겁게 달궈지면 청색광도 방출할 수 있다. 유명한 도자기 디자이너인 Josiah Wedgwood는 저 옛날 1782년에 "물질이 다르더라도 같은 온도에서는 똑같이 빨간색이 된다."라고 언급하였다. 불꽃색과 온도 사이 정량적인 관계식은 *흑체 복사 법칙*으로 기술된다. 흑체는 모든 파장의 빛을 흡수하고 복사선의 모든 파장을 방출하는 이상적인 물체를 말한다. 그림 1.5는 몇 가지 온도에서 실험하여 측정한 파장 분포를 나타낸다. 경험에 의하면 특정 온도의 불꽃색을 결정하는 파장 분포의 최대값은 온도가 높아짐에 따라 커진다. 이것을 식으로 표현한 것이 다음 Wien의 변위 법칙이다.

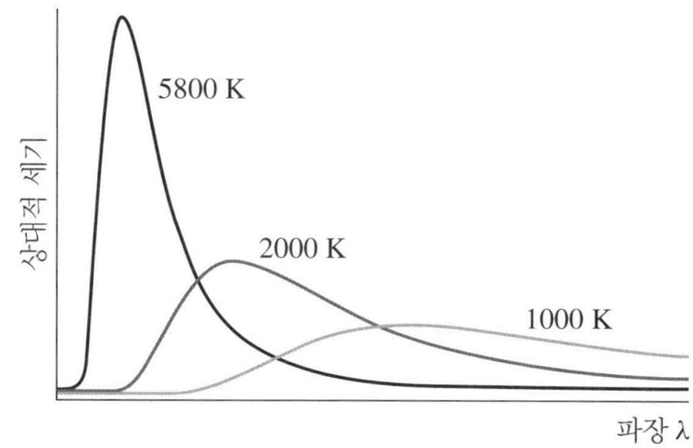

그림 1.5 세 가지 다른 온도에서 흑체 복사의 세기 분포. 총 복사 세기는 T^4에 의존하므로(Stefan-Boltzmann 법칙) 2000 K에서 총 복사는 사실 1000 K에서의 값보다 $2^4 = 16$배이다.

$$T\,\lambda_{max} = 2.898 \times 10^6 \text{ nm K} \tag{1.2}$$

John William Strutt, Lord Rayleigh

여기서 파장 단위는 나노미터(nm)이다. 실온(300 K)에서 최대 높이는 적외선 영역의 10 μm에서 나타난다. 그림 1.5에서 볼 수 있듯이 1000 K에서 λ_{max}는 2900 nm, 2000 K에서는 1450 nm, 태양의 표면 온도인 5800 K에서는 500 nm이다. 태양빛의 λ_{max}는 가시광선 영역(380~750 nm)의 중심부 근처이고 우리 눈에는 백색광으로 보인다.

흑체 복사의 기원은 19세기 물리학에서 주된 도전 과제였다. Lord Rayleigh는 흑체의 전자기장은 모든 진동수를 가진 진동자들의 집합으로 표현할 수 있다고 제안하였다. 단순한 기하학적 계산에 의하면 라디오파수(낮은 파장)의 진동 모드는 파동을 만들 수 있는 배열이 매우 많기 때문에 급격하게 증가한다. 실제로 진동자의 수는 λ^{-4}에 비례하여 급격하게 증가한다. Rayleigh는 모든 진동자는 복사선에 똑같이 기여한다고 가정하였다(등분배원리: equipartition principle). 이는 낮은 진동수에서는 실험과 상당히 잘 일치한다. 하지만 자외선과 라디오파가 실제로 그렇게 급격하게 많이 생성된다면, 우리가 난로 앞에 앉아 있을 때 마시멜로(marshmallow)처럼 구워져 버릴 것이다. 다행히도 이런 것은 일어나지 않고, 이 부정확한 이론은 '자외선 파국(ultraviolet catastrophe)'이라고 불린다.

Max Planck

1900년 Max Planck는 과감한 가정을 도입하여 흑체 복사 법칙의 올바른 함수 형태를 유도하였다. 그는 전자기파의 흡수 및 방출과 관련된 에너지는 Maxwell의 이론이 암시하는 것처럼 연속적이지 않고 실제로는 '양자(quanta)'라 부르는 각각의 개별적인 덩어리로 되어 있다고 제안하였다. 이러한 Planck의 생각이 전통적으로 양자 이론의 출발점으로 여겨진다. 진동수 ν를 가진 복사선과 연관된 양자는 다음과 같은 에너지를 갖는다.

$$E = h\,\nu \tag{1.3}$$

여기서 비례상수 $h = 6.626 \times 10^{-34}$ J sec는 *Planck 상수*로 알려져 있다. 원자와 분자의 양자 이론을 전개하는 데 있어서는 단지 이 간단한 식만 필요하고 Planck의 유도 과정 나머지를 따라갈 필요는 없다. 그러나 꼭 알고 싶다면, 부록 1B를 참조하면 된다.

1.5 광전 효과

현대 기술에서 친숙한 부품 중 하나는 광전지(photocell) 혹은 '전자 눈(electric eye)'이다. 이들은 자동문 여닫이 장치를 포함하여 여러 유용한 장치에 사용된다. 이들 장치에서 사용되는 원리는 광전 효과이다. 이 광전 효과(photoelectric effect)는 Heinrich Hertz가 전자기파를 발견했던 똑같은 실험실에서 처음으로 관측하였다. 깨끗한 금속 표면에 비춰진 가시광선과 자외선은 금속으로부터 전자를 떼어 낸다(그림 1.6 참조). 전자기파가 에너지와 운동량을 가지고 있다고 생각하기 때문에 광전 효과 그 자체는 고전이론과 맞다. 그러나 전자기파의 세기와 진동수에 따른 광전 효과의 자세한 내용은 고전 이론으로는 설명할 수 *없다*.

전자를 금속으로부터 떼어내기 위한 에너지는 *일함수* Φ에 의해서 주어진다. 예를 들면 나트륨은 일함수가 $\Phi = 1.82$ eV이다. eV는 원자 크기에서 편리한 에너지 단위이다. 1 eV $= 1.602 \times 10^{-19}$ J이고, 1 볼트의 전압 하에서 가속되는 전자를 거꾸로 원 위치로 옮기는 데 필요한 일의 양과 같다. 고전적 예측에 의하면 충분한 세기(intensity)로 복사선을 쬐어 주면 금속 표면으로부터 전자를 방출시킬 수 있고, 방출된 전자의 운동 에너지는 복사선 세기에 따라 증가된다고 생각한다. 더구나 복사선

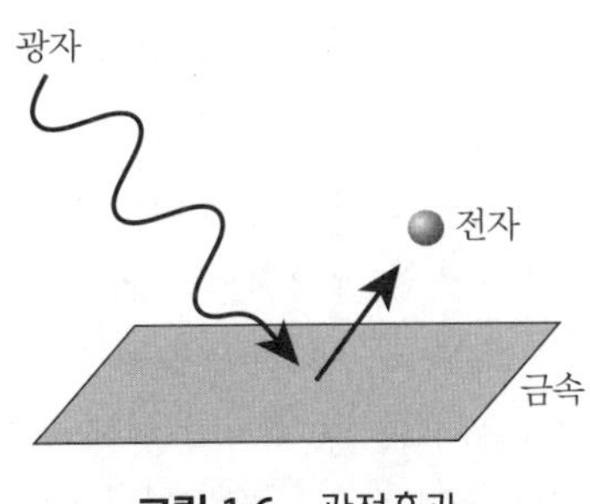

그림 1.6 광전효과.

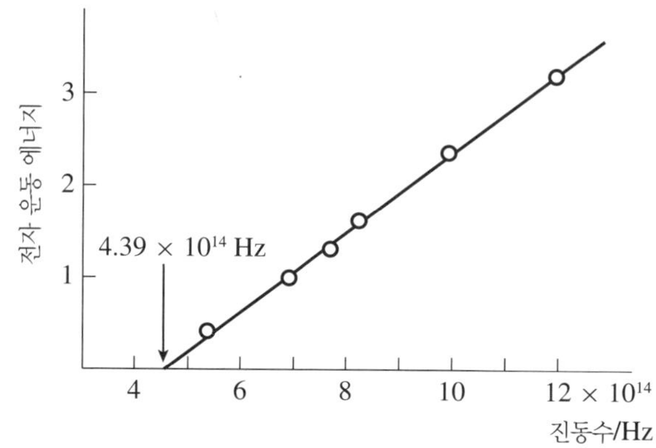

그림 1.7 나트륨에 대한 광전자 자료(Millikan, 1916). 진동수에 의해 얻어진 문턱 진동수 ν_0는 4.39×10^{14} Hz이다.

의 흡수와 방출된 전자 사이에는 약간의 시간적인 차이가 있다고 예측된다. 그러나 실험 결과는 아주 달랐다. 복사선 *진동수*가 각 금속에 대하여 어떤 문턱 진동수 ν_0보다 크지 않으면 아무리 복사선 세기가 세더라도 전자가 튀어나오지 않는다는 것이 밝혀졌다. 나트륨에 대해서는 그림 1.7에서 보는 것처럼 $\nu_0 = 4.39 \times 10^{14}$ Hz이다(이는 683 nm의 파장에 해당함). 쬐어 준 복사선의 진동수가 문턱 진동수보다 크면 전자가 방출되며 전자의 운동 에너지는 다음 식으로 주어진다.

$$\frac{1}{2}mv^2 = h(\nu - \nu_0) = h\nu - \Phi \tag{1.4}$$

분명히 일함수 Φ는 $h\nu_0$이고 나트륨에 대해서는 3.65×10^{-19} J = 1.82 eV이다. 전자의 운동 에너지는 문턱 진동수 위에서는 진동수에 비례하여 *선형적*으로 증가하지만 복사선 세기와는 관계없다. 그러나 복사선 세기가 커지면 금속 표면에서 나오는 광전자 수가 증가한다.

Albert Einstein

1905년 Albert Einstein은 광전효과에 대한 설명을 제안하였다(이를 통해 그는 1921년 노벨상을 수상함). Einstein의 광전 효과에 대한 설명은 극히 간단하다. 그는 복사선이 $h\nu$의 에너지를 가진 양자로 구성되어 있다는 Planck 가정을 받아들였다. 따라서 전자가 일함수 Φ를 가진 금속에 구속되어 있을 때 $h\nu_0 = \Phi$의 양자 에너지만 전자에 주어지면 그 전자는 금속으로부터 튀어나올 것이다. 그리고 여분의 에너지 $h(\nu - \nu_0)$는 튀어나온 전자의 운동 에너지로 주어질 것이라 설명하였다. Einstein은 실제로 복사선 장이 양자화된 입자일 것이라고 믿었다. 이 입자는 후에 *광자*로 불리게 되었다. 비록 Planck 자신은 결코 그 양자가 실제 존재할 것이라고 믿지 않았지만 에너지 양자화 개념은 Einstein의 광전효과의 성공으로 크게 발전하였다.

1.6 선 스펙트럼

원자(및 분자)의 구조와 그 역학에 대하여 알려진 대부분은 분광학으로부터 출발하였다. 그림 1.8은 두 종류의 다른 스펙트럼을 보여준다. 고압에서 하얗게 불타는 고체나 가스는 연속 스펙트럼을 만든다. 예를 들면 흑체 복사는 연속 스펙트럼을 만든다. 방출(emission) 스펙트럼은 낮은 압력의 가스가 전자와 충돌하거나 열에 의해 가열될 때 생성된다. 흡수(absorption) 스펙트럼은 연속적으로 나오는 빛이 차가운 가스를 지날 때 만들어지는데 가스 주성분의 특징을 나타내는 어두운 선이 스펙트럼에 나타난다. 1814년과 1823년 사이에 Frauenhofer는 고분해능 분광기를 이용하여 태양 스펙트럼에서 거의 600개의 어두운 선들을 발견하였다. 지금 이 선들은 태양빛이 태양의 바깥층을 통과하면서 흡수되는 과정에서 만들어지는 것으로 이해되고 있다.

백열광으로 가열된 기체는 Bunsen, Kirkhoff 등의 연구자들에 의해 일련의 샤프한 파장을 갖는 빛을 방출한다고 밝혀졌다. 분광계(혹은 단순한 프리즘)로 분석한 이 방출광은 여러 개의 좁은 영역의 색깔들로 나타난다. 이는 *선 스펙트럼*이라 부르는데, 기체의 원자 구성 특징을 나타낸다. 몇 가지 원소의 선 스펙트럼을 그림 1.9에 나타내었다. 이는 원자 내의 전하들의 운동은 복사선의 흡수 및 방출과 관련이 있다는 고전 전자기 이론과 일치한다. 정말로 이상한 것은 그러한 복사선이 어떻게 연속적이지 않고 불연속적인 진동수로 나타날 수 있는가이다. 이러한 불연속적인 선 스펙트럼을 설명할 수 있는 계기는 1913년 Neils Bohr에 의해 이루어졌다. Planck와 Einstein의 생각에 근거하여, Bohr는 원자의 에너지 준위는 고전역학에서처럼 연속적이라기보다는 불연속적인 E_n으로 구성된다고 가정하였다. 어떤 원자가 높은 에너

Neils Bohr

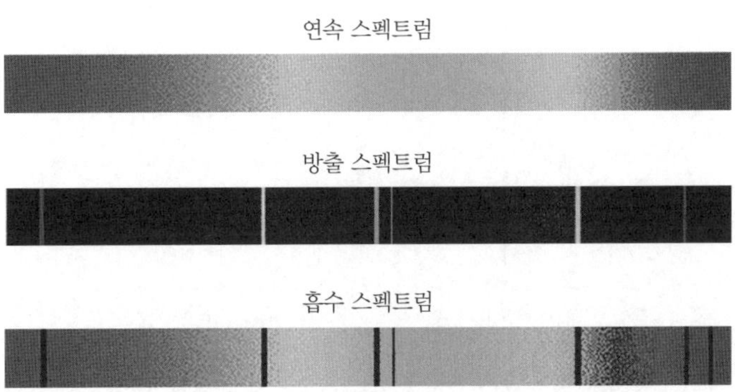

그림 1.8 연속 스펙트럼과 두 가지 선스펙트럼.

그림 1.9 여러 원소의 방출 스펙트럼.

지 E_m에서 더 낮은 에너지 E_n으로 내려갈 때 다음과 같은 에너지를 갖는 광자를 방출한다.

$$h\nu = E_m - E_n \tag{1.5}$$

이는 원자의 방출 스펙트럼에서 진동수 ν를 갖는 선 스펙트럼에 해당한다. 흡수 스펙트럼은 원자의 에너지 준위 E_n에서 E_m으로 들뜨게 되면서 같은 양의 에너지를 갖는 광자의 소멸과 연관된다. 그림 1.10은 원자에 의한 광자의 흡수와 방출을 그림으로 나타내었다. 이러한 흡수와 방출 과정은 그림 1.8의 두 가지 형태의 선 스펙트럼에서 보여준 것처럼 같은 진동수 집단으로 나타난다.

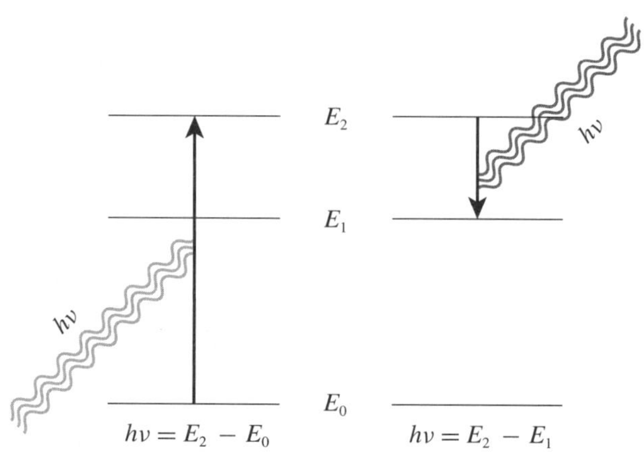

그림 1.10 선 스펙트럼의 근원. 파란색의 광자는 흡수되어 에너지 준위 E_0에서 E_2로 전이되고, 빨간색의 광자는 에너지 준위 E_2에서 E_1으로 전이하면서 방출된다.

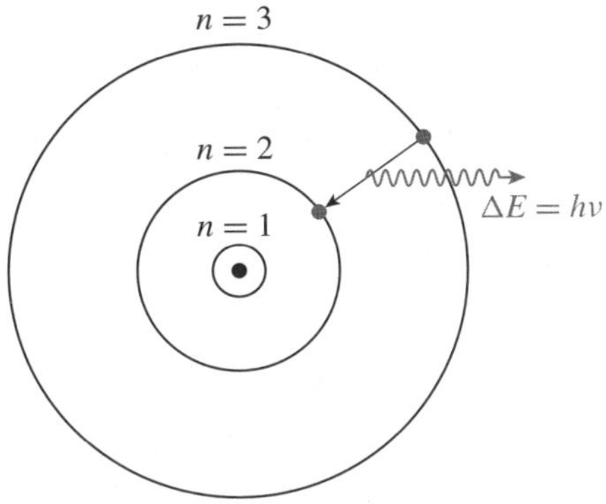

그림 1.11 수소 원자의 3개의 가장 낮은 에너지 궤도와 $n = 3$에서 $n = 2$로의 전이를 보여주는 Bohr 모형.

Johannes Rydberg

Johannes Rydberg는 1890년 수소 원자의 스펙트럼의 모든 선은 다음과 같이 간단히 경험적으로 얻은 공식과 일치한다는 것을 발견하였다.

$$\frac{1}{\lambda} = \mathcal{R}\left(\frac{1}{n_1^2} - \frac{1}{n_2^2}\right), \qquad n_1 = 1, 2, 3 \ldots, \quad n_2 > n_1 \tag{1.6}$$

여기서 $\mathcal{R}$은 Rydberg 상수로 109,677 cm^{-1}이다. 이 공식은 수소 원자의 가시광선 영역의 4개의 선뿐만 아니라 적외선, 자외선 영역에서도 잘 들어맞았다. 수소 원자 이외의 다른 원자에서는 어떤 단순한 공식도 발견되지 않았다. Bohr는 복사선 전이 진동수에 대한 Rydberg 공식과 잘 일치하는 수소 원자의 에너지 준위에 대한 모형을 제안하였다. Rutherford의 핵 모형에 영감을 받은 Bohr는 그림 1.11에서처럼 전자가 양성자 주위의 허용된 원 궤도들 중 하나를 도는 행성 모형을 제안하였다. 이러한 불연속

그림 1.12 다전자 원자에 대한 Bohr 모형의 상징적 표현. 국제 원자력 에너지 위원회(International Atomic Energy Agency)의 로고.

적인 에너지 준위 및 궤도에 대한 보다 근본적인 이해는 1925~1926년의 발견을 통해서 비로소 이루어졌다. 하지만 Bohr 모형은 양자역학의 발전에 값으로 매길 수 없는 큰 디딤돌을 놓았다. 우리는 제8장에서 수소 원자에 대해 보다 자세히 다룰 것이다.

부록 1A Maxwell의 방정식

Maxwell의 4개의 벡터 관계식은 이미 알려져 있는 모든 전기 및 자기 현상을 기술하는 실험 법칙들을 요약한 것이다. 여기서 ρ는 전기 전하 밀도이고, **J**는 전류 밀도, **E**는 전기장, **B**는 자기 유도이다. 자유 공간(유전과 자기 매질이 없는)에서 Maxwell 방정식은 다음과 같이 표현될 수 있다.

$$\nabla \cdot \mathbf{D} = \rho \tag{1.7}$$

$$\nabla \cdot \mathrm{B} = 0 \tag{1.8}$$

$$\nabla \times \mathbf{E} + \frac{\partial \mathbf{B}}{\partial t} = 0 \tag{1.9}$$

$$\nabla \times \mathbf{H} = \mathbf{J} + \frac{\partial \mathbf{D}}{\partial t} \tag{1.10}$$

두 보조 장(field)인 전기 변위(electric displacement) **D**와 자기장 **H**는 다음 *관계식*에 의해 정의된다. 자유 공간에서

$$\mathbf{D} = \epsilon_0 \mathbf{E}, \quad \mathbf{B} = \mu_0 \mathbf{H} \tag{1.11}$$

여기서 ϵ_0와 μ_0는 진공에서 전기 유전율과 자기 투과율이다. 식 (1.7)은 전기장은 전기 전하 분포에서 퍼져 나온다는 것을 말하고 있다. 이는 Coulomb의 법칙으로 귀결된다. 식 (1.8)은 전기 전하와 동등한 자기-독립된 자기극은 없다는 것을 암시한다. 가장 기본적인 자기 물질은 따로 떨어져 존재할 수 *없는* 북극과 남극이 서로 쌍으로 연결된 *쌍극자*이다. 식 (1.9)는 시간적으로 자기장이 변함에 따라 회전하는 전기장이 어떻게 발생하는지를 보여주는 Faraday의 전자기 유도법칙이다. 식 (1.10)은 어떻게 전류에 의해 자기장이 발생되는지를 보여주는 Ampère의 법칙을 포함한다. Maxwell 자신이 첨가한 식 (1.10)의 오른쪽 두 번째 항은 어떤 점에서 Faraday 법칙의 역으로 생각할 수 있다. 왜냐하면 회전하는 자기장이 시간-변화 전기장에 의해 발생할 수 있기 때문이다.

전하와 전류가 없는 경우, Maxwell 방정식은 다음과 같은 3차원의 파동 방정식으로 변환될 수 있다.

$$\left\{\nabla^2 - \frac{1}{c^2}\frac{\partial^2}{\partial t^2}\right\}\mathbf{E} = 0, \quad \left\{\nabla^2 - \frac{1}{c^2}\frac{\partial^2}{\partial t^2}\right\}\mathbf{B} = 0 \tag{1.12}$$

여기서 $c = 1/\sqrt{\epsilon_0 \mu_0} = 2.9979 \times 10^8$ m/sec는 진공에서 빛의 속도이다. 식 (1.12)의 가능한 해는 그림 1.3에서 나타낸 것처럼 빛의 속도 c로 움직이는 자기장과 전기장의 동시화된(synchronized) 횡적 파동이다.

고전 이론으로도 전자기장은 운동량과 에너지를 운반할 수 있다고 설명할 수 있다. 자유공간에서 전자기장의 에너지 밀도는

$$\rho_{\mathrm{E}} = \frac{1}{2}\left(\epsilon_0 E^2 + \mu_0^{-1} B^2\right) \tag{1.13}$$

로 주어진다. 이 전자기장의 에너지 플럭스(flux)나 세기(에너지가 어떤 면적을 통과하여 전달될 때 단위 면적당 단위 시간당 에너지)는 다음의 포인팅 벡터(Poynting vector)로 주어진다.

$$\mathbf{S} = \mathbf{E} \times \mathbf{H} \tag{1.14}$$

전자기장의 에너지 밀도나 세기는 전자기장의 *제곱*에 비례한다. 양자역학에서 파동함수를 해석할 때도 비슷한 관계식을 이용할 것이다,

Maxwell의 첫 번째 방정식은 Coulomb의 법칙과 같다. 두 전하 q_1, q_2가 거리가 r만큼 떨어져 있을 때 작용하는 힘은 다음과 같이 간단한 형태로 표현할 수 있다.

$$F = \frac{1}{4\pi\epsilon_0}\frac{q_1 q_2}{r^2} \tag{1.15}$$

여기서 q_1, q_2 전하 부호의 곱은 그 힘이 인력인지 척력인지를 결정한다. q_1, q_2의 전하가 같으면 서로 반발하고($F > 0$), 부호가 다르면 서로 잡아당긴다($F < 0$). 원자와 분자 구조에 적용할 때, 상수 $4\pi\epsilon_0$는 불편하고 필요하지 않다. 따라서 다음과 같이 Coulomb의 법칙을 가우스 전자기 단위로 표현하는 것이 편리하다.

$$F = \frac{q_1 q_2}{r^2} \tag{1.16}$$

두 전하 사이의 상호작용에 대한 위치 에너지는 정전기 힘과 관계식 $F = -dV/dr$(더 일반적으로는 $\mathbf{F} = -\nabla V$)에 의해 연결되어 있다. 따라서 Coulomb 법칙에 의하면 위치 에너지는

$$V(r) = \frac{q_1 q_2}{r} \tag{1.17}$$

양자 이론을 원자나 분자에 적용하려면 식 (1.17)을 *연속적인* 전하 분포에 맞게 일반화시킬 필요가 있다. $\mathbf{r} = \mathbf{r}_0$에 있는 점전하 q가 전하밀도 $\rho(\mathbf{r})$와 상호작용할 때 상호작용 에너지는 다음 식으로 주어진다.

$$V = q \int \frac{\rho(\mathbf{r})}{|\mathbf{r} - \mathbf{r}_0|} d^3\mathbf{r} \tag{1.18}$$

$\mathbf{r}_0 = 0$인 경우에는 다음과 같이 간단히 된다.

$$V = q \int \frac{\rho(\mathbf{r})}{r} d^3\mathbf{r} \tag{1.19}$$

비슷하게 두 전하 밀도 $\rho_a(\mathbf{r}_1)$, $\rho_b(\mathbf{r}_2)$ 사이의 상호작용 위치 에너지는 다음과 같이 이중 적분으로 표현된다.

$$V = \int \int \frac{\rho_a(\mathbf{r}_1)\, \rho_b(\mathbf{r}_2)}{r_{12}} d^3\mathbf{r}_1\, d^3\mathbf{r}_2 \tag{1.20}$$

여기서 $r_{12} = |\mathbf{r}_2 - \mathbf{r}_1|$이다.

정전기장은 포텐셜의 기울기로서 다음 식으로 표현된다.

$$\mathbf{E} = -\nabla\Phi \tag{1.21}$$

Maxwell 방정식 중 첫 번째 방정식은 $D = \epsilon_0\mathbf{E}$와 함께 정전기 포텐셜에 대한 *Poisson 방정식*이 된다. 즉,

$$\nabla^2\Phi = -\rho/\epsilon_0 \tag{1.22}$$

이후에는 다음과 같이 가우스 단위로 Poisson 방정식을 표현할 것이다.

$$\nabla^2\Phi = -4\pi\rho \tag{1.23}$$

$\rho = 0$인 자유 공간에서는 Poisson 방정식은 Laplace 방정식이 된다.

$$\nabla^2\Phi = 0 \tag{1.24}$$

부록 1B Planck의 복사 법칙

복사장(radiation field)이 진동자들의 집합으로 표현될 수 있다는 Rayleigh의 생각을 적용하기 위해서는 각 파장 λ에 대해서 단위 부피당 진동자의 수를 계산할 필요가 있다. 파장의 역수, 즉 $k = 1/\lambda$는 *파수*(wavenumber)로 알려져 있고, 이는 단위 길이당 파 진동의 수와 같다. 파수는 실제로 *파벡터*(wavevector) $\mathbf{k}$의 크기를 나타낸다. 이 파벡터는 파가 진행하는 방향도 결정한다. 이제 3차원 공간에서 일정한 크기 k를 갖는 모든 벡터 $\mathbf{k}$는 반경 k의 구 표면과 아주 작은 두께 dk로 이루어진 구 껍질에 있는 모든 $\mathbf{k}$벡터와 같다고 볼 수 있다. $\mathbf{k}$공간에서 이 구 껍질의 부피는 $4\pi k^2 dk$와

같고, 실제 공간에서 단위 부피당 진동 모드(mode)의 수로 볼 수 있다. 단위 부피당 진동 모드 수를 파장 λ로 표현하면, $(4\pi/\lambda^4)d\lambda$가 된다. James Jeans 경은 전자기장의 각 진동 모드당 두 가지 가능한 편광이 있어야 하므로 이것에 2를 곱해야 한다는 것을 알았다. 각 진동 모드당 같은 에너지를 가지고 있다고 생각한다면 각 진동자는 kT의 에너지를 가지고 있고, 여기서 k는 Boltzmann 상수 R/N_A이다. 따라서 단위 파장당 단위 부피당 에너지는 다음과 같다.

$$\rho(\lambda) = \frac{8\pi kT}{\lambda^4} \tag{1.25}$$

이 식은 Rayleigh-Jeans 법칙으로 알려져 있다. 이 결과는 적외선 영역과 그 이상의 큰 파장 λ에 대해서 상당히 잘 맞는다. 그러나 두려운 자외선 파국 영역에서는 파장 $\lambda \to 0$으로 수렴하면 $\rho(\lambda)$가 무한대로 증가한다.

Planck는 이와 같이 중대한 실패의 핵심은 각 진동자의 가능한 에너지가 모두 연속적($0 \le E < \infty$)이라는 가정에 기반을 둔 에너지 등분배(equipartition)라는 것을 깨달았다. 따라서 연속적인 에너지 대신 파장 λ의 진동자의 에너지가 불연속적인 양 $h\nu = hc/\lambda$을 가진다면 가능한 에너지들은 다음과 같이 주어진다.

$$E_{\lambda,\mathrm{n}} = nh\nu = nhc/\lambda, \quad \text{여기서} \quad n = 0, 1, 2 \ldots \tag{1.26}$$

통계 역학에서 Boltzmann 분포에 의하면, 온도 T에서 진동자 하나의 평균 에너지는 다음 식으로 주어진다.

$$\langle E_\lambda \rangle_{\mathrm{av}} = \frac{\sum_n E_{\lambda,n}\, e^{-E_{\lambda,n}/kT}}{\sum_n e^{-E_{\lambda,n}/kT}} \tag{1.27}$$

감소하는 기하급수의 합에 대한 공식

$$\sum_{n=0}^{\infty} e^{-nhc/\lambda kT} = \frac{1}{1 - e^{-hc/\lambda kT}} \tag{1.28}$$

을 적용하면, 다음 식을 얻을 수 있다.

$$\langle E_\lambda \rangle_{\mathrm{av}} = \frac{hc/\lambda}{e^{hc/\lambda kT} - 1} \tag{1.29}$$

이 공식에 의하면 더 높은 에너지 모드가 등분배 에너지 원리에 의해 예측된 것보다 덜 만들어진다. 이 값을 Rayleigh-Jeans 식 (1.25)에서 kT대신 대입하면 다음 Planck 분포 법칙을 얻을 수 있다.

$$\rho(\lambda) = \frac{8\pi hc}{\lambda^5} \frac{1}{e^{hc/\lambda kT} - 1} \tag{1.30}$$

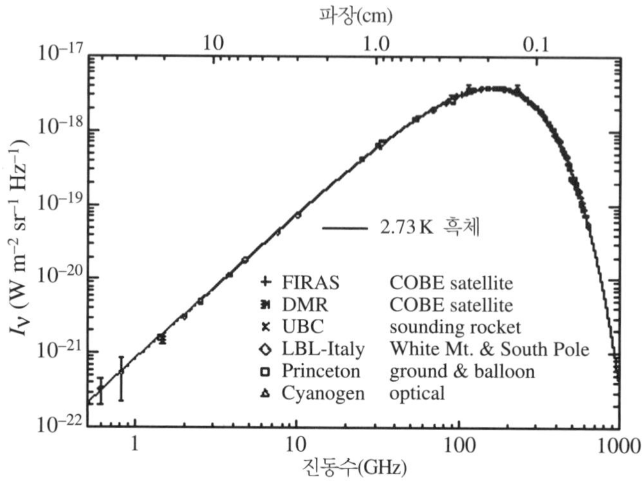

그림 1.13 우주 마이크로파 배경 복사. (G. F. Smoot and D. Scott, http://pdg.lbl.gov/ 2001/microwaverpp.pdf 에서 발췌함.)

λ나 T가 모두 크거나 어느 한쪽이 크면 평균 에너지 식 (1.29)는 근사적으로 $\langle E_\lambda \rangle_{\text{av}} \approx kT$가 되고, Planck 공식은 Rayleigh-Jeans 공식으로 유도된다. Planck 분포 법칙은 그림 1.5에 나타낸 열 복사의 실험 데이터를 정확히 설명한다. 특히 Cosmic Microwave Background Explorer satellite(COBE)에 의한 관측 실험 결과는 그림 1.13에서 보여준 것처럼 온도 2.73 K에서 Planck 흑체 분포 복사선과 완벽하게 일치한다. 1965년 Penzias와 Wilson에 의해 발견된 이 우주 마이크로파 배경 복사선은 138억 년 전 빅뱅의 유물이다.

Planck 분포 법칙으로부터 우리는 어떤 온도 T에서 $\rho(\lambda)$가 최대가 되는 파장을 구할 수 있다. 이 결과는 다음 식인데

$$\lambda_{\max} T = \frac{ch}{4.965\,k} \tag{1.31}$$

이는 Wien의 변위 법칙과 일치한다. 식 (1.30)을 모든 파장에 걸쳐 적분하면, 단위 부피당 전 복사선 에너지 밀도를 다음과 같이 구할 수 있다.

$$\mathcal{E} = \int_0^\infty \rho(\lambda)\, d\lambda = \frac{8\pi^5 k^4}{15c^3h^3} T^4 \tag{1.32}$$

이는 Stefan-Boltzmann 법칙과 일치한다.

제2장 파동과 입자

Waves and particles

양자역학은 원자 척도로 물질 운동을 기술하는 이론적 틀이다. 이는 과학의 역사에서 단 하나의 예외 없이 수천 번의 실험을 거쳐서 얻은 가장 성공적인 정량적 이론이다. 이 이론을 통해 화학, 소립자물리, 고체 전자기학, 분자 생물학, 우주론 등 다양한 영역에서의 현상을 올바르게 예측하거나 설명하였다. 트랜지스터, 레이저, 컴퓨터 및 원자로를 포함하는 현대 기술의 경이로움은 양자론의 산물이다. 미국 국민 총생산의 약 30%는 양자역학에 근거한 기술과 관련이 있다. 그 모든 관련성에도 불구하고 양자 세계는 매일 일상적으로 접하는 세계와는 극단적으로 다른 것이다. 현대 물질론을 이해하기 위해서는 심리적으로나 수학적으로 극복해야 할 수많은 개념적 장벽들이 존재한다.

양자론의 초기 발전을 자극하였던 역설(paradox)은 빛의 불확정성과 관련된 것이다. 빛은 보통 파동 현상을 나타내지만 간혹 입자의 성질도 드러내기 때문에 파동-입자 이중성으로 알려진 조현증 성향을 나타낸다. 우리는 먼저 빛의 파동성에 대해 고려하고자 한다.

2.1 이중-슬릿 실험

Thomas Young

그림 2.1은 1801년 Thomas Young에 의해 처음 수행된 유명한 이중 슬릿 회절 실험의 현대판 버전이다. 단색(하나의 파장) 광원에서 나온 빛이 두 개의 좁은 슬릿을 통과하여 스크린에 투사된다. 슬릿 하나하나는 각각 스크린에 좁은 띠를 만든다. 하지만 두 슬릿을 같이 열면 밝고 어두운 띠가 반복되어 나타나는데, 중앙부가 가장 밝은 아름다운 회절 간섭무늬가 생성된다. 왜 이런 현상이 일어나는지를 이해하기 위해서는 전자기파에 대한 중요한 핵심 내용을 다시 살펴볼 필요가 있다.

전자기학에 대한 Maxwell의 이론은 빛을 포함하여 전기, 자기 및 복사선의 다양한 현상을 아주 훌륭하게 통일한 이론이다. 전자기 복사선은 전기장과 자기장의 횡파이고 빛의 속도인 $c \approx 3 \times 10^8$ m/sec로 진공 속을 통과한다. 그림 1.11에서 설명한 것처럼 전기장 **E**, 자기장 **B**는 사인 모양으로(sinusoidal) 서로 골과 골이 일치하면서 진동한다. 전기장 **E**, 자기장 **B**의 크기는 서로 비례한다(SI 단위로 $B = E/c$). 어

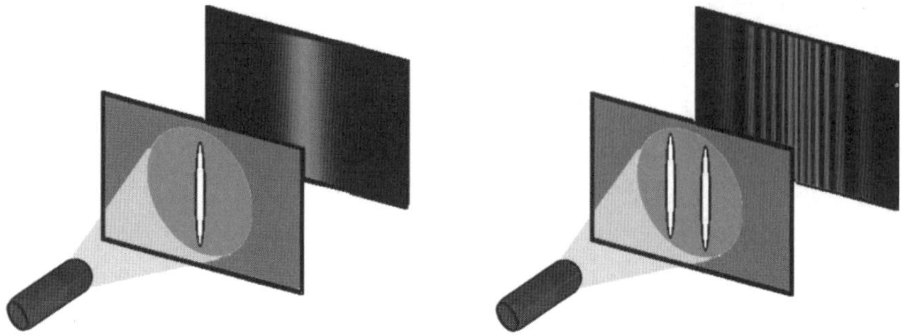

그림 2.1 레이저 총을 이용한 Young의 간섭 실험 현대판 버전. 단일 슬릿(*왼쪽*)은 하나의 띠를 만들고 이중 슬릿(*오른쪽*)은 간섭무늬를 만든다.

떤 주어진 순간 연속적으로 존재하는 최대(혹은 최소) 값들 사이 거리는 파장 λ라 부른다. 또한 공간의 모든 점에서 전자기장은 시간의 함수로서 사인 모양파로 진동한다. 단위 시간당 진동 회수는 진동수 ν라 부른다. 전자기장은 λ/c 시간 동안 한 파장을 움직이므로 파장, 진동수 그리고 전파속도 사이 관계는 어떤 파에 대해서도 다음 식을 따른다. 즉,

$$\lambda\nu = c \tag{2.1}$$

전자기 이론에서 복사선의 *세기*, 즉 단위 시간당 단위 면적당 에너지 흐름은 다음과 같이 포인팅(poynting) 벡터로 주어진다.

$$\mathbf{S} = \mu_0^{-1}\,\mathbf{E} \times \mathbf{B} \tag{2.2}$$

전자기장에 포함된 에너지 밀도는 정적인 장에서도 다음 식으로 주어진다.

$$\rho = \tfrac{1}{2}\left(\epsilon_0 E^2 + \mu_0^{-1} B^2\right) \tag{2.3}$$

여기서 언급한 에너지는 모두 전기장 **E** 및 자기장 **B**의 제곱에 비례한다는 것을 알아야 한다. 위에서 기술한 회절 실험을 논의하기 위해서는 시공간의 각 점 **r**, t에서 전자기파의 *진폭*을 다음과 같이 정의하는 것이 편리하다.

$$\Psi(\mathbf{r}, t) = \sqrt{\epsilon_0}\, E(\mathbf{r}, t) = \frac{B(\mathbf{r}, t)}{\sqrt{\mu_0}} \tag{2.4}$$

그러면 세기는 다음과 같이 주어진다.

$$\rho(\mathbf{r}, t) = [\Psi(\mathbf{r}, t)]^2 \tag{2.5}$$

함수 $\Psi(\mathbf{r}, t)$는 나중에는 복소수 값을 가질 것이다. 그런 경우에는 세기의 정의를 다음과 같이 일반화한다.

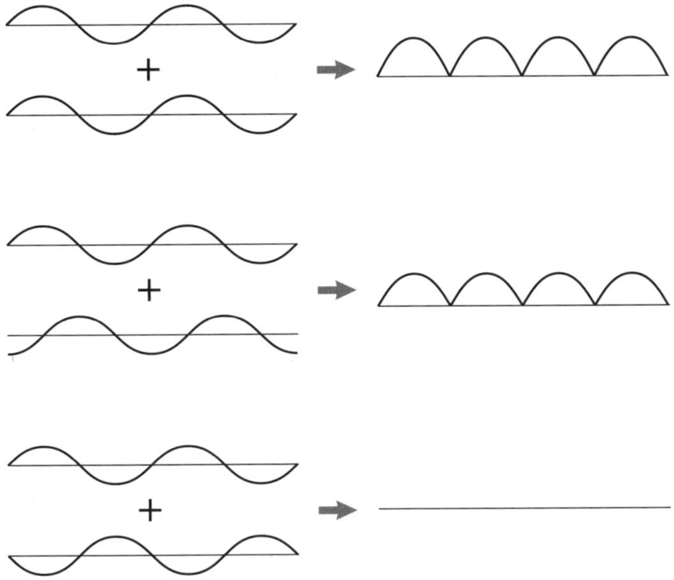

그림 2.2 두 똑같은 사인 모양파의 간섭. 위: 보강 간섭. 아래: 소멸 간섭. 중앙: 중간 경우. 오른쪽에는 세기 $\rho = \Psi^2$를 표시하였다.

$$\rho(\mathbf{r}, t) = |\Psi(\mathbf{r}, t)|^2 = \Psi^*(\mathbf{r}, t)\,\Psi(\mathbf{r}, t) \tag{2.6}$$

여기서 $\Psi^*(\mathbf{r}, t)$는 $\Psi(\mathbf{r}, t)$의 공액 복소수를 나타낸다. 양자역학의 응용에서 함수 $\Psi(\mathbf{r}, t)$는 *파동 함수*로 알려져 있다.

따라서 전자기장 즉 진폭 Ψ는 어떤 지점에서는 양의 값이나 음의 값을 가질 수 있다. 사실 그림 2.2에서 보여준 것처럼 두 파동이 겹치면, 보강 혹은 소멸 간섭이 일어날 수 있다. 식 (2.5)에 의하면 세기는 모든 공간에서 항상 $\rho \geq 0$이다. 스크린 상의 밝고 어두운 띠는 각각 보강 간섭과 소멸간섭을 나타낸다. 빛은 두 슬릿 모두를 열었을 때 스크린의 세기가 각 슬릿 하나만 열었을 때 세기의 합과 같지 *않기* 때문에, 즉 $\rho \neq \rho_1 + \rho_2$이므로 파와 같은 특성을 가지고 있다고 볼 수 있다. 오히려 파의 진폭은 다음처럼 합으로 주어진다:

$$\Psi = \Psi_1 + \Psi_2 \tag{2.7}$$

세기는 다음처럼 진폭의 제곱으로 주어진다:

$$\rho = \Psi^2 = \Psi_1^2 + \Psi_2^2 + 2\Psi_1\Psi_2 \tag{2.8}$$

교차항(cross term) $2\Psi_1\Psi_2$은 보강과 소멸 간섭을 만든다. 여기서 Ψ_1과 Ψ_2의 부호가 같으면 보강 간섭이 만들어지고, 세기는 ρ_1과 ρ_2의 합보다 크게 된다. Ψ_1과 Ψ_2의 부호가 반대가 되면 소멸간섭이 만들어진다. 사실 $\Psi_1 = -\Psi_2$이면 두 파는 정확히 상쇄되고 스크린에 어두운 띠가 만들어진다.

2.2 파동-입자 이중성

간섭 현상은 19세기 Young, Fresnel 등에 의해 입증되었고, 1세기 전 Newton의 견해는 막을 내리고 빛은 파동이라는 견해가 지배적이 되었다. 하지만 1세기 후에 파이론에 의해서는 설명할 수 *없는* 현상, 특히 흑체복사와 광전효과 등이 발견되었다.

역사적인 전개 과정으로부터 벗어나, 이중 슬릿 실험을 약간 고쳐서 이 현상을 설명하겠다. 레이저 광원에 레이저 세기를 조절할 수 있는 스위치를 달아 그림 2.3에서처럼 레이저 세기를 매우 낮출 수 있게 하였다. 필터를 계속 설치하게 되면 회절 문양은 점점 어두워지게 되는데, 결국에는 어두운 스크린의 무작위 위치에 편재된 섬광이 나타나게 된다. 이들 섬광은 Planck와 Einstein이 가정을 통해 흑체 복사와 광전효과를 설명하였던 빛의 덩어리, 즉 *광자*에 의해 만들어졌다는 것이 거의 확실하다. 하지만 또 놀라운 것이 있다. 개개 섬광은 스크린 상에 무작위로 나타나지만 이들의 통계적 양상은 원래의 고밀도의 회절 모양을 다시 보여준다. 이를 그림 2.4에 명확하게 보여주었다. 비록 광자 하나하나의 위치는 명확하게 예측할 수 없지만, 광자들의 통계적 양상은 예측되는 형태를 보인다. 이는 각 개개의 광자는 입자처럼 움직이지만, 전체적으로는 파의 회절 모양의 "정보"를 가지고 있다는 것을 암시한다. 어떤 관점에서는 하나의 광자가 동시에 두 개의 슬릿을 통과했음이 틀림없다. 이는 빛의 *파동-입자 이중성*이라고 알려졌다: 빛은 어떤 상황에서는 입자처럼 행동하고 어떤 상황에서는 파동처럼 행동할 수 있다.

흑체 복사 문제에 대한 Planck의 해결과 광전 효과에 대한 Einstein의 설명은 다음과 같은 광자의 에너지와 진동수 관계식으로 요약할 수 있다:

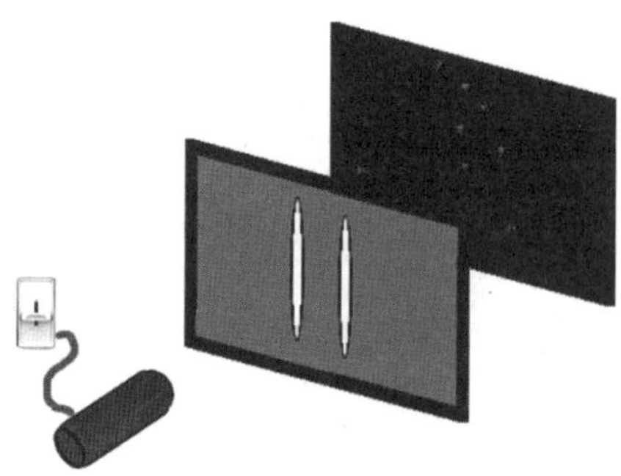

그림 2.3 레이저 세기를 매우 약하게 쏘인 후 관측된 섬광. 이들은 분명히 개개 광자에 의해 만들어진 것이다.

그림 2.4 각각의 광자 섬광에 의해 형성된 회절 모양. Princeton 대학의 R. Austin과 L. Page 에 의한 실험.

$$E = h\nu \tag{2.9}$$

여기서 $h = 6.626 \times 10^{-34}$ J sec는 Planck 상수로 알려져 있다. 한참 후에 콤프턴(Compton) 효과가 발견되었다. 이 콤프턴 효과는 그림 2.5에서처럼 X-선이나 감마선의 광자에 의해서 원자로부터 전자가 방출되는 것이다. 광자-전자 충돌에서 운동량이 보존된다고 하면, 광자의 운동량은 다음과 같이 주어진다.

$$p = h/\lambda \tag{2.10}$$

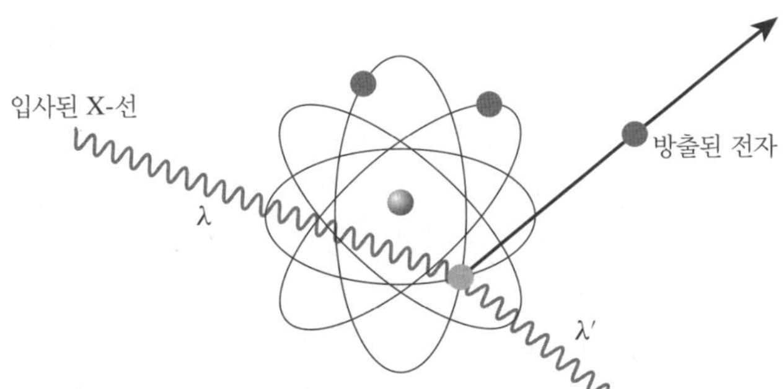

그림 2.5 콤프턴 효과. 입사된 X-선 광자의 운동량과 에너지가 방출된 전자와 산란된 광자에 전달된다.

식 (2.9)와 (2.10)에서는 파동-입자 이중성이 명확히 나타나 있다. 입자 같은 성질(에너지 혹은 운동량)과 파동 같은 성질(진동수 혹은 파장)이 이들 식에서 서로 연결되어 있다.

특수 상대성 이론에 의하면, 위 두 식은 실제로는 같은 근본적인 관계의 다른 모습이다. Einstein의 유명한 공식인 질량과 에너지 등가 식은 다음과 같이 주어진다.

$$E = mc^2 \tag{2.11}$$

광자의 정지 질량은 영이다. 하지만 빛의 속도 c로 가면서 유한한 유효 질량을 갖게 된다. 에너지에 대한 식 (2.9)와 (2.11)을 같게 놓고 광자의 운동량을 $p = mc$라고 하면 다음과 같은 식을 얻게 된다.

$$p = E/c = h\nu/c = h/\lambda \tag{2.12}$$

따라서 파장 진동수 관계식 (2.1)은 식 (2.10)의 콤프턴 효과를 내포하고 있다고 볼 수 있다. 우리가 할 수 있는 최상은 파동-입자 이중성을 나타내는 현상을 *기술*하는 것이다. 하지만 상식적이고 일상적인 경험으로는 이러한 이중성을 설명할 수가 없다. Feynman은 이러한 "양자역학의 주된 미스터리"로 "두 구멍을 갖는 실험"을 언급하였다. 이러한 양자 미스터리를 해결하기 위해 수년에 걸쳐 많은 모형이 제안되었다. Bohm은 각 광자가 결정론적으로 행동한다고 생각할 수 있는, 즉 입자성을 만드는 *숨겨진 변수*가 존재할 것이라 제안하였다. Everett와 Wheeler는 전체 우주가 각각의 가능성은 존재하지만 서로 연결이 되어 있지 않은 평행 우주로 분리되어 있다고 생각하는 "양자역학의 많은 세계 해석"을 제안하였다. 두 말할 필요도 없이 이와 같이 형이상학적이고 현실적으로 다루기 힘든 견해를 기꺼이 받아들이려는 사람은 많지 않다. 대부분의 과학자들은 철학적 기반에 대해 과도하게 걱정하지 않고, 양자 이론의 계산 메커니즘을 그들의 연구에 성공적으로 적용하는 것에 만족한다. Feynman이 말한 것처럼 "토 달지 말고 계산하자!"이다. 우리 같은 대부분 사람들은 반도체 기술이나 운영 시스템을 잘 모르지만 컴퓨터를 행복하게 잘 사용한다.

지금까지 전자나 물질의 구성 성분이 입자가 아닌 다른 어떤 것인지에 대한 열띤 논쟁은 없었다. 각각의 전자는 인광 스크린에 섬광을 만든다(이것이 바로 오래된 TV의 작동 원리이다). 하지만 전자 또한 회절 현상을 보이는데, 이 역시 전자의 파동성 때문이다. 빛 대신 전자를 사용한 유사한 이중-슬릿 실험은 기술적으로 어렵지만 수행되었다. 광원대신 전자총은 원하는 속도의 전자빔을 만든다. 그러면 그림 2.6에서처럼 광자에 대해서 일어났던 모든 것이 전자에 대해서도 비슷하게 발생한다.

더 최근에 수행된 회절 실험에서는 원자와 분자처럼 큰 입자를 이용하였고, 심지어 C_{60} 풀러렌(fullerene) 분자에 대한 실험도 있었다.

그림 2.6 1961년 Tübingen의 Claus Jönsson에 의한 전자의 슬릿 회절 모양. 2002년 *Physics World*에서 물리역사상 가장 아름다운 실험으로 선정되었다.

Louis de Broglie

1924년 de Broglie는 처음으로 물질이 파동-입자 이중성을 보일 수 있다고 생각하였다. 예를 들면 전자의 파동 특성을 통해 수소 원자(제8장 참조)에서 Bohr 궤도의 불연속적인 특성을 설명할 수 있다. De Broglie 가정에 따르면 입자와 관련된 "물질파"는 다음과 같은 파장을 갖는데,

$$\lambda = h/p \tag{2.13}$$

이는 콤프턴 결과 (2.10)(사실 이는 나중에 발견되었음)과 동일한 형태이다. De Broglie의 추측이 옳았다는 것은 1927년 Davisson과 Germer가 금속 결정에 일정한 에너지의 전자빔을 쪼여 얻은 회절 현상이 X-선에 의해 얻어진 회절과 거의 같음을 관측함으로써 밝혀졌다. 그 실험을 통해 de Broglie 식 (2.13)으로부터 매우 정확한 파장을 얻을 수 있음을 보여주었다(그림 2.7 참조).

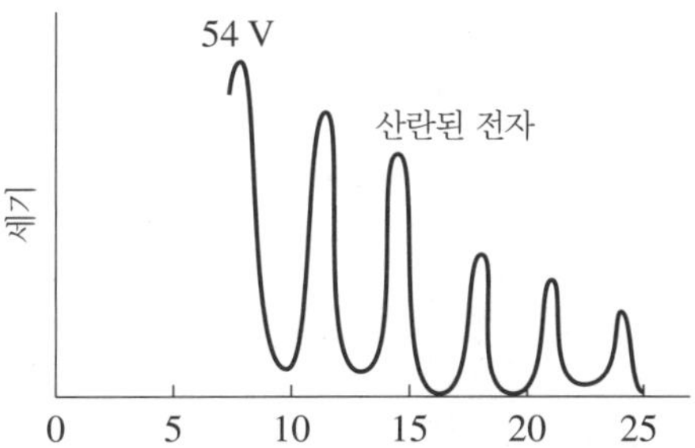

그림 2.7 니켈 결정에서 입사된 전자 에너지 함수로 나타낸 각 각도에서 산란된 전자의 세기. (C. J. Davisson "Are Electrons Waves?" *Franklin Institute Journal* **205**, 597 (1928)에서 발췌함.)

2.3 Schrödinger 방정식

Erwin Schrödinger

1926년 Schrödinger는 처음으로 de Broglie 물질파에 대한 방정식을 제안하였다. 이 방정식 자체가 자연의 근본 법칙이므로 어떤 다른 법칙에서 유도할 수가 없었다. 이 방정식이 옳은지는 오직 여러 관측된 현상과 일치하느냐에 의해서만 판단할 수 있다(사후 증명). 그럼에도 불구하고 우리는 최소한 그럴듯한 결과를 얻기 위해 경험적 논증을 시도할 것이다.

고전 전자기 이론의 Maxwell 방정식으로부터 진공에서 전기장 및 자기장의 각 성분은 다음과 같은 파동 방정식의 해임을 알 수 있다.

$$\nabla^2 \Psi - \frac{1}{c^2}\frac{\partial^2 \Psi}{\partial t^2} = 0 \tag{2.14}$$

여기서 Laplacian 또는 "델 제곱" 연산자는 다음과 같이 주어진다.

$$\nabla^2 = \frac{\partial^2}{\partial x^2} + \frac{\partial^2}{\partial y^2} + \frac{\partial^2}{\partial z^2} \tag{2.15}$$

이제 de Broglie 물질파에 대한 비슷한 방정식을 유도해 보도록 하겠다.

따라서 x-축 방향으로 나아가는 아주 일반적인 파동 운동의 예를 생각해보자. 어떤 특정 시간에 파동의 형태는 다음과 같은 주기 함수로 표현될 것이다.

$$\psi(x) = f(2\pi x/\lambda) \tag{2.16}$$

여기서 $f(\theta)$는 $\sin\theta$, $\cos\theta$, $e^{i\theta}$, $e^{-i\theta}$ 혹은 이들의 선형 결합 형태의 사인 모양파 함수이다. 가장 유용한 형태는 Euler 공식

$$e^{\pm i\theta} = \cos\theta \pm i\sin\theta \tag{2.17}$$

과 관련된 복소수 지수 형태이다. 지수 함수의 미분은 사인 또는 코사인 미분보다 더 간단하다. 위 함수들 모두 주기적이고 인수가 2π 증가할 때마다 같은 값이 반복된다. 이것은 x가 한 파장 λ만큼 커질 때마다 일어난다. 공간의 어떤 특정 지점에서 파동의 시간 의존성도 비슷한 구조를 갖는다:

$$T(t) = f(2\pi\nu t) \tag{2.18}$$

여기서 ν는 단위 시간당 파동의 진동수를 나타낸다. x와 t를 동시에 고려한다면 우리는 다음과 같은 형태의 왼쪽에서 오른쪽으로 진행하는 파동 함수를 생각할 수 있다.

$$\Psi(x,t) = \exp\left[2\pi i\left(\frac{x}{\lambda} - \nu t\right)\right] \tag{2.19}$$

이제 Planck와 de Broglie 식 (2.9)와 (2.12)에서 ν와 λ대신 입자 특성을 대신하는 식을 이용하자. 이 식은 다음과 같다.

$$\Psi(x,t) = \exp[i(px - Et)/\hbar] \tag{2.20}$$

여기서

$$\hbar \equiv \frac{h}{2\pi} \tag{2.21}$$

이다. Planck 상수는 대부분의 공식에서 2π로 나눈 형태로 나타나는데, "에이치 바"라 읽는 이 기호는 Dirac에 의해 고안되었다.

식 (2.20)은 에너지 E, 운동량 p를 갖는 입자의 파동적 특성을 약간 특별한 방법으로 나타낸 것이다. 우리는 이 입자와 관련된 파동 방정식을 '역설계' 방법으로 발견하고자 한다. 식 (2.20)을 시간에 대해 미분하면 다음 식을 얻는다.

$$\frac{\partial \Psi}{\partial t} = -(iE/\hbar) \times \exp[i(px - Et)/\hbar] \tag{2.22}$$

따라서

$$i\hbar \frac{\partial \Psi}{\partial t} = E\Psi \tag{2.23}$$

가 된다. 비슷하게,

$$-i\hbar \frac{\partial \Psi}{\partial x} = p\Psi \tag{2.24}$$

이고,

$$-\hbar^2 \frac{\partial^2 \Psi}{\partial x^2} = p^2\Psi \tag{2.25}$$

비 상대론적 자유 입자에 대한 에너지와 운동량은 다음 식으로 연관되어 있다.

$$E = \frac{1}{2}mv^2 = \frac{p^2}{2m} \tag{2.26}$$

이는 $\Psi(x, t)$가 다음과 같은 편미분 방정식을 만족한다는 것을 암시한다.

$$i\hbar \frac{\partial \Psi}{\partial t} = -\frac{\hbar^2}{2m} \frac{\partial^2 \Psi}{\partial x^2} \tag{2.27}$$

위치 에너지가 $V(x)$인 입자에 대해서는 식 (2.26)과 비슷하게 다음 식이 성립한다.

$$E = \frac{p^2}{2m} + V(x) \tag{2.28}$$

따라서 물질파에 대한 방정식은 다음과 같다고 가정한다.

$$i\hbar\frac{\partial\Psi}{\partial t}=\left\{-\frac{\hbar^2}{2m}\frac{\partial^2}{\partial x^2}+V(x)\right\}\Psi \tag{2.29}$$

3차원에서 파동은 분명히 다음과 같은 일반화가 성립한다.

$$i\hbar\frac{\partial}{\partial t}\Psi(\mathbf{r},t)=\left\{-\frac{\hbar^2}{2m}\nabla^2+V(\mathbf{r})\right\}\Psi(\mathbf{r},t) \tag{2.30}$$

여기서 위치 에너지와 파동 함수는 우리가 간단하게 $\mathbf{r}$로 표현하는 위치 공간좌표 x, y, z에 의존한다. 따라서 우리는 입자와 관련된 물질파의 진폭 $\Psi(\mathbf{r}, t)$에 대한 *시간 의존 Schrödinger 방정식*을 얻게 되었다. 1926년에 일어난 이같은 방정식을 얻게 되는 과정이 바로 현대 양자역학의 출발점이 되었다. (1925년 Heisenberg는 행렬 역학으로 알려진 또 다른 설명을 제안하였다.)

에너지가 일정한 보존계에 대해서는 식 (2.20)에서 시간 의존항을 다음과 같이 분리할 수 있다.

$$\Psi(\mathbf{r},t)=\psi(\mathbf{r})\,e^{-iEt/\hbar} \tag{2.31}$$

여기서 $\psi(\mathbf{r})$은 단지 공간 좌표에만 의존하는 파동 함수이다. 식 (2.31)을 식 (2.30)에 대입하고, 지수 항을 소거하면, 다음과 같은 *시간 독립적 Schrödinger 방정식*을 얻는다.

$$\left\{-\frac{\hbar^2}{2m}\nabla^2+V(\mathbf{r})\right\}\psi(\mathbf{r})=E\psi(\mathbf{r}) \tag{2.32}$$

화학에서 양자역학을 이용할 때는 대부분 이 방정식을 사용할 것이다.

2.4 연산자와 고유값

식 (2.32)의 괄호 안은 *연산자*라 부른다. 연산자는 함수 개념을 일반화시킨 것이다. 함수는 하나의 숫자를 다른 숫자로 바꾸는 것에 대한 어떤 규칙인데, 연산자는 하나의 함수를 다른 함수로 바꾸는 것에 대한 규칙이다. Laplacian은 연산자의 한 예이다. 잠정적으로 어떤 것에 '모자(hat)'를 씌우면, 즉 $\hat{A}$면 연산자가 된다고 하자. 함수 f를 다른 함수 g로 바꾸는 연산자는 다음과 같이 표현될 수 있다.

$$\hat{A}\,f=g \tag{2.33}$$

식 (2.24)는 운동량의 x-성분에 대한 연산자는 다음과 같이 표현할 수 있다는 것을 의미한다.

$$\hat{p}_x = -i\hbar \frac{\partial}{\partial x} \tag{2.34}$$

비슷하게 y와 z-성분에 대해서도 다음과 같이 쓸 수 있다.

$$\hat{p}_y = -i\hbar \frac{\partial}{\partial y}, \qquad \hat{p}_z = -i\hbar \frac{\partial}{\partial z} \tag{2.35}$$

식 (2.28)에서처럼 위치와 운동량의 함수인 에너지는 고전역학에서는 *Hamiltonian*으로 알려져 있다. 3차원으로 일반화시키면,

$$H = \frac{\mathbf{p}^2}{2m} + V(\mathbf{r}) = \frac{1}{2m}(p_x^2 + p_y^2 + p_z^2) + V(x, y, z) \tag{2.36}$$

이 Hamiltonian에 대응되는 양자역학 연산자는 다음과 같다.

$$\hat{H} = -\frac{\hbar^2}{2m}\left(\frac{\partial^2}{\partial x^2} + \frac{\partial^2}{\partial y^2} + \frac{\partial^2}{\partial z^2}\right) + V(x, y, z) = -\frac{\hbar^2}{2m}\nabla^2 + V(\mathbf{r}) \tag{2.37}$$

시간 독립적 Schrödinger 방정식 (2.32)는 기호로 다음과 같이 표현된다.

$$\hat{H}\,\Psi = E\,\Psi \tag{2.38}$$

이런 형태는 적절한 Hamiltonian과 파동 함수가 주어지면 어떤 양자역학계에도 적용할 수 있다. 화학에 적용되는 대부분은 원자와 분자 속의 전자와 핵처럼 여러 입자를 포함하는 계이다.

다음 연산자 방정식은 *고유값(eigenvalue) 방정식*이라고 부른다.

$$\hat{A}\,\psi = 상수\,\psi \tag{2.39}$$

일반적으로 *어떤* 함수에 적용되는 연산자는 또 다른 함수를 만든다는 것을 알아야 한다(식 (2.33) 참조). 식 (2.38)과 같은 특별한 경우는 두 번째 함수가 첫 번째 함수의 배수일 때 발생한다. 이 경우에 ψ는 *고유 함수*라 부르고, 상수는 *고유값*이라고 부른다. (이런 말들은 독일어와 혼합된 용어이고, 순수하게 영어로는 "특성 함수"와 특성 값에 대응된다.) 양자역학의 모든 역학 변수 A에 대한 고유값 방정식은 보통 다음과 같이 표현된다.

$$\hat{A}\,\psi = a\,\psi \tag{2.40}$$

고유값 a는 그 역학변수 A의 가능한 측정값을 나타낸다. Schrödinger 방정식 (2.38)은 고유값 방정식의 가장 잘 알려진 예로서 양자 계에서 허용된 에너지 준위는 바로 고유값에 해당한다.

2.5 파동 함수

Max Born

단일-입자 계에서 파동 함수 $\Psi(\mathbf{r}, t)$ 또는 시간 독립적 파동 함수 $\psi(\mathbf{r})$는 확실하게 정의되지 않은 물질파의 진폭을 나타낸다. 식 (2.6)에 나타낸 전자기파의 세기와 진폭 사이의 관계는 물질파에도 적용할 수 있다. 파동 함수에 대해 가장 보편적으로 받아들일 수 있는 해석은 Max Born(1926)에 의해 이루어졌다. 그에 따르면 $\psi(\mathbf{r})$의 절대값의 제곱인 $\rho(\mathbf{r})$은 위치 $\mathbf{r}$에서 입자를 발견할 확률, 즉 확률 밀도(단위 부피당 확률)에 비례한다. 이 확률 밀도는 전자에 대한 이중-슬릿 실험인 그림 2.6에서처럼 스크린에 나타난 회절 모양의 3차원 모습이다. 전자 회절 실험의 경우 확률 밀도는 스크린 상에 주어진 위치에서 섬광이 나타날 상대적인 확률을 말한다. 이 함수 $\rho(\mathbf{r})$는 파동 함수가 다음과 같이 *정규화*(normalized)될 때는 확률 밀도에 비례하기보다 그 자체가 바로 확률 밀도이다.

$$\int |\psi(\mathbf{r})|^2 \, d\tau = 1 \tag{2.41}$$

이는 단순히 입자를 *어디에선가* 발견할 확률을 모두 더하면 전체 확률은 1이 된다는 의미이다. 식 (2.41)에서 적분 영역은 모든 공간을 포함하고, 기호 $d\tau$는 적당한 부피 요소를 나타낸다. 예를 들어, 직교 좌표에서는 $d\tau = dx\, dy\, dz$이고, 구면 극좌표에서는 $d\tau = r^2 \sin\theta \, dr\, d\theta\, d\phi$이다.

파동 함수의 물리적 의미 때문에 수학적으로 특정한 조건이 발생한다. 파동 함수는 확률 밀도가 공간의 모든 점에서 단 하나의 값만 가져야 하므로 모든 좌표에서 일가-함수여야 한다. 나아가 파동 함수는 모든 공간에서 유한 연속이어야 하기 때문에 Schrödinger 방정식의 해는 어느 특정한 경우로 제한이 된다. 즉, 에너지 및 관계되는 여러 다른 역학 변수들이 불연속인 값이 된다. 이것이 바로 *양자화*(quantization)이고, *양자역학*이라는 이름이 나오게 된 이유이다.

연습 문제

2.1 상대성 이론에서 공간 그리고 시간 변수는 성분 $x_1 = x, x_2 = y, x_3 = z, x_4 = ict$를 갖는 4차원 벡터로 통합될 수 있다. 비슷하게 운동량과 에너지도 $p_1 = p_x, p_2 = p_y, p_3 = p_z, p_4 = iE/c$ 성분을 가진 4-벡터로 통합될 수 있다. 이 운동량 성분에 대해 적당한 양자화 과정을 통해 다음의 시간 의존 Schrödinger 방정식을 유도하라.

$$\left\{-\frac{\hbar^2}{2m}\nabla^2 + V(\mathbf{r})\right\}\Psi(\mathbf{r},t) = i\hbar\frac{\partial\Psi(\mathbf{r},t)}{\partial t}$$

2.2 100-와트 전구에서 단위 초당 발생되는 광자수를 구하라. 단, 빛의 파장은 550 nm(노란색)라 가정한다.

2.3 40 keV(40,000 eV) 전자를 사용하여 전자를 회절시킬 때, 이 전자의 de Broglie 파장을 구하라.

2.4 파동 함수 $\Psi(x, t) = e^{i(px-Et)/\hbar}$는 1차원 시간-의존 Schrödinger 방정식의 해임을 보여라.

2.5 파동 함수 $\Psi(\mathbf{r}, t) = e^{i(\mathbf{p}\cdot\mathbf{r}-Et)/\hbar}$는 3차원 시간-의존 Schrödinger 방정식의 해임을 보여라.

2.6 $0 \le x \le \infty$ 구간의 일차원 양자 계에서 Hamiltonian은 다음과 같이 주어진다:

$$\hat{H} = -\frac{\hbar^2}{2m}\frac{d^2}{dx^2} - \frac{q^2}{x} \qquad (q\text{는 상수})$$

그리고 고유 함수 중 하나는 다음과 같다.

$$\psi(x) = A\,x\,e^{-\alpha x}, \quad \alpha \equiv mq^2/\hbar^2 \qquad (A\text{는 상수})$$

(i) Schrödinger 방정식을 쓰고 미분을 수행하라.

(ii) 대응하는 에너지 고유값을 $\hbar$, m, q 항으로 표현하라.

(iii) 유한 적분 $\int_0^\infty |\psi(x)|^2\,dx = 1$을 사용하여 파동 함수가 다음과 같이 정규화되도록 A 값을 구하라.

$$\int_0^\infty x^n e^{-ax}\,dx = n!/a^{n+1}$$

양자화학 입문

제3장

간단한 계의 양자역학

Quantum mechanics of some simple system

3.1 자유 입자

양자역학에서 가장 간단한 계는 모든 곳에서 위치 에너지가 0이 되는 계이다. 이는 그 입자에 어떤 힘도 작용하지 않기 때문에 *자유 입자*라고 부른다. 이 장에서는 x-방향으로만 움직이는 1차원 경우를 생각한다. 이 경우 다음 Schrödinger 방정식으로 표현할 수 있다.

$$-\frac{\hbar^2}{2m}\frac{d^2\psi(x)}{dx^2} = E\psi(x) \tag{3.1}$$

독립 변수가 하나뿐이므로 완전미분 값을 사용할 수 있다. 이 방정식은 다음처럼 간단히 된다.

$$\psi''(x) + k^2\psi(x) = 0 \tag{3.2}$$

여기서

$$k^2 \equiv 2mE/\hbar^2 \tag{3.3}$$

이다. 식 (3.2)의 가능한 해는

$$\psi(x) = 상수\begin{cases}\sin kx\\ \cos kx\\ e^{\pm ikx}\end{cases} \tag{3.4}$$

이다. k 값에는 어떤 제한도 없다. 따라서 양자역학에서도 자유 입자는 다음과 같은 양의 에너지를 갖는다.

$$E = \frac{\hbar^2 k^2}{2m} \geq 0 \tag{3.5}$$

이 경우에 에너지 준위는 양자화되지 *않고*, 고전 입자(classical particle)에서의 연속적인 운동 에너지와 같다. 심지어 양자화된 에너지가 잘 나타나는 원자나 분자에서 조차도 이온화의 시작이나 분해와 연관되는 충분히 높은 고에너지에서는 연속적인 에너지가 존재한다.

또한 자유 입자의 해인 식 (3.4)의 선운동량의 x-성분을 고려하는 것도 재미있다. 식 (2.33)과 (2.34)에 따라서 선운동량에 대한 고유값 방정식은 다음과 같이 된다.

$$\hat{p}_x \psi(x) = -i\hbar \frac{d\psi(x)}{dx} = p\,\psi(x) \tag{3.6}$$

여기서 우리는 p를 운동량 고유값으로 표기하였다. 식 (3.4)의 $\sin kx$ 혹은 $\cos kx$는 $\hat{p}_x$의 고유 함수가 아니라는 것은 쉽게 알 수 있다. 하지만 $e^{\pm ikx}$는 각각 $p = \pm\hbar k$의 고유값을 갖는 고유 함수이다. 운동량 p는 분명히 $-\infty$와 $+\infty$ 사이의 어떤 실수 값을 가질 수 있다. 따라서 운동 에너지 $E = p^2/2m$는 0과 $+\infty$ 사이 어떤 값도 가질 수 있다.

$\sin kx$와 $\cos kx$는 $\hat{p}_x$의 고유 함수는 아니지만, 다음과 같이 두 고유 함수 $e^{\pm ikx}$의 삼각함수 항등식의 중첩으로 구할 수 있다.

$$\cos kx = \frac{1}{2}(e^{ikx} + e^{-ikx})\text{과} \qquad \sin kx = \frac{1}{2i}(e^{ikx} - e^{-ikx}) \tag{3.7}$$

고유 함수 $e^{+ikx}(k > 0)$는 $p > 0$인 입자가 x-축 상에서 왼쪽에서 오른쪽으로 움직이는 입자를 나타내고, 대응되는 e^{-ikx}는 $p < 0$인 입자가 오른쪽에서 왼쪽으로 움직이는 입자를 나타낸다. 함수 $\sin kx$와 $\cos kx$는 서로 반대로 움직이는 파를 중첩하여 얻는 *정상파*(standing wave)를 나타낸다. 이들 $\sin kx$와 $\cos kx$는 $\hat{p}_x$의 고유 함수는 아니지만 $\hat{p}_x^2$의 고유 함수이고, 따라서 Hamiltonian $\hat{H}$의 고유 함수가 된다.

자유 입자의 고유 함수에 대한 직교성과 정규화는 델타 함수가 수반된다. 이는 5.3절의 식 (5.35)와 (5.36)에서 논의될 것이다.

3.2 상자 안 입자

무한 네모 우물에 있는 입자로 알려진 이 문제는 Schrödinger 방정식의 응용에서 가장 간단한 예다. 하지만 양자역학의 많은 기본 개념을 포함하고 있다. 일차원(x-축 방향)에서 움직이는 입자에 대해 Schrödinger 방정식은 다음과 같이 쓸 수 있다.

$$-\frac{\hbar^2}{2m}\psi''(x) + V(x)\psi(x) = E\,\psi(x) \tag{3.8}$$

이 입자가 $x = 0$과 $x = a$ 사이에서는 자유롭게 움직일 수 있지만 양 벽을 뚫고 나갈 수는 없다고 하자. 이는 다음과 같은 위치 에너지 함수로 표현할 수 있다.

$$V(x) = \begin{cases} 0 & 0 \le x \le a \\ \infty & x < 0\text{와 } x > a \end{cases} \tag{3.9}$$

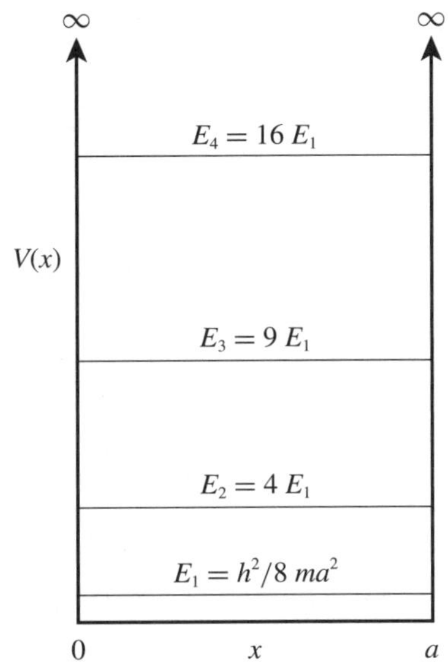

그림 3.1 상자 안 입자의 가장 낮은 에너지 준위와 포텐셜 우물.

이 포텐셜은 그림 3.1의 진한 검은 선으로 표기되어 있다. 무한 포텐셜은 뚫고 나갈 수 없는 장벽을 뜻한다. 따라서 입자는 *포텐셜 우물* 소위 *네모 우물*에 갇혀 있다. 입자는 양 끝점 $x = 0$과 $x = a$를 뚫고 나갈 수 없으므로 파동 함수는 다음 조건을 만족해야 한다.

$$x < 0\text{과 } x > a\text{에 대해서} \quad \psi(x) = 0 \tag{3.10}$$

또한 파동 함수는 연속적이어야 하므로 다음 조건도 만족해야 한다.

$$\psi(0) = 0\text{과} \quad \psi(a) = 0 \tag{3.11}$$

이 조건들은 상자 *안에서* 파동 함수의 경계 조건이다. 상자 *안에서* $V(x) = 0$이므로 Schrödinger 방정식은 다음과 같이 자유 입자에 대한 식 (3.1)로 귀결된다.

$$-\frac{\hbar^2}{2m}\psi''(x) = E\,\psi(x), \qquad 0 \le x \le a \tag{3.12}$$

이 식을 변형하면 다음 미분 방정식이 된다.

$$\psi''(x) + k^2\psi(x) = 0 \qquad \text{여기서} \quad k^2 = 2mE/\hbar^2 \tag{3.13}$$

이 식의 일반해는 다음과 같이 쓸 수 있다.

$$\psi(x) = \mathrm{A}\sin kx + \mathrm{B}\cos kx \tag{3.14}$$

여기서 A와 B는 경계조건 식 (3.11)에 의해 정해지는 상수이다. 첫 번째 조건을 적용하면 다음과 같다.

$$\psi(0) = A \sin 0 + B \cos 0 = B = 0 \tag{3.15}$$

$x = a$에서 두 번째 경계조건을 적용하면 다음과 같다.

$$\psi(a) = A \sin ka = 0 \tag{3.16}$$

여기서 $A \neq 0$이어야 한다. 그렇지 않으면 $\psi(x)$는 모든 곳에서 영이 되고 입자는 사라지기 때문이다. $\sin ka = 0$의 조건에 의해

$$ka = n\pi \tag{3.17}$$

가 성립하는데, n은 0, 양 또는 음의 정수이다. 하지만 $n = 0$은 제외되어야 한다. 그 이유는 $n = 0$이면 $k = 0$이 되고 $\psi(x)$가 모든 곳에서 영이 되기 때문이다. 식 (3.13)과 (3.17)에서 k를 소거하면 다음 식이 얻어진다.

$$E_n = \frac{\hbar^2\pi^2}{2ma^2}n^2 = \frac{h^2}{8ma^2}n^2 \qquad n = 1, 2, 3 \ldots. \tag{3.18}$$

이는 경계조건 식 (3.11)과 일치하는 Schrödinger 방정식의 해 (3.12)를 허용하는 유일한 에너지 값들이다. 정수 n은 *양자수*라 부르고 허용된 에너지 준위를 표기하기 위해 E에 아래 첨자로 쓴다. n이 음수이면 $\sin(-kx) = -\sin(kx)$이므로 양자 상태에 어떤 영향도 미치지 않는다. 그림 3.1에는 상자 안에 있는 입자의 에너지-준위 도표의 일부를 나타내었다. 고전역학에 의하면 $E \geq 0$의 모든 에너지는 연속이다. 불연속적인 에너지나 *양자화된* 에너지 준위는 양자역학에서 구속된 계의 특성이다. 즉, 구속된 계란 공간이 유한한 크기로 제한되어 있음을 뜻한다. 자유 입자의 경우 공간의 제한이 없으므로 에너지가 연속적이다. 에너지 준위의 수는 구속된 경우나 자유 입자의 경우나 모두 무한대이다. 상자 안 입자의 경우는 셀 수 없을 정도로 굉장히 많고, 자유 입자의 경우 명확히 무한대이다.

상자 안 입자는 $n = 1$일 때가 가장 낮은 에너지라 하자. 즉,

$$E_1 = \frac{h^2}{8ma^2} \tag{3.19}$$

양자 계에서 에너지가 가장 낮은 상태를 *바닥 상태*라고 부른다. 더 높은 에너지 상태는 *들뜬 상태*라고 부른다. 흥미로운 점은 고전 계에서는 가장 낮은 에너지는 영이지만 양자 계에서는 바닥 상태가 $E_1 > 0$이다. 이는 양자역학에서 자주 일어나는 현상이다. 바닥 상태의 잔류 에너지, 즉 고전적 에너지보다 초과되는 에너지를 영점 에너지라고 부른다. 사실 구속된 입자의 운동 에너지는 영이 될 수 없다. 따라서 운동량

도 영이 될 수 없다. 최소 운동량은 E_1과 $p^2/2m$를 같게 놓으면 $p_{\min} = \pm h/2a$임을 알 수 있다. 이는 운동량의 *불확정성*으로 표현할 수 있고 대략 $\Delta p \approx h/a$이다. 이를 위치 불확정성, 즉 상자의 크기 $\Delta x \approx a$과 결합하면 다음과 같이 쓸 수 있다.

$$\Delta x \, \Delta p \approx h \tag{3.20}$$

이는 나중에 자세히 논의할 *Heisenberg 불확정성 원리*와 일치한다.

상자 안 입자에 대한 고유 함수는 식 (3.14)에 의해서 주어지는데, $B = 0$로 두고 식 (3.17)과 일치하는 $k = n\pi/a$를 이용하면 다음과 같이 얻어진다:

$$\psi_n(x) = A \sin \frac{n\pi x}{a}, \qquad n = 1, 2, 3 \ldots. \tag{3.21}$$

에너지와 마찬가지로 이들은 양자수 첨자 n을 붙일 수 있다. 임의 상수 A는 $\psi_n(x)$를 정규화시켜 정할 수 있다. 이 경우에 정규화 조건 식 (2.41)은 다음과 같다.

$$\int_0^a [\psi_n(x)]^2 \, dx = 1 \tag{3.22}$$

적분은 입자의 존재 구간 $0 \le x \le a$에 대해 행한다. 식 (3.21)을 식 (3.22)에 대입하면 다음과 같다.

$$A^2 \int_0^a \sin^2 \frac{n\pi x}{a} \, dx = A^2 \frac{a}{n\pi} \int_0^{n\pi} \sin^2 \theta \, d\theta = A^2 \frac{a}{2} = 1 \tag{3.23}$$

여기서 $\theta = n\pi x/a$를 대입하고, 적분 구간에서 $\sin^2\theta$의 평균이 1/2이라는 사실을 이용하였다. (또 다른 방법은 표준 적분 표를 이용하는 것이다.) 식 (3.23)에서 정규화 상수는 모든 n에 대해서 $A = (2/a)^{1/2}$이다. 따라서 다음과 같은 정규화된 고유 함수를 얻는다.

$$\psi_n(x) = \left(\frac{2}{a}\right)^{1/2} \sin \frac{n\pi x}{a}, \qquad n = 1, 2, 3 \ldots. \tag{3.24}$$

처음 몇 고유 함수들과 대응되는 확률 분포를 그림 3.2에 나타내었다. 이 양자 계의 상태와 끈의 진동 모드는 아주 비슷하다. 사실 끈의 정지파의 모습은 파동 함수 (3.24)와 동일하다.

양자역학에서 상자 안 입자의 특징은 *마디*(node)가 나타난다는 것이다. 이들은 파동 함수가 사라지는 경계 지점의 양 끝점 외에 또 다른 점들이다. 어떤 마디에서도 입자를 발견할 확률은 정확히 영이다. 사실 n번째 양자 상태는 $n - 1$개의 마디가 있다. 일반적으로 마디 수는 양자 상태의 에너지에 따라 증가하며, 이는 다음과 같은 정성적인 논의로 확인될 수 있다. 마디 수가 증가하면 파동 함수의 진동도 증가

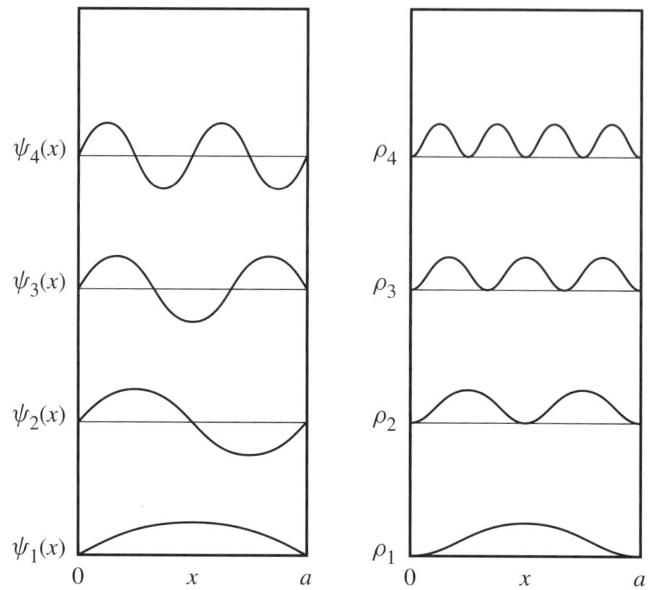

그림 3.2 상자 안 입자에 대한 고유 함수와 확률 밀도.

하고 파동 함수의 모양도 급격해진다. 이는 마치 회전 코스(slalom course)에서 스키를 타는 것과 같다. 따라서 2차 미분에 의해 주어지는 평균 곡률은 증가할 수밖에 없다. 그러나 이 2차 미분은 운동 에너지 연산자에 비례한다. 따라서 마디가 많을수록 에너지도 높아진다. 이러한 논의는 더 복잡한 양자 계에서 좋은 가이드가 될 것이다.

고유 함수 (3.24)의 또 다른 중요한 성질은 두 개의 *다른* 고유 함수 곱의 적분에 적용된다. 다음 관계식은 그림 3.3을 보면 쉽게 알 수 있다:

$$\int_0^a \psi_2(x)\,\psi_1(x)\,dx = 0 \quad \textbf{(3.25)}$$

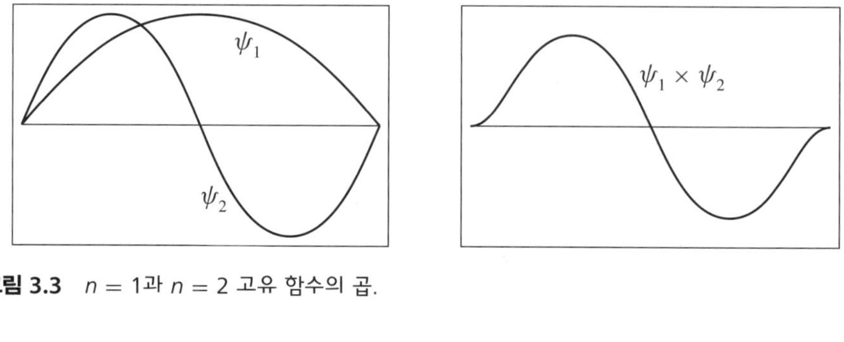

그림 3.3 $n = 1$과 $n = 2$ 고유 함수의 곱.

이 결과를 일반적으로 증명하기 위해 다음 삼각 항등식을 사용한다.

$$\sin\alpha \, \sin\beta = \frac{1}{2}[\cos(\alpha-\beta) - \cos(\alpha+\beta)] \qquad \textbf{(3.26)}$$

이 항등식을 사용하면 다음 결과가 성립함을 알 수 있다.

$$m \neq n\text{이면} \quad \int_0^a \psi_m(x)\,\psi_n(x)\,dx = 0 \qquad \textbf{(3.27)}$$

이 특성은 *직교성*이라고 부른다. 제4장에서 이 특성이 일반적인 양자역학 고유 함수들의 특성이라는 것을 보일 것이다. 정규화 식 (3.25)는 (3.27)과 함께 다음과 같은 하나의 식으로 통합할 수 있다.

$$\int_0^a \psi_m(x)\,\psi_n(x)\,dx = \delta_{mn} \qquad \textbf{(3.28)}$$

여기서 *크로네커 델타* δ_{mn}은 다음 특성을 갖는다.

$$\delta_{mn} \equiv \begin{cases} m = n\text{이면 } 1 \\ m \neq n\text{이면 } 0 \end{cases} \qquad \textbf{(3.29)}$$

식 (3.29)를 만족하는 함수들 $\{\psi_n\}$의 집합은 *직교 정규화*되었다고 한다.

3.3 자유-전자 모형

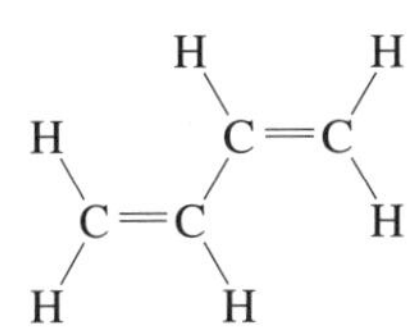

방금 풀었던 간단한 양자역학 문제는 화학에 유용하게 적용할 수 있다: 예를 들어 편재화되어 있지 않은 π-전자에 대한 *자유-전자 모형*(free-electron model, FEM). 가장 간단한 경우는 다음 1,3-부타디엔 분자이다.

4개의 π-전자는 단일 결합으로 묶여 있는 4개의 탄소 주변에서 자유롭게 움직이고 있다고 가정한다. C–C 결합의 지그재그 움직임은 무시하고 이 계를 그냥 1차원 상자로 가정한다. 우리는 또한 π-전자가 분자의 평면에서 실제로 마디를 가지고 있다고는 생각하지 않는다. 전자의 파동 함수는 끝 탄소 넘어서까지 연장되어 있기 때문에 각 끝에 약 절반의 결합 길이를 추가한다. 이렇게 하면 부타디엔의 경우 탄소 원자수에 C–C 결합 길이를 곱한 길이의, 약 4×1.40 Å(1 Å = 100 pm = 10^{-10} m) 상자라고 편리하게 생각할 수 있다. 이제 부타디엔의 가장 낮은 에너지 상태에서 4개의 비편재화된 전자들은 두 개의 가장 낮은 FEM "분자 오비탈"을 채울 것이다. 전체 π-전자 밀도는 (그림 3.4에서처럼) 다음 식으로 주어질 것이다.

$$\rho = 2\psi_1^2 + 2\psi_2^2 \qquad \textbf{(3.30)}$$

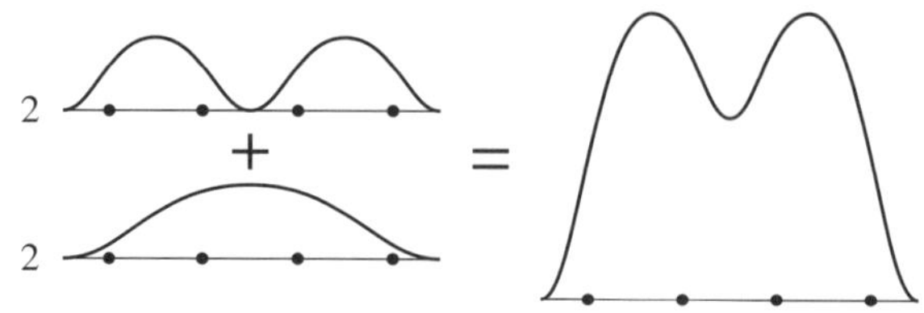

그림 3.4 부타디엔(butadiene)에서 π-전자 밀도.

이 그림을 화학적으로 해석하면 π-전자 밀도는 탄소 원자 1과 2, 그리고 3과 4 사이에 집중되어 있다고 말할 수 있다. 따라서 부타디엔의 주된 구조는 이 두 원자 쌍 사이에 이중 결합을 가지고 있다. 각 이중 결합은 기본적인 σ 결합에 부가하여 π 결합으로 구성된다. 그러나 탄소 2와 3 사이, 그리고 끝 탄소 넘어서 나머지 π-전자 밀도도 고려해야 한다. 원자가 결합 이론의 용어로 해석하면 부타디엔은 주된 구조 $CH_2{=}CH{-}CH{=}CH_2$와 2차 구조 $\circ CH_2{-}CH{=}CH{-}CH_2\circ$의 두 구조의 *공명 혼성*으로 설명할 수 있다. 이 2차 구조의 실체는 부타디엔이 1,4-첨가 반응을 할 수 있기 때문에 제안된 구조이다.

자유 전자 모형은 부타디엔 및 기타 선형 폴리엔의 전자 스펙트럼에도 또한 적용될 수 있다. 부타디엔에서 최저 비점유 분자 오비탈(LUMO)는 상자 내 입자 상태 $n = 3$에 해당한다. 전자-전자 상호 작용을 무시하면, 가장 긴 파장(최저 에너지) 전자 전이는 아래 그림에서 볼 수 있듯이 최고 점유 분자 오비탈(HOMO)인 $n = 2$로부터 일어나야 한다:

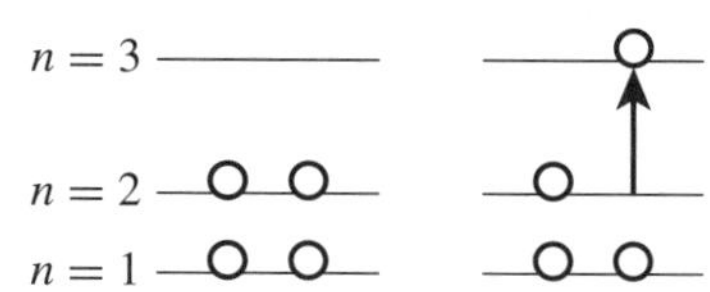

이 에너지 차이는 다음 식으로 주어진다.

$$\Delta E = E_3 - E_2 = (3^2 - 2^2)\frac{h^2}{8mL^2} \tag{3.31}$$

여기서 m은 전자의 질량(부타디엔의 질량이 아님!), 9.1×10^{-31} kg이고, L은 상자의 유효 길이(effective length), $4 \times 1.40 \times 10^{-10}$ m이다. 다음의 Bohr 진동수 조건

$$\Delta E = h\nu = \frac{hc}{\lambda} \tag{3.32}$$

에 의하면 파장은 207 nm로 예측된다. 이는 자외선 영역의 첫 번째 전자 흡수띠의 최대 실험값인 $\lambda_{max} \approx 210$ nm와 비교적 잘 일치한다.

따라서 더 큰 폴리엔 분자 $CH_2{=}(CH{-}CH{=})_{n-1}CH_2$에서의 흡수 스펙트럼을 예측

하기 위해서도 이 모형을 과감하게 적용할 수 있다. $2n$개의 탄소 원자(n개의 이중 결합)를 가진 분자의 경우, HOMO → LUMO 전이는 $n \to n+1$에 해당한다. 따라서

$$\frac{hc}{\lambda} \approx \left[(n+1)^2 - n^2\right] \frac{h^2}{8m(2nL_{CC})^2} \qquad \textbf{(3.33)}$$

이 된다. 이 계산에서 유용하게 사용된 상수는 Compton 파장 $h/mc = 2.426 \times 10^{-12}$ m이다. $n = 3$인 hexatriene의 경우 예상 파장은 332 nm이고 실험값은 $\lambda_{max} \approx 250$ nm이다. $n = 4$인 octatetraene의 경우 FEM의 예측값은 460 nm이고 실험값은 $\lambda_{max} \approx 300$ nm이다. 분명히 모형에 의하면 n이 증가함에 따라 흡수 대역 파장이 증가하는 경향이 정확하게 예측되었지만 정량적 타당성의 범위를 넘어선다. 흡수가 가시광선 영역 400~700 nm의 범위에서 일어난다면, 화합물은 색깔을 띠게 된다. $n = 5$의 폴리엔 사슬을 포함하는 레티놀(비타민 A)은 옅은 노란색을 띤다. 이 구조는 다음과 같다:

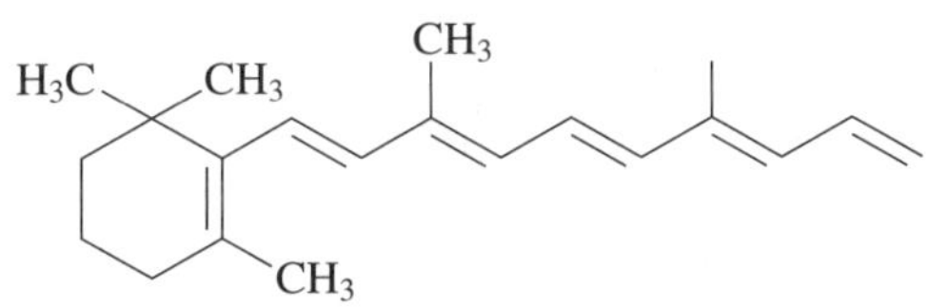

3.4 3차원 상자 안 입자

실제 상자는 3차원이다. 그림 3.5와 같이 침투할 수 없는 벽으로 이루어진 $a \times b \times c$ 차원의 직육면체 상자 내에서 자유롭게 움직이는 한 입자를 생각해보자.

위치 에너지는 다음과 같이 쓸 수 있다. 즉,

$$V(x, y, z) = \begin{cases} 0 & \text{상자 안} \\ \infty & \text{상자 밖} \end{cases} \qquad \textbf{(3.34)}$$

다시, 파동 함수는 상자 밖 모든 곳에서는 0이 된다. 연속 조건을 적용하면, 파동 함수

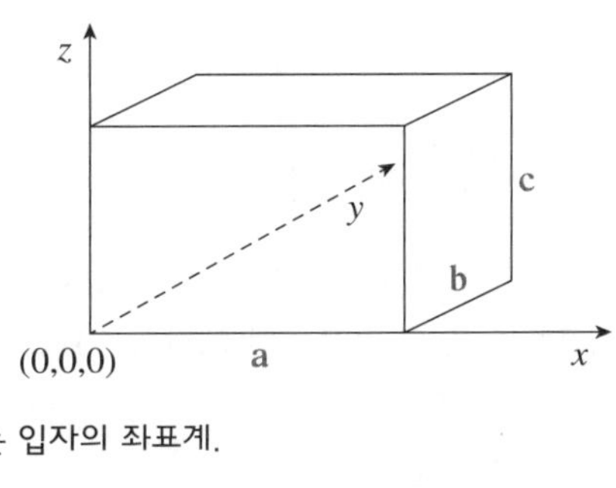

그림 3.5 상자 안에 있는 입자의 좌표계.

또한 상자의 6개 면에서 0이 되어야 한다. 상자를 회전하여 상자 면이 직교 좌표계의 축과 평행하게 되도록 하고 상자의 귀퉁이는 좌표계의 (0, 0, 0)에 맞추면 다음의 경계 조건을 만족해야 한다:

$$x = 0,\ x = a,\ y = 0,\ y = b,\ z = 0 \text{ 혹은 } z = c\text{에서} \quad \psi(x, y, z) = 0 \tag{3.35}$$

위치 에너지가 0인 상자 안에서 Hamiltonian은 단순히 3차원 운동 에너지 연산자이고, 경계 조건 식 (3.35)를 만족하는 Schrödinger 방정식은 다음과 같다.

$$-\frac{\hbar^2}{2m}\nabla^2\psi(x, y, z) = E\,\psi(x, y, z) \tag{3.36}$$

이와 같은 2차 편미분 방정식은 직교 좌표계에서 변수 분리가 가능하고 다음과 같은 해를 갖는다.

$$\psi(x, y, z) = X(x)Y(y)Z(z) \tag{3.37}$$

이 해는 다음의 경계조건을 만족한다.

$$X(0) = X(a) = 0, \qquad Y(0) = Y(b) = 0, \qquad Z(0) = Z(c) = 0 \tag{3.38}$$

식 (3.37)을 식 (3.36)에 대입하면, 다음과 같다.

$$\frac{\partial^2}{\partial x^2}X(x)\,Y(y)\,Z(z) = X''(x)\,Y(y)\,Z(z) \text{ 등} \tag{3.39}$$

이 식을 식 (3.37)로 나누면, 다음과 같은 식을 얻게 된다.

$$\frac{X''(x)}{X(x)} + \frac{Y''(y)}{Y(y)} + \frac{Z''(z)}{Z(z)} + \frac{2mE}{\hbar^2} = 0 \tag{3.40}$$

식 (3.40)에서 첫 3항은 각각 한 변수에만 의존하고 다른 두 변수에 대해서는 독립적이다. 이는 각 항이 독립적으로 상수일 때만 가능하다. 말하자면, 각각의 항이 $-\alpha^2$, $-\beta^2$, $-\gamma^2$일 때만 가능하다. $E > 0$이 되기 위해서는 이들 상수가 음이어야 한다. 따라서 식 (3.40)은 다음과 같은 3개의 상 미분 방정식으로 분리되며,

$$X'' + \alpha^2 X = 0, \qquad Y'' + \beta^2 Y = 0, \qquad Z'' + \gamma^2 Z = 0 \tag{3.41}$$

경계 조건식 (3.38)을 만족한다. 위 식에서 상수들은 다음과 같이 연관되어 있다.

$$\frac{2mE}{\hbar^2} = \alpha^2 + \beta^2 + \gamma^2 \tag{3.42}$$

관련된 경계 조건을 만족하는 식 (3.41)의 각각은 경계 조건식 (3.11)을 만족하는 1차원 문제 (3.13)과 같다. 따라서 정규화된 해 $X(x)$, $Y(y)$, $Z(z)$는 다음과 같이 식 (3.24)와 완전히 유사하게 쓸 수 있다:

$$X_{n_1}(x) = \left(\frac{2}{a}\right)^{1/2} \sin\frac{n_1\pi x}{a}, \qquad n_1 = 1, 2 \ldots$$
$$Y_{n_2}(y) = \left(\frac{2}{b}\right)^{1/2} \sin\frac{n_2\pi y}{b}, \qquad n_2 = 1, 2 \ldots$$
$$Z_{n_3}(x) = \left(\frac{2}{c}\right)^{1/2} \sin\frac{n_3\pi z}{c}, \qquad n_3 = 1, 2 \ldots \tag{3.43}$$

식 (3.41)에서 상수들은 다음과 같이 주어진다.

$$\alpha = \frac{n_1\pi}{a}, \qquad \beta = \frac{n_2\pi}{b}, \qquad \gamma = \frac{n_3\pi}{c} \tag{3.44}$$

따라서 허용되는 에너지 준위들은 다음과 같다.

$$E_{n_1,n_2,n_3} = \frac{h^2}{8m}\left(\frac{n_1^2}{a^2} + \frac{n_2^2}{b^2} + \frac{n_3^2}{c^2}\right), \qquad n_1, n_2, n_3 = 1, 2 \ldots \tag{3.45}$$

이 3차원 계의 상태를 기술하기 위해서는 3개의 양자수가 필요하다. 이 양자수에 대응하는 고유 함수는 다음과 같다.

$$\psi_{n_1,n_2,n_3}(x, y, z) = \left(\frac{8}{V}\right)^{1/2} \sin\frac{n_1\pi x}{a} \sin\frac{n_2\pi y}{b} \sin\frac{n_3\pi z}{c} \tag{3.46}$$

여기서 $V = abc$는 상자의 부피이다. 이 고유 함수들은 다음과 같은 정규직교계를 형성한다.

$$\int_0^a \int_0^b \int_0^c \psi_{n_1',n_2',n_3'}(x, y, z)\, \psi_{n_1,n_2,n_3}(x, y, z)\, dx\, dy\, dz = \delta_{n_1',n_1}\, \delta_{n_2',n_2}\, \delta_{n_3',n_3} \tag{3.47}$$

*3개*의 양자수가 모두 같지 않는 한 어떤 두 고유 함수들도 직교할 것이다. 식 (3.46)으로 표시된 3차원 물질파는 고체 블록의 진동 모드와 비교할 수 있다. 마디면은 그림 3.6에서처럼 옆면에 평행하다.

어떤 상자가 길이 $a = b = c$인 입방(cube) 대칭성을 가지고 있으면 에너지 식 (3.45)는 다음과 같이 간단하게 된다.

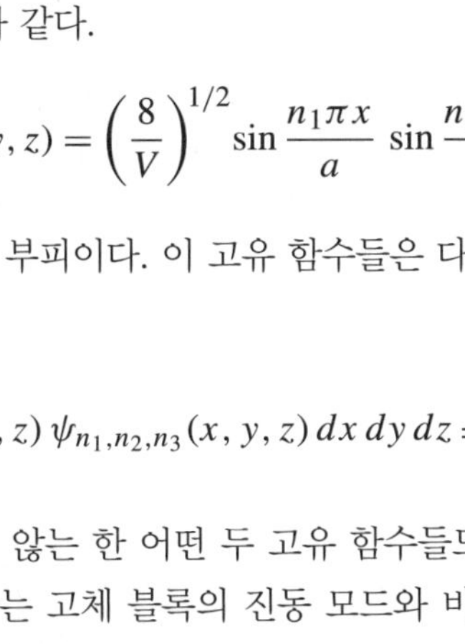

그림 3.6 상자 안 입자가 양자수 $n_1 = 4$, $n_2 = 2$, $n_3 = 3$에 있을 때의 마디면.

$$E_{n_1,n_2,n_3} = \frac{h^2}{8ma^2}(n_1^2 + n_2^2 + n_3^2), \quad n_1, n_2, n_3 = 1, 2 \dots. \tag{3.48}$$

대칭성을 갖는 양자 계는 일반적으로 그들의 에너지 준위에서 *축퇴*가 나타난다. 이것은 같은 고유값을 가지면서도 다른 고유 함수가 있을 수 있다는 것을 말한다. 하나의 고유 함수에 단 하나의 고유값을 갖는 경우는 *비축퇴되어 있다*고 하고, n개의 고유 함수 모두가 하나의 같은 고유값을 갖는 경우에는 *n-중으로 축퇴되어 있다*고 한다. 예를 들어 E_{n_1,n_2,n_3}이 $h^2/8ma^2$ 단위로 표현된 정육면체 상자의 처음 몇 에너지 준위들을 나열하면 다음과 같다:

$E_{1,1,1} = 3$ (비축퇴),
$E_{1,1,2} = E_{1,2,1} = E_{2,1,1} = 6$ (3중 축퇴)
$E_{1,2,2} = E_{2,1,2} = E_{2,2,1} = 9$ (3중 축퇴)
$E_{1,1,3} = E_{1,3,1} = E_{3,1,1} = 11$ (3중 축퇴)
$E_{2,2,2} = 12$ (비축퇴)
$E_{1,2,3} = E_{1,3,2} = E_{2,1,3} = E_{2,3,1} = E_{3,1,2} = E_{3,2,1} = 14$ (6중 축퇴)

이러한 상자 안 입자는 이상 기체를 설명하기 위한 통계열역학에 적용할 수 있다. 각 분자는 다른 분자와 상호작용하지 *않고* 자유롭게 상자 안을 움직인다고 가정한다. 에너지 준위 (3.48) 사이의 분포에서 N개 분자의 총 에너지는 $1/a^2$에 비례한다. 따라서

$$E = \text{상수 } V^{-2/3} \tag{3.49}$$

가 된다. 일의 미분식 $dw = -pdV$으로부터 다음 관계식을 얻을 수 있다.

$$p = -\frac{dE}{dV} = \frac{2}{3}\frac{E}{V} \tag{3.50}$$

하지만 이상적 단원자 기체의 에너지는 $\frac{3}{2}nRT$로 알려져 있고, 이는 다음과 같은 이상 기체 법칙이 된다.

$$pV = nRT \tag{3.51}$$

부록 3A 유한 네모-우물 포텐셜

상자-안-입자 문제의 또 다른 흥미로운 변화는 포텐셜 우물이 유한 크기일 때이다. 그림 3.7에 나타낸 바와 같이 다음과 같은 유한 크기의 포텐셜 우물을 생각해보자.

$$V(x) = \begin{cases} -V_0 & -a/2 \le x \le a/2 \\ 0 & x < -a/2 \text{와 } x > a/2 \end{cases} \tag{3.52}$$

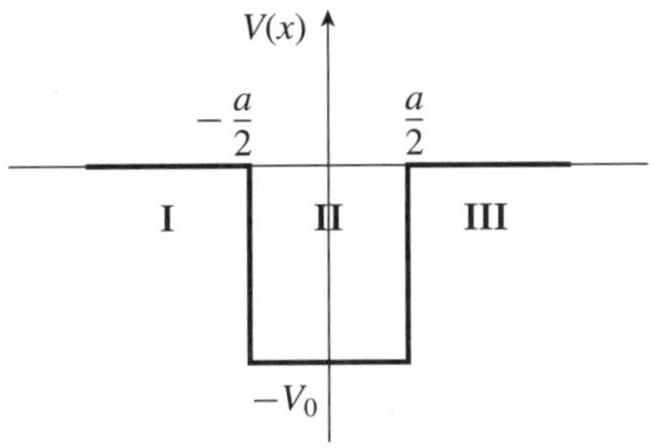

그림 3.7 깊이 V_0의 유한 포텐셜 우물.

먼저 다음의 $-V_0 < E < 0$의 음의 에너지를 생각해보자.

여기서 생각할 영역은 세 곳이다: 즉, I ($x < -\frac{a}{2}$), II ($-\frac{a}{2} \leq x \leq \frac{a}{2}$), III ($\frac{a}{2} < x$). 이 포텐셜은 x에 대해 짝함수이므로 $V(-x) = V(x)$이고, 파동 함수는 대칭이나 반대칭으로 표기된 것처럼 x에 대해 짝함수이거나 홀함수이어야 한다. 대칭인 경우에는

$$\psi_{\text{I}} = Ae^{\kappa x}, \qquad \psi_{\text{II}} = B\cos kx, \qquad \psi_{\text{III}} = Ae^{-\kappa x} \tag{3.53}$$

그러나 홀 반전성(odd parity)에 대해서는

$$\psi_{\text{I}} = Ae^{\kappa x}, \qquad \psi_{\text{II}} = B\sin kx, \qquad \psi_{\text{III}} = -Ae^{-\kappa x} \tag{3.54}$$

이 된다. 여기서

$$\kappa = \sqrt{-\frac{2mE}{\hbar^2}}, \qquad k = \sqrt{\frac{2m(E + V_0)}{\hbar^2}} \tag{3.55}$$

여기서 $x \to -\infty$일 때는 $\psi_{\text{I}} \to 0$이고, $x \to \infty$일 때는 $\psi_{\text{III}} \to 0$을 고려하였다. 에너지 고유값은 파동 함수와 파동 함수의 일차 미분이 포텐셜의 불연속 지점에서 연속이어야 한다는 조건에 의해 구하였다. $x = -a/2$에서 일치 조건, 즉 $\psi_{\text{I}}(-a/2) = \psi_{\text{II}}(-a/2)$과 $\psi'_{\text{I}}(-a/2) = \psi'_{\text{II}}(-a/2)$ 조건만 고려하면 충분하다. 짝 반전성(even parity)을 갖는 해는 다음과 같다.

$$Ae^{-\kappa a/2} = B\cos(ka/2) \quad \text{및} \quad -\frac{\kappa}{2}Ae^{-\kappa a/2} = -\frac{k}{2}B\sin(ka/2) \tag{3.56}$$

두 번째 식을 첫 번째 식으로 나누면 다음 식을 얻는다.

$$\kappa = k\tan(ka/2) \qquad \text{(대칭)} \tag{3.57}$$

유사하게 반대칭 파동 함수에 대해서는

$$\kappa = -k\cot(ka/2) \qquad \text{(반대칭)} \tag{3.58}$$

식 (3.55)와 더불어 위 두 식으로부터 유한 포텐셜 우물에서의 입자의 에너지에 대한

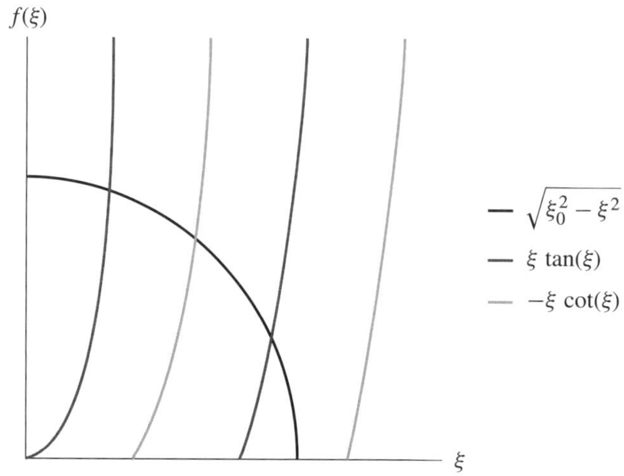

그림 3.8 그래프에 의한 유한 네모 우물의 에너지 결정.

초월 방정식이 얻어진다. 다음과 같은 무차원 변수를 정의하면

$$\xi = \frac{ka}{2} = \sqrt{\frac{ma^2(-E)}{2\hbar^2}} \quad 및 \quad \xi_0 = \sqrt{\frac{ma^2 V_0}{2\hbar^2}} \tag{3.59}$$

식 (3.57)과 (3.58)을 다음과 같이 쓸 수 있다.

$$\sqrt{\xi_0^2 - \xi^2} = \xi \tan\xi \quad 및 \quad \sqrt{\xi_0^2 - \xi^2} = -\xi \cot\xi \tag{3.60}$$

에너지에 대한 그래픽 해는 그림 3.8에서처럼 $f(\xi) = \sqrt{\xi_0^2 - \xi^2}$과 $\xi \tan \xi$ 또는 $-\xi \cot \xi$를 그래프에 그려보면 얻을 수 있다. 이 에너지 해는 교차점에서 ξ 값에 의해 구할 수 있다. 예를 들면 $\xi_0 = 4$의 경우 $\xi = 1.252,\ 2.475,\ 3.595$의 3개의 해를 얻는다. 대응되는 에너지는 식 (3.59)에 의해 구해진다.

$E > 0$인 경우 영역 I, II, III에 있는 Schrödinger 방정식의 해는 다음과 같은 형태의 해를 갖는다. 즉,

$$\psi(x) = a\, e^{ikx} + b\, e^{-ikx} \tag{3.61}$$

a와 b의 구체적인 값은 구하지 않지만 자유 입자의 경우와 비슷하게 연속적인 에너지 $E \geq 0$에 대응되는 $k \geq 0$의 모든 경우에 해가 존재한다는 것은 주목할 필요가 있다. 따라서 유한 네모 우물 문제는 원자 및 분자 계와 공통적인 모습을 갖는다: 즉, 유한한 개수의 음의 에너지의 속박된 상태들과 추가로 계에서 분리나 이온화에 대응되는 연속적인 에너지 $E \geq 0$를 갖는 경우에 해당한다. (요점: 수소 원자와 대부분의 양이온에는 무한한 수의 속박된 상태가 있다.)

연습 문제

3.1 다음 중 어느 것이 미분 방정식 $y''(x) + k^2y(x) = 0(k = \text{상수})$의 해가 *아닌가*?

(i) $\sin(kx)$ (ii) $\cos(kx)$ (iii) e^{ikx} (iv) e^{-kx} (v) $\sin(kx + \alpha)$(α는 상수)

3.2 1차원 상자 안에 있는 입자에 대해 입자가 그 상자의 중간 1/3에 있을 확률을 계산하라: 즉 $L/3 \le x \le 2L/3$. 임의의 n에 대한 일반 공식에서 n이 무한대로 수렴할 경우 극한 값을 계산하라.

3.3 입자가 $-a/2 \le x \le a/2$ 내에서만 존재하는 1차원 상자 안의 입자의 해를 연습 문제 3.2와 똑같이 구하라.

3.4 다음의 폴리메틴 이온에서 가장 낮은 에너지 전자 전이의 파장을 예측하라:

$$(CH_3)_2N^+{=}CH{-}CH{=}CH{-}CH{=}CH{-}N(CH_3)_2$$

모든 C–C와 C–N 결합 길이는 1.40 Å라 가정한다. N^+와 N은 각각 1과 2개의 π-전자에 기여한다.

3.5 이 문제에서 핵 에너지의 크기를 추정하게 된다. 핵을 변의 길이가 10^{-14} m의 정육면체로 가정하고 이 상자 안 입자는 핵자(양성자와 중성자)들이다. 핵자의 가장 낮은 허용된 에너지를 계산하라. 이 결과를 MeV 단위로 표현하라($1 \text{ MeV} = 10^6 \text{ eV} = 1.602 \times 10^{-13} \text{ J}$).

3.6 다음의 가상적인 두 상자 원자가 합하여 하나의 몰리-박스(moly-box)가 된다고 하자:

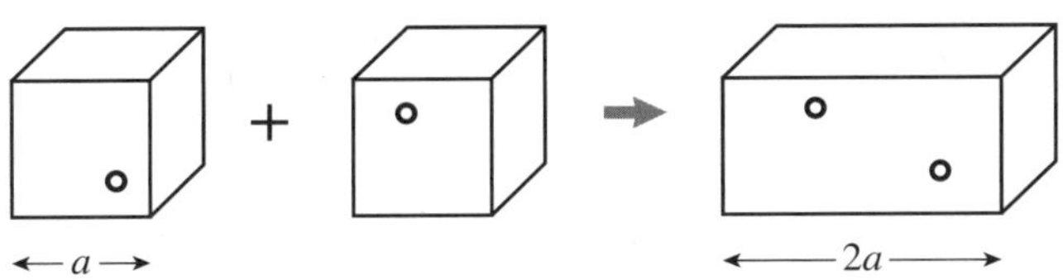

각 상자 원자에는 하나의 전자가 들어 있다. 두 전자 사이 상호작용은 무시할 수 있다. 위 가상적 반응에서 에너지 변화는 얼마인가?

3.7 2차원 상자 안 입자, 즉 변 a를 갖는 정사각형판 위에서 자유롭게 움직이는 입자를 생각하자. 고유값과 고유 함수를 얻기 위하여 Schrödinger 방정식을 풀어라. 우리가 이미 얻었던 해와 비슷하게 이 해를 구할 수 있어야 한다. 가장 낮은 몇몇 에너지 준위의 축퇴에 대해 논의하라.

3.8 벤젠에 적용된 자유 전자 모형의 변형으로 6개의 π-전자가 변의 길이가 a인 정사각형 판(plate) 내에서 움직인다고 가정하자. 벤젠의 268 nm 자외선 흡수를 일으키는 a 값을 계산하라.

제4장 양자역학의 원리

Principles of quantum mechanics

이 장에서는 양자역학의 수학적 틀을 필요하다면 경험적인 방법으로 전개해 나갈 것이다. 이는 후에 양자역학을 응용할 때 기초가 될 어떤 가정들의 체계가 될 것이다.

4.1 Hermite 연산자

연산자의 중요한 성질은 상자 안 입자에 대한 Hamiltonian을 생각하면 이해할 수 있다:

$$\hat{H} = -\frac{\hbar^2}{2m}\frac{d^2}{dx^2} \tag{4.1}$$

$f(x)$와 $g(x)$를 $\hat{H}$의 고유 함수와 똑같은 경계값을 갖는 임의 함수라 하자. 즉, $x = 0$과 $x = a$에서 $f(x)$와 $g(x)$는 0이 된다. 다음 적분을 생각해보자

$$\int_0^a f(x)\,\hat{H}\,g(x)\,dx = -\frac{\hbar^2}{2m}\int_0^a f(x)\,g''(x)\,dx \tag{4.2}$$

이제 다음 부분 적분을 사용하면,

$$\int_0^a f(x)\,g''(x)\,dx = -\int_0^a f'(x)\,g'(x)\,dx + \Big[f(x)\,g'(x)\Big]_0^a \tag{4.3}$$

두 번째 항의 경계에서 값은 f와 g에 대한 조건에 의해 0이 된다. 두 번째 부분 적분을 행하면 식 (4.3)은 다음과 같이 된다.

$$+\int_0^a f''(x)\,g(x)\,dx - \Big[f'(x)\,g(x)\Big]_0^a$$

따라서 다음과 같은 관계가 성립한다.

$$\int_0^a f(x)\,\hat{H}\,g(x)\,dx = \int_0^a g(x)\,\hat{H}\,f(x)\,dx \tag{4.4}$$

이것을 복소 함수에 대해 일반화하면 다음과 같다.

$$\int_0^a f^*(x)\,\hat{H}\,g(x)\,dx = \left(\int_0^a g^*(x)\,\hat{H}\,f(x)\,dx\right)^* \tag{4.5}$$

수학적인 용어로 연산자 $\hat{A}$를 표현하면,

$$\int f^*\,\hat{A}\,g\,d\tau = \left(\int g^*\,\hat{A}\,f\,d\tau\right)^* \tag{4.6}$$

이고, 특별한 경계 조건을 만족하는 모든 함수 f와 g에 대해서 성립한다. 이때 연산자 $\hat{A}$는 *Hermitian* 혹은 *자체-수반*(self-adjoint)이라 표기한다. 분명히 Hamiltonian은 Hermite 연산자이다. 동역학 변수를 나타내는 모든 양자역학 연산자는 Hermite 연산자이다.

4.2 고유값과 고유 함수

어떤 양자역학 문제를 풀어서 얻어진 에너지와 파동 함수들은 다음과 같이 고유값 방정식의 해로 요약될 수 있다.

$$\hat{H}\,\psi_n = E_n\,\psi_n \tag{4.7}$$

또 다른 양자수에 대해서는 다음과 같이 쓸 수 있다.

$$\hat{H}\,\psi_m = E_m\,\psi_m \tag{4.8}$$

식 (4.7)에 ψ_m^*를 곱하고 식 (4.8)의 켤레 복소에 ψ_n을 곱하여 서로 빼고 $d\tau$에 걸쳐서 적분하면 다음과 같은 결과를 얻을 수 있다.

$$\int \psi_m^*\,\hat{H}\,\psi_n\,d\tau - \left(\int \psi_n^*\,\hat{H}\,\psi_m\,d\tau\right)^* = (E_n - E_m^*)\int \psi_m^*\,\psi_n\,d\tau \tag{4.9}$$

하지만 Hermite 연산자 성질에 대한 식 (4.6)에 의해 식 (4.9)의 왼쪽은 0이다. 따라서

$$(E_n - E_m^*)\int \psi_m^*\,\psi_n\,d\tau = 0 \tag{4.10}$$

$m = n$인 경우를 먼저 생각하면, 식 (4.10)의 두 번째 인자는 값이 1(최소 영이 아닌 상수)이 되는 정규화 적분 $\int \psi_n^*\,\psi_n\,d\tau$이다. 따라서 식 (4.10)의 첫 번째 인자는 0이어야 한다. 즉,

$$E_n^* = E_n \tag{4.11}$$

이는 에너지 고유값이 실수가 되어야 한다는 것을 뜻하고, 이는 고유값은 측정 결과를 나타내기 때문에 물리적 관점에서 매우 타당하다. 다음은 $E_m \neq E_n$인 경우를 생각해 보자. 그러면 식 (4.10)의 두 번째 인자는 0이 되고, 다음 식이 성립해야 한다.

$$E_m \neq E_n \text{일 때는} \quad \int \psi_m^* \psi_n \, d\tau = 0 \tag{4.12}$$

따라서 서로 다른 고유값에 해당하는 고유 함수는 직교한다. $m \neq n$이지만 $E_m = E_n$인 고유 함수 ψ_m과 ψ_n이 겹치는 경우엔 위 직교성에 대한 증명은 성립하지 않는다. 하지만 겹치는 고유 함수를 가지고 서로 직교인 고유 함수를 만드는 것은 항상 가능하다. 따라서 일반적인 직교 정규화 조건은 다음과 같다. 즉,

$$\int \psi_m^* \psi_n \, d\tau = \delta_{mn} \tag{4.13}$$

겹치는 고유 함수들을 선형 결합하여 얻은 함수는 같은 에너지의 고유 함수가 된다는 것을 증명하는 것은 쉽다. 일단 다음과 같이 가정하자.

$$\hat{H} \psi_{nk} = E_n \psi_{nk}, \qquad k = 1, 2 \ldots d \tag{4.14}$$

여기서 ψ_{nk}는 같은 고유값 E_n을 갖고 d-중 겹치는 고유 함수들의 집합을 나타낸다. 이제 다음과 같은 선형 결합을 생각해 보자.

$$\psi = c_1 \psi_{n,1} + c_2 \psi_{n,2} + \cdots + c_d \psi_{n,d} \tag{4.15}$$

ψ에 Hamiltonian 연산을 한 후 식 (4.14)를 적용하면 다음과 같이 된다.

$$\hat{H} \psi = c_1 \hat{H} \psi_{n,1} + c_2 \hat{H} \psi_{n,2} + \cdots = E_n (c_1 \psi_{n,1} + c_2 \psi_{n,2} + \ldots) = E_n \psi \tag{4.16}$$

이는 선형 결합으로 만들어진 ψ는 또한 같은 에너지를 갖는 고유 함수라는 것을 보여준다. 분명히 겹치면서도 같은 고유값을 가지고 있는 많은 수의 고유 함수를 만들 수 있으나 이들 중 d만이 선형 독립일 것이다.

4.3 기대값

양자역학의 특별한 모습 중의 하나는 상태들의 중첩 가능성이다. 가끔 양자 계의 어느 상태는 다른 상태들의 선형 결합으로서 존재할 수 있다는 것이다. 즉 다음과 같다.

$$\psi = c_1 \psi_1 + c_2 \psi_2 \tag{4.17}$$

예를 들면, 부타디엔의 전자 바닥 상태는 (근사적으로) 다음의 원자가 결합 구조 $CH_2{=}CH{-}CH{=}CH_2$와 $\circ CH_2{-}CH{=}CH{-}CH_2\circ$의 중첩으로 생각할 수 있다. 식 (4.17)에 있는 3개의 모든 함수들이 정규화되어 있고, ψ_1과 ψ_2가 서로 직교한다면 다음 식이 성립한다.

$$\int \psi^* \psi \, d\tau = \int (c_1^* \psi_1^* + c_2^* \psi_2^*)(c_1 \psi_1 + c_2 \psi_2) \, d\tau =$$

$$c_1^* c_1 \int \psi_1^* \psi_1 \, d\tau + c_2^* c_2 \int \psi_2^* \psi_2 \, d\tau + c_1^* c_2 \int \psi_2^* \psi_1 \, d\tau + c_2^* c_1 \int \psi_2^* \psi_1 \, d\tau =$$

$$c_1^* c_1 \times 1 + c_2^* c_2 \times 1 + c_1^* c_2 \times 0 + c_2^* c_1 \times 0 = |c_1|^2 + |c_2|^2 = 1 \quad \textbf{(4.18)}$$

여기서 $|c_1|^2$과 $|c_2|^2$은 ψ 상태에 있는 어떤 시스템이 각각 ψ_1과 ψ_2로 있을 확률이다. (위에서 예를 든 부타디엔에서 $|c_1|^2$과 $|c_2|^2$은 Cl_2와의 반응에서 각각 1,3-첨가반응으로 가는 경우와 1,4-첨가반응으로 가는 경우에 대한 비율과 근사적으로 같다.)

ψ_1과 ψ_2가 관측 가능량 A의 고유 상태이고 다음 고유값 방정식을 만족한다고 하자. 즉,

$$\hat{A}\psi_1 = a_1\psi_1 \text{과} \qquad \hat{A}\psi_2 = a_2\psi_2 \quad \textbf{(4.19)}$$

그러면 ψ 상태에서 변수 A를 여러 번 측정하면 a_1 값의 확률은 $|c_1|^2$, a_2 값의 확률은 $|c_2|^2$이 될 것이다. 이 A의 평균값 혹은 *기대값*은 다음과 같이 주어질 것이다.

$$\langle A \rangle = |c_1|^2 a_1 + |c_2|^2 a_2 \quad \textbf{(4.20)}$$

이는 A를 샌드위치처럼 삽입하여 ψ로부터 다음과 같이 얻을 수 있다.

$$\langle A \rangle = \int \psi^* \hat{A} \psi \, d\tau \quad \textbf{(4.21)}$$

만일 ψ가 정규화되어 있지 않다면, 다음과 같이 쓰면 된다.

$$\langle A \rangle = \frac{\int \psi^* \hat{A} \psi \, d\tau}{\int \psi^* \psi \, d\tau} \quad \textbf{(4.22)}$$

기대값은 그 자체가 한 번 측정한 값의 가능할 결과일 필요는 없다는 것을 알아야 한다(도넛의 중심이 구멍 중앙에 있는 것처럼!). 어떤 연산자 $\hat{A}$가 미분연산자 같은 것이 아니고, 단순한 함수일 때는 식 (4.21)은 다음과 같이 평균값의 고전적 형태가 된다.

$$\langle A \rangle = \int A \rho \, d\tau \quad \textbf{(4.23)}$$

4.4 연산자에 대한 추가

Werner Heisenberg

연산자는 하나의 함수를 다른 함수로 변환시키는 어떤 규정이고 기호로는 $\hat{A}\psi = \phi$로 쓴다. 물리적 관점에서는 어떤 파동 함수에 연산자를 작용시킨다는 것은 ψ라는 상태의 관측 가능량 A를 측정하는 과정이라고 볼 수 있다. 그러면 변환된 파동 함수 ϕ는 측정 후 바뀐 계의 상태를 나타낸다. 일반적으로 ϕ는 ψ와 다르고 이는 어떤 양자 계에 측정을 하면 원래 양자 상태에 비가역적인 섭동을 초래하는 것과 같다. 단지 ψ가 A의 고유 상태인 특별한 경우에는 측정해도 원래 상태가 변하지 않는다. 그러한 함수 ϕ는 고유값 a 곱하기 ψ와 같다.

두 연산자의 곱, 즉 $\hat{A}\,\hat{B}$는 연산자의 연속적인 작용을 나타내고 *오른쪽에서 왼쪽*으로 읽는다. 즉, $\hat{B}$를 먼저 작용하고 $\hat{A}$를 나중에 작용한다. 일반적으로 거꾸로 두 연산자를 작용하면, 즉 $\hat{B}\,\hat{A}$는 다른 결과가 되는데, $\hat{A}\,\hat{B} \neq \hat{B}\,\hat{A}$로 쓴다. 이 경우 연산자는 *교환*되지 않는다고 표현한다. 이는 양자 계의 측정이 후속 측정에 미칠 수 있는 섭동 효과 때문일 수 있다. 우리의 매일 생활에서 교환되지 않는 연산자의 한 예가 있다: 일상생활에서 매일 아침 샤워하고 난 후에 옷을 입는다. 하지만 거꾸로 옷을 입고 샤워를 하면 완전히 다른 결과가 나온다!

두 연산자의 *교환자*는 다음과 같이 정의된다.

$$[\hat{A}, \hat{B}] \equiv \hat{A}\,\hat{B} - \hat{B}\,\hat{A} \tag{4.24}$$

$[\hat{A}, \hat{B}] = 0$일 때 두 연산자는 *교환*된다고 한다. 이는 두 연산자를 조합한 효과는 작용되는 순서가 어떻든지 똑같은 결과를 만든다는 것이다(이를 닦는 것과 샤워를 하는 것이 여기에 해당함).

두 관측 가능량 A와 B를 동시에 측정할 때 발생되는 불확정성 원리는 이들의 교환자에 의해 결정된다. 관측 가능량 A의 불확정성 Δa는 평균의 표준편차로 정의된다:

$$(\Delta a)^2 = \langle(\hat{A} - \langle A\rangle)^2\rangle = \langle A^2\rangle - \langle A\rangle^2 \tag{4.25}$$

이는 통계에서 *표준편차* σ에 대응한다. 다음 부등호는 두 불확정성의 곱에 대해서 증명할 수 있다:

$$\Delta a\,\Delta b \geq \frac{1}{2}|\langle[\hat{A}, \hat{B}]\rangle| \tag{4.26}$$

식 (4.26)의 잘 알려진 예는 위치와 운동량 연산자, 즉 $\hat{x}$와 $\hat{p}_x$이다. 이들의 교환자는 다음과 같이 주어진다.

$$[\hat{x}, \hat{p}_x] = i\hbar \tag{4.27}$$

따라서

$$\Delta x\,\Delta p \geq \hbar/2 \tag{4.28}$$

가 되며 이를 *Heisenberg 불확정성 원리*라고 부른다. 이러한 양자 이론의 기본 결과는 어떤 입자의 위치와 운동량 모두를 임의의 정밀도로 측정할 수 없다는 것을 의미한다. 즉, 하나를 더 정확하게 알수록 다른 것은 더 부정확해진다. 예를 들면 어떤 운동량 고유 상태에서처럼 운동량을 정확히 안다면, 위치는 완전히 알지 못하게 된다.

에너지와 시간에 대한 불확정성 원리도 식 (4.26)에 있는 에너지 연산자 $\hat{E} = i\hbar\partial/\partial t$를 사용하여 이끌어낼 수 있다. 그 결과는 다음과 같다.

$$\Delta E \ \Delta t \geq \hbar/2 \tag{4.29}$$

Bohr에 의해서 처음 제안된 이 불확정성 원리의 이러한 측면은 시간 Δt 동안 에너지를 측정하는 것을 뜻한다. 이는 수명(Δt)이 아주 짧은 원자나 분자의 들뜬 상태는 에너지에서 상당히 큰 불확정성 ΔE가 관련되어 있다는 것을 의미한다. 이는 스펙트럼 선들이 옆으로 퍼지게 되는 요인들 중의 하나이다.

두 연산자가 교환된다면 두 물리량을 동시에 측정해도 정확성에 어떤 제한이 가해지지 않는다. 예를 들면 어떤 입자의 위치 좌표 x와 y를 동시에 알 수 있다. 교환되는 두 관측 가능량은 동시적 고유 함수를 가질 수 있다는 중요한 정리가 있다. 이 정리를 증명하기 위해 연산자 $\hat{A}$에 대한 고유값 방정식을 적어보자. 즉,

$$\hat{A} \ \psi_n = a_n \ \psi_n \tag{4.30}$$

다음 $\hat{B}$를 작용하고 $\hat{A}$와 $\hat{B}$의 교환성을 사용하면 다음 식이 얻어진다.

$$\hat{B} \ \hat{A} \ \psi_n = \hat{A} \ \hat{B} \ \psi_n = a_n \ \hat{B} \ \psi_n \tag{4.31}$$

이는 $\hat{B} \ \psi_n$이 또한 같은 고유값 a_n을 갖는 $\hat{A}$의 고유 함수라는 것을 의미한다. 이는

$$\hat{B} \ \psi_n = \text{상수} \ \psi_n \equiv b_n \ \psi_n \tag{4.32}$$

식이 성립하고 ψ_n이 각각 고유값 a_n과 b_n을 갖는 $\hat{A}$와 $\hat{B}$의 동시적 고유 함수임을 뜻한다. 이 유도 과정은 축퇴되어 있는 고유 함수의 경우에는 좀 더 복잡해지지만 똑같은 결론에 이른다.

Hamiltonian 다음으로 양자역학에서 가장 중요한 연산자는 아마도 각운동량 연산자일 것이다. 고전역학에서 각운동량의 정의는 $\mathbf{L} = \mathbf{r} \times \mathbf{p}$이다. 직교 좌표계에서는 다음과 같다. 즉,

$$L_x = yp_z - zp_y, \qquad L_y = zp_x - xp_z, \qquad L_z = xp_y - yp_x \tag{4.33}$$

앞으로는 이러한 방정식들을 "$L_x = yp_z - zp_y$, *et cyc*,"로 표기한다. 이 의미는 $x \rightarrow y \rightarrow z \rightarrow x$ 순으로 계속된다는 뜻이다. 고전역학 변수를 양자역학 연산자로 변환하는 일반적인 절차는 제2장에 기술되어 있다. 핵심 관계식은 단순히 곱의 연산자로 사용된 좌표 x, y, z에 대한 다음과 같은 운동량 성분이다.

$$\hat{p}_x = -i\hbar\frac{\partial}{\partial x}, \quad \hat{p}_y = -i\hbar\frac{\partial}{\partial y}, \quad \hat{p}_z = -i\hbar\frac{\partial}{\partial z} \tag{4.34}$$

식 (4.34)와 (4.33)을 적용하면 다음과 같은 3개의 운동량 연산자를 얻게 된다.

$$\hat{L}_x = -i\hbar\left(y\frac{\partial}{\partial z} - z\frac{\partial}{\partial y}\right) \quad et\ cyc \tag{4.35}$$

그러나 총 각운동량은 다음과 같이 주어진다.

$$\hat{L}^2 = \hat{L}_x^2 + \hat{L}_y^2 + \hat{L}_z^2 \tag{4.36}$$

각운동량 연산자는 다음 교환 관계식을 만족한다:

$$[\hat{L}_x, \hat{L}_y] = i\hbar\hat{L}_z \quad et\ cyc \tag{4.37}$$

하지만

$$[\hat{L}^2, \hat{L}_z] = 0 \tag{4.38}$$

이 성립하고 비슷하게 $\hat{L}_x$와 $\hat{L}_y$에 대해서도 성립한다. 이는 $\hat{L}^2$과 각운동량의 한 성분 보통 $\hat{L}_z$와의 동시적 고유 함수가 존재한다는 뜻이다. 그러나 이들 고유 함수 상태들은 $\hat{L}_x$나 $\hat{L}_y$의 고유 함수가 될 수는 *없다*.

앞으로 연산자 기호에 모자를 씌우지 않고 단순히 $\hat{A}$ 대신 A라고만 쓸 것이다.

4.5 양자역학의 가정

양자역학은 몇 가지 가정에 대한 이론을 유도할 수 있을 정도로 충분히 완성된 이론이다.

가정 1. 양자역학 계의 상태는 완벽하게 시간과 위치에 의존하는 파동 함수 Ψ에 의해서 결정된다. 이 파동 함수의 제곱 $\Psi^*\Psi$은 계가 어떤 특정 좌표 값에서 발견될 확률 밀도이다.

파동 함수는 물리적인 해석 때문에 어떤 수학적인 요구 조건을 만족해야 한다. 그 조건은 파동 함수는 단일-값을 갖고 유한하며 연속적이어야 한다는 것이다. 또한 이 파동 함수는 다음과 같은 정규화조건을 만족해야 한다.

$$\int \Psi^*\Psi\, d\tau = 1 \tag{4.39}$$

가정 2. 양자역학에서 모든 관측 가능량은 선형 Hermite 연산자로 표현된다.

Hermite 연산자 특성은 식 (4.6)에서 정의되었다. 선형 연산자는 다음 항등식을 만족한다.

$$\hat{A}(c_1\psi_1 + c_2\psi_2) = c_1\hat{A}\psi_1 + c_2\hat{A}\psi_2 \tag{4.40}$$

이 항등식은 양자 상태들의 중첩을 설명하는 데 필요하다. 고전역학과 유사성을 가지는 연산자의 형태는 다음 규정에 의해 유도된다.

$$\hat{\mathbf{r}} = \mathbf{r}, \qquad \hat{\mathbf{p}} = -i\hbar\nabla \tag{4.41}$$

이는 앞에서 직교 좌표 성분으로 표현하였다[식 (4.34) 참조].

가정 3. 연산자 $\hat{A}$와 관련된 어떤 관측 가능량 A를 측정하면, 결과는 고유값 a_n이고 이들은 다음 고유값 관계식을 만족한다.

$$\hat{A}\psi_n = a_n\psi_n \tag{4.42}$$

이 가정 3이 바로 양자역학의 핵심으로서, 측정된 역학 변수의 양자화이다. 하지만 구속되지 않는 입자의 경우처럼 연속적인 고유값은 배제되지 않는다.

어떤 관측 가능량 A에 대한 모든 측정량은 반드시 고유값들 중의 하나이다. 임의 상태(A의 고유 상태가 아님)에 대해서는 매번 측정값을 예측할 수 없고 계에 "잡음(noise)"이 들어올 수 있지만 다음의 4번째 가정에 따라 이 측정값들은 통계 법칙을 따른다:

가정 4. 정규화된 파동 함수 Ψ로 기술되는 상태에 있는 계에 대해서 A에 대응하는 관측 가능량의 기대값 또는 평균값은 다음과 같이 주어진다.

$$\langle A \rangle = \int \Psi^* \hat{A}\, \Psi\, d\tau \tag{4.43}$$

마지막으로

가정 5. 어떤 계의 파동 함수는 다음과 같은 시간 의존 Schrödinger 방정식에 따라 시간적으로 변화한다.

$$i\hbar\frac{\partial\Psi}{\partial t} = \hat{H}\,\Psi \tag{4.44}$$

시간 독립 문제의 경우에는 다음과 같은 시간 독립 Schrödinger 방정식이 된다.

$$\hat{H}\,\psi = E\,\psi \tag{4.45}$$

이 식은 Hamiltonian 연산자의 고유값 방정식과 같다.

4.6 Dirac의 bra-ket 기호

*직교*라는 말은 수직 벡터와 함수들의 곱을 적분하면 0이 될 때 사용된다. 이는 실제로 벡터와 함수 사이의 깊은 관계를 내포하고 있다. 두 직교 벡터 **a**와 **b**를 생각해보

P. A. M. Dirac

자. 이들의 x, y, z 성분들을 각각 1, 2, 3으로 표기한다면 이들의 스칼라 곱은 다음과 같이 쓸 수 있다.

$$\mathbf{a} \cdot \mathbf{b} = a_1 b_1 + a_2 b_2 + a_3 b_3 = 0 \tag{4.46}$$

이제 n-차원 공간에서(n-차원 공간을 꼭 상상해 볼 필요는 없다!) 비슷한 벡터 관계식을 생각해보자. 그러면 다음과 같이 쓸 수 있다.

$$a \cdot b = \sum_{k=1}^{n} a_k b_k = 0 \tag{4.47}$$

마지막으로 공간의 차원이 셀 수 없이 무한하여 연속적이 되었다고 하자. 그러면 위 식 (4.47)은 다음과 같은 적분으로 바뀔 것이다.

$$\int a(x)\, b(x)\, dx = 0 \tag{4.48}$$

그러나 이 식은 바로 직교 함수에 대한 관계식이다. 따라서 어떤 함수든지 *힐버트 공간*(Hilbert space)로 알려진 고차원의 연속 공간에서 추상 벡터로 볼 수 있다. 또한 이는 고유 함수에 대해서도 마찬가지이다. Dirac은 고유 함수 ψ_n에 대응되는 힐버트 공간에서 벡터를 기호 $|n\rangle$으로 표기하였다. 따라서 켤레 복소수 ψ_m^*는 $\langle m|$으로 표기된다. 두 함수의 곱을 적분하면 다음과 같이 추상 벡터의 스칼라 곱과 유사하게 된다.

$$\int \psi_m^* \psi_n \, d\tau = \langle m| \cdot |n\rangle \equiv \langle m|n\rangle \tag{4.49}$$

마지막 값 $\langle m|n\rangle$은 *braket*으로 알려져 있고, Dirac은 $\langle m|$과 $|n\rangle$을 각각 "bra"와 "ket"으로 불렀다. 직교 정규화 조건 식 (4.13)은 다음과 같이 쓸 수 있다.

$$\langle m|n\rangle = \delta_{mn} \tag{4.50}$$

연산자 $\hat{A}$가 중간에 들어 있는 적분의 행렬 요소는 다음과 같은 간단한 형태로 표현할 수 있다.

$$\int \psi_m^* \hat{A} \psi_n \, d\tau = \langle m|A|n\rangle \tag{4.51}$$

따라서 $\hat{A}$의 Hermite 조건은 다음과 같이 표현된다.

$$\langle m|A|n\rangle = \langle n|A|m\rangle^* \tag{4.52}$$

어떤 연산자 $\hat{A}$에 대한 *수반* 연산자 $\hat{A}^\dagger$는 다음과 같이 정의된다.

$$\langle m|A^\dagger|n\rangle = \langle n|A|m\rangle^* \tag{4.53}$$

따라서 Hermite 연산자는 $\hat{A}^\dagger = \hat{A}$이므로 *자체-수반* 연산자이다.

행렬 용어로 ket $|n\rangle$은 *열 벡터*(column vector)와 비슷하고 bra $\langle m|$은 *행 벡터*(row vector), 연산자 A는 사각형 행렬과 비슷하다. 따라서 $\langle m|n\rangle$과 $\langle m|A|n\rangle$ 표현은 행렬 곱이 가능함을 나타낸다. bra는 ket의 수반으로 생각할 수 있다. 즉,

$$\langle n| = |n\rangle^\dagger \tag{4.54}$$

열 벡터의 요소는 대응되는 공액 복소수의 행 요소로 배열된다. 염두에 둘 것은

$$\langle n|A^\dagger = (A|n\rangle)^\dagger \tag{4.55}$$

이므로 다음 관계식이 성립한다.

$$\langle n|A^\dagger A|n\rangle = \int \psi_n^* \hat{A}^\dagger \hat{A}\psi_n \, d\tau = \int |\hat{A}\psi_n|^2 \, d\tau \geq 0 \tag{4.56}$$

4.7 변분 원리

몇 개의 집중적으로 연구된 것을 제외하고는 대부분의 재미있는 화학 문제에 대한 Schrödinger 방정식은 정확히 풀 수 *없다*. 변분법은 어떤 특정 함수 형태의 해에 대해 가장 최상의 근사적인 해를 찾는 데 도움을 준다. Hamiltonian $\hat{H}$로 기술되는 양자 계의 바닥 상태에 대한 근사 해를 찾는다고 하자. 다음 Schrödinger 방정식은 너무 어려워서 풀기가 쉽지 않다고 생각된다.

$$\hat{H}\,\psi_0 = E_0\,\psi_0 \tag{4.57}$$

하지만 함수 $\tilde{\psi}$를 진짜 바닥-상태 파동 함수의 근사해라 가정하자. 변분 원리(또는 변분 이론)에 따르면 정확한 바닥-상태 에너지 E_0에 대한 *상한* 값은 다음 공식에 의해 얻을 수 있다:

$$\tilde{E} \equiv \frac{\int \tilde{\psi}^*\,\hat{H}\,\tilde{\psi}\,d\tau}{\int \tilde{\psi}^*\,\tilde{\psi}\,d\tau} \geq E_0 \tag{4.58}$$

이 적분 비는 식 (4.22)에 의해 주어진 기대값 $\langle H\rangle$와 같은 형태이다. 근사적인 파동 함수가 더 좋을수록 이 근사적인 파동 함수를 사용해 얻어지는 바닥-상태 에너지 $\tilde{E}$도 더 낮아질 것이다(여전히 정확한 값보다는 더 크겠지만). 식 (4.58)을 증명하기 위해 식 (4.17)과 유사하게 근사 함수가 다음과 같이 개념상 Hamiltonian의 실제의 고유 상태들의 중첩으로 표현할 수 있다고 가정하자.

$$\tilde{\psi} = c_0\,\psi_0 + c_1\,\psi_1 + \ldots. \tag{4.59}$$

이는 근사적인 바닥-상태인 $\tilde{\psi}$가 실제 바닥-상태인 ψ_0에 근접할 수 있다는 것을 뜻한

다. 하지만 들뜬 상태들인 ψ_1 , ψ_2 , ...들이 약간 포함되어 있다. 물론 위 식 (4.59)의 오른쪽 상태나 계수 어떤 것도 실제로 모른다. 안다면 근사적인 계산에 대해 걱정할 필요가 없을 것이다. 식 (4.20)에 의해 Hamiltonian의 기대값을 식 (4.59)의 상태로 계산하면 다음과 같이 주어진다.

$$\tilde{E} = |c_0|^2 E_0 + |c_1|^2 E_1 + \cdots \tag{4.60}$$

모든 들뜬 상태들은 바닥-상태보다 더 높은 에너지를 가지기 때문에, 즉 E_1 , E_2, . . . $\geq E_0$이기 때문에 다음과 같은 관계식이 성립한다.

$$\tilde{E} \geq (|c_0|^2 + |c_1|^2 + \cdots)\, E_0 = E_0 \tag{4.61}$$

여기서 $\tilde{\psi}$는 정규화되었다고 가정한다. 따라서 $\tilde{E}$는 식 (4.58)에 의해 암시된 것처럼 진짜 바닥-상태 에너지 E_0보다 커야 한다.

변분원리에 대한 비록 인위적이지만 가장 간단한 설명으로 상자 안에 든 입자의 바닥 상태를 예로 들어보자. 지금까지 삼각함수나 사인이나 코사인 함수를 공부한 적이 없다고 가정하면 이 바닥 상태에 대한 적당한 근사적인 파동 함수로 다음과 같은 정규화되어 있고 거꾸로 된 포물선 함수를 생각해도 된다.

$$\tilde{\psi}(x) = \left(\frac{30}{a^5}\right)^{1/2} x\,(a - x) \tag{4.62}$$

그림 4.1은 이 함수가 다음과 같이 정확한 바닥 상태 고유 함수와 비슷하다는 것을 보여준다.

$$\psi_1(x) = \left(\frac{2}{a}\right)^{1/2} \sin\left(\frac{\pi x}{a}\right) \tag{4.63}$$

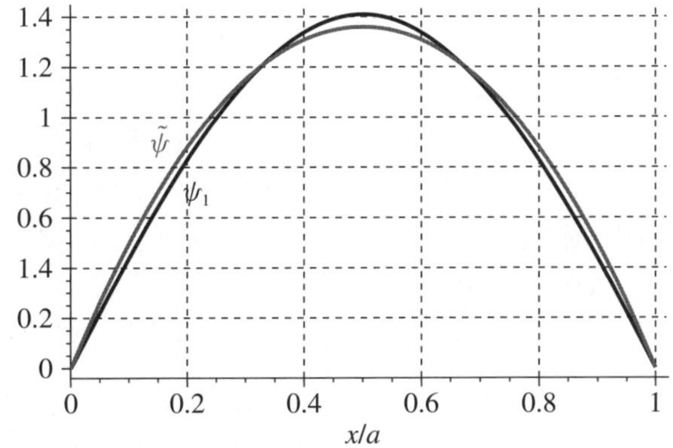

그림 4.1 상자 안 입자에 대한 변분 근사.

변분 계산을 하면 다음과 같은 에너지 값을 얻을 수 있으며,

$$\tilde{E} = \int_0^a \tilde{\psi}(x)\left(-\frac{\hbar^2}{2m}\right)\tilde{\psi}''(x)\,dx = \frac{5}{4\pi^2}\frac{h^2}{ma^2} = \frac{10}{\pi^2}E_1 = 1.01321E_1 \quad \textbf{(4.64)}$$

정확한 바닥 상태 에너지에 대한 표현은 $E_1 = h^2/8ma^2$이다. 변분 이론에 의해 $\tilde{E} > E_1$이다. 이 계산의 오차는 약 1% 정도이다.

4.8 분광 전이

전자기 복사와 원자나 분자의 상호작용에 의해 양자 상태 사이에서 전이가 일어날 수 있다. 전이를 공부하기 위해서는 다음과 같은 완전한 *시간 의존* Schrödinger 방정식(TDSE)이 필요하다.

$$i\hbar\frac{d\Psi}{\partial t} = \hat{H}\Psi \quad \textbf{(4.65)}$$

Hamiltonian은 다음과 같은 형태로 생각하자.

$$\hat{H}(t) = \hat{H}_0 + \hat{V}(t) \quad \textbf{(4.66)}$$

여기서 *섭동되지 않는 Hamiltonian* $\hat{H}_0$은 시간에 독립적이고 *섭동인* $\hat{V}(t)$는 $\hat{H}_0$보다 훨씬 작으나 시간 의존성이 있다. 시간에 따라 변하지 않는 Hamiltonian은 다음 식을 만족하는 고유 상태들의 집합으로 구성되어 있다.

$$\hat{H}_0\psi_n = E_n\psi_n \quad \textbf{(4.67)}$$

고유 상태 ψ_n과 ψ_m를 연결해주는 $\hat{V}(t)$의 적분, 즉 다음 행렬 요소

$$V_{mn}(t) = \int \psi_m^*\,\hat{V}(t)\,\psi_n\,d\tau \quad \textbf{(4.68)}$$

가 0이 *아니라면* 섭동 $\hat{V}(t)$으로 인해 두 고유 상태 ψ_n과 ψ_m 사이의 전이가 유도될 수 있다. 이는 2.4절에서 논의된 연산자의 성질과 일치한다. ψ_n에 $\hat{V}(t)$를 작용하면 계는 $\hat{V}(t)\psi_n$로 바뀐다. 식 (4.68)처럼 이 함수 $\hat{V}(t)\psi_n$와 ψ_m^*과의 겹침에 의해 최종 상태가 ψ_m이 될 확률 진폭을 얻을 수 있다. 부록 4A에서 $m \leftarrow n$이 일어날 전이 확률은 $|V_{mn}(t)|^2$에 비례한다는 것을 보여줄 것이다.

원자나 분자의 복사장과의 상호작용은 1차 근사로 다음과 같이 표현될 수 있다.

$$V(t) = -\boldsymbol{\mu}\cdot\mathbf{E}(t) \quad \textbf{(4.69)}$$

여기서 $\boldsymbol{\mu}$는 원자 혹은 분자 전하분포에 대한 전기 쌍극자 모멘트이고 **E**는 복사선의

전기장이다. 각 전자에 대한 쌍극자의 기여는 $\boldsymbol{\mu} = -e\mathbf{r}$로 주어지며, $\mathbf{r}$은 양전하의 중심으로부터 측정된다. 또한 $-\boldsymbol{\mu}_{mag} \cdot \mathbf{B}$처럼 자기 쌍극자에 의한 상호작용 에너지도 있지만 이는 일반적으로 전기 쌍극자 모멘트에 의한 상호작용 에너지보다 작다. 그러나 제18장에서 논의하게 될 자기 공명 현상에서는 자기 모멘트가 더 크게 기여한다. m과 n의 두 양자 상태 사이에서 일어나는 전기 쌍극자 전이에서 중요한 양은 다음의 행렬 요소이다.

$$x_{mn} = \int \psi_m^* \, x \, \psi_n \, d\tau \tag{4.70}$$

비슷하게 y_{mn}과 z_{mn}도 쓸 수 있다. 이는 각각의 x, y, z 방향으로 편극된 복사선에 대한 전이 확률이다. m과 n의 두 상태에 대해 x_{mn}, y_{mn}, z_{mn}가 모두 0이라면 이들 두 상태 사이의 전이는 *전기 쌍극자 금지*이다. 전이가 일어나는 양자수 m과 n에 대한 조건을 *선택 규칙*이라 부른다.

상자 안에 있는 입자의 상태들 사이 전이는 다음 적분으로 주어진다.

$$x_{n'n} = \int_0^a \psi_{n'}(x) \, x \, \psi_n(x) \, dx \tag{4.71}$$

이러한 전이의 선택 규칙은 $\Delta n = \pm1, \pm3, \pm5 \ldots$라고 유도할 수 있는데, 여기서 $n' = n + \Delta n$이다. $\Delta n = \pm2, \pm4 \ldots$의 전이는 금지되어 있다.

부록 4A 섭동 이론

양자역학에서 정확하게 풀 수 있는 문제는 매우 적다. 수소 원자보다 더 복잡한 원자나 분자에 대한 문제의 대부분은 근사적인 방법으로 풀어야 한다. 가장 주요한 두 근사법은 4.7절에서 논의된 변분법과 여기서 논의될 섭동 이론이다.

풀어야 할 문제의 Hamiltonian이 정확하게 풀 수 있는 문제의 Hamiltonian에 아주 작은 양을 더한 것이라 가정하자. 즉,

$$H = H_0 + \lambda V \tag{4.72}$$

여기서 *비섭동 Hamiltonian* H_0에 대한 Schrödinger 방정식은 다음과 같이 고유 함수와 고유값의 완전 집합으로 쓸 수 있다고 가정한다.

$$H_0 \psi_n^{(0)} = E_n^{(0)} \psi_n^{(0)} \tag{4.73}$$

섭동 연산자 V는 근사의 차수를 비교하는 데 사용하는 보조 매개변수 λ를 이용해 크기를 변환할 수 있다. $\lambda = 0$이면 비섭동 문제에 해당한다. 따라서 풀어야 할 방정식은 다음과 같다.

$$(H_0 + \lambda V)\psi_n = E_n\psi_n \tag{4.74}$$

고유 함수 ψ_n과 고유값 E_n에 섭동의 효과가 작다고 가정한다면 고유 함수와 고유값은 다음과 같이 멱급수로 전개할 수 있다.

$$\psi_n = \psi_n^{(0)} + \lambda\psi_n^{(1)} + \lambda^2\psi_n^{(2)} + \ldots \tag{4.75}$$

$$E_n = E_n^{(0)} + \lambda E_n^{(1)} + \lambda^2 E_n^{(2)} + \ldots \tag{4.76}$$

위 전개 식들을 (4.74)에 대입하면 다음과 같이 된다.

$$\begin{aligned} H_0\psi_n^{(0)} + \lambda(H_0\psi_n^{(1)} + V\psi_n^{(0)}) + \lambda^2(H_0\psi_n^{(2)} + V\psi_n^{(1)}) + \cdots = \\ E_n^{(0)}\psi_n^{(0)} + \lambda(E_n^{(0)}\psi_n^{(1)} + E_n^{(1)}\psi_n^{(0)}) + \\ \lambda^2(E_n^{(0)}\psi_n^{(2)} + E_n^{(1)}\psi_n^{(1)} + E_n^{(2)}\psi_n^{(0)}) + \ldots \end{aligned} \tag{4.77}$$

여기서 매개 변수 λ는 임의적이므로 같은 차수의 λ 계수는 같아야 한다. 이를 적어보면 다음과 같다.

$$H_0\psi_n^{(0)} = E_n^{(0)}\psi_n^{(0)} \tag{4.78}$$

$$H_0\psi_n^{(1)} + V\psi_n^{(0)} = E_n^{(0)}\psi_n^{(1)} + E_n^{(1)}\psi_n^{(0)} \tag{4.79}$$

$$H_0\psi_n^{(2)} + V\psi_n^{(1)} = E_n^{(0)}\psi_n^{(2)} + E_n^{(1)}\psi_n^{(1)} + E_n^{(2)}\psi_n^{(0)} \tag{4.80}$$

이 중 첫 번째 식은 바로 비섭동 식 (4.73)과 같다. 두 번째 식을 풀면 $E_n^{(1)}$과 $\psi_n^{(1)}$을 구할 수 있고, 세 번째 식으로부터는 $E_n^{(2)}$와 $\psi_n^{(2)}$를 구할 수 있고, 더 이상도 계속하여 구할 수 있다. 간단히 쓰기 위해 이제부터 비섭동 고유값과 고유 함수를 포함하는 위첨자 (0)는 뺄 것이다.

위의 해를 구하기 위해서 파동 함수 $\psi_n^{(1)}$을 다음과 같이 비섭동 고유 함수들의 완전 집합으로 전개할 수 있다고 가정하자.

$$\psi_n^{(1)} = c_{n0}\psi_0 + c_{n1}\psi_1 + c_{n2}\psi_2 + \cdots = \sum_k c_{nk}\psi_k \tag{4.81}$$

식 (4.79)에 ψ_n^*를 곱하고 적분하면 다음과 같이 된다.

$$\int \psi_n^* H_0\psi_n^{(1)}\, d\tau + \int \psi_n^* V\psi_n\, d\tau = E_n \int \psi_n^*\psi_n^{(1)}\, d\tau + E_n^{(1)} \int \psi_n^*\psi_n\, d\tau \tag{4.82}$$

$$\int \psi_n^* H_0\psi_n^{(1)}\, d\tau = \int \psi_n^{(1)*} H_0\psi_n\, d\tau = E_n \int \psi_n^*\psi_n^{(1)}\, d\tau \tag{4.83}$$

과 $\int\psi_n^*\psi_n\, d\tau = 1$을 적용하면 1차 섭동 에너지를 다음과 같이 결정할 수 있다.

$$E_n^{(1)} = \int \psi_n^* V\psi_n\, d\tau = V_{nn} \tag{4.84}$$

1차 섭동 에너지는 단지 비섭동 고유 함수에만 의존한다는 것을 알아야 한다. 이제 다음의 행렬 표현을 도입하자.

$$V_{mn} = \int \psi_m^* V \psi_n \, d\tau \tag{4.85}$$

여기서 지표들은 비섭동 고유 함수를 의미한다.

식 (4.79)에 ψ_m^*를 곱하고 $m \neq n$인 경우에 대해 적분하면 다음과 같이 된다.

$$\int \psi_m^* H_0 \psi_n^{(1)} \, d\tau + \int \psi_m^* V \psi_n \, d\tau = E_n \int \psi_m^* \psi_n^{(1)} \, d\tau \tag{4.86}$$

여기서 비섭동 고유 함수들의 직교성을 적용하면 $\int \psi_n^* \psi_n \, d\tau = 0$이 됨을 알 수 있다. 이제 식 (4.86)의 $\psi_n^{(1)}$ 대신 식 (4.81)의 전개식을 대입하고 행렬 표현을 사용하면 다음 식을 얻을 수 있다.

$$\sum_k E_m c_{nk} \delta_{mk} + V_{mn} = \sum_k E_n c_{nk} \delta_{kn} \tag{4.87}$$

여기서 $\int \psi_n^* \psi_n \, d\tau = \delta_{kn}$과 $\int \psi_k^* H_0 \psi_n \, d\tau = E_n \delta_{kn}$을 사용하였다. Kronecker delta는 각 합에서 여러 항들을 하나의 항으로 만들어주기 때문에 다음 식처럼 전개 계수를 정할 수 있다.

$$c_{nm} = \frac{V_{mn}}{E_n - E_m} \tag{4.88}$$

1차 고유 함수 $\psi_n^{(1)}$은 비섭동 고유 함수 ψ_n에 직교한다고 가정할 수 있다. 따라서

$$c_{nn} = 0 \tag{4.89}$$

가 성립한다. 따라서 1차 섭동 파동 함수는 다음 식으로 주어진다. 즉,

$$\psi_n^{(1)} = \sum_m{}' \frac{V_{mn} \psi_m}{E_n - E_m} \tag{4.90}$$

여기서 합에 붙어 있는 프라임은 $m = n$이 되는 항은 합에서 뺀다는 것을 뜻한다.

2차 섭동 에너지를 구하기 위해서 식 (4.80)에 ψ_n^*를 곱하고 적분한다.

$$\int \psi_n^* H_0 \psi_n^{(2)} \, d\tau = \int \psi_n^{(2)*} H_0 \psi_n \, d\tau = E_n \int \psi_n^* \psi_n^{(2)} \, d\tau \tag{4.91}$$

과

$$\int \psi_n^* \psi_n^{(1)} \, d\tau = 0 \tag{4.92}$$

를 적용하면 다음 결과를 얻을 수 있다.

$$E_n^{(2)} = \int \psi_n V \psi_n^{(1)} \, d\tau \tag{4.93}$$

식 (4.90)을 이용하면 잘 알려진 2차 섭동 에너지에 대한 다음 공식이 얻어진다.

$$E_n^{(2)} = \sum_m{}' \frac{V_{nm} V_{mn}}{E_n - E_m} = \sum_m{}' \frac{|V_{nm}|^2}{E_n - E_m} \tag{4.94}$$

부록 4B 복사 전이에 대한 시간-의존 섭동 이론

어떤 Hamiltonian H가 시간 독립이면 이 Hamiltonian은 다음 방정식을 만족하는 고유 함수들의 집합이 존재할 것이다. 즉,

$$H\psi_n = E_n\psi_n \tag{4.95}$$

또한 $\psi_n = \psi_n e^{-iE_nt/\hbar}$는 다음의 시간 의존 Schrödinger 방정식의 해가 될 것이다.

$$i\hbar \frac{d\Psi}{\partial t} = H\Psi \tag{4.96}$$

이제 함수 Ψ_n들의 다음과 같은 중첩을 생각해보자.

$$\Psi = \sum_n c_n \, e^{-iE_nt/\hbar} \, \psi_n = c_0 \, e^{-iE_0t/\hbar} \, \psi_0 + c_1 \, e^{-iE_1t/\hbar} \, \psi_1 + \ldots \tag{4.97}$$

여기서 c_0, c_1 . . .는 상수들이다. Ψ는 시간-의존 Schrödinger 방정식의 일반해가 된다는 것을 쉽게 알 수 있다. 이는 명확한 에너지를 갖지 않는 *비정상 상태*임을 나타내고 식 (4.72)의 시간 독립 Schrödinger 방정식의 해가 *아니라는 것*을 나타낸다.

명백한 시간 의존성을 갖고 있는 Hamiltonian $H(t)$에 대해서는 일반적으로 TDSE의 해가 존재하지 않지만 식 (4.73)의 TDSE를 푸는 것은 가능하다. 다시 다음과 같은 형태의 Hamiltonian을 생각해보자.

$$H(t) = H_0 + V(t) \tag{4.98}$$

여기서 H_0는 시간에 독립적인 Hamiltonian이고, $V(t)$는 H_0보다 훨씬 적지만 시간 의존성을 가지고 있다. 우리는 다음과 같이 비섭동 Hamiltonian의 고유 상태를 알 수 있다고 하자.

$$H_0\psi_n = E_n\psi_n \tag{4.99}$$

이제 섭동 $V(t)$가 작용하면, 교란된 시스템 Ψ의 파동 함수는 다음의 TDSE에 의해서

결정될 것이다.

$$i\hbar\frac{d\Psi}{\partial t} = (H_0 + V)\Psi \tag{4.100}$$

위 방정식의 해는 다음과 같이 식 (4.75)를 일반화시켜 나타낼 수 있다.

$$\Psi = c_0(t)\,e^{-iE_0t/\hbar}\,\psi_0 + c_1(t)\,e^{-iE_1t/\hbar}\,\psi_1 + \ldots \tag{4.101}$$

여기서 계수 c_0, c_1 . . .는 이제 시간 t의 함수이다. 이는 새로운 Hamiltonian이 시간 의존성이라는 것을 나타낸다. 우리는 이러한 교란 혹은 섭동이 단지 짧은 시간만 작용한다고 가정할 것이다. 그러면 시스템은 원래 비섭동 상태 Ψ_0에서 약간만 변할 것이다. 다음과 같은 근사,

$$|c_0(t)| \approx 1 \qquad \text{및} \qquad |c_1(t)|, |c_2(t)| \cdots << 1 \tag{4.102}$$

를 적용하고, 식 (4.101)을 식 (4.100)에 대입하면 다음과 같은 식을 얻는다.

$$\begin{aligned} E_0e^{-iE_0t/\hbar}\psi_0 + i\hbar\frac{dc_1}{dt}e^{-iE_1t/\hbar}\psi_1 + c_1E_1e^{-iE_1t/\hbar}\psi_1 + \ldots \\ \approx E_0e^{-iE_0t/\hbar}\psi_0 + Ve^{-iE_0t/\hbar}\psi_0 + c_1E_1e^{-iE_1t/\hbar}\psi_1 + \ldots \end{aligned} \tag{4.103}$$

여기서 작은 양 V와 c_n의 곱을 포함하는 2차 항들은 무시하였다. 식 (4.76)의 고유값 방정식을 이용하여 몇몇 항들을 제거한 후는 다음과 같이 간단히 된다.

$$i\hbar\frac{dc_1}{dt}e^{-iE_1t/\hbar}\psi_1 + \cdots \approx Ve^{-iE_0t/\hbar}\psi_0 \tag{4.104}$$

$\psi_n^*(n \neq 0)$ 중 한 파동 함수를 곱하여 적분하면 다음 식을 얻는다.

$$i\hbar\frac{dc_n}{dt} \approx V_{n0}(t)e^{i\,\omega_{n0}t} \tag{4.105}$$

여기서

$$V_{n0}(t) \equiv \int \psi_n\,V(t)\,\psi_0\,d\tau \tag{4.106}$$

과

$$\omega_{n0} \equiv \frac{E_n - E_0}{\hbar} \tag{4.107}$$

이다. 여기서 우리는 고유 함수 ψ_n의 직교성을 사용하였다. 시간 $t = 0$일때 $n \neq 0$인 모든 n에 대해 $c_n = 0$을 가정하면 식 (4.105)는 다음과 같이 적분할 수 있다.

$$c_n(t) \approx -\frac{i}{\hbar}\int_0^t V_{n0}(t')e^{i\,\omega_{n0}t'}\,dt' \tag{4.108}$$

바닥 상태 ψ_0에서 들뜬 상태 ψ_n으로 전이 확률은 1차 근사로 계산하면 다음과 같다.

$$P_{n\leftarrow 0} = |c_n(t)|^2 = c_n(t)^* c_n(t) \tag{4.109}$$

원자나 분자가 전자기장과 상호작용하는 것은 다음과 같은 진동 시간-의존 형태의 포텐셜에 의한 섭동 혹은 교란으로 표현될 수 있다.

$$V(t) = V \cos\omega t = \frac{1}{2}V(e^{i\omega t} + e^{-i\omega t}) \tag{4.110}$$

식 (4.106)과 (4.110)을 사용하고 행렬 요소 V_{n0}를 계산하면 다음 식을 얻는다.

$$P_{n\leftarrow 0} \approx \frac{|V_{n0}|^2}{\hbar^2}\frac{4\sin^2[(\omega-\omega_{n0})t/2]}{(\omega-\omega_{n0})^2} \tag{4.111}$$

섭동 진동수 ω가 근사적으로 ω_{n0}와 공명하여 Bohr 진동수 조건 $\hbar\omega = E_n - E_0$을 만족한다면 식 (4.111)은 다음과 같이 된다.

$$P_{n\leftarrow 0} \approx \frac{|V_{n0}|^2}{\hbar^2}2\pi t \tag{4.112}$$

이로부터 단위 시간당 전이 확률을 다음과 같이 얻을 수 있다.

$$W_{n\leftarrow 0} \approx \frac{2\pi}{\hbar^2}|V_{n0}|^2 \tag{4.113}$$

이 결과는 $\omega t >> 2\pi$을 만족할 정도로 시간이 충분히 길지만 바닥 상태 ψ_0가 거의 감소하지 않을 정도의 아주 짧은 시간 동안만 유효하다. 따라서 4.8절에서 가정한 것처럼 전이율의 섭동 행렬 요소의 제곱 의존성이 증명되었다.

연습 문제

4.1 ψ가 고유값 a인 연산자 $\hat{A}$의 고유 함수라 할 때, 기대값 $\langle A \rangle$를 계산하라.

4.2 왜 비가환 관측 가능량이 일반적으로 일상생활에서 크게 문제 되지 않는지를 논하라. 예를 들면 우리가 던진 야구공의 위치와 운동량을 동시에 정확히 측정할 수 있는 이유는 무엇인가?

4.3 Heisenberg 불확정성 원리를 유도하는 데 사용되는 교환자 $[x, p_x]$를 계산하라. **힌트**: 먼저 $x\hat{p}_x f(x) - \hat{p}_x x f(x)$를 계산하라. 여기서 $f(x)$는 임의의 함수이다.

4.4 다음의 교환관계가 옳다는 것을 보여라.

$$[L_x, L_y] = i\hbar L_z$$

4.5 어떤 입자의 y 좌표와 운동량의 x 성분을 동시에 측정할 수 있는가?

4.6 어떤 입자의 z 성분 선운동량과 각운동량의 z 성분을 동시에 측정할 수 있는가?

4.7 1차원 조화 진동자에 질량 m인 입자가 위치 에너지 $V(x) = \frac{1}{2}kx^2$를 가지고 운동하고 있다. 이 계의 Lagrangian과 Hamiltonian을 적고, 뉴턴의 제2법칙과 Lagrangian 운동방정식, 그리고 Hamiltonian 운동방정식의 해가 모두 같음을 보여라.

양자화학 입문

제 5 장 특수 함수

Special functions

지금까지 생각하였던 간단한 양자 시스템에 대한 해는 단지 삼각함수, 지수함수, 로그함수, 대수함수에 적용되는 *기본 함수*만 포함되었다. 다음 장들에서는 더 복잡한 함수가 포함되는 조화 진동자, 그리고 각운동량과 수소 원자 등의 양자역학 문제들을 다룰 것이다. 이들을 한마디로 *특수 함수*라 부르고, 보통 수세기 전 이러한 수학을 연구하였던 연구자들을 기념하기 위해 Hermite, Legendre, Laguerre, Bessel 등으로 부른다. 바라건대 이러한 수학과 미리 친숙하게 되면 앞으로 만나게 될, 더 복잡한 양자 시스템을 잘 다루게 될 것이다.

전반적인 특수함수에 대한 참고문헌은 M. Abramowitz and I. A. Stegun, eds., *Handbook of Mathematical Functions with Formulas, Graphs and Mathematical Tables* (National Bureau of Standards Applied Mathematics Series, Vol 55, Washington, DC, 1964)과 The National Institute of Standards and Technology (NIST)가 출간한 Digital Library of Mathematical Functions (DLMF)이다. 이는 온라인(http://dlmf.nist.gov)에서도 볼 수 있다.

이 장의 첫 몇 절에서는 앞에서 언급한 특수 함수와 더불어 약간의 유용한 수학을 소개할 것이다. 이 장은 연속성을 무시하고 그냥 넘어갈 수도 있다. 따라서 필요에 따라 관계되는 내용을 참고하면 되겠다.

5.1 가우스 함수

가우스 함수(Gaussian function, 그림 5.1)는 다음 식으로 주어진다.

$$g(x) = \frac{1}{\sigma\sqrt{2\pi}} e^{-x^2/2\sigma^2} \tag{5.1}$$

이 함수는 다음과 같이 정규화된다.

$$\int_{-\infty}^{\infty} g(x)\,dx = 1 \tag{5.2}$$

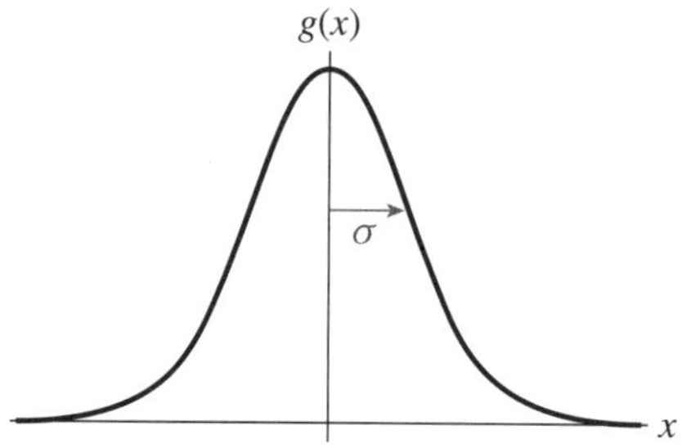

그림 5.1 정규화된 가우스 함수.

Laplace(1778년)는 다음 식을 증명하였다.

$$\int_{-\infty}^{\infty} e^{-x^2}\,dx = \sqrt{\pi} \tag{5.3}$$

이러한 놀라운 결과는 다음과 같이 얻어질 수 있다. 적분을 I로 표기하면 다음과 같이 쓸 수 있다.

$$I^2 = \left(\int_{-\infty}^{\infty} e^{-x^2}\,dx\right)^2 = \int_{-\infty}^{\infty} e^{-x^2}\,dx \int_{-\infty}^{\infty} e^{-y^2}\,dy \tag{5.4}$$

여기 마지막 적분에서 x를 임시 변수 y로 대체하였다. 이러한 두 적분의 곱은 다음의 이중 적분으로 표현될 수 있다:

$$I^2 = \int_{-\infty}^{\infty} \int_{-\infty}^{\infty} e^{-(x^2+y^2)}\,dx\,dy \tag{5.5}$$

여기서 미분 $dx\,dy$는 직교 좌표계에서 면적 요소를 나타내며 적분 영역은 x, y 평면의 전영역과 일치한다. 위 적분의 또 다른 표현은 평면 극좌표 r, θ로 표현될 수 있다. 두 좌표계는 다음 식으로 연결된다.

$$x = r\cos\theta, \qquad y = r\sin\theta \tag{5.6}$$

따라서

$$r^2 = x^2 + y^2 \tag{5.7}$$

이 된다. 극 좌표계에서 면적 요소는 $r dr d\theta$로 주어지고, 이중 적분 표현은 다음과 같이 된다.

$$I^2 = \int_{0}^{\infty} \int_{0}^{2\pi} e^{-r^2}\,r\,dr\,d\theta \tag{5.8}$$

θ의 적분에 의해 2π가 나오고, $u = r^2$, $du = 2r\,dr$로 치환하고 r에 대해 적분하면 다음 식이 얻어진다:

$$\int_0^\infty e^{-r^2}\, r\, dr = \tfrac{1}{2}\int_0^\infty e^{-u}\, du = \tfrac{1}{2} \tag{5.9}$$

따라서 $I^2 = 2\pi \times \frac{1}{2}$가 되고 식 (5.3)의 Laplace 결과는 증명되었다. 약간 더 일반적인 결과는

$$\int_{-\infty}^{\infty} e^{-\alpha x^2}\, dx = \left(\frac{\pi}{\alpha}\right)^{1/2} \tag{5.10}$$

이고, 이 결과는 x를 $\sqrt{\alpha}\, x$로 치환해서 얻어졌다. 또한 조화 진동자 파동 함수를 포함하는 계산에서는 다음과 같은 정적분이 필요하다.

$$\int_{-\infty}^{\infty} x^n\, e^{-\alpha x^2}\, dx, \qquad n = 1, 2, 3 \ldots \tag{5.11}$$

홀수 n에 대해서 위 적분은 $-\infty$에서 0까지의 적분이 0부터 $+\infty$까지의 적분을 정확히 상쇄하므로 이들 적분은 모두 영이다. 다음과 같이 하면 짝수 n에 대한 적분의 값을 연속적으로 구할 수 있다. 식 (5.10)의 양변을 α로 미분하고 양변의 음의 부호를 없애면 다음 식이 얻어진다.

$$\int_{-\infty}^{\infty} x^2\, e^{-\alpha x^2}\, dx = \frac{\pi^{1/2}}{2\,\alpha^{3/2}} \tag{5.12}$$

적분 상에서 미분은 피적분함수(integrand)가 연속인 함수일 때 가능하다. 다시 위 적분 (5.12)을 미분하면 다음 식을 얻는다.

$$\int_{-\infty}^{\infty} x^4\, e^{-\alpha x^2}\, dx = \frac{3\,\pi^{1/2}}{4\,\alpha^{5/2}} \tag{5.13}$$

이에 대한 일반적인 결과는 다음과 같이 주어진다.

$$\int_{-\infty}^{\infty} x^n\, e^{-\alpha x^2}\, dx = \frac{1\cdot 3\cdot 5\cdots |n-1|\,\pi^{1/2}}{2^{n/2}\alpha^{(n+1)/2}}, \qquad n = 0, 2, 4 \ldots. \tag{5.14}$$

오차 함수(error function)는 다음 식처럼 가우스 함수에 대한 유한 적분으로 정의된다.

$$\mathrm{erf}(x) = \frac{2}{\sqrt{\pi}}\int_0^x e^{-t^2}\, dt \tag{5.15}$$

그리고 관련된 *보조 오차함수*는 다음과 같이 주어진다.

$$\mathrm{erfc}(x) = 1 - \mathrm{erf}(x) = \frac{2}{\sqrt{\pi}} \int_x^\infty e^{-t^2}\, dt \tag{5.16}$$

5.2 감마 함수

또한 감마 함수(gamma function)는 대부분 정적분으로 표현된다. 다음 적분은 명확히 계산될 수 있다.

$$\int_0^\infty e^{-\alpha x}\, dx = \frac{1}{\alpha} \tag{5.17}$$

이 적분을 α로 미분하면 다음과 같이 쓸 수 있다.

$$\frac{d}{d\alpha} \int_0^\infty e^{-\alpha x}\, dx = \int_0^\infty (-x) e^{-\alpha x}\, dx = \frac{d}{d\alpha}\left(\frac{1}{\alpha}\right) = -\frac{1}{\alpha^2} \tag{5.18}$$

따라서 우리는 다음과 같은 새로운 정적분을 얻었다:

$$\int_0^\infty x e^{-\alpha x}\, dx = \frac{1}{\alpha^2} \tag{5.19}$$

다시 α로 미분하면 다음과 같은 식을 얻는다.

$$\int_0^\infty x^2 e^{-\alpha x}\, dx = \frac{2}{\alpha^3} \tag{5.20}$$

위 미분을 n번 반복하면 다음을 얻는다.

$$\int_0^\infty x^n e^{-\alpha x}\, dx = \frac{2 \cdot 3 \cdot 4 \cdots n}{\alpha^{n+1}} \tag{5.21}$$

위 식에서 $\alpha = 1$로 하면 다음과 같은 n에 대한 깔끔한 정수 공식이 생성된다!

$$\int_0^\infty x^n e^{-x}\, dx = n! \tag{5.22}$$

확실히 이는 $n!$를 구하는 편리한 방법은 아니지만 n을 정수가 아닌 *비정수* ν라고 해보자. 관례적으로 이는 다음과 같은 감마 함수를 정의한다.

$$\Gamma(\nu) \equiv \int_0^\infty x^{\nu-1} e^{-x}\, dx \tag{5.23}$$

ν가 정수가 아니면 위 식으로부터 다음과 같은 계승 관계식을 얻을 수 있다.

$$\Gamma(n+1) = n! \qquad n = 0, 1, 2, 3 \ldots. \tag{5.24}$$

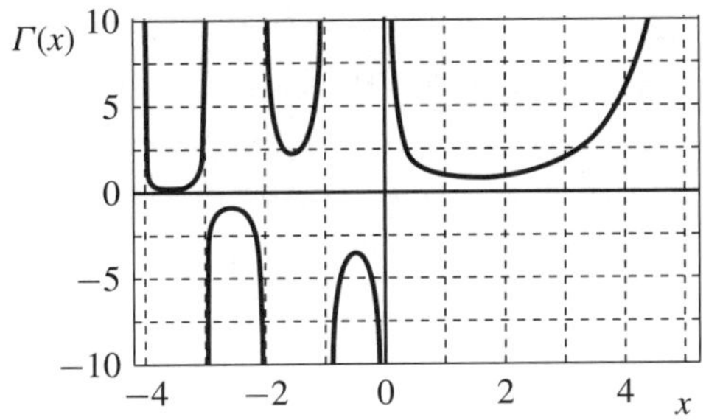

그림 5.2 실수 축 상에서 감마 함수.

$\nu = 1/2$인 경우는 다음과 같이 된다.

$$\Gamma\left(\frac{1}{2}\right) = \int_0^\infty x^{-1/2} e^{-x}\, dx \tag{5.25}$$

이 적분은 변수를 $x = y^2$, $dx = 2y\,dy$로 치환하면 계산될 수 있다.

$$\Gamma\left(\frac{1}{2}\right) = 2\int_0^\infty e^{-y^2}\, dy = \sqrt{\pi} \tag{5.26}$$

여기서 식 (5.3)의 유명한 Laplace 공식을 이용하였다.

그림 5.2는 감마 함수의 그림을 보여준다. $x > 0$ 영역에서 이 감마 함수는 정수 계승 사이에서는 부드럽게 연결된다. 감마 함수 $\Gamma(x)$는 $x = 0, -1, -2, \ldots$에 대해서는 무한대가 된다.

5.3 Dirac 델타 함수

Dirac 델타 함수(Dirac delta function)는 어떤 물체가 $\mathbf{r} = 0$에서 한 점 질량으로 쭈그러드는 것처럼 직관적으로 질량의 유한한 분포, $\rho(\mathbf{r})$의 밀도의 극한으로 볼 수 있다. 이 경우 $\rho(\mathbf{r}) = \delta(\mathbf{r})$로 표현한다. 연속적인 변수가 불연속적인 변수 n과 m으로 바뀔 때는 일차원에서 델타 함수는 다음처럼 Kronecker delta와 유사하다.

$$\delta_{mn} \equiv \begin{cases} m = n\text{이면} & 1 \\ m \neq n\text{이면} & 0 \end{cases} \tag{5.27}$$

Kronecker delta의 합은 다음과 같이 하나의 항으로 유도된다.

$$\sum_{n=0}^{\infty} f_n\, \delta_{nm} = f_m \tag{5.28}$$

$n \to x$과 $m \to x_0$로 갈 때, 연속 변수에 대해 이에 대응되는 관계식은 델타 함수 $\delta(x - x_0)$를 도입한다. 우리는 다음과 같이 정의할 수 있다.

$$\int_{-\infty}^{\infty} f(x)\,\delta(x - x_0)\,dx = f(x_0) \tag{5.29}$$

또한 이것은 다음과 같은 정규화 조건을 암시한다.

$$\int_{-\infty}^{\infty} \delta(x - x_0)\,dx = 1 \tag{5.30}$$

확실하게 다음 식이 성립한다.

$$\delta(x - x_0) \equiv \begin{cases} x \neq x_0\text{이면} & 0 \\ x = x_0\text{이면} & \infty \end{cases} \tag{5.31}$$

그러나 무한대까지 적분을 하면 적분은 충분히 유한한 값을 갖는다.

델타 함수에 대한 간단한 표현은 다음과 같이 정규화된 가우스의 표준편차가 0으로 접근하는 극한 형태이다:

$$\delta(x - x_0) = \lim_{\sigma \to 0} \frac{1}{\sqrt{2\pi}\,\sigma} e^{-(x-x_0)^2/2\sigma^2} \tag{5.32}$$

이는 그림 5.3에 나타내었다. 이러한 델타 함수는 구간이 점점 좁아질수록 함수는 점점 더 커지는 극한의 형태이다.

어떤 델타 함수 형태가 되는 적분은 다음과 같다:

$$\int_{-\infty}^{\infty} e^{i(k-k')x}\,dx = 2\pi\,\delta(k - k') \tag{5.33}$$

이 식을 증명하기 위해 연관된 다음 적분을 생각해보자.

$$\int_{-\infty}^{\infty} e^{-\sigma x^2/2} e^{i(k-k')x}\,dx = \frac{\sqrt{2\pi}}{\sigma} e^{-\frac{(k-k')^2}{2\sigma^2}} \tag{5.34}$$

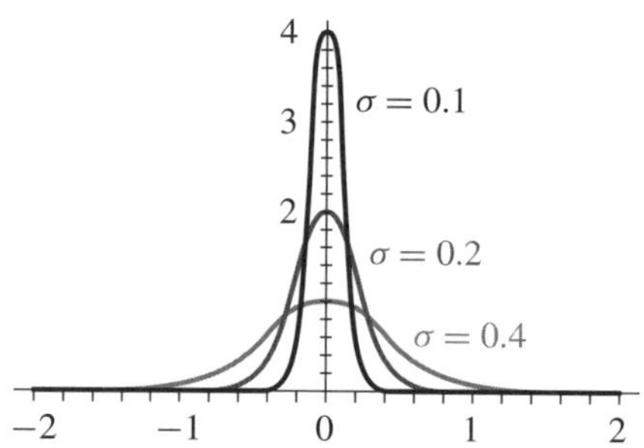

그림 5.3 $x_0 = 0$인 정규화된 가우스 함수의 극한 형태의 Dirac 델타 함수.

오른쪽은 정규화된 가우스 형태 (5.1)를 사용해 $2\pi g(k - k')$로 쓸 수 있다. 식 (5.32)에서 $\sigma \to 0$인 극한을 취하면 델타 함수가 되고, 이로서 식 (5.33)이 증명된다.

3.1절에서 생각했던 자유 입자의 고유 함수는 이제 직교 정규화된 델타 함수가 될 수 있다. 다음 식을 정의하면,

$$\psi_k(x) = \frac{1}{\sqrt{2\pi}} e^{ikx} \qquad \textbf{(5.35)}$$

식 (5.33)에 의해 연속인 직교 정규화된 다음 관계식을 결정할 수 있다.

$$\int_{-\infty}^{\infty} \psi_k^*(x)\psi_k'(x)\,dx = \delta(k - k') \qquad \textbf{(5.36)}$$

어떤 함수를 유한한 불연속점에서 미분한다면 델타 함수가 된다. 예를 들면 다음 *Heaviside 단위 계단 함수*를 생각해 보자:

$$H(x - x_0) \equiv \begin{cases} x < x_0\text{이면 } 0 \\ x \geq x_0\text{이면 } 1 \end{cases} \qquad \textbf{(5.37)}$$

종종 $H(0)(x = x_0$에 대해서)는 $\frac{1}{2}$로 정의된다. Heaviside 함수 $H'(x - x_0)$를 미분하면 분명히 $x \neq x_0$일 때는 영이다. 덧붙여 다음 식이 성립한다.

$$\int_{-\infty}^{\infty} H'(x - x_0)\,dx = H(\infty) - H(-\infty) = 1 - 0 \qquad \textbf{(5.38)}$$

따라서 다음 식이 성립함을 알 수 있다.

$$H'(x - x_0) = \delta(x - x_0) \qquad \textbf{(5.39)}$$

$x > 0$ 및 $x < 0$에 대해 각각 부호 함수 $\text{sgn}(x) = \pm 1$와 연관이 있다. 그리고

$$\text{sgn}'(x - x_0) = 2\delta(x - x_0) \qquad \textbf{(5.40)}$$

이 됨을 알 수 있다. 이 델타 함수는 다차원으로 확장할 수 있다. 3차원에서 델타 함수에 대한 정의는 다음과 같다.

$$\int f(\mathbf{r})\,\delta(\mathbf{r} - \mathbf{r}_0)\,d^3\mathbf{r} = f(\mathbf{r}_0) \qquad \textbf{(5.41)}$$

예를 들면 $\mathbf{r}_0$에서 점전하 q로 수렴하는 전기 전하의 연속분포 밀도 $\rho(\mathbf{r})$는 다음과 같이 표현될 수 있다.

$$\rho(\mathbf{r}) = q\,\delta(\mathbf{r} - \mathbf{r}_0) \qquad \textbf{(5.42)}$$

연속적인 두 전하분포 사이 상호작용의 포텐셜 에너지는 다음 식으로 주어진다.

$$V = \int\int \frac{\rho_1(\mathbf{r}_1)\rho_2(\mathbf{r}_2)}{|\mathbf{r}_2 - \mathbf{r}_1|} d^3\mathbf{r}_1\, d^3\mathbf{r}_2 \tag{5.43}$$

이 전하분포 $\rho_2(\mathbf{r}_2)$가 $\mathbf{r}_2$에서 점전하 q_2로 수렴하면 이는 다음과 같이 유도된다.

$$V = q_2 \int \frac{\rho_1(\mathbf{r}_1)}{|\mathbf{r}_2 - \mathbf{r}_1|} d^3\mathbf{r}_1 \tag{5.44}$$

유사하게 $\rho_1(\mathbf{r}_1)$에 대해서도 적용하면 위 공식은 다음과 같은 두 점전하 사이의 Coulomb 포텐셜 에너지가 된다.

$$V = \frac{q_1 q_2}{r_{12}}, \qquad \text{여기서} \quad r_{12} = |\mathbf{r}_2 - \mathbf{r}_1| \tag{5.45}$$

구면 극좌표계에서 구형 대칭성을 갖는 함수를 포함하는 델타 함수의 경우 식 (5.41)을 $\mathbf{r}_0 = 0$과 $f(\mathbf{r}) = f(r)$에 적용하면 다음과 같이 된다.

$$\int f(r)\,\delta(\mathbf{r})\,d^3\mathbf{r} = \int_0^\infty f(r)\delta(\mathbf{r})\,4\pi r^2\,dr = f(0) \tag{5.46}$$

그러나 또한 1차원 델타 함수는 다음 결과처럼 된다.

$$\int_0^\infty f(r)\delta(r)\,dr = \frac{1}{2} f(0) \tag{5.47}$$

여기서 $\frac{1}{2}$는 델타 함수가 양 극한 적분의 한 곳에 있으므로, 사실상 델타 함수의 절반만 적분 범위에 있다는 것을 뜻한다. 마지막 두 적분을 비교하면 구면 좌표계에서 1차원과 3차원의 델타 함수는 다음과 같이 요약된다:

$$\delta(\mathbf{r}) = \frac{\delta(r)}{2\pi r^2} \tag{5.48}$$

구면 극좌표계에서 델타 함수를 포함하는 중요한 항등식은 다음과 같다.

$$\nabla^2 \frac{1}{r} = -4\pi\,\delta(\mathbf{r}) \tag{5.49}$$

이 결과를 증명하기 위해 구면 좌표계에서 변수 r는 단지 양의 값만 가진다는 것을 알아야 한다. 따라서 r는 아무 문제없이 $|r|$로 바꿔줄 수 있다. 따라서 우리는 다음과 같이 쓸 수 있다.

$$\nabla^2 \frac{1}{r} = \frac{1}{r^2}\frac{d}{dr}\left(r^2 \frac{d}{dr}\frac{1}{|r|}\right) \tag{5.50}$$

여기서 괄호 안의 식을 풀어보면 다음과 같이 된다.

$$r^2 \frac{d}{dr}\frac{1}{|r|} = -r^2 r^{-2}\frac{d}{dr}|r| = -\text{sgn}(r) \tag{5.51}$$

마지막으로

$$-\frac{1}{r^2}\frac{d}{dr}\text{sgn}(r) = -\frac{2}{r^2}\delta(r) = -4\pi\delta(\mathbf{r}) \tag{5.52}$$

점 전하의 퍼텐셜에 적용된 Poisson 방정식 (1.23)은 다음과 같이 된다.

$$\nabla^2\Phi(r) = \nabla^2\frac{q}{r} = -4\pi q\delta(\mathbf{r}) \tag{5.53}$$

이는 바로 점전하 밀도 $\rho(\mathbf{r}) = q\delta(\mathbf{r})$을 나타낸다.

5.4 Leibniz 공식

앞으로 어떤 곳에서는 두 함수의 곱을 n번 미분하는 것에 대한 공식을 사용할 것이다. 이 공식은 다음과 같이 단계별로 유도될 수 있다:

$$\begin{aligned}
\frac{d}{dx}\Big[f(x)g(x)\Big] &= f'(x)g(x) + f(x)g'(x), \\
\frac{d^2}{dx^2}\Big[f(x)g(x)\Big] &= f''(x)g(x) + 2f'(x)g'(x) + f(x)g''(x), \\
\frac{d^3}{dx^3}\Big[f(x)g(x)\Big] &= f'''(x)g(x) + 3f''(x)g'(x) + 3f'(x)g''(x) + f(x)g'''(x), \ldots
\end{aligned} \tag{5.54}$$

분명히 위 식에는 다음과 같은 이항 계수를 포함하는 급수가 있다.

$$\binom{n}{m} = \frac{n!}{m!(n-m)!} \qquad m = 0, 1 \ldots n \tag{5.55}$$

그리고 이에 대한 일반적인 결과는 바로 Leibniz 공식이다.

$$\frac{d^n}{dx^n}\Big[f(x)g(x)\Big] = \sum_{m=0}^{n}\binom{n}{m} f^{(n-m)}(x)g^{(m)}(x) =$$
$$f^{(n)}(x)g(x) + nf^{(n-1)}(x)g'(x) + \frac{n(n-1)}{2}f^{(n-2)}(x)g''(x) + \ldots. \tag{5.56}$$

5.5 Hermite 다항식

양자역학 조화 진동자에 대한 Schrödinger 방정식은 비상수(nonconstant) 계수를 갖는 2차 미분 방정식으로 유도될 수 있다:

$$\psi''(x) + (\lambda - x^2)\psi(x) = 0 \tag{5.57}$$

첫 번째 단계는 $x \to \pm\infty$에서 이 방정식에 대한 점근 해를 구하는 것이다. $x^2 >> \lambda$가 될 정도의 큰 $|x|$에서 이 미분 방정식은 다음과 같이 근사적으로 쓸 수 있다.

$$\psi''(x) - x^2\psi(x) \approx 0 \tag{5.58}$$

이 식은 다음과 같이 곱의 형태로 쓸 수 있다.

$$\left(\frac{d^2}{dx^2} - x^2\right)\psi(x) \approx \left(\frac{d}{dx} - x\right)\left(\frac{d}{dx} + x\right)\psi(x) \approx 0 \tag{5.59}$$

이제 다음 1차 미분 방정식은 정확히 풀 수 있으며,

$$\psi'(x) + x\psi(x) \approx 0 \tag{5.60}$$

해는 다음과 같다,

$$|x| \to \infty\text{일 때} \qquad \psi(x) \approx \text{상수}\, e^{-x^2/2} \tag{5.61}$$

이 함수의 점근 행동을 살펴보기 위해 다음과 같이 정의하자.

$$\psi(x) = H(x)\, e^{-x^2/2} \tag{5.62}$$

이 식을 (5.57)에 대입하면 다음과 같은 $H(x)$에 대한 미분 방정식을 얻게 된다:

$$H''(x) - 2xH'(x) + (\lambda - 1)H(x) = 0 \tag{5.63}$$

식 (5.63)에 대한 해를 구하기 위해 다음과 같은 함수로 시작해보자.

$$u(x) = e^{-x^2} \tag{5.64}$$

이 함수는 *1차* 미분 방정식인

$$u'(x) + 2x\,u(x) = 0 \tag{5.65}$$

의 해이다. 이 식을 Leibniz 공식 (5.56)을 이용해 $(n + 1)$번 미분하면 다음을 얻을 수 있다.

$$w''(x) + 2x\,w'(x) + 2(n - 1)w(x) = 0 \tag{5.66}$$

여기서

$$w(x) = \frac{d^n u}{dx^n} = \frac{d^n}{dx^n} e^{-x^2} = H(x)e^{-x^2} \tag{5.67}$$

이 식을 (5.66)에 대입하면 다음 식이 성립함을 알 수 있다.

$$H''(x) - 2x\, H'(x) + 2n\, H(x) = 0 \tag{5.68}$$

이 식은 *Hermite 미분 방정식*으로 알려져 있다. 다음 형태의 해는 Hermite 다항식으로 알려져 있다.

$$H_n(x) = (-)^n e^{x^2} \frac{d^n}{dx^n} e^{-x^2} \tag{5.69}$$

*Hermite 다항식*의 처음 몇몇 항을 적어보면 다음과 같다:

$$\begin{aligned} &H_0(x) = 1, \qquad H_1(x) = 2x, \qquad H_2(x) = 4x^2 - 2, \\ &H_3(x) = 8x^3 - 12x, \qquad H_4(x) = 16x^4 - 48x^2 + 12 \end{aligned} \tag{5.70}$$

식 (5.68)을 식 (5.63)과 비교하면 매개 변수에 대한 다음 식을 얻을 수 있다.

$$\lambda - 1 = 2n \tag{5.71}$$

다음 장에서 보겠지만 이 식으로부터 에너지 고유값에 대한 일반식을 얻을 수 있다.

Hermite 다항식에 대한 모함수는 다음과 같이 주어진다.

$$e^{x^2-(t-x)^2} = e^{2tx-t^2} = \sum_{n=0}^{\infty} \frac{H_n(x)}{n!} t^n \tag{5.72}$$

이 모함수를 사용하면 다음과 같이 Hermite 다항식의 곱에 대한 적분을 계산할 수 있다.

$$\int_{-\infty}^{\infty} H_n(x) H_{n'}(x) e^{-x^2}\, dx = 2^n n! \sqrt{\pi}\, \delta_{n,n'} \tag{5.73}$$

따라서 다음 함수들은

$$\psi_n(x) = (2^n n! \sqrt{\pi})^{-1/2} H_n(x)\, e^{-x^2/2}, \qquad n = 0, 1, 2 \ldots \tag{5.74}$$

다음과 같은 직교 정규화 함수이다.

$$\int_{-\infty}^{\infty} \psi_n(x)\, \psi_{n'}(x)\, dx = \delta_{n,n'} \tag{5.75}$$

5.6 구면 극좌표

대부분의 3차원 양자역학 응용, 특히 원자나 분자 계에서는 구면 극좌표(spherical

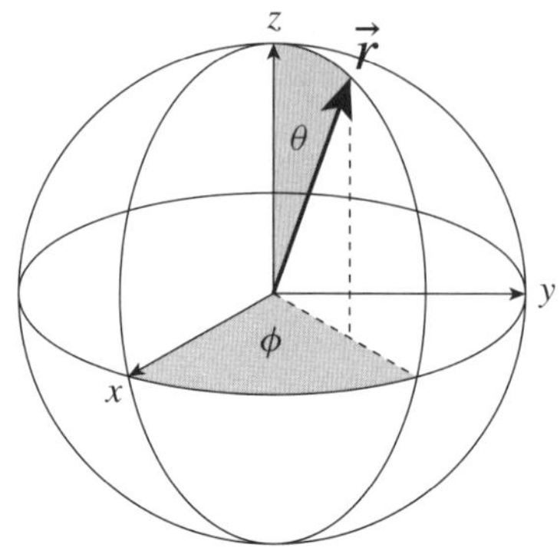

그림 5.4 구면 극좌표.

polar coordinate)계를 사용한다. 이는 구면 대칭성을 가지는 문제나 각운동량을 고려하는 계에서는 가장 자연스러운 좌표계이다. 먼저 구면 극좌표에 대해 간단히 설명하고자 한다.

3차원 공간에서 임의 점의 위치 **r**는 그림 5.4에서처럼 r, θ, ϕ의 좌표로 기술된다. 이들은 각각 다음과 같이 직교 좌표와 관련된다.

$$x = r \sin\theta \cos\phi, \qquad y = r \sin\theta \sin\phi, \qquad z = r\cos\theta \tag{5.76}$$

구면 좌표는 위도(latitude), 경도(longitude), 고도(altitude)로 위치를 표시하는 지리학적 좌표계와 매우 유사하다. 친숙한 지구본을 참고하면 r는 지구 중심에서부터 거리를 나타내고 $0 \le r \le \infty$의 범위를 갖는다. 방위각(azimuthal angle) θ는 벡터 $\vec{r}$와 북극 혹은 z-축 사이의 각이고 $0 \le \theta \le \pi$의 범위를 갖는다. 따라서 $\theta = 0$은 북극을 가르키고, $\theta = \pi$는 남극, $\theta = \pi/2$는 적도에 해당한다. 구 표면 위 일정한 각 θ의 원은 위도 선과 평행하다(비록 지리학적 표시는 적도는 0°, 극점은 북위 90° 남위 90°이지만). *극 각*(polar angle) ϕ는 벡터 $\vec{r}$의 z-축에 대한 회전각을 나타내고 x-축에서 시작하여 반시계 방향으로 $0 \le \phi < 2\pi$의 값을 갖는다. 일정한 ϕ 면과 구 표면과 만나는 선은 양 극점을 지나는 원이다. 이는 분명히 지리학적으로 *경도의 자오선*에 해당한다(각도로는 Greenwich 자오선의 동쪽 0°에서 180°, 서쪽 0°에서 180°). 반경 변수 r는 **r**로부터 원점까지 거리를 나타내고, 벡터 **r**의 길이이다:

$$r = \sqrt{x^2 + y^2 + z^2} \tag{5.77}$$

구면 극좌표에서 체적 요소(element)는 다음과 같이 주어지고,

$$d\tau = r^2 \sin\theta\, dr\, d\theta\, d\phi, \qquad (0 \le r \le \infty,\ 0 \le \theta \le \pi,\ 0 \le \phi \le 2\pi) \tag{5.78}$$

그림 5.5에서처럼 뒤틀린 육면체로 표시된다.

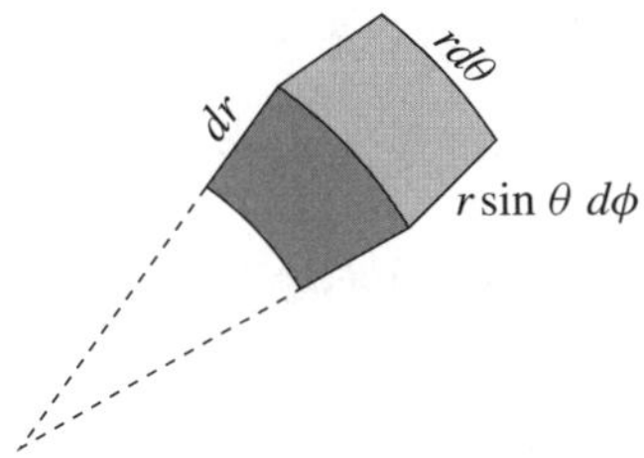

그림 5.5 구면 극좌표에서 체적 요소.

어떤 함수를 구면 극좌표 계에서 전 공간에 걸쳐 적분하면 다음과 같다.

$$\int_0^\infty \int_0^\pi \int_0^{2\pi} f(r,\theta,\phi)\, r^2 \sin\theta \, dr\, d\theta\, d\phi \tag{5.79}$$

구면 대칭인 함수 $f(r)$는 θ나 ϕ와 무관하고, 이를 적분하면

$$\int_0^\infty f(r)\, 4\pi r^2\, dr \tag{5.80}$$

처럼 간단히 된다. 이는 공간을 두께 dr, 표면적 $4\pi r^2$의 얇은 구 껍질로 나눈다는 것을 의미한다.

구면 극좌표계에서 Laplace 방정식은 다음과 같이 쓸 수 있다.

$$\nabla^2\Psi(r,\theta,\phi) = \frac{1}{r^2}\frac{\partial}{\partial r} r^2 \frac{\partial \Psi}{\partial r} + \frac{1}{r^2 \sin\theta}\frac{\partial}{\partial\theta}\sin\theta\frac{\partial\Psi}{\partial\theta} + \frac{1}{r^2\sin^2\theta}\frac{\partial^2\Psi}{\partial\phi^2} = 0 \tag{5.81}$$

이제 다음과 같이 위 방정식에 대한 변수 분리 해를 생각해보자.

$$\Psi(r,\theta,\phi) = R(r)Y(\theta,\phi) \tag{5.82}$$

여기서 함수 $Y(\theta, \phi)$는 *구면 조화 함수*(spherical harmonics)라 부른다. 식 (5.82)를 식 (5.81)에 대입한 다음, $R(r)Y(\theta,\phi)$로 나누고 r^2으로 곱한 후, 반경과 각 변수를 분리하면 다음과 같은 식이 된다:

$$\frac{1}{Y(\theta,\phi)}\left[\frac{1}{\sin\theta}\frac{\partial}{\partial Y}\sin\theta\frac{\partial Y}{\partial\theta} + \frac{1}{\sin^2\theta}\frac{\partial^2 Y}{\partial\phi^2}\right] + \frac{1}{R(r)}\left[r^2 R''(r) + 2r R'(r)\right] = 0 \tag{5.83}$$

이 식은 반경(radial)과 각(angle) 변수에 해당하는 각 편미분 방정식이 상수일 때만 r, θ, ϕ의 모든 값에 대해 성립한다. 첫 방정식을 $-\lambda$라 하고 두 번째 방정식을 λ라 하자. r에 대한 상미분 방정식은 다음과 같이 된다.

$$r^2 R''(r) + 2r R(r) - \lambda R(r) = 0 \tag{5.84}$$

이 식의 일반해는 다음과 같다는 것을 쉽게 증명할 수 있다.

$$R(r) = c_1 r^{\ell} + c_2 r^{-\ell-1} \qquad \text{여기서} \qquad \lambda = \ell(\ell+1) \tag{5.85}$$

이 구면 조화 함수는 두 변수로 된 다음의 편미분 방정식을 만족한다:

$$\frac{1}{\sin\theta}\frac{\partial}{\partial\theta}\sin\theta\frac{\partial Y}{\partial\theta} + \frac{1}{\sin^2\theta}\frac{\partial^2 Y}{\partial\phi^2} + \lambda Y = 0 \tag{5.86}$$

다시 다음과 같이 변수 분리 해를 가정하자.

$$Y(\theta,\phi) = \Theta(\theta)\Phi(\phi) \tag{5.87}$$

식 (5.87)을 식 (5.86)에 대입하고 $\Theta(\theta)\Phi(\phi)$로 나누고, $\sin^2\theta$를 곱하면 다음 변수 분리된 식을 얻는다:

$$\frac{\sin\theta}{\Theta(\theta)}\frac{d}{d\theta}\sin\theta\frac{d\Theta}{d\theta} + \frac{1}{\Phi(\phi)}\frac{d^2\Phi}{d\phi^2} + \lambda\sin^2\theta = 0 \tag{5.88}$$

ϕ를 포함하는 항을 상수 $-m^2$으로 놓으면 잘 알려진 다음 미분 방정식을 얻는다.

$$\Phi''(\phi) + m^2\Phi(\phi) = 0 \tag{5.89}$$

2π 주기를 갖는 해는 다음과 같이 쓸 수 있다.

$$\Phi_m(\phi) = \sqrt{\frac{1}{2\pi}}\,e^{im\phi} \qquad m = 0, \pm1, \pm2 \ldots. \tag{5.90}$$

다른 해는 $\sin m\phi$와 $\cos m\phi$이다.

5.7 Legendre 다항식

Laplace 방정식을 변수 분리하면 다음의 $\Theta(\theta)$ 함수에 대한 상미분 방정식을 얻는다:

$$\left\{\frac{1}{\sin\theta}\frac{d}{d\theta}\sin\theta\frac{d}{d\theta} - \frac{m^2}{\sin^2\theta} + \lambda\right\}\Theta(\theta) = 0 \tag{5.91}$$

먼저 $m = 0$인 경우를 생각하고 다음과 같은 새로운 독립 변수 x를 정의하자.

$$x = \cos\theta \qquad P(x) = \Theta(\theta) \tag{5.92}$$

이 변수를 사용하면 식 (5.91)은 다음과 같이 변한다.

$$(1-x^2)P''(x) - 2x\,P'(x) + \lambda P(x) = 0 \tag{5.93}$$

이 식은 *Legendre 미분 방정식*으로 알려져 있다. 우리는 이 선형 2차 미분 방정식의 해를 Leibniz 공식 (5.56)을 이용해 구할 수 있다. 먼저 다음 함수로 시작하자.

$$u = (1 - x^2)^\ell \tag{5.94}$$

이 함수는 다음 1차 방정식의 해이다.

$$(1 - x^2)u'(x) + 2\ell x\, u(x) = 0 \tag{5.95}$$

위 식을 $(\ell + 1)$번 미분하면 다음과 같이 된다.

$$(1 - x^2)P''(x) - 2x\, P'(x) + \ell(\ell + 1)P(x) = 0 \tag{5.96}$$

여기서

$$P(x) = \frac{d^\ell u}{dx^\ell} = \frac{d^\ell}{dx^\ell}(1 - x^2)^\ell \tag{5.97}$$

이 함수는 다음의 λ 값에 대한 식 (5.93)의 해이다.

$$\lambda = \ell(\ell + 1) \qquad \ell = 0, 1, 2, \ldots. \tag{5.98}$$

$P_\ell(1) = 1$이 되게 상수를 정하면 Legendre 다항식은 다음처럼 *Rodrigues 공식*으로 정의할 수 있다. 즉

$$P_\ell(x) = \frac{1}{2^\ell \ell!}\frac{d^\ell}{dx^\ell}(1 - x^2)^\ell \tag{5.99}$$

원래 변수 θ로 환원하면 Legendre 다항식의 첫 몇 항은 다음과 같다.

$$P_0(\cos\theta) = 1, \qquad P_1(\cos\theta) = \cos\theta, \qquad P_2(\cos\theta) = \frac{1}{2}(3\cos^2\theta - 1),$$
$$P_3(\cos\theta) = \frac{1}{2}(5\cos^3\theta - 3\cos\theta), \quad P_4(\cos\theta) = \frac{1}{8}(35\cos^4\theta - 30\cos^2\theta + 3) \tag{5.100}$$

Legendre 다항식은 다음 직교 정규화 관계를 따른다.

$$\int_{-1}^{+1} P_\ell(x)P_{\ell'}(x)\,dx = \int_0^\pi P_\ell(\cos\theta)P_{\ell'}(\cos\theta)\sin\theta\,d\theta = \frac{2}{2\ell + 1}\delta_{\ell,\ell'} \tag{5.101}$$

Legendre 다항식에 대한 모함수는 다음 식으로 주어진다.

$$\left(1 - 2tx + t^2\right)^{-1} = \sum_{\ell=0}^{\infty} P_\ell(x)\,t^\ell \tag{5.102}$$

임의의 m 값에 대한 식 (5.91)으로 되돌아가면, 다음과 같이 식 (5.93)과 비슷하게 쓸 수 있다.

$$(1-x^2)P''(x) - 2x\,P'(x) + \left[\ell(\ell+1) - \frac{m^2}{1-x^2}\right]P(x) = 0 \qquad \textbf{(5.103)}$$

Legendre 연관 함수(associated Legendre function)로 알려진 이 식의 해는 다음과 같이 쉽게 구할 수 있다.

$$P_\ell^m(x) = (1-x^2)^{|m|/2}\frac{d^{|m|}}{dx^{|m|}}P_\ell(x), \qquad \textbf{(5.104)}$$

이 함수는 $m = 0$일 때 Legendre 다항식 (5.99)가 된다. $P_\ell(x)$는 차수 ℓ의 다항식이므로 $|m|$은 0, 1, 2 . . . ℓ 값만 가진다. Legendre 연관 함수는 다음 직교 정규화 관계식을 만족한다.

$$\int_{-1}^{+1} P_\ell^m(x)P_{\ell'}^m(x)\,dx = \int_0^\pi P_\ell^m(\cos\theta)P_{\ell'}^m(\cos\theta)\sin\theta\,d\theta$$
$$= \frac{2}{2\ell+1}\frac{(\ell+|m|)!}{(\ell-|m|)!}\delta_{\ell,\ell'} \qquad \textbf{(5.105)}$$

따라서 식 (5.91)의 직교 정규화된 해는 다음과 같이 주어진다.

$$\Theta_{\ell m}(\theta) = \left[\frac{2\ell+1}{2}\frac{(\ell-|m|)!}{(\ell+|m|)!}\right]^{1/2}P_\ell^m(\cos\theta) \qquad \textbf{(5.106)}$$

5.8 구면 조화 함수

위 θ와 ϕ의 함수를 합하면 구면 조화 함수(spherical harmonics)를 얻는다(이 구면 조화 함수는 양자역학이 나오기 오래전 응용 수학에서 사용되었다).

$$Y_{\ell m}(\theta,\phi) = \epsilon_m\Theta_{\ell m}(\theta)\,\Phi_m(\phi) = \epsilon_m\left[\frac{2\ell+1}{4\pi}\frac{(\ell-|m|)!}{(\ell+|m|)!}\right]^{1/2}P_\ell^m(\cos\theta)e^{im\phi} \qquad \textbf{(5.107)}$$

여기서

$$\epsilon_m = \begin{cases} m \le 0\text{에 대해서} & 1 \\ m > 0\text{에 대해서} & (-1)^m \end{cases} \qquad \textbf{(5.108)}$$

요소 ϵ_m은 Condon와 Shortley 위상 관례와 함께 양자역학 응용에서 사용된다. 두 가지 중요한 특별한 경우는 다음과 같다.

$$Y_{\ell 0}(\theta,\phi) = \sqrt{\frac{2\ell+1}{4\pi}}P_\ell(\cos\theta) \qquad \textbf{(5.109)}$$

$$Y_{\ell\ell}(\theta,\phi) = \frac{(-)^\ell}{2^\ell\ell!}\sqrt{\frac{(2\ell+1)}{4\pi}}\sin^\ell\theta\, e^{i\ell\phi} \qquad \textbf{(5.110)}$$

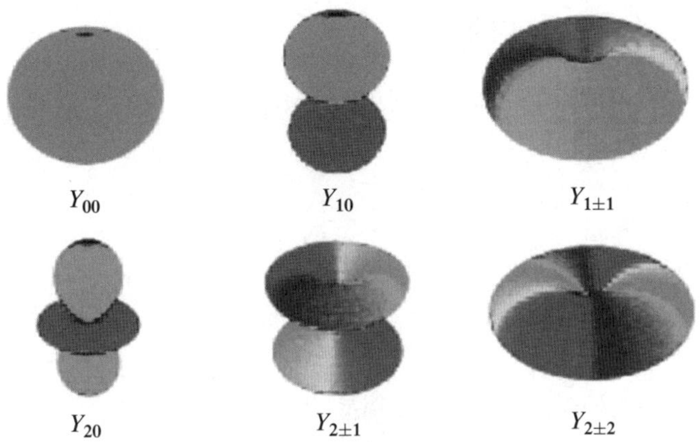

그림 5.6 3차원 극 도표로 나타낸 구면 조화 함수의 등고선.

다음은 $\ell = 2$까지 구면조화 함수 $Y_{\ell m}(\theta, \phi)$으로 이 책에서는 이 정도로 충분하다:

$$Y_{00} = \sqrt{\frac{1}{4\pi}}, \qquad Y_{10} = \sqrt{\frac{3}{4\pi}}\cos\theta,$$

$$Y_{1\pm1} = \mp\sqrt{\frac{3}{4\pi}}\sin\theta\, e^{\pm i\phi}, \qquad Y_{20} = \sqrt{\frac{5}{16\pi}}(3\cos^2\theta - 1),$$

$$Y_{2\pm1} = \mp\sqrt{\frac{15}{8\pi}}\cos\theta\sin\theta\, e^{\pm i\phi}, \qquad Y_{2\pm2} = \sqrt{\frac{15}{32\pi}}\sin^2\theta\, e^{\pm 2i\phi} \tag{5.111}$$

이들 구면 조화 함수들의 도형은 그림 5.6에 나타내었다. 일정한 절대값의 표면이 그려져 있는데, 중간 어두운 부분은 함수의 복소수 값이 다름을 나타낸다.

이 구면 조화 함수들의 입체각에 대한 적분은 직교 정규화된 모습을 보여준다:

$$\int_0^{\pi}\int_0^{2\pi} Y^*_{\ell' m'}(\theta,\phi)Y_{\ell m}(\theta,\phi)\sin\theta\, d\theta\, d\phi = \delta_{\ell\ell'}\delta_{mm'} \tag{5.112}$$

$Y_{\ell m}$과 $Y_{\ell -m}$의 선형 결합은 다음의 실수 함수가 된다:

$$P_\ell^m(\cos\theta)\begin{cases}\sin m\phi\\ \cos m\phi\end{cases} \tag{5.113}$$

이들은 구의 표면을 *테세라*(tesserae, 경도와 위도선으로 만들어진 작은 사각형)로 나누기 때문에 *테세라 조화 함수*(tesseral harmonics)라 부른다.

5.9 Laguerre 다항식

수소 원자의 양자역학 문제를 푸는 데 있어서, 우리는 다음 Laguerre 미분 방정식을 자주 접한다:

$$xy''(x) + (1 - x)\, y'(x) + ny(x) = 0 \tag{5.114}$$

Hermite와 Legendre 미분 방정식을 풀었던 전략을 따라 다음 함수로 먼저 시작한다.

$$u(x) = x^n e^{-x} \tag{5.115}$$

여기서 n은 정수이다. 이는 다음의 1차 미분 방정식을 만족한다.

$$xu'(x) + (x - n)u(x) = 0 \tag{5.116}$$

이 방정식을 Leibniz 공식 (5.56)을 사용해 $n + 1$번 미분하면 다음 식을 얻는다.

$$xw''(x) + (1 - x)w'(x) + nw(x) = 0 \tag{5.117}$$

여기서

$$w(x) = \frac{d^n}{dx^n}(x^n e^{-x}) \tag{5.118}$$

우리는 이 함수를 다음과 같이 표현한다.

$$w(x) = e^{-x} L(x) \tag{5.119}$$

여기서 $L(x)$는 *Laguerre 다항식*이다. 여기서 모든 n에 대해 $L_n(0) = 0$이 되는 상수를 Laguerre 다항식에 곱하면 이는 *Rodrigues 공식*에 의해 다음과 같이 정의될 수 있다.

$$L_n(x) = \frac{e^x}{n!}\frac{d^n}{dx^n}(x^n e^{-x}) \tag{5.120}$$

식 (5.114)를 일반화시키면 다음의 식

$$xy''(x) + (\alpha + 1 - x)y'(x) + ny(x) = 0 \tag{5.121}$$

이 되고, Rodrigues 공식을 사용하면 다음과 같은 관련된 *Laguerre 다항식*으로 알려진 해를 얻을 수 있다.

$$L_n^\alpha(x) = \frac{x^{-\alpha} e^x}{n!}\frac{d^n}{dx^n}(x^{n+\alpha} e^{-x}) \tag{5.122}$$

Laguerre 다항식과 관련된 Laguerre 다항식은 다음의 모함수들을 사용해 구할 수 있다:

$$\frac{1}{(1-t)}\exp\left(-\frac{xt}{1-t}\right)=\sum_{n=0}^{\infty}L_n(x)\,t^n \tag{5.123}$$

$$\frac{1}{(1-t)^{\alpha+1}}\exp\left(-\frac{xt}{1-t}\right)=\sum_{n=k}^{\infty}L_n^{\alpha}(x)\,t^n \tag{5.124}$$

이 모함수를 사용하면 다음의 직교 정규화 관계식들을 얻을 수 있다.

$$\int_0^{\infty} e^{-x}x^{\alpha}L_n^{\alpha}(x)L_m^{\alpha}(x)\,dx=\frac{\Gamma(n+\alpha+1)}{n!}\delta_{nm} \tag{5.125}$$

5.10 미분 방정식의 급수해

2차 미분 방정식에 대한 해를 얻는 아주 일반적인 방법은 $y(x)$를 급수로 전개하여 항별로 계수를 맞추어 보는 것이다. 이러한 방법은 양자역학 교과서의 대부분에서 Hermite, Legendre, Laguerre 함수를 유도한 방법이다. 이러한 특수 함수들에 대한 미분 방정식을 만드는 데 직접적이고 아주 임의적인 방법을 사용했지만 급수해(series solution) 방법의 해를 소개하는 것은 의미가 있다. 사실 이 급수해법을 사용하여 Bessel 함수를 소개할 것이다.

먼저 우리가 이미 풀었던 아주 쉬운 예, 즉 다음과 같은 상수 계수를 갖는 미분 방정식을 가지고 이 급수해법을 설명하겠다:

$$y''(x)+k^2y(x)=0 \tag{5.126}$$

$y(x)$는 $x=0$에 대해 멱급수(power series)로 전개할 수 있다고 가정하자:

$$y(x)=\sum_{n=0}^{\infty}a_nx^n \tag{5.127}$$

이 함수의 1차 미분은 다음과 같이 주어진다.

$$y'(x)=\sum_{n=1}^{\infty}na_nx^{n-1}\ \overset{n\to n+1}{\longrightarrow}\ \sum_{n=0}^{\infty}(n+1)a_{n+1}x^n \tag{5.128}$$

여기서 합의 지수 n은 x^n의 의존성을 살펴보기 위해 다시 정의하였다. 비슷하게

$$y''(x)=\sum_{n=2}^{\infty}n(n-1)a_nx^{n-2}\ \overset{n\to n+2}{\longrightarrow}\ \sum_{n=0}^{\infty}(n+2)(n+1)a_{n+2}x^n \tag{5.129}$$

그러면 식 (5.126)으로부터 다음 식이 얻어진다.

$$\sum_{n=0}^{\infty}\left[(n+2)(n+1)a_{n+2}+k^2a_n\right]x^n=0 \tag{5.130}$$

이 식은 모든 x에 대해 성립해야 하므로 괄호 안의 각각의 양은 0이어야 한다. 그러면 다음과 같은 *귀납 관계식*(recursion relation)이 나온다.

$$a_{n+2}=-\frac{k^2}{(n+2)(n+1)}a_n \tag{5.131}$$

a_0를 적분 상수로 보자. 그러면 다음 관계식이 나온다.

$$a_2=-\frac{k^2}{2\cdot 1}a_0,\quad a_4=-\frac{k^2}{4\cdot 3}a_2=+\frac{k^4}{4!}a_0,\quad \cdots \tag{5.132}$$

계수 a_1을 ka_1으로 다시 쓰는 것이 편리하다. 이로부터

$$a_3=-\frac{k^3}{3\cdot 2}a_1,\quad a_5=+\frac{k^5}{5!}a_1,\quad \cdots \tag{5.133}$$

을 얻게 된다. 그러면 이 미분 방정식의 일반 급수 해는 다음과 같이 주어진다.

$$y(x)=\left(1-\frac{k^2x^2}{2!}+\frac{k^4x^4}{4!}-\cdots\right)a_0+\left(x-\frac{k^3x^3}{3!}+\frac{k^5x^5}{5!}-\cdots\right)a_1 \tag{5.134}$$

이 식은 바로 다음 관계식의 급수 전개와 같다고 볼 수 있다,

$$y(x)=a_0\cos kx+a_1\sin kx \tag{5.135}$$

다음은 보다 일반적으로 상수 계수가 아닌 선형 동차(linear homogeneous) 2차 미분 방정식을 생각해 보자:

$$y''(x)+p(x)y'(x)+q(x)y(x)=0 \tag{5.136}$$

함수 $p(x)$와 $q(x)$가 $x=x_0$에서 유한하면 이 x_0는 이 미분 방정식의 *정상점*(regular point)이라 부른다. 함수 $p(x)$나 $q(x)$가 $x\to x_0$에 따라 발산한다면, 이때 x_0는 *특이점*(singular point)이라 부른다. $(x-x_0)p(x)$와 $(x-x_0)^2q(x)$가 $x\to x_0$에 따라 유한한 극한 값을 갖는다면, 이때 x_0는 *정상 특이점*(regular singular point) 혹은 *중요치 않은 특이점*(nonessential singularity)이라 부른다. 이들 두 극한 값 중 하나라도 발산하면 이점은 *중요한 특이점*(essential singularity)이다.

정상 특이점에 대한 미분 방정식의 급수해는 *Frobenius 방법*으로 구할 수 있다.

이 방법은 다음과 같은 일반적인 급수 전개식에 바탕을 두고 있다:

$$y(x) = x^\alpha \sum_{k=0}^{\infty} a_k x^k = \sum_{k=0}^{\infty} a_k x^{k+\alpha} \tag{5.137}$$

이를 미분하면 다음과 같다.

$$y'(x) = \sum_{k=0}^{\infty} (\alpha + k) a_k x^{k+\alpha-1} \tag{5.138}$$

과

$$y''(x) = \sum_{k=0}^{\infty} (\alpha + k)(\alpha + k - 1) a_k x^{k+\alpha-2} \tag{5.139}$$

α의 가능한 값은 *지표 방정식*(indicial equation)으로부터 구할 수 있다. 이 지표 방정식은 급수 식 (5.137)에서 a_0가 0이 아닌 첫 계수라는 가정에 근거를 두고 있다.

5.11 Bessel 함수

다음과 같은 *Bessel 미분 방정식*:

$$x^2 y''(x) + x y'(x) + (x^2 - n^2) y(x) = 0 \tag{5.140}$$

의 해는 수리물리에서 고전에 속한다. Bessel 미분 방정식은 특히 원통 좌표계를 사용하는 응용 문제에서 나타난다. 표준형 식 (5.140)을 x^2으로 나누면 $x = 0$은 Bessel 미분 방정식의 정상 특이점이다. 그러면 Frobenius 방법을 적용할 수 있다. 급수 전개식 (5.137)을 식 (5.140)에 대입하면 다음과 같은 식을 얻게 된다.

$$\sum_{k=0}^{\infty} \Big[(\alpha + k)(\alpha + k - 1) a_k + (\alpha + k) a_k + a_{k-2} - n^2 a_k \Big] x^{k+\alpha} = 0 \tag{5.141}$$

이로부터 다음의 귀납 관계식이 나온다.

$$a_{k-2} = -[(\alpha + k)(\alpha + k - 1) + (\alpha + k) - n^2] a_k \tag{5.142}$$

이 식에서 $k = 0$로 하고 $a_{-2} = 0$(a_0는 영이 아닌 첫 계수)이므로 다음의 지표 방정식을 얻는다.

$$\alpha(\alpha - 1) + \alpha - n^2 = 0 \tag{5.143}$$

이 식의 근은 $\alpha = \pm n$이다. $\alpha = +n$을 택하면 귀납 관계식은 간단히 다음과 같이 된다.

$$a_k = -\frac{a_{k-2}}{k(2n + k)} \tag{5.144}$$

$a_{-1} = 0$이므로($n \neq -\frac{1}{2}$을 가정하면) $a_1 = 0$이다. 비슷하게 모든 홀수 a_k에 대해서 $a_3, a_5, \ldots = 0$, 짝수의 a_k에 대해서는 다음 결과를 얻는다.

$$a_2 = -\frac{a_0}{2(2n+2)}, \quad a_4 = -\frac{a_2}{4(2+4n)} = \frac{a_0}{2 \cdot 4(2n+2)(2n+4)} \tag{5.145}$$

$n = 0, 1, 2, \ldots$에 대해서는 계수가 다음처럼 표현될 수 있다.

$$a_{2k} = (-)^k \frac{n!a_0}{2^{2k}k!(n+k)!} \tag{5.146}$$

이제부터 다음과 같은 간략 기호를 사용할 것이다.

$$(-)^k \equiv (-1)^k \tag{5.147}$$

$a_0 = 1/2^n n!$로 하였기 때문에 다음과 같은 *1종의 Bessel 함수* 정의를 얻게 된다.

$$J_n(x) = \left(\frac{x}{2}\right)^n \left[1 - \frac{(x/2)^2}{2!(n+2)!} + \frac{(x/2)^4}{4!(n+4)!} - \cdots\right] \tag{5.148}$$

1종의 Bessel 함수 3개를 그림 5.7에 나타내었다. 이들의 일반적인 모습은 감쇠 진동(damped oscillation)에서 나타날 수 있다. 이러한 Bessel 함수들은 다음과 같은 형태로 정규화된다.

$$\int_0^\infty J_n(x)\,dx = 1 \tag{5.149}$$

Bessel 함수는 비정수 지수 ν에 대해 다음과 같이 일반화된다:

$$J_\nu(x) = \left(\frac{x}{2}\right)^\nu \left[1 - \frac{(x/2)^2}{2!\Gamma(\nu+3)} + \frac{(x/2)^4}{4!\Gamma(\nu+5)} - \cdots\right] \tag{5.150}$$

비정수(noninteger) ν에 대한 Bessel 미분방정식의 일반해는 다음과 같이 주어진다.

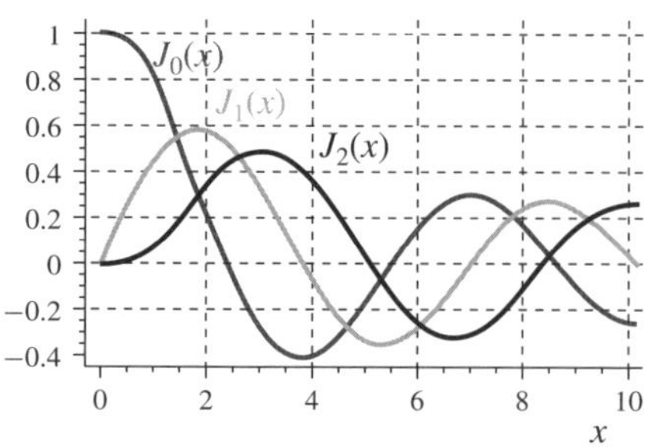

그림 5.7 1종의 Bessel 함수들 $J_n(x)$.

$$y(x) = c_1 J_\nu(x) + c_2 J_{-\nu}(x) \tag{5.151}$$

하지만 정수 n에 대해서는 다음 관계식이 성립한다.

$$J_{-n}(x) = (-)^n J_n(x) \tag{5.152}$$

따라서 $J_{-n}(x)$는 선형 독립인 해가 아니다. 우리는 두 번째 해를 다음과 같이 정의하여 구할 수 있다.

$$Y_\nu(x) = \frac{\cos \nu\pi \, J_\nu(x) - J_{-\nu}(x)}{\sin \nu\pi} \tag{5.153}$$

ν가 정수 n에 접근하는 극한에서는 위 함수는 다음과 같이 된다.

$$Y_n(x) = \frac{1}{\pi}\left[\frac{\partial}{\partial n} J_n(x) - (-1)^n \frac{\partial}{\partial n} J_{-n}(x)\right] \tag{5.154}$$

이 함수는 바로 Neumann 함수로 알려진 *2종의 Bessel 함수*이다. 이 함수들을 계산하는 것은 엄청나게 힘든 일이지만 다행히도 수학자들은 이들을 모두 계산하였고, 표로 만들었다. 그림 5.8에는 Neumann 함수 처음 3개를 나타내었다.

$x \to 0$으로 갈 때 $Y_n(x)$의 모습은 주된 항 $J_n(x) \approx (x/2)^n$을 보면 잘 알 수 있다. 정의 식 (5.154)를 사용하면, 다음과 같은 함수를 얻을 수 있다.

$$Y_n(x) = \frac{2}{\pi} \ln\left(\frac{x}{2}\right) J_n(x) + \text{더 복잡한 급수} \tag{5.155}$$

그림 5.8에서는 $x \to 0$으로 갈 때 대수 특이점(singularity)들을 보여준다.

정수 차수(order)의 Bessel 함수는 다음 *모함수*의 전개를 통해 만들 수 있다:

$$\exp\left[\frac{x}{2}\left(t - \frac{1}{t}\right)\right] = \sum_{n=-\infty}^{\infty} J_n(x) t^n \tag{5.156}$$

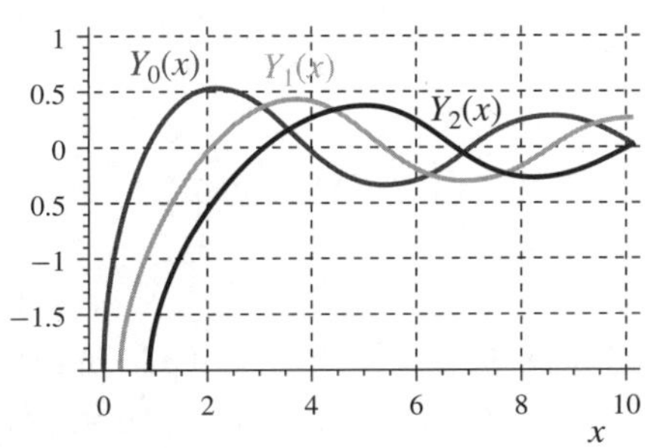

그림 5.8 2종의 Bessel 함수 $Y_n(x)$.

이 모함수가 어떤 역할을 하는지 보기 위해 두 지수 함수의 곱을 전개해 보자:

$$e^{xt/2}e^{-x/2t} = \left[1 + \frac{x}{2}t + \frac{1}{2!}\left(\frac{x}{2}\right)^2 t^2 + \cdots\right]\left[1 - \frac{x}{2}t^{-1} + \frac{1}{2!}\left(\frac{x}{2}\right)^2 t^{-2} - \cdots\right] \quad \textbf{(5.157)}$$

t^0의 계수들은 다음과 같다.

$$1 - \left(\frac{x}{2}\right)^2 + \frac{1}{(2!)^2}\left(\frac{x}{2}\right)^4 - \cdots \quad \textbf{(5.158)}$$

이는 바로 $J_0(x)$ 급수이다. $J_1(x)$ 급수는 t^1의 계수들로부터 구할 수 있고 나머지 급수들도 비슷하게 구할 수 있다.

Bessel 함수에서 매우 크거나 매우 작은 변수일 때 점근 형태는 다음과 같이 주어진다.

$$x \to 0\text{인 경우} \qquad J_n(x) \approx \frac{1}{n!}\left(\frac{x}{2}\right)^n \quad \textbf{(5.159)}$$

$$x >> n\text{인 경우} \qquad J_n(x) \approx \sqrt{\frac{2}{\pi x}}\cos\left[x - (2n+1)\frac{\pi}{4}\right] \quad \textbf{(5.160)}$$

2종의 Bessel 함수는 다음과 같은 극한 행태를 보인다:

$$x \to 0\text{일 때} \quad Y_0(x) \approx \frac{2}{\pi}\ln x, \qquad Y_n(x) \approx -\frac{2^n(n-1)!}{\pi}x^{-n} \quad (n > 0) \quad \textbf{(5.161)}$$

$$x >> n\text{인 경우} \qquad Y_n(x) \approx \sqrt{\frac{2}{\pi x}}\sin\left[x - (2n+1)\frac{\pi}{4}\right] \quad \textbf{(5.162)}$$

따라서 두 종류의 Bessel 함수는 천천히 감쇠하는 코사인 및 사인 점근 형태를 보인다. Euler 공식 $e^{\pm ix} = \cos x \pm i\sin x$와 비슷하게 다음과 같은 1종과 2종의 *Hankel* 함수를 정의하자:

$$H_n^{(1)}(x) = J_n(x) + iY_n(x) \quad \text{그리고} \quad H_n^{(2)}(x) = J_n(x) - iY_n(x) \quad \textbf{(5.163)}$$

Hankel 함수의 점근 형태는 다음 식으로 주어진다.

$$x >> n\text{인 경우} \qquad H_n^{(1,2)}(x) \approx \sqrt{\frac{2}{\pi x}}\, e^{\pm i\,[x-(2n+1)\pi/4]} \quad \textbf{(5.164)}$$

이는 각각 왼쪽과 오른쪽으로 진행해가는 파의 특성을 나타낸다.

삼각함수에서 허수 변수가 도입되면 쌍곡선(hyperbolic) 함수가 된다: $\sinh x = -i\sin ix$와 $\cosh x = \cos ix$. 비슷하게 우리는 다음과 같은 1종과 2종의 *수정된(modified) Bessel 함수(혹은 쌍곡 Bessel 함수)*를 정의할 수 있다:

$$I_n(x) = i^{-n} J_n(ix) \tag{5.165}$$

$$K_n(x) = \frac{\pi}{2} i^{n+1} \Big[J_n(ix) + i Y_n(ix) \Big] = \frac{\pi}{2} i^{n+1} H_n^{(1)}(ix) \tag{5.166}$$

x가 큰 경우 점근 형태는 다음과 같다.

$$x >> n\text{인 경우} \qquad I_n(x) \approx \frac{e^x}{\sqrt{2\pi x}}\text{와} \qquad K_n(x) \approx \sqrt{\frac{\pi}{2x}}\, e^{-x} \tag{5.167}$$

지금까지 우리는 Bessel 함수를 포함하는 공식을 충분히 제공하지는 못하였지만, 더 많은 예는 Abramowitz & Stegun과 다른 저자의 참고 문헌에서 볼 수 있을 것이다. G. N. Whittaker의 고전 Bessel 함수 이론에 관한 책(캠브리지 대학 출판부, 1952)은 오로지 Bessel 함수에 관한 책이다.

5.12 구면 Bessel 함수

구면(spherical) 극좌표계의 대부분의 문제는 다음과 같은 형태의 미분 방정식으로 나타난다.

$$x^2 f''(x) + 2xf'(x) + \Big[x^2 - n(n+1)\Big] f(x) = 0 \tag{5.168}$$

함수 $f(x) = x^{-1/2} F(x)$를 대입하면, 이 방정식은 다음과 같이 된다.

$$x^2 F''(x) + xF'(x) + \Big[x^2 - (n+\tfrac{1}{2})^2\Big] F(x) = 0 \tag{5.169}$$

여기서 n이 정수인 경우 이 함수는 홀-반정수(odd-half) 차수 $\frac{1}{2}, \frac{3}{2}, \frac{5}{2}, \ldots$의 Bessel 방정식이다. 이 방정식의 선형 독립인 해는 $J_{n+1/2}(x)$와 $Y_{n+1/2}(x)$인데 $Y_{n+1/2}(x)$는 차수가 정수가 아니어서 $J_{-n-1/2}(x)$에 비례한다. 식 (5.168)에 대한 해는 *구면 Bessel 함수*로 알려져 있고, 보통 다음과 같이 정의된다.

$$j_n(x) = \sqrt{\frac{\pi}{2x}}\, J_{n+1/2}(x) \tag{5.170}$$

$$y_n(x) = \sqrt{\frac{\pi}{2x}}\, Y_{n+1/2}(x) = (-)^{n+1} \sqrt{\frac{\pi}{2x}}\, J_{-n-1/2}(x) \tag{5.171}$$

$n = 0$일 때 식 (5.168)은 $\sin x/x$와 $\cos x/x$의 단순한 형태의 해를 갖는다는 것을 쉽게 증명할 수 있다. 사실 구면 Bessel 함수는 다음과 같이 삼각함수와 x의 거듭곱(powers)의 간단한 형태를 갖는다.

$$j_n(x) = (-x)^n \left(\frac{1}{x}\frac{d}{dx}\right)^n \frac{\sin x}{x}, \quad y_n(x) = -(-x)^n \left(\frac{1}{x}\frac{d}{dx}\right)^n \frac{\cos x}{x} \tag{5.172}$$

처음 몇 개의 구면조화 함수는 다음과 같다:

$$j_0(x)=\frac{\sin x}{x},\ j_1(x)=\frac{\sin x}{x^2}-\frac{\cos x}{x},\ j_2(x)=\left(\frac{3}{x^2}-1\right)\frac{\sin x}{x}-\frac{3\cos x}{x^2},$$

$$y_0(x)=-\frac{\cos x}{x},\ y_1(x)=-\frac{\cos x}{x^2}-\frac{\sin x}{x},\ y_2(x)=\left(-\frac{3}{x^2}+1\right)\frac{\cos x}{x}-\frac{3\sin x}{x^2} \quad \textbf{(5.173)}$$

또한 Hankel 함수와 유사하게 구면 조화 함수에서도 다음과 같이 정의할 수 있다:

$$h_n^{(1,2)}(x)=\sqrt{\frac{\pi}{2x}}\,H_{n+1/2}^{(1,2)}(x)=j_n(x)\pm i y_n(x) \quad \textbf{(5.174)}$$

이 함수의 처음 몇 항은 다음과 같다.

$$h_0^{(1,2)}(x)=\mp\frac{e^{\pm ix}}{x},\ h_1^{(1,2)}(x)=-\frac{x\pm i}{x^2}e^{\pm ix},\ h_2^{(1,2)}(x)=\pm i\frac{x^2\pm 3ix-3}{x^3}e^{\pm ix} \quad \textbf{(5.175)}$$

부록 5A 원판 안에 있는 입자

Bessel 함수를 알기 때문에 우리는 원판 안에 있는 입자(particle in a disk)에 대한 해 즉 2차원에서 정확한 해를 풀 수 있다. 이 문제에 대한 Schrödinger 방정식을 극좌표계에서 표현하면 다음과 같이 자연스럽게 표현된다.

$$-\frac{\hbar^2}{2M}\nabla^2\psi(r,\theta)+V(r)\psi(r,\theta)=E\psi(r,\theta) \quad \textbf{(5.176)}$$

여기서 포텐셜 함수는 다음과 같다.

$$V(r)=\begin{cases}0 & r\le r_0\\ \infty & r>r_0\end{cases} \quad \textbf{(5.177)}$$

다음처럼 정의하면

$$k^2=2ME/\hbar^2 \quad \textbf{(5.178)}$$

위 방정식은 다음과 같은 $r \le r_0$에 대한 Helmholtz 방정식이 된다.

$$(\nabla^2+k^2)\psi(r,\theta)=0 \quad \textbf{(5.179)}$$

극좌표의 Laplacian을 사용하면 이 식은 다음과 같이 된다.

$$\frac{1}{r}\frac{\partial}{\partial r}\left(r\frac{\partial\psi}{\partial r}\right)+\frac{1}{r^2}\frac{\partial^2\psi}{\partial\theta^2}+k^2\psi(r,\theta)=0 \quad \textbf{(5.180)}$$

이 식의 경계조건은 $\psi(r_0, \theta) = 0$이다. 변수 분리가 $\psi(r, \theta) = R(r)\Theta(\theta)$과 같이 가능하다면, Helmholtz 방정식은 다음과 같이 된다.

$$R''(r)\Theta(\theta) + r^{-1}R'(r)\Theta(\theta) + r^{-2}R(r)\Theta''(\theta) + k^2R(r)\Theta(\theta) = 0 \tag{5.181}$$

$$\text{또는} \quad R''(r) + r^{-1}R'(r) + r^{-2}R(r)\left[\frac{\Theta''(\theta)}{\Theta(\theta)}\right] + k^2R(r) = 0 \tag{5.182}$$

위 식을 $r^{-2}R(r)$로 나누면 변수 분리가 된다. 그러면 괄호 안의 θ만의 함수를 상수로 본다면 다음과 같이 쓸 수 있다.

$$\frac{\Theta''(\theta)}{\Theta(\theta)} = -m^2 \quad \Rightarrow \quad \Theta''(\theta) + m^2\,\Theta(\theta) = 0 \tag{5.183}$$

이 식은 다음의 선형 독립인 두 해를 갖는 친숙한 방정식이다.

$$\Theta(\theta) = \begin{cases} \sin m\theta \\ \cos m\theta \end{cases} \tag{5.184}$$

여기서 θ는 각에 대한 변수이므로, 주기성 $\Theta(\theta \pm 2n\pi) = \Theta(\theta)$가 성립한다. 이 조건 때문에 매개 변수 m은 정수여야 한다. 따라서 우리는 다음과 같은 $R(r)$에 대한 상미분 방정식을 얻는다:

$$R''(r) + r^{-1}R'(r) - m^2r^{-2}R(r) + k^2R(r) = 0 \tag{5.185}$$

$x \equiv kr$로 하여 변수 치환을 하고, $J(x) \equiv R(r)$로 하면 다음과 같이 쓸 수 있다.

$$x^2J''(x) + xJ'(x) + (x^2 - m^2)J(x) = 0 \tag{5.186}$$

따라서 Helmholtz 방정식에 대한 해는 다음과 같다.

$$\psi(r, \theta) = J_m(kr)\begin{cases} \sin m\theta & m = 1, 2, 3\ldots \\ \cos m\theta & m = 0, 1, 2\ldots \end{cases} \tag{5.187}$$

$r = r_0$에서 경계조건을 적용하면

$$J_m(kr_0) = 0 \tag{5.188}$$

이 성립한다. Bessel 함수의 0이 되는 값은 자세하게 표로 만들어져 있다. x_{mn}은 $J_m(x) = 0$의 n번째 근을 나타낸다. 처음 몇 개를 표로 나타내면 다음과 같다:

n	x_{0n}	x_{1n}	x_{2n}
1	2.4048	3.8317	5.1356
2	5.5201	7.0156	8.4172
3	8.6537	10.1735	11.6198

그림 5.9 원판 안에 있는 입자의 여러 고유 함수들 $\psi_{mn}(r, \theta)$. 이 함수들은 회색에서는 양수이고 흰색에서는 음수이다. 행은 $m = 0, 1, 2$에 대응하고 열은 $n = 1, 2, 3$에 대응한다.

대응되는 k 값들은 다음 식으로 주어진다.

$$k_{mn} = x_{mn}/r_0 \tag{5.189}$$

양자 수 m과 n으로 구분된 파동 함수 $\psi_{mn}(r, \theta)$의 처음 몇 개를 그림 5.9에 나타내었다. $m > 0$인 상태들은 $\cos m\theta$와 $\sin m\theta$에 대응하여 이중으로 중첩되어 있다. 겹치는 쌍 중 단지 한 상태만 나타내었다. 두 번째 상태는 $\pi/2m$만큼 회전하면 얻어질 것이다. 덧붙여서 이 그림은 가장자리가 고정된 반지름 r_0인 원형 막의 진동 모드 (m, n)와도 관련이 있다.

부록 5B 무한 구형 우물 안 입자

무한 구형 퍼텐셜 우물(infinite spherical well)에 있는 질량 M인 입자에 대한 Schrödinger 방정식은 다음과 같이 쓸 수 있다.

$$-\frac{\hbar^2}{2M}\nabla^2\psi(r,\theta,\phi)+V(r)\psi(r,\theta,\phi)=E\psi(r,\theta,\phi), \tag{5.190}$$

여기서

$$V(r)=\begin{cases}0 & r\le r_0\\ \infty & r>r_0\end{cases} \tag{5.191}$$

이 파동 함수는 구형 극좌표계에서 다음과 같이 변수 분리된다.

$$\psi(r,\theta,\phi)=R(r)Y_{\ell m}(\theta,\phi) \tag{5.192}$$

여기서 Y는 구면 조화 함수이다. 다음과 같이 정의를 하면,

$$k^2=2mE/\hbar^2 \tag{5.193}$$

반경 방정식은 다음과 같이 된다.

$$R''(r)+\frac{2}{r}R'(r)+\left(k^2-\frac{\ell(\ell+1)}{r^2}\right)R(r)=0 \tag{5.194}$$

이 식의 경계 조건은 $R(r_0)=0$이다. 반경 변수를 $x=kr$로 바꿔 주면, 이 방정식은 식 (5.168)의 구형 Bessel 함수에 대한 방정식이 된다.

$$x^2R''(x)+2xR'(x)+\left[x^2-\ell(\ell+1)\right]R(x)=0 \tag{5.195}$$

따라서 $R(x)=$ 상수 $j_\ell(kr)$이다. 이 경계 조건은 kr_0가 구형 Bessel 함수 $j_\ell(x)$의 0일 때 만족한다. $x_{\ell n}$을 $j_\ell(x)=0$의 n번째 근이라 하자. 처음 몇 개의 근을 표로 적어 보면 다음과 같다:

n	x_{0n}	x_{1n}	x_{2n}
1	3.142	4.493	5.763
2	6.283	7.725	10.904
3	9.425	10.904	12.323

대응되는 k의 값은 $k_{\ell n}=x_{\ell n}/r_0$이다. 그러면 양자화된 에너지 준위는 다음 식으로 주어진다.

$$E_{n\ell}=\frac{\hbar^2k_{\ell n}^2}{2Mr_0^2} \tag{5.196}$$

이 에너지 준위들은 양자수 m과는 무관하므로 $(2\ell+1)$-중으로 축퇴되어 있다.

그림 5.10은 $m=0$일 때, $n=1, 2, 3$ 및 $\ell=0, 1, 2$인 저-에너지 고유 함수에 대한 구 단면의 등고선 그림을 보여준다. 파동 함수는 회색 영역에서는 양수이고 흰색 영역에서는 음수이다.

그림 5.10 구형 우물의 $\theta = \pi/2$ 면에 있는 고유 함수 $\psi_{n\ell 0}(r, \theta, \phi)$. 행은 $\ell = 0, 1, 2$를 나타내고 열은 $n = 1, 2, 3$을 나타낸다.

부록 5C 델타 함수 우물 안 입자

델타 함수(delta function) 퍼텐셜 우물 안에 있는 입자는 다음과 같은 Schrödinger 방정식(원자 단위로)으로 기술되는 간단한 일차원 문제이다:

$$-\frac{1}{2}\psi''(x) - Z\delta(x)\psi(x) = E\psi(x) \tag{5.197}$$

여기서 델타 함수는 함수 $1/|x|$와 같은 차원을 가지므로 이 문제는 일차원 수소꼴 원자와 유사하게 생각될 수 있다. $E < 0$인 속박 상태에서는 $E = -\kappa^2/2$로 하는 것이 편리하다. $x \neq 0$인 경우 Schrödinger 방정식은 다음과 같이 된다.

$$\psi_0''(x) - \kappa^2\psi_0(x) = 0 \tag{5.198}$$

이 방정식의 해는 $\psi_0(x) = e^{\pm\kappa x}$이다. $x \to \pm\infty$일 때 해의 특성을 고려하면 $x > 0$에서는 $e^{-\kappa x}$ 해를 택하고 $x < 0$인 경우에는 $e^{\kappa x}$ 해를 택한다. 이들은 통합하여 $\psi_0(x) = e^{-\kappa|x|}$로 쓸 수 있다. 다음에는 이를 원래의 Schrödinger 방정식에 대입하고 이 함수의 2차 미분을 계산한다. 먼저 1차 미분을 하면,

$$\frac{d}{dx}e^{-\kappa|x|} = -\kappa\, e^{-\kappa|x|}\frac{d|x|}{dx} \tag{5.199}$$

이 된다. 분명히 $\frac{d|x|}{dx} = \text{sgn}(x)$이므로 $x > 0$과 $x < 0$의 경우에 각각 ± 1이다. 따라서

$$\frac{d}{dx}e^{-\kappa|x|} = -\kappa\,\text{sgn}(x)e^{-\kappa|x|} \tag{5.200}$$

$$\frac{d^2}{dx^2}e^{-\kappa|x|} = \kappa^2\,\text{sgn}(x)^2 e^{-\kappa|x|} - \kappa\, e^{-\kappa|x|}\text{sgn}'(x) \tag{5.201}$$

여기서 $\text{sgn}'(x) = 2\delta(x)$ 관계식을 사용하면 앞의 Schrödinger 방정식 (5.197)은 다음 조건이 만족될 때 성립한다.

$$-\frac{1}{2}\kappa^2 + \kappa\,\delta(x) - Z\delta(x) = E \tag{5.202}$$

따라서 $\kappa = Z$와 $E = -\frac{1}{2}\kappa^2 = -Z^2/2$가 됨을 알 수 있다. 이는 유일한 구속 상태의 해이다. 놀랍게도 바닥 상태 고유 함수 e^{-Zx}는 같은 에너지 $E = -Z^2/2$를 갖는 수소꼴 $1s$ 궤도 e^{-Zr}의 단면과 동일하다.

양자화학 입문

제6장 조화 진동자

The harmonic oscillator

조화 진동자는 고전역학과 양자역학에서 몇 가지 중요한 응용이 되는 모형이다. 즉 탄성학, 음향학, AC 회로, 분자 및 결정 진동, 전자기장 그리고 물질의 광학적 성질 등과 같은 다양한 현상을 수학적으로 처리할 수 있는 모형을 제공한다.

6.1 고전 진동자

고전역학에서 조화 진동자를 간단히 실현하려면 입자가 평형 위치로부터 변위에 비례하는 복원력에 의해 움직이게 하는 것이다. 일차원에서의 운동을 고려하면 이는 다음과 같다.

$$F = -kx \tag{6.1}$$

이러한 힘은 그림 6.1에서 볼 수 있듯이 후크 법칙을 따르는 용수철로부터 유래한다. 후크 법칙에 의하면 실제 용수철에 적당히 작은 변위를 적용하면 복원력은 평형 위치로부터 변위(늘림이나 줄임)에 비례한다. *비례 상수* k는 용수철의 강성도의 척도이다. 변수 x에 대해 평형 위치는 0, 늘림은 (+), 줄임은 (−)로 나타낸다. 식 (6.1)에서 (−) 부호는 F가 항상 변위 x에 대해 *복원력*이 반대 방향으로 작용한다는 것을 반영한다.

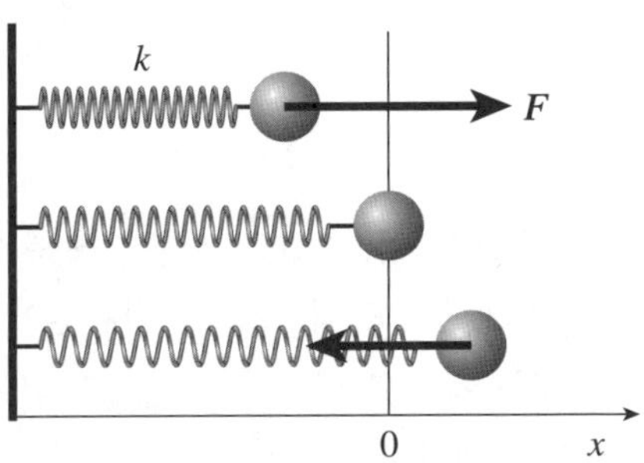

그림 6.1 후크의 법칙을 따르는 용수철.

식 (6.1)에서 힘에 대해 뉴턴의 제2법칙을 적용하면 다음과 같이 된다.

$$F = m\frac{d^2x}{dx^2} = -kx \tag{6.2}$$

여기서 m은 용수철에 붙어 있는 물체의 질량인데 용수철 자체는 질량이 없다고 가정한다. 이 식은 변수는 다르지만 다음과 같은 익숙한 미분 방정식 형태이다.

$$\ddot{x}(t) + \omega^2 x(t) = 0, \qquad \omega^2 \equiv k/m \tag{6.3}$$

여기서 점(dot, 뉴턴이 도입한)은 독립변수가 시간일 때 프라임을 대신해서 사용된다. 식 (6.3)의 일반해는 다음과 같으며, 이는 파동 형태의 시간 의존성을 갖는 주기적 운동을 나타낸다.

$$x(t) = A\sin\omega t + B\cos\omega t \tag{6.4}$$

이 식은 *단순 조화 운동*이라고 알려져 있으며 대응하는 계는 *조화 진동자*라고 한다. 진동 운동은 다음과 같은 각 진동수(angular frequency) 상수를 갖는 진동이다.

$$\text{초당} \ \ \omega = \sqrt{\frac{k}{m}} \ \ \text{라디안} \tag{6.5}$$

따라서 이것을 진동자의 *고유 진동수*라고 한다. 대응하는 각 진동수는 헤르츠 단위(초당 사이클 수)로 나타내면 다음과 같다.

$$\nu = \frac{\omega}{2\pi} = \frac{1}{2\pi}\sqrt{\frac{k}{m}} \quad \text{Hz} \tag{6.6}$$

보존계에서 힘과 포텐셜 에너지 사이의 관계는 일차원에서 다음과 같다.

$$F = -\frac{dV}{dx} \tag{6.7}$$

따라서 조화 진동자의 포텐셜 에너지는 다음과 같이 주어진다.

$$V(x) = \frac{1}{2}kx^2 \tag{6.8}$$

이는 그림 6.2와 같은 포물선 모양이다. 간단한 계산을 통해 알 수 있듯이 진동자는 (+)와 (−)의 반환점 $\pm x_{\max}$ 사이에서 움직이며, 이 반환점에서 운동 에너지는 일시적으로 0이 되고 총 에너지 E는 포텐셜 에너지 $\frac{1}{2}kx_{\max}^2$과 같아지는 반면, 포텐셜 에너지가 0이 되는 점에서는 운동 에너지가 최대가 된다.

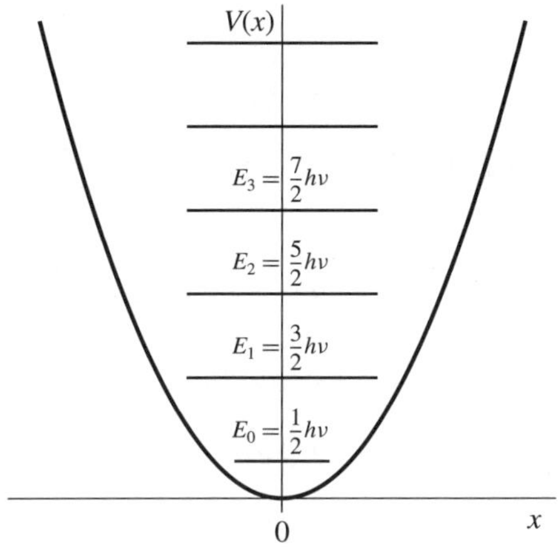

그림 6.2 조화 진동자에 대한 포텐셜 에너지와 처음 몇 개의 에너지 준위.

6.2 양자 조화 진동자

포텐셜 에너지 (6.8)이 주어지면 일차원 조화 진동자에 대한 Schrödinger 방정식은 다음과 같이 쓸 수 있다.

$$-\frac{\hbar^2}{2m}\psi''(x) + \frac{1}{2}kx^2\psi(x) = E\,\psi(x) \tag{6.9}$$

이제 처음으로 *비-상수* 계수를 갖는 미분 방정식이 주어졌는데, 이것은 풀어 볼 만하다. 우선 식 (6.9)에 있는 상수들을 조합하여 다음 두 개의 변수를 만든다.

$$\alpha^2 = \frac{mk}{\hbar^2} \text{과} \qquad \lambda = \frac{2mE}{\hbar^2\alpha} \tag{6.10}$$

그리고 다음과 같이 독립 변수를 다시 정의한다.

$$\xi = \alpha^{1/2}x \tag{6.11}$$

이렇게 하면 Schrödinger 방정식은 다음과 같이 간략하게 된다.

$$\psi''(\xi) + (\lambda - \xi^2)\psi(\xi) = 0 \tag{6.12}$$

변수 x(또는 ξ)의 영역은 $-\infty$에서 $+\infty$까지 취해야 하는데, 이렇게 하면 상자 안 입자의 경우와는 달리 명확한 경계가 없어지게 된다.

첫 번째 단계는 식 (6.12)의 점근 해, 즉 $\xi \to \pm\infty$로 갈 때의 $\psi(\xi)$ 형태의 해를 결정하는 것이다. $|\xi|$가 충분히 크다면 $\xi^2 >> \lambda$가 되고 미분 방정식은 근사적으로

다음과 같다.

$$\psi''(\xi) - \xi^2\psi(\xi) \approx 0 \tag{6.13}$$

이 식은 약간 변형하면 다음과 같이 쓸 수 있다.

$$\left(\frac{d^2}{d\xi^2} - \xi^2\right)\psi(\xi) \approx \left(\frac{d}{d\xi} - \xi\right)\left(\frac{d}{d\xi} + \xi\right)\psi(\xi) \approx 0 \tag{6.14}$$

일차 미분 방정식

$$\psi'(\xi) + \xi\psi(\xi) = 0 \tag{6.15}$$

은 다음과 같이 정확한 해를 구할 수 있다.

$$\psi(\xi) = 상수 e^{-\xi^2/2} \tag{6.16}$$

놀랍게도 이것은 $\lambda = 1$때의 Schrödinger 방정식의 *정확한* 해라는 것을 알 수 있다. 식 (6.10)을 이용하면 이것은 다음 에너지에 대응한다.

$$E = \frac{\hbar^2\alpha}{2m} = \tfrac{1}{2}\hbar\sqrt{\frac{k}{m}} = \tfrac{1}{2}\hbar\omega \tag{6.17}$$

여기서 ω는 고전역학에 의하면 진동자의 고유 진동수이다. 함수 (6.16)은 가우스 형태이거나 종 모양의 곡선이다. 함수에는 마디가 없고 따라서 이것은 계의 바닥 상태를 나타낸다고 결론을 내릴 수 있다. 바닥 상태는 보통 양자수 $n = 0$일 때를 의미한다(상자 안 입자는 예외적으로 바닥 상태를 $n = 1$로 나타냄). 원래의 변수 x로 바꾸면 다음과 같이 쓸 수 있다.

$$\psi_0(x) = 상수 e^{-\alpha x^2/2}, \quad \alpha = (mk/\hbar^2)^{1/2} \tag{6.18}$$

다음 잘 알려진 적분

$$\int_{-\infty}^{\infty} e^{-\alpha x^2}\, dx = \left(\frac{\pi}{\alpha}\right)^{1/2} \tag{6.19}$$

을 사용하면 다음과 같은 정규화된 고유 함수를 구할 수 있다.

$$\psi_0(x) = \left(\frac{\alpha}{\pi}\right)^{1/4} e^{-\alpha x^2/2} \tag{6.20}$$

여기서 대응하는 고유값은

$$E_0 = \tfrac{1}{2}\hbar\omega \tag{6.21}$$

6.3 조화 진동자의 고유 함수와 고유값

상자 안 입자에 대한 실험을 통해 추론해 볼 때, 조화 진동자의 첫 번째 들뜬 상태는 식 (6.20)과 비슷하지만 $x = 0$에 마디가 있는 다음과 같은 함수가 될 것으로 추측할 수 있다.

$$\psi_1(x) = \text{상수}\, x\, e^{-\alpha x^2/2} \tag{6.22}$$

이것은 대칭에 의해 $\psi_0(x)$에 직교하고 실제로 다음 고유값을 갖는 고유 함수이다.

$$E_1 = \tfrac{3}{2}\hbar\omega \tag{6.23}$$

이와 같은 과정을 계속하여 다음과 같은 두 개의 마디를 갖는 함수도 시도해 보자.

$$\psi_2(x) = \text{상수}(x^2 - a)\, e^{-\alpha x^2/2} \tag{6.24}$$

5.1절에서 도입한 적분을 사용하면, $a = 1/2$은 $\psi_0(x)$과 $\psi_1(x)$에 직교하는 $\psi_2(x)$을 만들 수 있다. 이것은 다음 고유값에 대응하는 또 다른 함수라는 것을 확인할 수 있다.

$$E_2 = \tfrac{5}{2}\hbar\omega \tag{6.25}$$

일반적인 결과는 Hermite 다항식인데 이것은 5.5절에서 논의하였다. 이제 다음과 같은 정규화된 고유 함수를 쓸 수 있다.

$$\psi_n(x) = \left(\frac{\sqrt{\alpha}}{2^n n! \sqrt{\pi}}\right)^{1/2} H_n(\sqrt{\alpha}\, x)\, e^{-\alpha x^2/2} \tag{6.26}$$

여기서 $H_n(\xi)$ 는 차수 n의 Hermite 다항식을 나타낸다. 처음 몇 개의 Hermite 다항식은 다음과 같다.

$$\begin{aligned} &H_0(\xi) = 1, \quad H_1(\xi) = 2\xi, \quad H_2(\xi) = 4\xi^2 - 2, \quad H_3(\xi) = 8\xi^3 - 12\xi, \\ &H_4(\xi) = 16\xi^4 - 48\xi^2 + 12, \quad H_5(\xi) = 32\xi^5 - 160\xi^3 + 120\xi \end{aligned} \tag{6.27}$$

4개의 가장 낮은 조화-진동자 고유 함수를 그림 6.3에 나타내었다. 이 그림에서 볼 수 있듯이 모양이 상자 안 입자의 고유 함수와 닮았다는 것을 알 수 있다.

고유값은 다음과 같은 간단한 형태로 주어진다.

$$E_n = (n + \tfrac{1}{2})\hbar\omega \tag{6.28}$$

그림 6.3은 그림 6.2의 그림과 같은 스케일로 그렸다. 바닥 상태 에너지 $E_0 = \frac{1}{2}\hbar\omega$은 고전역학 에너지 값 0보다 크고 이는 불확정성 원리의 결과이다.

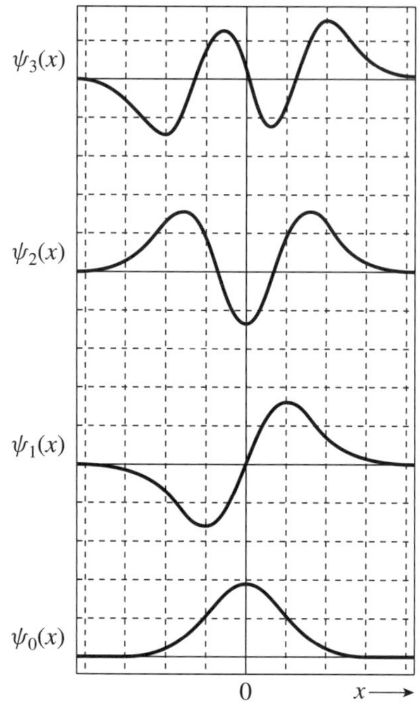

그림 6.3 $n = 0, 1, 2, 3$에 대한 조화 진동자 고유 함수.

연속적인 에너지 값 사이의 차이가 다음과 같이 일정한 값을 갖는다는 사실은 놀라운 일이다.

$$\Delta E = E_{n+1} - E_n = \hbar\omega = h\nu \tag{6.29}$$

이것은 광자의 에너지에 대한 Planck의 식을 연상시킨다. 복사(radiation)의 양자론이 진동자의 조립 구조를 띠고 있고, 각 진동자는 특정 진동수를 갖는 전자기파의 모드를 나타내기 때문에 이는 놀라운 것이 아니다.

6.4 조화 진동자의 연산자 공식

전자기파의 양자론을 전개하기 위해 조화 진동자 문제를 올림(creation) 및 내림(annihilation) 연산자의 형태로 다시 공식화하고 또한 계속해서 Dirac의 전개를 따르는 것이 유용하다. Schrödinger 방정식 (6.9)는 다음과 같이 쓸 수 있다.

$$H|n\rangle = \frac{1}{2m}(p^2 + m\omega^2 x^2)|n\rangle = E_n\,|n\rangle = (n + \tfrac{1}{2})\hbar\omega|n\rangle \tag{6.30}$$

여기서 p는 운동량 연산자 $-i\hbar\ d/dx$이고 $\omega = \sqrt{k/m}$이다. 이제 다음과 같이 상호

수반 연산자(mutually adjoint operator)를 정의하자.

$$a = \sqrt{\frac{m\omega}{2\hbar}}\,x + \frac{i}{\sqrt{2m\hbar\omega}}\,p \qquad \text{및} \qquad a^\dagger = \sqrt{\frac{m\omega}{2\hbar}}\,x - \frac{i}{\sqrt{2m\hbar\omega}}\,p \tag{6.31}$$

이것은 Hermite 연산자가 *아니지만* 다음과 같이 Hamiltonian의 형태로 쓸 수 있다.

$$H = (a^\dagger a + \tfrac{1}{2})\hbar\omega \tag{6.32}$$

이 식을 식 (6.30)과 비교하면, $a^\dagger a$는 분명히 다음과 같이 수 *연산자*(number operator)를 나타낸다.

$$a^\dagger a|n\rangle = n|n\rangle \tag{6.33}$$

다음 기본 교환자

$$[x, p] = i\hbar \tag{6.34}$$

로부터 다음과 같은 기본 교환 관계식을 유도할 수 있다.

$$[a, a^\dagger] = 1 \tag{6.35}$$

$$[a, H] = \hbar\omega a \tag{6.36}$$

$$[a^\dagger, H] = -\hbar\omega a^\dagger \tag{6.37}$$

고유 함수 $|n\rangle$에 식 (6.36)을 대입하면 다음과 같다.

$$aH|n\rangle - Ha|n\rangle = \hbar\omega a|n\rangle \tag{6.38}$$

$H|n\rangle = E_n|n\rangle$을 사용하면 이것은 다음과 같이 재배열할 수 있다.

$$H(a|n\rangle) = (E_n - \hbar\omega)(a|n\rangle) \tag{6.39}$$

조화 진동자의 고유값에 대해 $E_n - \hbar\omega = E_{n-1}$이므로,

$$a|n\rangle = \text{상수}|n-1\rangle \tag{6.40}$$

은 양자수 $n-1$에 대한 고유 함수를 나타냄을 의미한다. 한편,

$$\langle n-1|n-1\rangle = \langle n|a^\dagger a|n\rangle = n \tag{6.41}$$

이 bra와 ket의 일반적 성질에 의해 $\langle n|a^\dagger = (a|n\rangle)^\dagger$이라는 점을 주목하면 (6.33)으로부터 식 (6.40)에서 상수값을 알 수 있다. $|n\rangle$과 $|n-1\rangle$이 모두 정규화되어 있다고 가정하면, 식 (6.40)에 있는 상수는 $\sqrt{n}$이 된다. 즉

$$a|n\rangle = \sqrt{n}\,|n-1\rangle \tag{6.42}$$

이 된다. 유사한 방법으로 식 (6.37)에서 계속하면

$$a^\dagger|n\rangle = \sqrt{n+1}\,|n+1\rangle \tag{6.43}$$

이 된다. 이와 같은 명백한 이유로 인해 $a^\dagger$와 a는 *올림* 및 *내림* 연산자로 알려져 있다. 이는 또한 조화 진동자 고유값을 올라가거나 내려가도록 하기 때문에 *사다리 연산자*(ladder operator)라고도 부른다. 복사 이론의 관점에서 $a^\dagger$와 a는 하나의 양자 에너지를 올리거나 내리기 때문에 각각 *올림*(creation)과 *내림*(annihilation) 연산자라고 부른다.

조화 진동자의 바닥 상태 $|0\rangle$에 대해 식 (6.42)는 $a|0\rangle = 0$을 암시하는데, 이는 E_0가 가장 낮은 고유값이 된다는 것과 일치한다. 식 (6.31)의 정의를 사용하면, 이는 바닥 상태 파동 함수에 대해서 다음과 같은 일차 미분 방정식이 된다.

$$\left\{\frac{d}{dx} + \frac{m\omega}{\hbar}x\right\}\psi_0(x) = 0 \tag{6.44}$$

그 해는 다음과 같다.

$$\psi_0(x) = \text{상수}\ e^{-m\omega x^2/2\hbar} \tag{6.45}$$

이 결과는 식 (6.18)에서 정확하다고 증명된 점근해(asymptotic solution)로 구한 것과 일치한다. 사실상 식 (6.44)는 식 (6.15)와 동일한 것이다.

사다리 연산자에 대한 식 (6.42)와 (6.43)은 조화 진동자에 대한 행렬 요소를 유도하는 데 적용될 수 있다. (6.31)을 x와 p에 대해 풀면 다음과 같이 구할 수 있다.

$$x = \sqrt{\frac{\hbar}{2m\omega}}\,(a + a^\dagger) \qquad p = -i\sqrt{\frac{m\hbar\omega}{2}}\,(a - a^\dagger) \tag{6.46}$$

따라서

$$\langle n|x|n'\rangle = \sqrt{\frac{\hbar}{2m\omega}}\,\langle n|(a + a^\dagger)|n'\rangle \tag{6.47}$$

이 된다. 식 (6.42)와 (6.43)에 의해 0이 되지 않는 유일한 행렬 요소는 $n' = n \pm 1$에 대한 것이다.

$$\langle n|x|n-1\rangle = \sqrt{\frac{\hbar n}{2m\omega}}, \quad \langle n|x|n+1\rangle = \sqrt{\frac{\hbar(n+1)}{2m\omega}} \tag{6.48}$$

이는 조화 진동자에서 전기-쌍극자 전이[식 (4.71) 참조]에 대한 선택 규칙이 $\Delta n = \pm 1$이기 때문이다.

연산자 x^2과 p^2의 행렬 요소는 식 (6.46)의 제곱을 취함으로써 계산할 수 있다. 몇 가지 예를 연습 문제로 제시하였다.

6.5 복사의 양자론

James Jeans 경은 복사 장은 제1장에서 흑체 복사 문제에 적용된 것과 비슷하게 유한한 닫힌 계에서 제한된 서로 다른 진동 모드의 집합으로 취급할 수 있다고 제안하였다. 복사의 양자론은 이러한 대응을 더 정확하게 전개하여 추상적인 조화 진동자의 진동수가 ω_λ인 전자기장의 각 모드를 확인하는 것이다. 전체 복사장에 대한 Hamiltonian은 다음과 같이 쓸 수 있다.

$$H = \tfrac{1}{2}\sum_\lambda (P_\lambda^2 + \omega_\lambda^2 Q_\lambda^2) \qquad \textbf{(6.49)}$$

여기서 λ는 각 개별 모드의 진동수, 진행 방향 및 편극을 표시한 것이다. 따라서 식 (6.31)과 유사하게 다음과 같이 정의할 수 있다.

$$a_\lambda = \sqrt{\frac{\omega_\lambda}{2\hbar}}\,Q_\lambda + \frac{i}{\sqrt{2\hbar\omega_\lambda}}\,P_\lambda, \qquad a_\lambda^\dagger = \sqrt{\frac{\omega_\lambda}{2\hbar}}\,Q_\lambda - \frac{i}{\sqrt{2\hbar\omega_\lambda}}\,P_\lambda \qquad \textbf{(6.50)}$$

이것은 너무나도 명백하게 진동수 ω_λ, 진행 벡터 $\mathbf{k}_\lambda$ 및 편극 $\hat{\mathbf{e}}_\lambda$인 전자기장의 양자, 즉 광자에 대한 내림 및 올림 연산자라 확인될 수 있다. Hamiltonian (6.49)는 다음과 같이 되는데

$$H = \sum_\lambda (a_\lambda^\dagger a_\lambda + \tfrac{1}{2})\hbar\omega_\lambda \qquad \textbf{(6.51)}$$

이때 복사 장의 에너지는

$$E = \sum_\lambda (n_\lambda + \tfrac{1}{2})\hbar\omega_\lambda \qquad \textbf{(6.52)}$$

과 같다. n_λ는 그림 6.4에 도시한 바와 같이 부피가 L^3인 3차원 상자에 붙잡혀 있는 λ개의 광자를 나타낸다.

복사 장의 상태는 한 세트의 광자 n_λ에 의해 결정된다. $|0\rangle$으로 표시되는 *진공 상태*는 광자가 하나도 없는 상태이다. 상태 $|1_\lambda\rangle$은 에너지 $\hbar\omega_\lambda$, 진행 벡터 $\mathbf{k}_\lambda$ 및 편극도 $\hat{\mathbf{e}}_\lambda$을 갖는 하나의 광자를 포함한다. 상태 $|2_\lambda\rangle$은 두 개의 광자를 포함하는 반면, $|1_\lambda, 1_{\lambda'}\rangle$은 두 가지 다른 광자, λ와 λ′을 포함한다. 복사장의 가장 일반적인 상태는 $|n_\lambda, n_{\lambda'}, n_{\lambda''} \ldots\rangle$으로 표시할 수 있다. 만일 닫힌 계가 양자 상태 ψ_n에 있는 원자를

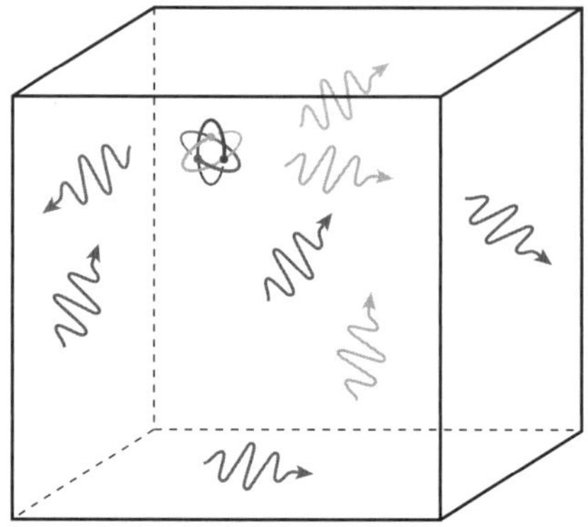

그림 6.4 3차원 상자에 붙잡혀 있는 원자와 광자의 집합을 나타낸다.

포함한다면, 조성 상태는 $|n; n_\lambda, n_{\lambda'}, n_{\lambda''} \ldots\rangle$으로 표시된다.

일반적으로 원자와 복사 사이에서는 전기 쌍극자 상호작용이 지배적으로 작용하며 다음과 같이 섭동으로 나타낸다.

$$V = -\boldsymbol{\mu} \cdot \mathbf{E} \tag{6.53}$$

상자 안에 있는 복사장의 에너지는 다음 형태를 갖는다.

$$H = \tfrac{1}{2} \sum_\lambda \left(\epsilon_0 E_\lambda^2 + \mu_0^{-1} B_\lambda^2 \right) \times L^3 \tag{6.54}$$

여기서 $\mathbf{E}_\lambda$와 $\mathbf{B}_\lambda$는 진동자 모드 λ와 관련 있는 전기장과 자기장이다. 이차 함수의 합인 (6.49)와 (6.54)를 비교해 보면 양자역학적인 진동자는 a_λ와 $a_\lambda^\dagger$에 일차함수 꼴로 기여한다는 것이 분명하다. 이것이 우리가 알아야 할 전부이다. 더 자세하게 유도해 보면 다음과 같은 완전한 형태로 얻을 수 있다.

$$\mathbf{E}(\mathbf{r}) = \frac{i}{L^{3/2}} \sum_\lambda \sqrt{\frac{\hbar\omega_\lambda}{2\epsilon_0}} \left(a_\lambda \hat{\mathbf{e}}_\lambda e^{i\,\mathbf{k}_\lambda \cdot \mathbf{r}} - a_\lambda^\dagger \hat{\mathbf{e}}_\lambda^* e^{-i\,\mathbf{k}_\lambda \cdot \mathbf{r}} \right) \tag{6.55}$$

우리의 목적에 맞게 충분히 근사를 취하면, 에너지 준위 E_n와 E_m 사이에서 전이를 일으키는 원자에 의한 광자의 흡수와 방출에 대해 각각 다음과 같이 얻을 수 있다.

$$V_{\text{abs}} \approx 상수 \times \boldsymbol{\mu}\, a_\lambda \qquad 및 \qquad V_{\text{em}} \approx 상수 \times \boldsymbol{\mu}\, a_\lambda^\dagger \tag{6.56}$$

에너지가 보존되려면 광자의 진동수가 다음을 만족해야 한다.

$$\omega_\lambda = \frac{E_m - E_n}{\hbar} \tag{6.57}$$

전이는 구성 상태 $|n; \ldots n_\lambda \ldots\rangle$이나 $|m; \ldots n_\lambda \ldots\rangle$ 중 하나로부터 일어난다. 여기서 다른(비공명) 모드에 대한 광자 수는 관계가 없다. 4.8절에서 살펴보았듯이 전이 확률은 섭동 행렬 요소의 제곱에 비례한다.

$$W = \text{상수}\left|\langle \text{최종}|V|\text{초기}\rangle\right|^2 \tag{6.58}$$

따라서 원자의 상향 전이($m \leftarrow n$)에 대해서는

$$W_{\text{흡수}} = \text{상수}\left|\langle m; n_\lambda - 1|V_{\text{흡수}}|n; n_{\text{흡수}}\rangle\right|^2 = \text{상수}|\boldsymbol{\mu}_{mn}|^2 n_\lambda \tag{6.59}$$

인 반면, 하향 전이에 대해서는

$$W_{\text{방출}} = \text{상수}\left|\langle n; n_\lambda + 1|V_{\text{방출}}|m; n_\lambda\rangle\right|^2 = \text{상수}|\boldsymbol{\mu}_{mn}|^2 (n_\lambda + 1) \tag{6.60}$$

이 된다. 올림 및 내림 연산자의 작용으로부터 생기는 광자 수는 (6.42) 및 (6.43)과 유사하게:

$$a_\lambda|n_\lambda\rangle = \sqrt{n_\lambda}|n_\lambda - 1\rangle \qquad \text{및} \qquad a_\lambda^\dagger|n_\lambda\rangle = \sqrt{n_\lambda + 1}|n_\lambda + 1\rangle \tag{6.61}$$

다른 요소들 n_λ와 $n_\lambda + 1$의 출현은 상당히 의미가 있다. 흡수 확률은 n_λ에 비례하는데, 닫힌 계에서 n_λ는 복사 밀도에 비례한다. 대조적으로, 방출 확률은 $n_\lambda + 1$에 따라 변하는데 두 가지 분명한 기여도가 있다. n_λ에 비례하는 부분은 *자극 방출*인 반면 n_λ에 무관한 부분은 *자발적 방출*이다. 놀랍게도 흡수에 대한 확률은 정확히 자극 방출에 대한 확률과 일치한다. 더 자세한 계산을 해보면 다음과 같은 전이 비율을 얻게 된다.

$$W_{\text{흡수}} = W_{\text{자극 방출}} = \frac{4\pi^2}{3\hbar^2}\rho(\omega)|\boldsymbol{\mu}_{mn}|^2 \tag{6.62}$$

반면에

$$W_{\text{자발적 방출}} = \frac{4\omega^3}{3\hbar c^3}|\boldsymbol{\mu}_{mn}|^2 \tag{6.63}$$

위 세 종류의 복사 과정은 모두 $|\boldsymbol{\mu}_{mn}|^2$에 의존하고 따라서 모두 똑같은 선택 규칙을 따른다는 것을 주목하라. ω^3에 대한 의존성은 자발적 방출이 높은 에너지 복사에만 의미가 있게 만들고, 실제로 광학적 진동수나 더 높은 진동수에서만 의미가 있다.

1917년 Einstein은 세 가지 복사 과정과 Planck의 복사 이론 사이의 관계를 보여주었다. 동공(cavity)에서의 복사가 온도 T에서 평형에 있다고 가정해 보자. 이는 닫힌 계 안에 있는 에너지 준위 E_n과 E_m의 모든 쌍 사이의 위쪽 및 아래쪽 전이의 속도

가 정확히 균형을 이루어야 한다는 것을 의미한다. 따라서

$$N_n W_{\text{흡수}} = N_m(W_{\text{자극 방출}} + W_{\text{자발적 방출}}) \tag{6.64}$$

그러나 분포 N_n과 N_m이 볼츠만 분포를 따른다면 다음과 같이 된다.

$$\frac{N_m}{N_n} = e^{-(E_m - E_n)/kT} = e^{-\hbar\omega/kT} \tag{6.65}$$

식 (6.62)와 (6.63)의 전이 속도에 대입하고 복사 밀도에 대해 풀면 다음과 같이 e나 m_e와 같은 원자 변수에 의존하지 않는 식을 얻을 수 있다.

$$\rho(\omega) = \frac{\hbar\omega^3/\pi^2 c^3}{e^{\hbar\omega/kT} - 1} \tag{6.66}$$

이것이 복사 진동수 ω의 형태로 표현한 Planck의 복사 법칙이다.

부록 6A 비조화 진동자

비조화 진동자는 조화 진동자의 정확한 형태에서 벗어나는 것이다. 여기에서는 *4차 함수*를 갖는 진동자의 경우를 고려할 것이다. 적당히 조정된 변수를 갖는 Hamiltonian을 써 보면 다음과 같다.

$$H = -\frac{1}{2}\frac{d^2}{dx^2} + \frac{1}{2}\omega^2 x^2 + \frac{1}{4}\lambda x^4 \tag{6.67}$$

분명히 이 문제는 다음과 같이 부록 4A의 섭동 이론에 의해 취급할 수 있다.

$$V(x) = \frac{1}{4}\lambda x^4 \tag{6.68}$$

비섭동 고유 함수는 다음과 같이 주어진다.

$$\psi_n(x) = \left(\frac{\sqrt{\omega}}{2^n n! \sqrt{\pi}}\right)^{1/2} H_n(\sqrt{\omega}\, x)\, e^{-\omega x^2/2}, \quad n = 0, 1, 2, \ldots \tag{6.69}$$

여기서 대응하는 고유값은 $E_n = (n + \frac{1}{2})\omega$이다.

이제 진동자의 $n = 0$과 $n = 1$ 상태에 대한 섭동 문제를 고려해 보자. 비섭동된 에너지는 $E_0 = \frac{1}{2}\hbar\omega$와 $E_1 = \frac{3}{2}\hbar\omega$이다. 부록 4A를 참조하면 일차 에너지는 다음과 같이 주어진다.

$$E_0^{(1)} = \frac{\lambda}{4}\int_{-\infty}^{\infty} \psi_0(x)x^4\psi_0(x)\,dx = \frac{3\lambda}{16\omega^2} \tag{6.70}$$

및

$$E_1^{(1)} = \frac{\lambda}{4}\int_{-\infty}^{\infty} \psi_1(x)x^4\psi_1(x)\,dx = \frac{15\lambda}{16\omega^2} \tag{6.71}$$

임의의 n에 대한 일반적 결과는 다음과 같다.

$$E_n^{(1)} = \frac{3\lambda}{16\omega^2}(2n^2 + 2n + 1) \tag{6.72}$$

2차 섭동 에너지를 계산하기 위해서는 행렬 요소 $(x^4)_{n,m}$이 필요하다. 값이 0이 되지 않는 요소는 단지 $(x^4)_{n,n}$, $(x^4)_{n,n\pm2}$, $(x^4)_{n,n\pm4}$ 형태를 갖는 것들이다. 이 경우에는 단지 다음과 같은 요소만 필요하다:

$$(x^4)_{n,n+2} = \frac{1}{2\omega^2}\sqrt{(n+1)(n+2)}(2n+3) \tag{6.73}$$

$$(x^4)_{n,n+4} = \frac{1}{4\omega^2}\sqrt{(n+1)(n+2)(n+3)(n+4)} \tag{6.74}$$

따라서 $n = 0$과 $n = 1$에 대한 2차 에너지를 표시하는 합은 다음 두 개의 항으로 주어진다.

$$E_0^{(2)} = \frac{|V_{0,2}|^2}{E_0 - E_2} + \frac{|V_{0,4}|^2}{E_0 - E_4} = -\frac{21\lambda^2}{128\omega^5} \tag{6.75}$$

$$E_1^{(2)} = \frac{|V_{1,3}|^2}{E_1 - E_3} + \frac{|V_{1,5}|^2}{E_1 - E_5} = -\frac{165\lambda^2}{128\omega^5} \tag{6.76}$$

따라서 2차 항까지의 총 에너지는 다음과 같다.

$$E_0 = \frac{1}{2}\omega + \frac{3\lambda}{16\omega^2} - \frac{21\lambda^2}{128\omega^5}, \quad E_1 = \frac{3}{2}\omega + \frac{15\lambda}{16\omega^2} - \frac{165\lambda^2}{128\omega^5} \tag{6.77}$$

연습 문제

6.1 고전 조화 진동자에 대해 입자가 총 에너지가 포텐셜 에너지와 같은 점 밖으로는 나갈 수 없다. 이 점은 양자역학적 조화 진동자가 바닥 상태에 있을 때의 점인 것을 증명해라. 입자가 이러한 고전적으로 허용된 점 밖으로 나갈 수 있는 확률을 나타내는 적분을 써라. (적분을 계산할 필요는 없다.)

6.2 조화 진동자의 바닥 상태에 대한 포텐셜 에너지와 운동 에너지의 평균값(기대값)을 계산하라. 이 두 양의 상대적 크기를 기술하라.

6.3 행렬 요소를 계산하기 위한 사다리 연산자를 사용하여 n번째 양자 상태에 있는 조화 진동자에 대한 포텐셜 에너지와 운동 에너지를 계산하라.

6.4 조화 진동자의 바닥 상태에 대해 Heisenberg의 불확정성 원리를 적용하라. 기대값에 대한 공식을 활용하여 $\Delta x = \sqrt{\langle x^2 \rangle - \langle x \rangle^2}$과 $\Delta p = \sqrt{\langle p^2 \rangle - \langle p \rangle^2}$를 계산하고 곱 $\Delta x \Delta p$을 구하라.

6.5 행렬 요소를 계산하기 위한 사다리 연산자를 사용하여 n번째 양자 상태에 대한 불확실성 곱 $\Delta x \Delta p$을 계산하라.

6.6 조화 진동자의 준위 n과 n' 사이의 복사 쌍극자 전이의 확률은 다음 행렬 요소의 제곱에 의존한다.

$$x_{n,n'} = \int_{-\infty}^{\infty} \psi_n(x)\, x\, \psi_{n'}(x)\, dx$$

$x_{n,n'} = 0$일 때, 전이는 허용되지 않는다. 다음 각각의 조화 진동자 전이가 허용되는 전이인지 허용되지 않는 전이인지 결정하라: $1 \leftarrow 0$, $2 \leftarrow 0$, $2 \leftarrow 1$. 선택 규칙의 일반적인 형태를 유도하라.

6.7 (선택) $V = \frac{1}{4}\lambda x^4$에 의해 섭동된 조화 진동자의 $n = 0$과 $n = 1$ 상태에 대한 1차 및 2차 섭동 에너지에 대해 주어진 결과를 증명하라.

제7장 각운동량

Angular momentum

7.1 고리 안 입자

상자 안 입자의 문제에서 1차원 입자의 변수인 x-축이 반경 R인 고리 속으로 굽어진 경우를 고려해 보자. Schrödinger 방정식은 똑같이 쓸 수 있다.

$$-\frac{\hbar^2}{2M}\frac{d^2\psi(x)}{dx^2} = E\psi(x) \tag{7.1}$$

이 경우에는 x-축 자체가 닫혀 있기 때문에 경계 조건이 없다. 이 문제에 대한 더 적당한 독립 변수는 $\phi = x/R$으로 주어지는 고리 위에서의 각(angular) 위치이다. 그러면 Schrödinger 방정식은 다음과 같이 된다.

$$-\frac{\hbar^2}{2MR^2}\frac{d^2\psi(\phi)}{d\phi^2} = E\psi(\phi) \tag{7.2}$$

xy-평면에서 회전하는 물체의 운동 에너지는 다음과 같이 표현될 수 있다.

$$E = \frac{L_z^2}{2I} \tag{7.3}$$

여기서 $I = MR^2$은 관성 모멘트이고 L_z는 각운동량의 z-성분이다. ($\mathbf{L} = \mathbf{r} \times \mathbf{p}$이기 때문에 $\mathbf{r}$과 $\mathbf{p}$가 xy-평면에 위치한다면 $\mathbf{L}$은 z-방향으로 위치한다.) 식 (7.2)의 구조를 보면 이 각운동량 연산자가 다음과 같이 주어진다고 추측할 수 있다.

$$\hat{L}_z = -i\hbar\frac{\partial}{\partial\phi} \tag{7.4}$$

이 결과는 다음 장에서 더 일반적으로 전개될 것이다. Schrödinger 방정식 (7.2)는 이제 다음과 같이 축약해서 쓸 수 있다.

$$\psi''(\phi) + m^2\psi(\phi) = 0 \tag{7.5}$$

여기서

$$m^2 \equiv 2IE/\hbar^2 \tag{7.6}$$

이다(우리는 기호 m과 혼동하지 않도록 질량은 M을 사용한다). 식 (7.5)에 대한 가능한 해는

$$\psi(\phi) = \text{상수 } e^{\pm im\phi} \tag{7.7}$$

이다. 이 파동 함수가 물리적으로 의미가 있기 위해서는 *단일 값*을 가져야 한다. ϕ는 2π를 몇 번이고 더해도 고리에서 같은 위치를 나타내기 때문에 다음과 같다.

$$\psi(\phi + 2\pi) = \psi(\phi) \tag{7.8}$$

따라서

$$e^{im(\phi + 2\pi)} = e^{im\phi} \tag{7.9}$$

와 같으며 그 결과,

$$e^{2\pi im} = 1 \tag{7.10}$$

이 된다. 이 식은 m이 다음 정수일 때 성립한다.

$$m = 0, \pm 1, \pm 2 \ldots . \tag{7.11}$$

식 (7.6)을 사용하면 이것은 다음과 같은 양자화된 에너지 값이 된다.

$$E_m = \frac{\hbar^2}{2I} m^2 \tag{7.12}$$

상자 안 입자와는 대조적으로 식 (7.7)에서 $+m$과 $-m$에 대응하는 고유 함수는 선형 독립적이기 때문에 둘 다 모두 포함되어야 한다. 따라서 E_0를 제외한 모든 고유값은 2-중으로 축퇴되어 있다. 고유 함수는 모두 상수 $e^{im\phi}$의 형태로 쓸 수 있는데, 이때 m은 식 (7.11)처럼 모든 정수 값에 대해 적용된다. 정규화된 고유 함수는

$$\psi_m(\phi) = \frac{1}{\sqrt{2\pi}} e^{im\phi} \tag{7.13}$$

이며, 다음 정규화 조건의 복소수 일반화를 만족한다고 증명할 수 있다.

$$\int_0^{2\pi} \psi_m^*(\phi)\, \psi_m(\phi)\, d\phi = 1 \tag{7.14}$$

여기서 $\psi_m^*(\phi) = (2\pi)^{-1/2} e^{-im\phi}$이다. 함수 (7.13)의 상호 직교성은 다음과 같이 쉽게 알 수 있다.

$$\int_0^{2\pi} \psi_{m'}^* \psi_m(\phi)\, d\phi = \frac{1}{2\pi}\int_0^{2\pi} e^{i(m-m')\phi}\, d\phi =$$

$$\frac{1}{2\pi}\int_0^{2\pi} [\cos(m-m')\phi + i\,\sin(m-m')\phi]\, d\phi = 0, \quad m' \neq m\text{에 대해} \tag{7.15}$$

해 (7.13)은 또한 다음 각운동량 연산자 (7.4)의 고유 함수이다.

$$\hat{L}_z \psi_m(\phi) = m\hbar\, \psi_m(\phi), \quad m = 0, \pm 1, \pm 2 \ldots. \tag{7.16}$$

이것은 양자역학에서 기본 결과의 하나의 예인데, 측정된 어떠한 궤도 각운동량의 성분도 $\hbar$의 정수배가 된다. 다음 장에서 논의될 수소 원자의 Bohr 이론도 이 가정으로만 유도될 수 있다.

7.2 방향족 분자에 대한 자유 전자 모형

벤젠 분자는 6개의 비편재화된 π-전자가 순환할 수 있는 6개-탄소 원자의 고리를 포함하고 있다. 고리에 대한 자유 전자 모형(FEM)에 의하면 그림 7.1에서 볼 수 있듯이 바닥 상태 전자 배치는 $1\pi^2 2\pi^4$로 쓸 수 있다.

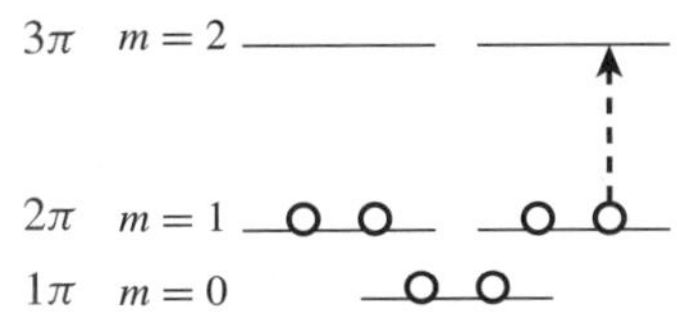

그림 7.1 벤젠에 대한 자유 전자 모형. 점선 화살표는 가장 낮은 에너지로의 들뜸을 나타낸다.

벤젠 분자에서 안정성이 증가하는 이유는 불활성 기체 전자 배치가 안정성을 갖는 것처럼 π-전자 오비탈 껍질이 완전히 채워지기 때문이다. 나프탈렌은 중심 C–C 결합은 별도로 생각하고, 다음 단계의 껍질이 완전히 채워진 전자 배치 $1\pi^2 2\pi^4 3\pi^4$에 10개의 전자를 포함하는 고리로 나타낼 수 있다. 이 분자들은 방향족 안전성에 대한 Hückel의 “$4N + 2$ 규칙”을 만족한다. 한편 cyclobutadiene($1\pi^2 2\pi^2$)과 cyclooctatetraene($1\pi^2 2\pi^4 3\pi^2$) 분자는 고리가 비록 단일 결합과 이중 결합이 반복되지만 오비탈이 부분적으로 채워지기 때문에 방향족 안정성을 보여주지 *않는다*.

벤젠의 흡수 스펙트럼에서 가장 긴 파장은 이 모형에 따라 다음과 같이 계산할 수 있다.

$$\frac{hc}{\lambda} = E_2 - E_1 = \frac{\hbar^2}{2mR^2}(2^2 - 1^2) \tag{7.17}$$

고리 반경은 벤젠에서 C–C 거리에 의해 근사적으로 1.39 Å으로 구할 수 있다. 이렇게 구하면 이론적으로는 $\lambda \approx 210$ nm가 되는데 실험값은 $\lambda_{max} \approx 268$ nm이다.

7.3 3차원에서의 회전

반경 R인 구면에서 움직이는 질량 M인 입자는 두 개의 각도 변수 θ, ϕ로 위치를 지정할 수 있다. Schrödinger 방정식 형태는 다음과 같다.

$$-\frac{\hbar^2}{2M}\nabla^2 Y(\theta,\phi) = E\,Y(\theta,\phi) \tag{7.18}$$

여기서 파동 함수는 임으로 $Y(\theta, \phi)$로 표현하였다. 이 함수는 5.8절에서 논의한 *구면 조화 함수*이다. $r = R$(상수)이므로 Laplacian에 있는 첫째 항은 기여하지 않는다. 따라서 Schrödinger 방정식은 다음과 같이 더 간단해진다.

$$\left\{\frac{1}{\sin\theta}\frac{\partial}{\partial\theta}\sin\theta\frac{\partial}{\partial\theta} + \frac{1}{\sin^2\theta}\frac{\partial^2}{\partial\phi^2} + \lambda\right\} Y(\theta,\phi) = 0, \tag{7.19}$$

여기서

$$\lambda = \frac{2MR^2E}{\hbar^2} = \frac{2IE}{\hbar^2} \tag{7.20}$$

또한 $I = MR^2$이다. 변수 θ와 ϕ는 식 (7.19)에서 $\sin^2\theta$를 곱하면 분리될 수 있다.

$$Y(\theta,\phi) = \Theta(\theta)\Phi(\phi) \tag{7.21}$$

으로 쓰고, 3차원 상자에 대해 사용한 과정을 따르면 ϕ만의 의존성을 다음과 같이 얻을 수 있다.

$$\frac{\Phi''(\phi)}{\Phi(\phi)} = \text{상수} \tag{7.22}$$

이 식은 식 (7.5)와 동일한 형태이며, 상수는 $-m^2$이다. 따라서 다음과 같이 유사한 해를 쓸 수 있다.

$$\Phi_m(\phi) = \sqrt{\frac{1}{2\pi}}\,e^{im\phi}, \qquad m = 0, \pm1, \pm2\ldots \tag{7.23}$$

(7.23)을 (7.19)에 대입하고 $\Phi_m(\phi)$ 함수를 소거하면 다음과 같은 $\Theta(\theta)$에 대한 보통 미분 방정식을 얻게 된다.

$$\left\{\frac{1}{\sin\theta}\frac{d}{d\theta}\sin\theta\frac{d}{d\theta} - \frac{m^2}{\sin^2\theta} + \lambda\right\}\Theta(\theta) = 0 \tag{7.24}$$

5.6절에 보았던 바와 같이 (7.24)에 대해서는 단일 값을 갖는 유한 해가 *associated Legendre* 함수라고 알려져 있다. 변수 λ와 m은 다음 값으로 제한된다.

$$\lambda = l(l+1), \qquad l = 0, 1, 2 \ldots \tag{7.25}$$

$$m = 0, \pm 1, \pm 2 \ldots \pm l, \qquad (2l+1 \text{ 값}) \tag{7.26}$$

(7.20)에 (7.25)를 대입하면 구면에 있는 입자에 대해 허용된 에너지 준위는 다음과 같다.

$$E_\ell = \frac{\hbar^2}{2I} l(l+1) \tag{7.27}$$

에너지는 두 번째 양자수 m에 의존하지 않으므로, 이 준위는 $(2l+1)$-중으로 축퇴되어 있다.

우리에게 필요한 구면 조화 함수에 대한 분명한 형태는 식 (5.112)에 주어져 있다. 구면 조화 함수는 다음 적분 관계를 만족하는 하나의 직교하는 집합을 구성한다.

$$\int_0^\pi \int_0^{2\pi} Y^*_{l'm'}(\theta,\phi) Y_{lm}(\theta,\phi) \sin\theta \, d\theta \, d\phi = \delta_{ll'}\delta_{mm'} \tag{7.28}$$

7.4 각운동량의 이론

에너지-각운동량 관계 (7.3)을 3차원으로 일반화시키면

$$E = \frac{L^2}{2I} \tag{7.29}$$

이 얻어진다. 따라서 (7.18)과 (7.19)로부터 총 각운동량의 제곱에 대한 연산자는

$$\hat{L}^2 = -\hbar^2 \left\{ \frac{1}{\sin\theta}\frac{\partial}{\partial\theta}\sin\theta\frac{\partial}{\partial\theta} + \frac{1}{\sin^2\theta}\frac{\partial^2}{\partial\phi^2} \right\} \tag{7.30}$$

인 것을 알 수 있다. 함수 $Y(\theta, \phi)$는

$$\hat{L}^2 Y_{lm}(\theta,\phi) = l(l+1)\,\hbar^2\, Y_{lm}(\theta,\phi) \tag{7.31}$$

과

$$\hat{L}_z Y_{lm}(\theta,\phi) = m\,\hbar\, Y_{lm}(\theta,\phi) \tag{7.32}$$

와 같이 $\hat{L}^2$과 $\hat{L}_z$의 양쪽에 대한 고유 함수이다. 하지만 $Y_{lm}(\theta, \phi)$는 $\ell = 0$이 *아닌* 이상 L_x와 L_y의 고유 함수는 아니다. 총 각운동량의 크기 $\sqrt{l(l+1)}\hbar$는 어떤 방향에서나 관측될 수 있는 최대 성분인 $l\hbar$보다 크다는 것을 명심해야 한다. 각운동량의 양자

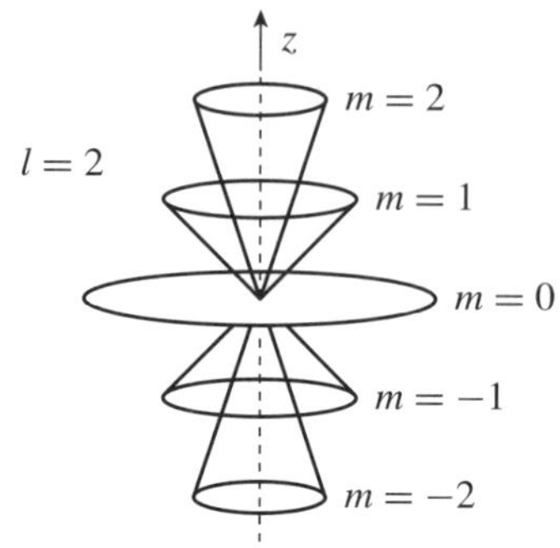

그림 7.2 $l = 2$ 경우에 대한 각운동량의 공간 양자화.

역학적 거동과 벡터에 의해서 표현될 수 있는 성분이 그림 7.2에 제시되어 있다.

각운동량 벡터 $\vec{L}$는 z-축에 대해 세차운동하는 것으로 그릴 수 있으며, z-성분은 상수 L_z이다. 성분 L_x와 L_y는 세차운동 과정에서 변하고 있는데, 이는 교환 관계(commutation relation)에 의해서 암시되는 바와 같이 계가 각각의 고유 상태에 있지 않다는 사실을 반영한다. L_z는 $2l + 1$개의 가능한 값을 갖는데, 각 고유값은 $m\hbar(m = 0, \pm1, \pm2, ..., \pm l)$이고 $+l\hbar$에서 $-l\hbar$까지 동등한 간격으로 되어 있다. 각운동량 벡터의 허용된 방향에 대한 불연속성을 *공간 양자화*(space quantization)라고 한다. $\hat{L}^2$과 어느 *한* 성분, 보통 $\hat{L}_z$의 동시적 고유 상태의 존재는 다음 제4장에서 유도한 교환 관계와 일치한다.

$$[\hat{L}^2, \hat{L}_z] = 0 \tag{7.33}$$

및

$$[\hat{L}_x, \hat{L}_y] = i\hbar\hat{L}_z, \qquad et\ cyc. \tag{7.34}$$

7.5 각운동량 고유값의 연산자 유도

각운동량 고유값을 구하는 다른 방법은 6.4절에서 조화 진동자를 구할 때처럼 사다리 연산자를 사용하는 것이다. (7.33)의 결과로서 L^2와 하나의 성분(보통 L_z를 선택함)의 동시적 고유 상태가 존재해야 한다. 대응하는 고유 벡터를 $|l, m\rangle$으로 정의하고, 고유값 방정식을 다음과 같이 쓰자.

$$L_z|l, m\rangle = m\hbar|l, m\rangle \qquad 및 \qquad L^2|l, m\rangle = \lambda\hbar^2|l, m\rangle \tag{7.35}$$

여기서 λ는 앞으로 구해야 한다.

이 시점에서 다음 연산자를 도입한다.

$$L^+ = L_x + iL_y, \qquad L^- = L_x - iL_y \tag{7.36}$$

이것은 고유값 L_z에 대한 *올림*과 *내림* 연산자이다. L^2는 L_x 및 L_y와 교환되므로 L^+와도 교환됨을 쉽게 알 수 있다. 따라서 식 (7.35)의 L^2에 대한 고유 함수 식을 사용하면

$$L^2L^+|l,m\rangle = L^+L^2|l,m\rangle = \lambda\hbar^2L^+|l,m\rangle \tag{7.37}$$

이 된다. 이제 $L^2\,(L^+|l,\,m\rangle) = \lambda\hbar^2(L^+|l,\,m\rangle)$로 쓸 수 있는데, $L^+|l,\,m\rangle$은 $|l,\,m\rangle$에 대해 *똑같은 고유값* $\lambda\hbar^2$을 갖는 L^2의 고유 함수이다. 따라서 $|l,\,m\rangle$에 적용된 연산자 L^+은 각운동량의 *크기*를 변화시키지 *않는다*.

이제 다음 교환 과정을 생각해 보자.

$$[L_z, L^+] = [L_z, L_x] + i[L_z, L_y] = i\hbar L_y + i(-i\hbar)L_x = \hbar(iL_y + L_x) = \hbar L^+ \tag{7.38}$$

고유 벡터 $|l,\,m\rangle$에 대해 연산하면,

$$\begin{aligned}
&[L_z, L^+]|l,m\rangle = L_zL^+|l,m\rangle - L^+L_z|l,m\rangle = \hbar L^+|l,m\rangle,\\
&L_z(L^+|l,m\rangle) - m\hbar(L^+|l,m\rangle) = \hbar(L^+|l,m\rangle),\\
&L_z(L^+|l,m\rangle) = (m+1)\hbar(L^+|l,m\rangle)
\end{aligned} \tag{7.39}$$

분명히 $L^+|l,\,m\rangle$은 고유값 $(m+1)\hbar$을 갖는 L_z의 고유 벡터이므로, L^+라 쓰는 것은

$$L^+|l,\,m\rangle = \text{상수}|l,\,m+1\rangle \tag{7.40}$$

을 의미한다. 유사하게, L^-는 다음과 같은 *내림 연산자*이다.

$$L^-|l,\,m\rangle = \text{상수}|l,\,m-1\rangle \tag{7.41}$$

이제 양자수 l이 L^2의 주어진 고유값 $\lambda\hbar^2$에 대한 m의 *최대* 허용 값으로 정의된다고 가정하자. (이와 대응해서 $-l$은 m의 *최소값*이 된다.) m에 더 이상의 큰 값은 없으므로, $|l,\,l\rangle$에 올림 연산자를 적용하면 다음과 같이 벡터는 0이 되어야 한다.

$$L^+|l,\,l\rangle = 0 \tag{7.42}$$

이제 보통으로는 생각할 수 없지만 명확하게 다음 관계가 성립한다.

$$L^-L^+ = L_x^2 + L_y^2 + i(L_xL_y - L_yL_x) = L^2 - L_z^2 + i(i\hbar)L_z \tag{7.43}$$

따라서

$$L^2 = L^-L^+ + L_z^2 + \hbar L_z \tag{7.44}$$

이 된다. 유사하게 다음과 같이 $|l,\,l\rangle$에 이것을 적용하면

$$L^2|l,l\rangle = L^-L^+|l,l\rangle + L_z^2|l,l\rangle + \hbar L_z|l,l\rangle \tag{7.45}$$

$$\lambda\hbar^2|l,l\rangle = 0 + l^2\hbar^2|l,l\rangle + l\hbar^2|l,l\rangle \tag{7.46}$$

이 된다. 마지막으로,

$$\lambda = l^2 + l = l(l+1) \tag{7.47}$$

임을 확인할 수 있다.

따라서 궤도 각운동량에 대한 고유값과 고유 함수는 다음과 같다는 것을 알 수 있다.

$$\begin{aligned} L^2|l,m\rangle &= l(l+1)\hbar^2|l,m\rangle, \qquad l = 0, 1, 2, \ldots, \\ L_z|l,m\rangle &= m\hbar|l,m\rangle, \qquad m = 0, \pm1, \pm2, \ldots, \pm l \end{aligned} \tag{7.48}$$

7.6 전자 스핀

해상도가 충분하다면 많은 원자 스펙트럼 선은 소듐의 D선이 17.2 cm^{-1}으로 분리되는 것처럼 아주 가까이 위치한 이중선으로 나타날 수 있다. 1925년 Uhlenbeck과 Goudsmit는 이러한 이중선은 (궤도 각운동량뿐만 아니라) 단지 두 방향으로만 배향할 수 있는 전자의 세차운동에 의한 고유 각운동량 때문이라고 제안하였다. *스핀*이라고 하는 이러한 성질은 다른 기본 입자에 대해서처럼 잘 나타난다. 스핀과 궤도 각운동량은 태양 주위를 공전하고 있는 지구의 일일 운동 및 연중 운동과 대략 유사하다. 그림 7.3에서 볼 수 있듯이 1922년 Stern과 Gerlach에 의해 행해진 고전 실험에서, 불균일한(inhomogeneous) 자기장을 통과하는 한 다발의 은 원자들이 두 개의 빔으로 나뉘는 것은 쌍을 이루지 않은 홀전자의 자기 모멘트의 가능한 두 방향에 대응된다.

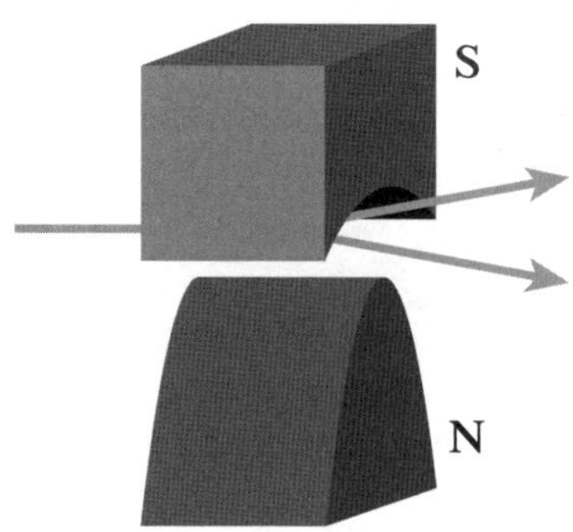

그림 7.3 Stern-Gerlach 실험의 개략적 표현.

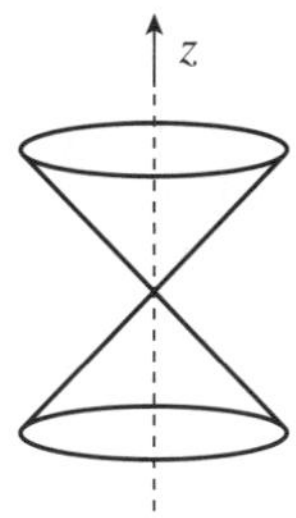

그림 7.4 전자 스핀.

궤도 각운동량과 스핀 각운동량을 구별하기 위해 양자수를 l과 m 대신 s와 m_s로 표시한다. 전자에 대해 양자수 s는 항상 값이 $\frac{1}{2}$이며, 그림 7.4에 나타내었듯이 m_s는 $\pm\frac{1}{2}$ 두 개의 값 중 하나를 가져야 한다. 양성자와 중성자도 스핀 값이 $\frac{1}{2}$이며 *페르미온*이라고 하는 입자의 부류에 속한다. 광자를 포함하는 다른 부류의 입자는 스핀 값이 정수인 보존이다. 보존은 Pauli 배타원리를 따르지 *않으므로*, 몇 개라도 상관없이 같은 양자 상태를 차지할 수 있다. 스핀에 대해 완벽하게 알려면 상대론적 양자역학을 알아야 한다. 이 책에서는 단지 *스핀 up*과 *스핀 down*이라고 하는 전자의 가능한 두 개의 고유 상태만 알면 된다. 이들은 전자 파동 함수의 요소로서 각각 α와 β로 표시한다. 스핀은 원자와 분자의 가능한 전자 상태를 결정하는 데 있어서 매우 중요한 역할을 한다.

Wolfgang Pauli

7.7 Pauli 스핀 대수

내부 자유도(전자 스핀과 같은)를 갖는 양자 계를 표현하는 더 좋은 방법은 다음과 같은 *스피너*(spinor) 파동 함수를 도입하는 것이다.

$$\Psi(\mathbf{r})=\begin{pmatrix}\psi_1(\mathbf{r})\\ \psi_2(\mathbf{r})\end{pmatrix} \tag{7.49}$$

스핀 오비탈 $\psi(\mathbf{r})\alpha$는 다음과 같이 주어지며,

$$\Psi(\mathbf{r})=\begin{pmatrix}\psi(\mathbf{r})\\ 0\end{pmatrix}=\psi(\mathbf{r})\begin{pmatrix}1\\ 0\end{pmatrix} \tag{7.50}$$

$\psi(\mathbf{r})\beta$는 다음과 같다.

$$\Psi(\mathbf{r})=\begin{pmatrix}0\\ \psi(\mathbf{r})\end{pmatrix}=\psi(\mathbf{r})\begin{pmatrix}0\\ 1\end{pmatrix} \tag{7.51}$$

행렬 연산자

$$S_z = \frac{\hbar}{2}\begin{pmatrix} 1 & 0 \\ 0 & -1 \end{pmatrix} \tag{7.52}$$

는 전자 스핀의 z-성분을 나타낸다. 또한 두 개의 상태 함수

$$|\alpha\rangle = \begin{pmatrix} 1 \\ 0 \end{pmatrix}\text{과} \qquad |\beta\rangle = \begin{pmatrix} 0 \\ 1 \end{pmatrix} \tag{7.53}$$

이 있으며,

$$S_z \begin{pmatrix} 1 \\ 0 \end{pmatrix} = \frac{\hbar}{2}\begin{pmatrix} 1 \\ 0 \end{pmatrix} \tag{7.54}$$

이고

$$S_z \begin{pmatrix} 0 \\ 1 \end{pmatrix} = -\frac{\hbar}{2}\begin{pmatrix} 0 \\ 1 \end{pmatrix} \tag{7.55}$$

이다. x-와 y-성분에 대한 연산자는 다음과 같으며,

$$S_x = \frac{\hbar}{2}\begin{pmatrix} 0 & 1 \\ 1 & 0 \end{pmatrix}\text{과} \qquad S_y = \frac{\hbar}{2}\begin{pmatrix} 0 & -i \\ i & 0 \end{pmatrix} \tag{7.56}$$

(7.34)와 유사하게 교환 관계

$$[S_x, S_y] = i\hbar S_z \text{ 등} \tag{7.57}$$

을 만족한다. 스핀 각운동량의 크기는 다음과 같이 주어지는데,

$$S^2 = S_x^2 + S_y^2 + S_z^2 = \frac{3}{4}\hbar^2 \begin{pmatrix} 1 & 0 \\ 0 & 1 \end{pmatrix} \tag{7.58}$$

각운동량 양자수 $s = 1/2$에 대한 값 $s(s+1)\hbar^2$과 일치한다.

*Pauli 스핀 행렬*이라고 부르는 다음 세 개의 단위 Hermitian 행렬

$$\sigma_1 = \begin{pmatrix} 0 & 1 \\ 1 & 0 \end{pmatrix}, \qquad \sigma_2 = \begin{pmatrix} 0 & -i \\ i & 0 \end{pmatrix}, \qquad \sigma_3 = \begin{pmatrix} 1 & 0 \\ 0 & -1 \end{pmatrix} \tag{7.59}$$

은 상대론적 양자역학에서 중요하다.

나중에 사용하기 위해 두 개의 스핀 고유 상태에 스핀 연산자를 수행한 결과를 다음과 같이 요약해 둔다.

$$S_z|\alpha\rangle = \frac{\hbar}{2}|\alpha\rangle, \qquad S_z|\beta\rangle = -\frac{\hbar}{2}|\beta\rangle, \qquad S_x|\alpha\rangle = \frac{\hbar}{2}|\beta\rangle,$$
$$S_x|\beta\rangle = \frac{\hbar}{2}|\alpha\rangle, \qquad S_y|\alpha\rangle = \frac{i\hbar}{2}|\beta\rangle, \qquad S_y|\beta\rangle = -\frac{i\hbar}{2}|\alpha\rangle,$$
$$S^2|\alpha\rangle = \frac{3}{4}\hbar^2|\alpha\rangle, \qquad S^2|\beta\rangle = \frac{3}{4}\hbar^2|\beta\rangle \qquad \textbf{(7.60)}$$

7.8 각운동량에 대한 추가 사항

원자나 분자의 총 각운동량은 전자와 같은 구성 입자들의 각운동량의 벡터 합이다. 예를 들어, 전자 몇 개의 총 각운동량은 다음이 같이 주어진다.

$$\mathbf{L} = \mathbf{l}_1 + \mathbf{l}_2 + \ldots \qquad \textbf{(7.61)}$$

한편 총 스핀 각운동량은 유사하게 다음과 같다.

$$\mathbf{S} = \mathbf{s}_1 + \mathbf{s}_2 + \ldots \qquad \textbf{(7.62)}$$

이것은 조합하면 총 전자 각운동량이 된다.

$$\mathbf{J} = \mathbf{L} + \mathbf{S} \qquad \textbf{(7.63)}$$

이후에, 우리는 분자 회전과 핵 스핀으로부터 생기는 각운동량도 고려할 것이다. 두 개의 각운동량 벡터 $\mathbf{J}_1$과 $\mathbf{J}_2$의 합을 고려해 보자.

$$\mathbf{J} = \mathbf{J}_1 + \mathbf{J}_2 \qquad \textbf{(7.64)}$$

우리는 $\mathbf{J}_1$과 $\mathbf{J}_2$를 그들의 합인 $\mathbf{J}$ 주위를 돌고 있는 원뿔로 그릴 수 있다. 그림 7.5에서처럼 $\mathbf{J}$는 그 자체가 공간에서 같은 축 주위로 돌고 있는 원뿔로 그릴 수 있다. 양자 이론에 의하면 각운동량의 합뿐만 아니라 각운동량의 각 성분은 크기가 $\sqrt{J(J+1)}\hbar$이

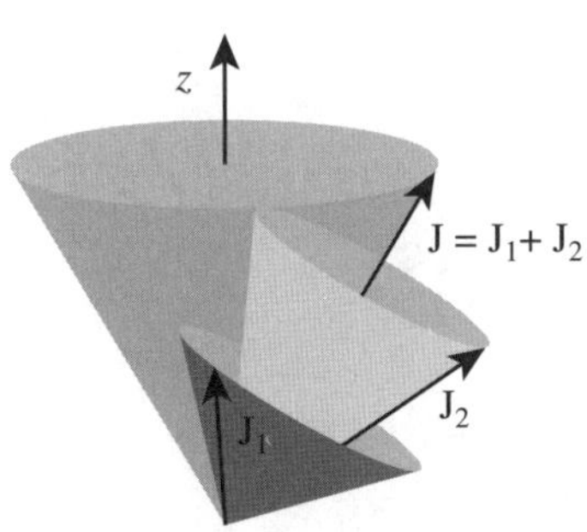

그림 7.5 각운동량의 벡터 합.

며, 여기서 가능한 J 값들은 $0, \frac{1}{2}, 1, \frac{3}{2}, 2 \ldots$이며, 스핀이 있기 때문에 $\frac{1}{2}$의 배수가 된다. $\mathbf{J}$의 관찰된 성분은 $M\hbar$에 의해서 주어지며, 여기서 M은 $-J$에서 $+J$까지 정수배로 증가한다. 만일 $\mathbf{J}_1$과 $\mathbf{J}_2$을 각각 양자수 J_1과 J_2로 쓴다면 총 각운동량 양자수 J는 가능한 값이 다음과 같이 정수 배로 증가한다.

$$J = |J_2 - J_1|, |J_2 - J_1| + 1, \ldots, J_2 + J_1 \qquad \textbf{(7.65)}$$

J 값은 성분 $\mathbf{J}_1$과 $\mathbf{J}_2$의 상대적인 방향에 의존한다. 예를 들어, 각운동량 1과 $\frac{1}{2}$은 조합하면 $J = \frac{1}{2}$ 또는 $J = \frac{3}{2}$이 된다.

제8장 수소 원자와 원자 오비탈

The hydrogen atom and atomic orbitals

고전 양자론에서부터 비상대론적 및 상대론적 양자역학, 그리고 양자장 이론(Lamb 이동 등)으로 계속 발전하는 데 있어서, 수소 원자는 매 단계마다 가장 기본적인 모형으로 제공되었다. 수소 원자는 정확하게 풀 수 있는 유일한 실제 계이며(비록 복사장에 대해 조화 진동자의 합으로서 언급해야 하지만), 닫힌-형태(closed form)의 해석 해를 제공한다.

8.1 원자 스펙트럼

유리관 속에 있는 기체상 수소가 5000-볼트 방전에 의해 들뜨게 될 때, 방출 스펙트럼의 가시광선 영역에서 4개의 선(656.3 nm에서 빨간색, 486.1 nm에서 청록색, 434.1 nm에서 청자색, 410.2 nm에서 보라색)이 관찰된다.

그림 8.1 수소 원자의 가시광선 스펙트럼.

다른 일련의 선들도 자외선 영역과 적외선 영역에서 관찰되었다. Rydberg(1890)는 수소 원자 스펙트럼의 모든 선을 다음과 같은 하나의 식으로 맞출 수 있었다.

$$\frac{1}{\lambda} = \mathcal{R}\left(\frac{1}{n_1^2} - \frac{1}{n_2^2}\right), \qquad n_1, n_2 = 1, 2, 3 \ldots, \quad n_2 > n_1 \tag{8.1}$$

여기서, $\mathcal{R}$는 Rydberg 상수로서 수소에 대해 109,677 cm^{-1}이다. 분광학자들은 보통 cm^{-1} 단위인 파장의 역수를 사용한다. 이 단위는 *파수*라고 하는데, cm당 파장의 수를 나타낸다. 스펙트럼선 중 가시광선 영역에 있는 Balmer 계열을 그림 8.1에 보여주었는데, 이는 $n_1 = 2$와 $n_2 = 3, 4, 5, 6$에 대응한다. 자외선 영역에서 선들은 $n_1 = 1$에 해당하며 Lyman 계열을 이룬다. $n_2 = 2$일 때의 선은 Lyman alpha라고 하는데, $1/\lambda = 82.258\ \text{cm}^{-1}$, 즉 $\lambda = 121.57$ nm이다.

Schawlow 경의 말에 의하면 "수소 원자의 스펙트럼은 현대 물리의 로제타 스톤임이 증명되었다: 일단 이런 형태의 선이 판독되면 훨씬 더 많은 것을 이해할 수 있게 된다."

다른 원자들도 선스펙트럼을 나타내는데, 이는 원소를 확인하는 데 '지문'으로 사용된다. 그러나 수소 원자를 제외하고는 어떤 원자도 스펙트럼 진동수에 대해 식 (8.1)과 같이 간단하게 나타낼 수 없다. 1913년 Bohr는 모든 원자 스펙트럼선이 불연속적인 에너지 준위 사이의 전이로부터 생기며, 다음 식에 맞는 광자를 방출한다고 제안하였다.

$$\Delta E = h\nu = \frac{hc}{\lambda} \tag{8.2}$$

이를 *Bohr 진동수 조건*이라 한다. 우리는 이제 원자 전이 에너지 ΔE가 Planck와 Einstein이 제안한 광자의 에너지와 같다는 것을 알고 있다.

8.2 Bohr 원자

1911년 Rutherford에 의해 제안된 핵에 대한 모형은, 원자를 마치 태양계의 행성처럼 양으로 하전된 무거운 핵을 음으로 하전된 훨씬 더 가벼운 전자가 원운동을 하고 있다고 묘사하고 있다. 그러나 이러한 모형은 고전 전자기 이론의 관점에서는 전혀 지지할 수 없는 것이다. 그 이유는 가속을 받고 있는 전자는(원 운동은 가속을 의미함) 에너지를 방출해야 하기 때문이다. 이렇게 되면 수소 원자는 단지 5×10^{-11}초 이하로만 존재할 수 있다. 이것은 물리의 역사에 있어서 최악의 정량적인 예측이다. 이는 원자 스케일에서의 Hindenburg 재앙(1937년 Lakehurst에서 있었던 수소 기체를 넣은 Hindenburg 비행선이 대폭발하였던 유명한 재앙)이다.

Bohr는 핵 주위를 돌고 있는 전자의 어떤 궤도는 고전 전자기학의 예외가 될 수 있고 안정한 상태를 유지한다고 제안함으로써 원자 붕괴를 피하고자 하였다. 앞으로 설명하겠지만 Bohr 모형은 수소 원자에 대한 최초의 정량적인 성공적 모형이었다.

전자와 양성자 같은 두 반대 전하 사이의 인력은 Coulomb 법칙에 의해 주어진다.

$$F = \begin{cases} -\dfrac{e^2}{r^2} & \text{(가우스 단위)} \\ -\dfrac{e^2}{4\pi\epsilon_0 r^2} & \text{(SI 단위)} \end{cases} \tag{8.3}$$

원자에 대해 적용하려면 가우스 계를 사용하는 것이 좋다. (어떤 경우라도 일단 원자 단위로 바꾸면 상관이 없다.) Coulomb 인력은 오직 r에만 의존하는 중심 힘이기 때문에 포텐셜 에너지는 다음 관계가 성립한다.

$$F = -\frac{dV(r)}{dr} \tag{8.4}$$

따라서 양성자와 전자의 상호 포텐셜 에너지는

$$V(r) = -\frac{e^2}{r} \tag{8.5}$$

이 된다. Bohr는 양성자 주위에서 반경 r의 원형 궤도에 있는 전자를 고려하였다. 전자가 이 궤도에 그대로 머무르기 위해서는 전자가 구심 가속도

$$a = -\frac{v^2}{r} \tag{8.6}$$

를 받아야 한다. 여기서 v는 전자의 속도이다.

뉴턴 제2법칙 $F = ma$에 의해, 다음과 같이 쓸 수 있다.

$$\frac{e^2}{r^2} = \frac{mv^2}{r} \tag{8.7}$$

여기서 m은 전자의 질량이다. 간단하게, 양성자의 질량은 무한대라고 가정하면(실제로는 $m_p \approx 1836 m_e$) 양성자의 위치는 고정된다. 나중에 환산 질량을 도입함으로써 이 근사를 수정할 것이다. 수소 원자의 에너지는 운동 에너지와 포텐셜 에너지의 합이다.

$$E = T + V = \tfrac{1}{2}mv^2 - \frac{e^2}{r} \tag{8.8}$$

식 (8.7)을 사용하면 다음과 같이 된다.

$$T = -\tfrac{1}{2}V \text{와} \qquad E = \tfrac{1}{2}V = -T \tag{8.9}$$

이것은 r^{-2} 의존성을 갖는 힘 법칙에 대한 virial 이론의 형태이다. 원자핵에 붙잡혀 있는 전자의 에너지는 전자와 양성자가 분리되어 있을 때, 즉 자유 전자가 갖는 에너지보다(이때를 0으로 잡으면) 더 낮기 때문에 음의 값을 갖는다.

여기서 r 또는 v의 가능한 값에 대한 어떤 제한이 필요하다. 이를 위해 각운동량의 양자화 $\mathbf{L} = \mathbf{r} \times \mathbf{p}$를 도입할 수 있다. $\mathbf{p}$는 $\mathbf{r}$에 직교하므로 다음과 같이 간단히 쓸 수 있다.

$$L = rp = mvr \tag{8.10}$$

(8.7)을 이용하면, 다음을 얻을 수 있다.

$$r = \frac{L^2}{me^2} \tag{8.11}$$

각운동량 양자화를 가정하면,

$$L = n\hbar, \qquad n = 1, 2 \ldots \tag{8.12}$$

여기서 $n = 0$을 제외하는 이유는 구면 궤도가 되지 않기 때문이다. 허용된 궤도 반경은 다음과 같다.

$$r_n = n^2 a_0 \tag{8.13}$$

여기서

$$a_0 \equiv \frac{\hbar^2}{me^2} = 5.29 \times 10^{-11}\ \text{m} = 0.529\ \text{Å} \tag{8.14}$$

이며 *Bohr 반경*이라고 한다. 대응하는 에너지는

$$E_n = -\frac{e^2}{2a_0 n^2} = -\frac{me^4}{2\hbar^2 n^2}, \qquad n = 1, 2 \ldots \tag{8.15}$$

Rydberg 식 (8.1)은 이제 Bohr 모형으로부터 유도될 수 있다. 따라서

$$\frac{hc}{\lambda} = E_{n_2} - E_{n_1} = \frac{2\pi^2 me^4}{h^2}\left(\frac{1}{n_1^2} - \frac{1}{n_2^2}\right) \tag{8.16}$$

이 되며, Ryeberg 상수는

$$\mathcal{R} = \frac{2\pi^2 me^4}{h^3 c} \approx 109{,}737\ \text{cm}^{-1} \tag{8.17}$$

인 것을 알 수 있다. 수소 원자에 대해 실험값(109,677)과 약간 차이가 나는 이유는 양성자 질량이 무한대가 아니기 때문이다. 이는 8.8절에서 환산 질량을 도입함으로써 수정될 것이다.

Bohr 모형은 쉽게 수소꼴 이온(하나의 전자가 임의의 원자 번호 Z인 핵을 돌고 있는)으로 확장될 수 있다. 따라서 수소에 대해서는 $Z = 1$, He^+에 대해서는 $Z = 2$, Li^{2+}에 대해서는 $Z = 3 \ldots$등이 된다. 따라서 Coulomb 포텐셜 (8.5)는 다음과 같이 일반화된다.

$$V(r) = -\frac{Ze^2}{r} \tag{8.18}$$

반면 궤도의 반경 (8.13)은

$$r_n = \frac{n^2 a_0}{Z} \tag{8.19}$$

이 되고, 에너지 (8.15)는

$$E_n = -\frac{Z^2 e^2}{2a_0 n^2} \tag{8.20}$$

이 된다.

전자가 파동성을 가질 수 있다는 드 브로이의 가설은 실제로 Bohr 원자 모형에 의해 고무된 것이다.

$$L = rp = n\hbar = \frac{nh}{2\pi} \tag{8.21}$$

이므로, 이제 다음과 같은 관계가 성립함을 알 수 있다.

$$2\pi r = \frac{nh}{p} = n\lambda \tag{8.22}$$

따라서 허용된 각 궤도는 드 브로이 파장의 정수배가 됨을 알 수 있다.

Wilson(1915)과 Sommerfeld(1916)는 허용된 궤도에 대한 Bohr의 식을 다음과 같이 일반화하였다.

$$\oint p\,dr = nh, \qquad n = 1, 2\ldots \tag{8.23}$$

Sommerfeld–Wilson 양자 조건은 원형 궤도에 대한 Bohr의 결과로 귀결되지만, 부가적으로 운동량 p가 변수인 타원 궤도도 허용한다. 행성의 운동에 대한 케플러의 제일 법칙에 따르면, 행성의 궤도는 태양이 중심에 있는 타원이다. 그림 8.2는 타원 궤도를 포함해 수소에 대한 Bohr 이론의 일반화를 보여준다. 가장 낮은 에너지 상태인 $n = 1$은 여전히 원형 궤도이다. 그러나 $n = 2$는 원형 궤도에 부가하여 타원 궤도도

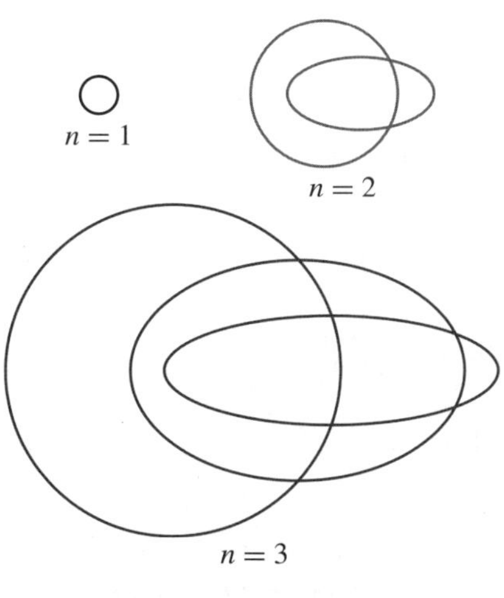

그림 8.2 $n = 1, 2, 3$에 대한 Bohr–Sommerfeld 궤도.

허용된다. $n = 3$에는 세 개의 가능한 궤도가 있다. 에너지는 여전히 n에만 의존하므로, 타원 궤도는 축퇴된 상태이다. 원자 분광학은 실제로 $n > 1$인 에너지 준위가 다중 상태로 구성되어 있음을 보여주는데, 전기장(Stark 효과)과 자기장(Zeeman 효과)에 의해 원자에서 나타나는 스펙트럼선을 분리함으로써 보여줄 수 있다. 이러한 궤도의 몇 가지 모양을 그림 8.2에 나타내었다.

Bohr 모형은 양자역학의 역사적 전개에서 중요한 첫 번째 단계였다. 그것은 원자 에너지 준위의 양자화를 도입하였고 수소 원자 스펙트럼과 정량적으로 일치하였다. Sommerfeld-Wilson 일반화를 통해 또한 수소 에너지 준위의 축퇴도 설명하였다. 비록 Bohr 모형이 원자의 "Hindenburg 재앙"에서 비켜나게 할 수는 있었지만 "Heisenberg 재앙"이라고 부르는 것까지는 피할 수 없었다. 여기서 우리가 의미하는 것은 핵 주위를 돌고 있는 잘 정의된 전자 궤도의 가정이 양자역학의 기본 관점과는 완전히 다르다는 것이다. Bohr 묘사에서 또 다른 결함은 각운동량이 모두 한 단위($\hbar$)만큼씩 크다는 것이다. 예를 들어, 실제로 궤도 각운동량의 바닥 상태는 $\hbar$가 아니고 0이다.

8.3 수소꼴 원자의 양자역학

상자 안 입자나 조화 진동자와는 대조적으로, 수소 원자는 양자역학에 의해 정확하게 기술할 수 있는 *실제* 물리 모형이다. 그들의 고유한 의미도 중요하지만 이들 해는 복잡한 원자나 분자를 근사적으로 계산할 때 사용될 수 있는 원자 오비탈에 대한 표본을 제시한다.

전하 $+Ze$인 핵의 장(field)에 있는 전자에 대한 Schrödinger 방정식은 다음과 같이 쓸 수 있다.

$$\left\{-\frac{\hbar^2}{2m}\nabla^2 - \frac{Ze^2}{r}\right\}\psi(\mathbf{r}) = E\,\psi(\mathbf{r}) \tag{8.24}$$

여기서 길이는 다음과 같이 bohr 단위이고

$$a_0 = \frac{\hbar^2}{me^2} = 5.29 \times 10^{-11}\ \text{m} \equiv 1\ \text{bohr}$$

에너지는 다음과 같은 hartree 단위인

$$\frac{e^2}{a_0} = 4.358 \times 10^{-18}\ \text{J} = 27.211\ \text{eV} \equiv 1\,\text{hartree}$$

원자 단위를 도입하는 것이 편리하다. 전자 볼트(eV)는 원자 에너지에 대해 편리한 단위인데, 1 eV는 전자가 1 volt의 전위차에 의해 가속될 때 얻게 되는 에너지로 정의한다. 수소 원자의 바닥 상태는 $-1/2$ hartree 또는 -13.6 eV의 에너지를 갖는다. 원자 단위로 변환하면 모두 다음과 같이

$$\hbar = e = m = 1$$

로 되는데, 모든 공식에 이 상수를 포함한다. Schrödinger 방정식을 원자 단위로 다시 쓰면 다음과 같다.

$$\left\{-\frac{1}{2}\nabla^2 - \frac{Z}{r}\right\}\psi(\mathbf{r}) = E\,\psi(\mathbf{r}) \qquad \textbf{(8.25)}$$

포텐셜 에너지는 구면 대칭(r만의 함수)이기 때문에 이 문제를 구면 극 좌표계, r, θ, ϕ로 취급하는 것이 분명히 더 유리하다. Laplacian 연산자를 다음과 같이 구면 극 좌표계로 쓰면[식 (5.81) 참조],

$$-\frac{1}{2}\left\{\frac{1}{r^2}\frac{\partial}{\partial r}r^2\frac{\partial}{\partial r} + \frac{1}{r^2\sin\theta}\frac{\partial}{\partial\theta}\sin\theta\frac{\partial}{\partial\theta} + \frac{1}{r^2\sin^2\theta}\frac{\partial^2}{\partial\phi^2}\right\}\psi(r,\theta,\phi)$$
$$-\frac{Z}{r}\psi(r,\theta,\phi) = E\,\psi(r,\theta,\phi) \qquad \textbf{(8.26)}$$

이 된다. 식 (7.30)은 이 Laplacian에서 두 번째와 세 번째 항이 각운동량 연산자 $\hat{L}^2$을 나타낸다는 것을 보여준다. 분명히 식 (8.26)은 다음과 같은 형태의 분리된 해를 가질 것이다.

$$\psi(r,\theta,\phi) = R(r)\,Y_{lm}(\theta,\phi) \qquad \textbf{(8.27)}$$

이것을 (8.26)에 대입하고 각운동량 고유값 방정식 (7.31)을 사용하면 다음과 같이 반경 함수 $R(r)$에 대한 상미분 방정식을 얻게 된다.

$$\left\{-\frac{1}{2r^2}\frac{d}{dr}r^2\frac{d}{dr} + \frac{l(l+1)}{2r^2} - \frac{Z}{r}\right\}R(r) = E\,R(r) \qquad \textbf{(8.28)}$$

변수 r의 영역에서 각운동량 기여도 $l(l+1)/2r^2$은 포텐셜 에너지에 부가적으로 작용한다. 이것은 *원심력*으로서 Coulomb 인력과 반대로 전자를 밖으로 끌어내는 힘이다. 연속해서 미분을 행한 후 정리하면 다음과 같은 비상수를 갖는 다른 형태의 2차 선형 미분 방정식을 얻을 수 있다.

$$\frac{1}{2}R''(r) + \frac{1}{r}R'(r) + \left[\frac{Z}{r} - \frac{l(l+1)}{2r^2} + E\right]R(r) = 0 \qquad \textbf{(8.29)}$$

다시 $r \to \infty$로 수렴함에 따라 점근해를 탐색해 보는 것이 유용하다. 점근 근사에서 방정식은 다음과 같이 간단하게 되는데

$$R''(r) - 2|E|R(r) \approx 0, \tag{8.30}$$

에너지 E는 붙잡혀 있는 상태이므로 음수이다. 이 방정식에 대한 해는

$$R(r) \approx \text{상수}\, e^{\pm\sqrt{2|E|}\,r} \tag{8.31}$$

이 된다. 여기서 지수가 양수가 되면 물리적으로 받아들일 수 없으므로 제거한다. 그 이유는 $r \to \infty$로 수렴함에 따라 지수가 양수이면 $R(r)$이 무한대가 되는데, 이는 파동 함수가 어디에서나 유한해야 한다는 조건에 위배되기 때문이다. 지수로 음수만 취하고 $E = -Z^2/2$(Bohr 이론에서 원자 단위로 나타낸 바닥 상태 에너지)로 설정하면, 다음을 얻을 수 있다.

$$R(r) \approx \text{상수}\, e^{-Zr} \tag{8.32}$$

제6장에서 조화 진동자 문제에 대해 얻었던 것과 같이 이러한 점근 근사가 또한 $l = 0$일 때 반경 함수 (8.29)의 *정확한* 해라는 것은 명백하다. 해는 $R_{nl}(r)$로 나타내는데 여기서 n은 *주양자수*, l은 반경 함수에서의 변수인 각운동량 양자수이다. 이 해는 $R_{10}(r)$에 대응한다. 그리고 다음 조건에 따라 정규화된다.

$$\int_0^\infty [R_{10}(r)]^2\, r^2\, dr = 1 \tag{8.33}$$

유한 적분

$$\int_0^\infty r^n\, e^{-\alpha r}\, dr = \frac{n!}{\alpha^{n+1}} \tag{8.34}$$

을 이용하면 정규화된 반경 함수는 다음과 같이 얻을 수 있다.

$$R_{10}(r) = 2Z^{3/2}\, e^{-Zr} \tag{8.35}$$

이 함수는 마디가 없기 때문에 수소꼴 원자의 바닥 상태임을 알 수 있다. 여기에 구면 조화 함수 $Y_{00} = 1/\sqrt{4\pi}$을 곱하면 다음과 같은 완전한 형태의 파동 함수를 얻을 수 있다.

$$\psi_{100}(r) = \sqrt{\frac{Z^3}{\pi}}\, e^{-Zr} \tag{8.36}$$

이것은 보통 편리하게 $1s$ 함수 $\psi_{1s}(r)$로 나타낸다.

구면 대칭 함수[식 (5.80) 참조]에 대한 간단한 적분을 사용하면, $1s$ 파동 함수에 대한 정규화 조건은 다음과 같이 쓸 수 있다.

$$\int_0^\infty [\psi_{1s}(r)]^2\, 4\pi r^2\, dr = 1 \tag{8.37}$$

8.4 수소 원자 바닥 상태

수소 원자 파동 함수를 그래프로 나타내는 방법은 수없이 많다. 1s 바닥 상태에 대한 이 중 몇 가지를 제시하고자 한다. 원자 단위로 나타낸 1s 바닥 상태

$$\psi_{1s}(r) = \frac{1}{\sqrt{\pi}} e^{-r} \tag{8.38}$$

는 단일 변수 r에 대해 지수적으로 감소하며, 간단히 그림 8.3에 나타내었다. 그림 8.4는 $\psi_{1s}(r)$의 x, y-평면에서 x와 y의 함수로 나타낸, 좀 더 자세히 그린 3차원적 등고선 그림이다.

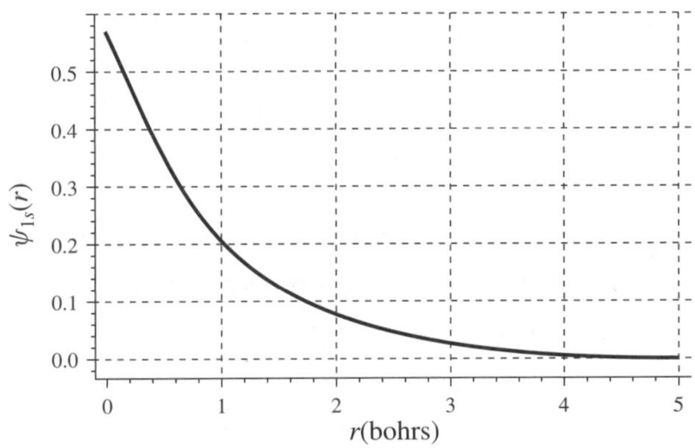

그림 8.3 1s 오비탈의 그림.

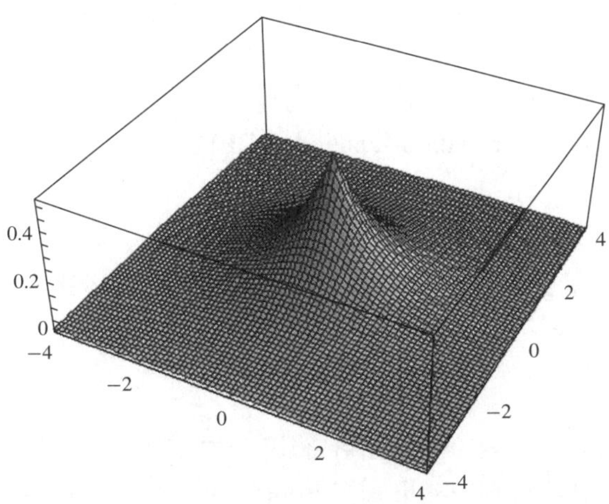

그림 8.4 x, y-평면에서 1s 오비탈의 등고선 그림.

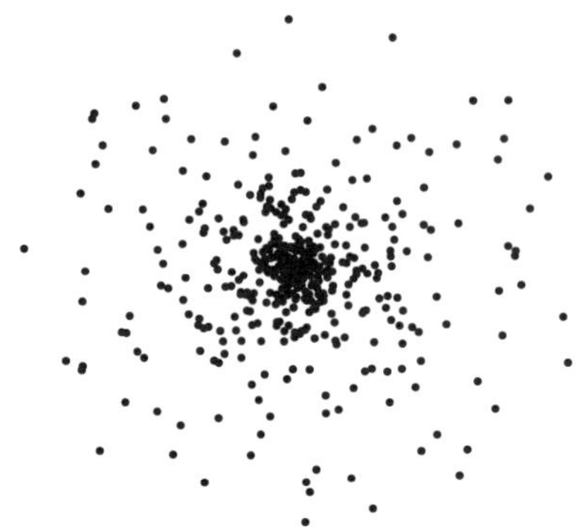

그림 8.5 수소 1*s* 오비탈에 500개의 무작위 전자 위치를 측정한 산란 그림.

파동 함수에 대한 Born 해석에 따르면, 점 (r, θ, ϕ)에서 전자를 발견할 부피당 확률은 다음과 같이 정규화된 파동 함수의 제곱과 같다.

$$\rho_{1s}(r) = [\psi_{1s}(r)]^2 = \frac{1}{\pi}\, e^{-2r} \tag{8.39}$$

이것에 대해 그림 8.5에 일련의 전자 위치를 관찰하였을 때를 산란 그림으로 나타내었다. 비록 개개의 측정 결과는 예측하기 어렵더라도 충분히 큰 수를 측정하면 통계적인 패턴은 수렴한다. 확률 밀도는 다음과 같이 정규화된다.

$$\int_0^\infty \rho_{1s}(r)\, 4\pi r^2\, dr = 1 \tag{8.40}$$

어떤 면에서 $\rho(r)$는 전자 분포를 기술하는 가장 좋은 방법은 아니다. 왜냐하면 $r = 0$ 주위의 영역에서 파동 함수는 가장 큰 값을 가지지만 전자가 접근하기에는 상대적으로 부피가 작기 때문이다. 구면 극좌표계에서 반경이 클수록 충돌면이 크기 때문에 r 값은 부피 $4\pi r^2\, dr$의 껍질과 연관이 된다. 따라서 더 의미 있는 값은 다음 *반경 분포 함수*(radial distribution function, RDF)이다.

$$D_{1s}(r) = 4\pi r^2 [\psi_{1s}(r)]^2 \tag{8.41}$$

이는 다음과 같이 정규화되는 반경 r의 전체 껍질 내에서의 확률 밀도를 나타낸다.

$$\int_0^\infty D_{1s}(r)\, dr = 1 \tag{8.42}$$

함수 $\rho_{1s}(r)$와 $D_{1s}(r)$은 그림 8.6에 나타내었다. 놀랍게도 1*s* 반경 분포 함수는 $r = a_0 = 1$ bohr에서 최대값을 가지며, 이는 Bohr의 첫 번째 궤도의 반경과 정확히 일치한다.

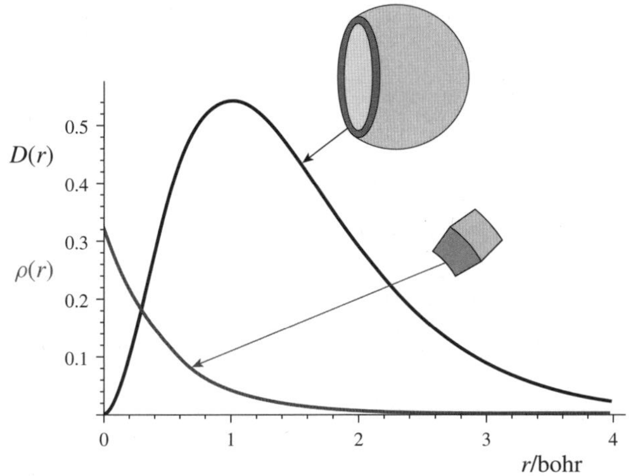

그림 8.6 수소 1*s* 오비탈에 대한 밀도 함수 $\rho_{1s}(r)$와 반경 분포 함수 $D_{1s}(r)$.

8.5 원자 오비탈에 대한 Schrödinger 방정식

식 (8.29)를 만족하는 반경 함수 $R_{nl}(r)$에 대한 일반해를 얻기 위해 $r \to \infty$와 $r \to 0$ 양쪽으로 수렴할 때의 한계적 상황을 살펴보자. 식 (8.29)에서 보았듯이, $r \to \infty$에서는 $R \approx e^{-\sqrt{2|E|}r}$이다. $r \to 0$으로 수렴할 때 Coulomb 포텐셜 $-Z/r$은 원심력 항 $l(l+1)/2r^2$에 비해 무시할 수 있다. $r \to 0$으로 수렴할 때 한계 형태는 구면 좌표계에서 Laplace 방정식의 해로부터 결정될 수 있다[식 (5.81) 참조]. 그러면 $r \to 0$으로 수렴할 때 유한한 항은 $R \approx r^l$에 의해 주어진다[식 (5.85) 참조]. 반경 함수는 다음과 같이 쓸 수 있다.

$$R(r) = r^l e^{-\sqrt{2|E|}r} F(r) \tag{8.43}$$

Bohr 이론에서 잘 알고 있듯이 원자 단위로 나타낼 때 에너지 고유값이

$$E_n = -\frac{Z^2}{2n^2} \tag{8.44}$$

으로 주어지므로, 이 시점에서 다음과 같은 새로운 변수를 정의하는 것이 편리하다.

$$\rho = 2Zr/n \tag{8.45}$$

따라서 이제 반경 함수는 다음과 같이 쓸 수 있다.

$$R(\rho) = \rho^l e^{-\rho/2} L(\rho) \tag{8.46}$$

그러면 반경 함수는 다음 $L(\rho)$에 대한 방정식으로 더 간단해진다.

$$\rho L''(\rho) + (\beta + 1 - \rho)L'(\rho) + \alpha L(\rho) = 0 \qquad \textbf{(8.47)}$$

여기서 $\alpha = n + l$이고 $\beta = 2l + 1$이다. 이 함수는 5.7절에서 도입한 적이 있는 그 해가 $L_\alpha^\beta(\rho)$인 연합된(associated) Laguerre 멱급수로 알려져 있는 방정식이다. 따라서 마침내 수소꼴 문제에 대한 반경 함수는 다음과 같이 얻을 수 있다.

$$R_{nl}(r) = N_{nl}\rho^l e^{-\rho/2} L_{n+l}^{2l+1}(\rho) \qquad \textbf{(8.48)}$$

여기서 N_{nl}은 다음과 같은 정규화 상수이다.

$$N_{nl} = -\left[\frac{(n-l-1)!}{2n[(n+l)!]^3}\right]^{1/2} \left(\frac{2Z}{n}\right)^{3/2} \qquad \textbf{(8.49)}$$

또한 $R_{nl}(r)$은 다음 정규화 조건도 만족한다.

$$\int_0^\infty [R_{nl}(r)]^2 r^2\, dr = 1 \qquad \textbf{(8.50)}$$

각운동량 양자수 l은 규약에 의해 다음 기호로 표시한다.

$$l = 0\ 1\ 2\ 3\ 4\ \ldots$$
$$l = s\ p\ d\ f\ g\ \ldots$$

처음 4개의 문자는 원자 스펙트럼선에 대한 옛 고전적 맥락에서 유래한다: *sharp*, *principle*, *diffuse*, *fundamental*. 비록 이런 기호들이 길지만 그 고유한 의미를 오랫동안 유지해 왔으므로 여전히 일반적으로 사용된다. 구면 극좌표계에서 수소꼴 Schrödinger 방정식의 해는 전체적으로 다음과 같이 쓸 수 있다.

$$\psi_{nlm}(r,\theta,\phi) = R_{nl}(r)Y_{lm}(\theta,\phi),$$
$$n = 1, 2, 3\ldots, \quad l = 0, 1\ldots n-1, \quad m = 0, \pm 1, \pm 2\cdots \pm l \qquad \textbf{(8.51)}$$

여기서 Y_{lm}은 식 (5.111)에 표로 나타낸 구면 조화 함수이다. 많은 응용에서, 특히 화학에서 원자 오비탈의 *실수*(real) 형태가 사용된다. $m = 0$ 오비탈은 이미 실수이다. $m \neq 0$일 때는 축퇴된 함수의 선형 조합 $\frac{1}{\sqrt{2}}(\psi_{nlm} \pm \psi_{nl-m})$이 실수 원자 오비탈이다.

표 8.1은 우리가 실제로 사용할 모든 수소꼴 함수를 열거해 놓았다. 이들은 나중에 원자와 분자의 구조에 적용되는데 *원자 오비탈*이라고 부른다. 수소꼴 계에 대한 에너지 준위는 다음과 같이 주어진다.

$$E_n = -\frac{Z^2}{2n^2} \quad \text{hartrees} \qquad \textbf{(8.52)}$$

에너지는 주양자수 n에만 의존한다. l과 m에 허용된 모든 값을 고려하면 E_n 준위는 n^2의 축퇴도를 갖는다. 그림 8.7은 수소($Z = 1$)에 대한 에너지 준위 다이어그램을

표 8.1 원자 단위로 나타낸 실수(real) 수소꼴 원자 오비탈

$\psi_{1s} = \dfrac{Z^{3/2}}{\sqrt{\pi}}\, e^{-Zr}$
$\psi_{2s} = \dfrac{Z^{3/2}}{2\sqrt{2\pi}} \left(1 - \dfrac{Zr}{2}\right) e^{-Zr/2}$
$\psi_{2p_z} = \dfrac{Z^{5/2}}{4\sqrt{2\pi}}\, z\, e^{-Zr/2}$ $\quad \psi_{2p_x}, \psi_{2p_y}$ analogous
$\psi_{3s} = \dfrac{Z^{3/2}}{81\sqrt{3\pi}} (27 - 18Zr + 2Z^2r^2)\, e^{-Zr/3}$
$\psi_{3p_z} = \dfrac{\sqrt{2}\,Z^{5/2}}{81\sqrt{\pi}} (6 - Zr)\, z\, e^{-Zr/3}$ $\quad \psi_{3p_x}, \psi_{3p_y}$ analogous
$\psi_{3d_{z^2}} = \dfrac{Z^{7/2}}{81\sqrt{6\pi}} (3z^2 - r^2)\, e^{-Zr/3}$
$\psi_{3d_{zx}} = \dfrac{\sqrt{2}\,Z^{7/2}}{81\sqrt{\pi}}\, zx\, e^{-Zr/3}$ $\quad \psi_{3d_{yz}}, \psi_{3d_{xy}}$ analogous
$\psi_{3d_{x^2-y^2}} = \dfrac{Z^{7/2}}{81\sqrt{\pi}} (x^2 - y^2)\, e^{-Zr/3}$

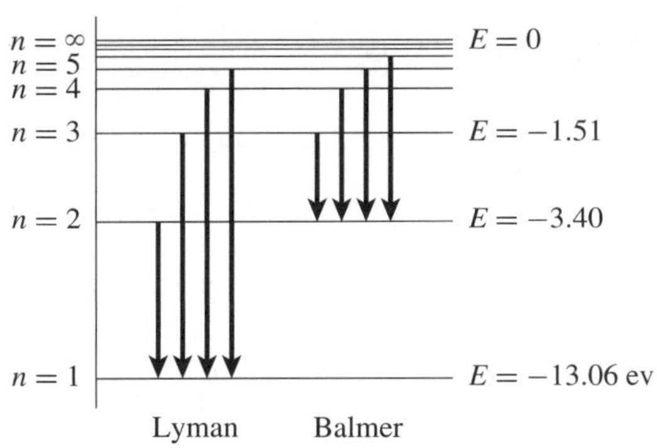

그림 8.7 수소 원자에 대한 에너지 준위와 허용된 전이.

보여주고 있다. $E \geq 0$일 때는 에너지가 연속적이다. 연속적이라는 의미는 전자와 양성자가 상호작용하고 있지만 안정한 원자로 결합되어 있지 않다는 것이다. 이 그림에는 자외선 영역의 Lyman 계열과 가시광선 영역의 Balmer 계열을 이루는 몇 개의 전이도 함께 나타내었다.

각(angular) 요소가 상수인 구면 조화 함수 $Y_{00} = 1/\sqrt{4\pi}$과 연관지어 ns 오비탈은 모두 구면 대칭이다. ns 오비탈에는 $n-1$개의 반경 마디(구면 껍질에 파동 함수가 0이 되는)가 있다. 바닥 상태 $1s$에는 마디가 없고, 상자 안 입자와 조화 진동자를 공부할 때 익숙한 패턴처럼, 마디의 수는 에너지가 증가함에 따라 증가한다. 예를 들어,

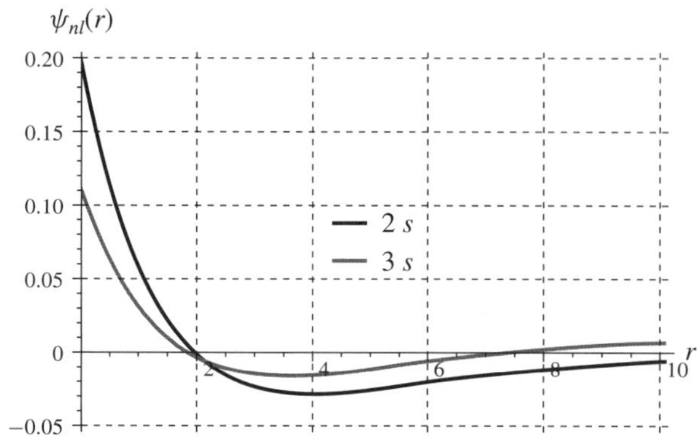

그림 8.8 2s와 3s 오비탈의 그림. r는 bohr 단위.

$2s$ 오비탈에는 $r = 2$ 점에서 한 개의 반경 마디가 있다. $3s$ 오비탈에는 $r = \frac{9}{2} - \frac{3\sqrt{3}}{2}$과 $r = \frac{9}{2} + \frac{3\sqrt{3}}{2}$ 점에서 두 개의 반경 마디가 있다. 이러한 오비탈을 그림 8.8에 나타내었다.

8.6 p-오비탈 및 d-오비탈

구면 대칭에서 벗어나는 가장 낮은 에너지 해는 $2p$-오비탈이다. $R_{21}(r)$과 $l = 1$ 구면 조화 함수를 이용하면, 세 개의 축퇴된 고유 함수를 다음과 같이 쓸 수 있다.

$$\psi_{210}(r, \theta, \phi) = \frac{Z^{5/2}}{4\sqrt{2\pi}} r\, e^{-Zr/2} \cos\theta \tag{8.53}$$

$$\psi_{21\pm1}(r, \theta, \phi) = \mp\frac{Z^{5/2}}{4\sqrt{2\pi}} r\, e^{-Zr/2} \sin\theta\, e^{\pm i\phi} \tag{8.54}$$

함수 ψ_{210}은 실수이고 $r\cos\theta$ 요소를 포함하고 있는데, 이는 직교 좌표 z에 해당한다. 화학에서는 이것을 $2p_z$ 오비탈이라고 부르며 다음과 같이 나타낸다.

$$\psi_{2pz} = \frac{Z^{5/2}}{4\sqrt{2\pi}} z\, e^{-Zr/2} \tag{8.55}$$

이 함수에 대한 등고선 그림은 그림 8.9에 나타내었다. 이 함수는 x, y 평면에 마디가 있는 z 축에 대한 원통형 대칭이다. 고유 함수 $\psi_{21\pm1}$은 복소수이며 그래프로 그리기가 쉽지 않은데, 이들의 각도 의존성은 구면 조화 함수 $Y_{1\pm1}$의 의존성과 같다. 축퇴된 고유 함수의 어떠한 선형 조합도 동등하게 유효한 고유 함수가 된다. 다음 sine과 cosine에 대한 Euler 식을 사용하고,

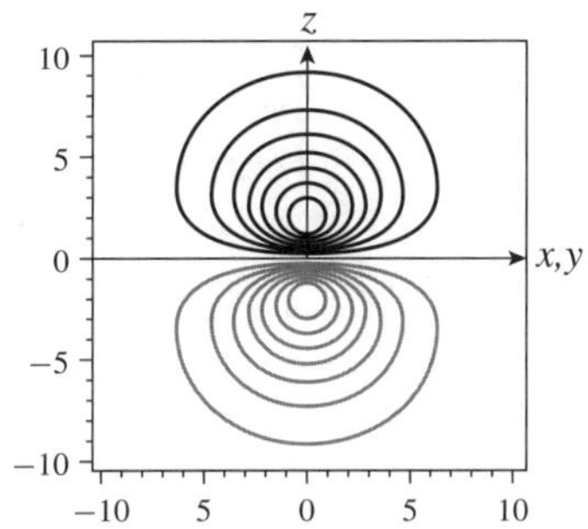

그림 8.9 $2p_z$ 오비탈의 등고선 그림. 음수 값은 bohr 단위로 회색으로 나타내었다.

$$\cos\phi = \frac{e^{i\phi}+e^{-i\phi}}{2}\text{과} \qquad \sin\phi = \frac{e^{i\phi}-e^{-i\phi}}{2i} \tag{8.56}$$

$\sin\theta\,\cos\phi$와 $\sin\theta\,\sin\phi$는 직교 좌표계의 x와 y에 대응한다는 것을 알면, 다른 오비탈인 ψ_{2px}와 ψ_{2py}를 다음과 같이 정의할 수 있다.

$$\psi_{2px} = \frac{1}{\sqrt{2}}(\psi_{21-1} - \psi_{211}) = \frac{Z^{5/2}}{4\sqrt{2\pi}}\,x\,e^{-Zr/2} \tag{8.57}$$

$$\psi_{2py} = -\frac{i}{\sqrt{2}}(\psi_{21-1} + \psi_{211}) = \frac{Z^{5/2}}{4\sqrt{2\pi}}\,y\,e^{-Zr/2} \tag{8.58}$$

이 함수들은 $2pz$ 오비탈과 모양은 똑같지만, 방향은 각각 x 축과 y 축 방향이다. p-오비탈의 3중 축퇴도는 구면 조화 함수에서는 분명하지 않으나 기하학적으로는 $2px$, $2py$, $2pz$ 함수가 동등함을 볼 수 있다. 표 8.1에 나열된 함수들은 사실상 실수(real) 형태의 원자 오비탈이다. 모든 더 높은 p-오비탈들은 $xf(r)$, $yf(r)$, $zf(r)$와 유사한 함수 형태를 가지며, 비슷하게 3중으로 축퇴되어 있다.

오비탈 ψ_{320}는 ψ_{210}와 비슷하며 실수 함수이다. 화학에서는 이를 d_{z^2}-오비탈이라고 부르며, 다음과 같이 r의 함수에 직교 좌표계의 요소를 곱한 표현으로 나타낸다.

$$\psi_{3d_{z^2}} = \psi_{320} = (3z^2 - r^2)\,f(r) \tag{8.59}$$

이 함수에 대한 등고선 그림은 그림 8.10에 나타내었다. 이 함수 또한 z-축에 대해 원통형 대칭이며 $3z^2 - r^2 = 0$에 대해 원추 표면인 두 개의 각 마디면을 가지고 있다. 나머지 4개의 $3d$ 오비탈은 그림 6.4에서 보여준 구면 조화 함수 $Y_{2\pm1}$과 $Y_{2\pm2}$를 포함하는 복소수 함수이다. 여기서 다시 선형 조합을 통해 실수 함수를 구성할 수 있으며, 결과는 4개의 기하학적으로 동등한 두 개의 서로 직교하는 마디면을 갖는 "네 잎 클로버" 함수가 된다. 이 함수들은 $d_{x^2-y^2}$, d_{xy}, d_{xz}, d_{yz}라고 부른다. 이 중 두 개를 그림 8.10에 나타내었다. d_{z^2}-오비탈은 다른 모양을 갖는다. 그러나 d_{z^2}-오비탈은 두

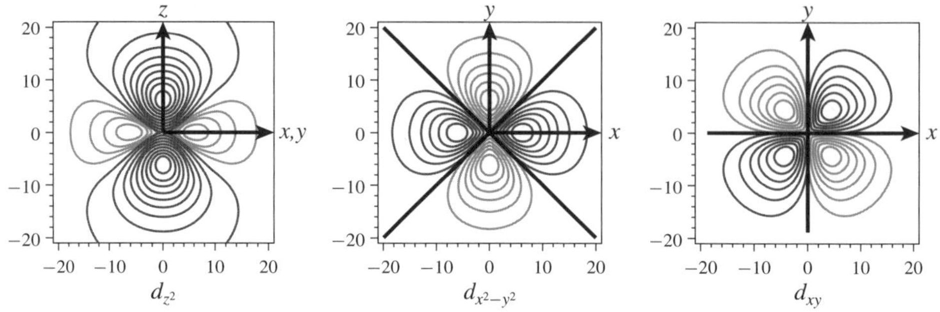

그림 8.10 3d 오비탈의 등고선 그림.

개의 비-표준 d-오비탈 $d_{z^2-x^2}$과 $d_{z^2-y^2}$의 합으로 표현될 수 있다. $d_{z^2-x^2}$과 $d_{z^2-y^2}$을 $d_{x^2-y^2}$과 더하면 0이 되므로 서로 의존하는 집합이다. 이 3함수의 두 가지 조합만 독립적인 고유 함수로 선택할 수 있다.

8.7 원자 오비탈에 대한 요약

표 8.1에 나열한 원자 오비탈들은 그림 8.11에 도시하였다. 진회색과 연회색은 각각 파동 함수의 양수 부분과 음수 부분을 나타낸다(2s와 3s 오비탈의 마디면은 불분명하다). 이러한 그림은 원자 오비탈을 대략적으로 표현한 것이고 정량적으로 정확한 것은 아니다.

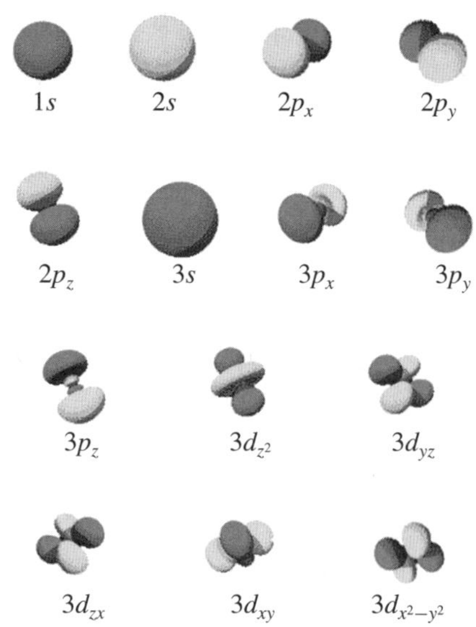

그림 8.11 수소꼴 원자 오비탈.

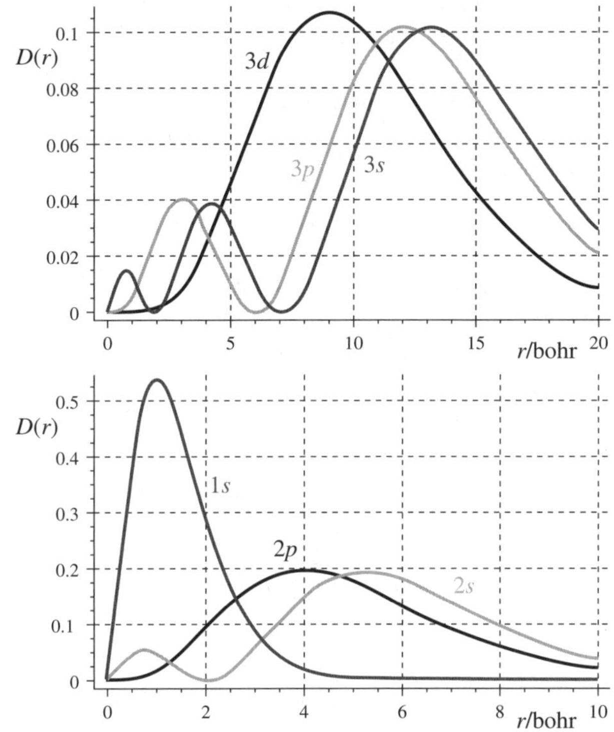

그림 8.12 몇 가지 반경 분포 함수(RDF).

오비탈 $\psi_{nlm}(\mathbf{r})$에서 전자 전하 분포는 다음과 같이 주어진다.

$$\rho(\mathbf{r}) = |\psi_{nlm}(\mathbf{r})|^2 \tag{8.60}$$

여기서 s-오비탈은 단지 r만의 함수이다. 반경 분포 함수는 각도 의존성을 포함하는 오비탈에 대한 것이라도 다음과 같이 정의될 수 있다.

$$D_{nl}(r) = 4\pi r^2 [R_{nl}(r)]^2 \tag{8.61}$$

이는 반경 r의 껍질에서 전자 밀도를 나타내며, 각도 변수 θ, ϕ의 모든 값을 포함하는 것이다. 그림 8.12는 수소 오비탈 중 처음 몇 개에 대한 RDF 그림이다.

8.8 환산 질량

질량 m_1과 m_2를 가진 두 입자가 단지 입자 사이의 거리에 의존하는 포텐셜 에너지 하에서 상호 작용하는 계를 고려해 보자. 고전 에너지는 다음과 같이 주어진다.

$$E = \frac{1}{2}m_1 \dot{\mathbf{r}}_1^2 + \frac{1}{2}m_2 \dot{\mathbf{r}}_2^2 + V(|\mathbf{r}_2 - \mathbf{r}_1|) \tag{8.62}$$

여기서 dot는 시간에 대해 미분한다는 의미이다. 두 개의 새로운 변수, 입자 사이의 거리 **r**와 질량의 중심의 위치 **R**를 다음과 같이 도입한다.

$$\mathbf{r} = \mathbf{r}_2 - \mathbf{r}_1, \qquad \mathbf{R} = \frac{m_1\mathbf{r}_1 + m_2\mathbf{r}_2}{m} \tag{8.63}$$

여기서 $m = m_1 + m_2$이다. 새로운 좌표를 나타내면

$$\mathbf{r}_1 = \mathbf{R} + \frac{m_2}{m}\mathbf{r}, \qquad \mathbf{r}_2 = \mathbf{R} - \frac{m_1}{m}\mathbf{r} \tag{8.64}$$

$$E = \frac{1}{2}m \dot{\mathbf{R}}^2 + \frac{1}{2}\mu \dot{\mathbf{r}}^2 + V(r) \tag{8.65}$$

이 된다. 여기서 $r = |\mathbf{r}|$이고 다음 μ는 *환산 질량*이라고 한다.

$$\mu \equiv \frac{m_1 m_2}{m_1 + m_2} \tag{8.66}$$

환산 질량을 달리 표현하면

$$\frac{1}{\mu} = \frac{1}{m_1} + \frac{1}{m_2} \tag{8.67}$$

이 되는데 교류에서 저항에 대한 식을 연상시킨다. 여기서 $m_2 \to \infty$로 수렴하면 $\mu \to m_1$이 된다. $\dot{\mathbf{R}}$를 포함하는 항은 질량 중심 **R**에 위치한 질량 m인 단일 가상적 입자의 운동 에너지를 나타낸다. 나머지 항은 두 입자의 *상대적인* 운동을 나타낸다. 이것은 다음 포텐셜 장 $V(r)$에서 움직이는 유효 질량 μ인 단일 입자를 나타낸 것이다.

$$E_{\text{rel}} = \frac{1}{2}\mu \dot{\mathbf{r}}^2 + V(r) = \frac{\mathbf{p}^2}{2\mu} + V(r) \tag{8.68}$$

따라서 우리는 상대적인 운동에 대한 Schrödinger 방정식을 다음과 같이 쓸 수 있다.

$$\left\{-\frac{\hbar^2}{2\mu}\nabla^2 + V(r)\right\}\psi(\mathbf{r}) = E\psi(\mathbf{r}) \tag{8.69}$$

앞에서 수소 원자를 취급할 때처럼 핵의 질량은 무한대라고 가정하였다. 이 경우에는 μ를 전자의 질량인 m으로 둘 수 있다. 무한대 핵질량에 대한 Rydberg 상수는 다음과 같이 계산된다.

$$\mathcal{R}_\infty = \frac{2\pi^2 me^4}{h^3 c} = 109{,}737\ \text{cm}^{-1} \tag{8.70}$$

하지만 이 대신 다음 전자-양성자의 환산 질량

$$\mu = \frac{mM}{m + M} \approx \frac{1836}{1837}m \approx 0.999456\, m \tag{8.71}$$

을 사용하면, 수소에 대한 Rydberg 상수는

$$\mathcal{R}_{\mathrm{H}} \approx 109{,}677\ \mathrm{cm}^{-1} \quad \textbf{(8.72)}$$

으로 바뀐다. 그리고 이는 실험값과 정확하게 일치한다.

1931년 H. C. Urey는 4리터의 수소를 1밀리리터 남을 때까지 진공으로 만든 후 스펙트럼을 측정하였다. 그 결과 수소 스펙트럼으로부터 약간 벗어나 있는 일련의 선들이 나타났다. 이것을 통해 헬륨과 중수소가 발견되었다. 그는 이 공로로 1934년 화학 분야 노벨상을 수여하였다. 거의 양성자 질량의 두 배인 중수소 $^2H_1$의 질량으로 측정하면 Rydberg 상수는 다음과 같다.

$$\mathcal{R}_{\mathrm{D}} \approx 109{,}707\ \mathrm{cm}^{-1} \quad \textbf{(8.73)}$$

또 다른 흥미로운 예는 전자와 양전자(전자의 반입자로서, 양성자와는 다름)로 구성되어 있는 수명이 짧은 포지트로늄(positronium)을 포함한다. 전자와 양전자는 반감기가 거의 10^{-7}초로 서로 소멸시키는데, 포지트로늄은 감마선을 방출하면서 붕괴한다. 포지트로늄의 환산 질량은

$$\mu = \frac{m \times m}{m + m} = \frac{m}{2} \quad \textbf{(8.74)}$$

으로 전자 질량의 절반이다. 따라서 이온화 에너지는 수소 원자의 절반인 6.80 eV과 같다. 양전자 방출 X선 단층 촬영(positron emission tomography, PET)은 기능 생체 세포, 특히 뇌에 대해 민감한 주사 기법을 제공한다. 예를 들어 ^{11}C, ^{13}N, ^{15}O, ^{18}F와 같은 양전자-방출 방사성 핵종을 포함하는 화합물이 인체에 주입되면, 방출된 양전자는 전자에 붙잡혀서 매우 짧은 반감기를 가진 포지트로늄을 생성하고 소멸 방사선이 검출된다(그림 8.13 참조).

그림 8.13 포지트로늄 소멸을 묘사하는 Jens Zorn 묘비명. 미시간 대학 Physics Building 밖에 세워져 있다.

연습 문제

8.1 수소 원자 내 전자에 대한 각 구형 Bohr 궤도가 드 브로이 파장의 정수, $n = 1$, 2, 3 등을 포함한다고 가정하자. 궤도 각운동량은 양자화되어야 한다는 것을 보여라. 수소의 에너지 준위에 대한 Bohr의 식은 이것으로부터 유도된다.

8.2 수소꼴 고유 함수 처음 몇 개를 근거로 하여 다음에 대해 n과 l의 항으로 일반식을 추론하라.

(i) 원자 오비탈에서 반경 마디의 개수

(ii) 각도 마디의 수

(iii) 총 마디의 수

8.3 수소 원자와 He^+에서 Lyman alpha 전이($1s \leftarrow 2p$)의 파장을 계산하라. 모두 nm와 cm^{-1}의 단위로 나타내라.

8.4 수소 원자 바닥 상태에 대한 반경 분포 함수의 최대값을 결정하라. 이 값을 Bohr 이론에서 대응하는 반경과 비교하라.

8.5 마디가 없는 1s 바닥 상태 수소꼴 고유 함수는 $\psi_{1s} = \frac{Z^{3/2}}{\sqrt{\pi}} e^{-Zr}$로 주어진다. 직교성과 정규화만 가정하고 각각 마디가 1개와 2개가 있는 2s와 3s 고유 함수를 각각 다음 형태로 구성하라.

$$\psi_{2s} = \text{const}(1+\alpha r)e^{-Zr/2}, \qquad \psi_{2s} = \text{const}(1+\beta r+\gamma r^2)e^{-Zr/3}$$

8.6 다음은 별의 내부에서 일어나는 반응이다.

$$He^{++} + H \rightarrow He^{+} + H^{+}$$

전자 에너지 변화를 eV 단위로 계산하라. 모든 화학종은 바닥 상태에 있다고 가정한다.

8.7 다음 중 다른 4개의 연산자와 같지 않은 것은 어떤 것인가?

(i) $\partial^2/\partial r^2$ (ii) $r^{-2}\,\partial/\partial r\, r^2\,\partial/\partial r$ (iii) $r^{-1}\,\partial^2/\partial r^2\, r$

(iv) $(r^{-1}\,\partial/\partial r\, r)^2$ (v) $\partial^2/\partial r^2 + 2r^{-1}\partial/\partial r$

8.8 수소 원자의 바닥 상태에서 r , r^2, r^{-1}의 기대값을 계산하라. 결과를 원자 단위로 나타내라.

8.9 수소꼴 원자의 1s 상태에 대한 포텐셜 에너지와 운동 에너지의 기대값을 계산하라.

8.10 표에 주어진 $3d_{xy}$ 오비탈은 수소꼴 Schrödinger 방정식의 정규화된 고유 함수임을 증명하라.

8.11 함수 $\psi(r, \theta, \phi) = $ 상수$\left[1 - r\ \sin^2(\theta/2)\right]\ e^{-r/2}$은 수소 원자에 대한 Schrödinger 방정식의 해임을 보이고, 대응하는 고유값을 찾아라.

8.12 수소꼴 원자의 바닥 상태에 대해, 수소 원자의 1s 상태에서 전자를 발견할 확률의 90%가 되는 구의 반경을 계산하라. (이는 연속적인 근사를 이용한 수치 계산을 해야 한다.)

8.13 수소 원자의 바닥 상태 파동 함수에 대한 변분 근사로서 $\psi(r) = e^{-\alpha r}$을 고려하자. 변수 α에 대해 최적화된 대응하는 에너지 $E(\alpha)$를 계산하라. 이를 정확한 해와 비교하라.

8.14 수소 원자에 대한 전자 스핀 공명 초미세 분리는 다음과 같이 주어진다.

$$\Delta\nu = 532.65\left[\frac{8\pi}{3}|\psi(0)|^2 + \left\langle\frac{3\cos^2\theta - 1}{r^3}\right\rangle\right]\ \text{MHz}$$

1s와 2p_0 상태에 대한 $\Delta\nu$를 계산하라. 결과는 괄호 안을 원자 단위로 나타낼 때 MHz로 주어진다. (**힌트**: 기대값을 계산하는 데 있어서 먼저 각도에 대해 적분을 수행한다.)

양자화학 입문

제9장 헬륨 원자

The helium atom

주기율표에서 2번째 원소는 정확하게 풀 수 없는 양자역학 문제의 첫 번째 예이다. 그럼에도 불구하고 앞으로 보겠지만 헬륨에 적용되는 근사적인 방법으로 실험적 결과와 완전히 일치하는 정확한 해를 구할 수 있다. 이러한 의미에서 양자역학은 수소보다 더 복잡한 원자에도 잘 적용된다고 결론을 내릴 수 있다. 대조적으로 Bohr 이론은 수소 원자를 제외하고는 적용하고자 하는 시도가 아쉽게도 모두 실패하였다.

9.1 실험적 에너지

헬륨 원자는 전하 $Z = 2$인 핵에 붙잡혀 있는 두 개의 전자를 가지고 있다. 두 전자를 계속하여 제거하는 과정은 다음과 같이 나타낼 수 있다.

$$\text{He} \xrightarrow{I_1} \text{He}^+ + e^- \xrightarrow{I_2} \text{He}^{++} + 2e^- \tag{9.1}$$

일차 이온화 에너지 I_1은 헬륨으로부터 첫 번째 전자를 제거하는 데 필요한 최소 에너지이며, 실험적으로 24.5874 eV이다. 두 번째 이온화 에너지 I_2는 54.4228 eV이며, He^+가 수소꼴 이온이기 때문에 정확하게 계산될 수 있다. 즉,

$$I_2 = -E_{1s}(\text{He}^+) = -\frac{Z^2}{2n^2} = -2 \text{ hartrees} \tag{9.2}$$

인데, 이는 54.4228 eV에 대응한다. 식 (9.1)의 오른쪽에 있는 세 개의 분리된 입자의 에너지는 정의에 의해 0이다. 따라서 헬륨 원자의 바닥 상태 에너지는 $E_0 = -(I_1 + I_2) = -79.0102 \text{ eV} = -2.9037$ hartrees로 주어진다. 우리는 이론적인 분석을 통해 이 값에 가능한 가깝게 얻고자 할 것이다.

9.2 Schrödinger 방정식과 변분 계산

He 원자에 대한 Schrödinger 방정식은 원자 단위를 사용하고 무한대 핵 질량을 가정하면 다음과 같이 쓸 수 있다.

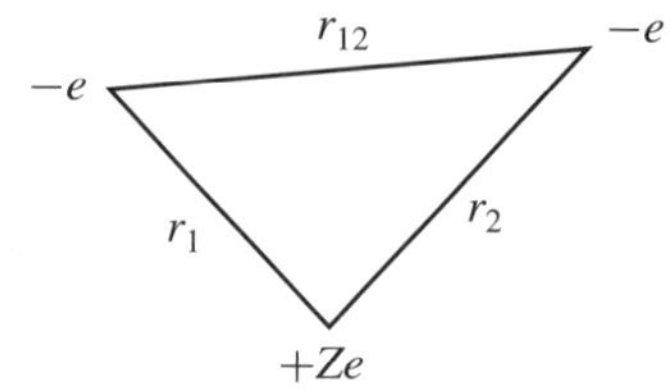

그림 9.1 헬륨 원자 Schrödinger 방정식에 대한 좌표.

$$\left\{-\frac{1}{2}\nabla_1^2 - \frac{1}{2}\nabla_2^2 - \frac{Z}{r_1} - \frac{Z}{r_2} + \frac{1}{r_{12}}\right\}\psi(\mathbf{r}_1, \mathbf{r}_2) = E\,\psi(\mathbf{r}_1, \mathbf{r}_2) \tag{9.3}$$

Hamiltonian의 다섯 개 항은 각각 전자 1과 2의 운동 에너지, 전자 1및 2와 핵 사이의 인력, 그리고 두 전자 사이의 반발력이다. Schrödinger 방정식의 정확한 해를 구하는 데 방해가 되고 이론을 훨씬 복잡하게 만드는 것은 마지막 항이다. 바닥 상태의 근사 해를 찾는 데 있어서, 먼저 $1/r_{12}$-항이 없이 해를 찾아보자. 이렇게 되면 간단해진 Schrödinger 방정식에서 변수 $\mathbf{r}_1$과 $\mathbf{r}_2$를 분리하여 두 개의 독립적인 수소꼴 문제로 방정식을 축소할 수 있다. 이러한 가상적인 헬륨 원자에 대해 정규화되지 않은 바닥 상태 파동 함수는 다음과 같고,

$$\psi(\mathbf{r}_1, \mathbf{r}_2) = \psi_{1s}(r_1)\psi_{1s}(r_2) = e^{-Z(r_1+r_2)} \tag{9.4}$$

에너지는 $2 \times (-Z^2/2) = -4$ hartrees가 되는데, 실험값은 -2.90 hartrees이다. 전자 반발을 무시하면 이와 같이 매우 큰 오차가 생긴다.

그렇지만 (9.4)의 함수 형태를 그대로 사용하면서 Z 대신 조정 변수 α를 사용하면 훨씬 개선된 결과가 얻어진다. 다음 함수

$$\tilde{\psi}(r_1, r_2) = e^{-\alpha(r_1+r_2)} \tag{9.5}$$

를 사용하고 변분 원리를 적용하면[식 (4.58) 참조], 다음과 같이 된다.

$$\tilde{E} = \frac{\int \tilde{\psi}(r_1, r_2)\, H\, \tilde{\psi}(r_1, r_2)\, d\tau_1\, d\tau_2}{\int \tilde{\psi}(r_1, r_2)\, \tilde{\psi}(r_1, r_2)\, d\tau_1\, d\tau_2} \tag{9.6}$$

여기서 H는 식 (9.3)에서처럼 $1/r_{12}$-항을 포함하는 전체 Hamiltonian이다. Hamiltonian의 다섯 개 부분에 대한 기대값은 다음과 같다.

$$\begin{gathered}\left\langle -\frac{1}{2}\nabla_1^2\right\rangle = \left\langle -\frac{1}{2}\nabla_2^2\right\rangle = \frac{\alpha^2}{2}, \\ \left\langle -\frac{Z}{r_1}\right\rangle = \left\langle -\frac{Z}{r_2}\right\rangle = -Z\alpha, \qquad \left\langle\frac{1}{r_{12}}\right\rangle = \frac{5}{8}\alpha\end{gathered} \tag{9.7}$$

(9.7)에 있는 적분을 합하면 다음과 같은 변분 에너지가 된다.

$$\tilde{E}(\alpha) = \alpha^2 - 2Z\alpha + \frac{5}{8}\alpha \tag{9.8}$$

이 값은 항상 실제 바닥 상태 에너지에 대한 상한이 될 것이다. 우리는 결과를 최적화하여 에너지 (9.8)을 *최소화*하는 α 값을 찾을 수 있다. 따라서

$$\frac{d\tilde{E}}{d\alpha} = 2\alpha - 2Z + \frac{5}{8} = 0 \tag{9.9}$$

을 풀면 다음과 같은 최적화된 값을 얻을 수 있다.

$$\alpha = Z - \frac{5}{16} \tag{9.10}$$

이것을 물리적으로 해석해보면, 근사 파동 함수 (9.5)에 있는 변수 α는 *유효* 핵전하를 나타낸다는 것이다. 각 전자는 전자 전하의 5/16에 해당하는 양만큼 양으로 하전된 핵으로부터 다른 전자를 부분적으로 차폐시킨다. (9.10)을 (9.8)에 대입하면 다음과 같이 에너지에 대해 최적화된 근사 값을 얻게 된다.

$$\tilde{E} = -\left(Z - \frac{5}{16}\right)^2 \tag{9.11}$$

헬륨($Z = 2$)에 대해, 이 값은 -2.84765 hartrees로 약 2%의 오차가 있다(정확한 값은 $E_0 = -2.90372$). 부등호로는 $\tilde{E} > E_0$가 되는데, 단지 대수적인 의미이다.

1920년대 말, 다전자 원자에 대한 양자역학의 타당성을 시험하기 위해 헬륨에 대한 계산을 최대한 잘 하는 것이 중요하다고 생각하였다. 아래 표는 헬륨에 대한 몇 가지 변분 계산의 결과를 보여 주었다.

파동 함수	계수	에너지
$e^{-Z(r_1+r_2)}$	$Z = 2$	-2.75
$e^{-\alpha(r_1+r_2)}$	$\alpha = 1.6875$	-2.84765
$\psi(r_1)\psi(r_2)$	최적 $\psi(r)$	-2.86168
$e^{-\alpha(r_1+r_2)}(1 + cr_{12})$	최적 α, c	-2.89112
Hylleraas (1929)	계수 10개	-2.90363
Pekeris (1959)	계수 1078개	-2.90372

세 번째 방법은 Hartree에 의해 개발된 *self-consistent field* 법이다. 비록 일-전자 함수 $\psi(r)$에 대해 가능한 최고의 선택을 한다고 할지라도 항상 상당한 오차가 있다. 그

이유는 파동 함수에 변수 r_{12}를 포함하는 데 실패하기 때문이다. 이 효과를 *전자상관*이라고 부른다. 네 번째 방법은 상관에 대한 간단한 수정을 포함하고 있는데 상당한 진보를 보여준다. Hylleraas(1929)는 이 방법을 확장하여 다음 형태의 변분 함수를 사용하였다.

$$\psi(r_1, r_2, r_{12}) = e^{-\alpha(r_1+r_2)} \times r_1, r_2, r_{12}\text{에서 다항식} \tag{9.12}$$

그는 10개의 최적 변수를 사용하여 실험값과 거의 일치하는 결과를 얻었다. 더 최근에는 현대의 컴퓨터를 사용하여 실험값과 완전히 일치하는 결과를 얻었다.

9.3 스핀 오비탈과 배타 원리

헬륨에 대한 더 간단한 파동 함수, 예를 들어 (9.5)는 수소꼴 $1s$ 오비탈에 두 개의 전자를 표현하는 것, 즉 $1s^2$ 배치로 쓸 수 있다. 원자 내의 어떠한 두 전자도 네 개의 양자수가 모두 같을 수는 없다는 Pauli의 배타 원리에 의하면 두 개의 $1s$ 전자는 서로 *다른* 스핀을 가져야 한다: 하나는 스핀-up 또는 α, 다른 하나는 스핀-down 또는 β. 스핀 함수를 갖는 오비탈의 곱은 *스핀 오비탈*이라고 한다. 예를 들어, 전자 1은 다음과 같이 나타내는 스핀 오비탈을 차지해야 한다.

$$\phi(1) = \psi_{1s}(1)\alpha(1) \quad \text{또는} \quad \psi_{1s}(1)\beta(1) \tag{9.13}$$

스핀 오비탈은 ϕ_a 또는 ϕ_b와 같은 하나의 하첨자로 표시될 수 있다. 여기서 하첨자는 네 개의 양자수의 *집합*을 나타낸다. 이-전자 계에서는 차지하는 스핀 오비탈 ϕ_a와 ϕ_b가 서로 달라야 한다. 이는 적어도 각 전자의 네 개의 양자수 중 하나는 같지 않아야 한다는 것을 의미한다. 다음 형태를 갖는 이-전자 스핀 오비탈 함수는

$$\Psi(1, 2) = \frac{1}{\sqrt{2}}\Big(\phi_a(1)\phi_b(2) - \phi_b(1)\phi_a(2)\Big) \tag{9.14}$$

만일 $a = b$라면 0이 되기 때문에 자동적으로 Pauli 원리를 충족한다. 더구나 이 함수는 각 전자를 각 오비탈과 동등하게 연관시키기 때문에, 양자역학에서 동일 입자의 *구별 불가능성*과 일치한다. 요소 $1/\sqrt{2}$는 ϕ_a와 ϕ_b가 정규화되어 있고 서로 직교한다고 가정하면 이-입자 파동 함수를 정규화시킨다. 함수 (9.13)은 전자 배치의 교환에 대해 *반대칭*이며, 이는

$$\Psi(2, 1) = -\Psi(1, 2) \tag{9.15}$$

을 의미한다. 이 반대칭성은 Pauli 원리를 표현하는 고상한 방법이다.

함수 (9.13)은 다음과 같은 2×2 행렬로 표현할 수 있다.

$$\Psi(1,2) = \frac{1}{\sqrt{2}} \begin{vmatrix} \phi_a(1) & \phi_b(1) \\ \phi_a(2) & \phi_b(2) \end{vmatrix} \tag{9.16}$$

헬륨의 $1s^2$ 배치에 대해, 두 오비탈 함수는 같고, 스핀을 포함하는 총 파동 함수는 다음과 같이 쓸 수 있다.

$$\Psi(1,2) = \psi_{1s}(1)\psi_{1s}(2) \times \frac{1}{\sqrt{2}}\Big(\alpha(1)\beta(2) - \beta(1)\alpha(2)\Big) \tag{9.17}$$

이-전자계에 대해 (세 전자 이상에 대해서는 성립하지 *않지만*) 파동 함수는 오비탈 함수와 스핀 함수의 곱으로 쓸 수 있다. 이-전자 스핀 함수

$$\sigma_{0,0}(1,2) = \frac{1}{\sqrt{2}}\Big(\alpha(1)\beta(2) - \beta(1)\alpha(2)\Big) \tag{9.18}$$

은 총 스핀 각 운동량이 0이 되도록 두 전자 스핀이 서로 반대 방향이라는 것을 나타낸다. 두 하첨자는 총 전자 스핀에 대한 양자수 S와 M_S이다. 식 (9.17)은 총 스핀 양자수가 0일 때 단지 한 가지 배향만 있기 때문에 *단일항* 상태라 부른다. 한편 오비탈이 서로 다르다면 두 개의 스핀이 *같은* 상태에 있을 가능성이 있다. 두 개의 평행 스핀에 대해서는 다음과 같은 세 가지 상태가 가능하다.

$$\begin{aligned} \sigma_{1,1}(1,2) &= \alpha(1)\alpha(2), \\ \sigma_{1,0}(1,2) &= \frac{1}{\sqrt{2}}\Big(\alpha(1)\beta(2) + \beta(1)\alpha(2)\Big) \\ \sigma_{1,-1}(1,2) &= \beta(1)\beta(2) \end{aligned} \tag{9.19}$$

이들은 *삼중항*(triplet) 스핀 상태를 구성하고, 각 운동량이 1인 세 가지 가능한 배향을 갖는다.

9.4 헬륨의 들뜬 상태

헬륨의 들뜬 상태 중 가장 낮은 상태는 전자 배치가 $1s\,2s$인 상태이다. 비록 수소에서는 $2s$와 $2p$가 축퇴되어 있는 상태이지만, 헬륨에서 $1s\,2p$ 배치는 $1s\,2s$ 배치보다 에너지가 더 높은 상태이다. 그림 8.12의 반경 분포 함수에서 분명히 볼 수 있듯이 2s의 $1s$와의 중첩이 $2p$의 $1s$와의 중첩보다 *작으므로*, $1s$와 $2s$ 사이의 반발 상호작용은 $1s$와 $2p$ 사이의 반발 상호작용보다 에너지가 더 *낮다*. 이것은 $1s$ 밀도가 존재하는 공간에 $2s$는 반경 마디를 가지고 있다는 사실에 의해 더 명확해진다. 전자가 서로

다른 오비탈에 있을 때, 그들 스핀은 평행하거나 반평행이다. 파동 함수가 반대칭 조건 (9.14)를 만족하기 위해서는 이-전자 오비탈과 스핀 함수는 전자 표시의 교환 하에서 *반대*가 되어야 한다. $1s\,2s$ 배치로부터 다음 네 가지 가능한 상태가 있다. 즉, 한 개의 단일항 상태

$$\Psi^{+}(1,2) = \frac{1}{\sqrt{2}}\Big(\psi_{1s}(1)\psi_{2s}(2) + \psi_{2s}(1)\psi_{1s}(2)\Big)\,\sigma_{0,0}(1,2) \qquad \textbf{(9.20)}$$

와 세 개의 삼중항 상태

$$\Psi^{-}(1,2) = \frac{1}{\sqrt{2}}\Big(\psi_{1s}(1)\psi_{2s}(2) - \psi_{2s}(1)\psi_{1s}(2)\Big)\begin{cases}\sigma_{1,1}(1,2)\\ \sigma_{1,0}(1,2)\\ \sigma_{1,-1}(1,2)\end{cases} \qquad \textbf{(9.21)}$$

Hamiltonian (9.3)을 사용하여, 다음과 같이 근사적인 에너지를 계산할 수 있다.

$$E^{\pm} = \int\!\!\int \Psi^{\pm}(1,2)\,H\,\Psi^{\pm}(1,2)\,d\tau_1\,d\tau_2 \qquad \textbf{(9.22)}$$

몇 번의 적분을 수행하면 이 식은 다음과 같이 더 간단하게 된다.

$$E^{\pm} = I_{1s} + I_{2s} + J_{1s,2s} \pm K_{1s,2s} \qquad \textbf{(9.23)}$$

여기서 *일 전자 적분*은 다음 형태이고

$$I_a = \int \psi_a(\mathbf{r})\left\{-\frac{1}{2}\nabla^2 - \frac{Z}{r}\right\}\psi_a(\mathbf{r})\,d\tau \qquad \textbf{(9.24)}$$

*Coulomb 적분*은 다음 형태이며

$$J_{a,b} = \int\!\!\int \psi_a(\mathbf{r}_1)^2\,\frac{1}{r_{12}}\,\psi_b(\mathbf{r}_2)^2\,d\tau_1\,d\tau_2 \qquad \textbf{(9.25)}$$

*교환 적분*은 다음 형태이다.

$$K_{a,b} = \int\!\!\int \psi_a(\mathbf{r}_1)\psi_b(\mathbf{r}_1)\,\frac{1}{r_{12}}\,\psi_a(\mathbf{r}_2)\psi_b(\mathbf{r}_2)\,d\tau_1\,d\tau_2 \qquad \textbf{(9.26)}$$

Coulomb 적분은 두 상호작용하는 전하 분포 $[\psi_a(\mathbf{r}_1)]^2$과 $[\psi_b(\mathbf{r}_2)]^2$에 대한 반발 포텐셜 에너지를 나타낸다. 교환 적분은 고전적으로 유사한 것은 없지만 파동 함수의 교환 대칭(또는 반대칭) 충족조건 때문에 생긴다. J와 K는 양의 값을 갖는다. 그러므

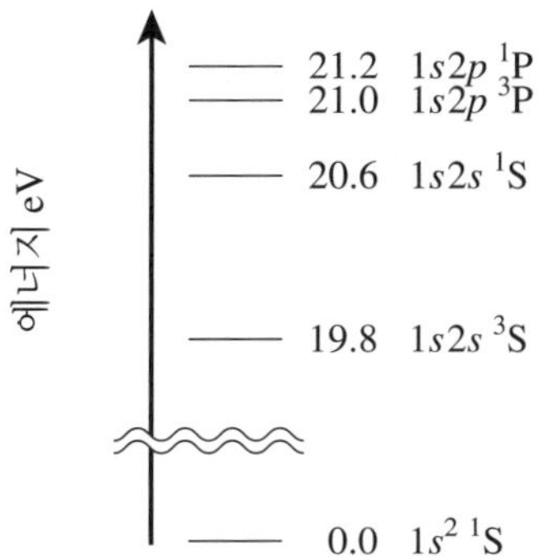

그림 9.2 헬륨 원자의 낮은 에너지 상태.

로 식 (9.22)의 음의 부호는 낮은 에너지의 상태와 관련된다. 따라서 전자 배치 $1s2s$의 삼중항 상태는 단일항 상태보다 에너지가 더 낮다. 이것은 가장 보편적인 일반화이고 다음 장에서 논의할 Hund 규칙에 기여한다.

헬륨의 $1s2s$와 $1s2p$ 상태의 들뜬 에너지는 그림 9.2에 나타내었다. 이 스케일에서 $1s^2$의 바닥 상태 에너지는 0이다. 식 (9.22)처럼 에너지를 다음과 같이 근사적으로 쓰면

$$
\begin{aligned}
E(^{1,3}S) &\approx I_{1s} + I_{2s} + J_{1s,2s} \pm K_{1s,2s} \\
E(^{1,3}P) &\approx I_{1s} + I_{2p} + J_{1s,2p} \pm K_{1s,2p}
\end{aligned}
\qquad \textbf{(9.27)}
$$

결과는 Coulomb 적분과 교환 적분에 대한 다음 값과 일치한다: $J_{1s,2p} \approx 10.0$ eV, $K_{1s,2p} \approx 0.1$ eV, $J_{1s,2s} \approx 9.1$ eV, $K_{1s,2s} \approx 0.4$ eV.

연습 문제

9.1 최적화된 헬륨 변분 파동 함수

$$\psi(r_1, r_2) = e^{-\alpha(r_1+r_2)}$$

에 대해 총 운동 에너지와 포텐셜 에너지에 대한 기대값을 계산하라. 이들은 virial 정리를 만족하는가?

9.2 똑같은 최적화된 헬륨 변분 파동 함수

$$\psi(r_1, r_2) = e^{-\alpha(r_1+r_2)}$$

를 사용하여 Li^+의 바닥 상태 에너지를 계산하라.

9.3 최적화된 변분 파동 함수

$$\psi(1, 2, 3) = e^{-\alpha(r_1+r_2+r_3)}$$

를 사용하여 Li 원자의 가상적인 $1s^3$ 상태의 에너지를 계산하라. 물론 전자 스핀은 무시한다. 결과를 바닥 상태 에너지의 실험값 $E_0 = -7.478$ hartrees와 비교하라. 변분 이론의 적용성을 설명해 보라.

제10장 원자 구조와 주기 법칙

Atomic structure and the periodic law

그림 10.1에 볼 수 있듯이 Meldeleev에 의한 원소의 주기적 구조의 발견은 과학의 역사에 있어서 가장 위대한 업적으로 평가되어야 한다. 그리고 양자역학에 의해 가장 성공적으로 이루어진 일은 아마도 주기율표의 근본을 합리적으로 설명한 것이라고 생각된다. 비록 전자의 수가 증가할수록 정확한 계산은 훨씬 더 어려워졌지만 원자 행동의 일반적인 패턴은 매우 정확하게 예측될 수 있었다. 그림 10.2는 현대 주기율표이다.

Dmitri Ivanovich Mendeleev

10.1 Slater 행렬

앞 장에서 도입된 오비탈 근사에 따라 N-전자 원자는 ϕ_a , ϕ_b . . . ϕ_n으로 표시하는 N개의 채워진 스핀 오비탈을 포함한다. Pauli 배타원리에 따르면 이 스핀 오비탈 어느

Reihen	Gruppe I. - R^2O	Gruppe II. - RO	Gruppe III. - R^2O^3	Gruppe IV. RH^4 RO^2	Gruppe V. RH^3 R^2O^5	Gruppe VI. RH^2 RO^3	Gruppe VII. RH R^2O^7	Gruppe VIII. - RO^4
1	H = 1							
2	Li = 7	Be = 9,4	B = 11	C = 12	N = 14	O = 16	F = 19	
3	Na = 23	Mg = 24	Al = 27,3	Si = 28	P = 31	S = 32	Cl = 35,5	
4	K = 39	Ca = 40	- = 44	Ti = 48	V = 51	Cx = 52	Mn = 55 Mn	Fe = 56, Co = 59 Ni = 59 Cu = 63
5	(Cu = 63)	Zn = 65	- = 68	- = 72	As = 75	Se = 78	Bx = 80	
6	Rb = 85	Sx = 87	?Yt = 88	Zx = 90	Nb = 94	Mo = 96	- = 100	Ru = 104 Rh = 104 Pd = 106, Ag = 108
7	Ag = 108	Cd = 112	In = 113	Sn = 118	Sb = 122	Te = 125	J = 127	
8	Cs = 133	Ba = 137	?Di = 138	?Ce = 140	-	-	-	- - - -
9	(-)	-	-	-	-	-	-	
10	-	-	?Ex = 178	?La = 180	Ta = 182	W = 184	-	Os = 195, Ix = 197, Pt = 198, Au = 199
11	(Au = 199)	Hg = 200	Tl = 204	Fb = 207	Bi = 208	-	-	
12	-	-	-	Th = 231	-	U = 240	-	- - - -

그림 10.1 Mendeleev 초기 주기율표(1869). 박스로 표시한 중앙의 원소(지금은 Sc, Ga, Ge으로 알려져 있음)는 그 원소들이 발견되기 전 Mendeleev에 의해 예견되었다.

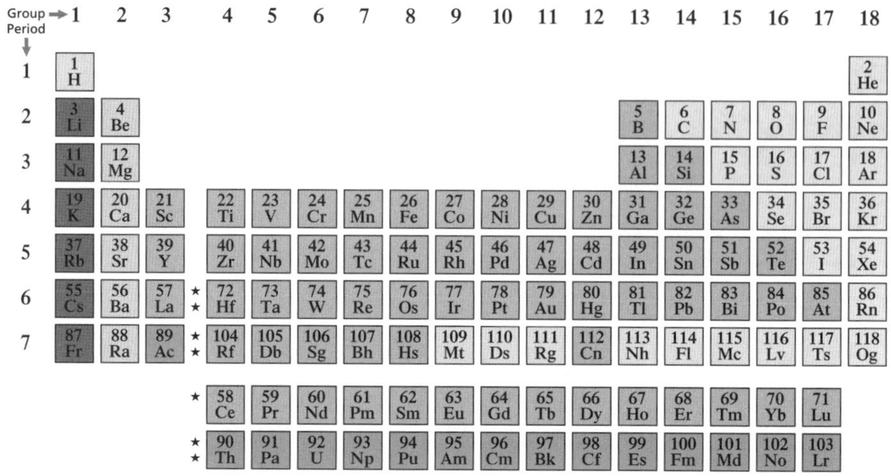

그림 10.2 원소 118까지 확장한 현대 주기율표.

John C. Slater

것도 동일하지 않다. 또한 모든 전자는 모든 스핀 오비탈과 동등하게 연관되어야 한다. 이러한 성질에 대한 매우 깔끔한 수학적 표현은 Slater 행렬이라고 부르는 두-전자 파동 함수 (9.16)의 일반화이다.

$$\Psi(1, 2 \ldots N) = \frac{1}{\sqrt{N!}} \begin{vmatrix} \phi_a(1) & \phi_b(1) & \ldots & \phi_n(1) \\ \phi_a(2) & \phi_b(2) & \ldots & \phi_n(2). \\ & & \vdots & \\ \phi_a(N) & \phi_b(N) & \ldots & \phi_n(N) \end{vmatrix} \tag{10.1}$$

행렬의 어떤 두 행(또는 열)을 교환해도 그것은 -1로 곱하는 것과 같기 때문에 전자의 *모든* 쌍에 대해 반대칭성 (9.15)가 만족한다, 원자에 있어서 전자의 총 수, 즉 *기수성*(cardinality)은 알아야 하지만 개개 전자의 번호매김, 즉 *순서수*(ordinality)는 물리적 의미가 없다. 이것은 어떤 의미에서 은행 예금과 같은 것이다. 달러를 예치할 때는 얼마를 예치했는지 알아야 하지만 출금할 때는 예치했던 달러와 *똑같은* 달러로 일치시킬 수 있는 방법이 없다.

전하 Z인 핵 주위를 돌고 있는 N개의 전자를 가진 원자에 대한 Hamiltonian은 다음과 같이 쓸 수 있다.

$$H = \sum_{i=1}^{N} \left\{ -\frac{1}{2}\nabla_i^2 - \frac{Z}{r_i} \right\} + \sum_{i<j}^{N} \frac{1}{r_{ij}} \tag{10.2}$$

전자간 반발에 대한 합은 각 쌍 $\{i, j\}$을 단지 한 번만 계산하도록 한다. Slater 행렬 (10.1)에 의해 표현되는 상태의 에너지는 다음과 같은 다중 적분으로 주어진다.

$$E = \int\int\cdots\int \Psi(1,2\ldots N)\, H\, \Psi(1,2\ldots N)\, dx_1 dx_2 \ldots dx_N \tag{10.3}$$

여기서 x는 각 전자마다 네 개의 공간과 스핀 좌표를 나타낸다. 행렬 파동 함수는 $N!$ 항을 포함한다. 반면 Hamiltonian은 N개의 일-전자(one-electron) 연산자의 합과 $N(N-1)/2$개의 이-전자(two-electron) 기여도를 더한 것이다. 긴 유도과정을 거치면 적분의 결과적인 합은 다음과 같이 표현할 수 있다.

$$\tilde{E} = \sum_a I_a + \frac{1}{2}\sum_{a,b}(J_{ab} - K_{ab}) \tag{10.4}$$

여기서 합은 모든 채워진 스핀 오비탈에 대해 수행한다. 일-전자 Coulomb 및 교환 적분은 이것이 공간과 스핀 좌표 모두에 대한 적분이라는 것만 제외하고는 식 (9.24)~ (9.26)에 있는 헬륨 원자에 대해 정의한 형태와 같다. 따라서 일-전자 적분은 다음과 같다.

$$I_a = \int \phi_a(\mathbf{r})\left\{-\frac{1}{2}\nabla^2 - \frac{Z}{r}\right\}\phi_a(\mathbf{r})\,dx = \int \psi_a(\mathbf{r})\left\{-\frac{1}{2}\nabla^2 - \frac{Z}{r}\right\}\psi_a(\mathbf{r})\,d\tau \tag{10.5}$$

스핀에 대한 적분은 1이 된다. Coulomb 적분은 다음과 같이 앞에서 주어진 형태와 일치한다.

$$J_{a,b} = \int\int \phi_a(\mathbf{r}_1)^2 \frac{1}{r_{12}} \phi_b(\mathbf{r}_2)^2\, dx_1\, dx_2 = \int\int \psi_a(\mathbf{r}_1)^2 \frac{1}{r_{12}} \psi_b(\mathbf{r}_2)^2\, d\tau_1\, d\tau_2 \tag{10.6}$$

다음과 같이 정의되는 교환 적분

$$K_{a,b} = \int\int \phi_a(\mathbf{r}_1)\phi_b(\mathbf{r}_1)\frac{1}{r_{12}}\phi_a(\mathbf{r}_2)\phi_b(\mathbf{r}_2)\, dx_1\, dx_2 \tag{10.7}$$

은 만일 오비탈 a와 b가 모두 α이거나 모두 β가 *아니면* 스핀 직교성 때문에 0이 될 것이다. 식 (10.4)에서 1/2 값은 두 번째 합에서 스핀 오비탈의 쌍을 두 번 계산하는 것을 보정하기 위해 도입한 것이다. 또한 $J_{aa} = K_{aa}$이므로 $a = b$인 경우는 사실 제거될 수 있다. 이것은 오비탈의 Coulomb 상호작용 그 자체가 실제 존재하는 것이 아니므로 제거한다.

Hartree-Fock 또는 자체-일관성 장(self-consistent-filed, SCF) 법은 Slater 행렬 (10.1)에서 오비탈 함수를 최적화하여 결국 에너지 (10.4)를 최소화하는 과정이다. SCF 계산은 주기율표의 모든 원자에 대해 수행되어 왔으며, 거의 1~2% 범위의

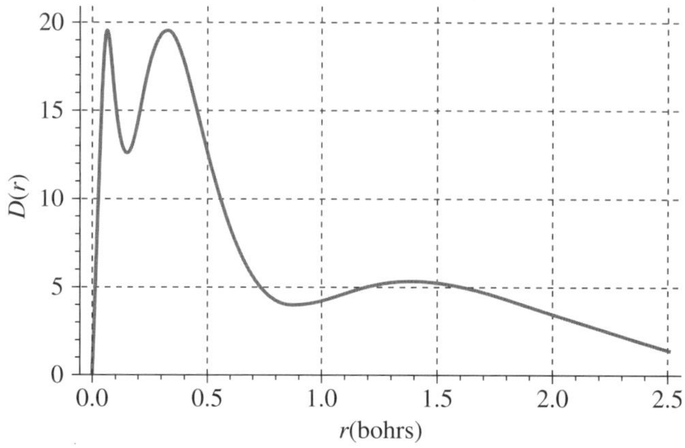

그림 10.3 아르곤 원자의 반경 분포함수.

D. R. Hartree

V. A. Fock

오차로 총 에너지와 이온화 에너지를 예측하였다. 그림 10.3에는 Hartree-Fock 계산을 통해 얻어진 아르곤 원자의 전자 반경 분포함수를 보여주었다. 이 그림을 통해 전자구름의 껍질 구조는 매우 분명한 것을 알 수 있다.

10.2 자체-일관성 장(Self-Consistent Field) 이론

1928년 Hartree는 원자와 분자 구조에 대한 몇 가지 근대 계산 기술을 발전시켜 다전자 원자를 취급하는 방법을 개발하였다. 먼저 가장 간단한 예로 두 개의 전자를 갖는 헬륨 원자를 고려해 보자. 전자 #1은 아마도 점(point) 양전하($Z = 2$)로 고려되는 핵과 결합된 장에서 움직이며, 전자 #2는 연속적인 음 전하 분포 $\rho_b(\mathbf{r}_2) = -|\psi_b(\mathbf{r}_2)|^2$로 고려된다. 따라서 전자 #1에 대한 포텐셜-에너지는 다음과 같이 주어진다.

$$V(\mathbf{r}) = V[\psi_b] = -\frac{Z}{r} + \int \frac{|\psi_b(\mathbf{r}')|^2}{|\mathbf{r}-\mathbf{r}'|}\, d\tau' \qquad \textbf{(10.8)}$$

$V[\psi]$ 기호는 V가 ψ의 *함수*라는 것을 나타낸다. 즉 이 양은 ψ의 함수 형태에 의존한다. 전자 #1에 대한 파동 함수는 일-입자 Schrödinger 방정식에 의해 결정된다.

$$\left\{-\frac{1}{2}\nabla^2 + V[\psi_b]\right\}\psi_a(\mathbf{r}) = \epsilon_a \psi_a(\mathbf{r}) \qquad \textbf{(10.9)}$$

유사한 관점에서 전자 #2에 대한 파동 함수는 다음과 같이 쓸 수 있다.

$$\left\{-\frac{1}{2}\nabla^2 + V[\psi_a]\right\}\psi_b(\mathbf{r}) = \epsilon_b \psi_b(\mathbf{r}) \qquad \textbf{(10.10)}$$

이들 결합된 미적분 방정식은 다음과 같이 *Hartree 방정식*으로 알려져 있는 축약 형태로 표현할 수 있다.

$$H_a^{\text{eff}}\psi_a(\mathbf{r}) = \epsilon_a\psi_a(\mathbf{r})$$
$$H_b^{\text{eff}}\psi_b(\mathbf{r}) = \epsilon_b\psi_b(\mathbf{r}) \tag{10.11}$$

이들은 첫 번째 방정식의 해가 두 번째 방정식으로 들어가고, 또 반대로도 행해지므로 서로 연결되어 있다. 이 방정식들의 실제 해는 연속적인 근사 과정을 통해 얻어진다. $V[\psi_a]$과 $V[\psi_b]$를 계산하기 위해 $\psi_a(\mathbf{r})$과 $\psi_b(\mathbf{r})$에 대한 초기 "추측값"이 사용된다. 추측값은 이미 $\alpha = Z - 5/16$일 때 $\psi(r) = e^{-\alpha r}$과 같은 근사 형태가 알려져 있으므로 어설픈 것은 아니다. 이 단계에서 Hartree 방정식 (10.11)은 연결되어 있지 않기 때문에 풀어서 ψ_a와 ψ_b에 대해 "일차-수정된" 함수를 얻을 수 있다. 이들은 다시 수정된 포텐셜 $V[\psi_a]$과 $V[\psi_b]$를 구성하기 위해 사용될 수 있고, 이러한 순환적인 과정은 입력과 출력 함수가 어떤 원하는 정확도 내에서 일치할 때까지 계속된다. 따라서 이렇게 구한 파동 함수와 포텐셜을 *자체-일관성*(self-consistent)이라고 한다.

N-전자 원자로 Hartree 방법을 확장하는 것은 원리적으로 간단하다. 이제 각 전자는 핵의 장에 $N - 1$개의 다른 전자에 의한 전하 구름을 더한 장에서 움직인다. 이제 N개의 결합된 N개의 오비탈 $a, b \ldots n$에 대한 다음 Hartree 방정식을 풀 수 있다:

$$\left\{-\frac{1}{2}\nabla^2 - \frac{Z}{r} + \sum_{b\neq a}\int \frac{|\psi_b(\mathbf{r}')|^2}{|\mathbf{r}-\mathbf{r}'|}\right\}\psi_a(\mathbf{r}) \equiv H_a^{\text{eff}}\psi_a(\mathbf{r}) = \epsilon_a\psi_a(\mathbf{r}) \tag{10.12}$$

다시, 반복되는 (연속적 근사) 과정은 원하는 자체-일관성이 이루어질 때까지 적용될 수 있다. Hartree 방정식 (10.12)를 만족하는 N개의 일-전자 함수(원자 오비탈)의 각 집합은 전자 배치로, 예를 들어 헬륨 원자에 대해 $1s^2$, $1s2s$ 등으로 확인할 수 있다. 각 고유값 ϵ_a는 모든 다른 전자의 자체-일관성 장에서 오비탈 a를 차지하는 전자의 에너지를 나타낸다. 붙잡혀 있는 전자에 대해서 ϵ_a는 음의 값을 갖는다. 그 크기는 근사적으로 대응하는 이온화 에너지와 같다. 따라서 $I_a \approx -\epsilon_a$이다. N-전자 Hartree 방정식은 다음과 같이 원자 오비탈의 간단한 곱이다.

$$\Psi(\mathbf{r}_1, \mathbf{r}_2 \ldots \mathbf{r}_N) = \psi_a(\mathbf{r}_1)\psi_b(\mathbf{r}_2)\ldots\psi_n(\mathbf{r}_N) \tag{10.13}$$

어떤 오비탈에도 전자가 2개까지만 허용된다고 제한함으로써 Pauli 배타 원리와의 일치성이 "직접" 얻어져야 한다.

앞 절에서 살펴보았듯이, N-전자 파동 함수는 (10.13)의 오비탈의 Hartree 곱보다 스핀 오비탈의 Slater 행렬에 의해 더 올바르게 나타낼 수 있다. 그러면 자동적으로 배타 원리와 전자의 비구별성(indistinguishability)을 설명하게 된다. *Hartree-Fock 방법*(1930)은 Slater 행렬 파동 함수에 기초한 자체-일관성 장의 일반화이다. 스핀 오비탈 ϕ_a에 대한 *Hartree-Fock* 방정식(HF)은 다음 형태를 갖는다.

$$\left\{-\frac{1}{2}\nabla^2 - \frac{Z}{r} + J[\phi_a, \phi_b \ldots \phi_n] - K[\phi_a, \phi_b \ldots \phi_n]\right\}\phi_a(x) = \epsilon_a \phi_a(x) \qquad \textbf{(10.14)}$$

여기서 J와 K는 Coulomb 함수와 교환 함수이다. HF 식은 Hartree 식 (10.12)와 매우 비슷하지만 이제 교환 상호작용을 포함한다. 원자에 대한 HF 계산은 일반적으로 이온화 에너지 및 들뜬 에너지에 대한 실험값과 1~2% 오차 범위에서 일치한다. HF 계산에서 계산상 오차는 *전자 상관*(electron correlation)으로 알려져 있다. 이 오차는 순간적인 전자간 상호작용의 근사부터 오비탈 분포에 대한 평균까지 영향을 받는다. 어떤 전자 상관은 N-전자 파동 함수가 Slater 행렬의 합을 포함하도록 확장되는 *배치 상호작용*(configuration interaction)에 의해 줄일 수 있다. 다른 접근법은 제14장에서 논의할 밀도-범함수 이론이다.

10.3 Aufbau 원리

*Aufbau*는 "building-up"을 의미한다. Neils Bohr는 원자 번호가 증가함에 따라 원자 오비탈이 채워지는 패턴(Aufbau 원리, *Aufbauprinzip*)을 처음으로 제안하였다. 수소 원자에 대해 증가하는 오비탈 에너지의 순서는 단순히 n에 의해서만 결정되므로 $1s < 2s = 2p < 3s = 3p = 3d$ 등에 의해서 주어진다. 그러나 오비탈에 대한 이러한 축퇴도는 다-전자 원자에서는 제거된다. 따라서 헬륨에서 이미 관찰되었듯이 $2s$는 $2p$보다 낮다. 비슷하게 $3s$, $3p$, $3d$는 이 순서대로 에너지가 증가한다. $4s$는 충분

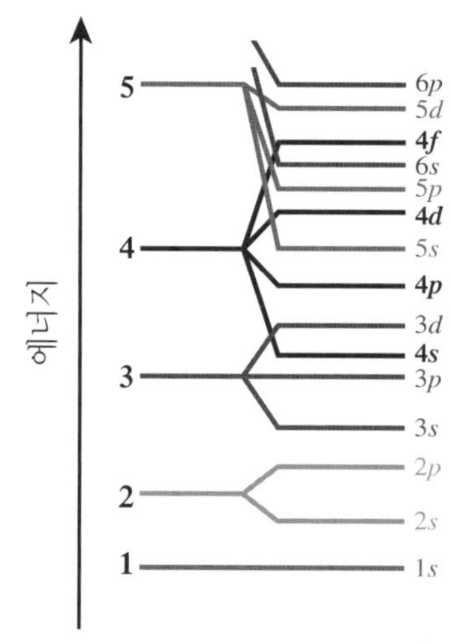

그림 10.4 원자 오비탈 에너지 준위의 근사적인 순서.

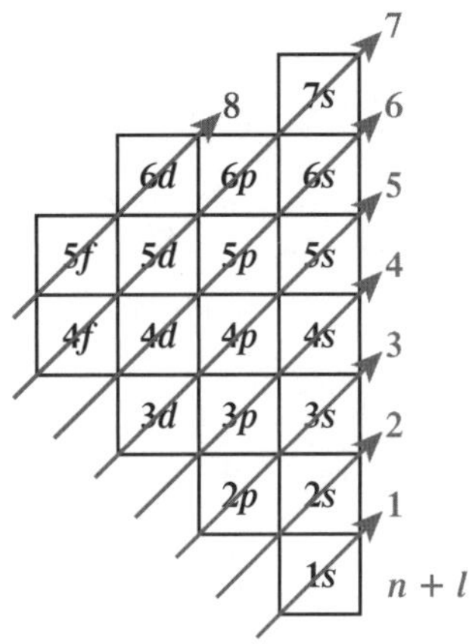

그림 10.5 원자 바닥 상태에서 원자 오비탈을 채우기 위한 Madelung $n+l$ 규칙.

히 낮아서 거의 3d와 비슷해진다. 원자 오비탈의 일반적인 순서는 다음과 같이 요약되며, 그림 10.4에 그려 놓았다. 이 정도면 주기율표에서 모든 원자의 바닥 상태를 채우기에 충분하다. 에너지가 비슷한 오비탈, 예를 들어 4s~3d에 대해서 실제 순서는 다른 오비탈이 채워지는 것에 따라 다르다.

$$\begin{aligned}&1s < 2s < 2p < 3s < 3p < 4s \sim 3d < 4p < 5s \sim 4d \\ &< 5p < 6s \sim 5d \sim 4f < 6p < 7s \sim 6d \sim 5f < 7p\end{aligned} \tag{10.15}$$

몇 가지 불규칙한 부분이 있지만 원자의 바닥 상태 전자 배치에서 오비탈은 $n+l$이 증가하는 순서대로 채워진다. $n+l$ 값이 같을 때는 n 값이 더 낮은 오비탈이 대부분 먼저 채워진다. 이것은 Madelung 규칙 또는 대각선 규칙으로 알려져 있다. "대각선 규칙"이라는 의미는 그림 10.5에서 볼 수 있는 원자 오비탈의 패턴을 의미한다. 원자 번호 1부터 92까지 자연에 존재하는 원소를 다 채우고도 남을 만큼 오비탈 수가 충분하다.

10.4 원자 배치와 항 기호

표 10.1은 주기율표의 처음 몇 가지 원소에 대한 바닥 상태 전자 배치와 항 기호를 보여주고 있다. 항 기호로부터 총 궤도 각운동량 L과 총 스핀 각운동량 S를 읽을 수 있다. 총 궤도 각운동량에 대한 기호는 일-전자 표시를 반영하지만 다음과 같이 대문자를 사용해 나타낸다.

$$\begin{array}{lccccc} L = & 0 & 1 & 2 & 3 & 4 \\ & \mathrm{S} & \mathrm{P} & \mathrm{D} & \mathrm{F} & \mathrm{G} \end{array}$$

표 10.1 원자의 바닥 상태 전자 배치

원자	Z	전자 배치	항 기호
H	1	$1s$	$^2S_{1/2}$
He	2	$1s^2$	$^1S_0$
Li	3	[He]$2s$	$^2S_{1/2}$
Be	4	[He]$2s^2$	$^1S_0$
B	5	[He]$2s^22p$	$^2P_{1/2}$
C	6	[He]$2s^22p^2$	$^3P_0$
N	7	[He]$2s^22p^3$	$^4S_{3/2}$
O	8	[He]$2s^22p^4$	$^3P_2$
F	9	[He]$2s^22p^5$	$^2P_{3/2}$
Ne	10	[He]$2s^22p^6$	$^1S_0$
Na	11	[Ne]$3s$	$^2S_{1/2}$
Cl	17	[Ne]$3s^23p^5$	$^2P_{3/2}$
Ar	18	[Ne]$3s^23p^6$	$^1S_0$
K	19	[Ar]$4s$	$^2S_{1/2}$
Ca	20	[Ar]$4s^2$	$^1S_0$
Sc	21	[Ar]$4s^23d$	$^2D_{3/2}$
Ti	22	[Ar]$4s^23d^2$	$^3F_2$
V	23	[Ar]$4s^23d^3$	$^4F_{3/2}$
Cr	24	[Ar]$4s3d^5$	$^7S_3$
Mn	25	[Ar]$4s^23d^5$	$^6S_{5/2}$
Fe	26	[Ar]$4s^23d^6$	$^5D_4$
Co	27	[Ar]$4s^23d^7$	$^4F_{9/2}$
Ni	28	[Ar]$4s^23d^8$	$^3F_4$
Cu	29	[Ar]$4s3d^{10}$	$^2S_{1/2}$
Zn	30	[Ar]$4s^23d^{10}$	$^1S_0$
Ga	31	[Ar]$4s^23d^{10}4p$	$^2P_{1/2}$
Br	35	[Ar]$4s^23d^{10}4p^5$	$^2P_{3/2}$
Kr	36	[Ar]$3d^{10}4s^24p^6$	$^1S_0$

궤도 각운동량과 스핀 각운동량의 벡터 합은 다음과 같이 표시한다.

$$\mathbf{J} = \mathbf{L} + \mathbf{S} \tag{10.16}$$

총 궤도 각운동량 양자수 J가 가질 수 있는 값은 $|L - S|$와 $L + S$ 사이의 정수 값이다. J 값은 $^1S_0$, $^2P_{1/2}$, $^2P_{3/2}$처럼 항 기호 오른쪽에 하첨자로 표시한다. J 상태 사이의 에너지 차는 오비탈과 연관되는 자기 모멘트와 스핀 각운동량 사이의 상호작용

인 *스핀-궤도 상호작용*의 결과이다. 절반 미만으로 채워진 전자 껍질에 대해서는 J가 낮을수록 에너지가 더 낮다. 예를 들어, 탄소(C)에서는 $L = 1$이고 $S = 1$이므로 가질 수 있는 J 값은 0, 1, 2이다. 가장 낮은 에너지는 $J = 0$이므로 바닥 상태 항은 $^3P_0$이다. 절반 *이상*으로 채워진 전자 껍질에 대해서는 J 준위의 순서가 역전된다. 따라서 산소는 탄소와 마찬가지로 $L = 1$이고 $S = 1$이지만 가장 낮은 상태는 $J = 2$이다. 낮은 원자 번호를 갖는 원자에 대해서는 스핀-궤도 상호작용이 에너지에 상대적으로 영향을 적게 미치지만 더 무거운 원자에 대해서는 그 영향이 점차로 커지게 된다. 총 스핀은 스핀 다중도 $2S + 1$에 의해 S라 표시하는데, S, P, D 등의 항 기호 *앞*에 상첨자로 쓴다. 예를 들어 ^{1}S(단일항 S), ^{1}P(단일항 P) 등은 $S = 0$을 의미한다. ^{2}S(이중항 S), ^{2}P(이중항 P) 등은 $S = 1/2$을 의미한다. ^{3}S(삼중항 S), ^{3}P(삼중항 P) 등은 $S = 1$을 의미한다. 스핀 양자수 S와 오비탈 표시 S를 혼동하지 않기 바란다.

다음으로 약간 더 자세하게 주기율표의 처음부터 바닥 전자 상태를 고려해 보자. 수소는 s-오비탈에 하나의 전자를 가지고 있기 때문에 총 궤도 각운동량 또한 S로 나타낸다. 단일 전자는 $s = 1/2$이므로 $S = 1$이다. 스핀 다중도 $2S + 1$은 2이므로 항 기호는 ^{2}S라고 쓴다. 헬륨에서 두 번째 전자는 반대 스핀을 갖는다면 $1s$ 껍질을 차지할 수 있다. 따라서 총 궤도 각운동량과 마찬가지로 총 스핀 각 운동량도 0이다. 헬륨은 모든 전자가 전자 껍질을 완전히 채우기 때문에 항 기호는 ^{1}S이다. 총 스핀 각운동량과 총 궤도 각운동량을 결정하는 데 있어서 우리는 단지 완전히 채워져 있는 전자 껍질의 외부에 있는 전자만 필요로 한다. 따라서 리튬과 베릴륨은 수소와 헬륨의 반복이다. 보론(B)의 각운동량은 단일 $2p$ 전자로부터 알 수 있는데, $l = 1$과 $s = 1/2$이며, 따라서 항 기호는 ^{2}P이 된다.

탄소 원자를 구성하려면 두 번째 $2p$ 전자를 더하면 된다. $2p$ 오비탈은 3중으로 축퇴되어 있으므로, 두 번째 전자는 이미 채워진 $2p$ 오비탈이나 아직 채워지지 않은 $2p$ 오비탈 중 하나에 들어갈 수 있다. 분명히 두 전자가 각각 다른 $2p$ 오비탈에 들어가면 두 전자가 같은 $2p$ 오비탈을 채울 때보다 에너지가 더 낮다. Coulomb 적분의 형태로 쓰면, 다음과 같이 기대할 수 있다.

$$J(2px, 2py) < J(2px, 2px) \tag{10.17}$$

이는 다음 두 개의 서로 상호작용하고 있는 p-오비탈의 중첩된 전하 밀도를 보여주는 대략적인 그림을 통해 분명히 알 수 있다.

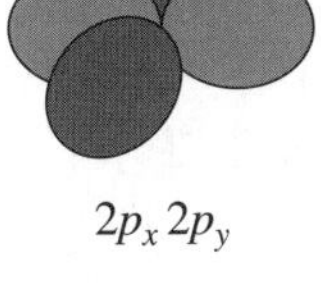

$2p_x 2p_y$

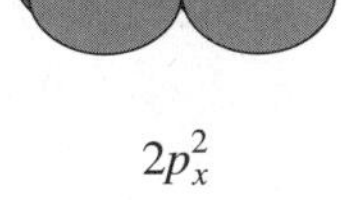

$2p_x^2$

세 개의 $2p$ 전자를 가지고 있는 질소 원자에 대해서 같은 원리로 세 개의 전자가 각각 독립적으로 $2p$ 오비탈을 차지할 것이라 기대할 수 있다. 절반이 채워진 $2p^3$ 부껍질은 흥미로운 특성을 가지고 있다. 세 개의 채워진 오비탈이 $2p_x$, $2p_y$, $2p_z$라면 그들의 총 전자 밀도는 다음과 같이 주어진다.

$$\rho_{2p} = \psi_{2p_x}^2 + \psi_{2p_y}^2 + \psi_{2p_z}^2$$
$$= (x^2 + y^2 + z^2) \times \mathrm{r}\text{의 함수} = \mathrm{r}\text{의 함수} \quad \textbf{(10.18)}$$

여기서 $x^2 + y^2 + z^2 = r^2$이다. 그러나 구면 대칭은 s-오비탈처럼 각운동량이 0임을 암시한다. 사실 p^3, d^5, f^7 같이 절반이 채워진 부껍질은 모두 각운동량이 0이다. 물론 p^6, d^{10}, f^{14} 같은 *완전히 채워진* 부껍질에 대해서도 각운동량은 0이다. 이들은 모두 항 기호가 S이다. 이러한 각운동량의 벡터합 0을 이해하는 또 다른 방법은 축퇴된 $2p$-오비탈의 또 다른 표현 $2p_{-1}$, $2p_0$, $2p_1$을 고려하는 것이다. 분명히 각운동량의 z-성분의 합은 0이며, 오직 이 성분만 관측되기 때문에 총 각 운동량은 0이 되어야 한다.

다시 탄소로 되돌아 가보면, $2p^2$ 부껍질은 개념적으로 절반이 채워진 $2p^3$ 부껍질에 전자 "정공"을 더한 것으로 생각할 수 있다. 이렇게 생각할 때의 장점은 총 궤도 각운동량을 다음 그림처럼 크기 $l = 1$을 가진 정공의 궤도 각운동량으로 생각할 수 있다는 것이다.

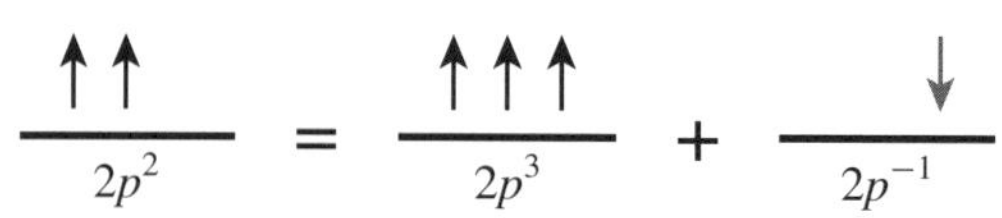

따라서 탄소 바닥 상태에 대한 항 기호는 P이다. 이제 이 부껍질의 총 스핀을 결정하는 문제가 남아 있다. 교환 적분 K_{ab}가 오직 오비탈 a와 b가 같은 스핀을 가질 때만 0이 아니라는 사실을 상기하자. 교환 적분은 식 (10.4)에 음의 부호가 들어가므로 K 적분이 0에서 벗어날수록 에너지는 더 낮아진다. 따라서 *짝짓지 않은* 스핀을 가진 전자가 가능한 한 최대로 되어야 한다. 결국 탄소에 대해서는 $S = 1$이고, 질소에 대해서는 $S = 3/2$이므로 항 기호의 완전한 형태는 각각 ^{3}P와 ^{4}S가 된다.

축퇴된 오비탈에 전자를 채우는 과정은 다음 *Hund 규칙*에 의해 공식화될 수 있다. 바닥 상태에 있는 원자에 대해 다중도(multiplicity)가 가장 높은 항이 에너지가 가장 낮다.

주기율표의 Aufbau 규칙을 다시 생각해보면 네 개의 $2p$ 전자를 가진 산소는 $2p$ 오비탈 중 하나는 전자 두 개가 채워져야 한다. 그러나 남아 있는 두 개의 전자는 스핀이 평행하게 비어 있는 오비탈을 채울 것이다. 따라서 산소는 탄소와 같이 ^{3}P 바닥 상태를 갖는다. 플루오린은 완전히 채워진 껍질에 하나의 전자 정공이 있는 것으로 생각되므로, 바닥 상태가 ^2P이다. 네온은 $2s\,2p$를 완전히 채우므로 항 기호가 ^1S이다. 모든 불활성 기체 원자의 화학적 안정성과 높은 이온화 에너지는 채워진 껍질의 전자 구조와 관련이 있다. 주기율표의 세 번째 주기는 두 번째 주기와 완전히 유사하다. 가장 바깥 전자 껍질의 유사성이 화학적 성질의 주기성을 설명한다. 따라서 알칼리 금속 Na와 K는 Li과 같은 족에 속하며, 할로겐 원소 Cl과 Br은 화학적으로 F와 비슷하다.

원자 번호 21부터 30까지의 전이 원소는 전자 구조를 이해하기가 더 어렵다. 복잡하게 하는 요인은 $4s$와 $3d$ 오비탈이 너무 가까워서 종종 채워진 오비탈 사이의 상호작용이 전자 상태를 결정하기 때문이다. 바닥 상태 전자 배치는 분광학과 화학적 증거로부터 추론될 수 있고, 정확한 SCF 계산에 의해 확인할 수 있다. $4s$ 오비탈은 먼저 K와 Ca에서 채워진다. 그 다음 Sc, Ti, V에는 $3d$ 전자가 채원진다. Cr에서는 비연속성이 나타난다. 바닥 상태 배치는 $4s^2 3d^4$가 이니라 $4s\,3d^5$이다. 이것은 절반이 채워진 $3d^5$-껍질의 특별한 안정성 때문이다. 원자가 껍질에 있는 6개의 전자 모두 스핀이 평행이다. 따라서 안정화시키는 교환 적분의 수가 최대가 되고 관찰된 항 기호는 ^6S이다. 구리에서도 유사한 불연속성이 나타나는데, 여기서도 $3d^{10}$ 부껍질을 모두 채우고, $4s$ 부껍질은 하나의 전자만 채워진다.

오비탈이 채워지는 순서는 전자가 제거되는 순서와 반드시 일치하지는 않는다. 따라서 첫 번째 전이 원소의 모든 양이온은 두 개의 4s-전자가 먼저 제거된다. 오비탈 에너지에 대한 단순한 일반화는 상당히 부적합하다는 사실을 다음 세 가지 바닥 상태 전자 배치를 비교해 보면 알 수 있다: Ni $4s^2 3d^8$, Pd $5s^0 4d^{10}$, Pt $6s\,5d^9$. 전이 원소는 d-오비탈이 완전히 채워지지 않아서 가시광선 영역의 빛을 흡수할 수 있기 때문에 전이 금속은 많은 경우 밝은 색 화합물을 생성한다. 전이 원소 이온으로부터 d-전자를 쉽게 제거할 수 있기 때문에 대부분의 전이 원소는 다양한 원자가를 갖고 여러 가지 산화 상태가 가능하다. 예를 들어, 망간은 +1부터 +7까지 모든 산화 상태의 화합물을 생성한다.

10.5 원자 성질의 주기성

화학 원자가, 원자 반경, 전기음성도, 녹는점, 밀도, 경도(hardness) 등의 많은 물리적 및 화학적 성질에 대해 분명한 원소의 주기적 구조가 있다. 주기적 행동에 대한 두 가지 고전적 양은 원자 번호에 따른 일차 이온화 에너지와 원자 반경의 변화이다. 이 값들은 그림 10.6과 10.7에 나타내었다.

각 알칼리 금속에서 불활성 기체까지 주기율표의 왼쪽에서 오른쪽으로 감에 따라 이온화 에너지는 증가하고 원자 반경은 감소하는 일반적인 경향이 있다. 두 가지 경향 모두 핵 전하의 증가로 인해 나타나는 인력의 증가가 원자가 껍질에 전자가 첨가

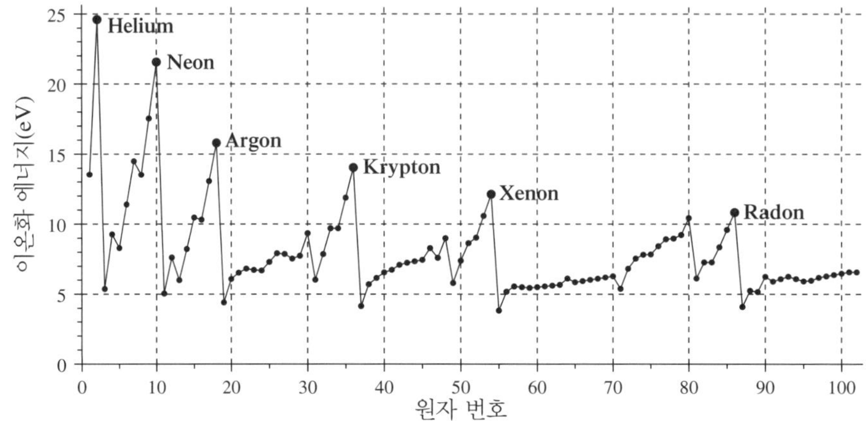

그림 10.6 이온화 에너지의 주기적 경향.

되는 동안 나타나는 반발력보다 크기 때문이다. 한편 변하는 기울기는 전이-금속 영역, $Z = 21 \sim 30$, $39 \sim 48$, $71 \sim 80$을 따라서는 매우 완만하게 나타난다. 그 이유는 더 크고 더 확산되는 d-오비탈은 핵에 더 약하게 끌리고 상호 반발도 더 약하기 때문이다. 각 d-영역에서 반경은 거의 일정한 값을 보여준다. 두 번째 전이 계열에 있는 원자는 첫 번째 전이 계열보다 약간 더 큰데, 전자의 추가되는 껍질이 채워지기 때문이다. 놀랍게도 세 번째 전이 계열의 반경은 기대한 것만큼 증가하지 않는다. 이들은 실제로 두 번째 전이 계열에서 대응하는 반경과 같다. 이것은 *란탄족 수축*의 결과이다.

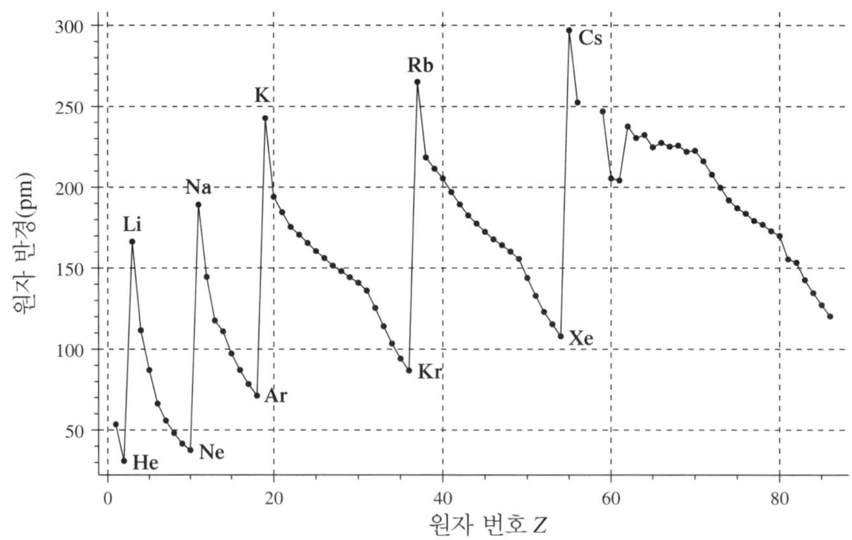

그림 10.7 원자 반경의 주기적 경향.

La($Z = 57$)과 Lu($Z = 71$) 사이에 $4f$ 오비탈이 단계적으로 채워진다. 매우 확산되는 f-오비탈은 상대적으로 핵전하를 가리는(shielding) 데 있어서 d-전자보다도 덜 효과적이다. 세 번째 전이 금속에서 유효 핵전하의 증가는 기대하는 것보다 더 작고 따라서 두 번째 계열에서의 반경의 크기와 실제로 일치한다. 따라서 세 번째 계열에서 $6s$, $6p$, $5d$ 오비탈은 축소되어 근사적으로 두 번째 계열에 있는 $5s$, $5p$, $4d$ 오비탈과 같은 크기가 된다. 이러한 이유로 두 그룹에 있는 대응하는 원소들은 화학적 성질이 비슷하다, 실제로 하프늄(Hf, $Z = 40$)과 지르코늄(Zr, $Z = 72$)의 화학적 성질은 주기율표에서 어떤 다른 원소 쌍보다 더 비슷하다.

세 번째 계열의 전이 금속을 더 작게 만드는 것뿐만 아니라 추가적으로, 란탄족 수축은 화학적 반응성을 더 작게 만드는데 그 이유는 원자가 전자가 상대적으로 핵에 더 가깝고 화학적 반응성에 덜 민감하기 때문이다. 이것이 이들 금속 특히 금과 백금의 상대적인 불활성(또는 *고귀함*)을 설명한다. 더구나 세 번째 계열 전이 금속은 가장 밀도가 높다고 알려진 원소로서, 두 번째 계열의 전이 금속과 크기는 비슷하지만 원자량은 두 배이다. 가장 밀도가 높은 원소는 이리듐(Ir, $Z = 77$)으로 22.65 g/cm^{3}이다.

10.6 상대론적 효과

최근 몇 년 동안 란탄족 수축은 무거운 원소의 거동을 설명하기 위한 유일한 방법이었다. 그러나 동등하게 중요한 요소가 상대성 이론이다. 상대성 이론은 실제로 공간과 시간 사이의 대칭에서 시작하여 시간-의존성 Schrödinger 방정식(2.3절 참조)의 형태를 제안한 운동량과 에너지 사이의 대칭까지 양자론에 있어서 핵심적인 역할을 한다. 사실상 전자 스핀과 Pauli 배타 원리는 상대론적 양자역학의 영향을 받았다. 그러므로 원소들의 주기적 구조 그 자체가 상대성 이론의 결과라고 분명히 선언할 수 있다!

Einstein의 특수 상대성 이론에 따르면 전자의 속도가 빛의 속도 $c \approx 3 \times 10^8$ m/sec와 비슷해지면 전자의 유효 질량이 증가한다. 특별히,

$$m = \frac{m_0}{\sqrt{1 - v^2/c^2}} \tag{10.19}$$

이고, 여기서 m_0는 전자의 *정지 질량*이다. (보통의 경우에는 m으로 나타내는데, 9.1×10^{-31} kg이다.) 이 효과의 크기 측정값으로서 원자 번호 Z인 핵 주위를 돌고 있는 첫 번째 Bohr 궤도에 있는 전자의 속도는 다음과 같다.

$$\frac{v}{c} = Z\alpha \tag{10.20}$$

여기서 $\alpha = e^2/\hbar c \approx 1/137$로 미세-구조 상수이다. $Z = 1$(수소)에 대해 $v/c \approx 1/137 = 0.0073$이 되고 따라서 $m = 1.00003m_0$이고 상대론적 수정은 무시할 만하다. 그러나 $Z = 80$(수은)에 대해서는 v/c는 0.58로 증가하고 $m = 1.23m_0$이므로 에너지 준위를 현저하게 낮추게 된다. 전자 속도는 핵에 더 가까울수록 더 크기 때문에(virial 이론 $mv^2 = Ze^2/r$으로부터), 이 효과는 1*s*와 2*s*-오비탈에서 가장 크게 나타난다. 더 높은 *s*-오비탈 또한 내부 껍질에 대한 직교성을 유지하기 위해 안쪽으로 끌려온다. *p*-오비탈에 대해서는 이러한 수축이 크지는 않지만 그래도 의미 있는 값이다. 상대성 이론의 가장 주목할 만한 효과는 *s* 오비탈과 *p* 오비탈의 에너지를 낮춰서 그들의 평균 반경을 감소시키는 것이다. 내부 *s*와 *p*-껍질에 의한 핵의 더 효과적인 가리움에 의해 생기는 두 번째 효과는 바깥쪽 *d*와 *f*-오비탈을 더 확산시켜 에너지를 더 높이는 것이다.

스핀-궤도 상호작용은 상대성 이론에 근원을 가지는 또 다른 효과이다(사실상 모든 자기적 현상에 대해서 명백한 사실이다). 주기율표의 첫 부분에서 원자의 궤도 각운동량과 스핀 각운동량은 *Russell–Saunders*, 즉 *LS*-커플링에 의해 지배된다. 이 설계에 따라 알짜 궤도 각운동량 **L**과 알짜 스핀 각운동량 **S**을 더해서 총 원자 각운동량 **J**을 구한다. 그러면 스핀-궤도 상호작용은 주어진 항의 에너지 준위가 분리되게 만든다. 예를 들어 ^{3}P가 $^3\mathrm{P}_0$, $^3\mathrm{P}_1$, $^3\mathrm{P}_2$로 분리되는데 *J* 값에 의해 결정된다. 원자 번호가 증가함에 따라 *jj*-커플링이라고 알려져 있는 점진적인 전이가 있다. 여기에서는 먼저 개별 전자의 궤도 각운동량과 스핀 각운동량을 더하여

$$\mathbf{j} = \mathbf{l} + \mathbf{s} \tag{10.21}$$

을 얻을 필요가 있다. 그런 다음 **j**들을 더해서 총 원자 각운동량 **J**를 얻는다. 궤도 각운동량이 0인 *s*-오비탈만 제외하고 스핀-궤도 상호작용은 주어진 *l*의 껍질을 총 각운동량이 $j = l - 1/2$와 $j = l + 1/2$인 두 개의 부껍질로 나눈다. 상대론적 계산을 통해 각 부껍질에 대해 서로 다른 에너지와 반경이 얻어진다. 따라서 이제 원자 오비탈은 $s_{1/2}$, $p_{1/2}$, $p_{3/2}$, $d_{3/2}$, $d_{5/2}$ 등으로 재분류된다. 무거운 원자에 대해서는 주어진 *l*의 두 개의 *j* 상태 사이의 차이가 다른 껍질 사이의 차이만큼 중요해진다.

따라서 상대성 이론의 가장 의미 있는 화학적 효과는 *s*와 *p*-오비탈의 수축, *d*와 *f*-오비탈의 확장, 스핀 궤도 분리이다. 무거운 전이 금속은 가장 강한 상대론적 효과를 보여준다. 아마 가장 극적인 예는 은과 금의 상대론적 화학적 거동이다. 은과 금의 에너지 준위를 비상대론적으로 예측하면 그다지 큰 차이가 없고, 두 원소가 화학적으로나 분광학적으로 매우 비슷하게 행동할 것으로 예측하게 된다. 그러나 금은 가시광선 영역에서 빛을 강하게 흡수하고 그 결과 노란색으로 광택이 나는 금속이 된다. 더구나 금은 화학적으로 반응성이 훨씬 작으며 더 귀족 금속이다. 그림 10.8에서 볼 수 있듯이 이러한 현상은 상대성에 기인한 에너지 준위의 수정에 의해 설명될 수 있다.

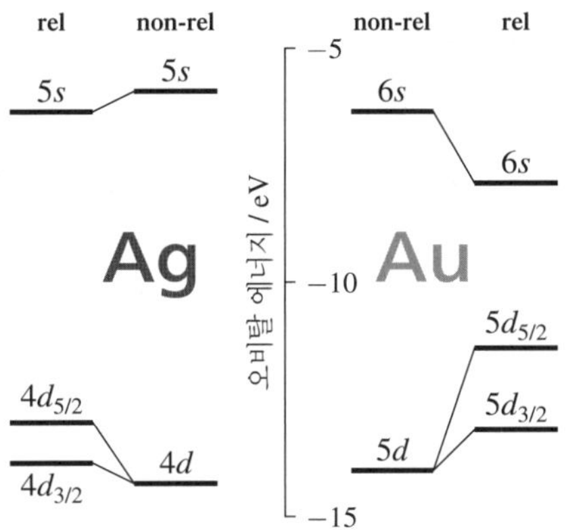

그림 10.8 Ag와 Au에 대한 원자가-껍질 오비탈 에너지 준위, 실제적인(상대론적) 준위와 가상적인(비상대론적) 준위를 나타내고 있다.

"상대론적" 결과가 실상을 보여준다. 비상대론적 유사성은 가상적인 것으로 빛의 속도를 $c \to \infty$로 가정함으로써 얻어지는 원리적인 것이다. 은(Ag, $Z = 47$)의 바닥 상태 전자 배치는 [Kr]$4d^{10}5s$인 반면 금(Ag, $Z = 79$)의 바닥 상태는 [Xe]$4f^{14}5d^{10}6s$이다. 6*s*-오비탈의 상대론적인 안정성과 5*d*-오비탈의 상대론적인 불안정성은 그들 에너지 간격을 충분히 좁히게 되어 고체 상태에서 $6s \leftarrow 5d$ 전이가 스펙트럼의 가시광선 영역으로 이동한다. 대조적으로 은에서 $5s \leftarrow 4d$ 전이는 자외선 영역이다. 파란색과 보라색 파장에서 흡수가 일어나면 노란색 금의 색깔이 나타난다. 더구나 Ag에서의 5*s*에 비해 Au에서 6*s*의 더 낮은 에너지는 원소로서의 금의 더 큰 안정성과 연관이 된다. 은은 공기 중에서 변색되지만 금은 변색되지 않는다. (Chaucer가 말한 것처럼 "금이 녹이 슨다면 Iren도 녹이 슬 것이다".)

수은(Hg, $Z = 80$)의 채워진 $6s^2$ 껍질의 상대론적 수축이 수은을 더 불활성으로, 즉 "거의 불활성 기체"로 만든다. 이것은 6*p*와 혼성에 대한 가능성이 줄어들기 때문에 *불활성 쌍 효과*라고 알려져 있다. 원자간 인력이 축소되어 수은은 상온에서 액체로 존재하기에 충분하다.

최근 계산(2011)에 의하면 여러분의 차의 시동을 거는 납-산 배터리 전압의 약 80%가 상대성 이론에 기인한다고 할 수 있다. 납-산 배터리의 전지는 황산에 담가 놓은 납과 산화납 판으로 구성되어 있는데, 두 판 사이에 2.1 V의 전압을 생성한다. 납($Z = 82$) 대신 주석($Z = 50$)을 사용하는 유사한 배터리는 전압이 이 값의 약 20%만 생성된다. 따라서 상대론적 효과가 필연적으로 거의 빛의 속도를 요구하지는 않지만 고속도로에서 차가 속도를 내기에는 분명하다고 추측할 수 있다.

10.7 나선형 주기율표

Theodor Benfey(1960)는 원자 오비탈의 순서를 고상한 그림으로 나타내었다. 이렇게 나타낸 주기율표의 나선 형태를 그림 10.9에 나타내었는데, 전이 원소와 란탄족을 아래쪽에 수평으로 첨부하는 대신 나선형의 바퀴살로 나타내었다. 이렇게 함으로써 연속적인 원자 번호를 갖는 원소들이 실제로 서로서로 인접하게 할 수 있다.

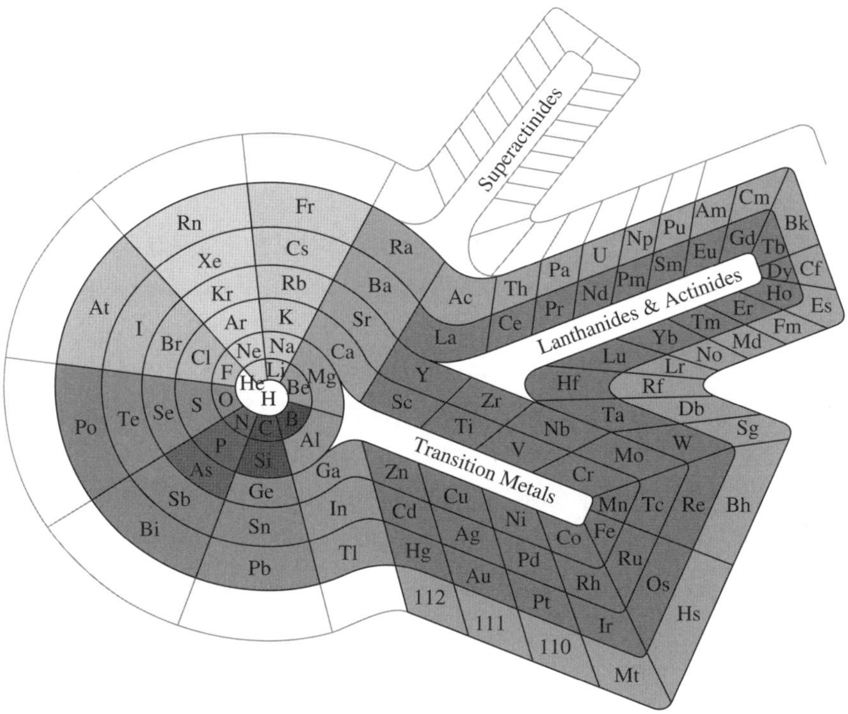

그림 10.9 Benfey에 의해 제시된 나선형 주기율표.

연습 문제

10.1 완전히 채워지거나 절반이 채워진 p, d 또는 f 껍질은 구면 대칭을 갖는다. 따라서 주기율표를 $Z = 54$까지 표를 만들어서 어떤 원자의 바닥 상태가 구면 대칭 전자 분포(다중항-S 항 기호)를 가져야 하는지 예측하라.

10.2 $Z = 10$까지 원자의 첫 번째 들뜬 상태의 전자 배치와 항 기호를 써라.

10.3 탄소 원자의 구면 대칭인 들뜬 상태를 찾아라. 비슷한 상태가 탄소의 원자가 4가 상태에 해당한다.

10.4 Madelung의 $n + l$ 규칙에 의해 예측되는 순서에서 적어도 한 가지 이상 예외를 찾아라. 이것은 $n + \frac{1}{2}(l + \delta_{l,3})$ 순서에 근거한 또 다른 규칙에 의해 주어질 수 있음을 보여라. 각 규칙에 따라 Rn($Z = 86$)의 바닥 상태 전자 배치를 예측하라,

10.5 원자 번호가 Z인 원자의 가장 낮은 Bohr 궤도에서 전자의 속도는 다음과 같이 주어짐을 보여라.

$$\frac{v}{c} = Z\alpha$$

여기서 $\alpha = e^2/\hbar c \approx 1/137$이다. 이 궤도의 에너지를 구하라. Hg($Z = 80$)에 대해서 이 값을 구하고 비상대론적($c = \infty$) 결과와 비교하라.

양자화학 입문

제11장 화학 결합

The chemical bond

화학 결합의 성질과 분자 구조의 원리는 오래 전에 공식화되었고 그로 인해 방대한 화학 지식이 체계화되었다. 또한 양자역학의 등장으로 인해 물질을 지배하는 더 근본적인 법칙으로부터 화학 결합의 개념을 실제로 원자 스케일로 유도하는 것이 가능하게 되었다. 놀랍게도 화학자에 의해 개발된 많은 직관적인 개념이 양자역학 원리의 형태로 다시 표현되었을 때 더욱 분명해졌다.

11.1 수소 분자

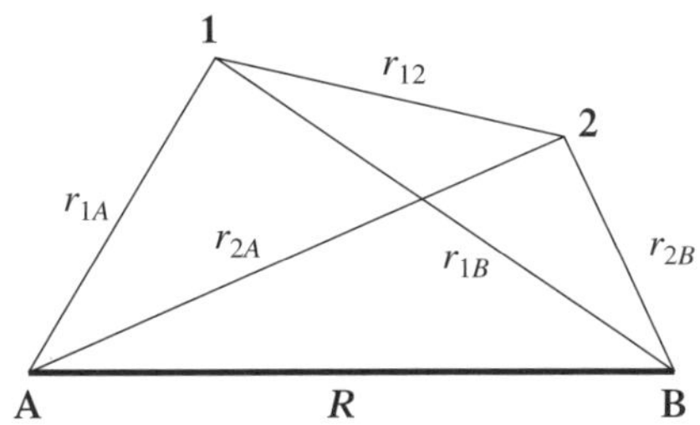

그림 11.1 수소 분자에 대해 사용된 좌표.

원자가 서로 결합하여 에너지를 낮출 수 있으면 안정한 분자가 형성될 수 있다. 가장 간단한 중성 분자는 H_2이다. 이 4-입자(두 개의 핵과 두 개의 전자) 계는 원자 단위와 그림 11.1의 좌표를 사용하여 다음과 같은 Hamiltonian으로 쓸 수 있다.

$$H = -\frac{1}{2}\nabla_1^2 - \frac{1}{2}\nabla_2^2 - \frac{1}{2M_A}\nabla_A^2 - \frac{1}{2M_B}\nabla_B^2 - \frac{1}{r_{1A}} - \frac{1}{r_{2B}} - \frac{1}{r_{2A}} - \frac{1}{r_{1B}} + \frac{1}{r_{12}} + \frac{1}{R} \tag{11.1}$$

우선 핵의 질량($M_{양성자} = 1836$)은 전자의 질량($m_{전자} = 1$)보다 훨씬 더 크다는 사실을 상기하면 핵의 운동 에너지는 전자의 운동 에너지에 비해 무시할 수 있을 정도로 작다. 전형적으로 핵의 진동 변위는 전자의 확률 분포의 퍼짐에 비해 1% 정도이다. *Born-Oppenheimer 근사*에 따라 먼저 전자에 대한 Schrödinger 방정식을 다음과 같이 쓸 수 있다.

$$H_{\text{전자}}\psi(\mathbf{r}_1, \mathbf{r}_2, R) = E_{\text{전자}}(R)\psi(\mathbf{r}_1, \mathbf{r}_2, R) \tag{11.2}$$

여기서

$$H_{\text{전자}} = -\frac{1}{2}\nabla_1^2 - \frac{1}{2}\nabla_2^2 - \frac{1}{r_{1A}} - \frac{1}{r_{2B}} - \frac{1}{r_{2A}} - \frac{1}{r_{1B}} + \frac{1}{r_{12}} + \frac{1}{R} \tag{11.3}$$

핵간 거리 R이 이 방정식에서 변수로 나타나기 때문에 Schrödinger 방정식은 개념적으로는 핵간 거리 R 값에 대해 풀어야 한다. R의 함수로 구한 이원자 분자의 에너지에 대한 전형적 결과를 그림 11.2에 나타내었다. 결합된 상태에 대해 에너지 최소값은 $R = R_e$에서 나타나는데 이를 평형 *핵간 거리*라고 부른다. R_e에서 포텐셜 우물의 깊이 D_e는 *결합 에너지* 또는 *해리 에너지*라고 부른다. H_2 분자에 대해, $D_e = 4.746$ eV이고, $R_e = 1.400$ bohr $= 0.7406$ Å이다. $R \to 0$이면 $1/R$ 핵간 반발력이 중요해지기 때문에 $E(R) \to \infty$가 된다.

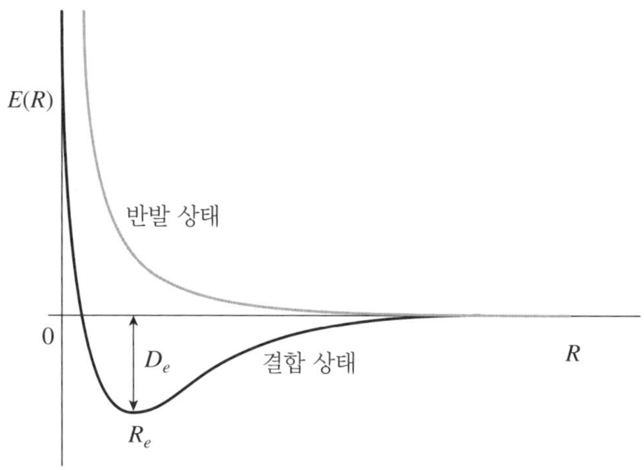

그림 11.2 이원자 분자에 대한 에너지 곡선.

더 무거운 핵은 전자보다 훨씬 더 천천히 움직인다. 핵의 관점에서 보면 핵간 거리가 조금 변할 때 전자는 거의 순간적으로 조정이 된다. 따라서 전자 에너지 $E_{\text{전자}}(R)$는 다음과 같은 핵의 운동에 대한 Schrödinger 방정식에서 *포텐셜 에너지*의 역할을 한다.

$$\left\{-\frac{1}{2M_A}\nabla_A^2 - \frac{1}{2M_B}\nabla_B^2 + V(R)\right\}\chi(\mathbf{r}_A, \mathbf{r}_B) = E\,\chi(\mathbf{r}_A, \mathbf{r}_B) \tag{11.4}$$

여기서 식 (11.2)의 해로부터

$$V(R) = E_{\text{전자}}(R) \tag{11.5}$$

이다. 식 (11.4)의 해는 분자의 진동 에너지와 회전 에너지를 결정한다. 이것에 대해서는 제16장에서 더 자세히 고려할 것이다. 지금은 식 (11.2)와 (11.3)으로부터 전자 에너지를 구하는 데 집중하자. 따라서 이 장 나머지 부분은 H에서 "전자"이라는 하첨자를 빼고 쓴다.

화학 결합에 대한 최초 양자역학적 설명은 Schrödinger 방정식이 제안된 바로 다음 해인 1927년 Heitler와 London에 의해 주어졌다. 그들은 수소 분자 H_2가 수소 원자 A와 B의 조합에 의해 형성되었기 때문에 이들 전자 파동 함수는 다음과 같이 쓸 수 있다고 설명하였다.

$$\psi(\mathbf{r}_1, \mathbf{r}_2) = \psi_{1s}(r_{1A})\psi_{1s}(r_{2B}) \tag{11.6}$$

다음 변분 적분에 이 함수를 사용하면

$$\tilde{E}(R) = \frac{\int \psi\, H\, \psi\, d\tau}{\int \psi^2\, d\tau} \tag{11.7}$$

$R_e \approx 1.7$ bohr를 얻을 수 있는데, 이는 참으로 수소 원자가 분자를 형성한다는 것을 의미한다. 그러나 계산된 결합 에너지 $D_e \approx 0.25$ eV는 강하게 결합되어 있는 H_2를 설명하기에는 너무 작은 값이다. Heitler와 London은 식 (11.6)에서 전자 표식이 *바뀌는* 전자의 교환을 설명할 필요가 있다고 제안하였다. 제안된 대칭 함수

$$\psi(\mathbf{r}_1, \mathbf{r}_2) = \psi_{1s}(r_{1A})\psi_{1s}(r_{2B}) + \psi_{1s}(r_{1B})\psi_{1s}(r_{2A}) \tag{11.8}$$

를 사용하면 결합 에너지는 3.20 eV가 되고 $R_e = 1.51$ bohr가 되므로 실제 값과 더 가까워진다. 우리는 제9장에서 헬륨의 들뜬 상태를 다룰 때 교환 대칭(및 반대칭)을 이미 사용하였다. 1928년 Wang은 수소 $1s$ 함수 e^{-r}을 $e^{-\zeta r}$로 치환함으로써 변분 함수 (11.8)을 더 발전시켰다. 최적화된 값 $\zeta = 1.166$을 사용하면 결합 에너지는 3.782 eV가 된다. 정량적인 혁신은 James와 Coolidge에 의해 이루어졌다(1933). 그들은 다음 형태의 13-매개 변수

$$\psi(\mathbf{r}_1, \mathbf{r}_2) = e^{-\alpha(\xi_1+\xi_2)} \times \{\xi_1, \xi_2, \eta_1, \eta_2, \rho\}\text{에서 다항식}$$

$$\xi_i \equiv \frac{r_{iA} + r_{iB}}{R}, \qquad \eta_i \equiv \frac{r_{iA} - r_{iB}}{R}, \qquad \rho \equiv \frac{r_{12}}{R} \tag{11.9}$$

를 사용하여 $R_e = 1.40$ bohr, $D_e = 4.720$ eV를 얻었다. 이 결과는 헬륨에 대한 Hylleraas의 계산이 다전자 원자에 대한 증명이 되었듯이 분자에 대한 양자역학의 유효성을 "증명하였다".

11.2 원자가 결합 이론

G. N. Lewis

Linus Pauling

수소 원자에 대한 Heitler-London 모형의 기본 개념은 어떤 임의의 두 원자 사이의 화학 결합으로도 확장될 수 있다. 오비탈 함수 (11.8)은 전체 파동 함수가 반대칭이기 위해 단일항 스핀 함수 $\sigma_{0,0}(1, 2)$와 연관되어야 한다. 이것은 1916년 G. N. Lewis에 의해 최초로 제안된 전자-쌍 결합 개념의 양자역학적 표현이다. 이제 왜 전자 스핀이 쌍을 이루는지, 즉 서로 반평행이 되는지 설명된다. 또한 반대칭 오비탈 함수를 결합해 삼중항 스핀 함수가 만들어질 수 있지만, 대부분의 경우 그림 11.2에서 회색으로 나타낸 것 같이 반발 상태가 될 것이다.

원자가 결합 이론에 의하면 두 결합하고 있는 원자의 원자가 껍질에서 짝짓지 않은 오비탈들은 그들이 상당한 정도로 중첩되고 대칭 호환(compatible)이라면 조합되어 화학 결합을 형성할 수 있다. Linus Pauling에 의해 강조되었듯이, 다음의 *겹침 적분*(overlap integral)이 두 오비탈의 결합 포텐셜의 척도가 된다.

$$S_{ab} = \int \psi_a(\mathbf{r})\psi_b(\mathbf{r})\, d\tau \tag{11.10}$$

유효한 σ-결합에 대해서 S는 전형적으로 0.2~0.3의 값을 갖는다. σ-결합은 원자를 결합시키는 축 주위로 원통형 대칭이다. 그림 11.3에서 볼 수 있듯이 두 s AO, 두 p_z AO 또는 한 s와 한 p_z는 σ-결합에 기여할 수 있다. z-축은 핵간 축을 따라 선택된다. 두 p_x나 두 p_y AO는 π-결합(핵간 축을 포함하는 마디 면을 갖는)을 형성할 수 있다. 대칭-비호환(incompatible)의 예는 s와 p_x 또는 p_x와 p_y의 중첩이다. 이 경우 중첩 적분은 양의 기여와 음의 기여가 상쇄되기 때문에 0이 된다. σ와 π결합을 형성하는 AO의 몇 가지 가능한 조합을 그림 11.3에 나타내었다.

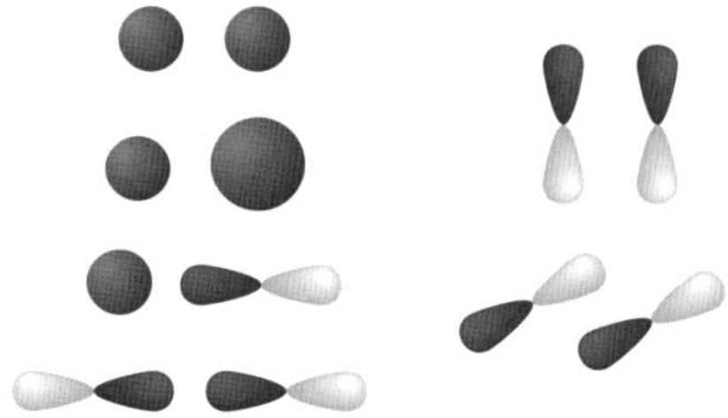

그림 11.3 σ 결합(왼쪽)과 π 결합(오른쪽)을 형성하기 위한 원자 오비탈 조합.

HCl 분자에서의 결합은 수소 1s와 염소의 짝짓지 않은 3p_z의 조합에 의해 이루어진다. Cl_2에서는 각 염소의 3p_z AO 사이에 σ-결합이 형성된다. 첫 번째 근사로, 염소에서 쌍으로 채워진 AO(내부 껍질과 원자가 껍질 고립쌍)는 고려하지 않고 남겨둔다.

산소 원자는 두 개의 짝짓지 않은 전자, 즉 2p_x와 2p_y를 가지고 있다. 이들 각 전자는 수소의 1s와 σ-결합을 이루어 물 분자를 형성한다. p-오비탈의 기하 구조를 생각하면 HOH 결합각은 90°가 되어야 한다. 그러나 실제로는 104.5° 근처이다. 나중에 이러한 불일치를 간단히 설명할 것이다. 세 개의 짝짓지 않은 2p 전자를 가지고 있는 질소 원자는 세 개의 결합을 형성할 수 있다. NH_3에서 각 2p-오비탈은 수소의 1s 오비탈과 σ-결합을 형성한다. 다시금 90° HNH 결합각이 예상되지만 실험값은 106.6°이다. 이원자 질소 분자는 두 원자 사이에 3중 결합을 이루고 있는데, 하나의 σ 결합은 2p_z AO를 조합하여 형성하고 두 개의 π 결합은 각각 2p_x들과 2p_y들의 조합에 의해 형성된다.

11.3 혼성 오비탈과 분자의 기하 구조

탄소 원자의 결합을 이해하기 위해서는 원자가 결합 이론에 설명을 더 추가해야 한다. 탄소 원자의 원자가 껍질 배치는 $2s^2 2p_x 2p_y$로 쓸 수 있는데 2p 오비탈의 두 개가 짝짓지 않음을 의미한다. 탄소는 원자가가 2가 될 수 있고, 실제로 CH_2 화학종이 순간적으로 존재한다. 그러나 탄소는 대개 원자가가 4이다. 따라서 2s 전자 중 하나를 비어 있는 2p_z 오비탈로 들뜨게 하여 가상적인 *원자가 상태* 배치 $2s2p_x 2p_y 2p_z$로 만드는 것이 분명히 좋은 방안이다. 네 개의 결합을 형성함으로써 얻게 되는 에너지가 들뜨게 하는 데 사용되는 에너지를 보상하고도 남는다. 이러한 방법으로 메테인 분자 CH_4가 존재하는 이유를 이해할 수 있다. 분자는 정사면체 모양을 이루는데, s와 p 오비탈이 혼합되어 네 개의 sp^3 혼성 오비탈을 이루는 *혼성*의 결과이다. 혼성 오비탈은 이웃 원자와 더 강하게 중첩될 수 있고, 따라서 더 강한 결합을 생성한다. 그림 11.4에서 볼 수 있듯이, 결과적으로 네 개의 C–H σ-결합이 생성되고, 이들 모두 동일한 결합으로 배향만 다르며 C–H–C 결합각은 109.5°가 된다.

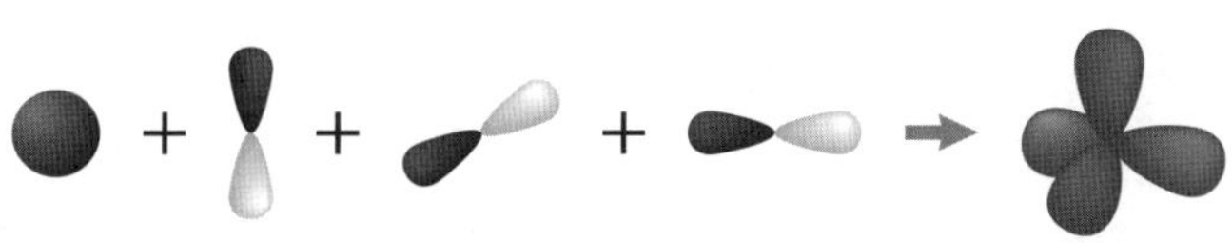

그림 11.4 네 개의 sp^3 정사면체 혼성 오비탈의 형성.

다른 탄소 화합물들은 두 가지 다른 혼성 과정을 사용한다. s AO는 p AO 중 두 개와 혼성을 형성하여 세 개의 sp^2 혼성 오비탈을 이루고, 하나의 p-오비탈은 혼성을 이루지 않고 남겨둔다. 이러한 방법으로 다음 에틸렌(에틴)의 구조를 설명한다.

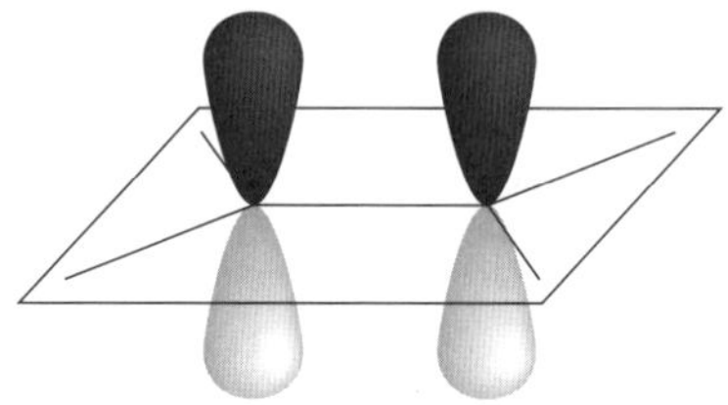

C–H와 C–C σ-결합은 모두 삼각형의 sp^2 혼성이며 사이 각은 120°이다. 두 개의 혼성화되지 않은 p-오비탈들은 π-결합을 형성하여 분자는 판상 구조를 이룬다. 두 탄소 원자는 하나의 σ 결합과 하나의 π 결합으로 이루어진 이중 결합에 의해 연결되어 있다. sp-혼성이라는 세 번째 형태는 아세틸렌(에타인)과 같은 C–C 삼중 결합에서 나타난다. 여기서는 두 개의 σ-결합과 더불어 각 탄소에 있는 p AO 중 두 개는 혼성화되지 않고 남아서 두 개의 π-결합을 형성할 수 있다. sp-혼성이 서로 180°로 배향되어 있기 때문에, 아세틸렌 H–C≡C–H는 아래 그림처럼 선형 분자이다.

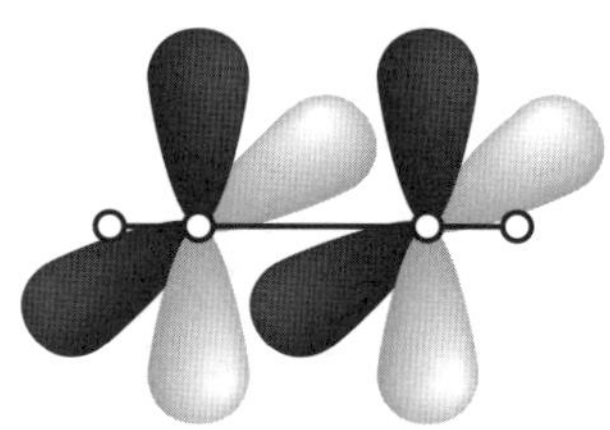

개개의 sp^n 혼성 오비탈은 다음과 같이 그들의 성분 원자 오비탈로 표현될 수 있다.

선형 sp 혼성:

$$\psi_1^{\text{lin}} = \frac{1}{\sqrt{2}}\left(\psi_s + \psi_{p_z}\right), \qquad \psi_2^{\text{lin}} = \frac{1}{\sqrt{2}}\left(\psi_s - \psi_{p_z}\right) \tag{11.11}$$

삼각형의 sp^2 혼성:

$$\begin{aligned}\psi_1^{\text{trig}} &= \frac{1}{\sqrt{3}}\psi_s + \sqrt{\frac{2}{3}}\psi_{p_x},\\ \psi_2^{\text{trig}} &= \frac{1}{\sqrt{3}}\psi_s - \frac{1}{\sqrt{6}}\psi_{p_x} + \frac{1}{\sqrt{2}}\psi_{p_y},\\ \psi_3^{\text{trig}} &= \frac{1}{\sqrt{3}}\psi_s - \frac{1}{\sqrt{6}}\psi_{p_x} - \frac{1}{\sqrt{2}}\psi_{p_y}\end{aligned} \tag{11.12}$$

정사면체 sp^3 혼성:

$$\psi_1^{\text{tet}} = \frac{1}{2}\left(\psi_s + \psi_{p_x} + \psi_{p_y} + \psi_{p_z}\right), \quad \psi_2^{\text{tet}} = \frac{1}{2}\left(\psi_s + \psi_{p_x} - \psi_{p_y} - \psi_{p_z}\right),$$
$$\psi_3^{\text{tet}} = \frac{1}{2}\left(\psi_s - \psi_{p_x} + \psi_{p_y} - \psi_{p_z}\right), \quad \psi_4^{\text{tet}} = \frac{1}{2}\left(\psi_s - \psi_{p_x} - \psi_{p_y} + \psi_{p_z}\right) \quad \textbf{(11.13)}$$

s-함수와 p-함수가 정규화되어 있고 서로 직교한다면, 각 집합은 서로 직교하게 된다. 그림 11.5는 정사면체 sp^3 혼성의 등고선 그림을 나타내었다. 이러한 혼성 오비탈의 강한 방향성은 이웃한 오비탈과의 중첩을 증가시키므로 더 강한 결합을 형성한다.

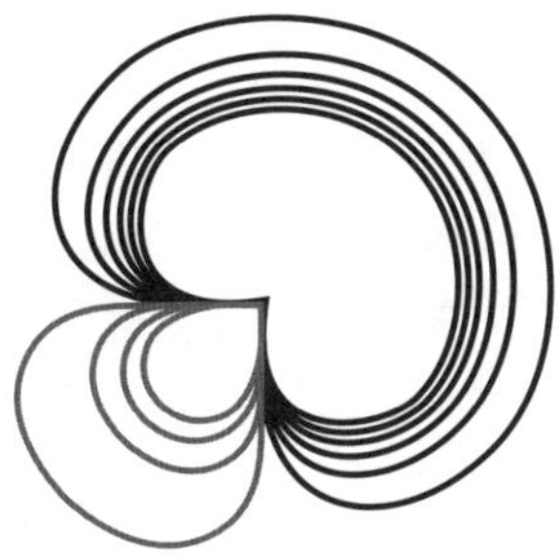

그림 11.5 정사면체 sp^3 혼성 오비탈의 등고선 그림.

H_2O와 NH_3에서 결합각이 90°에서 벗어나는 이유는 분할된 혼성의 결과이다. 물에서 각 H–O–H는 104.5°이고, 암모니아에서 H–N–H 각은 106.6°이다. 중심 원자의 p-오비탈은 어느 정도 s-특성을 가질 수 있고 정사면체 각인 109.5° 쪽으로 각이 증가한다. 분명히, 물과 암모니아에 대해서는 모두 중심 원자에 정사면체 오비탈에 기초를 둔 모형이 원래 s-오비탈과 p-오비탈을 선택하는 모형보다 실제 거동에 더 가깝다. 혼성은 분명히 이웃하는 결합의 전자 밀도 사이의 반발에 의해 이루어진다.

11.4 원자가가 높은 화합물

원자가가 높은 분자는 주기율표의 그룹 V부터 VIII까지의 원소에 의해 형성된 화합물로서 정의되며, 전통적인 Lewis 도표의 팔전자 규칙(octet rule)에 해당하는 것보다 더 높은 원자가를 보여준다. 두 개의 전형적인 예로 PF_5와 SF_6 분자가 있다. 일단 가장 보편적인 설명으로, 추가적인 결합은 인(P)과 황(S)의 비어 있는 $3d$-오비탈을 포함하는 혼성을 사용한다는 것이다. 예를 들어, $3s\,3p^3\,3d$ 혼성으로 PF_5의 삼각상뿔 배치를 설명하고, $3s\,3p^3\,3d^2$ 혼성으로 정팔면체 SF_6를 설명한다. 그러나 정확한 전자-구조 계산에 의하면 $3d$ 오비탈은 2주기 원소에 대한 채워진 분자 오비탈에 거의 기여하지 않기 때문에 d-오비탈 모형은 좋은 설명은 아니다.

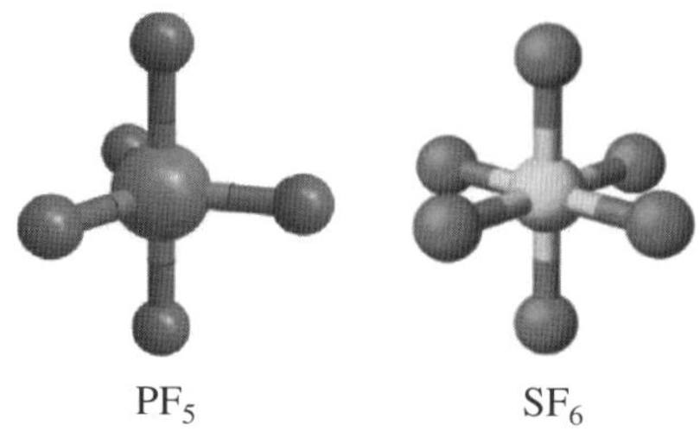

Rundle과 Pimentel(1951년 경)은 3-중심 4-전자 결합의 개념을 발전시켜 몇 가지 높은 원자가 화합물에서의 결합을 설명하였다. 그림 11.6에 나타내었듯이, 세 개의 원자 오비탈(중심 원자에 하나의 p AO, 중심 원자의 양쪽에 있는 원자로부터 두 AO)이 조합하여 세 개의 분자 오비탈을 형성한다. 가장 높은 에너지 조합은 반결합(반발적)성인 반면, 중심 조합은 비결합성이다. 오직 가장 낮은 에너지 조합만 중심 원자에 결합을 활성화시킨다. 3c–4e 결합에서 네 개의 전자 중 두 개는 이 결합 오비탈에 채워지고, 나머지 두 개의 전자는 비결합 오비탈에 채워지는 방법으로 바깥쪽 원자와 연관이 되어 있다.

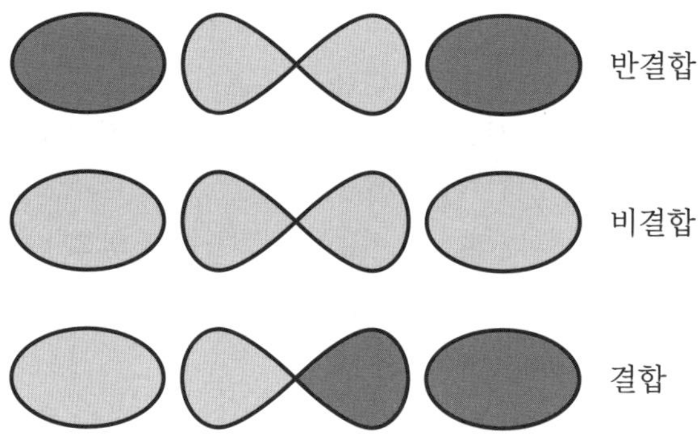

그림 11.6 3-중심 4-전자 결합에 대한 모형.

원자가 6인 황에 대해 $3s^2 3p^4$의 바닥 상태 전자 배치는 *원자가 상태* $3s^0 3p^6$으로 변환되며, 이 때 $3p_x$, $3p_y$, $3p_z$는 각각 두 개의 전자로 채워지게 된다. 이것을 그림 11.7에 개략적으로 나타내었다. 따라서 세 개의 p-오비탈은 각각 두 개의 플루오린 원자의 비어 있는 AO와 4-전자 결합을 형성하고, 결과적으로 정팔면체 SF_6 분자에서 서로 직교하는 세 개의 3c–4e 결합이 이루어진다.

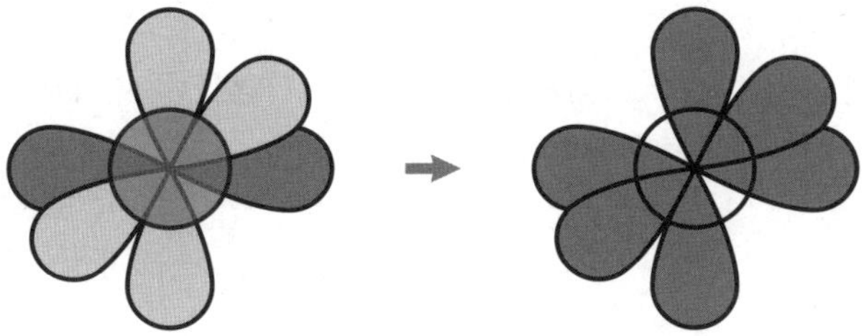

그림 11.7 SF_6에서 황의 원자가 6인 상태를 형성하는 개략도. 채워지지 않은 오비탈은 투명하게 그리고, 하나의 전자만 채워진 오비탈은 옅은 회색으로, 두 개의 전자가 모두 채워진 오비탈은 짙은 회색으로 나타내었다.

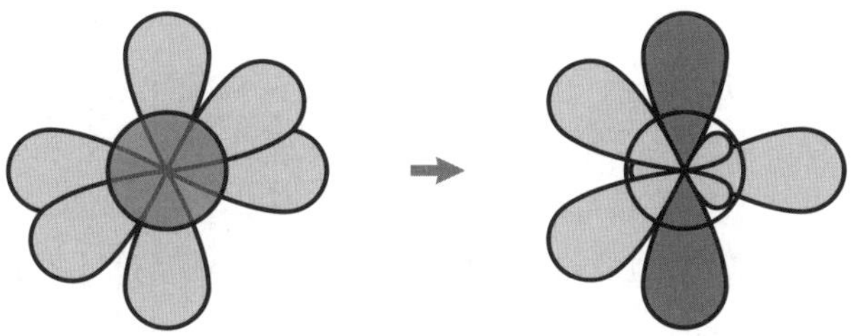

그림 11.8 PF_5에서 인의 원자가 5인 상태를 형성하는 개략도. 채워지지 않은 오비탈은 투명하게 그리고, 하나의 전자만 채워진 오비탈은 옅은 회색으로, 두 개의 전자가 모두 채워진 오비탈은 짙은 회색으로 나타내었다.

유사하게, 그림 11.8에서 나타내었듯이 원자가 5인 인(P)에 대해서는, $3s^23p^3$인 바닥 상태 배치가 세 개의 홀전자로 채워진 sp^2 혼성(정삼각형의 꼭짓점으로 향하는)과 전자 두 개가 채워진 *p*-오비탈로 변환된다. 여기서 *p*-오비탈은 두 플루오린 원자와 3c–4e 결합을 형성하여 삼각상뿔 PF_5 분자에서 두 개의 축 방향 결합을 이룬다.

11.5 수소화 보론

수소화 보론 또는 폴리보레인은 *전자-부족* 분자 그룹이며 어떤 특이한 반-고전적 결합 거동을 보여준다. 이들 화합물의 입체화학은 1950년대에 X-선 회절 기술에 의해 최초로 밝혀졌다. 이들 중 가장 간단한 화합물은 보레인 BH_3이다. 이 화합물은 예상하듯이 세 개의 sp^2 B–H 결합으로 이루어진 정삼각형 구조이다.

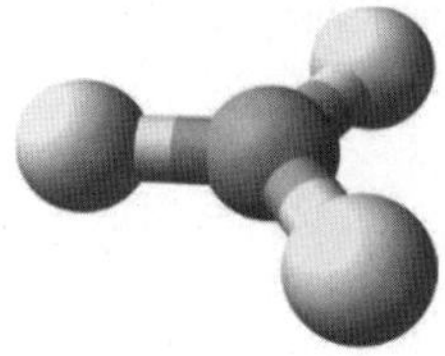

보론은 전자가 부족하기 때문에 중심 원자와 단지 여섯 개의 전자만 연관되며, 팔전자 규칙에 위배된다. 다음으로 디보레인 B_2H_6을 고려해 보자. 비록 그 분자식은 에테인과 유사하지만 구조는 다음과 같다:

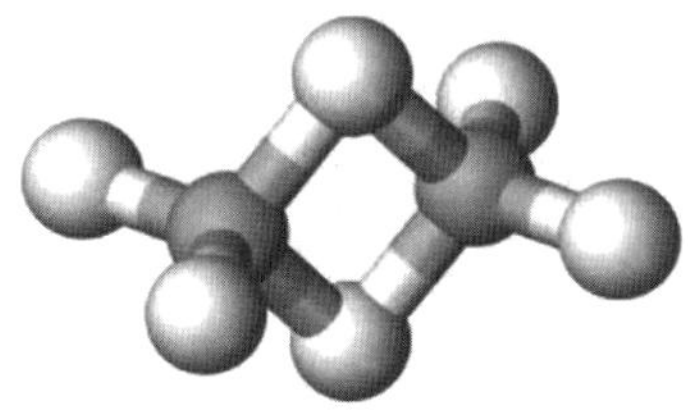

네 개의 바깥쪽 B–H 결합은 전통적인 2-전자 단일 결합이다. 그러나 남아 있는 두 개의 H 원자는 *다리 결합*에 의해 두 개의 B 원자와 연결되어 있다. 이러한 B–H–B 다리는 3-중심 2-전자 결합을 구성한다고 예상된다. 이것은 개념적으로 에틸렌과 유사한 평면 구조로 생각할 수 있다: 평면 위 아래로 π-결합에 포함되어 있는 두 개의 수소를 가진 $H_2B^-{=}B^-H_2$.

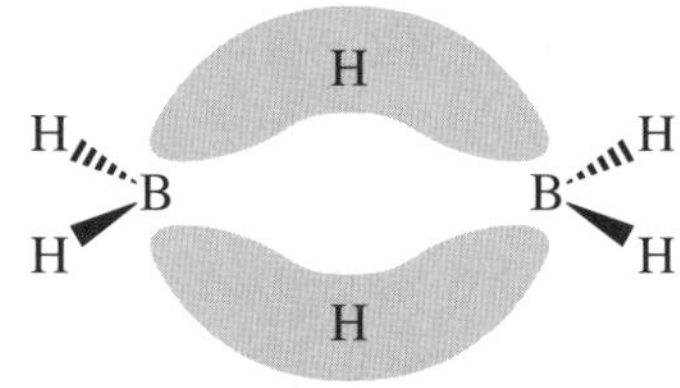

수소화된 π-결합은 때때로 "banana 결합"이라고도 한다.

더 높은 수준의 보레인으로는 다음 B_4H_{10}, B_5H_9, $B_{10}H_{14}$ 등이 있다.

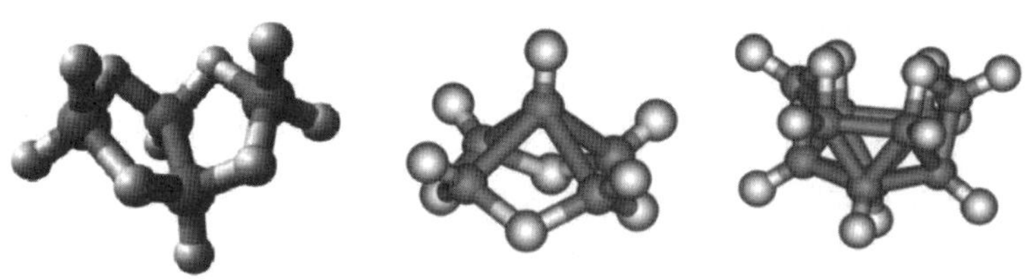

이들은 중심에 B가 들어 있고 여러 개의 3-전자 결합을 포함하는 복잡한 새집 모양 구조이다.

11.6 원자가-껍질 모형

간단하지만 분자 구조를 결정하는 데 매우 성공적인 모형은 *원자가 껍질 전자쌍 반발*(valence-shell electron-pair repulsion, VSEPR) 이론이다. 이 이론은 Sidgewick과 Powell이 최초로 제안하였고, Gillespie에 의해 대중화되었다. 분자에서 각 다원자가 중심 주위에 있는 원자의 배치는 $AX_{n-k}E_k$로 표현할 수 있는데, 여기서 X는 리간드 원자이고 E는 비결합 또는 비공유 전자쌍이다. 따라서 중심 원자 주위의 기하 구조는 그들의 반발력을 최소화하도록 n개의 전자쌍(결합+비결합)의 배열에 의해서 결정된다. 다음 기하 배치가 주어진 리간드의 수에 따른 가장 최적 배치이다.

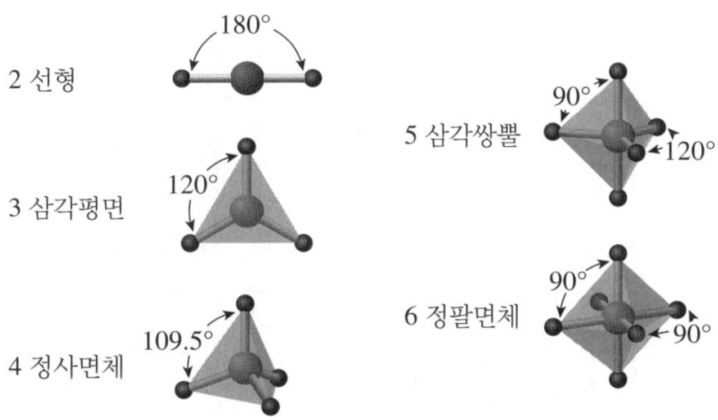

이 기본구조는 만일 주위를 둘러싸고 있는 n개의 쌍이 동일하지 않다면 일그러질 것이다. 또한 비공유 전자쌍은 리간드에 끌리지 않기 때문에 그 전자 분포는 더 넓게 퍼져서 다른 전자쌍들을 더 강하게 반발한다. 각 쌍 사이의 반발력의 상대적 세기는 E–E > E–X > X–X의 순서이다. 4배위 분자 CH_4는 완벽한 정사면체가 될 것이다. 암모니아는 NH_3E로 쓸 수 있는데 근사적으로 처음에는 정사면체로 생각할 수 있다. 그러나 비공유 전자쌍 E는 N–H 결합을 그들 사이의 반발보다 더 강하게 반발한다. 따라서 E–N–H 각은 정사면체 각 109.5°보다 더 커지게 되며, 상대적으로 H–N–H 각은 약간 더 작아진다. 측정된 값 106.6°가 잘 설명된다. 물 OH_2E_2에 대해서는 E–O–E 각이 더 벌어짐에 따라 H–O–H 각은 104.5°로 더 좁아진다.

전자-부족 분자 BF_3는 원자가 껍질에 단지 3개의 전자쌍밖에 없다. 따라서 삼각평면 구조를 갖는다. 마찬가지로, 카벤 라디칼 CH_2(원자가 2인 탄소의 희귀한 경우)는 하나의 비공유 전자쌍이 삼각형의 한 꼭짓점을 차지하므로 굽은형이 된다.

6-배위 화합물 SF_6는 정팔면체 구조를 갖는다. BrF_5에서는 비공유 전자쌍이 팔면체 꼭짓점 중 하나를 차지하므로 사각 피라미드 분자 구조가 된다. 사플루오르화 네온 XeF_4 분자는 평면 사각형 구조이다.

5배위 화합물은 더 색다른 가능성이 있다. PF_5는 축 방향과 적도 방향이 서로 다른 삼각쌍뿔 모양이다. SF_4에 있는 비공유 전자쌍은 두 개의 F 원자와 90° 각도를 만듦으로써 반발을 더 줄일 수 있기 때문에 적도 위치를 차지한다. 반면 축에 위치하면 세 개의 F 원자와 90° 각도를 만들게 된다. 결과적으로 SF_4는 일그러진 시소를 닮은 형태이다. ClF_3에서는 두 개의 비공유 전자쌍이 모두 적도면에 위치할 때 가장 안정하며 120°로 분리된다. 따라서 ClF_3는 일그러진 T자 형태이다. 수용액에서 I^-와 I_2 사이에 형성된 착물은 선형 구조이다. I^-를 중심 원자로 생각하면 8개의 원자가 전자를 갖는다. 두 개의 전자들은 다른 I 원자들과 결합을 형성하고 축 방향에 결합 전자쌍이 존재하는 반면, 세 개의 비공유 전자쌍들은 모두 적도 위치를 차지한다.

다음 그림은 지금까지 언급한 분자들에 대한 삽화 그림이다.

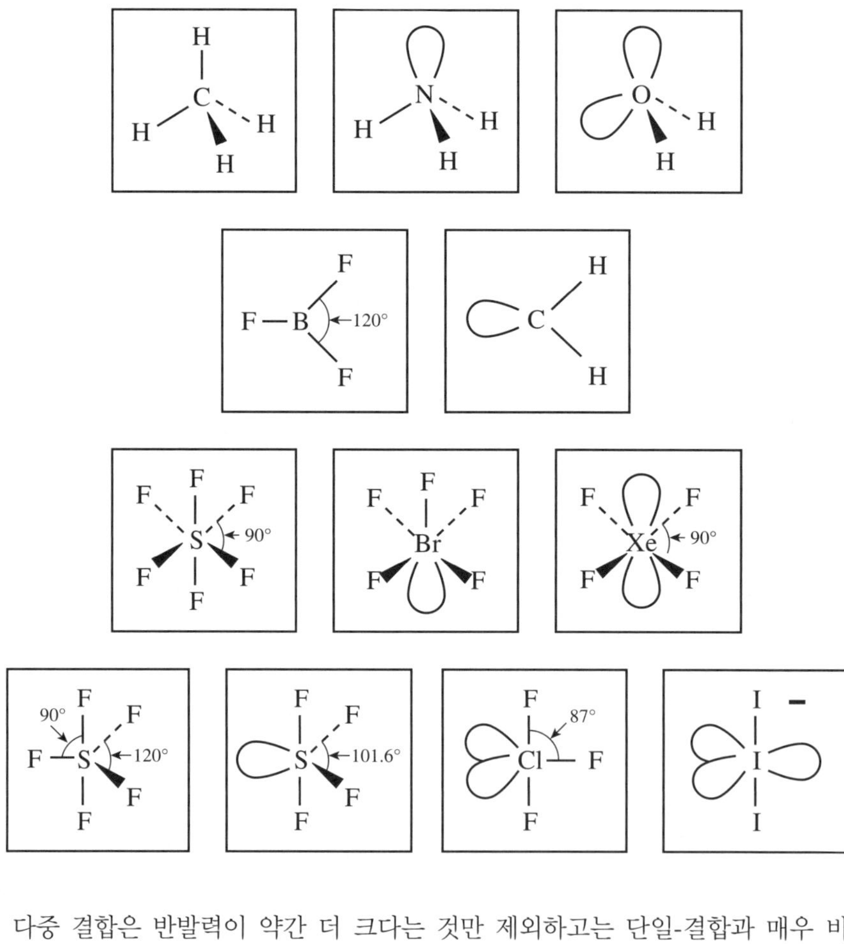

다중 결합은 반발력이 약간 더 크다는 것만 제외하고는 단일-결합과 매우 비슷하게 거동한다. CO_2는 두 개의 이중 결합을 갖는 선형 분자이다. 이중 결합된 탄소

$\left(=\mathrm{C}\genfrac{}{}{0pt}{}{\nearrow}{\searrow}\right)$는 sp^2 혼성을 통해 예측할 수 있듯이 삼각형 구조를 갖는다. 삼중 결합된 탄소($\equiv$C$-$)는 *sp* 혼성을 통해 예측할 수 있듯이 선형 구조를 형성한다. 황산 음이온 SO_4^{2-}은 두 개의 단일 결합과 두 개의 이중 결합을 갖는다. 원자가 껍질 모형과 일치하도록 네 개의 결합은 정사면체 배치를 이룬다.

자유 라디칼과 같은 홀전자는 마치 비공유 전자쌍처럼 거동하지만 반발력은 더 *약하다*. NO_2에서의 결합은 $\mathrm{O{=}\mathring{N}{=}O}$과 $\mathrm{O{=}\mathring{N}^{+}{-}O^{-}}$을 포함하는 공명 구조를 사용해 설명할 수 있다. 원자가 껍질 모형에 의해 다음 구조를 갖는 굽은형 분자로 예측할 수 있다.

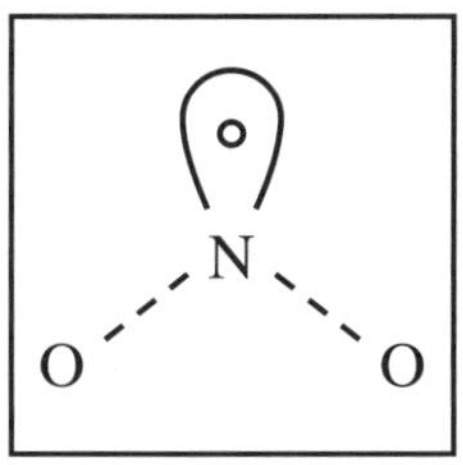

여섯 개를 초과하는 전자쌍에 대해서는 원자가 껍질 이론으로는 더 이상 간단히 예측할 수 없다. $n = 7$에 대해서는 두 가지 기하 구조, 즉 오각쌍뿔과 모자 쓴 또는 일그러진 팔면체가 있다. 칠플루오르화 아이오딘 IF_7은 오각쌍뿔 기하구조를 갖는다. 육플루오르화 제논 XeF_6도 역시 일곱 개의 전자쌍(여섯 개의 결합 전자쌍과 한 개의 비공유 전자쌍)을 갖는다. 이 구조는 일그러진 팔면체로 여겨지는데 플루오린 위치의 시간-의존성에 의해 복잡해지며, *변환성* 분자라 알려져 있다. $n = 8$에 대해서는 가능한 기하 구조는 사각 반피라미드 구조(육면체의 한 면을 반대 방향으로 45°만큼 비틀면 만들어짐)이다. 이것은 XeF_8^{-2} 이온에 대한 가장 그럴듯한 구조이다.

11.7 전이 금속 착화합물

비어 있는 *d*-오비탈이 있는 전이 금속 이온은 매우 좋은 전자 받개 즉 *Lewis 산*이다. *리간드*라고 하는 분자나 이온은 금속에 전자쌍을 제공할 수 있으므로 *Lewis 염기*로 작용한다. 이들은 *배위 공유 결합*을 통해 Lewis 산에 *배위*되어 *배위 화합물*을 형성한다. 대부분의 전이 금속 이온은 리간드에 결합하기 위해 필요한 수보다 많은 원자가-껍질 *d*-전자를 가지고 있다. 착이온의 기하구조는 이들 리간드들의 가장 안정한 배치에 의해 결정된다[6개의 리간드에 대해서는 팔면체, 5개의 리간드에 대해서는 삼각쌍뿔, 4개의 리간드에 대해서는 정사면체(또는 어떤 경우에는 사각 피라미드)].

*결정장 이론*은 중심 원소에서 비결합 *d*-전자를 설명하기 위해서 1929년 Hans Bethe에 의해 제안되었다(나중에 J. H. Van Vleck에 의해 더욱 정교화되었다). 이것은 리간드를 음의 점전하로 생각하는 간단한 정전기적 모형이다. 결정장이 없을 때, 다섯 개의 *d*-오비탈은 축퇴되어 있다. 그러나 리간드가 금속에 배위되면 개개의 *d*-오비탈의 에너지가 변하게 된다. 정팔면체 결정장의 경우, 금속 원소는 정팔면체 장에서 그림 11.9와 같은 배향을 가진 여섯 개의 동일한 리간드에 의해 둘러싸이게 된다.

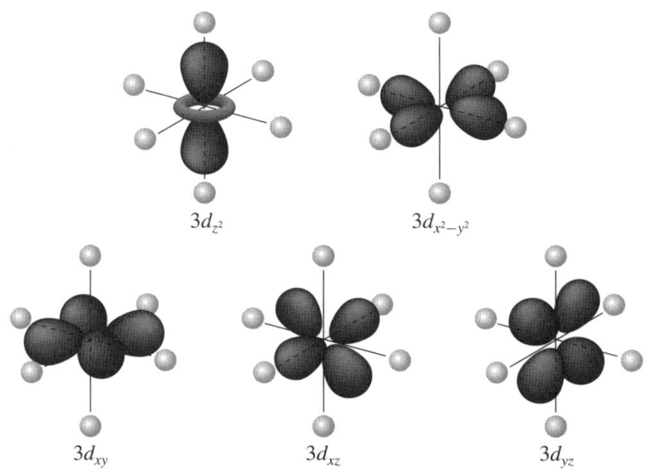

그림 11.9 정팔면체 장에서 다섯 개의 3*d* 오비탈.

d_{z^2}와 $d_{x^2-y^2}$ 오비탈은 직교 좌표를 따라 리간드에 직접 향하고 따라서 반발 상호작용에 의해 에너지가 증가한다. 반면에 d_{xy}, d_{xz}, d_{yz} 오비탈들은 직교 좌표에서 45° 각도로 향하므로 리간드를 피하는 데 더 효과적이다. 결과적으로 그림 11.10에서 볼 수 있듯이 다섯 개의 축퇴된 *d*-오비탈은 정팔면체 장에 의해 부분적으로 두 개의 준위로 분리된다. 이중으로 축퇴된 위쪽 준위와 삼중으로 축퇴된 아래쪽 준위는 각각 군론(group theory)으로 표시한다면 e_g와 t_{2g}로 표현한다(제15장에서 더 자세히 설명할 것이다). *결정장 분리*는 Δ(옛날에는 10 *Dq*)로 표시한다.

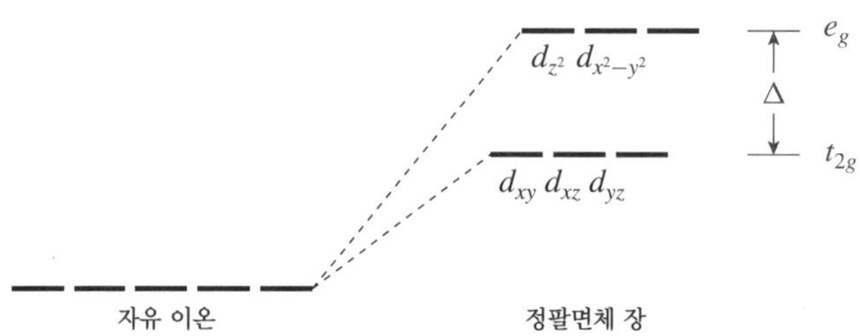

그림 11.10 정팔면체 결정장에서 *d*-오비탈의 분리.

정팔면체 장에는 원자가 전자가 12에서 22까지 어떤 수라도 채워질 수 있다. 이 중 처음 12개는 여섯 개의 리간드와 결합하는 데 사용된다. 나머지 전자들은 결정장과 상호작용하는 원자의 d-오비탈을 차지한다. 간단한 예로 hexaaquatitanium(III) 정팔면체 착이온 $[Ti(H_2O)_6]^{3+}$가 있는데, 리간드와의 결합이 이루어진 후 하나의 $3d$ 전자를 가지고 있다. 바닥 상태에서 이 전자는 축퇴된 t_{2g} 오비탈 중 하나를 차지한다. 전이 $e_g \leftarrow t_{2g}$이 최대값 20,300 cm^{-1}에서 나타나는데, 이는 분명히 Δ의 근사값이다. 결정장 분리는 전형적으로 7,000~30,000 cm^{-1}의 영역이다. (가시광선 영역은 근사적으로 14,000~24,000 cm^{-1}이다.) 수많은 화학 실험을 통해 *분광학적 계열*이라는 결정장 분리의 세기에 영향을 미치는 리간드의 순서가 주어졌다. 다음은 몇 가지 잘 알려진 리간드의 순서이다:

$$CO > CN^- > NO_2^- > en > NH_3 > H_2O > OH^- > F^- > Cl^-$$

여기서 "en"은 두 자리 리간드인 ethylenediamine $NH_2CH_2CH_2NH_2$을 의미한다. 강장과 약장 리간드 사이의 경계선은 종종 NH_3과 H_2O 사이로 생각한다. 정팔면체 cobalt(III) 착물은 결정장 환경에 따라 다음과 같이 색깔이 다양하게 나타난다.

착이온	λ_{max} (nm)	색상
$[Co(CN)_6]^{3-}$	310	연한 노란색
$[Co(en)_3]^{3+}$	340, 470	노란 주황색
$[Co(NH_3)_6]^{3+}$	437	노란 주황색
$[Co(H_2O)_6]^{3+}$	400, 600	진한 파란색
$[CoF_6]^{3-}$	700	녹색

4부터 7개까지의 전자를 포함하는 d-껍질에 대해, Δ의 크기는 착물(complex)의 자기적 성질에 영향을 미친다. 예를 들어 다섯 개의 전자를 가진 ferric ion Fe(III)의 두 가지 정팔면체 착물을 고려해 보자. $[Fe(CN)_6]^{3-}$에 대해서는 $\Delta \approx 30,000\ cm^{-1}$인 반면, $[FeF_6]^{3-}$에 대해서는 $\Delta \approx 10,000\ cm^{-1}$이다. $[Fe(CN)_6]^{3-}$은 스핀이 $S = 5/2$인 *고-스핀 착물*이고, $[FeF_6]^{3-}$은 스핀이 $S = 1/2$인 *저-스핀 착물*이다. 이러한 거동은 다음 개략적인 에너지-준위 다이어그램에서 볼 수 있듯이 Aufbau 원리와 Hund의 규칙에 근거해 설명할 수 있다. $[FeF_6]^{3-}$에 대해서, e_g와 t_{2g} 에너지는 매우 가깝고 5개의 평행 전자 스핀 사이의 교환 적분이 적은 들뜸 에너지를 보상하기에 충분하다. 이것은 크롬 원자에 대해 살펴보았던 것과 유사한데(10.4절 참조), 여기서 $4s\,3d^5$ 바닥 상태 전자 배치가 $4s^2 3d^4$보다 선호한다.

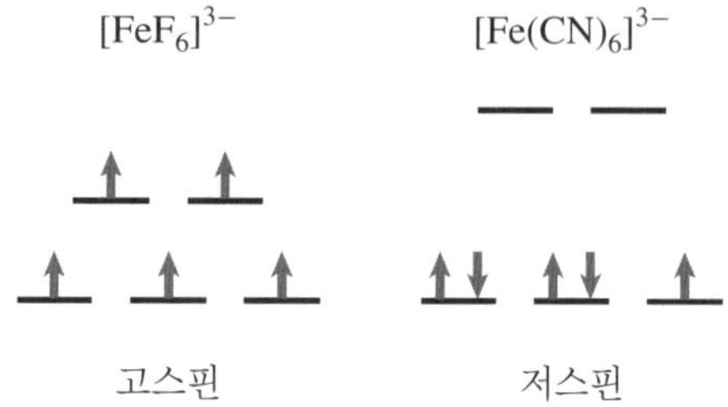

고-스핀과 저-스핀 상태는 착물의 자기적 성질에 의해 쉽게 구별된다. 중심 원자의 환경이 구면 대칭이 *아니기* 때문에, 궤도 각운동량은 보존되지 않고 자기적 성질에 기여를 하지 않는다. 말하자면 궤도 각운동량은 결정장에 의해 *보존되지 않는다*.

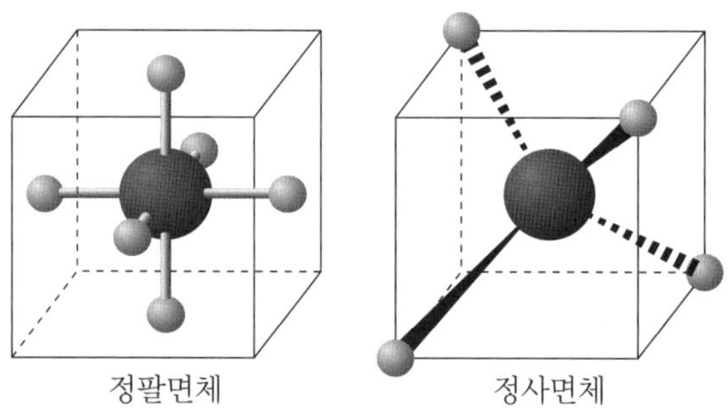

그림 11.11 입방체에서 나타낸 리간드의 정팔면체와 정사면체 배치.

다음으로는 4배위 정사면체 착물에 있는 d-오비탈의 결정장 분리에 대해 생각해 보자. 입방체, 정팔면체, 정사면체는 모두 기하학적으로 연관되어 있다. 그림 11.11에서 볼 수 있듯이, 정팔면체 배위는 입방체 각 면의 중심에 리간드가 위치하는 반면, 정사면체 배위는 리간드가 입방체의 꼭짓점에 번갈아가며 위치한다. 4-배위 착물은 원자가 전자의 총 수(금속 + 리간드)가 18 미만일 때 가장 잘 나타난다. 정사면체 착물에서는 다섯 개 d-오비탈 중 어떤 것도 리간드로 직접 향하지 않지만 d_{xy}, d_{xz}, d_{yz} 오비탈들은 리간드에 더 가까워진다. 따라서 이 세 개의 오비탈들은 에너지가 증가한다. d_{z^2}와 $d_{x^2-y^2}$ 오비탈은 입방체의 면(side) 쪽으로 향하므로, 결합되어 있는 리간드로부터 멀어진다. 따라서 이 두 오비탈은 에너지가 더 낮아진다. 이러한 패턴은 정팔면체 착물과 비교해 볼 때 반전된 것이다. 이중으로 축퇴된 낮은 준위는 e로 나타내고, 삼중으로 축퇴된 높은 준위는 t_2로 나타낸다. 하첨자 g(gerade; *대칭*)는 정사면체에는 대칭 중심이 없으므로 적합하지 않다.

몇 가지 착물은 주로 d^8 배치를 갖는 Ni, Pd, Pt에서 나타나는데, 평면 사각형 착물을 형성한다. 이 기하구조를 결정장을 이용해서 설명하기 위해, z-축에 있는 두 개의 리간드를 제거하는 사각형꼴로 일그러지는 정팔면체 착물을 생각해 보자. 이 경우 $d_{x^2-y^2}$는 남아 있는 네 개의 리간드에 직접 향하게 되는 단일 "나쁜(bad)" 오비탈이 된다. d^8-착물에 대한 좋은 "전략"은 네 개의 다른 d-오비탈에 전자를 두 개씩 채우는 것이다. 몇 가지 잘 알려진 평면 사각형 착물로는 $[Ni(CN)_4]^{2-}$, $[Pt(NH_3)_4]^{2+}$, $[Cu(NH_3)_4]^{2+}$, $[PdCl_4]^{2-}$가 있다. 생물학적으로 중요한 사각평면 착물 종류는 포피린이다.

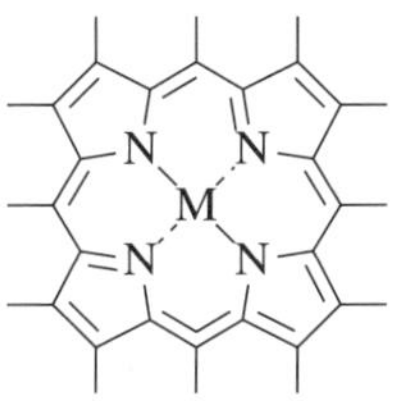

M = Fe, Mg, Co, Cu, Zn, Ni 등

포피린은 네 개의 피롤(네 개의 methine 다리로 연결된)로 구성된 평면 구조이다. 바깥쪽 주변은 Hückel의 $4N + 2$ 법칙을 만족하는 18개의 비편재화된 π-전자를 포함하는 방향족 계이다. 네 개의 질소 원자는 리간드로서 작용하며 완벽한 배치를 이루고 있다. Heme 단백질은 철-포피린 착물이다. 이들은 산소를 운반하거나 저장하는 데 사용되는 hemoglobin과 myoglobin에 치환된 그룹이다. 녹색 식물에서 광합성의 중심이 되는 클로로필은 마그네슘-포피린 착물이다. 단백질, 탄수화물, 지방의 물질대사에 필수적인 역할을 하는 비타민 B-12는 코발트-포피린 구조이다.

배위 화합물의 기하구조는 항상 체계적으로 결정될 수는 없다. 예를 들어, Ni(II)은 $[Ni(H_2O)_6]^{2+}$과 같은 정팔면체 착물, $[Ni(CO)_4]^{2+}$과 같은 정사면체 착물, $[Ni(CN)_4]^{2-}$과 같은 평면사각형 착물 그리고 두 가지 이성질체인 삼각쌍뿔과 사각피라미드 구조를 갖는 $[Ni(CN)_5]^{3-}$ 등을 형성할 수 있다.

전이-금속 이온의 화학과 분광학은 매우 많이 연구되는 분야이며, 여기서는 단지 극히 일부만 다루었을 뿐이다. 더 자세하게 알아보려면 Ballhausen과 Gray, *Molecular Orbital Theory*(Benjamin, New York, 1965)같은 책을 참조하기 바란다.

11.8 수소 결합

수소는 보통 단일 전자쌍 공유 결합을 형성한다. 그러나 H가 전기음성도가 큰 원소(F, O 또는 N)와 결합되고 서로 가까이 접근하다면, 수소 결합으로 알려진 3-원자 다리를 형성할 수 있다. 이것은 하나는 공유 결합(길이 $\approx$ 0.97 Å)이고, 다른 하나는 정전기적 인력(길이 $\approx$ 1.79 Å) 사이의 공명 혼성으로 표현할 수 있다:

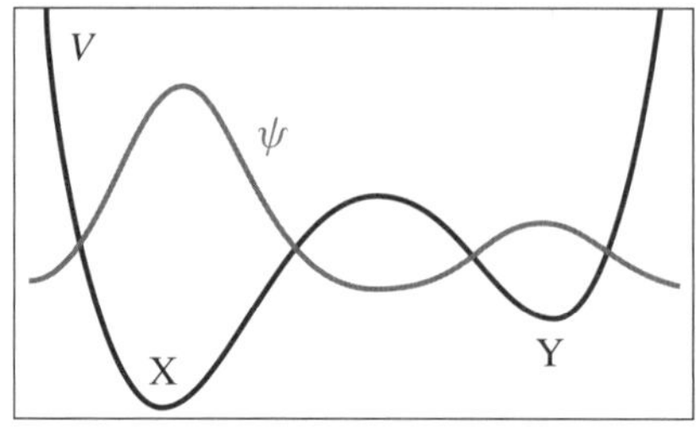

그림 11.12 수소 원자를 나타내는 이중-우물 포텐셜(V). 여기서 원자 X는 원자 Y보다 전기음성도가 더 크다. 양성자 파동 함수 ψ는 회색으로 나타내었다.

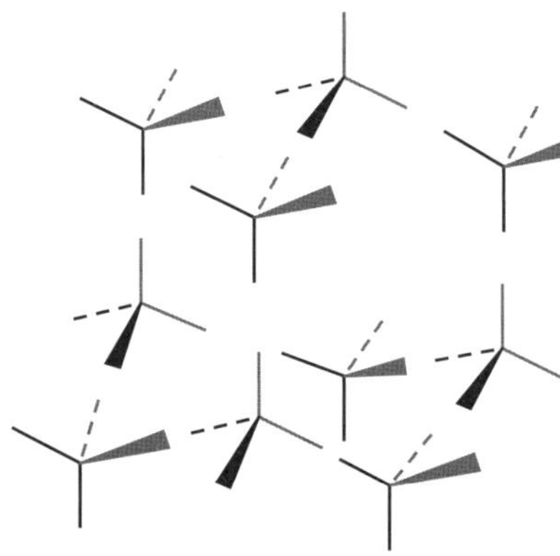

그림 11.13 공유(검은색)와 수소 결합(회색)의 사면체 그물구조. 각 사면체는 중심에 O가 있고, 꼭짓점에 H가 있다.

$$\mathrm{X—H\cdots Y} \text{와} \quad \mathrm{X\cdots H—Y}$$

여기서 세 개의 원자는 선형 배치를 이룬다. 수소에 대한 양자역학적 모형으로서 그림 11.12에서 볼 수 있듯이 이중-우물 포텐셜에서 움직이는 양성자를 고려할 수 있다.

수소 결합은 전형적으로 공유 결합의 약 5% 정도의 세기를 갖지만, 그들이 축적된 효과는 상당히 크다. 물이 상온에서 액체라는 사실은(더 무거운 화합물인 H_2S는 기체이지만) 각 산소 원자에 공유하지 않은 전자쌍을 포함하는 수소 결합에 기인한다. 액체 및 고체 물은 모두 그림 11.13에서 볼 수 있듯이 공유 결합과 수소 결합의 그물구조를 포함한다.

각 산소 원자는 *평균적*으로 두 개의 수소 원자와 연관된다. 산소는 순간적으로 하나 더 많은 수소나 하나 더 적은 수소와 결합하여 각각 H_3O^+나 OH^-를 생성한다. 얼음에서 최적 배치는 육각형 구조이고, 밀도가 액체보다 *더 작다*.

과장할 필요도 없이, 이미 알려져 있듯이 생명은 수소 결합이 없다면 존재할 수

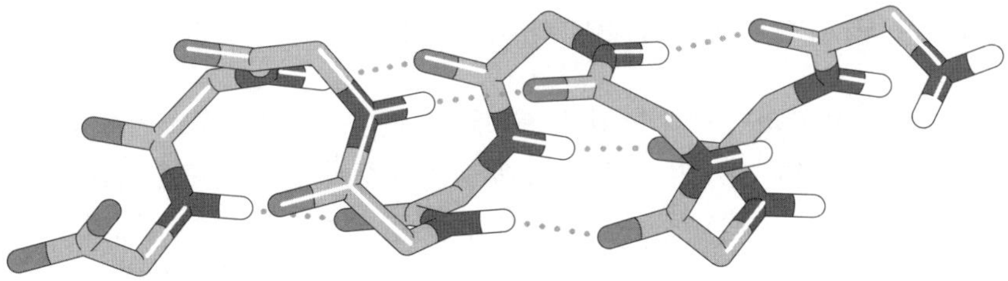

그림 11.14 알파 나선의 개략적인 표현. 수소 결합(점선)은 카보닐 산소(흰색)를 아미노 질소(검은색)에 연결시키는 데 사슬을 따라가며, 네 개의 아미노산 단위가 결합되어 있다.

없다. 단백질은 다음과 같이 펩타이드 결합에 의해 연결된 아미노산으로 구성되어 있다.

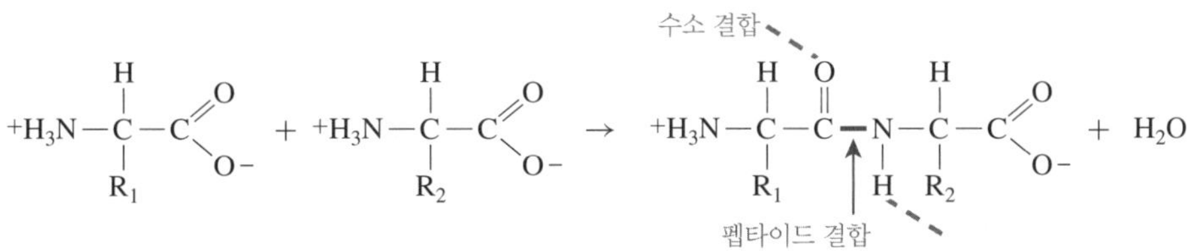

일련의 아미노산이 단백질의 일차구조를 결정하는 반면, 수소 결합은 이차구조를 결정한다. Linus Pauling은 그림 11.14에서 볼 수 있듯이 각 펩타이드 카보닐이 사슬을 따라 네 번째 펩타이드의 아미노 그룹에 수소 결합되어 있을 때 α-나선 구조가 된다고 추론하였다. 또 다른 단백질 구조인 β-병풍구조는 이웃하는 펩타이드 사슬 사이의 수소 결합에 기초를 두고 있다.

DNA 이중-나선에 의해 운반되는 유전 정보는 그림 11.15에서 볼 수 있듯이 thymine(T)이 adenine(A)과 쌍을 이루고, cytosine(C)이 guanine(G)과 쌍을 이루는 즉 수소 결합의 최적 배치에 의해 결정되는 염기쌍들의 특이성에 의존한다.

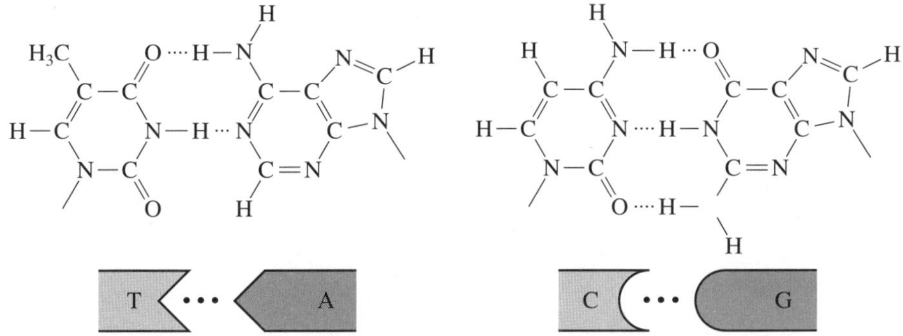

그림 11.15 수소 결합을 통한 DNA에서의 염기쌍.

11.9 원자가 결합 이론에 대한 비판

원자가-결합 이론은 바닥 상태의 화학 현상을 90% 이상 성공적으로 기술하였다. 따라서 VB 이론은 원자 사이의 화학 결합, 공명 혼성 등과 같은 익숙한 개념을 사용할 수 있도록 만들어주기 때문에 화학자들 사이에서는 특히 보편적인 개념이다. 이 개념은 아마도 "설명할 수는 있으나 예측할 수는 없는" 이론이라고 말할 수 있다. 그러나 VB 이론은 O_2의 삼중항 바닥 상태나 디보레인, B_2H_6와 같은 전자-부족 분자의 결합을 설명하는 데 있어서는 실패하였다. 이 이론은 들뜬 상태의 고려, 즉 분광학에는 그다지 유용한 것이 아니다. 이러한 많은 결점 때문에 다음 두 장에서 다룰 분자 오비탈 이론(molecular orbital theory)이 등장하게 되었다.

연습 문제

11.1 이원자 분자의 전자 에너지는 다음 Morse 함수를 가지고 근사적으로 쓸 수 있다.

$$E(R) = D\left(1 - e^{-\beta(R-R_e)}\right)^2$$

R_e는 평형 핵간 거리이고, D와 β는 상수이다.

(i) 해리 에너지 D_e를 구하라.
(ii) Morse 함수를 대략적으로 그리고, D_e와 R_e를 표시하라,
(iii) Morse 함수를 $(R - R_e)$에 대한 2차 항까지 전개하라. 이것이 조화 진동자 포텐셜에 대한 근사라는 것을 보이고, 힘 상수를 구하라.

11.2 Allene 분자 $CH_2{=}C{=}CH_2$는 세 개의 탄소 원자에 대해 선형 구조를 갖는다고 알려져 있다. 이것을 탄소 AO의 혼성에 근거해 설명하라.

11.3 아세틸렌 분자 H–C≡C–H에서 총 전자 분포는 원통형 대칭임을 보여라.

11.4 원자가 껍질 모형을 이용하여 다음 각 분자의 모양을 예측하라:

$$H_2S,\ SF_4,\ XeF_4,\ SF_6,\ BrF_5,\ IF_7$$

11.5 다음 각 화학종의 바닥 상태 기하구조를 예측하라:

$$CH_2,\ SO_2,\ SO_3,\ NO_3^-,\ XeO_3$$

11.6 과산화수소 H_2O_2의 구조를 (i) 혼성화되지 않은 원자 오비탈, (ii) 원자가 껍질 모형에 기초하여 예측하라. 실험적 H–O–O 각도는 94.8°이다.

11.7 VSEPR 접근법과 달리 다원자가 분자에 대한 다음 모형이 제안되었다[Pimentel, Rundle, Coulson, ca 1951]:

(i) 중심 원자의 바닥 상태 전자 배치, 즉 $S(s^2p_x^2p_yp_z)$, $Br(s^2p_x^2p_y^2p_z)$, $Xe(s^2p_x^2p_y^2p_z^2)$을 고려한다. (들뜨게 한다거나, 혼성이나 d-오비탈은 없다!)
(ii) 한 개의 전자로 채워진 p-오비탈은 보통 방법으로 리간드나 원자와 전자쌍을 형성한다.
(iii) 전자 두 개로 채워진 p-오비탈은 두 리간드 원자와 전자쌍들을 형성하고 중심 원자의 반대편에 위치한다.

이 모형에 근거하여 SF_4, BrF_3, BrF_5, XeF_2, XeF_4, XeF_6의 기하 구조를 예측하라. 이를 원자가 껍질 예측과 비교하라.

11.8 다음 팔면체 착물의 *d*-전자 배치를 결정하라. $[Fe(H_2O)_6]^{3+}$, $[Cr(CN)_6]^{4-}$, $[Co(NH_3)_6]^{3+}$, $[Cu(H_2O)_6]^{2+}$. 각 화학종 중 어떤 것이 고스핀 배치를 갖는지 써라.

제12장 이원자 분자의 분자 오비탈 이론

Molecular orbital theory of diatomic molecules

분자 오비탈 이론은 원자 구조에 성공적으로 적용되었던 오비탈 모형의 개념적 확장이다. "분자는 더 많은 핵을 가진 원자 그 이상이 아니다"라고 농담처럼 말할 수 있다. 이것은 극히 단순화한 것이지만 가능한 한 널리 원자 구조와의 유사성을 탐색해 볼 수 있다. 원자 오비탈을 이해하기 위해서 우리는 모형(prototype) 문제인 수소 원자의 정확한 해를 가지고 시작했었다. 동핵 이원자 분자의 시작은 정확히 풀 수 있는 또 다른 모형, 수소 분자-이온 H_2^+으로 시작할 것이다.

12.1 수소 분자-이온

가장 간단한 개념적 분자는 두 개의 양성자와 하나의 전자로 구성된 수소 분자-이온 H_2^+이다. 이 화학종은 실제로 수소 기체를 통해 전기 방전을 시킬 때 잠시 존재하는 것으로 질량 스펙트럼에 의해 검출되었다. H_2^+에 대한 Schrödinger 방정식은 Born–Oppenheimer 근사 안에서 정확하게 풀 수 있다. 고정된 핵간 거리 R에 대해, 이는 A와 B로 나타낸 두 양성자의 장에 있는 하나의 전자 문제로 축소된다. 그러면 다음과 같이 쓸 수 있다.

$$\left\{-\frac{1}{2}\nabla^2 - \frac{1}{r_A} - \frac{1}{r_B} + \frac{1}{R}\right\}\psi(\mathbf{r}) = E\,\psi(\mathbf{r}) \qquad \textbf{(12.1)}$$

여기서 r_A와 r_B는 각각 전자로부터 양성자 A와 B까지 거리이다. 이 방정식은 장 구면좌표계(prolate spheroidal coordinate)에서 변수를 분리한 후에 Burrau(1927)가 최초로 풀었다. 우리는 이 좌표계를 기술하겠지만 해는 개념적으로만 설명하겠다. 세 개의 장 구면 좌표계는 ξ, η, ϕ로 표시한다. 처음 두 좌표는 다음과 같이 정의된다.

$$\xi = \frac{r_A + r_B}{R}, \qquad \eta = \frac{r_A - r_B}{R} \qquad \textbf{(12.2)}$$

여기서 ϕ는 핵간 축 주위로 회전하는 각도이다. 상수 ξ와 η의 표면은 각각 A와 B에 초점이 있는 회전(revolution)에 대한 공초점(confocal)의 타원면과 쌍곡면이다. 2차

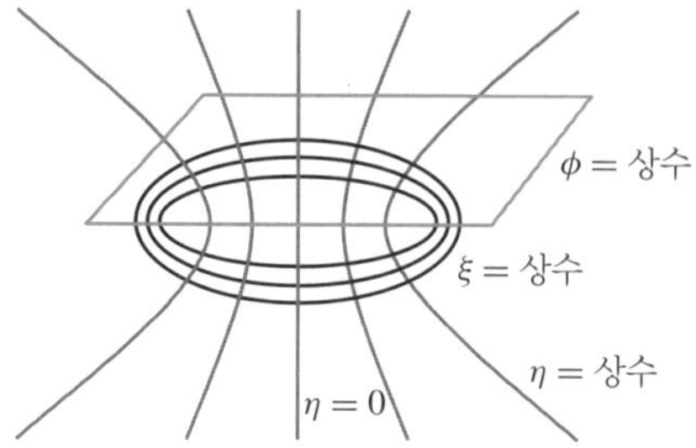

그림 12.1 장 구면좌표계(prolate spheroidal coordinate).

원 유사성은 두 초점까지의 거리의 합이 상수가 되는 점의 궤적인 타원인데, 이는 해석 기하학에서는 익숙한 것이다. 유사하게 쌍곡선은 두 초점까지의 거리의 *차이*가 상수인 궤적이다. 그림 12.1은 상수 ξ, η, ϕ의 몇 가지 표면을 보여주고 있다. 세 좌표의 영역은 $1 \leq \xi \leq \infty$, $-1 \leq \eta \leq 1$, $0 \leq \phi \leq 2\pi$이다. 구면 극좌표계가 수소 원자에 대해 적당한 선택이었던 것과 마찬가지로, 장 구면좌표계는 H_2^+ 문제의 자연적 대칭에 들어맞는다.

H_2^+에 대한 Schrödinger 방정식의 처음 몇 개의 해를 그림 12.3에 에너지가 증가하는 순서대로 대략적으로 그렸다. 파동 함수의 ϕ-의존성은 다음 요소에 포함되어 있다.

$$\Phi(\phi) = e^{i\lambda\phi}, \qquad \lambda = 0, \pm1, \pm2 \ldots \tag{12.3}$$

이는 원자 오비탈에 있어서 ϕ-의존성과 동일하다. 사실상 양자수 λ는 핵간 축을 따라 나타나는 각운동량의 성분[축(원통형) 대칭을 갖는 계에서 분명한 값을 갖는 유일한 성분인]을 나타낸다. 양자수 ℓ이 원자 오비탈에 대한 기본 모양을 결정하듯이, 양자수 λ는 이원자 분자 오비탈의 기본 모양을 결정한다. 유사한 코드(code)가 사용된다: $\lambda = 0$에 대해서는 σ, $\lambda = \pm1$에 대해서는 π, $\lambda = \pm2$에 대해서는 δ 등. H_2^+ 파동 함수의 두 번째 분류는 *반전성*(parity)라고 알려져 있는 분자의 중심을 통해 반전시킬 때의 대칭과 연관된다(그림 12.2 참조). $\psi(-\mathbf{r}) = +\psi(\mathbf{r})$이면, 함수는 *gerade* 또는 짝 반전성(even parity)으로 분류하고, 오비탈 표시를 σ_g 또는 π_g처럼 하첨자 g

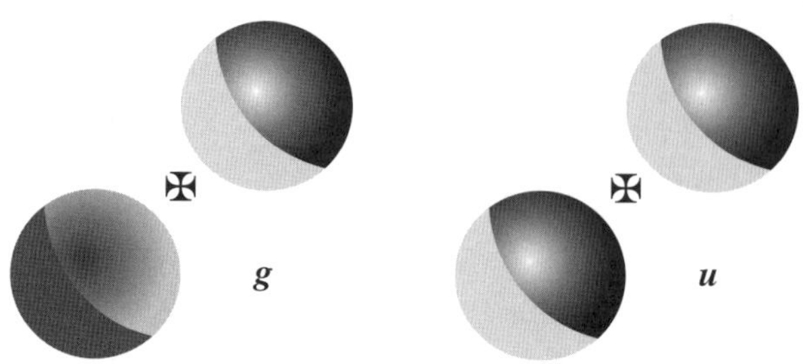

그림 12.2 반전 대칭 분류.

로 표시한다. $\psi(-\mathbf{r}) = -\psi(\mathbf{r})$이면, 함수는 *ungerade* 또는 홀 반전성(odd parity)으로 분류하고, 오비탈 표시를 σ_u 또는 π_u로 표시한다. 한편 원자 오비탈 또한 반전 대칭에 의해 분류될 수도 있지만 모든 s와 d AO는 g인 반면, 모든 p와 f는 u이므로 더 이상 표시가 필요하지 않다.

주어진 대칭의 MO는 $1\sigma_g$, $2\sigma_g$, $3\sigma_g$처럼 에너지가 증가하는 순서대로 번호를 매긴다. 에너지가 가장 낮은 오비탈은 예상할 수 있듯이 마디가 없다. 이것은 분명히 원통형 대칭($\lambda = 0$)과 반전 대칭(g)을 갖는다. 이는 이런 종류의 첫 번째 오비탈이기 때문에 $1\sigma_g$라고 표기한다. 다음 에너지를 갖는 오비탈은 $\eta = 0$인 하나의 마디면을 가지며, 축에 수직이다. 이 함수는 여전히 원통형 대칭(σ)이지만 반전에 대해서는 부호가 바뀐다(u). 이것도 이런 종류의 첫 번째 오비탈이기 때문에 $1\sigma_u$라고 표기한다. 그 다음 에너지가 높은 오비탈은 안쪽 타원 마디를 가지고 있다. 이것은 가장 에너지가 낮은 오비탈과 대칭이 같으며 $2\sigma_g$라고 표기한다. 다음 순서는 $2\sigma_u$ 오비탈인데 평면과 타원 마디를 모두 가지고 있다. 다음으로는 $\phi =$ 상수인 각각 핵간 축을 포함하는 마디면을 갖는 두 개의 축퇴된 π-오비탈이 나타난다. 이것은 $1\pi_u$이다. 두 번째 $1\pi_u$-오비탈은 그림 12.3에는 나타내지 않았지만 모양이 똑같고 90°로만 회전되어 있다. $3\sigma_g$ 오비탈은 $\eta = \pm$상수인 두 개의 쌍곡선(hyperboloidal) 마디면을 갖는다. $1\pi_g$도 이중으로 축퇴되어 있는데, $\eta = 0$이고 $\phi =$ 상수인 두 개의 마디면을 갖는다. 우리가 고려한 마지막 오비탈인 $3\sigma_u$은 $\eta =$ 상수인 세 개의 마디면을 갖는다.

MO는 두 원자의 결합을 촉진하면 *결합성 오비탈*로 분류된다. 일반적으로 결합성 MO는 AO들 사이의 보강 간섭의 결과로서, 핵 사이 영역에 전자 전하의 상당한 축적이 있으므로 그들의 상호간의 반발력을 축소시킨다. $1\sigma_g$, $2\sigma_g$, $1\pi_u$, $3\sigma_g$는 분명히 결합성 오비탈이다. 상쇄 간섭 때문에 핵의 차폐에 그다지 기여하지 *않는* MO는

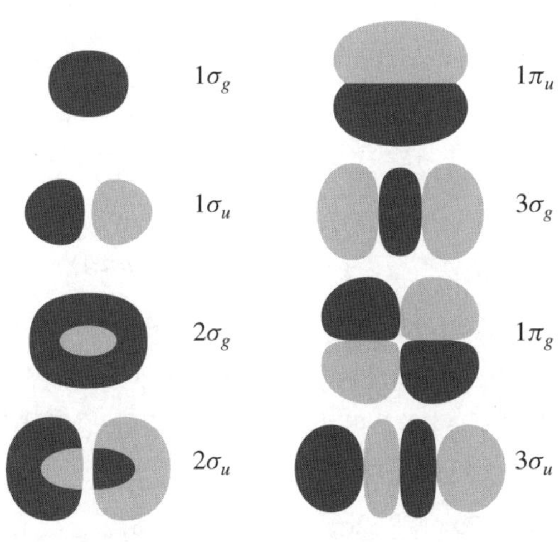

그림 12.3 H_2^+ 분자 오비탈. 파동 함수에서 양수는 진한 회색으로, 음수는 연한 회색으로 나타내었다.

*반결합성 오비탈*로 분류된다. $1\sigma_u$, $2\sigma_u$, $1\pi_g$, $3\sigma_u$가 이 영역에 속한다. 종종 반결합성 MO는 σ^*나 π^*로도 표시한다.

H_2^+의 실제 바닥 상태는 채워진 $1\sigma_g$을 갖는다. 평형 핵간 거리 R_e는 2.00 bohr이고 결합 에너지 D_e는 2.79 eV로서 상당히 강한 화학 결합을 나타낸다. $1\sigma_u$는 반발 상태이고 바닥 상태 $1\sigma_g$로부터 $1\sigma_u$로 전이가 일어나면 분자는 점차적으로 해리된다.

12.2 LCAO 근사법

그림 12.4에는 $1\sigma_g$와 $1\sigma_u$ 오비탈을 핵간 축에 해당하는 z의 함수로 그려 놓았다. 두 함수 모두 두 핵 A와 B의 위치에 기울기가 불연속적인 뾰족한 끝 부분이 있다. 수소 원자의 $1s$ 오비탈도 이와 같이 똑같은 뾰족한 끝 부분이 있다. $1\sigma_g$와 $1\sigma_u$ 모양으로 미루어 볼 때 이들은 다음과 같이 각각 수소 원자의 $1s$ 오비탈의 합과 차로 근사적으로 쓸 수 있다.

$$\psi(1\sigma_{g,u}) \approx \psi(1s_A) \pm \psi(1s_B) \tag{12.4}$$

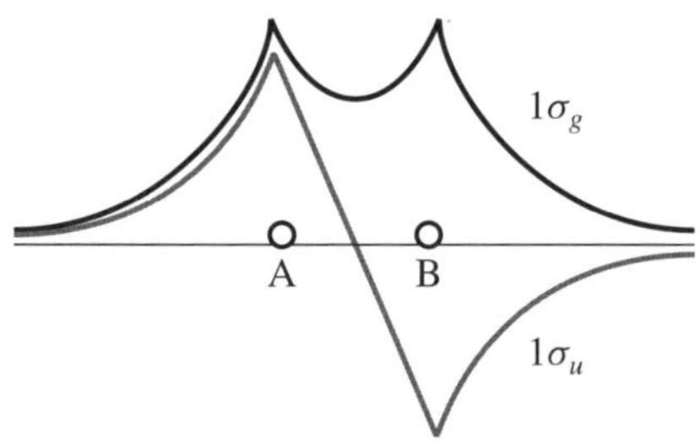

그림 12.4 핵간 거리를 따라 그려진 H_2^+ 오비탈.

원자 오비탈의 선형 조합(linear combination of atomic orbital)은 소위 LCAO 근사법이라 부른다. 그림 12.3에 그려진 다른 오비탈들은 근사적으로 다음과 같다.

$$\begin{aligned}\psi(2\sigma_{g,u}) &\approx \psi(2s_A) \pm \psi(2s_B),\\ \psi(3\sigma_{g,u}) &\approx \psi(2p\sigma_A) \pm \psi(2p\sigma_B),\\ \psi(1\pi_{u,g}) &\approx \psi(2p\pi_A) \pm \psi(2p\pi_B)\end{aligned} \tag{12.5}$$

$2p\sigma$ 원자 오비탈은 $2p_z$를 의미하는 것으로 σ-결합의 축 대칭을 가지고 있다. 마찬가지로 $2p\pi$는 $2p_x$ 또는 $2p_y$를 의미하는데 π-결합을 형성하도록 위치한다. 이원자 분자 오비탈들이 만들어진 원래 원자 오비탈을 명시하고 결합/반결합 특성을 분명히 나타내기 위해 다음과 같이 쓰기도 한다:

$1\sigma_g$	$1\sigma_u$	$2\sigma_g$	$2\sigma_u$	$3\sigma_g$	$3\sigma_u$	$1\pi_u$	$1\pi_g$
$\sigma 1s$	$\sigma^* 1s$	$\sigma 2s$	$\sigma^* 2s$	$\sigma 2p$	$\sigma^* 2p$	$\pi 2p$	$\pi^* 2p$

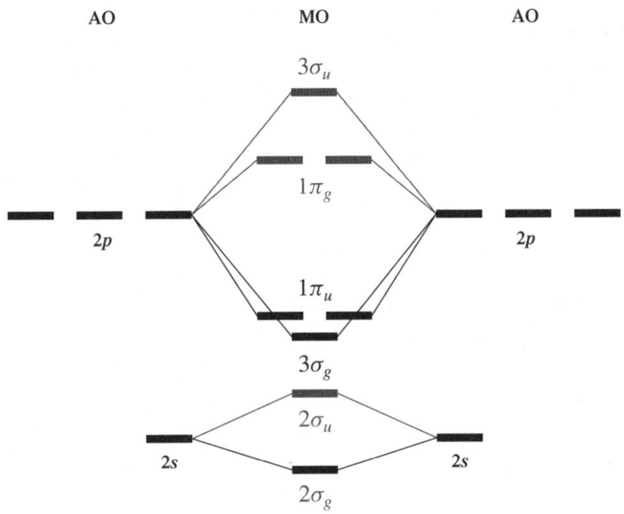

그림 12.5 분자-오비탈 상관 다이어그램. $1s \rightarrow 1\sigma_g$, $1\sigma_u$는 2s 상관과 유사하다.

정확한 H_2^+ 함수는 작업하기가 너무 복잡하기 때문에 분자-오비탈 이론의 거의 대부분의 적용은 LCAO 접근법에 기초를 두고 있다. MO와 그들의 구성인 AO 사이의 관계는 그림 12.5와 같이 관계 다이어그램을 통해 표현할 수 있다.

LCAO는 오비탈 함수의 *합*(addition)을 포함한다. 대조적으로 제9장에서는 2-전자 파동 함수를 구성하기 위해 오비탈을 *곱*(multiplied)하였다. 다음 간단한 규칙을 기억한다면 혼동하지 않을 것이다.

> *오비탈 함수는 그들이 같은 전자에 포함될 때는 더하고*
> *그들이 다른 전자에 포함될 때는 곱한다.*

Slater 행렬 같은 합성 다-전자 파동 함수는 반대칭에 대해서는 *곱의 합*(sums of products)을 포함한다.

12.3 동핵 이원자 분자의 MO 이론

H_2부터 Ne_2까지 모든 동핵 이원자 종의 바닥 상태의 Aufbau를 설명하기 위해서는 상당히 많은 수의 오비탈이 사용된다. 표 12.1에 결과를 요약해 두었다. MO가 채워지는 순서는 대략적으로 다음과 같다.

$$1\sigma_g < 1\sigma_u < 2\sigma_g < 2\sigma_u < 3\sigma_g \sim 1\pi_u < 1\pi_g < 3\sigma_u$$

$3\sigma_g$와 $1\pi_u$의 상대적인 순서는 $4s$와 $3d$ 원자 오비탈을 포함하는 상황과 매우 흡사하

표 12.1 동핵 이원자 분자

분자	전자 배치	결합 차수	D_e/eV	R_e/Å
H_2^+	$1\sigma_g \quad {}^2\Sigma_g^+$	0.5	2.79	1.06
H_2	$1\sigma_g^2 \quad {}^1\Sigma_g^+$	1	4.75	0.741
He_2	$1\sigma_g^2 1\sigma_u^2 \quad {}^1\Sigma_g^+$	0	0.0009[a]	3.0
	$1\sigma_g^2 1\sigma_u 2\sigma_g \quad {}^3\Sigma_u^+$[b]	1	2.6	1.05
He_2^+	$1\sigma_g^2 1\sigma_u \quad {}^2\Sigma_u^+$	0.5	2.5	1.08
Li_2	$1\sigma_g^2 1\sigma_u^2 2\sigma_g^2 \quad {}^1\Sigma_g^+$	1	1.07	2.67
Be_2	$1\sigma_g^2 1\sigma_u^2 2\sigma_g^2 2\sigma_u^2 \quad {}^1\Sigma_g^+$	0	0.1	2.5
B_2	$\ldots 1\pi_u^2 \quad {}^3\Sigma_g^-$[c]	1	3.0	1.59
C_2	$\ldots 1\pi_u^4 \quad {}^1\Sigma_g^+$	2	6.3	1.24
N_2	$\ldots 1\pi_u^4 3\sigma_g^2 \quad {}^1\Sigma_g^+$	3	9.91	1.10
N_2^+	$\ldots 1\pi_u^4 3\sigma_g \quad {}^2\Sigma_g^+$	2.5	8.85[d]	1.12
O_2	$\ldots 3\sigma_g^2 1\pi_u^4 1\pi_g^2 \quad {}^3\Sigma_g^-$[c,e]	2	5.21	1.21
O_2^+	$\ldots 3\sigma_g^2 1\pi_u^4 1\pi_g \quad {}^2\Pi_g$	2.5	6.78[d]	1.12
F_2	$\ldots 1\pi_u^4 3\sigma_g^2 1\pi_g^4 \quad {}^1\Sigma_g^+$	1	1.66	1.41
Ne_2	$\ldots 1\pi_u^4 3\sigma_g^2 1\pi_g^4 3\sigma_u^2 \quad {}^1\Sigma_g^+$	0	0.0036[a]	3.1

[a] 반데르발스 결합
[b] 수명 $\approx 10^{-4}$ 초
[c] Hund 규칙을 적용
[d] 이온화 효과와 결합 에너지를 비교
[e] MO 이론에 의해 예측된 O_2의 상자기성

게 다른 MO가 채워지는 것에 따라 달라진다. 광전자 분광학의 결과에 의하면 $1\pi_u$가 N_2까지는 더 낮지만 그 다음부터는 $3\sigma_g$가 더 낮다.

원자 항 기호 S, P, D...와 유사하게 분자 항 기호 Σ, Π, Δ...으로 총 궤도 각운동량의 축 성분을 나타낼 수 있다. π-껍질이 완전히 채워지거나(4 전자) 또는 절반 채워질 때는(2 전자), 오비탈 각운동량은 0이 되고 항 기호는 Σ가 된다. 스핀 다중도는 원자일 때와 완전히 유사하다. 총 반전성도 마찬가지로 하첨자 g 또는 u로 표현된다. 다-전자 파동 함수가 개개 MO의 곱으로 형성되기 때문에, 총 반전성은 단지 분자가 u 오비탈에 홀수인 경우만 odd이다. 따라서 σ_u^2나 π_u^2 부껍질은 g처럼 변환한다.

Σ 항에 대해서 상첨자 ±는 핵간 축을 포함하는 평면에 투영할 때 파동 함수의 부호 변화를 나타낸다. 이것은 변수에 있어서 부호 변화 $\phi \to -\phi$와 같다. 이 대칭은 분광학 선택 규칙을 다룰 때 필요하다. 스핀 쌍 π_u^2 부껍질에서 삼중항 스핀 함수는 대칭이므로 오비탈 요소는 다음 형태의 반대칭이 되어야 한다.

$$\frac{1}{\sqrt{2}}\left[\pi_x(1)\pi_y(2) - \pi_y(1)\pi_x(2)\right] \tag{12.6}$$

이는 핵간 축을 포함하는 평면에 투영할 때 $x \rightarrow x$이지만 $y \rightarrow -y$이므로 부호가 바뀔 것이다. 우리가 단지 기억할 것은 π_u^2 부껍질은 항 기호가 ${}^3\Sigma_g^-$이 된다는 것이다.

채워진 MO의 알짜 결합 효과는 *결합 차수*(결합성 MO에 채워진 전자의 수에서 반결합성 MO에 채워진 전자의 수를 뺀 다음 2로 나눈 값)에 의해 결정된다. 이러한 정의는 MO 결과를 Lewis의 단일, 이중, 삼중 결합(원자가-결합)과 일치시키는 것이다. 따라서 MO 이론에서는 단일 결합 오비탈에 의해 함께 결합되어 있는 H_2^+에서처럼 결합 차수 1/2도 가능하다. 헬륨이나 네온 원자가 훨씬 더 약한 반데르발스 힘에 의해 함께 집단을 이룰 수 있을지라도, 결합 차수가 0이라 함은 일반적으로 안정한 화학 결합이 없다는 뜻이다. 분자 오비탈 이론은 He_2의 ${}^3\Sigma_u^+$ 들뜬 상태(반결합 전자 중 하나가 들뜬 결합 오비탈로 전이된 상태)의 순간적 안정성을 성공적으로 설명하였다. 이 화학종은 광자를 방출하고 불안정한 바닥 상태로 되돌아올 때까지의 수명이 약 10^{-4}초 정도이다. MO 이론의 또 다른 성공적 예측은 중성 분자와 비교하여 양이온 N_2^+와 O_2^+의 상대적인 결합 에너지를 고찰하는 것이다. 이온화에 의해 N–N 결합은 결합성 전자를 잃으므로 결합이 더 약해지는 반면 O–O 결합은 반결합성 전자를 잃으므로 결합이 더 강해진다.

분자 오비탈 이론의 초기 성공 중 하나는 산소 분자가 상자기성(paramagnetic)임을 예측한 것이다. 그림 12.6은 액체 O_2가 영구 자석의 극 사이에 붙잡히는 자기성 물질임을 보여주고 있다. 상자기성은 절반이 채워진 $1\pi_g^2$ 부껍질 때문에 생긴다. Hund 규칙에 의하면 두 전자는 두 축퇴되어 있는 $1\pi_g$ 오비탈을 스핀이 *평행하게* 각각 하나씩 채운다. 항 기호는 ${}^3\Sigma_g^-$이고, 따라서 분자는 스핀 각운동량이 0이 아니며 알짜 자기 모멘트를 갖고 외부 자기장과 상호작용한다. Linus pauling은 상자기성 산소 분석자를 개발하였으며, 이 분석자는 의학 기술에 오랫동안 매우 광범위하게 사용되었다.

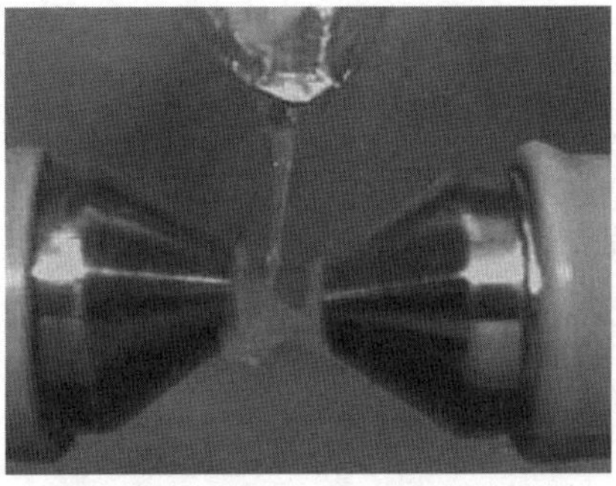

그림 12.6 영구 자석의 두 극에 붙잡혀 있는 푸른색 액체 O_2를 보여주는 시범 실험.

12.4 분자 오비탈의 변분 계산

지금까지 우리는 MO 이론을 주로 서술적인 면에서 접근하였다. 더 정량적으로 취급하기 위해 H_2^+ 바닥 상태에 대한 LCAO 근사에 대한 식 (12.4)를 다음과 같이 쓸 수 있다.

$$\psi = c_A \psi_A + c_B \psi_B \tag{12.7}$$

이것을 변분 원리에서 시도 함수로 사용하면 다음과 같이 쓸 수 있는데

$$E(c_A, c_B) = \frac{\int \psi H \psi \, d\tau}{\int \psi^2 \, d\tau}, \tag{12.8}$$

여기서 H는 식 (12.1)로부터 가져온 Hamiltonian이다. 사실상 이 방정식은 단지 H_2^+에 대한 해뿐만 아니라 어떠한 분자 오비탈에도 더 일반적으로 적용될 수 있다. 일반적인 경우에 H는 주어진 오비탈의 분자 환경에 의해 결정되는 *유효한* 일-전자 Hamiltonian을 나타낼 것이다. 에너지 표현은 어떤 복잡한 적분을 포함하고 있지만 표준 형태로 표현함으로써 어느 정도 단순화시킬 수 있다. Hamiltonian 행렬 요소는 다음과 같이 정의된다.

$$H_{AA} = \int \psi_A H \psi_A \, d\tau, \qquad H_{BB} = \int \psi_B H \psi_B \, d\tau,$$
$$H_{AB} = H_{BA} = \int \psi_A H \psi_B \, d\tau \tag{12.9}$$

또한 겹침 적분은 다음과 같이 주어진다.

$$S_{AB} = \int \psi_A \psi_B \, d\tau \tag{12.10}$$

함수 ψ_A와 ψ_B가 정규화되어 있다고 가정하면, 변분 에너지 (12.8)은 다음으로 축소된다.

$$E(c_A, c_B) = \frac{c_A^2 H_{AA} + 2c_A c_B H_{AB} + c_B^2 H_{BB}}{c_A^2 + 2c_A c_B S_{AB} + c_B^2} \tag{12.11}$$

MO를 최적화하기 위해, c_A와 c_B에 있는 변분에 대해서는 다음 두 조건에 의해 결정되는 E의 최소값을 찾는다.

$$\frac{\partial E}{\partial c_A} = 0, \qquad \frac{\partial E}{\partial c_B} = 0 \tag{12.12}$$

결과는 에너지의 두 값을 결정하는 다음 *영년 방정식*(secular equation)이다.

$$\begin{vmatrix} H_{AA} - E & H_{AB} - ES_{AB} \\ H_{AB} - ES_{AB} & H_{BB} - E \end{vmatrix} = 0 \qquad \textbf{(12.13)}$$

H_2^+같은 동핵 이원자 분자의 경우에 대해 두 개의 Hamiltonian 행렬 요소 H_{AA}와 H_{BB}는 동일하며, α라고 한다. $H_{AB} = \beta$와 $S_{AB} = S$라 두면 영년 방정식은 다음과 같이 된다.

$$\begin{vmatrix} \alpha - E & \beta - ES \\ \beta - ES & \alpha - E \end{vmatrix} = (\alpha - E)^2 - (\beta - ES)^2 = 0, \qquad \textbf{(12.14)}$$

여기서 두 근은

$$E^{\pm} = \frac{\alpha \pm \beta}{1 \pm S} \qquad \textbf{(12.15)}$$

이다. 계산된 적분 α와 β는 보통 음수이므로, 결합 오비탈에 대해서는

$$E^{+} = \frac{\alpha + \beta}{1 + S} \qquad \text{(결합)} \qquad \textbf{(12.16)}$$

인 반면, 반결합에 대해서는

$$E^{-} = \frac{\alpha - \beta}{1 - S} \qquad \text{(반결합)} \qquad \textbf{(12.17)}$$

이다. $(E^- - \alpha) > (\alpha - E^+)$이므로 반결합과 연관된 에너지 증가는 결합에 대한 에너지 감소보다 약간 더 크다. 역사적으로 α는 *Coulomb 적분*(Coulomb integral), β는 *공명 적분*(resonance integral)이라고 부른다.

12.5 이종핵 분자

식 (12.13)으로 이끄는 변분 계산은 오비탈 ψ_A와 ψ_B가 동등하지 않은 이종핵 경우에도 적용될 수 있다. 행렬 요소 H_{AA}와 H_{BB}는 근사적으로 원자 오비탈 ψ_A와 ψ_B의 에너지, 말하자면 E_A 및 E_B와 동등하다. 여기서 $E_A > E_B$이다. 일반적으로 $|E_A|$, $|E_B| \gg |H_{AB}|$가 성립한다. 이와 같이 단순화하면 영년 방정식은 다음과 같이 쓸 수 있다.

$$\begin{vmatrix} E_A - E & H_{AB} - ES_{AB} \\ H_{AB} - ES_{AB} & E_B - E \end{vmatrix} = (E_A - E)(E_B - E) - (H_{AB} - ES_{AB})^2 = 0 \qquad \textbf{(12.18)}$$

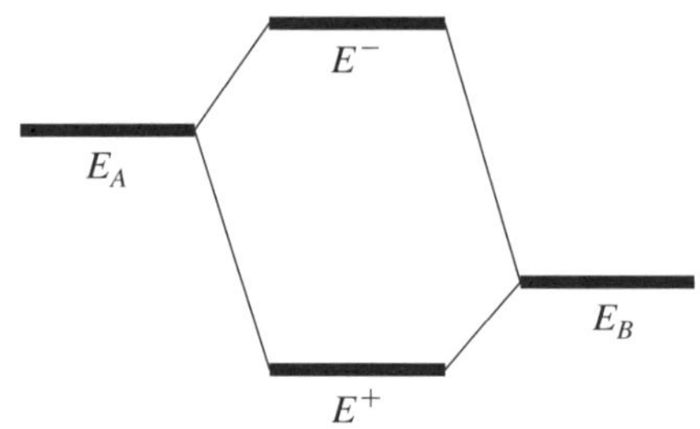

그림 12.7 이종핵 경우에 결합성과 반결합성 분자 오비탈에 대한 관계 다이어그램.

이 식은 다시 다음과 같이 배열할 수 있다.

$$E - E_A = \frac{(H_{AB} - ES_{AB})^2}{E - E_B} \tag{12.19}$$

E_A에 가장 가까운 근을 측정하기 위해, 식의 오른쪽에 있는 E를 E_A로 치환하면 다음이 된다.

$$E^- \approx E_A + \frac{(H_{AB} - E_A S_{AB})^2}{E_A - E_B} \tag{12.20}$$

유사하게 다른 근은

$$E^+ \approx E_B - \frac{(H_{AB} - E_B S_{AB})^2}{E_A - E_B} \tag{12.21}$$

이 된다. 이러한 AO와 MO의 상대적인 에너지는 그림 12.7에 나타낸 관계 다이어그램에 의해 표현된다.

식 (12.20~12.21)을 분석해 보면 두 원자 오비탈 ψ_A와 ψ_B가 유효한 분자 오비탈을 형성하기 위해서는 다음 조건들을 만족해야 한다는 것을 알 수 있다.

1. AO들은 서로 호환되는 대칭을 가져야 한다:

예를 들어, ψ_A와 ψ_B는 σ-결합을 형성하기 위해서는 s나 $p\sigma$이어야 하고, π-결합을 형성하기 위해서는 $p\pi$(같은 배향을 가진)이어야 한다.

2. ψ_A와 ψ_B의 전하 구름은 가능한 한 많이 중첩되어야 한다.

이것이 탄소에서 s와 p 오비탈을 혼성화해야 하는 이유이다. S_{AB} 값이 더 크다는 것은 H_{AB} 값이 더 크다는 것을 의미한다.

3. 에너지 E_A와 E_B는 호환되는 크기여야 한다.

그렇지 않다면 식 (12.20)과 (12.21)에 있는 분모가 너무 커져서 MO는 고유한 AO

와 그다지 큰 차이가 나지 않을 것이다. 대략적 기준은 E_A와 E_B가 약 0.2 hartree 또는 5 eV 이내가 되어야 한다. 예를 들어, 염소의 3p 오비탈은 −13.0 eV의 에너지를 가지는데, 수소 1s의 에너지 −13.6 eV와 비슷한 크기이다. 따라서 이들은 상호작용하여 HCl에서 강한 결합성 MO(반결합성 MO와 더불어)를 형성한다. 염소 3s의 에너지는 −24.5 eV로 수소와 상호작용하는 것은 가능하지만 유효한 결합은 형성할 수 *없다*. 일반적으로 AO-에너지 차가 더 클수록 결합은 더 극성이 된다. 극단적인 경우는 이온 결합이다. 이 경우는 유효한 MO가 형성되지 않으나 두 전자가 모두 낮은 AO를 차지한다.

12.6 전기음성도

화학 결합의 특성은 결합된 원자 사이의 전기음성도 차이에 따라 달라진다. 전기음성도는 원자의 전자 전하를 끌어당기는 능력의 척도로서 Pauling에 의해 최초로 도입되었다. 그는 두 원자 X와 Y 사이의 전기음성도 χ의 차이에 대해 다음 식을 제안하였다.

$$\left|\chi_{\mathrm{X}} - \chi_{\mathrm{Y}}\right| = 0.102\left[D_{\mathrm{XY}} - \frac{1}{2}(D_{\mathrm{XX}} - D_{\mathrm{YY}})\right]^{1/2} \tag{12.22}$$

여기서 D는 kJ/mol(1 eV = 96.485 kJ/mol)로 나타낸 이원자 분자의 해리 에너지이다. 다음은 몇 가지 원소들에 대한 전통적인 전기음성도 값이다.

	Na	Si	B	P	H	C	S	N	Cl	O	F
χ	0.93	1.90	2.04	2.19	2.20	2.55	2.58	3.04	3.16	3.44	3.98

전기음성도 차이 $\Delta\chi$와 공유 결합에서 이온성 비율 사이의 실험적 관계가 Hannay와 Smythe(1946)에 의해 다음과 같이 제시되었다.

$$\text{이온성 \%} \approx 16\,\Delta\chi + 3.5(\Delta\chi)^2 \tag{12.23}$$

이원자 분자에 대해서 이온성 비율은 다음과 같이 정의된다.

$$\text{이온성 비율} = \frac{\mu(XY)}{\mu(X^+Y^-)} = \frac{\mu}{eR_e} \tag{12.24}$$

여기서 μ는 관측된 쌍극자 모멘트이고 R_e는 평형 핵간 거리이다. 100% 이온 결합에 대해서 양전하와 음전하는 거리 R_e에 의해서 분리될 것이다. 예로서 HF는 1.82 D의 쌍극자 모멘트를 가지고 있다. 1 debye 단위(D)는 3.336 × 10^{-30} C m와 같다. R Å 만큼 분리되어 있는 전하 ±e에 대해, 단순한 수치적 관계는 μ = 4.80R debye이다.

HF에 대해 $R_e = 0.916$ Å이므로, 결합은 41% 이온성이다. 식 (12.23)에 $\Delta\chi = 1.78$을 대입하면 40% 이온성을 예측할 수 있다.

Mulliken은 원자의 이온화 에너지 I와 전자 친화도 A의 값을 이용하여 전기음성도를 다르게 정의하였다. 이온화 에너지는 $X \rightarrow X^+ + e$ 반응에 대한 ΔE와 같고, 전자 친화도는 $X^- \rightarrow X + e$ 반응에 대한 ΔE와 같다. 근사적으로,

$$I \approx -E_{\text{HOMO}}, \qquad A \approx -E_{\text{LUMO}} \tag{12.25}$$

이다. 엄밀히 말해서, 이들 에너지는 원자의 적당한 *원자가 상태*를 감안해야 한다. 이제 가상적인 또 다른 원자의 이온화 반응을 고려해 보자:

$$X + Y \longrightarrow \begin{cases} X^+ + Y^- \\ X^- + Y^+ \end{cases}$$

첫 번째 반응에 대해서는 $\Delta E_1 = I_X - A_Y$이고, 두 번째 반응에 대해서는 $\Delta E_2 = I_Y - A_X$이다. 만일 X와 Y의 전기음성도가 같다면 $\Delta E_1 = \Delta E_2$가 되고 $I_X + A_X = I_Y + A_Y$이다. 따라서 원소에 대한 Mulliken의 전기음성도 정의를 다음과 같이 I와 A의 평균(eV의 단위로)으로 제안할 수 있다.

$$\chi = \frac{I + A}{2} \tag{12.26}$$

Mulliken과 Pauling 척도와의 관계는 근사적으로 다음과 같다.

$$\chi_{\text{P}} \approx 1.35\,(\chi_{\text{M}})^{1/2} - 1.37 \tag{12.27}$$

전기음성도와 비슷한 계수는 Pearson과 Parr(1983)에 의해 도입된 *경도*(hardness)이다.

$$\eta = \frac{I - A}{2} \approx \frac{1}{2}(E_{\text{LUMO}} - E_{\text{HOMO}}) \tag{12.28}$$

이것은 다음과 같은 불균등(disproportionation) 반응에 대한 ΔE에 해당한다.

$$X \rightarrow \frac{1}{2}X^+ + \frac{1}{2}X^-$$

이러한 반응은 X의 경도가 증가하기 때문에 점차로 어려워진다. 따라서 경도는 전하 분리에 대한 *저항*(resistance)의 척도이다; 더 일반적으로 HOMO-LUMO 에너지 간격에 대한 관계와 일치하는 화학 반응성에 대한 저항.

연습 문제

12.1 H_2^+ 문제에서 변수 분리 후에 함수 $\Xi(\xi)$가 다음 미분 방정식을 따른다고 밝혀졌다.

$$\frac{d}{d\xi}\left[(\xi^2-1)\frac{d\Xi}{d\xi}\right]+\left(A+2R\xi+\frac{1}{4}R^2E\xi^2-\frac{\lambda^2}{\xi^2-1}\right)\Xi(\xi)=0$$

여기서 A는 상수, R는 핵간거리, λ는 각운동량 양자수(정수), E는 에너지(결합된 상태에 대해 음의 값)이다. $\xi\to\infty$로 갈 때 위 방정식의 점근해를 구하라.

12.2 LCAO 함수 $\psi=N(\psi_A\pm\psi_B)$를 고려하자. 여기서 ψ_A와 ψ_B는 정규화되어 있고 그들의 겹침 적분은 S와 같다. $N=[2(1\pm S)]^{-1/2}$일 때 ψ는 정규화됨을 보여라.

12.3 H_2 분자에 대한 이-전자 오비탈 함수를 각 MO에 대한 LCAO를 가정하고 다음과 같이 쓴다.

$$\psi(1,2)=\psi_{1\sigma g}(1)\,\psi_{1\sigma g}(2)$$

이 결과를 확장하여 이것이 대응하는 원자가-결합 파동 함수에 어떻게 연관되는지 보여라. 왼쪽 항의 의미는 무엇인가?

12.4 다음 각 화학종들의 바닥 상태 전자 배치, 항 기호, 결합 차수를 써라.

$$N_2^+,\ N_2,\ N_2^-$$

12.5 Superoxide ion O_2^-과 peroxide ion O_2^{2-}에 대한 바닥 상태 전자 배치와 항 기호를 예측하라.

12.6 O_2의 두 개의 가장 낮은 단일항 들뜬 상태에 대한 전자 배치와 항 기호를 제안하라. (**힌트**: $2s$-$2p$ 혼성화가 관련된다.)

12.7 He_2와는 다르게 Be_2 분자는 왜 약하게 결합된 상태인지($D_2\approx 0.1$ eV) 설명하라. (**힌트**: $2s$-$2p$ 혼성화가 관련된다.)

12.8 거리 R(bohr 단위)만큼 분리되어 있는 핵들에 있는 $1s$와 $2p\sigma$ 오비탈 사이의 겹침 적분은 다음과 같이 주어진다.

$$S=\left(R+R^2+\frac{R^3}{3}\right)e^{-R}$$

최대 겹침을 나타내는 R을 결정하라. (HF에서 핵간 거리는 0.916 Å라는 것이 흥미롭다.)

제13장 다원자 분자와 고체

Polyatomic molecules and solids

13.1 Hückel 분자 오비탈 이론

분자 오비탈 이론은 특히 단일 결합과 이중 결합이 번갈아가며 나타나는 탄소 원자의 사슬을 포함하는 큰 공액 계(conjugated system)에 매우 성공적으로 적용되었다. 1931년 Hückel에 의해 도입된 근사는 σ-결합의 틀에서 움직이는 비편재화된 p-전자만 고려한다. 이것은 사실상 제3장에서 도입된 자유-전자 모형의 더 수준 높은 형태이다. 여기서는 부타디엔 CH_2=CH–CH=CH_2를 사용하는 모형을 예시로 들어보자. 탄소 골격의 평면에 마디를 갖는 네 개의 p 원자 오비탈(p_1, p_2, p_3, p_4로 표시한)로부터 다음 LCAO 접근법을 확장하여 네 개의 π 분자 오비탈을 구성할 수 있다:

$$\psi = c_1 p_1 + c_2 p_2 + c_3 p_3 + c_4 p_4 \tag{13.1}$$

선형 변분법을 적용하면, MO의 에너지는 다음 4×4 영년 방정식의 근이다.

$$\begin{vmatrix} H_{11} - \epsilon & H_{12} - \epsilon S_{12} & \dots \\ H_{12} - \epsilon S_{12} & H_{22} - \epsilon & \dots \\ \dots & \dots & \dots \end{vmatrix} = 0 \tag{13.2}$$

이제 네 개의 단순화된 가정이 만들어진다:

(1) 모든 겹침 적분 S_{ij}는 충분히 작아서 0으로 놓을 수 있다.

p-오비탈이 그들의 결합 방향에 수직으로 놓여 있기 때문에 이것은 꽤 합리적이다.

(2) 이웃하지 않는 원자 사이의 모든 공명 적분 H_{ij}는 0으로 놓을 수 있다.
(3) 이웃하는 원자 사이의 모든 공명 적분 H_{ij}는 β로 놓을 수 있다.
(4) 모든 Coulomb 적분 H_{ii}는 α로 놓을 수 있다.

따라서 영년 방정식은 다음과 같이 주어진다.

$$\begin{vmatrix} \alpha-\epsilon & \beta & 0 & 0 \\ \beta & \alpha-\epsilon & \beta & 0 \\ 0 & \beta & \alpha-\epsilon & \beta \\ 0 & 0 & \beta & \alpha-\epsilon \end{vmatrix} = 0 \tag{13.3}$$

이 식을 β^4로 나누고 x를 다음과 같이 정의하면

$$x = \frac{\alpha-\epsilon}{\beta} \tag{13.4}$$

식 (13.3)은 다음과 같이 더욱 단순화된다.

$$\begin{vmatrix} x & 1 & 0 & 0 \\ 1 & x & 1 & 0 \\ 0 & 1 & x & 1 \\ 0 & 0 & 1 & x \end{vmatrix} = 0 \tag{13.5}$$

이 식은 본질적으로 분자에 대한 연결(connection) 행렬이다. 연결된 원자들의 각 쌍은 1로 나타내고, 연결되지 않은 각 쌍은 0으로 나타내며 각 대각선 요소는 x로 나타낸다. 행렬을 확장하면 다음 4차 멱급수 방정식이 된다.

$$x^4 - 3x^2 + 1 = 0 \tag{13.6}$$

이 식은 x^2에 대한 2차 방정식과 같으므로 근은 $x^2 = \left(3 \pm \sqrt{5}\right)/2$이 되며, 따라서 $x = \pm 0.618, \pm 1.618$이다. 이것은 다음 네 개의 MO 에너지 준위에 대응한다.

$$\epsilon = \alpha \pm 1.618\beta, \qquad \alpha \pm 0.618\beta \tag{13.7}$$

α와 β는 음수이므로 가장 낮은 MO들은 $\epsilon_{1\pi} = \alpha + 1.618\beta$와 $\epsilon_{2\pi} = \alpha + 0.618\beta$이며, $1\pi^2 2\pi^2$ 배치의 총 π-전자 에너지는 다음과 같다.

$$E_\pi = 2(\alpha + 1.618\beta) + 2(\alpha + 0.618\beta) = 4\alpha + 4.472\beta \tag{13.8}$$

식 (13.1)에 있는 계수 c_i는 이제 네 개의 연립 방정식을 풀면 구할 수 있다. 가장 낮은 에너지 $\epsilon_{1\pi}$에 대해서

$$\sum_{i=1}^{4} (H_{ij} - \epsilon_{1\pi}\delta_{ij}) c_j^{1\pi} = 0 \qquad j = 1, \ldots, 4 \tag{13.9}$$

이고, 유사하게 더 높은 MO에 대해서도 주어진다. 정규화된 Hückel MO는 다음과 같이 주어진다.

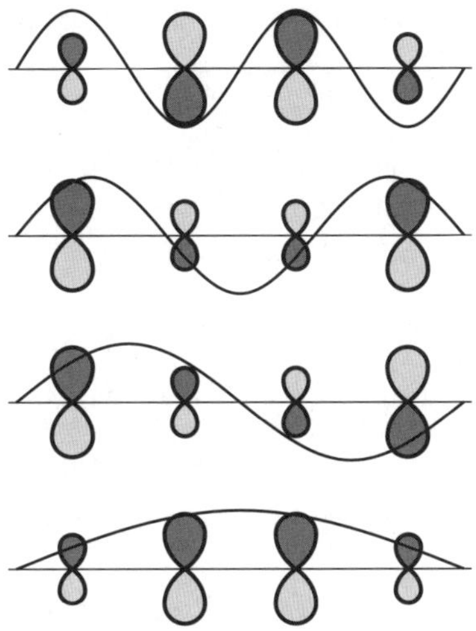

그림 13.1 부타디엔에 대한 Hückel 분자 오비탈. 양수 부분은 진한 회색으로, 음수 부분은 연한 회색으로 나타내었다. 대응하는 자유-전자 모형 파동 함수를 함께 나타내었다.

$$\begin{aligned}
\psi_{1\pi} &= 0.372p_1 + 0.602p_2 + 0.602p_3 + 0.372p_4,\\
\psi_{2\pi} &= 0.602p_1 + 0.372p_2 - 0.372p_3 - 0.602p_4,\\
\psi_{3\pi} &= 0.602p_1 - 0.372p_2 - 0.372p_3 + 0.602p_4,\\
\psi_{4\pi} &= 0.372p_1 - 0.602p_2 + 0.602p_3 - 0.372p_4
\end{aligned} \tag{13.10}$$

이 네 개의 오비탈의 개략적인 표현은 (13.10)에 있는 계수에 비례하는 각 p-오비탈의 스케일로 그림 13.1에 나타내었다. 이것은 3.3절에 있는 자유-전자 모형 파동 함수와 위상이 닮았다는 것을 알 수 있다.

Hückel 이론의 가장 간단한 적용인, 에틸렌 분자 $CH_2{=}CH_2$는 영년 방정식이 다음과 같다.

$$\begin{vmatrix} x & 1 \\ 1 & x \end{vmatrix} = 0 \tag{13.11}$$

이것은 에너지 값이 $\epsilon = \alpha \pm \beta$로 쉽게 풀린다. [$S = 0$일 때 식 (12.16) 및 (12.17)과 비교하라.] 가장 낮은 오비탈은 $\epsilon_{1\pi} = \alpha + \beta$이고 $1\pi^2$ 바닥 상태는 $E_\pi = 2(\alpha + \beta)$이다. 만일 부타디엔이 주된 원자가-결합 구조처럼 두 개의 편재화된 이중 결합을 갖는다면, π-전자 에너지는 $E_\pi = 4(\alpha + \beta)$로 주어진다. 이것을 Hückel 결과 (13.8)과 비교하면 에너지가 두 이중 결합 에너지보다 0.48β만큼 더 낮다는 것을 알 수 있다. 열화학적 데이터는 근사적으로 -17 kJmol^{-1}이다. 공액 계의 이러한 안정성은 *비편재화 에너지*라고 알려져 있다. 이것은 원자가-결합 이론에서 공명-안정화 에너지와 같다.

방향족 계는 Hückel 이론을 적용하기 가장 좋은 예이다. 벤젠에 대한 영년 방정식은 다음과 같다.

$$\begin{vmatrix} x & 1 & 0 & 0 & 0 & 1 \\ 1 & x & 1 & 0 & 0 & 0 \\ 0 & 1 & x & 1 & 0 & 0 \\ 0 & 0 & 1 & x & 1 & 0 \\ 0 & 0 & 0 & 1 & x & 1 \\ 1 & 0 & 0 & 0 & 1 & x \end{vmatrix} = 0 \qquad \textbf{(13.12)}$$

여기서 여섯 개의 근은 $x = \pm 2, \pm 1, \pm 1$이다. 에너지 준위는 $\epsilon = \alpha \pm 2\beta$와 이중으로 축퇴된 $\epsilon = \alpha \pm \beta$이다. 세 개의 가장 낮은 MO가 채워지면

$$E_\pi = 2(\alpha + 2\beta) + 4(\alpha + \beta) = 6\alpha + 8\beta \qquad \textbf{(13.13)}$$

가 된다. 세 개의 편재화된 이중 결합의 에너지는 $6\alpha + 6\beta$이므로 비편재화 에너지는 2β가 된다. 열역학적 데이터는 -152 kJmol^{-1}이다. 일련의 벤젠류 탄화수소에 대해 최소-자승법으로 구하면 $|\beta| \approx 2.72$ eV가 된다.

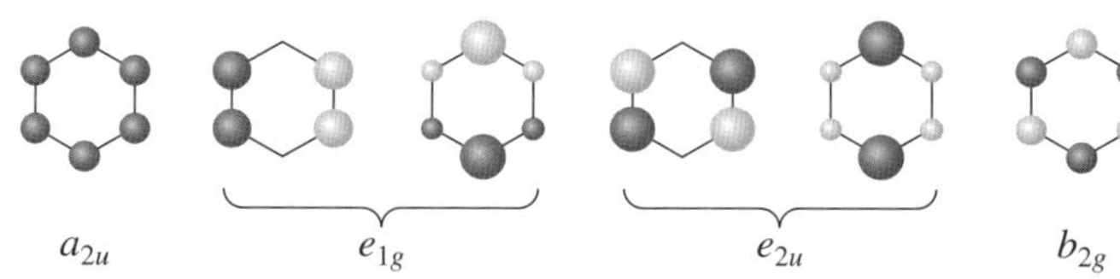

그림 13.2 벤젠에 대한 Hückel MO. 탄소 p 원자 오비탈의 계수는 고리의 크기에 비례한다(진한 색은 양수, 연한 색은 음수). 이것들은 p 오비탈이기 때문에 분자의 평면 또한 마디이다. e_{2u}와 b_{2g} 오비탈은 바닥 상태에서 채워져 있지 않다.

벤젠에 대한 여섯 개의 π-전자 분자 오비탈을 그림 13.2에 그려 놓았다. 오비탈에 대한 군-이론 표시는 제15장에서 설명할 것이다. 그림에서 분명히 알 수 있듯이 마디의 수는 에너지에 따라 증가한다. 바닥 상태 전자 배치는 $a_{2u}^2 e_{1g}^4$이다.

13.2 오비탈 대칭의 보존; Woodward-Hoffmann 규칙

비타민 B_{12} 합성 과정에서 Woodward와 동료들은 어떤 고리 화합물을 보기에 그럴듯한 시작 물질로부터 만들고자 하였으나 실패하자(특히 열적 및 광화학적 반응을 이용한 conjugated triene과 싸이클로헥사디엔의 상호변환의 입체화학에서) 곤혹스럽게 되었다. Woodward는 Roald Hoffmann과 공동 연구를 수행하여(1965년 경)

R. B. Woodward

어떤 반응의 경로는 참여하는 분자 오비탈의 명확한 대칭성에 의존한다는 것을 발견하였다. *오비탈 대칭 보존*의 원리는 다음과 같이 언급될 수 있다:

> *협동 반응(concerted reaction)의 과정에서 반응 분자의 MO는 연속적인 경로에 의해 생성물의 MO로 변환된다.*

*협동 반응*은 반응 중간체를 형성하지 않고 *전이 상태*(transition state)를 통해서 단일 단계로 일어나는 반응이다. 반응물에서 결합의 끊어짐과 생성물에서 새로운 결합의 형성이 하나의 연속적인 과정에서 일어난다. 종종 이 반응은 σ-결합과 π-결합의 상호변환을 포함한다. 이러한 반응은 일반적으로 용매의 극성 및 촉매에는 덜 민감하지만 높은 입체선택성을 가지고 있다는 특징이 있다.

Fukui에 의해 강조된 것처럼 화학반응의 메커니즘은 종종 *프론티어 오비탈*(반응 분자의 HOMO 및 LUMO)이라는 용어로 설명될 수 있다. 이상적으로 반응물의 프론티어 오비탈들이 반응하여 생성물의 MO를 형성한다. 그리고 이런 변환에서 오비탈 대칭은 보존된다. 우리는 유기화학의 두 가지 적합한 예를 고려할 것이다: 전자고리반응과 고리첨가반응.

*전자고리반응*의 간단한 예로는 부타디엔으로부터 싸이클로뷰테인의 형성과 헥사트리엔으로부터 싸이클로헥사디엔의 형성이 있다.

오비탈 대칭 보존의 형태학적 의미를 이해하기 위해서 끝에 있는 두 수소를 R_1과 R_2로 치환한 다음 두 반응을 고려해 보자. (편의상 남아 있는 수소 원자는 그리지 않는다.) 반응이 열적 조건 하에서 수행된다면 그 반응들은 다음과 같이 진행된다:

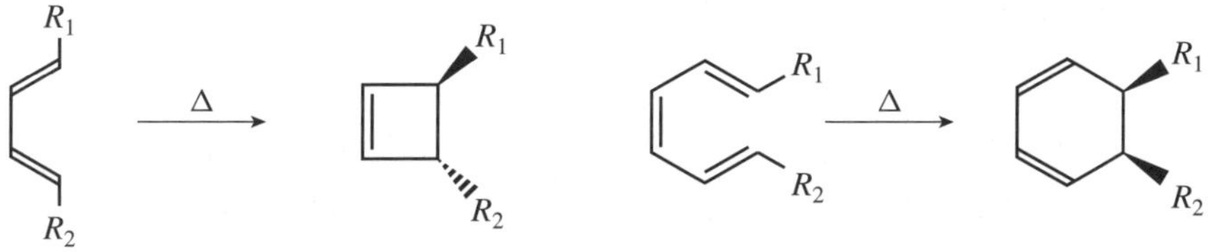

부타디엔 반응은 치환체 R_1과 R_2의 *trans*-배치가 되는 반면 헥사트리엔은 *cis*-배치가 된다. 한편 반응이 광화학적으로 개시된다면, 배치가 반대로 된다:

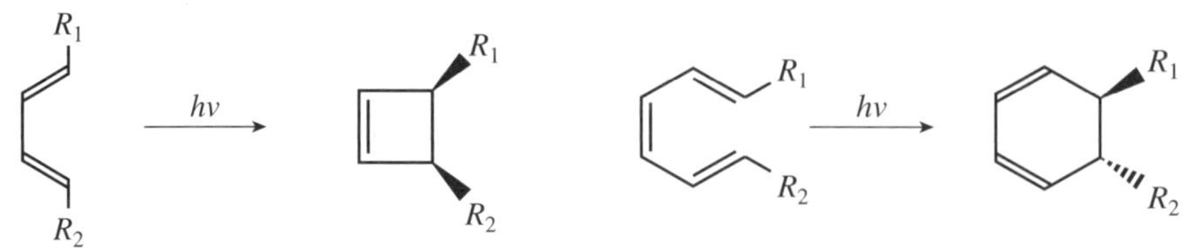

위 반응의 입체화학은 최고-점유 분자 오비탈(HOMO)의 기하구조를 이용해 설명할 수 있다. 부타디엔의 경우 바닥 전자 상태에 대한 HOMO는 그림 13.1에서 오비탈 ψ_2이다. 그림 13.3에서처럼 양쪽 끝에 있는 p-오비탈이 σ-결합을 형성하도록 서로 재배열할 때 고리 닫힘 반응이 일어난다. p_1과 p_4 로브는 *위상이 서로 다르기 때문에* 오비탈들은 결합에 필요한 양의 중첩을 이루기 위해 *동일 방향*(conrotatory)으로 회전한다. 이 경우 치환체 R_1과 R_2는 고리의 반대쪽으로 움직이기 때문에 *trans* 배치가 된다. 이러한 방법으로 부타디엔의 *열적* 전자고리화 반응의 기하구조를 설명할 수 있다. 다음으로 일어나는 것은 ψ_2 오비탈에 있는 전자들이 ψ_3로 들뜬다는 것이다. 그림 13.1에서 분명히 볼 수 있듯이, 이 새로운 HOMO에 대한 p_1과 p_4 로브(lobe)는 이제 *위상이 같다*. 그들은 이제 결합 중첩을 하기 위해 *반대 방향*(disrotatory)으로 회전해야 한다. 따라서 R_1과 R_2는 고리의 같은 쪽으로 감아지게 되므로 *cis* 배치가 된다.

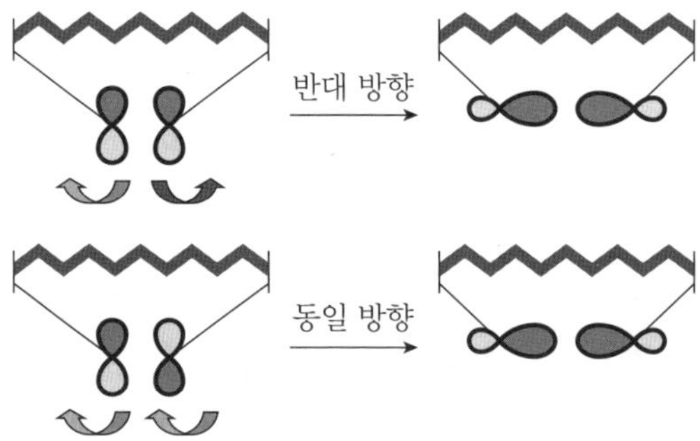

그림 13.3 전자고리화 고리 닫힘에서 HOMO의 상대적인 위상에 의해 결정되는 오비탈 대칭 보존에 대한 Woodward-Hoffmann 규칙.

헥사트리엔에서의 고리 닫힘에 대해서는 바닥 상태에 대한 HOMO가 열적 반응에서는 같은 위상에 있는 양끝 로브를 가지고 있는 반면, 광화학적으로 유도된 상태는 서로 다른 위상에 있는 양끝 로브를 가지고 있음을 쉽게 보여줄 수 있다. 따라서 cis-trans 입체선택성은 부타디엔의 경우와 정확하게 반대이다. 일반적인 결과는 통합 전자고리화 반응에 대해 *Woodward-Hoffmann* 규칙에 의해 공식화할 수 있다. 만일 전이 상태에서 전자의 총 수가 $4n[4n + 2]$와 같다면, 열적 반응은 동일방향[반대 방향] 배치를 생성하고, 광화학적 반응은 반대방향[동일방향] 배치를 생성할 것이다.

고리첨가의 대표적인 예는 diene과 dienophile 사이의 Diels-Alder 반응이다. 두 가지 예:

그림 13.4는 이것이 일어나는 두 가지 가능한 방법을 보여주고 있다: diene의 HOMO가 dienophile의 LUMO와 조합하거나, diene의 LUMO가 dienophile의 HOMO와 조합한다. 이러한 6-전자 전이 상태에 대한 열적 반응은 허용되지만 대응하는 광화학적 메커니즘은 금지된다. 더 일반적으로 통합 고리첨가 반응에 대한 Woodward-Hoffmann 규칙은 다음과 같이 언급할 수 있다: 만일 전이 상태에 있는 전자의 수가 $4n[4n + 2]$와 같다면, 광화학적[열적] 반응은 허용될 것이지만 열적[광화학적] 반응은 금지될 것이다.

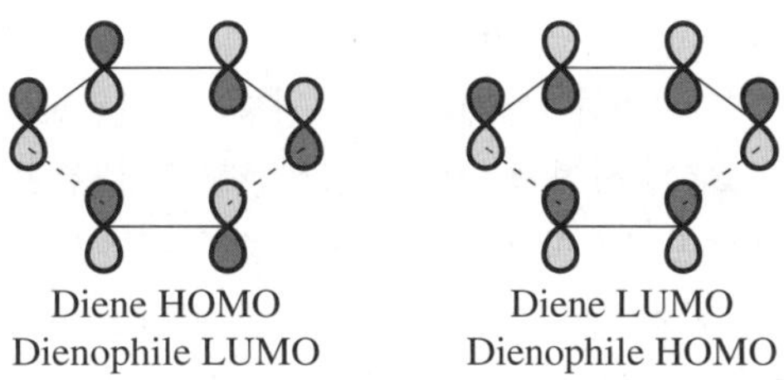

그림 13.4 Diels-Alder 반응에서 두 가지 가능한 오비탈-대칭 조합.

수소-아이오딘 반응

$$H_2 + I_2 \rightarrow 2HI$$

은 반응속도론이 자세하게 연구된 최초의 반응이다. 오랫동안 이 반응은 사각형 중간체를 형성한 후 H–H와 I–I 결합의 끊어짐과 H–I 결합의 형성이 동시에 일어나는 과정을 통해 진행된다고 여겨져 왔다. 그러나 Woodward-Hoffmann 오비탈-대칭 개념을 적용해 보면 그러한 메커니즘으로는 반응의 경로를 설명할 수 없다. 프론티어-오비탈 그림에 의하면 이 중간체의 형성과 해리는 수소 HOMO로부터 아이오딘 LUMO로의 에너지 흐름이나 아이오딘 HOMO로부터 수소 LUMO로의 에너지 흐름을 포함해야 한다. 이러한 원자가-껍질 MO들의 대칭은 그림 11.3에 나타낸 것과 같다. 수소 HOMO는 σ_g 결합성 오비탈인 반면 LUMO는 σ_u 반결합성 오비탈이다. 아이오딘에 대해서는 HOMO는 π_g 반결합성 오비탈인 반면 LUMO는 $p\sigma$-$p\sigma$ 중첩을 통해 만들어진 σ_u 반결합성 오비탈이다. 수소 HOMO와 아이오딘 LUMO는 대칭-비호환(symmetry-incompatible)이다. 수소 LUMO-아이오딘 HOMO 상호작용은 대칭-호환(symmetry-compatible)이지만 더 자세히 분석해보면 이 중간체가 원하는 생성물을 생성할 수 없다는 것을 알 수 있다. 수소 LUMO로 전자가 흘러감에 따라 H–H 결합은 실제로 약해지겠지만, 전자가 π 반결합성 오비탈을 점점 비워감에 따라 I–I 결합은 강해진다. 따라서 H–I 결합이 형성될 것 같지 않다. 후속 계산과 실험을 통해 이것은 통합 반응이 *아니라* 먼저 I_2가 아이오딘 원자로 쪼개진 후 여러 단계 과정을 거쳐 일어나는 반응으로 확인되었다.

13.3 금속과 반도체의 띠 이론

현대 기술에서 금속과 반도체의 중요성은 이루 말할 필요가 없다. 이 절에서는 이러한 물질의 수많은 특성을 설명할 수 있는 고체의 띠 이론을 고려할 것이다.

Hückel 모형을 포함하여 LCAO 근사법은 분자 오비탈의 수는 그것을 구성하고 있는 원자 오비탈의 수와 같다는 오비탈의 "보존 법칙"을 보여준다. 예를 들어 각각 하나의 3s 원자가 전자가 관여하는 n개의 소듐 원자의 3차원 배열을 고려해 보자. 두 개의 중첩된 AO는 상호작용하여 하나의 결합성 MO와 반결합성 MO를 형성한다. 세 개의 AO는 추가적으로 본질적으로 비결합인 중간 에너지의 오비탈을 더 형성한다. 그림 13.5에 나타낸 바와 같이 이 과정을 계속해 가면 n개의 상호작용하는 AO는 n개의 MO 한 무더기를 생성한다. 이 때 에너지가 낮은 오비탈들은 주로 결합성이고, 에너지가 높은 오비탈들은 반결합성이다. 만들어진 에너지 준위 절반을 n개의 전자가 채운다. n이 증가할수록 연속적인 준위 사이의 간격은 감소한다. 결국 $n \sim 10^{23}$이 되면 불연속적 준위는 합쳐져서 연속적 에너지 띠가 된다. 원자가 전자는 전체 결

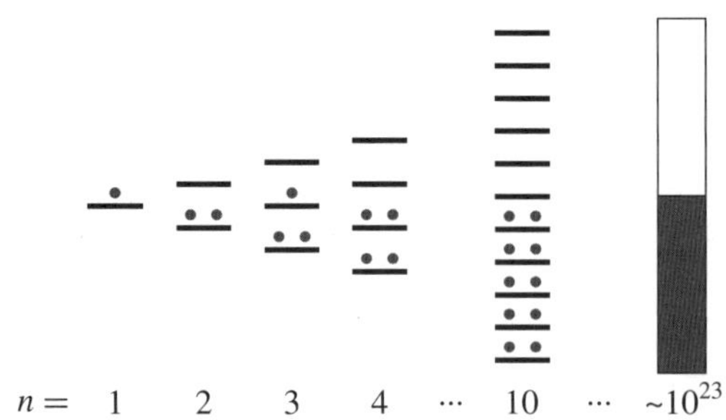

그림 13.5 상호작용하는 원자들의 수 n이 증가함에 따라 결정 내에서 연속적인 에너지 띠로 접근한다.

정 격자로 비편재화되고, 금속을 양이온의 핵심부를 둘러싸고 있는 전자 기체로서 표현한 Drude-Sommerfeld 모형과 일치하게 된다. 이러한 간단한 모형으로 금속의 알려진 많은 특성을 설명할 수 있다. 금속의 높은 전기전도도 및 열전도도는 분명히 수많은 자유로이 움직이는 전자에 기인한다. 금속 결합은 단단할지라도 방향성이 없고 격자 변형에 유연하기 때문에 금속은 보통 연성과 전성이 있다.

금속은 보통 반짝반짝 빛나는데, 빛을 반사할 수 있는 능력인 소위 "금속 광택"에 의해 금속이라고 인지할 수 있다. 빛의 라디오파 전자기장은 금속 표면 가까이에 있는 느슨하게 결합된 전자의 진동을 유도한다. 이렇게 진동하는 전하는 다시 복사를 재방출하는데, 이는 입사된 빛의 반사에 해당한다. 전도띠에 있는 인접한 간격의 에너지 준위는 금속이(구리와 금은 제외하고) 가시광선 영역을 넘어서 모든 파장을 흡수할 수 있도록 만들어준다.

베릴륨이나 마그네슘 같이 원자가 껍질 전자 배치가 ns^2인 원소는 전자 띠가 완전히 다 채워지고 따라서 비금속으로 행동한다고 기대할 수 있다. 그러나 가까이 있는 *p*-오비탈이 같은 방법으로 띠를 형성하고 이는 *s*-띠의 위쪽 부분과 겹치게 되므로 채워지지 않은 오비탈이 많이 있는 연속적인 전도띠가 된다. 전이 금속 또한 그들의 *d*-오비탈이 전도띠에 기여할 수 있다. 그림 13.6은 금속 나트륨의 띠 구조의 자세한 그림인데, *s*, *p*, *d* 에너지 띠의 조합이 어떻게 중첩될 수 있는지를 보여준다. 단지 가장 바깥 원자 오비탈만 띠 형성에 포함된다. 안쪽 원자 오비탈은 편재화되도록 남아 있고 결합이나 전기 전도에 포함되지 않는다.

고체의 띠 이론은 그림 13.7에서처럼 전도체, 부도체, 반도체 사이의 본질적 차이를 매우 간결하게 기술한다. 금속 전도체는 부분적으로 채워진 원자가 띠를 가지고 있

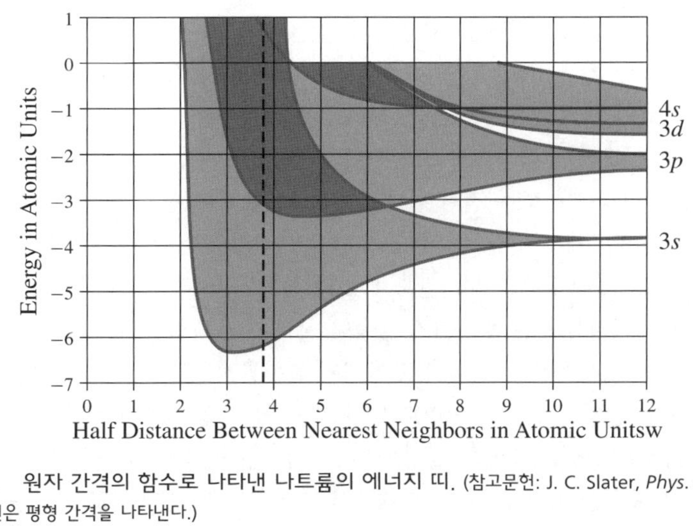

그림 13.6 원자 간격의 함수로 나타낸 나트륨의 에너지 띠. (참고문헌: J. C. Slater, *Phys. Rev.* 45 794 (1934). 점선은 평형 간격을 나타낸다.)

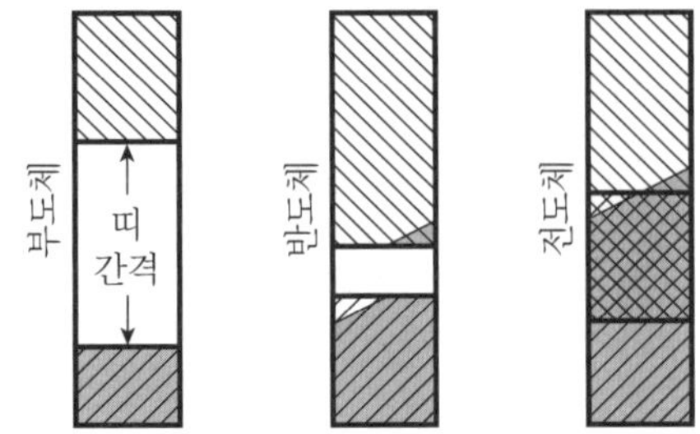

그림 13.7 부도체, 반도체, 전도체에 대한 띠 구조의 일반적 특징. 음영 영역은 상온에서 전자에 의해 채워진 준위를 나타낸다.

거나 원자가 띠와 전도 띠가 중첩되어 있어서 전자가 외부 전기장에 의해 비어 있는 준위로 들뜰 수 있다. 결정성 고체에 있는 에너지 띠는 금지된 영역 또는 띠 간격(gap)에 의해 분리될 수 있다. 충분히 큰 에너지 간격 아래 위치하는 오비탈이 완전히 채워져 있을 때 원소나 화합물은 부도체가 된다. 예를 들어, 염화 소듐에서는 Cl 3*s*, 3*p* 띠가 원자가 전자에 의해 완전히 채워져 있고 비어 있는 Na 3*s* 띠로부터 큰 간격에 의해 분리되어 있다. 따라서 NaCl은 Na^+와 Cl^- 이온으로 구성된 이온성 결정이지만 상온에서 비편재화된 전자가 없다.

부도체가 되려면 띠 간격(bandgap) E_g이 적어도 5 eV는 되어야 한다. 반도체는 띠 간격이 1 eV 정도로 작다. 예를 들어, Si의 경우는 $E_g = 1.12$ eV이고 Ge은 0.66 eV이다. 만일 그들이 충분한 에너지를 흡수한다면 전자가 전도띠로 들뜨게 될 수 있다. *고유 반도체*(intrinsic semiconductor)는 볼츠만 요소 $e^{-E_g/kT}$에 의해 결정되는데 열적 들뜸에 의해 약한 전도체가 된다. 300 K에서 kT는 0.026 eV에 해당한다. 그러므로 반도체의 전도도는 온도에 따라 증가하는데, 이는 금속의 거동과는 반대이다. 들뜸 에너지는 또한 빛에 의해서도 제공될 수 있는데, 따라서 많은 반도체는 또한 광전도체이다.

반도체 공정이 획기적으로 성공할 수 있었던 것은 전기 장치나 광학 장치에 특별히 적용할 수 있도록 선택적으로 고안된 물질을 제조하였기 때문이다. 반도체를 선택된 불순물(전자 주개 또는 전자 받개)로 조심스럽게 도핑함으로써 전도도나 다른 성질을 매우 정교하게 조절할 수 있다. 그림 13.8은 도핑된 반도체가 어떻게 작동하는지 개략적으로 보여준다. 고유 반도체 (a)에서는, 전도된 전자-정공 쌍이 오직 띠 간격을 통과하는 열적 또는 광화학적 들뜸을 통해서만 생성될 수 있다. (b)에서는 전자 주개를 약간 첨가하여 전도띠 바로 아래에 불순물 띠를 만든다. 그러면 이제 전자는 훨씬 축소된 간격을 통해 전도띠로 올라갈 수 있고, 음으로 하전된 전류 운반체로 행동한다. 이것은 *n-형 반도체*를 생성한다. (c)에서는 전자 받개가 원자가 띠 바로 위에 비어 있는 불순물 띠를 만든다. 이 경우에는 전자가 원자가 띠로부터 올라가고 양

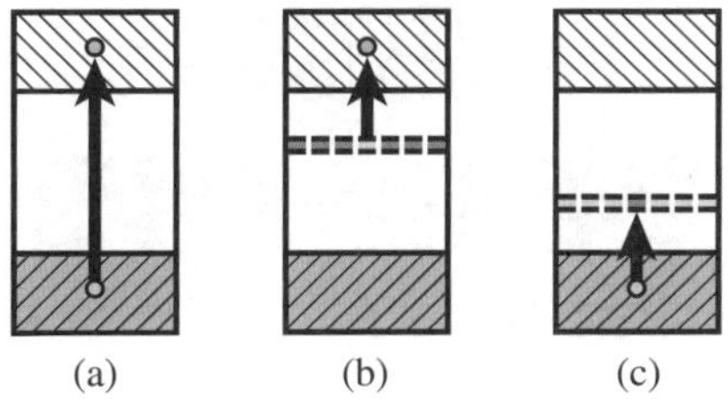

그림 13.8 (a) 고유 반도체, (b) n-형, (c) p-형 반도체의 띠 구조. 화살표는 전자와 정공을 생성하는 들뜸을 나타낸다.

의 정공을 남기게 된다. 양의 정공으로 떨어지는 전자는 새로운 정공을 만들고, 이 과정은 연속적으로 결정을 통해 전파될 수 있고 그것과 *반대 방향*으로 전자 흐름이 생기기 때문에 이것 또한 전기를 전도할 수 있다. 결과는 *p-형 반도체*이다.

가장 잘 알려진 반도체 물질은 실리콘이다(실리콘 밸리라는 이름은 여기에서 유래되었다). 그림 13.9(a)는 순수한 Si 결정의 개략적인 표현이다. 각 Si 원자는 4개의 원자가 전자를 가지고 있고, 4개의 다른 원자와 결합하여 Lewis 팔전자를 형성한다. 결정은 원자가 전자 중 일부를 잃게 되면 반도체가 될 수 있다. 이것은 음이나 양의 전하 운반체, 즉 전자나 정공을 생성한다. 훨씬 더 중요한 것은 *비고유 반도체*(extrinsic semiconductor)인데, Si 결정이 보통 몇 ppm 농도로 불순물 원자로 도핑된다. 예를 들어, Si는 원자가 전자 5개를 가진 P(또는 As 또는 Sb)로 도핑될 수 있다. 그림 13.9(b)에서 볼 수 있듯이 P 원자는 격자에서 Si 원자를 치환할 수 있다. P에 있는 다섯 번째 전자는 결합에 사용되지 않고 전류 운반체로 사용된다. 따라서 P로 도핑된 Si는 전자가 주개 띠(donor band)로부터 전도띠로 들뜰 수 있기 때문에 n-형 반도체이다. 그림 13.9(c)에서 볼 수 있듯이 만일 Si가 원자가 전자를 3개만 가지고 있는 B(또는 Ga 또는 Al)로 도핑되면, Si 원자를 치환한 B 원자는 4개의 결합 중 하나에 전자 빈 자리를 남기게 된다. B로 도핑된 Si는 p-형 반도체로서, 전자가 원자가 띠로부터 들뜨게 되면 양의 정공을 남기게 되고, 이러한 양의 정공은 마찬가지로 전류 운반체

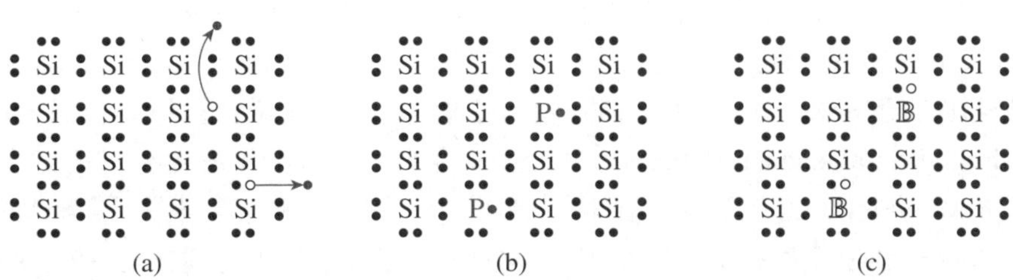

그림 13.9 순수한 실리콘 결정과 도핑된 실리콘 결정에 대한 Lewis 구조. (a) 두 전자-정공 쌍의 들뜸을 보여주는 순수한 실리콘, (b) P로 도핑된 Si, 전자 주개, (c) B로 도핑된 Si, 전자 받개.

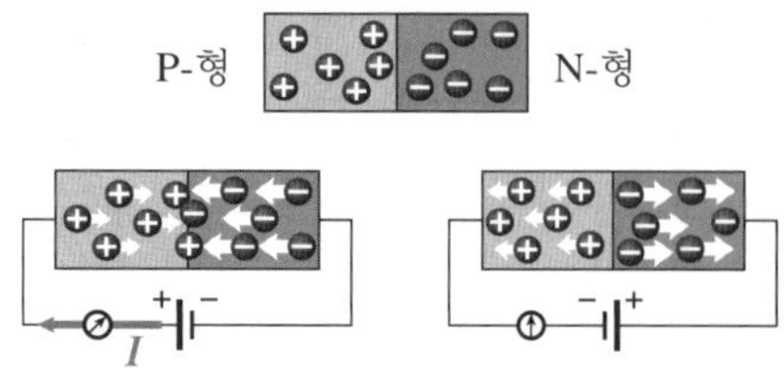

그림 13.10 전자와 정공의 분포를 보여주는 P-N 접합. 전류는 다이오드가 순방향으로 바이어스된 경우에만 흐를 수 있다(*아래 왼쪽*).

가 될 수 있다.

주기율표의 그룹 IV로부터 반도체 원소 Si와 Ge 외에, GaAs, InP, GaN을 포함하는 III~V 반도체 화합물과 ZnS와 CdTe와 같은 II~VI 화합물들도 있다. GaAs (gallium arsenide)는 띠 간격이 1.43 eV로서 태양 전지, 빛-방출 다이오드, 레이저, 다른 광전자 기기 등에 특히 유용하게 사용되어 왔다.

고체 상태 전자기기에 사용되는 주된 원소는 그림 13.10에 나타내었듯이 p-형과 n-형 반도체를 붙여두었을 때 형성되는 P-N 접합(junction)이다. 전류는 접합을 통해 한 방향으로는 흐를 수 있으나 반대 방향으로는 흐를 수 없다. 접합은 *반도체 다이오드로* 작동할 수 있다. 전자가 순방향으로 바이어스된 접합부에서 정공과 조합할 때, 띠 간격 에너지가 열이나(이 경우는 Si나 Ge에 대해 보통 이렇다) 복사로[이 경우는 *light-emitting diode* (LED)이다] 방출이 된다. Aluminum gallium arsenide (AlGaAs)를 사용하여 구성한 다이오드는 빨간색과 적외선을 방출할 수 있다.

현대 전자기기 기술의 혁명을 일으킨 기기는 1947년 Bell 연구소의 Bardeen, Brattain, Shockley에 의해 발명된 *트랜지스터*이다. 컴퓨터와 같은 디지털 회로에서 트랜지스터는 고성능 전자 스위치 역할을 한다. 트랜지스터는 집적 회로에서 논리 게이트, RAM 메모리 및 다른 성분에 대한 빌딩 블록이다. 아날로그 회로에서는 트랜지스터가 1960년대 이래로 진공관을 대체하여 증폭기와 오실레이터로 사용된다. 트랜지스터는 도핑된 반도체의 3층 어셈블리, NPN 또는 PNP에 기반을 두고 있다. 오늘날 제조된 대부분의 트랜지스터는 *metal-oxide-semiconductor field-effect transistor* (MOSFET)이다. 원래의 이중극자 트랜지스터는 이것으로 광범위하게 대체되었다. 반도체 기술의 선두 주자는 실리콘 밸리와 일본에 기반을 둔 Bell 연구소, Fairchild Semiconductor, Texas Instruments 등의 많은 회사들이었다. 그림 13.11에서 MOSFET의 작동 원리를 간단히 나타내었다. 게이트는 산화 금속 부도체로 매우 얇게 코팅된 금속 전극이다. 게이트가 하전되어 있지 않을 때는 반도체 층의 NPN 연결로를 통해 *원천*(source)과 *유출구*(drain) 사이에 전류가 거의 흐르지 않는다. 게이트가 양으로 하전되게 되면, 그 전기장이 게이트의 반대쪽 좁은 채널 안에 전자의

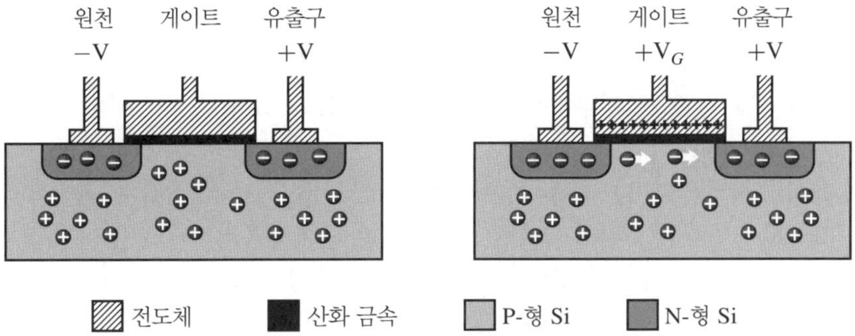

그림 13.11 Metal-oxide-semiconductor field-effect transistor(MOSFET)의 원리. 게이트가 양의 전압일 때 좁은 전도 채널이 생성되며, 전자가 원천으로부터 유출구로 통과하도록 허용한다.

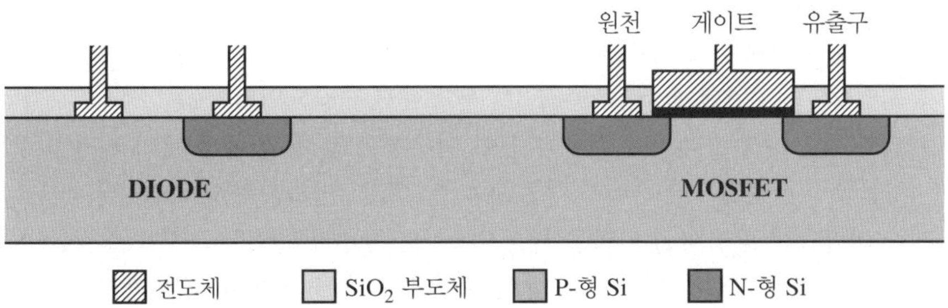

그림 13.12 집적회로에서 MOSFET와 다이오드. 여기서 기판은 p-형 실리콘이다.

농도가 생기게 만들어준다. 이를 통해 원천과 유출구 사이에 회로를 차단한다. 게이트 전압을 조금만 변화시켜도 전류는 크고 빠르게 변화할 수 있다. 그러므로 트랜지스터는 신호 증폭기나 일초에 백만 번 여닫을 수 있는 고성능 전자 스위치로 작동할 수 있다.

오늘날 대부분의 마이크로전자 기술은 *집적 회로*(integrated circuit, IC)에 기반을 두고 있다. 이것은 몇 천~몇 백만 개의 미세 크기의 전자 성분(저항, 커패시터, 다이오드, 트랜지스터)과 회로 기판이라고 하는 반도체(대부분의 경우 실리콘)의 칩을 묶어 주는 연결 성분을 포함하는 어셈블리이다. 그림 13.12는 집적 회로의 성분으로서 MOSFET과 다이오드를 간단히 보여주고 있다.

13.4 계산 화학

양자역학이 모든 화학 현상의 기술에 대한 올바른 수학적 틀을 제공하였다는 것은 의문의 여지가 없다. 그러나 이러한 기본 방정식은 오직 단일 문제인 수소꼴 계

C. C. J. Roothaan

John Pople

Roald Hoffmann

에 대해서만 정확하게 풀 수 있다. 원자나 분자에 대한 양자역학의 모든 다른 적용은 세련된 다양한 수준의 근사를 포함한다. 이들 중 몇몇은 비록 초보적이기는 하지만 화학적 거동의 몇 가지 면에 대해 유용한 모형을 제공할 수 있다. 그러나 여러 가지 목적을 위해 Schrödinger 방정식에 대한 더 정확한 해를 찾을 필요가 있는데, 목표는 대략 1 kJ/mol(근사적으로 .001 hartree) 이하의 오차 범위로 계산할 수 있는 "화학적 정확성"이다. 20세기 후반에 걸쳐 화학적 문제에 대한 전자 컴퓨터의 응용은 이제 전통적인 실험 및 이론 연구와 더불어 그 자체가 화학에서 특정한 한 분야(계산 화학)로 자리 잡게 되었다. 계산 화학은 이제 기발한 성질을 가진 물질의 디자인과 합성, 복잡한 생물학적 과정의 이해 및 치료 약물의 합리적인 디자인에 일상적으로 사용되고 있다.

계산 화학은 이-전자계에 대한 Schrödinger 방정식을 풀기 위한 초기 시도에서 특히 1929년 Hylleraas의 작업과 1933년 Coolidge와 James의 작업을 통해 근을 구하였다. 이 작업은 그 당시 최고 수준의 수동 계산 장치를 사용하여 수행되었다. 1950년대에는 디지털 컴퓨터의 출현으로 5개의 원자를 가진 분자까지 정확한 계산이 가능하게 되었다. 1970년대에 들어서는 20개 원자까지 확장되었다. 해를 거듭할수록 계산 기술과 알고리즘에 대한 현저한 발전이 이루어졌고, 이제 수천 개의 원자를 포함하는 생물학적 분자일지라도 매우 정밀한 수준으로 계산이 가능하게 되었다.

계산 화학에서 방법의 수식화는 원칙적으로는 단순작업이다. 그러나 그것을 실행하는 데는 어려운 작업이 뒤따른다. 분자에 대한 전자 Hamiltonian을 가지고 시작해 보면, 식 (10.2)에 주어진 다-전자 원자에 대한 일반적인 Hamiltonian은 다음과 같다:

$$H = \sum_i \left\{-\frac{1}{2}\nabla_i^2\right\} + \sum_{i\,A}\left\{-\frac{Z_A}{r_{iA}}\right\} + \sum_{i<j}\frac{1}{r_{ij}} + \sum_{A<B}\frac{Z_A Z_B}{R_{AB}} \quad \textbf{(13.14)}$$

여기서

$$r_{ij} = |\mathbf{r}_i - \mathbf{r}_j| \qquad r_{i\alpha} = |\mathbf{r}_i - \mathbf{R}_A| \qquad R_{AB} = |\mathbf{R}_A - \mathbf{R}_B| \quad \textbf{(13.15)}$$

이며, 지수 i, j는 전자를 나타내고, A, B는 핵을 나타낸다. 식 (13.14)에서 두 번째 합은 개개의 전자가 *여러 개*의 핵과 인력이 작용함을 의미한다. 마지막 합은 각각의 핵 쌍 사이의 반발력을 나타낸다. 이는 전자 에너지에 상수항으로 더해진다. Born-Oppenheimer 근사를 가정하면 핵의 위치 $\mathbf{R}_A$는 고정되어 있으므로 핵의 운동 에너지는 없다. N-전자 문제에 대한 Schrödinger 방정식은 다음과 같이 쓸 수 있다.

$$H\psi(\mathbf{r}_1, \mathbf{r}_2, \ldots \mathbf{r}_N; \mathbf{R}_A, \ldots) = E(\mathbf{R}_A, \ldots)\psi(\mathbf{r}_1, \mathbf{r}_2, \ldots \mathbf{r}_N; \mathbf{R}_A, \ldots) \quad \textbf{(13.16)}$$

개념적으로 이 방정식은 수많은 서로 다른 핵 배치에 대해 풀어야 한다.

가장 높은 수준의 분자 계산에 대한 출발점은 *Hartree-Fock 방법*이다. 이것은 분자 오비탈 함수의 Slater 행렬에 기초를 두고 있으며, 다음과 같이 원자에 대한 식

(10.1)과 유사하다.

$$\psi(1,2\ldots N)=\frac{1}{\sqrt{N!}}\begin{vmatrix}\phi_a(1) & \phi_b(1) & \ldots & \phi_n(1)\\ \phi_a(2) & \phi_b(2) & \ldots & \phi_n(2)\\ & & \vdots & \\ \phi_a(N) & \phi_b(N) & \ldots & \phi_n(N)\end{vmatrix} \tag{13.17}$$

Hamiltonian (13.14)를 갖는 계에 대한 변분-원리 에너지는 파동 함수(13.17)에 의해 근사적으로 원자에 대한 (10.4)와 유사한 합이 된다.

$$E=\sum_a I_a+\frac{1}{2}\sum_{a,b}(J_{ab}-K_{ab}) \tag{13.18}$$

일-전자 Coulomb 및 교환 적분은 (10.5)~(10.7)과 유사하지만, 여기서는 원자 오비탈이 아니라 분자 오비탈의 형태로 주어진다. (I_a는 이제 분자 내에 있는 모든 핵에 대한 기여를 포함해야 한다.) 식 (13.17) 형태의 최적화된 파동 함수는 원칙적으로 N개의 동시에 풀어야 하는 미적분 *Hartree-Fock 방정식*의 해를 포함한다. 이렇게 하면 계산적으로 이들을 N개 세트의 선형 대수 방정식으로 훨씬 더 효율적으로 변화시킬 수 있다. 따라서 MO 각각은 *n개의 기저 함수*(function) 집합의 형태로 표현된다.

$$\phi_a=c_{a1}f_1+c_{a2}f_2+\cdots+c_{an}f_n=\sum_{i=1}^{n}c_{ai}f_i \tag{13.19}$$

이것은 LCAO 근사의 일반화이다. 이것의 *가장 간단한 형태*(최소 기저 세트라고 부름)에서 함수 f_i는 사실상 구성 원자의 중심에 위치한 AO이다. 더 정확한 계산을 위해서는 더 큰 기저 세트가 요구되는데, 이 경우에는 기저 함수와 AO 사이의 간단한 대응이 더 이상 적용되지 않는다. 엄밀히 말해서 MO와 그 구성 기저 함수는 서로 다른 대칭 종에 속하는 부분 집합(subset)으로 나뉘는데, 계산 시간을 상당히 단축시켜 준다. 제15장에서 다룰 분자 대칭과 군론을 적용하면 보다 쉽게 이해할 수 있을 것이다. 기저 함수 f_i의 형태로 표현하면, 분자 적분은 다음과 같이 쓸 수 있다.

$$I_a=\sum_{ij}c_{ai}^*c_{aj}[i|j],\qquad J_{ab}=\sum_{ijkl}c_{ai}^*c_{aj}c_{bk}^*c_{bl}[ij|kl],$$
$$K_{ab}=\sum_{ijkl}c_{ai}^*c_{aj}c_{bk}^*c_{bl}[il|kj]\quad(\text{spin}\,a=\text{spin}\,b) \tag{13.20}$$

여기서

$$[i|j]=\int f_i^*(\mathbf{r})\{-\frac{1}{2}\nabla^2-\sum_\alpha\frac{Z_A}{r_A}\}f_j(\mathbf{r})\,d\tau \tag{13.21}$$

는 *일-전자 적분*이고

$$[ij|kl] = \int\int f_i^*(\mathbf{r}_1) f_k^*(\mathbf{r}_2) \frac{1}{r_{12}} f_j(\mathbf{r}_1) f_l(\mathbf{r}_2)\, d\tau_1\, d\tau_2 \tag{13.22}$$

는 *이-전자 적분*이다. 일-전자 적분은 원칙적으로 단순작업이다(컴퓨터가 작업을 수행한다는 것을 기억하라). 이-전자 적분에서는 네 개의 기저 함수 f_i, f_j, f_k, f_l에 대해 대략 *이중* 적분까지 수행한다. 그러나 *삼중 적분*이나 *사중 적분*을 계산하는 것은 정말로 쉬운 일이 아니다.

위 적분의 형태로 Hamiltonian 행렬 요소를 다음과 같이 정의할 수 있다.

$$H_{ij} = [i|j] + \sum_b \sum_{kl} c_{bk}^* c_{bl} \Big([ij|kl] - [il|kj] \Big) \tag{13.23}$$

또한 다음과 같은 겹침 적분도 필요하다.

$$S_{ij} = \int f_i^* f_j \, d\tau \tag{13.24}$$

따라서 분자 오비탈 ϕ_a에 대해 최적화된 계수 c_{ai}는 12.4절에서 도입한 선형 변분법에 의해 구할 수 있다. 특히 이를 통해 *각* MO ϕ_a에 대한 계수 c_{aj}는 다음의 n개의 연립 방정식을 이용하여 동시에 구한다.

$$\sum_i (H_{ij} - \epsilon_a S_{ij}) c_{aj} = 0 \tag{13.25}$$

이것은 *Roothaan 방정식*으로 알려져 있다. 이들은 Hartree-Fock 방정식과 대수적으로 동등하다. 근사적인 고유값 ϵ_a는 *오비탈* 에너지를 나타낸다. Koopman 이론에 의하면 $-\epsilon_a$는 근사적으로 전자로 채워진 오비탈 a에 대한 이온화 에너지이다. 오비탈 에너지는 다음 영년 방정식의 n개의 근으로부터 직접 결정될 수 있다.

$$|H_{ij} - \epsilon\, S_{ij}| = 0 \tag{13.26}$$

여기서는 $n \times n$ 행렬에 대해 일반적인 약식 표현을 사용하였다. Hamiltonian 행렬 요소 (13.23)은 계수 c_{ai}를 포함하며, 이 계수는 같은 방정식의 해에 의존한다는 사실에 의해 Roothaan 방정식은 복잡하게 된다. 따라서 반복 과정(iterative procedure)을 사용할 필요가 있다. 계수의 초기 "추측값"으로부터 H_{ij}가 계산된다. 그 다음 Roothaan 방정식을 풀어 일련의 "개선된" 계수를 얻는다. 이것을 이용해 새로운 Hamiltonian 행렬을 계산하고 계속하여 새로운 일련의 계수를 구한다. 이 과정을 입력과 출력 결과의 자체-일관성이 얻어질 때까지 계속한다. 이러한 이유로 Hartree-Fock 방법은 *자체-일관성 장*(self-consistent field, SCF)로 알려져 있다.

초기의 SCF 계산 대부분은 원자이든지 분자이든지 다음과 같은 *Slater-type or-*

bitals(STO's)의 형태로 주어진 기저 함수를 사용하였다.

$$f_{n\ell m}(r,\theta,\phi)=r^{n-1}\,e^{-\zeta_{n\ell}r}\,Y_{\ell m}(\theta,\phi) \tag{13.27}$$

이것은 수소꼴 원자 오비탈 같은 일반적인 형태를 가지고 있다. 하지만 $[ij|kl]$에서 3중 및 4중-적분을 계산하는데 중간 크기의 분자에 대해서도 수천 번 계산해야 하는 어려움 때문에 basis 함수의 또 다른 형태를 사용하는 실험도 널리 행해졌다. 가장 성공적인 대안은 1950년 S. F. Boys에 의해 최초로 제안된 *Gaussian-type orbital* (GTO's)임이 밝혀졌다. GTO 중 한 가지 변형된 형태는 다음 Cartesian Gaussian 함수이다.

$$g_{nmk}(\mathbf{r})=(x^n+y^m+z^k)\,e^{-\alpha r^2} \tag{13.28}$$

GTO의 이점은 다음 Gaussian 함수를 포함하는 가능한 4중-적분을 고려하면 알 수 있다.

$$[ij|kl]=\int\int e^{-\alpha_i r_{1A}^2}\,e^{-\alpha_k r_{2B}^2}\,\frac{1}{r_{12}}\,e^{-\alpha_j r_{1C}^2}\,e^{-\alpha_l r_{2D}^2}\,d\tau_1\,d\tau_2 \tag{13.29}$$

여기서 A, B, C, D는 네 개의 서로 다른 핵을 나타낸다. 단순화의 핵심은 다른 중심 주위의 두 Gaussian의 곱이 새로운 중심 주위의 단일 Gaussian으로 축소될 수 있다는 것이다. 다음 과정을 주목하자.

$$\begin{aligned} e^{-\alpha_i r_{1A}^2}\,e^{-\alpha_j r_{1C}^2} &= \exp[-\alpha_i|\mathbf{r}_1-\mathbf{R}_A|^2-\alpha_j|\mathbf{r}_1-\mathbf{R}_C|^2] \\ &= \exp[-\alpha|\mathbf{r}_1-\mathbf{R}|^2+\beta] \end{aligned} \tag{13.30}$$

여기서, α, β 및 $\mathbf{R}$은 상수이다. 따라서 4중-적분은 효과적으로 2중-적분으로 축소된다. Gaussian 함수는 핵의 위치에서 뾰족한 끝이 나타날 수 없다. $e^{-\zeta r}$을 포함하는 STO는 자연적으로 뾰족한 끝이 나타난다. 그러나 핵 근처에서의 거동은 n개의 Gaussian 함수의 중첩에 의해 시뮬레이션될 수 있으며, STO-nG로 나타낸다. 그림 13.13는 1s STO를 나타내는 축약된 Gaussian에 대한 반경 분포 함수를 보여주었다. 여기서 겹침 적분은 각각의 STO-nG 함수에 대한 것이다.

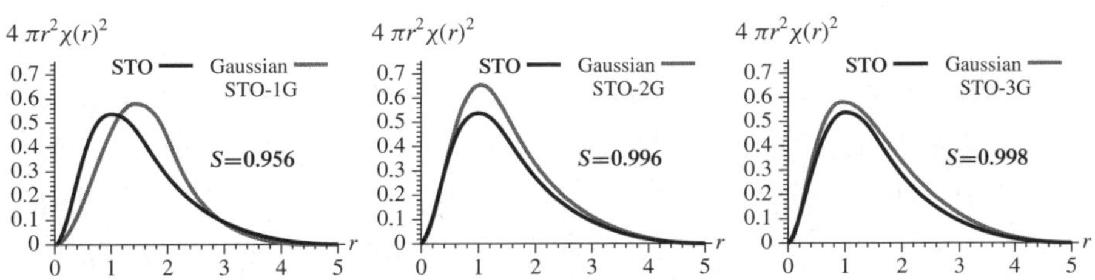

그림 13.13 Gaussian 함수에 의한 1s STO의 근사.

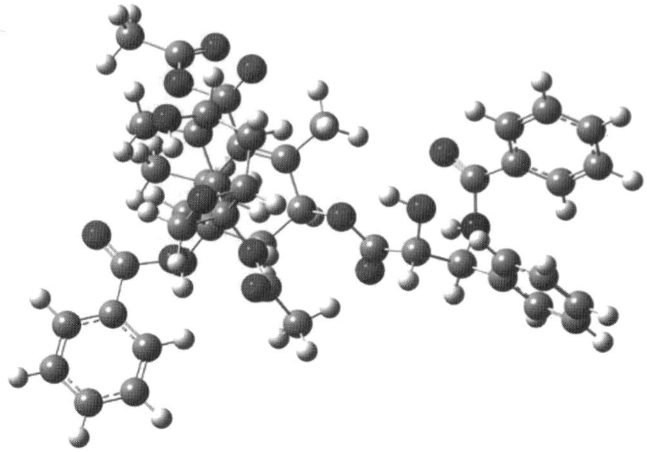

그림 13.14 Gaussian 94를 이용해 계산한 taxol의 최적화된 구조.

1970년대에 J. A. Pople과 공동연구자들은 GAUSSIAN이라고 부르는 한 벌의 소프트웨어 프로그램을 개발하였다(가장 최신 버전은 *Gaussian 16*이다). 이 프로그램은 계산 화학에 특별히 숙달되지 않더라도 화학자, 물리학자, 생물학자들이 분자 계산을 하는 데 폭넓게 사용할 수 있다(Pople은 1998년 화학분야 노벨상을 공동으로 수상하였다). 그림 13.14와 같은 항암제 taxol과 같은 복잡한 분자의 구조의 결정도 *Gaussian*이 이룩한 놀라운 성과 중 하나이다.

HF 모형의 확장은 *post Hartree-Fock method*라고 하는데 원자나 분자에 대한 계산을 더 정확하게 행할 수 있도록, 특히 전자 상관관계(electron correlation)의 효과를 설명할 수 있도록 개발되었다. 이러한 정확성의 향상은 분자에 있어서 중요한 성질인 결합 에너지, 결합 길이 및 각도 등을 다루는 데 필수적이다. 나아가 분광학적 진동수, 쌍극자 모멘트, 자기적 성질, NMR 커플링 상수도 취급할 수 있지만, 이러한 post-HF 법은 이 책의 범위를 벗어나는 것이다. 간단히 언급만 한다면, configuration interaction(CI), Møller-Plesset perturbation theory 및 the coupled-cluster method 등이 있다.

지금까지 논의한 계산 형태는 *순이론적*(*ab initio*)이라는 범주로 묶을 수 있다. 그 이유는 구성 원자의 성분과 연결시키는 것 외에는 어떠한 실험적인 정보도 사용하지 않기 때문이다. 한편 *반-경험적*(semi-empirical) 방법을 통해 계산을 훨씬 덜 하고도 매우 유용한 결과를 얻을 수 있다. 이것은 형식적으로는 Hartree-Fock 접근에 기초를 두고 있지만 대부분의 필수적인 적분은 계산을 통해서보다는 실험적인 공식을 사용해 구한다. 이 범주의 대표적인 것은 *extended Hückel theory*(EHT)로서, 탄화수소, boron hydrides 및 유기금속 화합물의 구조를 예측하기 위해 1960년대 Roald

Hoffmann (Nobel Prize 1981)에 의해 개발되었다. EHT는 일반적으로 오직 분자의 원자가 껍질만 고려한다. 보통 Slater-type 원자 오비탈을 가지고 단지 겹침 적분 S_{ij} 만 정확히 계산한다. 나머지는 실험적인 값을 사용한다. 대각선 행렬 요소 H_{ii}는 원자 이온화 에너지로부터 측정된다. Hamiltonian의 비-대각선 요소는 근사적으로 다음과 같다.

$$H_{ij} = \frac{1}{2}K(H_{ii} + H_{jj}) \tag{13.31}$$

여기서 K는 실험적 상수이며, 보통 1.75로 취한다. EHT는 원자가 껍질 σ-오비탈뿐만 아니라 π-오비탈도 고려하고 겹침 적분도 무시되지 않았다는 의미에서 간단한 Hückel 법의 "확장"이다.

개인용 컴퓨터에 다운받을 수 있는 수많은 *ab initio*와 반-경험적 양자 화학 프로그램 꾸러미들이 있다. GAMESS(General Atomic and Molecular Electronic Structure System)라고 부르는 매우 다양한 소프트웨어 꾸러미는 다음 사이트를 통해 무료로 다운받을 수 있다:

- https://www.msg.chem.iastate.edu/GAMESS/download.html

연습 문제

13.1 다음 allyl 라디칼에 대한 Hückel 계산을 수행하라.

$$CH_2 = CH - CH_2\circ$$

π-분자 오비탈의 에너지, 공명 안정화 에너지, 최저-에너지 전자 전이에 대한 파장을 실험적 계수 α와 β의 항으로 결정하라.

13.2 화학종 H_3는 다음 수소 교환 반응에서 중간체로 나타난다.

$$H_2 + H \rightleftharpoons H_3 \rightleftharpoons H + H_2$$

H_3는 선형 분자인가 삼각형 분자인가? 선형 배치와 정삼각형 배치 모두 수소 1s 오비탈에 기초한 Hückel 이론의 변수를 적용하여 어떤 것이 더 낮은 에너지를 갖는지 예측하라. 또한 H_3^+ 이온과 H_3^- 이온의 모양도 예측하라.

13.3 공액 4-탄소 고리 cyclobutadiene에 대한 Hückel 계산을 수행하라. π-전자 비편재화 에너지를 계산하라. 방향족성(aromaticity)에 대한 Hückel $4N + 2$ 법칙의 적용성을 논하라.

13.4 다음 naphthalene 분자에 대한 Hückel 계산을 수행하라.

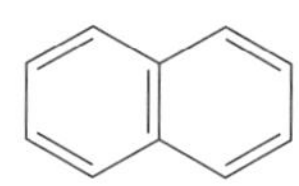

Naphthalene의 공명 에너지를 계산하라.

13.5 Naphthalene의 이성질체는 다음과 같은 azulene이다:

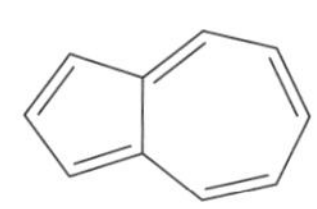

이는 5-각 고리와 7-각 고리가 융합된 방향족이다. Azulene에 대한 Hückel 계산을 수행하고 최저-에너지 전자 들뜸의 파장을 계산하라. 또한 화합물의 색깔도 예측하라.

13.6 적당한 Hückel MO를 고려하여 hexatriene으로부터 cyclohexadiene으로의 전자 고리화 반응에 Woodward-Hoffmann 규칙을 적용하여, 열적 반응과 광화학적 반응에 대해 각 메커니즘이 conrotatory인지 disrotatory인지 결정하라.

13.7 GAMESS와 같은 *ab initio* 소프트웨어를 사용할 수 있다면, 다음 디보란 B_2H_6의 가능한 두 구조 중 어떤 구조가 더 안정한지 계산을 통해 밝히는 것도 재미있을 것이다.

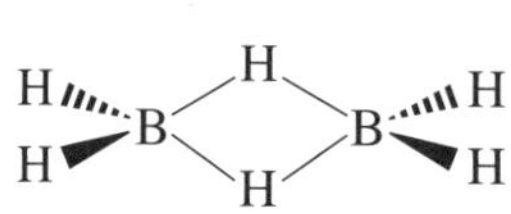

$\mathcal{D}_{2h}$

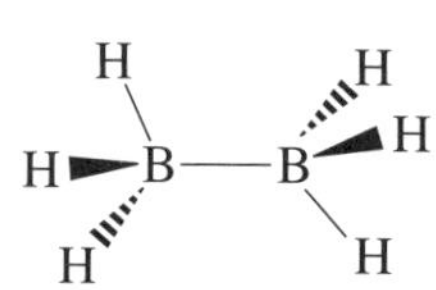

$\mathcal{D}_{3h}$

제14장 밀도 범함수 이론

Density functional theory

파동함수 조작을 기초로 한 근사법은 계산화학에서 가장 오랫동안 사용된 주된 기법이다. 하지만 지난 몇 년 동안에 *밀도 범함수 이론*(density functional theory, DFT)의 새롭게 개발된 방법들은 이를 추월하게 되었다. 실제로 DFT 계산은 화학, 물리, 재료 과학 및 공학 분야의 분자 계산에서 가장 선호하는 방법이 되었다. DFT는 전자 전체 전하의 밀도 $\rho(\mathbf{r})$를 바탕으로 하는데, 이는 N-전자 파동함수 $\psi(\mathbf{r}_1, \mathbf{r}_2 \ldots \mathbf{r}_N)$보다 관측량과 더 직접적인 관련이 있다. 밀도 함수는 항상 다음과 같이 파동함수를 이용해 결정할 수 있다.

$$\rho(\mathbf{r}) = N \int \int \cdots \int |\psi(\mathbf{r}, \mathbf{r}_2 \ldots \mathbf{r}_N)|^2 \, ds \, dx_2 \ldots dx_N \qquad \textbf{(14.1)}$$

여기서 $\mathbf{r}_1$은 표식이 없는 삼차원 변수 $\mathbf{r}$를 나타낸다. 적분은 2, 3 . . . N의 전자에 대해서는 공간과 스핀 좌표에 대해 수행하지만, 첫 번째 전자는 오직 스핀에 대해서만 수행해야 한다.

14.1 Thomas-Fermi 모델

이 통계적 모델은 Schrödinger 방정식이 도입된(1927년) 후 얼마 되지 않아 제안되었는데, 다체 시스템의 전자 구조에 대한 현대 밀도 범함수 이론의 효시가 되었다. Thomas-Fermi(TF) 모델은 전하 밀도만 가지고 공식화한다. 이는 핵 전하가 무한하다고 생각할 때만 정량적으로 옳지만, 밀도 범함수 이론의 운동 에너지에 대한 표현은 도입한다.

TF 모델의 기본이 되는 필요조건은, 많은 전자들이 작은 부피 요소 안에 담길 수 있을 만큼 퍼텐셜 에너지 $V(r)$가 전자의 파장 $\lambda = h/p$보다 훨씬 더 느리게 변한다는 것이다. 부피 요소를 $\Delta V = \lambda^3$로 두었을 때, 운동량 공간에서 한 전자에 해당하는 부피 요소를 ΔP로 나타내면 위상 공간에서 부피는 다음과 같다.

$$\Delta V \Delta P = h^3 \qquad \textbf{(14.2)}$$

그리고 부피 요소 ΔV를 차지하는 n 전자들은 고체와 유사하게 각 준위가 α, β 스핀을 갖는 두 전자들로 *Fermi 운동량* p_F까지 에너지 띠를 채운다고 가정한다. n 전자들이 0에서부터 p_F까지의 운동량을 갖도록 채워진 총 운동량 공간의 부피 ΔP는 $2 \times \frac{4\pi}{3} p_F^3$로 주어진다. 따라서

$$\Delta V \frac{8\pi}{3} p_F^3 = nh^3 \tag{14.3}$$

이다. 단위 부피당 전하 밀도, $\rho(r) = n/\Delta V$는 다음과 같이 주어진다.

$$\rho(r) = \frac{8\pi}{3h^3} p_F^3 = \frac{p_F^3}{3\pi^2\hbar^3} \tag{14.4}$$

부피 요소 ΔV를 차지하는 전자 중 가장 에너지가 높은 전자는 Fermi 에너지 $E_F = p_F^2/2m$를 갖는다. 채워질 수 있는 에너지 띠가 전부 채워진다고 가정하면, E_F는 $-V(r)$로 쓸 수 있다. 따라서 전하 밀도와 퍼텐셜 에너지 사이의 관계식은 다음과 같이 쓸 수 있다:

$$\rho(r) = \frac{1}{3\pi^2\hbar^3}[-2mV(r)]^{3/2} \tag{14.5}$$

또한 정전기적 퍼텐셜은 Poisson 방정식[식 (1.23) 참조]에 의해 다음과 같이 전하 밀도와 연관된다:

$$\nabla^2 V(r) = \frac{1}{r^2}\frac{d}{dr}\left(r^2 \frac{dV(r)}{dr}\right) = -4\pi\rho(r) \tag{14.6}$$

식 (14.5)와 (14.6)은 $\rho(r)$과 $V(r)$에 관한 연립 방정식이 된다. 원자 번호가 Z인 중성 원자에 대해서는, $r \to 0$일 때 $V(r) \approx -Ze^2/r$이 된다. $r \to \infty$일 때의 해의 거동은 물리적으로 정확하지 않다.

미분 방정식은 다음과 같이 무차원 형태로 나타낼 수 있다.

$$r = \left(\frac{3\pi}{4}\right)^{2/3} \frac{\hbar^2}{2me^2 Z^{1/3}} x, \quad V(r) = -\frac{Ze^2}{r}\chi(x) \tag{14.7}$$

이러한 대입을 통해 다음과 같은 식을 얻을 수 있다.

$$x^{1/2}\frac{d^2\chi(x)}{dx^2} = \chi(x)^{3/2} \tag{14.8}$$

경계 조건은

$$\chi(0) = 1\text{와} \qquad \chi(\infty) = 0 \tag{14.9}$$

이다. 이 수식은 일반적인 방법으로는 쉽게 풀 수 없다. 1931년 Bush와 Caldwell이

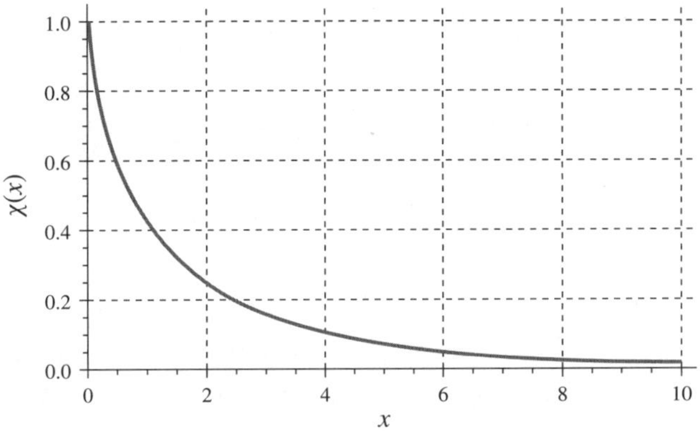

그림 14.1 Thomas-Fermi 미분 방정식의 해.

MIT의 최첨단 미분 해석기를 활용해서 수치적 해를 얻었으며, 그 결과를 그림 14.1에 나타내었다. 또한 Sommerfeld는 이 그림에 대한 근사값을 다음과 같이 유도했다:

$$\chi(x) \approx \left[1 + \left(\frac{x}{x_0}\right)^{3/\lambda}\right]^{-\lambda}, \quad x_0 = 144^{1/3},\ \lambda \approx 3.886 \tag{14.10}$$

이제부터는 식들을 간결하게 쓰기 위해, 원자 단위 $\hbar = m = e = 1$을 사용하겠다. 예를 들어, $x = bZ^{1/3}r$로 쓰고자 하는데, 여기서 $b = 2(4/3\pi)^{2/3} \approx 1.13$이다.

계의 에너지는 밀도 함수 $\rho(r)$에 의해 결정될 수 있다. 퍼텐셜 에너지 항은 간단히 고전적으로 표기할 수 있다:

핵의 인력 에너지는

$$E^V = -Z\int \frac{\rho(r)}{r} d^3\mathbf{r} \tag{14.11}$$

이고, 전자 간 반발 에너지는

$$E^J = \frac{1}{2}\int\int \frac{\rho(r_1)\rho(r_2)}{r_{12}} d^3\mathbf{r}_1 d^3\mathbf{r}_2 \tag{14.12}$$

이다. 운동 에너지는 자유-전자 기체 이론의 *지역적 밀도 근사*(local density approximation, LDA)를 사용하여 표현할 수 있다. 위상 공간의 한 단위 $d^3\mathbf{p}\, d^3\mathbf{r}/h^3$에 Fermi 준위 p_F까지 채워진 전자들의 운동 에너지는 다음과 같이 주어진다.

$$E^T = \int \left(\frac{2}{h^3}\int_0^{p_F} \frac{p^2}{2m} 4\pi p^2\, dp\right) d^3\mathbf{r} \tag{14.13}$$

여기서 이중 점유를 나타내기 위해 인수 2를 사용하였다. 원자 단위 $m = 1$과 $h = 2\pi\hbar = 2\pi$를 이용해서, p에 대한 적분을 다음과 같이 계산할 수 있다:

$$\frac{1}{(2\pi)^3}\int_0^{p_F} p^2\, 4\pi p^2\, dp = \frac{1}{10\pi^2} p_F^5 \qquad \textbf{(14.14)}$$

식 (14.4)의 밀도 $\rho(r)$와 p_f의 관계를 이용하면, 다음과 같이 구할 수 있다.

$$E^T = \frac{3}{10}(3\pi^2)^{2/3}\int \rho(r)^{5/3}\, d^3\mathbf{r} \qquad \textbf{(14.15)}$$

양자역학에서 운동 에너지는 사실상 함수의 미분꼴을 포함하고, 따라서 엄밀하게는 지역적이지 않으므로, 이 결과는 필연적으로 LDA 내에서의 근사값이다.

전자간 상호작용에 대한 쿨롱(Coulomb) 적분 (14.12)는 교환(exchange) 기여를 고려하지 않았고, 특히 비논리적인(spurious) 전자의 자체 상호작용을 포함한다. 교환 에너지에 대한 항이 1928년 Dirac에 의해 추가되었는데, 이 또한 자유 전자 기체에서의 LDA에 기초를 두고 있다:

$$E^X = -\frac{9}{8}\left(\frac{3}{\pi}\right)^{1/3}\int \rho(r)^{4/3}\, d^3\mathbf{r} \qquad \textbf{(14.16)}$$

이와 같은 이론적 설명은 *Thomas-Fermi-Dirac model*로 알려져 있다.

(14.6)의 해로부터 밀도 범함수에 대한 대략적인 근사는 간단한 지수함수 $\rho(r) =$ 상수$e^{-cZ^{1/3}r}$가 된다. 이 함수는 다음과 같은 정규화가 필요하다.

$$\int \rho(r)\, d^3\mathbf{r} = N \qquad \textbf{(14.17)}$$

여기서 N은 전체 전자수이고, 이는 중성 원자의 Z와 동일하다. 그리고 우리가 인용한 정규화된 근사 함수는 다음과 같이 나타낼 수 있다.

$$\rho(r) \approx \frac{c^3 Z^2}{8\pi} e^{-cZ^{1/3}r} \qquad \textbf{(14.18)}$$

방사형 분포 함수 $4\pi r^2\rho(r)$의 최대값은 원자 번호가 Z인 중성 원자 반지름의 대략적 근사값인 $r \approx 1.8Z^{-1/3}$에서 나타난다. 원자의 전체 에너지에 대한 대략적 근사값으로서, 전하가 Z인 핵에서부터 평균 거리 $Z^{-1/3}$ 위치에서 Z개의 전자에 대한 퍼텐셜 에너지를 고려하자. 이 퍼텐셜 에너지는 근사적으로 $-Z^2/Z^{-1/3} = -Z^{7/3}$이다. 더 정확한 계산에 의하면 수치해석 결과인 $E \approx -0.76Z^{7/3}$ hartrees가 된다. 그림 14.2는 $Z = 1$에서 54까지의 원자에 대한 실험 에너지 값과 TFD(*Thomas-Fermi-Dirac*) 예측(실선)의 도표를 보여주고 있다. (원자들의 에너지 실험값에 좀 더 정확하게 맞추면 $E \approx -0.59Z^{7/3}$ hartrees가 된다.)

비록 Thomas-Fermi 방법이 원자의 에너지 값에 대해서는 좋은 결과를 보여주지만, 이 모델에 바탕을 둔 어떠한 분자도 안정하지 않고, 원자들의 해리 에너지는 항

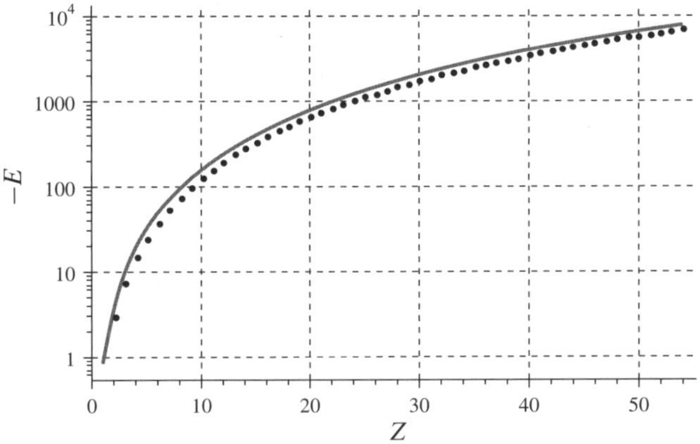

그림 14.2 $Z = 1$에서 54까지 원자들의 에너지. 실선은 TFD 결과를 나타낸다.

상 더 낮은 값을 갖는다는 것이 Teller에 의해서 밝혀졌다.

14.2 Hohenberg-Kohn 정리

Pierre Hohenberg

Walter Kohn

DFT의 개념적 기초는 Hohenberg와 Kohn (1964)에 의해 정의된 괄목할 만한 두 개의 정리인데, 어떤 의미로는 (14.1)과 반대 관계이다. (Walter Kohn은 John Pople과 함께 1998년 노벨상을 수상하였다.) 첫 번째 Hohenberg-Kohn 이론에 대해 간략히 서술하면 다음과 같다:

> *만약 양자 계의 바닥 상태에 대한 밀도 함수 $\rho(\mathbf{r})$를 알면, 원칙적으로 N-전자 파동함수 $\psi(\mathbf{r}_1, \mathbf{r}_2 \ldots \mathbf{r}_N)$를 결정할 수 있다.*

파동함수는 모든 다른 관측 가능량들(에너지 등)로 연결되기 때문에, 밀도를 알면 양자 계를 완전히 기술할 수 있다. HK(Hohenberg-Kohn) 정리를 증명하기 위해 첫 번째로 언급할 것은, 계 안의 전자수가 밀도를 적분함으로써 결정된다는 것이다. 왜냐하면 (14.1)의 정규화된 파동함수의 적분을 완료하면

$$\int \rho(\mathbf{r})\, d^3\mathbf{r} = N \tag{14.19}$$

이 되기 때문이다. 모든 핵의 위치에서 밀도는 다음 범함수를 따르는 *뾰족한*(cusp) 형태를 보인다. (이는 1s 상태를 갖는 수소꼴 원자에서 쉽게 볼 수 있다.)

$$\rho(\mathbf{r}) \approx \text{상수}\, e^{-2Z_A|\mathbf{r}-\mathbf{R_A}|} \tag{14.20}$$

이것은 Kato 정리의 결과이다:

$$Z_A = -\frac{1}{2\rho(\mathbf{r})}\frac{d\rho(\mathbf{r})}{dr}\bigg|_{r\to\mathbf{R}_A} \tag{14.21}$$

핵의 배치와 전자수를 알면, 원칙적으로 Hamiltonian과 N-전자 Schrödinger 방정식을 쓸 수 있다. 그러면 $\psi(\mathbf{r}_1, \mathbf{r}_2 \ldots \mathbf{r}_N)$를 풀 수 있다.

HK 이론의 경고성 구절은 '*원칙적으로*'이다. 또한 N-전자의 Schrödinger 방정식의 해는 원칙적으로는 존재하지만, 그것을 찾으려는 시도를 해야 한다! DFT의 실제적인 돌파구는 변수 N이 아니라 오직 하나의 3차원 변수에 대해 함수를 처리할 필요가 있다는 점이다. 전자 에너지는 밀도에 대한 *범함수*이고, 다음과 같이 쓸 수 있다.

$$E = E[\rho] \tag{14.22}$$

*범함수*는 다른 함수에 의존하는 함수라고 해석할 수 있다(대략적으로 "함수의 함수"). 현재 맥락에서 범함수는 함수를 통해 하나의 숫자를 이끌어 낼 수 있는 방안이라고 생각할 수 있다. 예를 들면 변분 원리는 파동함수에 대한 범함수를 포함하고 있다. 즉, $E = E[\psi]$. 첫 번째 Hohenberg-Kohn 이론을 더 세련되게 기술하자면 다음과 같다:

파동함수는 밀도에 대한 고유한 범함수이다.

두 번째 Hohenberg-Kohn 이론은 밀도 범함수에 대한 변분 원리이고, 다음과 같이 조건 (14.2)을 만족하는 시도 밀도 함수(trial density functions) $\tilde{\rho}$를 필요로 한다.

$$E_0 \le E[\tilde{\rho}] \tag{14.23}$$

14.3 밀도 범함수 이론

전자 밀도의 범함수로서 고려될 수 있는 기본량은 에너지이다: $E[\rho]$. 이것은 편의상 다음 네 부분으로 나눌 수 있다:

$$E[\rho] = E^K[\rho] + E^V[\rho] + E^J[\rho] + E^{XC}[\rho] \tag{14.24}$$

운동 에너지 범함수의 정확한 형태는 알려져 있지 않지만, 첫 번째 근사로서 다음과 같이 쓸 수 있는데,

$$E^K[\rho] = \frac{3}{10}(3\pi^2)^{2/3}\int \rho(\mathbf{r})^{5/3}\, d^3\mathbf{r} \tag{14.25}$$

이 수식이 Thomas-Fermi 원자 모형에서 사용된 지역적 밀도 근사법을 통해 제안되었다. 또한 밀도의 *기울기*를 고려하는 $E^K[\rho]$에 대한 보정은 다음 *Weizsacker 보정*이라고 한다:

$$\Delta E_W^K[\rho] = \frac{\lambda}{8}\int \frac{|\nabla\rho(\mathbf{r})|^2}{\rho(\mathbf{r})}\,d^3\mathbf{r} \tag{14.26}$$

여기에서 λ는 경험적(empirical) 상수이다. 한 분자의 핵-전자 퍼텐셜 에너지와 핵간 상호작용은 다음과 같이 주어진다.

$$E^V[\rho] = -\sum_A Z_A \int \frac{\rho(\mathbf{r})}{|\mathbf{r}-\mathbf{R}_A|}\,d^3\mathbf{r} + \sum_{A<B}\frac{Z_A Z_B}{R_{AB}} \tag{14.27}$$

반면에 전자-전자 퍼텐셜 에너지는

$$E^J[\rho] = \frac{1}{2}\int\int \frac{\rho(\mathbf{r}_1)\rho(\mathbf{r}_2)}{r_{12}}\,d^3\mathbf{r}_1 d^3\mathbf{r}_2 \tag{14.28}$$

이다. 이 에너지는 전자 자체-상호작용을 제거함으로써 보정되는데, 교환 퍼텐셜을 통해서 이루어진다. 두 퍼텐셜-에너지 부분은 고전 전자기 이론과 유사하다. 가장 어려운 부분은 교환-상관 범함수이다. 이는 전적으로 양자역학에 근거를 둔 Pauli 배타 원리와 전자 교환 부분이다. 이 기여의 교환 부분에 대한 초기 근사는 Slater에 의해서 도입되었고, 다음과 같은 X-alpha 범함수로 알려져 있으며, 다음 장에서 논의하고자 한다.

$$E^X[\rho] = -\frac{3\alpha}{2}\left(\frac{3}{\pi}\right)^{1/3}\int \rho(\mathbf{r})^{4/3}\,d^3\mathbf{r} \tag{14.29}$$

여기에서 α는 또 다른 경험적 상수이다. Lieb–Oxford 속박(bound)은 정확한 교환-상관 에너지에 대한 상한값을 규정한다. 즉

$$E^{XC}[\rho] \geq -1.68\int \rho(\mathbf{r})^{4/3}\,d^3\mathbf{r} \tag{14.30}$$

이다. 더 이상 자세히 다루지는 않겠지만, 두 범함수 형태에 대한 추가 조작과 경험적 변수들을 이용해서 DFT의 매우 성공적인 공식이 완성되었다. 현재 가장 선호되는 버전은 B3LYP(Becke 3-parameter, Lee, Yang 및 Parr 이름을 따라서) 버전이다.

14.4 Slater의 X-alpha 방법

다음 장에서 다루겠지만, Kohn–Sham 방정식의 효시(precursor)는 Hartree–Fock 방정식을 단순화시킨 Slater의 X-alpha 방법(1951)이었다. 10.2절과 13.4절에서 다루었듯이 Hartree–Fock 방법은 N-전자 파동함수의 근사값인 Slater 행렬에서 원자 또는 분자 오비탈의 변분 최적화에 바탕을 둔다는 내용을 상기하자. 계산적 문제는

서로 결합된 세트의 N개의 미적분 방정식들의 해로 축약된다. 원자의 경우 각각의 N개의 스핀 오비탈 $a, b, ..., n$에 대한 Hartree-Fock 방정식은

$$-\frac{1}{2}\nabla^2\phi_a(x) - \frac{Z}{r}\phi_a(x) + \Big[\sum_b \int \frac{|\phi_b(x')|^2}{|\mathbf{r}-\mathbf{r}'|}dx'\Big]\phi_a(x) - \sum_b \Big[\int \frac{\phi_b^*(x')\phi_a(x')}{|\mathbf{r}-\mathbf{r}'|}dx'\Big]\phi_b(x) = \epsilon_a\phi_a(x) \quad \mathbf{(14.31)}$$

이다. 가장 큰 문제는 스핀 오비탈 $\phi_a(x)$에 대한 실질적인 고유값 방정식의 형태에서 마지막 합인 교환항에서 나타난다. 이 부분은 $b \neq a$일 때, $\phi_b(x)$가 곱해져서 결합된다. X-alpha 방법은 마지막 합을 $\phi_a(x)$에만 직접 영향을 주는 항으로 대체함으로써 문제를 해결하고자 하였다.

b에 대한 합에는 $b = a$에 대한 기여가 포함되는 점을 주목하자. 따라서 전자 간 Coulomb 상호 작용을 나타내는 첫 번째 합은, 수정되지 않는다면, 스핀 오비탈 ϕ_a의 자신에 대한 자체-상호작용을 포함하게 된다. 이 부분은 비논리적인 자체-상호작용을 없애주는 두 번째 합의 $b = a$ 항에 의해 보정된다. 두 번째 합의 나머지 부분은 ϕ_a와 같은 스핀을 갖는 모든 다른 오비탈들의 교환 상호작용을 나타낸다. 비논리적인 전자 밀도의 감소는 각 전자 주변에서, 같은 스핀을 갖는 전자들을 부분적으로 제외하는, *Fermi 정공*의 존재를 상상하여 근사처리 할 수 있다. Fermi 정공에 의해서 제외되는 전체 전하는 한 전자의 전하와 동일해야 한다. 따라서 Hartree-Fock 방정식 안의 첫 번째 합은 하나의 항으로 줄어들게 되고, 따라서 자체-상호작용이 제거된다. Fermi 정공이 반지름 r_F인 구형이라고 가정하면, 제외된 전하는 $\frac{4\pi}{3}r_F^3|\rho(r)|$로 주어지고, 여기에서 $\rho(r) = -|\phi(x)|^2$이다. 제외된 전하가 전자의 전하인 1과 같다면, 다음과 같은 식이 얻어진다.

$$r_F = (3/4\pi)^{1/3}|\rho(r)|^{-1/3} \quad \mathbf{(14.32)}$$

우리는 Fermi 정공 안에서, 근사적으로 $\frac{1}{2}\rho(r)$로 쓸 수 있는, 적당한 스핀의 전하 밀도가 전자에 대해 구형이라고 가정한다. Fermi 정공 안의 전자들의 교환 퍼텐셜 에너지는 다음과 같이 근사적으로 주어진다.

$$V^X \approx -\int_0^{r_F} \frac{\rho(r)/2}{|\mathbf{r}-\mathbf{r}'|}4\pi r'^2\,dr' \approx -\text{상수}\,\rho(r)r_F^2 \approx -\text{상수}\,\rho(r)^{1/3} \quad \mathbf{(14.33)}$$

Slater는 상수 $= \frac{2}{3}\left(\frac{3}{\pi}\right)^{1/3}$ 값을 얻었다. Kohn과 Sham의 과정을 포함하는, 또 다른 전개 과정은 $\frac{2}{3}$가 아닌 1 값을 얻었다. 어떤 경우든 결과가 근사값이기 때문에, 상수에는 경험적 인자 α가 포함된다. 그러므로 X-alpha 방법에 의하면 스핀 오비탈 ϕ_a에

대한 Hartree-Fock 방정식은 다음 형태가 된다:

$$\left[-\frac{1}{2}\nabla^2 - \frac{Z}{r} + \int \frac{\rho(x')}{|\mathbf{r}-\mathbf{r}'|}dx' - \frac{3\alpha}{2}\left(\frac{3}{\pi}\right)^{1/3}\rho(x)^{1/3}\right]\phi_a(x) = \epsilon_a\phi_a(x) \quad \textbf{(14.34)}$$

14.5 Kohn-Sham 방정식

Kohn과 Sham(1965)은 DFT와 Hartree-Fock 방법을 혼성한 계산 체계를 고안하였다. 이렇게 하면, 스핀 오비탈에 대한 Hartree-Fock 방정식 안의 복잡한 다-전자 퍼텐셜이 쿨롱(Coulomb), 교환, 상관 효과들을 포함한 실질적인 퍼텐셜 $V_{\text{KS}}(\mathbf{r})$로 대체된다. 따라서 다-전자 시스템은 독립된 알맹이들의 동일 계로 표현되고, 이 경우 단일 Slater 행렬에 대한 정확한 해를 얻게 된다. KS(Kohn-Sham) 방법의 가장 큰 이점은 지역적 밀도 형태의 근사법을 이용해서 운동 에너지를 더 이상 근사값으로 계산할 필요가 없다는 점이다. 스핀 오비탈의 운동 에너지는 이제 정확한 양자역학적 연산자 $-\frac{\hbar^2}{2m}\nabla^2$로 표현된다. 스핀 오비탈 $\phi_n(\mathbf{r})$에 대한 Hartree-Fock-Kohn-Sham 방정식은 (원자 단위로) 다음과 같이 쓸 수 있다:

$$\left\{-\frac{1}{2}\nabla^2 + V_{\text{KS}}(\mathbf{r})\right\}\phi_n(\mathbf{r}) = \epsilon_n\phi_n(\mathbf{r}) \quad \textbf{(14.35)}$$

여기에서

$$V_{\text{KS}}(\mathbf{r}) = -\sum_A \frac{Z_A}{|\mathbf{r}-\mathbf{R}_A|} + V^J[\rho] + V^{XC}[\rho] \quad \textbf{(14.36)}$$

이다. 마지막 범함수는(HF에는 없는) 상관(correlation)과 교환(exchange)을 포함하고 있다.

교환-상관 퍼텐셜에 대한 성공적인 경험적 근사는 Gunnarsson과 Lundqvist (1976)에 의해 다음과 같이 얻어졌다:

$$V^{XC}[\rho] = -0.458/r_s - 0.0666\,G(r_s/11.4) \quad \textbf{(14.37)}$$

여기에서

$$G(x) = \frac{1}{2}\left[(1+x^3)\log(1+x^{-1}) - x^2 + \frac{x}{2} - \frac{1}{3}\right] \quad \textbf{(14.38)}$$

이다. 또한 r_s는 다음과 같은 Wigner-Seitz 반지름인데,

$$r_s = \left(\frac{3}{4\pi|\rho(\mathbf{r})|}\right)^{1/3} \quad \textbf{(14.39)}$$

이는 평균적으로 하나의 전자에 해당하는 구형 부피의 반지름을 뜻한다.

반복되는 계산의 각 단계에서 밀도는 다음 수식을 통해 계산된다.

$$\rho(\mathbf{r}) = \sum_a |\psi_a(\mathbf{r})|^2 \tag{14.40}$$

교환-상관 퍼텐셜은 다음과 같이 *범함수의 도함수*에 의해 교환-상관 에너지와 형식적으로 연관되어 있다.

$$V^{XC}[\rho] = \frac{\delta E^{XC}[\rho]}{\delta\rho} \equiv \lim_{\Delta\rho\to 0} \frac{E^{XC}[\rho+\Delta\rho] - E^{XC}[\rho]}{\Delta\rho} \tag{14.41}$$

교환-상관 퍼텐셜을 정확히 표현할 수 있는 "신성한 범함수(divine functional)"에 대한 집중적인 탐색이 계산화학자들에 의해서 활발히 진행되고 있다.

14.6 화학 퍼텐셜

밀도 범함수 이론의 특정 양들은 화학적, 열역학적 개념들과 유사점이 있다. 예를 들어, *화학 퍼텐셜*(chemical potential, μ)은 다음과 같이 에너지를 전자 수로 미분한 값으로 정의할 수 있다.

$$\mu = \left(\frac{\partial E}{\partial N}\right)_V \tag{14.42}$$

이 경우는 핵의 배열(nuclear configuration)에 변화가 없음을 의미하는 일정한 퍼텐셜 에너지 V를 가질 때 성립한다. 실제로 N이 정수의 단위로만 변할 수 있기 때문에, μ의 물리적 중요성은 그것이 유한차분(finite-difference)과 유사하다는 점에 있다. 따라서 화학종 X에 적용하면

$$\mu \approx \frac{E(X^+) - E(X^-)}{2} = -\frac{I+A}{2} = -\chi \tag{14.43}$$

이고, 직관적으로 화학 퍼텐셜의 음수 값이 전기음성도와 동일한 값이라 여겨진다. 유사하게, 화학 퍼텐셜의 미분은

$$\left(\frac{\partial \mu}{\partial N}\right)_V = \left(\frac{\partial^2 E}{\partial N^2}\right)_V \approx E(X^+) - 2E(X) + E(X^-) = I - A = 2\eta \tag{14.44}$$

이고, 여기에서 η은 *경도*(hardness)로 알려져 있다. 이는 에너지 곡선의 척도이고, 따라서 화학적 변화에 대한 저항을 의미한다.

연습 문제

14.1 헬륨 원자의 이온화 에너지를 계산하기 위해 Slater X-alpha 방법을 활용하라. $I_1 = 24.59$ eV에 해당하는, 실험값 $\epsilon_{1s} = -0.9037$에 해당하는 α 값을 결정하라. 최적화된 오비탈이 $\phi(r) = \frac{\zeta^{3/2}}{\sqrt{\pi}} e^{-\zeta r}$이고, $\zeta = Z - \frac{5}{16} = 1.6875$라고 가정한다. 9.2절의 결과들을 이용하라.

양자화학 입문

제 15 장 분자 대칭

Molecular symmetry

많은 경우에 분자 대칭은 Schrödinger 방정식의 정확한 해를 몰라도 양자 상태와 전이에 대한 수많은 정보를 제공한다. 분자를 그 자신과 구별 불가능한 상태로 바꾸는 기하학적 변환을 대칭 조작(symmetry operation)이라고 한다. 대칭 조작은 축 주위로 회전, 거울면 반사, 한 점을 통한 반전 또는 이들의 조합으로 이루어져 있다. 이 장에서는 암모니아와 물 분자의 대칭 군, C_{3v}, C_{2v}을 각각 자세히 다룰 것이다.

15.1 암모니아 분자

대칭의 개념과 군론을 암모니아 분자를 구체적인 예로 들어 소개하고자 한다. NH_3에 어떤 대칭 조작을 하더라도 질소 원자는 고정되어 있고, 수소 원자들만 $3! = 6$가지의 방법으로 변환된다. 분자의 축은 C_3 축이라 부르는데 그 축 주위로 분자가 3가지 동등한 배향으로 회전될 수 있기 때문이다. 더 일반적으로, C_n 축은 n개의 동등한 배향을 가지고 있으며, 그 각각은 $2\pi/n$ 라디안만큼 분리되어 있다. 분자에서 n 값이 가장 높은 회전축을 주축이라고 한다. 3개의 거울면은 σ_1, σ_2, σ_3으로 표시하는데 암모니아에서 주축을 통과하는 면이다. 암모니아는 3-중 축과 3개의 대칭 수직면을 가지고 있는 C_{3v}라고 표기하는 대칭 군에 속한다.

그림 15.1에 3개의 수소 원자의 배향을 아래쪽에서부터 시계 방향으로 {1, 2, 3}으로 나타내었다. 연산자 C_3로 표시한 것은 반시계 방향으로 120°만큼 회전시킴을 의미하는데 배향 {2, 3, 1}이 얻어진다. 연산자 C_3^2로 표시한 것은 반시계 방향으로

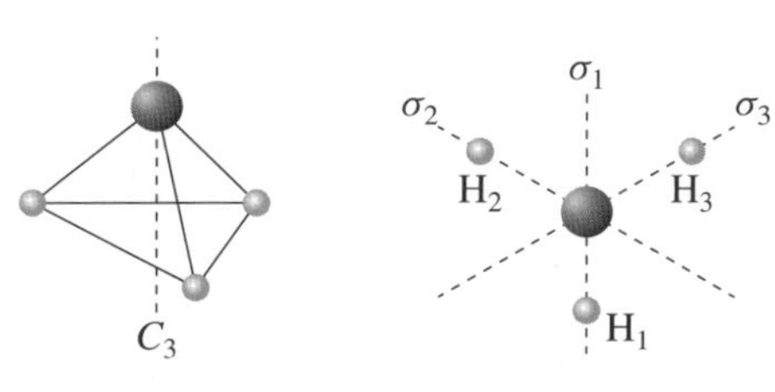

그림 15.1 암모니아 분자의 두 보기.

120°만큼 두 번 회전시킴을 의미하는데 배향 {3, 1, 2}가 얻어진다. 그런데 반시계 방향으로 연속해서 120°만큼 두 번 회전시키게 되면 그 결과는 시계 방향으로 120° 만큼 회전시킨 것(C_3^{-1}로 표시)과 똑같다. 초기 배치 {1, 2, 3}에 3가지 거울상 조작 σ_1, σ_2, σ_3을 하게 되면, 각각 {1, 3, 2}, {3, 2, 1}, {2, 1, 3}이 얻어진다. 마지막으로 E로 표기하는 동등 조작을 포함해야 한다. 대칭 군 C_{3v}의 6가지 가능한 조작의 효과는 다음과 같이 요약할 수 있다:

$$\begin{aligned} E\{1,2,3\} &= \{1,2,3\}, & C_3\{1,2,3\} &= \{2,3,1\}, \\ C_3^2\{1,2,3\} &= \{3,1,2\}, & \sigma_1\{1,2,3\} &= \{1,3,2\}, \\ \sigma_2\{1,2,3\} &= \{3,2,1\}, & \sigma_3\{1,2,3\} &= \{2,1,3\} \end{aligned} \tag{15.1}$$

이것은 3개의 수소 원자의 6가지 모든 가능한 변환을 설명하는 것이다.

두 개의 대칭 조작의 연속적 적용은 어떤 단일 대칭 조작과 동등하다. 예를 들어, 초기 배향에 C_3를 조작한 후 σ_1을 적용하면,

$$\sigma_1 C_3\{1,2,3\} = \sigma_1\{2,3,1\} = \{2,1,3\} \tag{15.2}$$

이 된다. 그리고 그 결과는 σ_3 단일 조작과 동등하다. 이것을 다음과 같이 대칭 연산자 사이의 대수 관계로 나타낼 수 있다.

$$\sigma_1 C_3 = \sigma_3 \tag{15.3}$$

대수적으로 나타내었을 때 연속 조작은 *오른쪽에서 왼쪽* 방향으로 적용한다. 같은 두 조작을 거꾸로 적용하면,

$$C_3\sigma_1\{1,2,3\} = C_3\{1,3,2\} = \{3,2,1\} = \sigma_2\{1,2,3\} \tag{15.4}$$

이 된다. 따라서 대칭 조작은 C_3와 C_3^2처럼 교환 가능한 것도 있지만 일반적으로는 다음과 같이 교환 가능이 *아니다*.

$$A\,B \neq B\,A \tag{15.5}$$

군 C_{3v}의 대수는 곱셈표로 요약할 수 있다.

$$\begin{array}{ccccccc} & 1^{\text{st}} & E & C_3 & C_3^2 & \sigma_1 & \sigma_2 & \sigma_3 \\ 2^{\text{nd}} & & & & & & & \\ E & & E & C_3 & C_3^2 & \sigma_1 & \sigma_2 & \sigma_3 \\ C_3 & & C_3 & C_3^2 & E & \sigma_3 & \sigma_1 & \sigma_2 \\ C_3^2 & & C_3^2 & E & C_3 & \sigma_2 & \sigma_3 & \sigma_1 \\ \sigma_1 & & \sigma_1 & \sigma_2 & \sigma_3 & E & C_3 & C_3^2 \\ \sigma_2 & & \sigma_2 & \sigma_3 & \sigma_1 & C_3^2 & E & C_3 \\ \sigma_3 & & \sigma_3 & \sigma_1 & \sigma_2 & C_3 & C_3^2 & E \end{array} \tag{15.6}$$

표에서 각 조작은 각 열과 각 행에서 정확히 한 번씩 나타난다.

15.2 군의 수학적 이론

수학에서 군은 h개 요소의 집합 $\mathcal{G} \equiv \{G_1, G_2 \ldots G_h\}$으로 정의된다. 더불어 우리가 곱이라고 부르는 요소들의 조합에 대한 규칙이 적용된다. 군의 요소는 다음 네 가지 조건을 만족해야 한다:

1. 군의 어떤 두 요소를 곱해도 군의 다른 요소가 된다. 즉, $G_iG_j = G_k$이고 여기서 $G_k \in \mathcal{G}$이다.
2. 군 곱셈은 결합법칙을 따른다. 즉, $G_i(G_jG_k) = (G_iG_j)G_k \equiv G_iG_jG_k$.
3. 모든 G_i에 대해 $EG_i = G_iE = G_i$가 되는 동등 요소 E가 존재한다.
4. 모든 요소 G_i는 $G_iG_i^{-1} = G_i^{-1}\mathrm{G}_i = E$가 되는 그 역조작 요소 G_i^{-1}가 있다. 여기서 $G_i^{-1} \in \mathcal{G}$이다.

군의 요소의 수 h를 군의 *차수*라고 한다. 따라서 $\mathrm{C_{3v}}$는 차수가 6인 군이다.

군 곱셈표를 따르는 요소들의 집합을 군의 *표현*(representation)이라고 부른다. 군 요소들의 비교환성이 가능하기 때문에 간단한 숫자가 군을 표현하는 데 항상 적당한 것이 아니다: 종종 행렬을 사용해야 된다. 군 $\mathrm{C_{3v}}$에는 3개의 *기약 표현*(irreducible representations, IR)이 있으며, 더 이상 간단한 표현으로 쪼개질 수 없다. 모든 군의 사소하지만 중요한 표현은 *완전 대칭 표현*인데, 여기서 각 군 요소는 1로 표현된다. 따라서 곱셈표는 단순하게 $1 \times 1 = 1$을 반복한다. $\mathrm{C_{3v}}$에 대해 이것은 $\mathrm{A_1}$ 표현이라고 한다:

$$\mathrm{A}_1: E=1,\ C_3=1,\ C_3^2=1,\ \sigma_1=1,\ \sigma_2=1,\ \sigma_3=1 \qquad \textbf{(15.7)}$$

약간 덜 사소한 표현은 $\mathrm{A_2}$이다:

$$\mathrm{A}_2: E=1,\ C_3=1,\ C_3^2=1,\ \sigma_1=-1,\ \sigma_2=-1,\ \sigma_3=-1 \qquad \textbf{(15.8)}$$

훨씬 더 흥미로운 것은 E이며, 이것은 2×2 행렬이 필요하다:

$$E=\begin{pmatrix}1 & 0\\ 0 & 1\end{pmatrix},\qquad C_3=\begin{pmatrix}-1/2 & -\sqrt{3}/2\\ \sqrt{3}/2 & -1/2\end{pmatrix},$$
$$C_3^2=\begin{pmatrix}-1/2 & \sqrt{3}/2\\ -\sqrt{3}/2 & -1/2\end{pmatrix},\qquad \sigma_1=\begin{pmatrix}-1 & 0\\ 0 & 1\end{pmatrix},$$
$$\sigma_2=\begin{pmatrix}1/2 & -\sqrt{3}/2\\ -\sqrt{3}/2 & -1/2\end{pmatrix},\quad \sigma_3=\begin{pmatrix}1/2 & \sqrt{3}/2\\ \sqrt{3}/2 & -1/2\end{pmatrix} \qquad \textbf{(15.9)}$$

조작 C_3과 C_3^2는 같은 *급*에 속한다고 말한다. 왜냐하면 그 조작이 같은 기하 조작을 실행하지만, 단지 공간상 배치만 다르기 때문이다. 마찬가지로 σ_1, σ_2, σ_3도 명확히 같은 급이다. E는 그 자체로 하나의 급이다. 따라서 C_{3v} 군의 급 구조는 $\{E, 2C_3, 3\sigma_v\}$로 나타낸다. 군의 기약 표현의 수는 급의 개수와 같다는 것은 증명하지 않고 그냥 쓰겠다. 다른 중요한 이론은 군의 기약 표현 차원의 곱을 합하면 군의 차수와 같다는 것이다. 따라서 C_{3v}에 대해 $1^2 + 1^2 + 2^2 = 6$인 것을 알 수 있다.

행렬의 *대각합*(trace) 또는 *지표*(character)는 다음과 같이 주 대각선을 따라서 나타나는 요소들의합으로 정의된다:

$$\chi(M) \equiv \sum_k M_{kk} \tag{15.10}$$

여러 가지 목적을 위해 군의 행렬 전부를 알 필요는 없고 단지 행렬 표현의 지표만 알면 충분하다. 예를 들어, 식 (15.9)에 주어진 C_{3v}의 E 표현에 대한 지표는 다음과 같이 주어진다.

$$\begin{gathered}\chi(E) = 2, \quad \chi(C_3) = -1, \quad \chi(C_3^2) = -1, \\ \chi(\sigma_1) = 0, \quad \chi(\sigma_2) = 0, \quad \chi(\sigma_3) = 0\end{gathered} \tag{15.11}$$

일반적으로 동일 급에서 모든 조작에 대한 지표는 동등하다는 것은 사실이다. 따라서 간략하게 쓰면

$$\chi(E) = 2, \quad \chi(C_3) = -1, \quad \chi(\sigma_v) = 0 \tag{15.12}$$

이 된다. A_1및 A_2와 같은 일차원 표현에 대해 지표는 행렬 그 자체이므로 식 (15.7)과 (15.8)은 지표표로부터 직접 읽을 수 있다.

대칭 군에 대한 기본 정보는 *지표표*에 요약되어 있다. C_{3v}에 대한 지표표는 다음과 같다:

	E	$2C_3$	$3\sigma_v$		
A_1	1	1	1	z	x^2+y^2, z^2
A_2	1	1	−1	R_z	
E	2	−1	0	$(R_x, R_y), (x, y)$	$(x^2-y^2, xy), (xz, yz)$

마지막 두 행은 군의 조작 하에서 직교 좌표의 좌표들 x, y, z과 그들의 조합 그리고 회전 R_x, R_y, R_z이 어떻게 변환되는지를 보여준다.

15.3 양자역학에서 군론

분자가 군 $\mathcal{G}$의 대칭을 가질 때, 이는 군의 각 구성원이 다음과 같이 분자 Hamiltonian과 교환한다는 것을 의미한다.

$$[G_i, H] = 0, \qquad i = 1 \ldots h \tag{15.13}$$

여기서 군의 요소 G_i는 이제 파동 함수에 대한 연산자로서 분명하게 표시한다. 제4장에서 보여주었듯이 교환 연산자는 동시 고유 함수를 가질 수 있다. 차원 d인 군의 표현은 대응하는 행렬 표현과 일치하도록 그 자체적으로 변환하는 H의 d개의 축퇴되어 있는 고유 함수의 집합이 존재해야 한다는 것을 의미한다. 예를 들어, 만일 고유값 E_n이 d-중 축퇴되어 있다면, 교환 조건은 $i = 1 \ldots h$에 대해

$$G_i\, H\, \psi_{nk} = H\, G_i\, \psi_{nk} = E_n\, G_i\, \psi_{nk} \quad \text{여기서} \quad k = 1 \ldots d \tag{15.14}$$

임을 암시한다. 따라서 각 $G_i\psi_{nk}$는 또한 같은 고유값 E_n을 갖는 H의 고유 함수이고, 고유 함수 ψ_{nk}의 선형 조합으로 표현되어야 한다. 더 정확하게 말한다면 고유 함수는 다음 조건에 따라 그 자체적으로 변환한다.

$$G_i\, \psi_{nk} = \sum_{m=1}^{d} D(G_i)_{km} \psi_{nm} \tag{15.15}$$

여기서 $D(G_i)_{km}$은 연산자 G_i를 나타내는 행렬의 $\{k, m\}$ 요소를 의미한다.

동등 조작 E의 지표는 바로 그 대칭의 고유값의 축퇴도를 보여준다. C_{3v} 지표표는 NH_3 및 같은 대칭을 갖는 분자들이 비축퇴 및 2-중 축퇴된 에너지 준위를 가져야 함을 나타낸다. 대칭 종에 대한 다음 표기법이 Mulliken에 의해 도입되었다.

1. 일차원 표현은 A나 B로 표기한다. 주축 C_n에 대해 $2\pi/n$만큼 회전시켰을 때 대칭이 되면 A로 쓰고, 반대칭이 되면 B로 쓴다.
2. 이차원 표현은 E로 표기한다; 3, 4, 5차원 표현은 각각 T, F, G로 표기한다. 후자의 경우는 단지 정육면체, 정팔면체, 정이십면체 같은 고대칭 군에서만 나타난다.
3. 반전 중심을 갖는 군에서 하첨자 g, u는 각각 짝 반전성, 홀 반전성을 나타낸다.
4. 하첨자 1, 2는 각각 C_n에 수직인 C_2 축, 즉 σ_v 평면에 대한 대칭과 반대칭을 나타낸다.
5. 프라임(′)과 더블프라임(″)은 σ_h 평면에 대한 대칭과 반대칭을 나타낸다.

개별 오비탈에 대해서는 더 낮은 수준의 대칭 표기가 사용된다. 예를 들어 암모니아에서 MO는 a_1, a_2, e로 분류된다.

15.4 암모니아의 분자 오비탈

암모니아나 다른 C_{3v} 분자에 대해서는 3종의 고유 함수가 있다. 분류 A_1에 속하는 것은 군의 모든 대칭 조작에 의해 그 자체로 변환된다. $1s$, $2s$, $2p_z$ 원자 오비탈(AO)이 이 부류에 속한다. 3-중 축으로는 z-축을 잡는다. A_2에 속하는 오비탈은 없다. 질소의 $2p_x$와 $2p_y$ AO는 군 C_{3v}의 2차원 표현을 형성한다. 말하자면 군의 6개의 조작 어떤 것이라도 이러한 AO 중 하나를 두 AO의 선형 조합으로 변환하며, 그 계수는 행렬 (15.9)에 주어진다. 3개의 수소 $1s$ 오비탈은 군의 3×3 표현처럼 변환한다. 수소를 행 벡터 $\{H_1, H_2, H_3\}$로 표현하면 6개 군 조작은 다음 대수를 생성한다.

$$E = \begin{pmatrix} 1 & 0 & 0 \\ 0 & 1 & 0 \\ 0 & 0 & 1 \end{pmatrix}, \quad C_3 = \begin{pmatrix} 0 & 1 & 0 \\ 0 & 0 & 1 \\ 1 & 0 & 0 \end{pmatrix}, \quad C_3^2 = \begin{pmatrix} 0 & 0 & 1 \\ 1 & 0 & 0 \\ 0 & 1 & 0 \end{pmatrix},$$

$$\sigma_1 = \begin{pmatrix} 1 & 0 & 0 \\ 0 & 0 & 1 \\ 0 & 1 & 0 \end{pmatrix}, \quad \sigma_2 = \begin{pmatrix} 0 & 0 & 1 \\ 0 & 1 & 0 \\ 1 & 0 & 0 \end{pmatrix}, \quad \sigma_3 = \begin{pmatrix} 0 & 1 & 0 \\ 1 & 0 & 0 \\ 0 & 0 & 1 \end{pmatrix} \qquad \textbf{(15.16)}$$

이 표현을 Γ로 표기한다. Γ는 *가약 표현*(reducible representation)인데, 그 의미는 어떤 유니테리 변환에 의해 3×3 행렬이 2×2와 1×1 부행렬을 갖는 블록-대각선 형태로 분해될 수 있다는 것이다. Γ의 가약성은 지표표를 통해 추론할 수 있다. 이 행렬의 지표는

$$\Gamma: \quad \chi(E) = 3, \quad \chi(C_3) = 0, \quad \chi(\sigma_v) = 1 \qquad \textbf{(15.17)}$$

이다. 이 치환 조작의 각 지표는 조작을 통해 바뀌지 않고 남아 있는 H 원자의 수와 같다: 동등조작에 대해서는 3, 반사조작에 대해서는 1, 회전조작에 대해서는 0이다. Γ의 지표는 지표 A_1과 E의 합과 같다. 이 가약성 관계는 다음과 같이 표현된다.

$$\Gamma = A_1 \oplus E \qquad \textbf{(15.18)}$$

3개의 H 원자 $1s$ 함수는 군의 기약표현(IR)에 따라 변환하는 LCAO 함수로 조합될 수 있다. 명백히 다음 합

$$\psi = \psi_{1s}(1) + \psi_{1s}(2) + \psi_{1s}(3) \qquad \textbf{(15.19)}$$

은 A_1처럼 변환한다. E처럼 변환하는 두 개의 남아 있는 선형 조합은 서로 직교해야 한다. 한 가지 가능한 선택은

$$\psi' = \psi_{1s}(2) - \psi_{1s}(3), \quad \psi'' = 2\psi_{1s}(1) - \psi_{1s}(2) - \psi_{1s}(3) \qquad \textbf{(15.20)}$$

이다. 이러한 *대칭-적응* AO들에 대해 그림 15.2에 나타내었다.

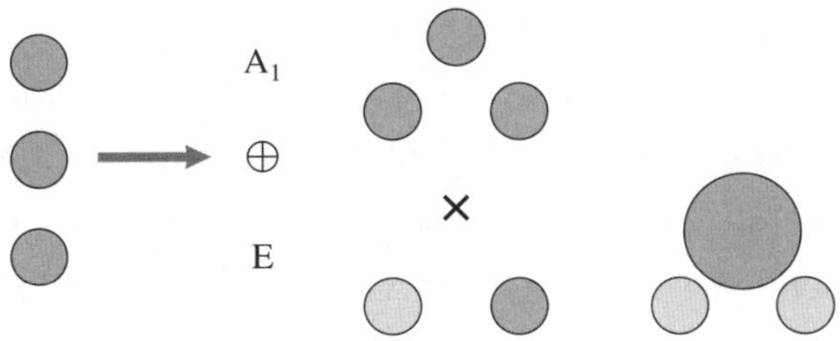

그림 15.2 암모니아에서 3개의 수소에 대한 대칭-적응 AO.

이제 (15.19)는 N의 $1s$, $2s$, $2p_z$와 조합하여 A_1 대칭을 갖는 MO를 형성한다. 반면에 (15.20)은 N의 $2p_x$ 및 $2p_y$를 조합하여 E 대칭을 갖는 MO를 형성한다. 전자 바닥 상태인 암모니아에서, N의 $1s$, $2s$, $2p_z$ AO는 H의 $1s$ 조합 (15.18)과 함께 상호작용하여 3개의 MO, $1a_1$, $2a_1$, $3a_1$을 형성한다. 비슷하게 N의 $2p_x$ 및 $2p_y$는 두 개의 H의 $1s$ 조합 (15.20)과 조합하여 이중 축퇴된 $1e$ MO를 형성한다. 이러한 원자 오비탈들의 선형 조합에서 계수는 자세한 변분 계산에 의해 결정되는데, 대부분 계산 화학 프로그램 중 하나를 사용해 얻어진다. 결과적인 분자 전자 배치는 $1a_1^2 2a_1^2 3a_1^2 1e^4\ {}^1A_1$로 쓸 수 있다. 닫힌 껍질 전자 배치는 완전-대칭인 기호 A_1을 갖는다.

위와 같이 계산된 분자 오비탈은 분자의 대칭에 맞도록 비편재화(delocalized)된다. 이 오비탈들은 분명히 개개의 원자나 화학 결합과는 관련이 없다. 궁금한 화학자들은 "N–H 결합은 어디에 있는가? 질소의 비공유 전자쌍은? 혼성 원자 오비탈은 어떻게 형성되는가?" 등의 질문을 쏟아낼 수 있겠다. 이에 대한 답변은 행렬의 값이 변하지 않는 방법으로 Slater 행렬의 스핀 오비탈을 변환하는 것이 가능하다는 것이다. 예를 들어, 다음 2×2 행렬을 생각해 보자.

$$\psi(1,2) = \frac{1}{\sqrt{2}} \begin{vmatrix} a(1) & b(1) \\ a(2) & b(2) \end{vmatrix} \tag{15.21}$$

스핀 오비탈 a와 b가 다음과 같이 두 개의 새로운 스핀 오비탈 c와 d로 변환된다고 하자.

$$a = \frac{1}{\sqrt{2}}(c+d), \qquad b = \frac{1}{\sqrt{2}}(c-d) \tag{15.22}$$

그러면 행렬 (15.21)은 다음과 같이 변환된다.

$$\psi(1,2) = \frac{1}{\sqrt{2}} \begin{vmatrix} c(1) & d(1) \\ c(2) & d(2) \end{vmatrix} \tag{15.23}$$

비록 오비탈들이 서로 다르지만 총 분자 파동 함수는 변화하지 않는다. 유사한 방법으로 전자 배치 $1a_1^2 2a_1^2 3a_1^2 1e^4$를 나타내는 10 × 10 Slater 행렬도 $is^2 lp^2 nh^6$으로 표기하는 동일한 배치로 변환될 수 있다. 여기서 is는 N 원자 내부 껍질, lp는 비공유 전자쌍, nh는 N–H 결합을 나타낸다. 이러한 방법으로 분자의 전자 구조의 전통적인 화학적 개념과 더 많이 일치하는 일련의 편재된 오비탈이 다시 나타나게 되었다. AO의 혼성과 결합성 MO의 형성은 계산의 자동적인 결과이지 억지로 도입할 필요는 없다.

15.5 선택 규칙

원자나 분자의 전자기장과의 강한 상호작용은 보통 복사의 전기장과 쌍극자 상호작용을 통해 일어난다. 이것은 $-\boldsymbol{\mu}\cdot\mathbf{E}$ 형태를 갖게 되며, 여기서 전기 쌍극자 연산자는 전자와 핵에 대한 모든 전하 q_i에 대한 합으로 다음과 같이 주어진다.

$$\boldsymbol{\mu} = \sum_i q_i \mathbf{r}_i \qquad \textbf{(15.24)}$$

부록 4B에 나타내었듯이 두 상태 ψ_n과 ψ_m 사이의 복사 전이 확률은 다음과 같이 $\mathbf{r}$의 성분 중 하나의 행렬 요소의 곱에 비례한다.

$$\int \psi_n^* \, x \, \psi_m \, d^3\mathbf{r}, \quad \int \psi_n^* \, y \, \psi_m \, d^3\mathbf{r}, \quad \int \psi_n^* \, z \, \psi_m \, d^3\mathbf{r} \qquad \textbf{(15.25)}$$

이 중 어느 특정 성분은 흡수되거나 방출되는 복사선에 대한 편극 방향을 결정한다. 선택 규칙은 위에 주어진 적분 중 하나가 0이 되지 않도록 하는 ψ_n과 ψ_m에 대한 대칭 조건이다. 만일 위 적분 3개 모두가 0이라면, 전이는 *쌍극자 금지*라고 말한다. 이것은 어떤 다른 메커니즘에서는 약하게 허용될 수도 있다.

겹침 적분이나 위에 주어진 행렬 요소 중 하나일 수도 있는 다음 형태의 적분

$$\int f(\mathbf{r}) \, d^3\mathbf{r} \qquad \textbf{(15.26)}$$

은 좌표계가 회전하거나 거울상 투영되거나 어떤 다른 변환이 일어날 때 값이 변하지 않는다. 이를 그림 15.3에 나타내었다. 군론의 표기로 쓰면 다음과 같다.

$$G_i \int f(\mathbf{r}) \, d^3\mathbf{r} = \int f(\mathbf{r}) \, d^3\mathbf{r} \qquad \textbf{(15.27)}$$

그림 15.3의 왼쪽에 있는 좌표의 C_3 변환은 분명히 적분값이 변하지 않음을 알 수 있다. 그러나 오른쪽에 있는 σ_v 거울상 반전은 적분의 부호가 변한다. 그러나 적분은 어떤 군 조작 후에도 같은 값을 가져야 하므로, 두 번째 적분은 당연히 0이 되어야 함을 의미한다. 이 경우에 적분이 0이 된다는 것이 양(진한 색)과 음(연한 색)이 같다

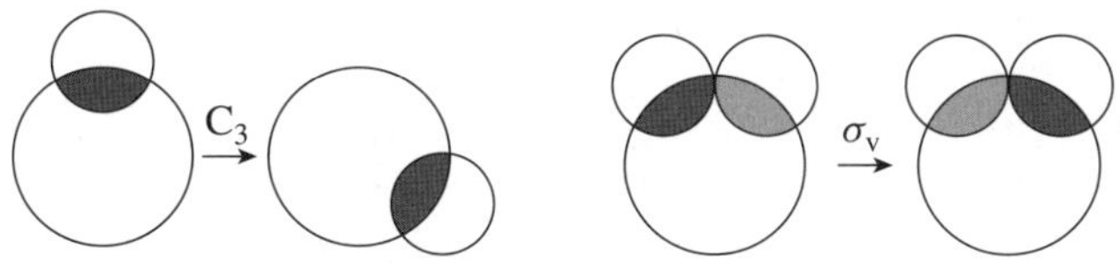

그림 15.3 두 개의 겹침 적분에서의 변환.

는 것으로부터 분명하지만, 다른 경우에는 군 이론 논의를 통해 알아갈 필요가 있다.

정확하게 0이 되지 *않는* 적분에 대한 조건은 그 피적분 함수가 군의 완전 대칭 표현에 속하는 것이다. 더 정확하게 말하자면, 피적분 함수는 적어도 *일부*라도 완전 대칭인 부분을 포함해야 한다. 이 조건은 군 지표표로부터 추론될 수 있다. 피적분 함수가 일반적인 형태 $f_1 f_2 f_3$를 갖는다면, 여기서 각 요소 f_1, f_2, f_3는 군의 기약표현 중 하나, 즉 Γ_1, Γ_2, Γ_3 중 하나에 해당하는 변환이다. 이 함수들의 곱은 다음과 같이 3가지 표현의 *직접 곱*으로서 변환할 것이다.

$$\Gamma = \Gamma_1 \otimes \Gamma_2 \otimes \Gamma_3 \tag{15.28}$$

오직 Γ의 축소(reduction)가 완전 대칭 표현을 포함할 때만, 적분이 완전히 0이 되지 *않을* 것이다. 예를 들면, 암모니아의 A_1과 E 상태 사이에서 쌍극자 전이가 일어날 수 있을지 결정해 보자. z-편극된 전이에 대해 고려할 적분은

$$\int \psi(A_1)\, z\, \psi(E)\, d^3\mathbf{r} \tag{15.29}$$

이다. C_{3v} 지표표에 의하면, 좌표 z는 A_1으로 변환한다. 표현 Γ_z에 대해,

$$\chi(E) = 1 \times 1 \times 2 = 2,\ \ \chi(C_3) = 1 \times 1 \times -1 = -1,\ \ \chi(\sigma_v) = 1 \times 1 \times 0 = 0 \tag{15.30}$$

이 됨을 알 수 있다. 따라서 Γ_z은 E 표현과 같은 지표를 가지며 같은 방법으로 변환한다. 곱은 A_1을 포함하는 기여는 없기 때문에 적분은 0이 되어야 한다. 따라서 A_1과 E 상태 사이에서 z-편극된 전이는 금지이다. x-편극 또는 y-편극된 전이에 대해서는 다음 적분을 고려한다.

$$\int \psi(A_1)\, x\, \psi(E)\, d^3\mathbf{r} \tag{15.31}$$

x나 y는 E처럼 변환하므로 $\Gamma_{x,y} = A_1 \otimes E \otimes E$가 되며,

$$\chi(E) = 1 \times 2 \times 2 = 4,\ \ \chi(C_3) = 1 \times -1 \times -1 = 1,\ \ \chi(\sigma_v) = 1 \times 0 \times 0 = 0 \tag{15.32}$$

이 된다. 지표표로부터

$$\Gamma_{x,y} = A_1 \otimes E \otimes E = A_1 \oplus A_2 \oplus E \tag{15.31}$$

임을 알 수 있다. $\Gamma_{x,y}$는 A_1으로부터의 기여를 포함하므로 대응하는 x-편극 및 y-편극된 전이는 허용된다.

15.6 물 분자

H_2O의 대칭 요소는 그림 15.4에 나타내었다. 대칭 군 C_{2v}에 속하는 분자는 회전 2중 축 C_2와 수직 거울면 σ_v, σ_v'을 가지고 있다. 암모니아와 대조적으로 이 두 거울면 반전은 하나는 분자의 거울면에 놓여 있고 다른 것은 거울면을 이등분하므로 다른 급에 속한다.

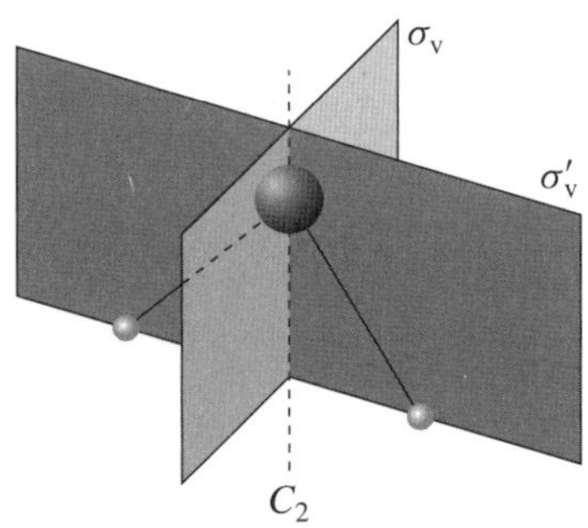

그림 15.4 물 분자의 대칭 요소.

C_{2v} 지표표는 다음과 같다.

	E	C_2	σ_v	σ_v'		
A_1	1	1	1	1	z	x^2, y^2, z^2
A_2	1	1	−1	−1	R_z	xy
B_1	1	−1	1	−1	R_y, x	xz
B_2	1	−1	−1	1	R_x, y	yz

군에는 모두 비축퇴인 4개의 일차원 표현이 있다. z 축은 C_2와 일치하는 반면, y 축과 x 축은 분자 평면에 있고 각각 수직 관계이다. 산소와 수소 AO는 다음과 같이 C_{2v} 대칭에 따라서 분류될 수 있다:

A_1: $O1s, O2s, O2p_z, H1s_A{+}H1s_B$

B_1: $O2p_x$

B_2: $O2p_y, H1s_A{-}H1s_B$

편재화된 원자가-결합 묘사에서 바닥 상태 전자 배치는 $is^2lp^4oh^4$로 쓸 수 있다. 이는 대응하는 비편재 MO 배치가 $1a_1^2 2a_1^2 3a_1^2 1b_1^2 1b_2^2$ $^1A_1$임을 추론할 수 있다. $3a_1$과 $1b_2$는 주로 O–H 결합 오비탈인 반면, $1b_1$과 $2a_1$은 주로 산소의 비공유 전자쌍이다.

15.7 Walsh 도표

C_{2v} 분자가 선형 분자로 일직선으로 펴진다면, 대칭은 $D_{\infty h}$가 되는데, 이는 동핵 이원자 분자나 대칭 삼원자 분자에 대한 군이다. 우리가 제12장에서 공부한 오비탈 분류가 적용되고 삼원자 분자인 XH_2에 있는 AO는 다음과 같이 재분류할 수 있다.

σ_g: X1s, X2s, H1s_A+H1s_B

σ_u: X2p_x, H1s_A–H1s_B

π_u: X2p_y, X2p_z

C_{2v}와 $D_{\infty h}$ 오비탈 사이의 관계는 그림 15.5에 나타내었듯이 Walsh 도표에 나타낼 수 있다. 내각 $1a_1$ 또는 $1\sigma_g$는 나타내지 않았다. 2s는 분자가 굽은형으로 바뀜에 따라 2p와 혼성화할 것이다. 180°로부터 결합각이 축소될 때 가장 큰 효과는 중심 원자에 있는 $2p_y$ 비결합이 H1s_A + H1s_B와의 결합 조합으로 바뀌는 것이다. 원자가 껍질의 5번째 전자는 이 오비탈로 이동하고 선형으로부터 굽은형 분자로 전이되는

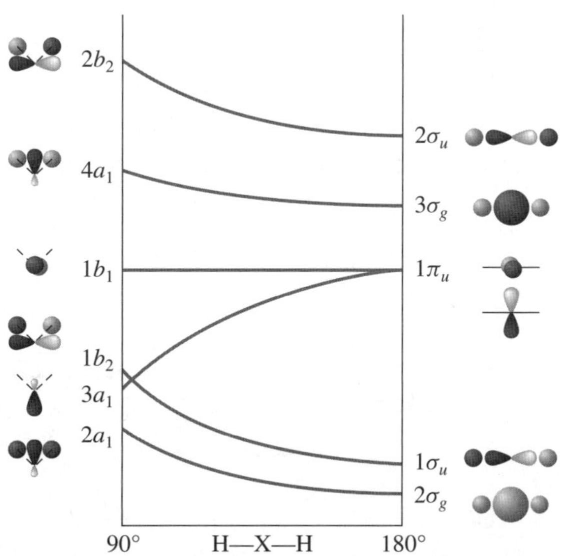

그림 15.5 XH_2 삼원자 분자에 대한 Walsh 도표.

요인이 된다. 실제로 BeH_2는 선형이고 BH_2는 굽은형이다. 또한 뒤이어 나오는 모든 이수소화 물질들, CH_2, NH_2, H_2O도 모두 굽은형이다.

15.8 분자 대칭 군

NH_3와 H_2O 공부를 통해 많은 정보를 Schrödinger 방정식을 풀지 않고도 분자의 대칭 군에 대한 지식으로부터 추론할 수 있음을 보여주었다. 따라서 어떤 분자의 대칭 군을 결정할 일반 전략을 개발하는 것이 유용하다. 특별히 *점군*을 다룰 것인데, 군의 모든 대칭 조작에서 적어도 분자에서 한 점은 고정되어 있기 때문에 점군이라고 한다. 조작은 핵의 위치가 고정되어 있다고 가정하고 전자의 상태를 다루는 Born–Oppenheimer 근사에서 진행할 것이다. 다음 대칭 조작을 고려해 보자:

E: 동등 변환. 이것은 아무 조작도 *행하지 않음*을 의미한다(단일을 뜻하는 독일어 *Einheit*로부터 유래함).

C_n: 각도 $2\pi/n$ 라디안만큼(n은 정수) 시계 방향으로 회전. n이 최대인 축을 *주축*이라고 한다.

σ: 거울면(*Spiegel*은 독일어로 거울을 의미함).

σ_h: 수평 거울면. 이 거울면은 원점과 주축을 *수직으로* 가로지르는 면이다.

σ_v: 수직 거울면. 이 거울면은 원점과 주축을 *포함*하는 거울면이다.

σ_d: 대각 또는 이면 거울면. 이 거울면은 원점과 주축을 포함하는 거울면이다. σ_v와 비슷하지만 이 거울면은 주축에 수직인 두 개의 C_2 축 사이의 각을 이등분한다.

i: 원점을 통한 반전. 직교 좌표에서 변환 $(x, y, z) \rightarrow (-x, -y, -z)$. 이 대칭 하에서 기약 표현은 g(짝수) 또는 u(홀수)로 분류된다.

S_n: 부적절 회전 또는 회전-반사 축. 각도 $2\pi/n$ 라디안만큼(n은 정수) 시계 방향으로 회전 후 회전축에 수직인 면을 통한 반사. 대칭의 또 다른 축으로 알려져 있다. S_1은 σ_h와 같고, S_2는 i와 같다(그림 15.6 참조).

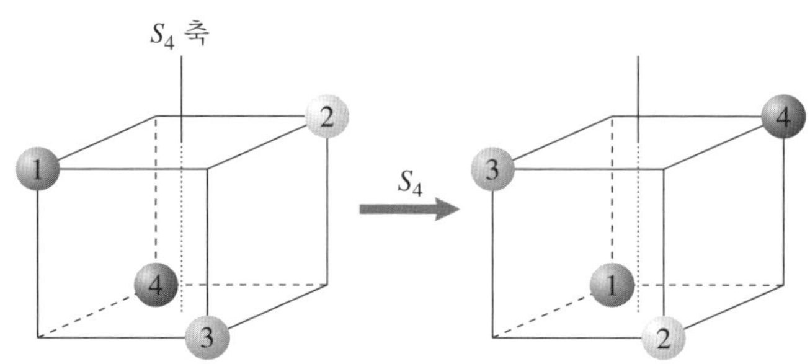

그림 15.6 대칭 조작 S_4의 그림 표현.

모든 분자는 위에 열거한 군에서부터 어떤 군까지 속한다고 분류될 수 있다. 이 조작 하에서 분자는 그 원래 상태와 구별 불가능한 상태로 변환될 수 있다. 그러나 대칭 조작의 임의의 조합은 가질 수 없다. 예를 들어 C_n 회전축을 가진 분자는 단지 축을 포함하거나 축에 수직인 거울면만 가질 수 있다. 우리는 대부분의 화학자들이 선호하는 *Schonflies* 분류체계를 사용할 것이다(결정학자들은 일반적으로 국제적인 Hermann-Mauguin 분류를 사용한다).

C_n 같은 기호는 군론에서 세 가지 의미가 있다. 먼저 n-중 회전축과 같은 *대칭 요소*를 나타낸다. 그리고 이 축 주위로 $2\pi/n$ 라디안만큼 회전한다는 대칭 조작을 표시한다. 마지막으로 대칭 요소 $\{E, C_n, C_n^2 \ldots C_n^{n-1}\}$를 포함하는 *대칭군*을 특성화하는 데 사용된다. 이 절에서는 군론을 언급할 때 C_n 같은 결정학 기호를 사용하고자 한다.

낮은-대칭 군

먼저 C_n 축이 없는 군을 고려해 보자. 동등 조작 E를 제외하고는 대칭 요소가 아무것도 없는 분자는 점군 C_1에 속한다. 동등 요소는 $\mathcal{C}_1$과 같으며, $2\pi/1$, 즉 360° 회전한다는 의미이다. 이러한 분자들은 매우 적으며, 그 중 한 예는 trisubstituted methane이다.

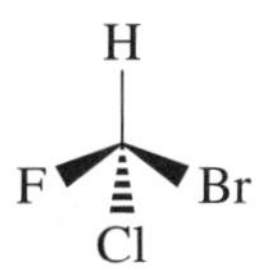

$\mathcal{C}_1$

$\mathcal{C}_s$로 표기하는 분자는 하나의 대칭 거울면 외에는 다른 대칭 요소가 없는 분자이다. 이러한 군은 단지 두 개의 대칭 요소만 가지고 있다: $\{E, \sigma\}$. 예로는 monosubstituted naphthalene이 있다.

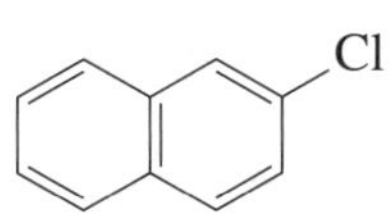

$\mathcal{C}_s$

$\mathcal{C}_i$에 속하는 분자는 하나의 대칭 중심만 가지고 있으며, 이러한 군은 $\{E, i\}$를 구성한다. 예로는 exotic substituted ethane의 staggered 배치이다.

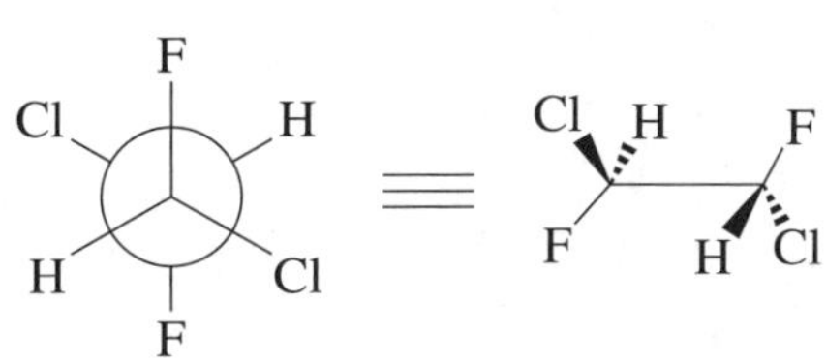

$\mathcal{C}_i$

회전 군

다음으로 단일 C_n 축을 갖는 군을 고려해 보자. 군 $\mathcal{C}_n$에 속하는 분자는 n-중(n-fold) 회전축만 가지고 있다. 이러한 군은 요소 $\{E, C_n, C_n^2 \ldots C_n^{n-1}\}$를 갖는 n차원이다. $\mathcal{C}_2$ 분자들의 예는 다음과 같다.

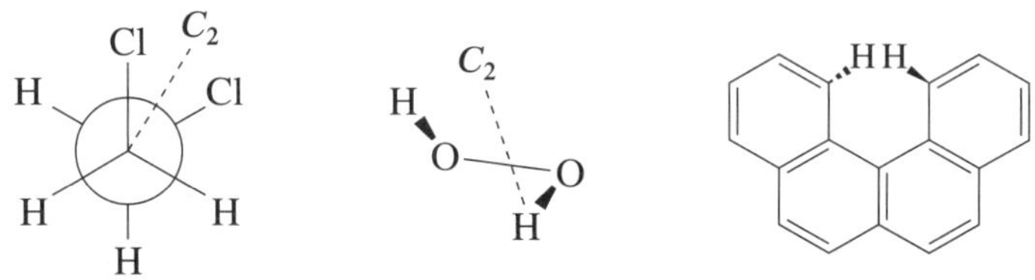

$\mathcal{C}_2$

이 군은 흔한 것은 아니다. 왜냐하면 대부분의 분자들은 부가적으로 다른 대칭 요소를 가지고 있기 때문이다. 대칭 군 $\mathcal{C}_{nv}$에 속하는 분자가 훨씬 더 많다. 이들은 n-중 회전축에 부가하여 n개의 거울면을 가지고 있다. 우리는 이미 H_2O와 NH_3의 대칭 군인 $\mathcal{C}_{2v}$와 $\mathcal{C}_{3v}$에 대해 자세히 연구하였다. 다른 예로는 다음과 같은 분자들이 있다.

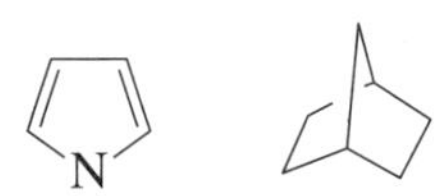

$\mathcal{C}_{2v}$

$\mathcal{C}_{4v}$

이종핵 이원자 분자는 HCN과 같은 비대칭 선형 분자와 더불어 $\mathcal{C}_{\infty v}$로 분류된다. 왜냐하면 실린더 대칭은 무한대의 회전축으로 여겨질 수 있기 때문이다. $\mathcal{C}_{nh}$ 군은 n-중 회전축에 덧붙여 수평 거울면 σ_h를 포함한다. *trans*-dichloroethylene 및 붕산같은 많은 이러한 분자들은 평면 구조이다:

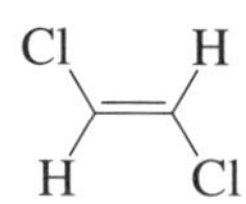

$\mathcal{C}_{2h}$

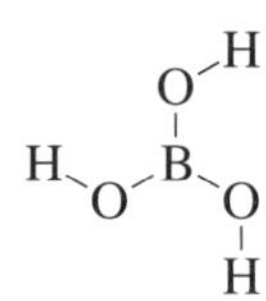

$\mathcal{C}_{3h}$

$\mathcal{S}_n(n = 4, 6, 8 \ldots)$ 군은 $\mathcal{S}_n$-축과 관련된 대칭 조작을 포함한다. n이 홀수이면 $\mathcal{S}_n$은 $\mathcal{C}_{nh}$와 같다. 반면에 $\mathcal{S}_1$과 $\mathcal{S}_2$는 각각 $\mathcal{C}_s$ 및 $\mathcal{C}_i$와 같다. 1,3-disubstituted allene과 cobalt thiocyanate complex ion $[Co(NCS)_4]^{2+}$가 이 $\mathcal{S}_4$ 군에 속한다:

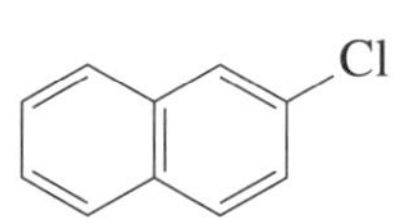

$\mathcal{C}_s$

이면군

다음으로는 이면군 $\mathcal{D}_n$, $\mathcal{D}_{nh}$, $\mathcal{D}_{nd}$에 대해 고려해 보자. 이들은 종종 확인하기 까다롭다. 이들 군은 모두 C_n 축과 더불어 그 축에 수직인 n개의 C_2 축을 가지고 있다. 군 $\mathcal{D}_2$는 상호 수직인 3개의 C_2 축이 있으며 다른 대칭 요소는 없다. 예로서는 twisted biphenyl이 있는데, 어떤 각은 0°와 90° 사잇각이다:

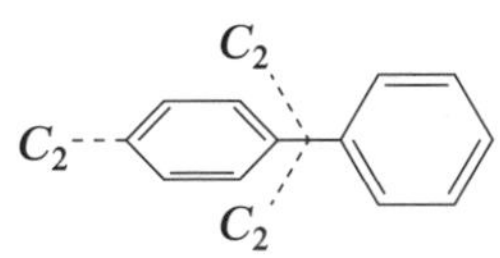

$\mathcal{D}_2$

C_n 축과 더불어 그 축에 수직인 n개의 C_2 축, 그리고 수평 거울면 σ_h를 가지고 있으면 대칭 군은 $\mathcal{D}_{nh}$이다. 다음 예들이 $\mathcal{D}_{nh}$ 군에 속하는 분자이다.

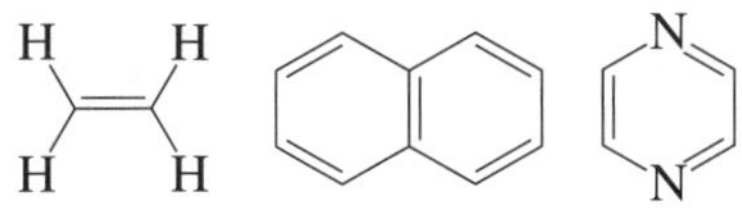
$\mathcal{D}_{2h}$

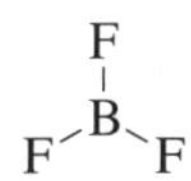
$\mathcal{D}_{3h}$

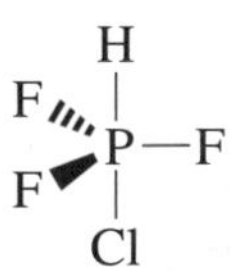
$\mathcal{D}_{3h}$

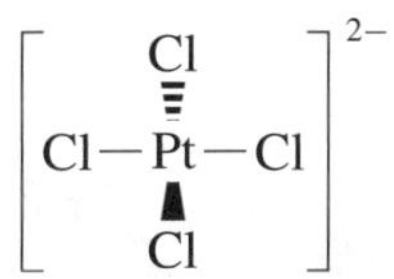
$\mathcal{D}_{4h}$

$\mathcal{D}_{6h}$

동핵 이원자 분자 및 H–C≡C–H와 같은 다른 대칭 선형 분자는 $\mathcal{D}_{\infty h}$로 분류된다.

점군 $\mathcal{D}_{nd}$는 $\mathcal{D}_n$을 정의하는 축에 덧붙여 연속되는 2-중 축 사이의 각을 이등분하는 n개의 대각면을 가지고 있다. σ_d와 C_2 축은 S_{2n}도 있다는 것을 의미하는데, 만일 n이 홀수라면 대칭 중심 i가 있다는 의미이다. $\mathcal{D}_{2d}$ 대칭을 갖는 분자는 두 개의 동등한 절반의 모양이 90°만큼 뒤틀린 모양이며, 예로는 다음과 같은 allene과 spiran이다.

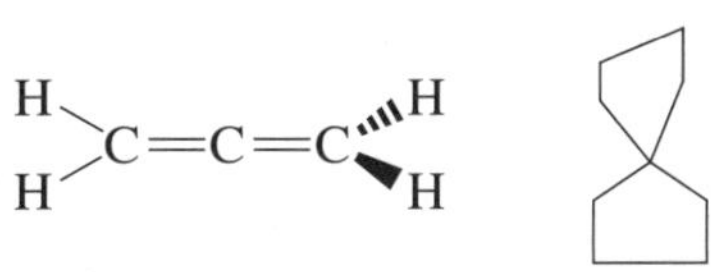
$\mathcal{D}_{2d}$

Ethane의 *엇갈린* 배치는 $\mathcal{D}_{3d}$ 대칭을 가지며, *가려진* 배치는 $\mathcal{D}_{3h}$ 대칭이다.

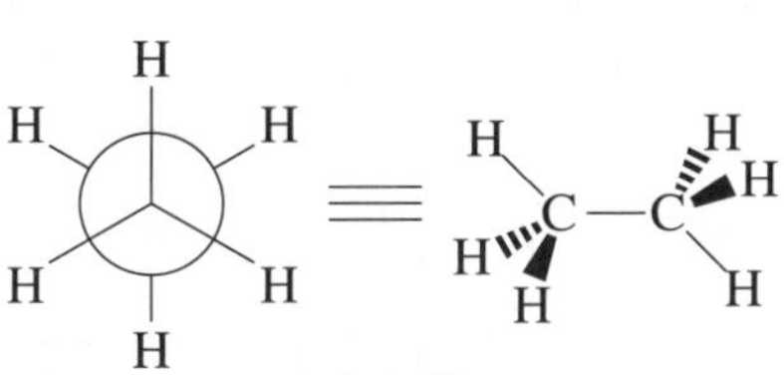
엇갈린 $\mathcal{D}_{3d}$

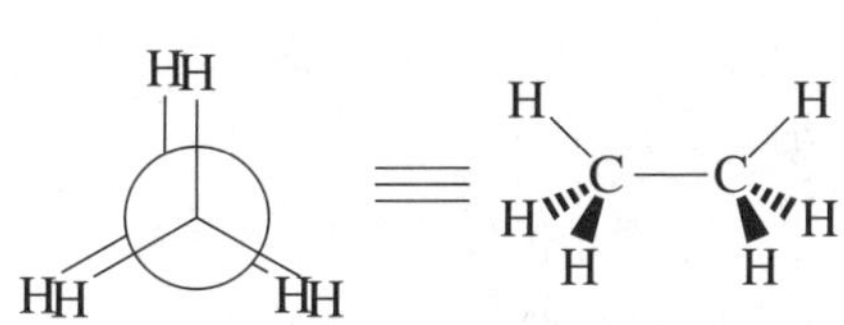
가려진 $\mathcal{D}_{3h}$

$\mathcal{D}_{3h}$에서 $\mathcal{D}_{3d}$로 감에 따라 σ_v 거울면은 σ_d로 되는 반면, σ_h 조작은 i로 치환된다.

고차원 대칭의 군

3-중 축이나 그 이상의 축을 포함하는 군들이 있다. 우리는 플라톤의 입체(정4, 6, 8면체)를 기술하는 대칭 군에 대해서만 알아보고자 한다: 정사면체는 $\mathcal{T}_d$, 정육면체와 정팔면체는 $\mathcal{O}_h$, 정12면체와 정20면체는 $\mathcal{I}_h$, 구는 $\mathcal{K}_h$이다. 정육면체 군에 속하는 몇 개의 분자:

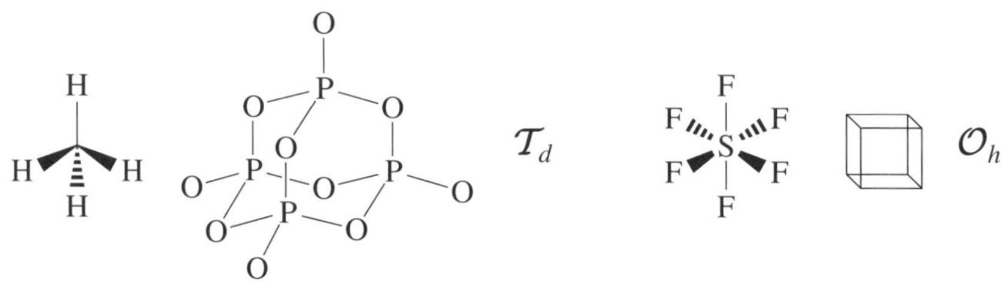

정20면체 대칭 군 $\mathcal{I}_h$에 속하는 두 화학종의 구와 막대 모형이 그림 15.7에 나타나 있다.

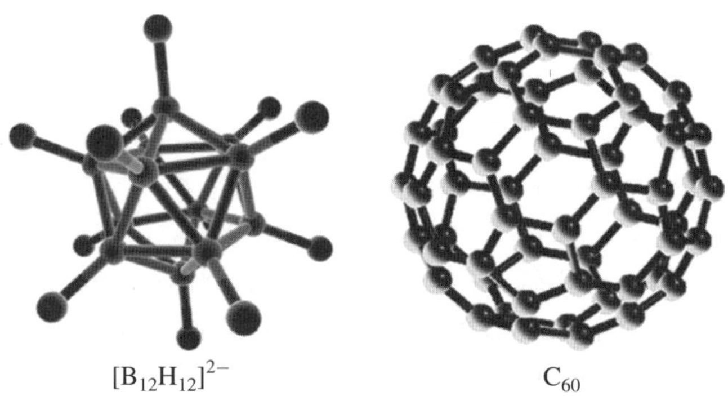

그림 15.7 정20면체 boron hydride ion $[B_{12}H_{12}]^{2-}$ 이온과 축구공 모양의 buckminsterfullerene C_{60}.

간단한 대칭 군 $\mathcal{T}$, $\mathcal{O}$, $\mathcal{I}$는 단지 회전축만 있고 σ 거울면은 없다. 이것은 줄무늬의 이국적 배열에 의해 수행될 수 있는데, 실제 이러한 군에 속하는 분자는 없는 것 같다. 구형 원자는 대칭 군 $\mathcal{K}_h$에 속한다(*Kugel*은 구를 의미). $\ell = 0$의 주어진 값에 대한 구면 조화 진동자 $Y_{\ell m}(\theta, \phi)$는 $\mathcal{K}_h$의 $(2\ell + 1)$-차원 기약 표현으로서 변환한다.

분자의 점군을 결정하는 체계적인 과정을 흐름도에 개략적으로 나타내었다. 흐름도에서 각각의 다이아몬드 박스에 있는 질문에 답함으로써 경로를 따라가면 군 표기 중 하나에 다다르게 된다. 모든 질문에 "NO"라고 답하였다면 그 군은 $\mathcal{C}_1$ 군이다.

분자 대칭 군의 흐름도

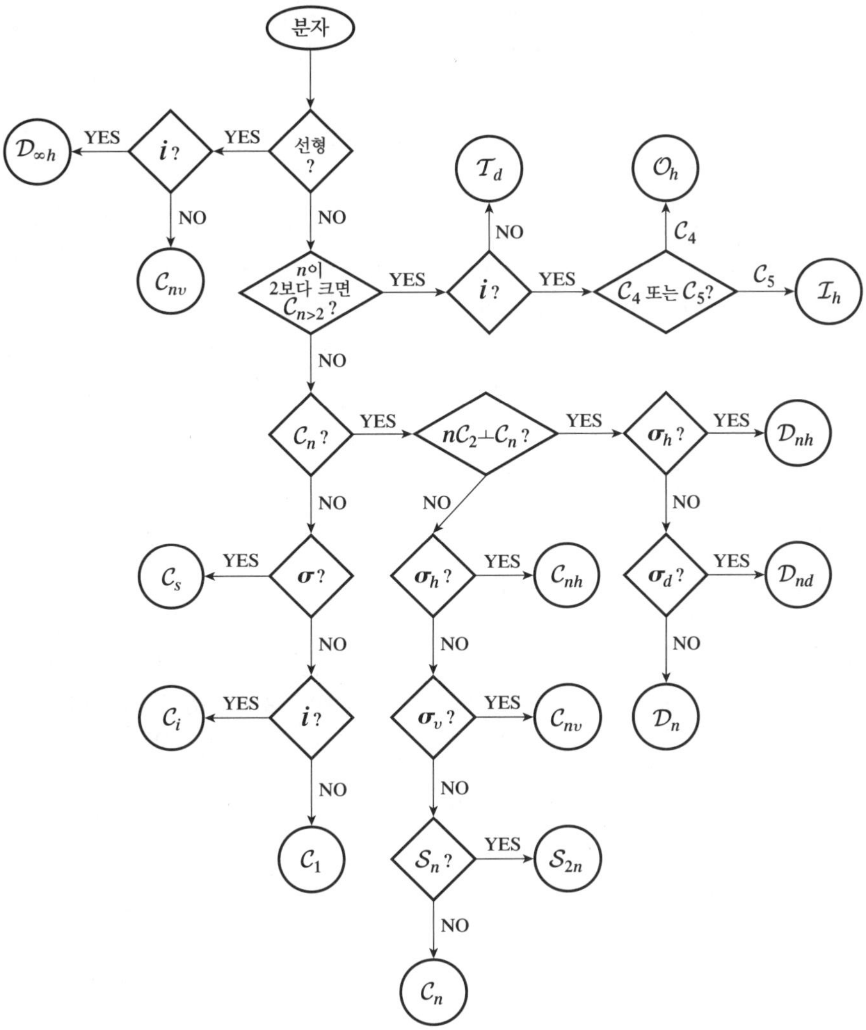

15.9 쌍극자 모멘트와 광학 활성

분자는 핵과 전자 전하의 질량 중심이 일치하지 않는다면 영구 전기 쌍극자 모멘트를 갖는다. 만일 C_n 축이 있다면 쌍극자는 이 축에 놓여 있어야 한다. 거울면이 있다면, 쌍극자는 이 거울면에 놓여 있어야 한다. NH_3와 H_2O는 모두 모든 거울면의 교차면이 그들의 회전축과 일치하는 쌍극자 모멘트를 가지고 있다. 어떤 분자라도 두 개 이상의 C_n 축을 갖는다면 쌍극자 모멘트가 0이 되는데, 서로 다른 방향의 쌍극자는 가질 수 없기 때문이다. 대칭 중심 i는 또한 쌍극자 모멘트가 0임을 암시하는데, 그 이유는 양전하와 음전하는 대칭적으로 분포되어야 하기 때문이다. 따라서 $C_{\infty v}$를 포함하여 C_s, C_n, C_{nv}에 속하는 분자는 쌍극자 모멘트를 가질 수 있다.

키랄(chiral) 분자(그리스어로 *cheir*는 "손"을 뜻함)는 그 거울상이 서로 겹쳐질 수 *없는* 분자이다. 이러한 분자는 *광학적으로 활성*인데, 편광된 빛을 회전시킬 수 있기 때문이다. 거울면이나 대칭 중심을 포함하고 있는 분자는 *아키랄*(achiral)이고 광학 활성이 없다. 대부분의 아키랄 분자는 C_1 군에 속하는데, 예를 들어 비대칭 탄소 원자를 포함하고 있다. 그러나 다른 C_n 종은 광학 활성이 가능하다. 아키랄성에 대한 엄격한 기준은 분자의 대칭 군이 $S_1 = \sigma$ 및 $S_2 = i$를 포함하여 어떤 차수의 S_n 조작을 포함하고 있는가이다. 단백질, DNA 및 대부분의 모든 생물학적-활성 분자는 키랄이라고 잘 알려져 있다. 잘못된 키랄성을 갖는 분자는 비효과적이거나 실제로 해롭다(예를 들면 탈리도마이드: 임신부들의 입덧 방지용 약). 광학 활성이 나타남은 종종 생물이 존재한다는 증거로 여겨지기도 한다.

15.10 지표표

물과 암모니아 분자를 더 자세히 연구하기 위해서 C_{2v}와 C_{3v} 지표표를 도입하고 그 지표표를 어떻게 사용하는지 보여주었다. 모든 화학적으로 중요한 점군에 대한 지표표를 수록하는 대신 표로 편리하게 정리되어 있는 웹사이트를 언급하고자 한다.

- http://symmetry.jacobs-university.de
- https://www.webqc.org/symmetrypointgroup-c2v.html

또한 지표표는 많은 물리화학과 양자화학 교과서에 부록으로 실려 있다.

연습 문제

15.1 H_2O 분자에 대해 대칭 A_1, A_2, B_1, B_2의 상태 중 모든 가능한 전기-쌍극자 전이에 대한 선택 규칙을 수행해 보라. 각 허용된 전이의 편극(x, y, z)을 확인하라.

15.2 수소와 산소 AO의 최소 기저 세트를 가지고 H_2O 분자에 대해 $\mathcal{C}_{2v}$ 대칭 오비탈 집합을 구성하라.

15.3 X_2Y_2 분자식을 갖는 가상적 분자에 대한 모든 가능한 대칭 군을 열거하고 각 구조를 개략적으로 그려 보라.

15.4. 아래 주어진 각 분자의 구조는 원자가-껍질 반발 모형에 의해 예측할 수 있다. 각 분자의 대칭이 무엇인지 결정하라.

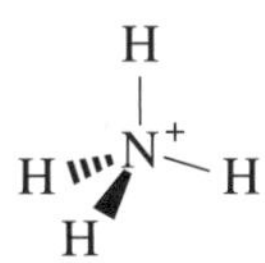
NH_4^+

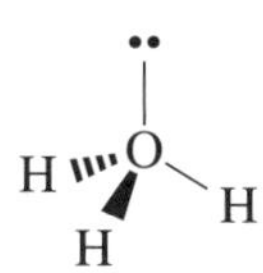
H_3O^+

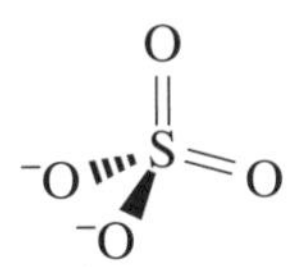
SO_4^{2-}

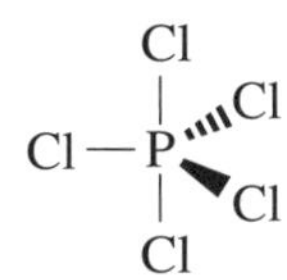
PCl_5

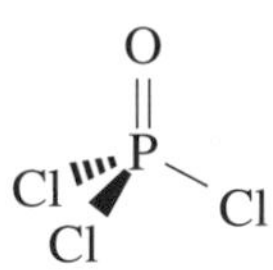
$POCl_3$

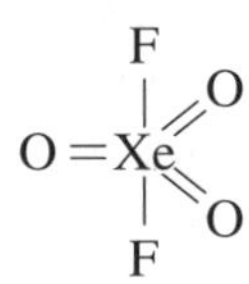
XeO_3F_2

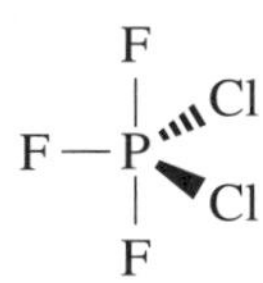
PF_3Cl_2

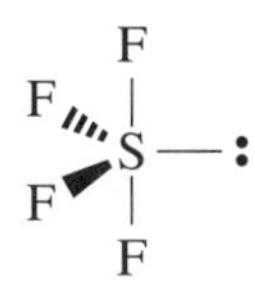
SF_4

XeF_4

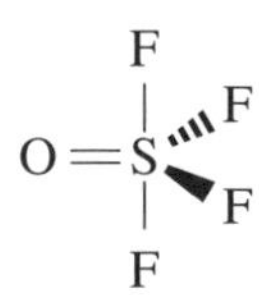
SOF_4

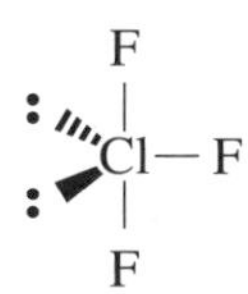
ClF_3

IOF_5

15.5 다음 분자들의 점군을 결정하라.

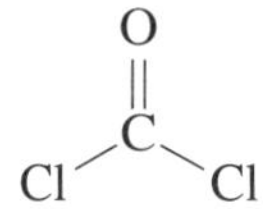
(A)

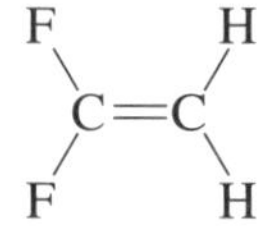
(B)

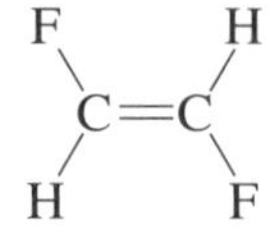
(C)

(D)

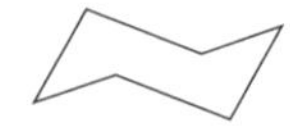
(F)

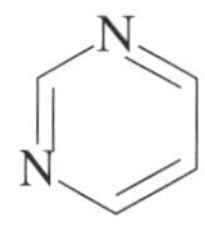
(G)

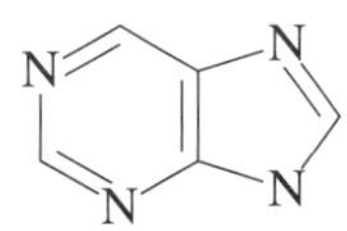
(H)

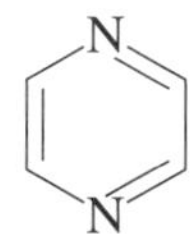
(I)

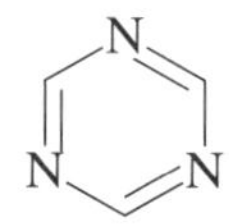
(J)

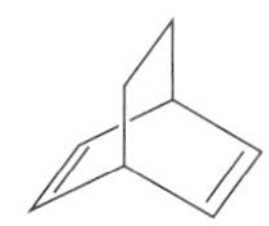
(K)

15.6 다음 분자들의 점군을 결정하라.

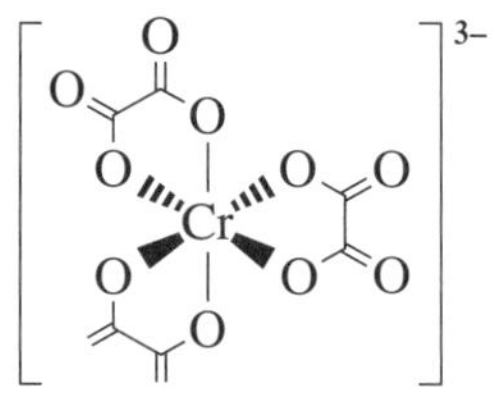
chromium(III)oxylate

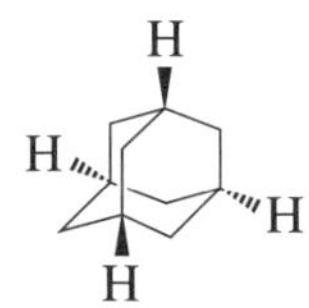
adamantane

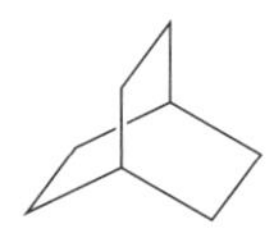
bicyclo[2,2,2]octane

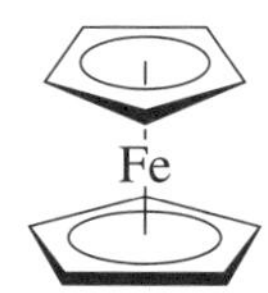
ferrocene

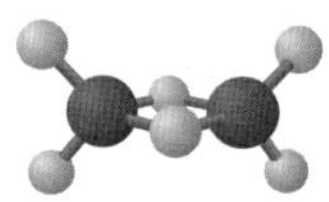
diborane B_2H_6

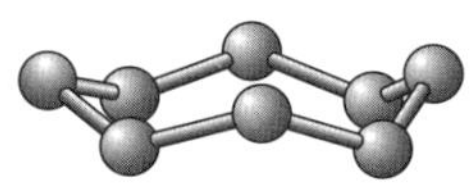
sulfur S_8

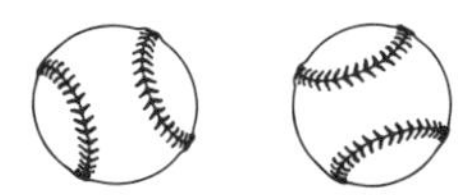
야구공(앞뒤)

마지막은 분자가 아니기 때문에 결정하지 않아도 된다. 두 개의 거울면을 생각해 보면 쉽게 생각할 수 있을 것이다. 덜 분명하지만 이 거울면을 이등분하는 두 개의 C_2 축이 있다. 따라서 대칭 군은 $\mathcal{D}_{2d}$이다.

15.7 다음 지표표는 $\mathcal{D}_{6h}$에 대한 것이다.

D_{6h}	E	$2C_6$	$2C_3$	C_2	$3C_2'$	$3C_2''$	i	$2S_3$	$2S_6$	σ_h	$3\sigma_d$	$3\sigma_v$		
A_{1g}	1	1	1	1	1	1	1	1	1	1	1	1		x^2+y^2, z^2
A_{2g}	1	1	1	1	−1	−1	1	1	1	1	−1	−1	R_z	
B_{1g}	1	−1	1	−1	1	−1	1	−1	1	−1	1	−1		
B_{2g}	1	−1	1	−1	−1	1	1	−1	1	−1	−1	1		
E_{1g}	2	1	−1	−2	0	0	2	1	−1	−2	0	0	(R_x, R_y)	(xz, yz)
E_{2g}	2	−1	−1	2	0	0	2	−1	−1	2	0	0		(x^2-y^2, xy)
A_{1u}	1	1	1	1	1	1	−1	−1	−1	−1	−1	−1		
A_{2u}	1	1	1	1	−1	−1	−1	−1	−1	−1	1	1	z	
B_{1u}	1	−1	1	−1	1	−1	−1	1	−1	1	−1	1		
B_{2u}	1	−1	1	−1	−1	1	−1	1	−1	1	1	−1		
E_{1u}	2	1	−1	−2	0	0	−2	−1	1	2	0	0	(x, y)	
E_{2u}	2	−1	−1	2	0	0	−2	1	1	−2	0	0		

그림 13.2에 주어진 벤젠의 MO를 참조하여 a_{2u}, e_{1g}, e_{2u}, b_{2g} 오비탈이 $\mathcal{D}_{6h}$의 대응하는 IR에 따라 변환됨을 보여라.

15.8 다음은 정사면체 군 $\mathcal{T}_d$에 대한 지표표이다. 그림 11.9를 참조하여 정사면체 결정장에 있는 다섯 개의 d-오비탈이 E와 T_2 표현에 따라 변환됨을 보여라.

Character table for T_d point group							
	E	$8C_3$	$3C_2$	$6S_4$	$6\sigma_d$	linear, rotations	quadratic
A_1	1	1	1	1	1		$x^2+y^2+z^2$
A_2	1	1	1	-1	-1		
E	2	-1	2	0	0		$(2z^2-x^2-y^2, x^2-y^2)$
T_1	3	0	-1	1	-1	(R_x, R_y, R_z)	
T_2	3	0	-1	-1	1	(x, y, z)	(xy, xz, yz)

15.9 정팔면체 결정장에 있는 다섯 개의 d-오비탈도 유사하게 변환됨을 보여라.

양자화학 입문

제16장 분자 분광학

Molecular spectroscopy

우리가 원자와 분자에 대해 알고 있는 대부분의 자세한 지식은 원자나 분자 에너지 준위 사이의 전이를 수반하는 전자기파의 방출, 흡수, 산란과 같은 분광학으로부터 얻어진 것이다. 원자 분광학은 전자 전이만 포함하는 데 반해, 분자 분광학은 진동과 회전 자유도가 부과되기 때문에 더 복잡하다. 원자에서 나타나는 선 스펙트럼과 대조적으로 분자에 의한 흡수와 방출에 대한 초기 관측은 *띠 스펙트럼*으로 설명되었다. 이제 이러한 띠는 분자의 전자 상태를 보완하는 조밀한 상태의 진동과 회전 에너지 때문인 것을 알게 되었다. 수십 년 동안 분광학 기술이 발전함에 따라 개개 진동과 회전 전이도 파악할 수 있게 되었다. 이것은 분자 구조, 에너지 및 동력학에 대한 많은 정보를 제공해 왔다. 분자 분광학은 분석 화학, 환경 과학, 천문학, 생물리학, 생화학 분야에 큰 기여를 하였다. 이 장에서는 양자역학 원리에 초점을 맞추어 분광학을 설명하고자 한다. 설명하는 도중 실험 기술에 대해서도 언급할 것이다.

16.1 이원자 분자의 진동

핵의 질량 m_A, m_B를 갖는 이원자 분자는 8.8절의 환산 질량의 정의에 의해 다음과 같은 환산 질량

$$\mu = \frac{m_A m_B}{m_A + m_B} \tag{16.1}$$

을 갖는다. 전자에 대한 Schrödinger 방정식의 해는 핵간 거리의 함수로서 에너지 $E_{전자}(R)$를 얻게 된다. 이는 그림 16.1에 나타낸 것처럼 핵의 운동에 대해 포텐셜 에너지 함수 $V(R)$의 역할을 한다.

$$\left\{-\frac{\hbar^2}{2\mu}\frac{d^2}{dR^2} + V(R)\right\}\chi(R) = E\chi(R) \tag{16.2}$$

포텐셜 에너지를 $R = R_e$에서 Taylor 급수로 전개하면

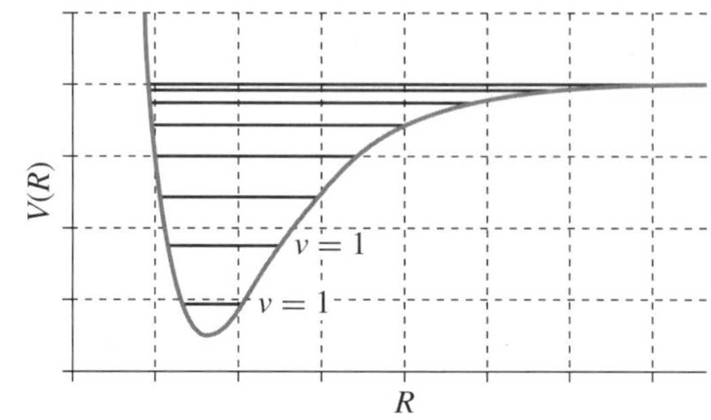

그림 16.1 이원자 분자의 진동 에너지. Morse 진동자로 근사적으로 나타내었다.

$$V(R) = V(R_e) + (R - R_e)V'(R_e) + \tfrac{1}{2}(R - R_e)^2 V''(R_e) + \dots \quad \textbf{(16.3)}$$

이 된다. 이 전개에 대한 근사는 다음 조화 진동자의 형태를 갖는다.

$$V(R) \approx \tfrac{1}{2}k(R - R_e)^2 \quad \textbf{(16.4)}$$

에너지 원점은 $V(R_e) = 0$이 되도록 선택한다. 포텐셜의 최소값에서 $V'(R_e) = 0$이다. 이 포물선에 대해 가장 잘 맞는 힘 상수는 다음과 같이 놓으면 얻을 수 있다.

$$k \approx \left.\frac{d^2V(R)}{dR^2}\right|_{R=R_e} \quad \textbf{(16.5)}$$

힘 상수는 화학 결합의 경직성의 척도이다. k 값이 크면 포텐셜 에너지 함수가 깊고 경사가 급한 곡선이 된다. 분자 힘 상수는 전형적으로 200~2000 N/m의 영역이다. 놀랍게도 이 값은 침대 스프링 값과 비슷하다. 조화 진동자 해로부터 양자수 $v = 0$에 해당하는 바닥 상태 진동 에너지는 다음과 같다.

$$E_0 = \hbar\omega = \hbar\sqrt{\frac{k}{\mu}} \quad \textbf{(16.6)}$$

바닥 진동 상태로부터 실제 해리 에너지는 근사적으로 다음과 같다.

$$D_0 \approx D_e - \tfrac{1}{2}\hbar\omega \quad \textbf{(16.7)}$$

이를 파수로 나타내면 다음과 같다.

$$hcD_0 \approx hcD_e - \tfrac{1}{2}\tilde{\nu} \quad \text{cm}^{-1} \quad \textbf{(16.8)}$$

분자 진동을 더 자세히 살펴보자면 조화 진동자에서 벗어난 *비조화성*을 고려해야 한다. 비조화성은 진동 에너지 상태를 *유한하게* 만들고 에너지가 충분히 높으면 분자가 해리되도록 한다. 이원자 분자의 에너지에 대한 가장 성공적인 근사는 다음 Morse 포텐셜이다(그림 16.1 참조):

$$V(R) = hcD_e\left(1 - e^{-a(R-R_e)}\right)^2, \qquad a = \left(\frac{\mu\omega^2}{2hcD_e}\right)^{1/2} \tag{16.9}$$

포텐셜 우물의 최소값에서 $V(R_e) = 0$이다. Morse 진동자에 대한 Schrödinger 식을 풀면 에너지 준위가 다음과 같다.

$$E_v = (v + \tfrac{1}{2})\hbar\omega_e - (v + \tfrac{1}{2})^2\,\hbar\omega_e x_e \tag{16.10}$$

이를 파수로 나타내면 다음과 같다.

$$\frac{E_v}{hc} = (v + \tfrac{1}{2})\omega_e - (v + \tfrac{1}{2})^2\omega_e x_e \tag{16.11}$$

분광학자들은 일반적으로 이원자 분자에 대해 $\tilde{v}$ 대신 ω_e를 사용한다. 비조화성 $\omega_e x_e$는 보통 단일 계수로서 표에 수록되어 있다. 진동 에너지 준위가 더 높아지면 실제 분자처럼 에너지 준위간 간격이 더 좁아진다. Morse 진동자에 대한 비조화성은 다음과 같이 정의된다.

$$x_e = \frac{a^2\hbar}{2\mu\,\omega} = \frac{\omega_e}{4D_e} \tag{16.12}$$

에너지 준위를 더 정확하게 기술하기 위해서는 (Morse 포텐셜 너머의) $(v + \frac{1}{2})^3\omega_e y_e$ 형태의 부수적인 비조화성 기여도가 포함되어야 한다. 이원자 분자의 진동 전이는 50~15,000 cm^{-1}의 적외선 영역에서 나타난다. 분자는 쌍극자 모멘트가 0이 아닐 때만 복사선을 흡수하거나 방출한다. 따라서 HCl 같은 이종핵 이원자 분자는 *적외선 활성*이지만 H_2나 Cl_2과 같은 동핵 이원자 분자는 적외선 비활성이다.

이원자 분자에서 결합된 가장 높은 진동 준위 양자수는 다음과 같이 계산된다.

$$v_{\max} \approx \left\lfloor \frac{\omega_e}{2\,\omega_e x_e} - \frac{1}{2} \right\rfloor \tag{16.13}$$

여기서 대괄호는 *바닥*, 즉 표현의 정수 부분을 결정한다. 이것은 에너지 (16.11)을 D_e와 같게 놓으며, 즉 $dE_v/dv \approx 0$으로 두면 알아낼 수 있다.

조화 진동자에 대한 진동 전이에 대한 선택 규칙은 $\Delta v = \pm 1$이다. 왜냐하면 $v' = v \pm 1$일 때만 적분 $\int_{-\infty}^{\infty} \psi_v x \psi_{v'} dx \neq 0$이기 때문이다. 전이 $v = 1 \leftarrow v = 0$는 *기본 진동의 진동수*를 결정한다. 비조화 진동자에 대해 $2 \leftarrow 0$, $3 \leftarrow 0$과 같은 *배진동* 전이도 가능한데, 보통 기본 진동보다는 세기가 훨씬 약하다.

16.2 다원자 분자의 진동

N개의 원자로 이루어진 분자는 각 핵이 3개의 직교 방향으로 독립적으로 위치하고 있기 때문에 핵의 운동에 대한 총 $3N$개의 자유도를 가지고 있다. 이 $3N$개의 자유도 중 3개는 무게 중심의 병진 운동에 해당한다. 비선형 분자에 대해서는 3개의 추가적인 자유도가 공간에서 분자의 배향, 즉 회전 운동을 결정한다. 그러면 $3N - 6$개의 진동 모드가 남는다. 선형 분자의 경우에는 $3N - 5$개의 진동 모드가 남는다. 예를 들어, 비선형 분자인 H_2O에는 3개의 진동 모드가 있는 반면, 선형 분자인 CO_2에는 4개의 진동 모드가 있다. 진동은 무게 중심을 고정시키고 회전하지 않도록 하면서 이루어지는 몇 개 분자의 좌표 운동으로 구성되어 있다. 이러한 운동을 *노말*(normal) 모드라고 한다. 각 노말 모드는 특성적인 공명 진동수 ν_i(cm^{-1}로 나타냄)를 가지는데, 보통 이 진동수는 실험적으로 결정된다. 합리적인 근사로서 각 노말 모드는 진동수 ν_i인 독립적인 조화 진동자와 같이 거동한다. H_2O와 CO_2의 노말 모드가 그림 16.2와 16.3에 그려져 있다. 노말 모드는 그 진동이 쌍극자 모멘트의 진동을 포함하면 적외선 활성이 될 것이다. H_2O는 3개의 모드 모두가 적외선 활성이다. CO_2의 대칭 신축은 두 극성 C–O 결합이 정확하게 상쇄되므로 비활성이다. CO_2의 굽힘 모드는 이중으로 축퇴되어 있다. 분자 내에서 인접한 결합의 굽힘은 일반적으로 신축 결합보다는 에너지가 더 작다. 따라서 굽힘 모드는 일반적으로 신축 모드보다 진동수가 더 작다. 각 노말 모드는 분자 대칭 군의 기약표현 중 하나로 변환한다. 따라서 C_{2v} 대칭인 물 분자는 A_1과 B_1에 속하는 진동 모드를 가지며, $D_{\infty h}$ 대칭인 이산화탄소는 Σ_g^+, Σ_u^+, Π_g에 해당하는 진동 모드가 있다.

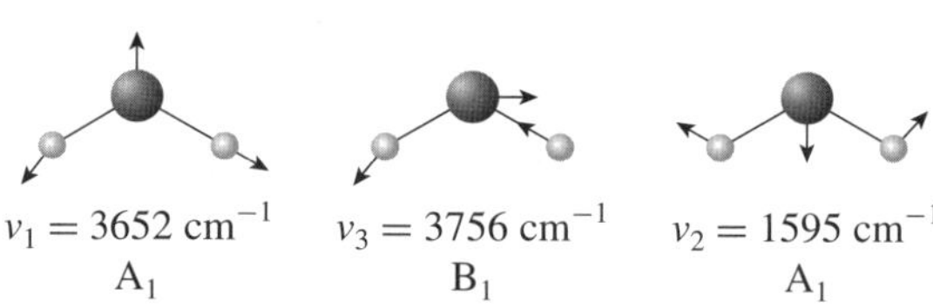

그림 16.2 H_2O의 노말 모드: 대칭 신축, 비대칭 신축, 굽힘. 모두 IR 활성이다.

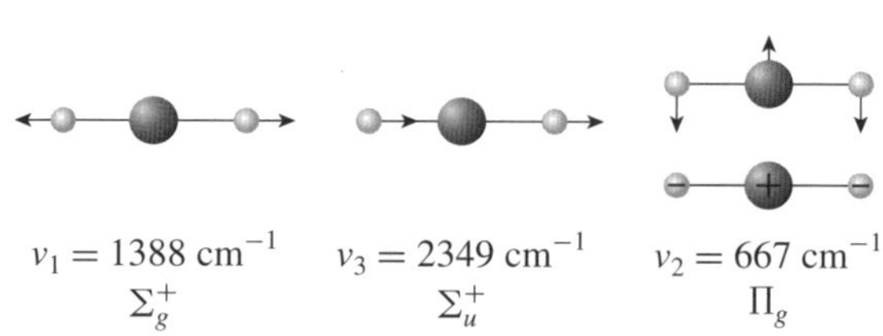

그림 16.3 CO_2의 노말 모드: ν_1을 제외하고 모두 IR 활성이다.

C_{3v} 분자인 암모니아의 노말 모드는 그림 16.4에 나타내었다. NH_3에 대한 모든 모드는 IR 활성이다. 어떤 분자에 대해서도 IR 활성 진동 모드는 지표표에 의해 결정할 수 있다. 적외선 활성 모드는 직교 좌표 x, y 또는 z 중 하나와 동일한 기약 표현에 해당하는데 지표표의 오른쪽 행에 나타나 있다. 우리가 지금까지 고려하였던 C_{2v}, C_{3v}와 $D_{\infty h}$ 분자에 대해 이 사실을 검토해 보기 바란다.

용액의 적외선(infrared, IR) 스펙트럼은 유기화합물을 확인하기 위해 더 널리 사용된다. *지문 영역*으로 알려진 200과 1400 cm^{-1} 사이의 특성이 특히 유용하다. 이 영역은 주로 굽힘 모드에 해당하는 흡수이다. 이 스펙트럼을 나타내는 개개의 결합을 지정하기는 어렵지만 각 화합물은 우리가 특정한 분자라고 확인할 수 있는 특성적인 패턴을 보여준다. 그림 16.5는 1-propanol과 2-propanol의 IR 스펙트럼이다. 3200~3600 cm^{-1} 주위의 넓은 흡수띠는 알코올에서의 O–H 결합 신축의 특성이다. 반면 2900 cm^{-1} 주위의 봉우리는 알코올에서의 C–H 결합 신축으로부터 나타나는 것이다. 카보닐 화합물의 가장 분명한 특징은 1700 cm^{-1} 주위의 C=O 신축이다. 응축상에서는 회전 전이가 개별적으로 구별될 수 없다. 대신 그들은 진동 전이가 "띠"가 되는 퍼짐에 기여한다. 이것은 실제로 분자를 확인하기 위한 "지문"으로 IR 스펙트럼을 사용할 목적으로 단순화한 특징이다.

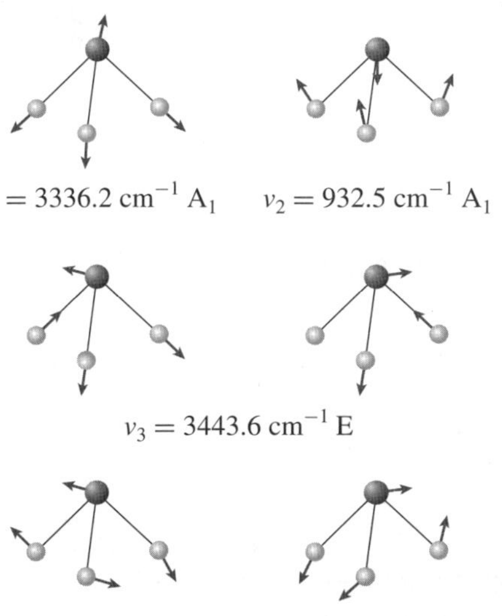

그림 16.4 NH_3의 노말 모드: ν_1은 대칭 신축, ν_2은 대칭 굽힘, ν_3과 ν_4는 이중 축퇴된 비대칭 신축과 굽힘. 대칭 종 A_1과 E를 나타내었다.

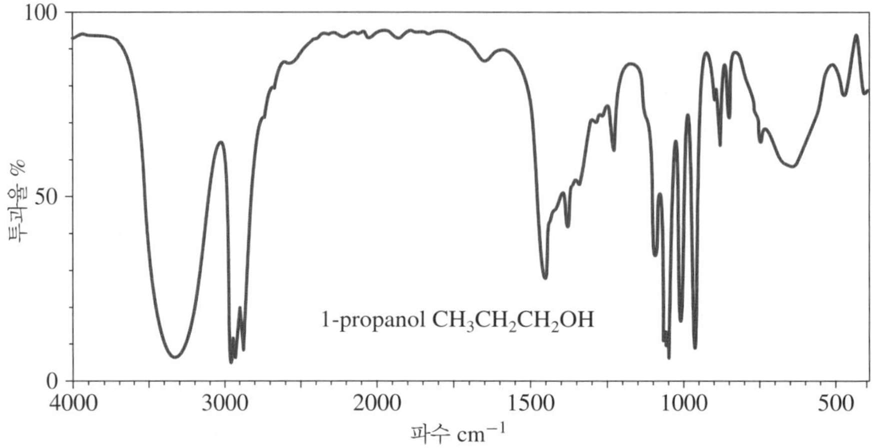

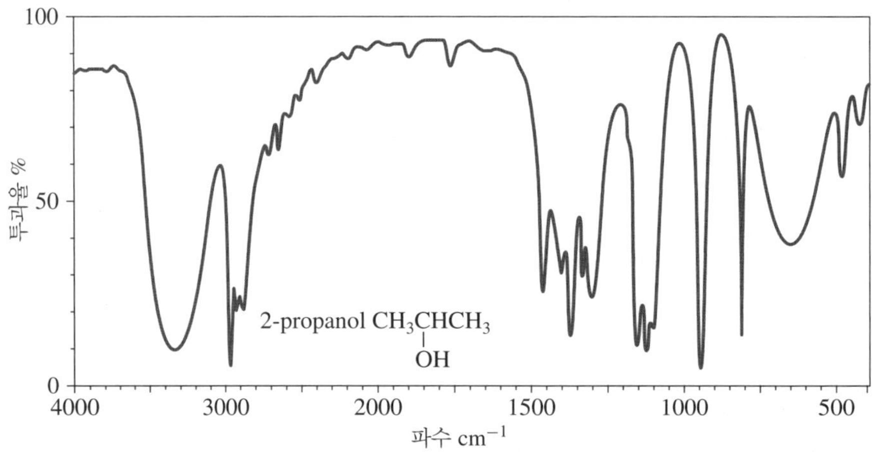

그림 16.5 1-propanol과 2-propanol의 IR 스펙트럼. (National Institute of Advanced Industrial Science and Technology (Tsukuba, Ibaraki, Japan)의 웹사이트에서 유기화합물에 대한 분광학 데이터베이스로부터 발췌함.)

16.3 이원자 분자의 회전

강체 회전자 모형은 핵간 거리 R가 상수라고 가정한다. 이것은 진동의 변위가 일반적으로 R의 1% 정도이기 때문에 나쁜 근사는 아니다. 따라서 핵의 운동에 대한 Schrödinger 방정식은 3차원 각운동량 연산자를 포함하는데, 분자 회전을 언급할 때는 L보다는 J로 쓴다. 이 방정식에 대한 해는 이미 알려져 있고, 다음과 같이 쓸 수 있다.

$$\frac{J^2}{2\mu R^2} Y_{JM}(\theta, \phi) = E_J Y_{JM}(\theta, \phi),$$

$$J = 0, 1, 2 \ldots, \qquad M = 0, \pm 1 \cdots \pm J \tag{16.14}$$

여기서 $Y_{JM}(\theta, \phi)$는 ℓ과 m 대신 양자수 J와 M로 표현한 구면 조화 함수이다. J^2의 고유값은 $J(J+1)\hbar^2$이므로, 회전 에너지 준위는 다음과 같다.

$$E_J = \frac{\hbar^2}{2I} J(J+1) \tag{16.15}$$

관성 모멘트는 다음과 같이 주어진다.

$$I = \mu R_e^2 = m_A R_A^2 + m_B R_B^2 \tag{16.16}$$

여기서 R_e는 평형 핵간 거리이고, R_A와 R_B는 각각 핵 A와 B로부터 무게 중심까지의 거리이다. 파수의 단위로 회전 에너지는 다음과 같이 표현된다.

$$\frac{E_J}{hc} = B_e J(J+1)\ \text{cm}^{-1} \tag{16.17}$$

여기서 B_e는 회전 상수이다. 회전 에너지 준위 다이어그램은 그림 16.6에 나타나 있다. 각 준위는 $(2J+1)$-중으로 축퇴되어 있다. 작은 분자에 대해서는 회전 상수 B_e가 보통 0.1~10 cm^{-1}이므로, 순수한 회전 전이는 마이크로파 분광학에서 관측된다. 또한 단지 극성 분자만 회전 전이의 과정에서 복사선을 흡수하거나 방출한다. 복사는 마이크로파 또는 원적외선 영역에서 나타난다. 회전 전이에 대한 선택 규칙은 $\Delta J = \pm 1$, $\Delta M = 0, \pm 1$이다. 만일 NO 분자와 같이 분자의 전자 오비탈 각운동량이 0이 아니라면(항기호가 Σ가 아니면) $\Delta J = 0$ 전이가 허용된다. 이 선택 규칙은 한 단위의 각운동량을 운반하는 양성자와 일치한다. 따라서 벡터합 $\mathbf{J}_{\text{initial}} + \mathbf{J}_{\text{photon}}$은 $\mathbf{J}_{\text{final}}$과 같다. 양자수 J_{initial}, $J_{\text{photon}} = 1$과 J_{final}은 삼각형을 형성하는 것이 가능해야 한다.

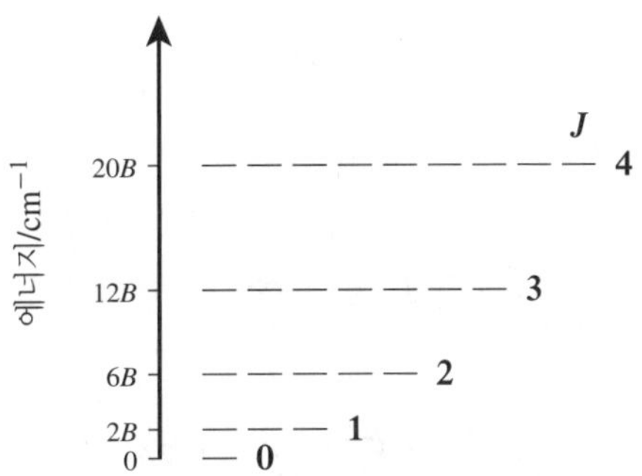

그림 16.6 파수 단위로 나타낸 회전 에너지. $E_J/hc = BJ(J+1)$. $(2J+1)$-중으로 축퇴되어 있다.

온도 300 K 근처에서 이원자 분자가 가장 많이 차지하는 상태는 $v = 0$인 진동 바닥 상태이다. 300 K에서 열적 에너지 kT는 약 $kT/hc \approx 200\ \text{cm}^{-1}$에 해당한다. 따라서 진동 상수가 $\omega_e \approx 2000\ \text{cm}^{-1}$인 분자에 대해 Boltzman factor는 차수가 대략 다음과 같다.

$$e^{-(E_1 - E_0)/kT} \approx 5 \times 10^{-5}$$

대조적으로, 상온에서 *회전* 준위는 0이 아닌 상당히 더 높은 양자수를 차지한다. 축퇴도 $g_J = 2J + 1$를 고려하면 회전 준위에 대한 Boltzmann 개체수는 다음 형태가 된다.

$$N_J = \text{상수}(2J+1)\, e^{-B_e J(J+1)hc/kT} \tag{16.18}$$

점유 최대값은 다음과 같다.

$$J_{\max} = \left[\left(\frac{kT}{2hcB_e}\right)^{1/2} - \frac{1}{2}\right] \tag{16.19}$$

여기서 대괄호는 가까운 정수를 의미한다.

분자 진동에 대해 v 값이 커지면 조화 모형으로부터 벗어나는 게 중요해지는 것처럼, 회전에 대한 강체 회전자 모형도 더 큰 J 값에 대해서는 수정이 필요하다. 물리적 효과는 *원심 일그러짐*(centrifugal distortion)으로, 그로 인해 재빨리 회전하는 분자는 길이가 늘어나고 그 결과로 관성 모멘트가 증가한다. 원심 일그러짐을 고려하면, 회전 에너지는 근사적으로 다음과 같이 변하게 된다.

$$\frac{E_J}{hc} = B_e J(J+1) - D_J J^2(J+1)^2 \tag{16.20}$$

관성 모멘트의 증가는 회전 준위가 서로 더 가깝게 되도록 하므로, 마이너스로 작용한다. 원심 왜곡 상수 D_J는 전형적으로 $10^{-4}B_e$ 정도이고 근사적으로 다음과 같다.

$$D_J \approx 4B_e^3/\omega_e^2 \tag{16.21}$$

(분광학자들은 그림 16.1에 있는 포텐셜-우물 깊이 D_e와 혼동을 피하기 위해 종종 D_e 대신 D_J를 사용한다.) 원심 일그러짐은 보통 회전 양자수 $J = 30$까지는 크게 중요하지 않다. 더 중요한 효과는 진동 양자수에 대한 회전 상수의 의존성이다. 이는 다음과 같은 식으로 나타낼 수 있다.

$$B_v = B_e - \alpha_e(v + \tfrac{1}{2}) \tag{16.22}$$

여기서 진동-회전 상호작용 상수 α_e는 전형적으로 0.1~1 cm^{-1} 정도이다.

16.4 회전-진동 스펙트럼

조화 진동자-강체 회전자 모형을 수정하기 위해 이원자 분자의 진동-회전 에너지를 다음과 같이 나타낼 수 있다.

$$\frac{E_{vJ}}{hc} = \omega_e(v+\tfrac{1}{2}) - \omega_e x_e(v+\tfrac{1}{2})^2 + B_e J(J+1) - \alpha_e(v+\tfrac{1}{2})J(J+1) - D_J J^2(J+1)^2 \quad \textbf{(16.23)}$$

그림 16.7은 증기-상 HCl의 적외선 흡수 스펙트럼이며, 회전 전이가 $v = 1 \leftarrow v = 0$ 기본 진동 전이와 동시에 나타난다.

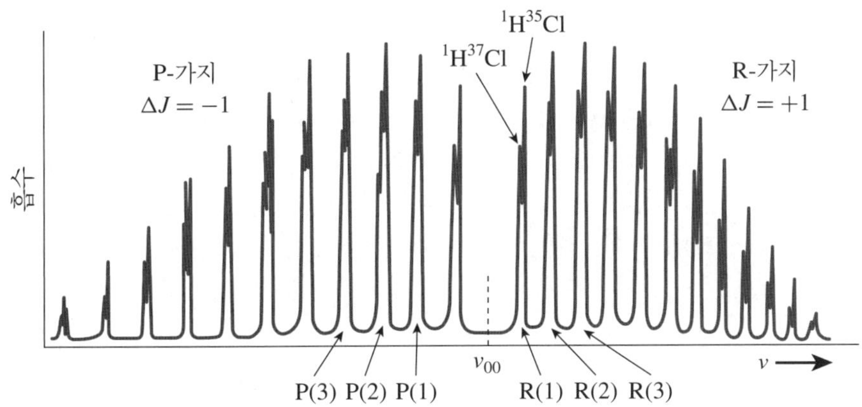

그림 16.7 2500~3100 cm^{-1} 구간에서 기체상 HCl의 적외선 회전-진동 스펙트럼. ν_{00}는 2886 cm^{-1}이다.

흡수된 광자는 한 단위의 각운동량을 운반하기 때문에, 순수한 진동 전이는 가능하지 않다. 이는 여기에 나타나지 않는 ν_{00}에 대한 설명이 되는데, 스펙트럼의 *Q-가지*(branch) 일부이다. Q-가지는 비-Σ 이원자 분자와 비선형 다원자 분자에서는 나타날 수 있다. 위 스펙트럼에서 R-가지는 $\Delta v = +1$ 진동 전이와 동시에 나타나는 $J = +1$ 전이로 이루어져 있다. 특히, R(1) R(2) . . . 선들은 각각 $J = 1 \leftarrow J = 0$, $J = 2 \leftarrow J = 1$ . . . 전이에 해당한다. 유사하게 P-가지는 $\Delta J = -1$ 전이로 이루어져 있다: P(1) 선은 $J = 0 \leftarrow J = 1$ 전이에 해당한다. P-가지에서 연속적인 선 사이의 간격은 R-가지에서 간격보다 약간 더 큰데, 식 (16.23)에 따라 $B_0J(J + 1)$과 $B_1J(J + 1)$ 차이에 의해 결정된다. 흡수 띠의 세기의 변화는 (16.18)의 바닥 진동 상태의 회전 준위에서의 상대적인 개체수에 의해 나타난다. 그림에서 $J = 2$ 준위가 최대값 개체수임을 분명히 알 수 있다. 마지막으로 각 선은 세기가 1/3 정도인 겹쳐지는 “위성” 봉우리도 나타난다. 그 이유는 $^1H^{37}Cl$ 동위분자의 함량이 $^1H^{35}Cl$의 1/3 정도 되기 때문이다(Cl의 평균 원자량은 35.5이다). ^{37}Cl-동위분자(isotopomer)의 환산 질량이 더 크기 때문에, 그 진동 상수 ω_e는 더 작으므로 위성 봉우리는 주 봉우리의 *왼쪽*에 나타난다. 중수소가 풍부한 HCl의 샘플에서는 $^2H^{35}Cl$과 $^2H^{37}Cl$도 관측할 수 있다.

HCl 스펙트럼을 정확하게 측정해 보면, 다음과 같은 분광학적 상수를 얻을 수 있다. $^1H^{35}Cl$에 대해서, $\omega_e = 2989.5$, $\omega_e x_e = 51.88$, $B_e = 10.5910$, $\alpha_e = 0.3027$(모두 cm^{-1} 단위). $^1H^{37}Cl$에 대해서 $\omega_e = 2987.3$, $\omega_e x_e = 51.81$, $B_e = 10.5739$, $\alpha_e = 0.3021$. 둘 다 $D_J \approx 5 \times 10^{-4}\ cm^{-1}$이다.

16.5 분광학으로부터 분자 상수

표 16.1에는 몇 가지 흔한 이원자 분자에 대한 분광학적 상수를 열거하였다. 이 상수들은 몇 군데에서 발췌하였는데 정확도가 각각 다르다. The National Institute of Standards and Technology (NIST)은 웹사이트(http://webbook.nist.gov/chemistry/)에서 지속적으로 분광학적 자료와 화학 자료를 업그레이드하고 있다. 분광학적 상수는 cm^{-1} 단위 대신 MHz와 GHz 단위를 사용한다. 단위를 환산하기 위해서는 $\tilde{\nu}(cm^{-1}) = \nu(Hz)/c$를 이용하면 되는데, 여기서 c는 빛의 속도이다. 유용한 관계식은 다음과 같다.

$$\tilde{\nu}(cm^{-1}) = 3.33564 \times 10^{-5}\, \nu\ (MHz) \tag{16.24}$$

분자에 대한 힘 상수는 $\hbar\omega = hc\omega_e$ 에너지 등식을 이용해 진동 상수로부터 다음과 같이 알아낼 수 있다.

$$\omega = 2\pi c\, \omega_e = \sqrt{\frac{k}{\mu}} \tag{16.25}$$

따라서

$$k = (2\pi c\, \omega_e)^2 \mu \tag{16.26}$$

$$\mu = \frac{m_A m_B}{m_A + m_B} = \frac{M_A M_B}{M_A + M_B}\, u \tag{16.27}$$

이다. 여기서 $u = 1.66054 \times 10^{-27}$ kg인 원자 질량 단위이다. M_A와 M_B는 원자 A와 B의 관습적인 원자 질량이다($^{12}C = 12$ 단위인). 환산 인자를 도입하면

$$k = 58.9 \times 10^{-6}\, (\omega_e/cm^{-1})^2\, \frac{M_A M_B}{M_A + M_B}\ N/m \tag{16.28}$$

이 식에 의하면 HF, HCl, HBr, HI에 대해 각각 958.6, 512.4, 408.4, 311.4 N/m 값을 얻을 수 있다. 이것은 비조화성은 고려하지 않은 값이다.

표 16.1 이원자 분자에 대한 분광학적 상수

Molecule	Term	D_0/eV	ω_e/cm^{-1}	$\omega_e x_e$/cm^{-1}	B_e/cm^{-1}	α_e/cm^{-1}
$^1H_2$	$^1\Sigma_g^+$	4.4773	4395.2	117.9	60.86	2.99
$^1H^2H$	$^1\Sigma^+$	4.5128	3812.3	90.91	45.66	2.00
$^2H_2$	$^1\Sigma_g^+$	4.5553	3118.5	64.10	30.44	1.05
$^{14}N_2$	$^1\Sigma_g^+$	9.7598	2359.6	14.46	2.010	0.019
$^{16}O_2$	$^3\Sigma_g^-$	5.1156	1580.4	11.98	1.446	0.016
$^{19}F_2$	$^1\Sigma_g^+$	1.604	891.8	13.6	0.883	0.015
$^{35}Cl_2$	$^1\Sigma_g^+$	2.475	564.9	4.0	0.244	0.0015
$^{79}Br^{81}Br$	$^1\Sigma^+$	1.9708	323.3	1.08	0.0809	0.00032
$^{127}I_2$	$^1\Sigma_g^+$	1.5437	214.5	0.607	0.0374	0.00012
$^7Li^1H$	$^1\Sigma^+$	2.429	1405.6	23.2	7.513	0.21
$^1H^{19}F$	$^1\Sigma^+$	5.86	4138.5	90.07	20.94	0.77
$^1H^{35}Cl$	$^1\Sigma^+$	4.436	2989.7	52.05	10.59	0.30
$^1H^{79}Br$	$^1\Sigma^+$	3.775	2649.7	45.21	8.473	0.23
$^1H^{127}I$	$^1\Sigma^+$	3.053	2309.5	39.73	6.511	0.18
$^{12}C^{16}O$	$^1\Sigma^+$	11.108	2170.2	13.46	1.931	0.017
$^{14}N^{16}O$	$^2\Pi_{1/2}$	6.50	1904.0	13.97	1.704	0.018

평형 핵간 거리 R_e는 회전 상수에 의해 결정된다. 정의에 의해

$$hcB_e = \frac{\hbar^2}{2I} \tag{16.29}$$

따라서

$$B_e = \frac{\hbar}{4\pi cI} \tag{16.30}$$

여기서

$$I = \mu R_e^2 = \frac{m_A m_B}{m_A + m_B} R_e^2 = \frac{M_A M_B}{M_A + M_B}\, u\, R_e^2 \quad \text{kg m}^2 \tag{16.31}$$

따라서

$$R_e = 410.6 \Big/ \sqrt{\frac{M_A M_B}{M_A + M_B}\,(B_e/\text{cm}^{-1})} \quad \text{pm} \tag{16.31}$$

이 된다. 할로겐화 수소 HF, HCl, HBr, HI에 대해 계산하면 각각 $R_e = 92.0$, 127.9, 142.0, 161.5 pm가 된다.

16.6 다원자 분자의 회전

HCN, O=C=O 또는 HC≡CH와 같은 선형 다원자 분자는 이원자 분자의 회전 스

펙트럼과 매우 유사한 회전 스펙트럼을 갖는다. 단지 관성 모멘트만 더 복잡하다. 선형 삼원자 분자의 가장 일반적인 경우를 고려해 보자.

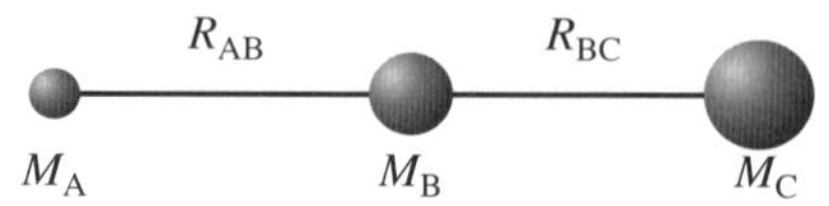

관성 모멘트는 다음과 같이 주어진다.

$$I = \frac{M_A M_B R_{AB}^2 + M_B M_C R_{BC}^2 + M_A M_C R_{AC}^2}{M_A + M_B + M_C} \tag{16.33}$$

여기서 $R_{AC} = R_{AB} + R_{BC}$이다. CO_2 같은 대칭 분자에 대해 $M_A = M_C = M$이고, $R_{AB} = R_{BC} = R$이므로 이 식은 $I = 2MR^2$이 된다. OCS 같은 비대칭 선형 삼원자 분자에 대해 관성 모멘트는 회전 상수 B_e로부터 계산될 수 있다. 그러나 이렇게 하면 화학자들의 관심이 높은 각 결합 길이 R_{CO}와 R_{CS}에 대한 정보는 충분히 제공할 수 없다. 그러나 두 개의 서로 다른 동위분자 $^{16}O^{12}C^{32}S$와 $^{16}O^{12}C^{34}S$, $^{16}O^{13}C^{32}S$ 또는 $^{18}O^{12}C^{32}S$)로부터 얻은 자료가 있으면 두 결합 길이 $R_{CO} = 1.16$ Å와, $R_{CS} = 1.56$ Å을 충분히 얻을 수 있다.

비선형 분자는 3개의 주축에 대해 I_A, I_B , I_C로 나타내는 3개의 관성 모멘트를 가지고 있다. 고전적인 회전 에너지는 다음과 같이 쓸 수 있다.

$$E = \frac{J_A^2}{2I_A} + \frac{J_B^2}{2I_B} + \frac{J_C^2}{2I_C} \tag{16.34}$$

여기서 J_A, J_B, J_C는 대응하는 주축에 대한 각 운동량 성분이다. 예를 들어, 분자의 z-축 관성 모멘트는 다음과 같이 구할 수 있다.

$$I_z = \sum_i m_i (x_i^2 + y_i^2) \tag{16.35}$$

여기서 i는 분자 내 모든 원자에 대해 합을 구한다. z-축에 놓여 있는 원자는 $x_i = y_i = 0$이므로 I_z에 대한 기여도가 없다.

구형 회전자에 대해서는 3개의 관성 모멘트가 동일하다: $I_A = I_B = I_C = I$. 예로는 CH_4와 SF_6가 있다. 에너지는 $J^2/2I$로 간단하게 되고 양자역학적 Hamiltonian은 다음과 같이 주어진다.

$$H = \frac{J^2}{2I} \tag{16.36}$$

고유값은 선형 분자에 대해서와 마찬가지로 다음과 같다.

$$E_J = \frac{\hbar^2}{2I} J(J+1), \qquad J = 0, 1, 2 \ldots \tag{16.37}$$

3차원 회전자에 대해서는 각운동량 J의 공간-양자화는 z-축으로 고정된 공간에 나타나는 M의 $2J + 1$개의 가능한 값뿐만 아니라, 고정된 분자 축을 따라 나타나는 성분 K 의 $2J + 1$개의 가능한 값이 있다. 따라서 선형 회전자의 준위는 $(2J + 1)$로 축퇴되어 있는 반면, 구형 회전자의 준위는 $(2J + 1)^2$로 축퇴되어 있다.

대칭 회전자에 대해서는 2개의 관성 모멘트가 동일하다, 즉 $I_C = I_B \neq I_A$. 예로는 NH_3, CH_3Cl, C_6H_6가 있다. Hamiltonian은 다음과 같이 주어진다.

$$H = \frac{J_A^2}{2I_A} + \frac{J_B^2 + J_C^2}{2I_B} = \frac{J^2}{2I_B} + \left(\frac{1}{2I_A} - \frac{1}{2I_B}\right) J_A^2 \tag{16.38}$$

분자의 대칭축을 따라 그 성분 J_A와 J^2의 고유 상태를 동시에 가질 수 있으므로, 대칭 회전자에 대한 에너지는 다음과 같다.

$$E_{JK} = \frac{J(J+1)}{2I_B} + \left(\frac{1}{2I_A} - \frac{1}{2I_B}\right) K^2,$$
$$J = 0, 1, 2 \ldots, \qquad K = 0, \pm 1, \pm 2 \cdots \pm J \tag{16.39}$$

뿐만 아니라 $(2J + 1)$-중의 M 축퇴도가 있다. 대칭 회전자는 $I_A < I_B$, I_C이면 *납작 팽이*, $I_A > I_B$, I_C이면 *뾰족 팽이*로 분류된다. 선형 분자는 $I_A = 0$과 $J_A = 0$인 뾰족 팽이-대칭 회전자의 축퇴된 경우이다. 대칭 회전자의 쌍극자-허용된 전이는 전기 쌍극자 모멘트가 주축에 위치하고 분자 내에서 다른 배향으로 가속될 수 없기 때문에 $\Delta K = 0$의 부가적인 선택 규칙이 적용된다.

$I_A \neq I_B \neq I_C$이면, 분자는 *비대칭 회전자*이다. 따라서 회전 에너지 고유값에 대한 적합한 형태는 없지만 $I_A < I_B = I_C$와 $I_A = I_B < I_C$을 갖는 납작 팽이와 뾰족 팽이 대칭 회전자의 에너지 준위 간 내삽법에 의해 얻어질 수 있다.

16.7 전자 들뜸

분자의 양자 상태는 회전, 진동 및 전자 기여로 구성된다. 이러한 각기 다른 자유도의 특성을 나타내는 에너지는 에너지 사이의 간격 차이가 매우 크기 때문에, 회전, 진동 및 전자 전이를 연구하기 위해서는 각기 다른 분광학적 기술이 필요하다. 전자 전이는 전형적으로 수 전자 볼트(eV)의 크기이다. 1 eV는 약 8000 cm^{-1} 또는 100 kJ mol^{-1} 정도된다. 앞으로 설명하겠지만, 진동에 대한 전형적인 에너지 차이는 1000 cm^{-1} 정도이고, 회전은 10 cm^{-1} 정도이다. 그림 16.8에는 이러한 에너지 기여의 상대적인 크기를 보여주었다. 각 전자 상태는 진동 양자수 v로 나타낸 진동

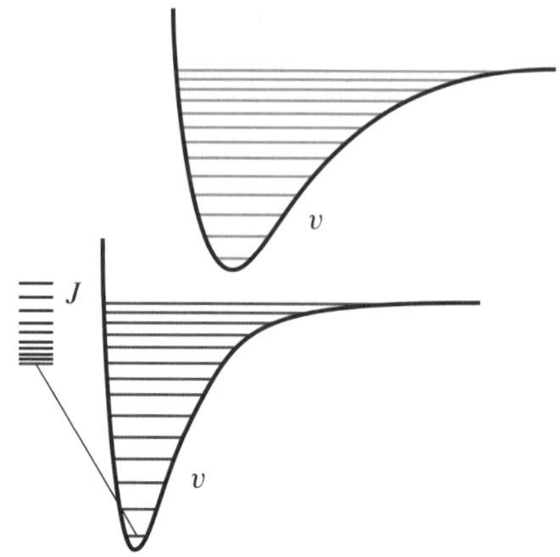

그림 16.8 이원자 분자의 전자 바닥 상태와 들뜬 상태 개략도. 바닥 상태의 진동 준위는 진한 색으로 들뜬 상태는 연한 색으로 나타내었다. $v = 0$일 때의 회전 준위도 함께 나타내었다.

구조를 가지고 있고, 각 진동 상태는 회전 양자수 J와 M으로 나타내는 회전 구조를 가지고 있다.

분자에서 각 전자 전이는 진동과 회전 상태의 변화가 수반된다. 일반적으로 액체상에서는 개별 회전 전이는 구별되지 않으므로 전자 스펙트럼은 회전 전이가 중첩되어 넓은 띠로 이루어져 있다. 기체상에서의 분광학은 진동 전이뿐만 아니라 종종 개별 회전 전이도 분석할 수 있다.

분자가 다른 전자 상태로 전이가 일어날 때, 전자는 핵보다 훨씬 더 빠르게 재배열된다. 매우 좋은 근사로서 핵의 배치는 고정되어 있는 상태에서 전자 전이가 순간적으로 일어난다고 생각할 수 있다. 이 근사법은 *Franck-Condon 원리*로 알려져 있다. 이 근사법은 전자와 핵의 질량의 큰 차이에 기인하는 Born-Oppenheimer 근사와 물리적 원리가 같다. 고전적으로 핵은 낮은 전자 상태에서는 평형 배치에서 시작한다. 그러나 전이가 일어난 후에는 핵은 일반적으로 새로운 전자 상태의 비평형 배치에서 발견된다. 따라서 그들은 원래 배치가 반환점으로 작용하는 진동 운동을 한다. 그림 16.9에는 이원자 분자의 바닥 상태와 들뜬 상태의 에너지를 핵간 거리의 함수로 나타내었다. Franck-Condon 행동은 *수직 전이*로 설명할 수 있다. 분자가 한 포텐셜 곡선에서 다른 곡선으로 점프하는 동안에 R은 근사적으로 상수이다.

진동 상태 $v = 0$에서 핵간 거리 R이 있을 확률이 가장 높은 위치는 포텐셜 우물의 중심 부근이다. 모든 더 높은 진동 상태에서는 R이 있을 확률의 최대값은 포텐셜의 두 반환점 근처이다.이 점에서 총 에너지는 포텐셜 에너지와 같다. 이것은 포텐셜 곡선 내에서 수평선의 양 끝점을 연결하는 다이어그램에 해당한다. 전이는 사실상 v' 근처에서 몇 개의 들뜬 진동 준위들로 일어날 수 있다. 바닥(gnd)과 들뜬(ex) 전자

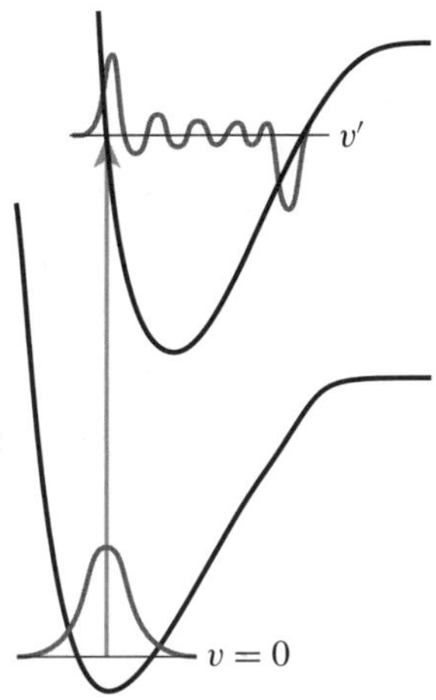

그림 16.9 Franck-Condon 원리에 따라 바닥 진동 준위로부터 흡수되는 가장 확률이 높은 전이. 진동 파동 함수는 회색으로 나타나 있다.

상태의 준위 v와 v' 사이의 전이의 세기는 각각 *Franck-Condon factor*, 즉 다음과 같은 두 진동 파동 함수의 중첩에 의존한다:

$$S_{v'v} = \int \chi_{v'}^{\text{ex}}(R)\,\chi_{v}^{\text{gnd}}(R)\,dR \tag{16.40}$$

이 식은 그림 16.9에 나타난 수직 전이에 대한 최대값이다.

높은 전자 전이로 들뜬 분자는 대부분 자발적으로 광자를 방출하며 바닥 전자 상태로 되돌아온다. 이러한 자발적 방출이 들뜸 후 몇 나노 초 내에서 일어나면 *형광*이라고 부른다. 종종 분자는 먼저 일련의 비-복사(non-radiative) 감쇠과정을 통해 들뜬 상태 중 가장 낮은 진동 에너지 상태로 내려온다. 이러한 진동 완화에 포함된 에너지는 보통 주위 분자의 열에너지로 변환된다. 또한 들뜬 상태의 $v' = 0$ 준위로부터 바닥 상태의 몇 가지 진동 준위로의 전이는 Franck-Condon factor에 의해 결정된다. 그림 16.10에 나타내었듯이 형광 스펙트럼의 띠구조는 근사적으로 흡수 스펙트럼의 거울상이다. 흡수 스펙트럼이 들뜬 상태의 진동 준위의 특성인 반면, 형광 스펙트럼은 바닥 상태 진동 준위의 특성이다. 형광은 어떤 염료에서 친숙한데, 파란색이나 보라색을 비추면 빨간색이나 초록색 사이의 밝은 빛을 방출한다. 형광 분광학은 생화학과 분자 생물학에 널리 적용된다. 특별한 위치에 결합되어 있는 형광 화학종은 분광학적으로 검출될 수 있고 착화합물의 형성과 형태 변형 현상을 연구하는 데 이용된다.

그림 16.11의 *Jablonski 다이어그램*은 분자 내 몇 가지 가능한 흡수와 방출 과정을 간단히 나타낸 것이다. 전자 바닥 상태가 단일항 S_0라고 가정하면 빛의 흡수는 가장 낮은 들뜬 단일항 상태 S_1의 몇 개의 진동 준위로 일어날 수 있다. 그 다음 몇 가지

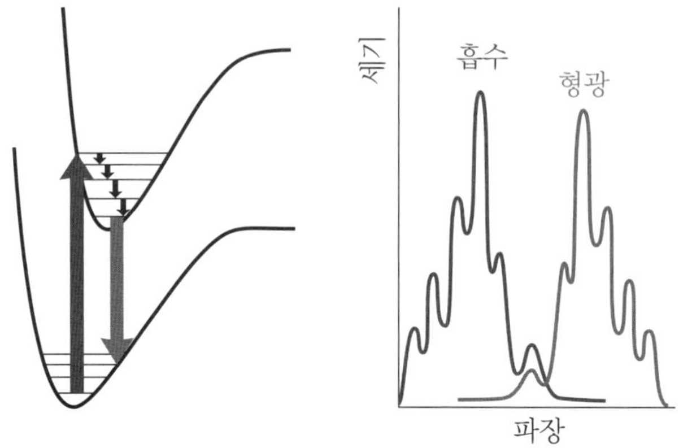

그림 16.10 흡수와 형광 스펙트럼은 근사적으로 거울상 패턴을 보여준다. 검은색 화살표는 들뜬 상태의 $v' = 0$ 진동 준위로의 완화 과정을 나타낸다.

일이 들뜬 상태로 일어날 수 있다. 한 가지 가능성은 앞에서 이원자 분자에 대해 기술한 바 있듯이 흡수가 일어난 후 몇 나노 초 내에서 S_1의 가장 낮은 진동 준위로의 비-복사 완화 과정과 뒤따르는 광자의 방출이다. 이것은 형광으로서 분자를 바닥 전자 상태의 진동 준위 중 하나로 되돌린다. 들뜬 상태의 두 번째 가능한 "운명"은 *계간 교차*(intersystem crossing)로서 가장 낮은 전자 삼중항 상태 T_1의 진동 준위 중 하나로 분자의 비-복사 전이이다. T_1의 가장 낮은 진동 준위로 완화된 후, 분자는 다시 광자를 방출하고 전자 바닥 상태로 되돌아갈 수 있다. 삼중항과 단일항 사이의 전이는 전자 쌍극자 선택 규칙에 의해 금지이므로, 삼중항은 *준안정* 상태로서 상대적으로 수명이

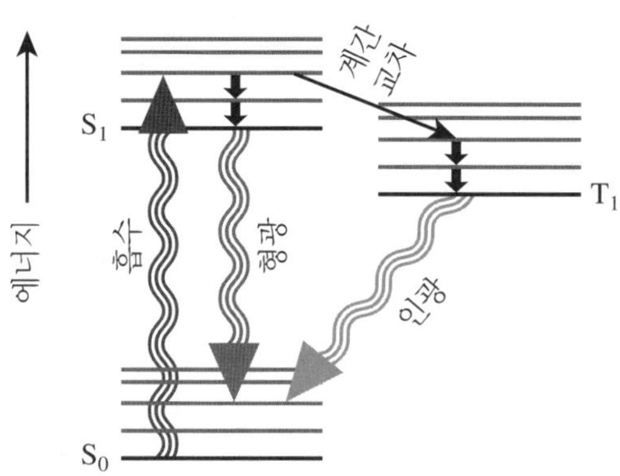

그림 16.11 Jablonski 다이어그램. 구불구불한 파동형의 화살표는 빛의 흡수와 방출이 나타나는 과정이고 검은색의 수직화살표는 비-방출 과정이다. 아래로 향하는 짧은 화살표는 진동 완화를 나타낸다.

긴데 보통 10^{-4}~100초 정도이고 또는 더 오랫동안 유지될 수도 있다. 이러한 지연된 방출을 *인광*이라고 한다. 형광과 대조적으로 인광은 뜰뜸 복사가 끝난 후에도 지속된다. 삼중항과 단일항 사이의 전이는, 즉 계간 교차와 인광은 스핀-궤도 상호작용에 의해서 매개된다. 이러한 메커니즘에 의해 다른 스핀과 오비탈 각운동량의 상태가 혼합될 수 있고, 그 결과로 단일항이 어떤 삼중항 특성을 얻을 수 있고, 그 반대 과정도 가능하다. 스핀-궤도 상호작용은 P, S 또는 Cl 같은 더 무거운 원자를 포함하는 유기 화합물에 대해 더 중요해진다.

또 다른 가능한 과정은 *내부 변환*으로, *같은* 스핀 다중도의 전자 상태로의 비복사 전이, 예를 들어 $S_1 \leftarrow S_2$와 같이 들뜬 단일항이 관여된 전이이다. 이것도 지연된 형광이 뒤따를 수 있다. 전자적으로 들뜬 분자에서 화학 결합이 생성되면 다시 해리가 일어나거나 분자간 재배열이 일어날 수 있고, 이는 *광화학* 반응의 일부가 된다.

16.8 레이저

레이저의 개발은 CD 플레이어뿐만 아니라 상업적으로나 공업적으로 매우 잘 알려진 수많은 기여와 더불어 화학과 분광학의 여러 분야에서 가히 혁명을 일으키게 되었다. LASER는 “Light Amplification by Stimulated Emission of Radiation”의 약자이다.

광자와 분자 사이의 상호작용을 포함하는 세 가지 기본적인 과정은 일반화된 화학 반응으로 표현될 수 있다. 먼저, 광자의 흡수는 다음과 같이 쓸 수 있다.

$$\mathrm{X} + h\nu \rightarrow \mathrm{X}^*$$

여기서 X*는 더 높은 양자 상태로 들뜬 분자를 나타낸다. 반대 과정은 다음과 같은 자발적 방출이다.

$$\mathrm{X}^* \rightarrow \mathrm{X} + h\nu$$

또 한 가지 가능한 과정은 1917년 Einstein이 처음으로 인지한 다음과 같은 자극 방출이다.

$$\mathrm{X}^* + h\nu \rightarrow \mathrm{X} + 2h\nu$$

놀랍게도 자극 방출은 입사된 광자의 *복제*를 생성할 수 있다. 이 때 방출되는 두 광자는 진동수, 방향, 편극이 모두 동일하다. 이러한 것을 *결 맞다*(coherent)고 말한다. 반면에 다른 분자에 의해 방출된 광자는 비록 그들의 진동수가 같더라도 일반적으로 무작위 상대적 위상을 가질 것이다. 이것은 *결 어긋난다*(incoherent)고 말한다. 레이저의 출력은 자극 방출에 의해 생성된 세기가 센 결 맞은 복사이다.

6.5절에서 살펴보았듯이 두 개의 분자 에너지 준위 E_1과 E_2 사이의 흡수 속도는

정확히 공명 광자 $\omega = (E_2 - E_1)/\hbar$의 주어진 세기에 대한 자극에 의해 방출된 세기의 비율과 같다. 알짜 흡수가 있을지 방출이 있을지는 두 준위의 상대적인 개체수 N_1과 N_2에 의존한다. 열적 평형 상태에서 개체수가 Boltzmann 분포를 따른다면 낮은 준위 E_1의 개체수가 더 높은 준위 E_2 개체수보다 더 크기 때문에, 진동수 ω인 복사의 알짜 흡수가 일어날 것이다. 만일 두 개체수가 동일하다면 올라가는 전이와 내려오는 전이의 속도가 정확히 균형을 이루기 때문에 알짜 흡수나 방출은 일어나지 않을 것이다. 단지 어떤 방법으로든지 *개체수의 역전*을 마련한다면, 즉 $N_2 > N_1$으로 만들면 알짜 방출, 즉 복사의 *증폭*(amplification)을 생성시킬 수 있다(LASER에서 A의 의미). 따라서 레이저를 구성하기 위한 첫째 요구 조건은 개체수의 역전을 일으키는 것이다. 레이저 작용은 자발적으로 방출되는 몇 개 분자에 의해 유발될 수 있다.

레이저 작용의 원리는 1953년경 Townes와 Basov 및 Prokhorov에 의해 독자적으로 제안되었다. 최초의 실현은 자극 방출에 의해 *마이크로파* 증폭을 일으킨 *maser*였다. 최초의 성공적인 광학 레이저는 1960년 Theodore Maiman이 가공된 루비를 사용하여 설계한 것이다. 결정 루비는 대부분 근사적으로 천 개의 Al^{3+} 중 하나가 Cr^{3+}로 치환된 강옥(corundum), Al_2O_3이다. 적합한 에너지 준위는 삼각형 결정장에 있는 Cr의 준위이다. 그림 16.12에 루비 레이저의 작동 원리를 나타내었다. 루비 원통형 기둥은 나선형 제논 플래시램프에 의해 빛을 받는다. 스펙트럼의 파란색과 초록색 영역의 빛이 Cr^{3+}에 의해 흡수되어, $^4A_2$ 바닥 상태로부터 $^4F_1$과 $^4F_2$ 들뜬 상태로 펌프질이 상당한 분율로 일어난다. 들뜬 Cr^{3+} 이온은 연속적으로 준안정 상태인 ^2E 준위(lifetime $\approx 4 \times 10^{-3}$ 초)로 재빠른 비-복사 전이가 일어나게 되어 바닥 상태에 대해 개체수 역전이 이루어진다. 자발적 방출에 의해 생성된 광자는 파

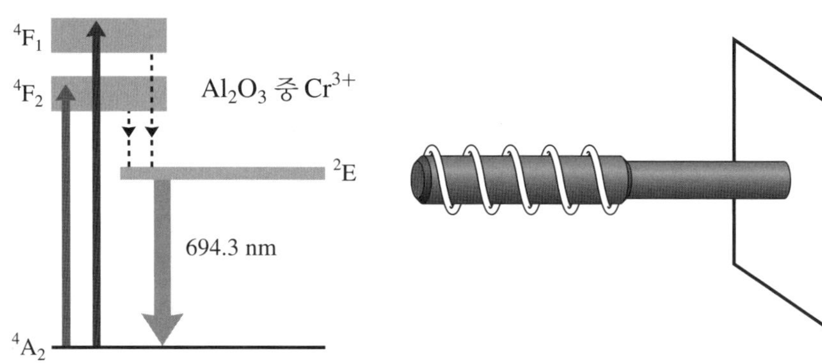

그림 16.12 루비 레이저의 원리. 루비 원통형 기둥은 나선형 제논 플래시램프에 의해 빛을 받으며, Cr^{3+} 이온을 ^4F 들뜬 상태로 에너지 들뜸이 상당한 분율로 일어나도록 만들어 준다. 준안정 상태 ^2E 준위로의 비-복사 완화는 레이저 방출을 일으킬 수 있는 개체수 역전을 완성한다. 루비 기둥 오른쪽 거울은 빔을 부분적으로 투과시켜서 레이저 빔이 나오도록 만들어준다.

장 694.3 nm의 빨간색 고 단색광 자극 방출을 시작하게 된다. 루비 기둥은 양끝에 거울을 설치하여 공명 광학 동공으로 작동하도록 만들었다. 따라서 복사는 반복적으로 왕복하는 동안에 큰 무더기의 자극 방출을 생성한다. 한 광자는 두 광자의 방출을 일으키기 때문에, 레이저 전이의 세기는 빠르게 증가한다. 그림 16.12에서 오른쪽 거울은 빔을 부분적으로(약 5%) 투과시켜서 레이저 빔이 나오도록 만들어준다. 루비 레이저는 실제로는 펄스 모드로 작동하는데, 개체수 역전을 지속적으로 유지시키기가 매우 어렵기 때문이다. 레이저 전이는 스핀 다중도의 변화 $^4A_2 \leftarrow {}^2E$를 포함하고 있다. 이것은 Cr 같은 무거운 원자에서는 스핀-궤도 상호작용이 상당히 일어나기 때문에 허용된 전이이다. 그러나 스핀 다중도의 차이는 ^2E 상태의 준안전성을 선호한다.

루비 레이저는 대부분 초기 레이저 모형인 *3-준위 레이저*의 기본형이다. 이후 *4-준위 레이저*의 획기적 발전이 이루어졌다. 그 예는 YAG(yttrium aluminum garnet) 내의 네오디뮴(Nd^{3+} 이온)이며, 에너지 준위 배열은 그림 16.13과 비슷하다. 4-준위 레이저의 장점은 더 낮은 준안정 준위 E_2가 초기에 채워져 있지 않다는 것인데, 더 높은 준안정 준위인 E_3을 이용하여 개체수 반전을 유지시키기가 훨씬 더 쉽다. Nd-YAG 레이저는 적외선 파장을 생성할 수 있는데 가장 강한 파장은 1064 nm이다. 강한 레이저 출력은 주파수 더블링(이를 통해 복사선을 파장 532 nm의 초록빛으로 변환함)을 포함하여 다양한 비선형 광학 현상에 이용될 수 있다.

레이저 복사선 작용은 세기가 세며, 고 단색광이고, 매우 샤프하게 조준할 수 있으며, 결 맞은 빛이다. 레이저 작용은 고체, 액체, 기체를 포함하는 수많은 능동 매체에 적용되었으며, 적외선, 가시광선, 자외선 영역의 진동수를 아우르는 빛을 방출한다. 기체 상태에 있는 대부분 원소는 레이저 작용을 하도록 만들 수 있다. 레이저 작용은 계가 형광 방출을 갖는 파장에서만 가능하다. 레이저 전이에서 위쪽 준위는 준안정 상태여야 하고, 수명은 보통 10^{-3}초 정도이다. 레이저 출력은 연속 파(CW)이거나 펄스 파인데, 펄스는 피코초(10^{-12}초) 정도의 짧은 시간 동안 일어나며 봉우리

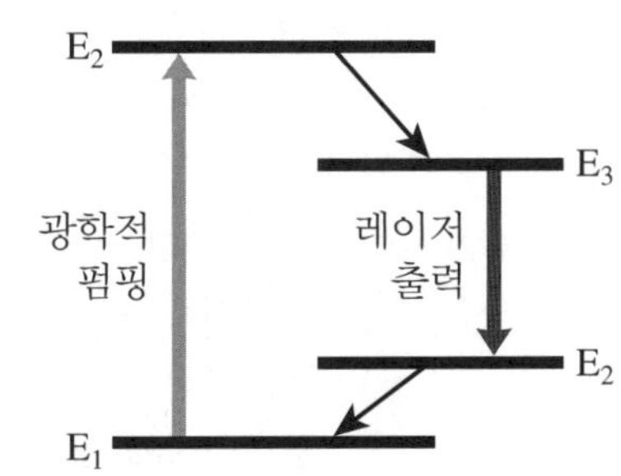

그림 16.13 Nd-YAG와 같은 4-준위 레이저에 대한 개략적 에너지-준위 다이어그램. 비복사 과정은 검은색 화살표로 그려져 있다.

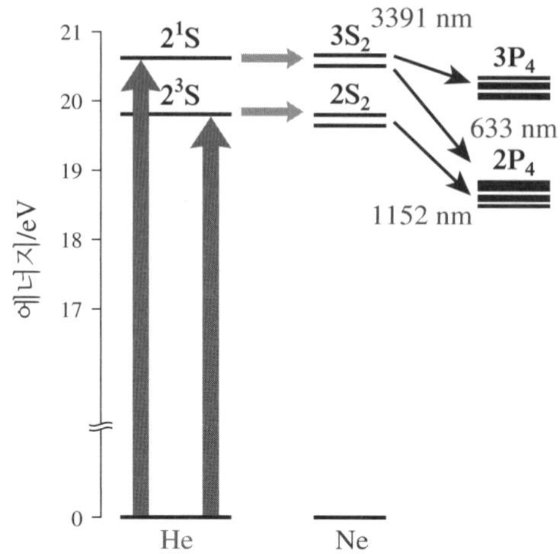

그림 16.14 몇 개의 적합한 에너지 준위를 나타내는 헬륨-네온 레이저. 헬륨 원자는 방전에 의해 들뜨게 되며(진한 회색 화살표), 충돌을 통해 네온 원자로 에너지를 전달한다(연한 회색 화살표). 가장 중요한 레이저 전이는 검은색 화살표로 나타내었다.

출력은 기가와트 영역이다. 현재 화학 분야 연구에서 화학 반응과 빠른 분자 과정을 연구하기 위해 펄스 레이저를 매우 왕성하게 사용하고 있다.

화학에서 더 흥미로운 것은 능동 매체가 기체인 레이저이다. 가장 일반적이며 가장 저렴하고 광범위하게 사용되는 레이저는 헬륨-네온 레이저로서 10 torr 정도의 압력 하에서 헬륨 85%와 네온 15%의 혼합물을 사용한다. 에너지-준위 다이어그램은 그림 16.14에 나타내었다. 방전을 통해 헬륨 원자는 바닥 상태보다 19.8, 20.6 eV만큼 에너지가 더 높은 $1s2s$ ^{3}S와 ^{1}S 상태로 들뜨게 된다. 이 에너지는 충돌에 의해 Ne 원자로 전달되는데, Ne 원자는 He 원자와 에너지 준위가 가장 정확히 일치하는 들뜬 상태를 갖는 매우 편리한 원자이다. 전기방전이나 분자 충돌에 의한 전이는 전기-쌍극자 선택 규칙에 제한을 받지 않는다. 따라서 $3S_2$와 $2S_2$로 표지한 Ne 에너지 준위는 상당히 채워지는 반면 더 낮은 $3P_4$와 $2P_4$ 준위는 초기에 채워지지 않은 상태가 된다. 이러한 역전은 몇 가지 진동수로 레이저 작용을 일으킬 수 있다. 그 중 가장 중요한 것은 632.8 nm의 빨간색 선, 1152.3 nm와 3391.3 nm의 적외선이다. 헬륨-네온 레이저는 또한 543.5 nm의 초록색 선, 594.1 nm의 노란색 선, 611.9 nm의 주황색 선 및 다른 수많은 진동수를 생성하도록 디자인될 수 있다. 원칙적으로 더 낮은 에너지 준위는 유리 튜브 벽과 Ne 원자의 충돌에 의해 점유되지 않으므로, 레이저가 연속 모드로 작동하도록 하는 개체수 역전을 항상 유지할 수 있다.

이산화탄소 레이저(그림 16.15) 또한 충돌 에너지 교환에 의해 작동한다. 이 경우는 충돌 기체가 질소이다. N_2 분자는 전기방전에 의해 진동적으로 들뜨게 되고, 들뜬 에

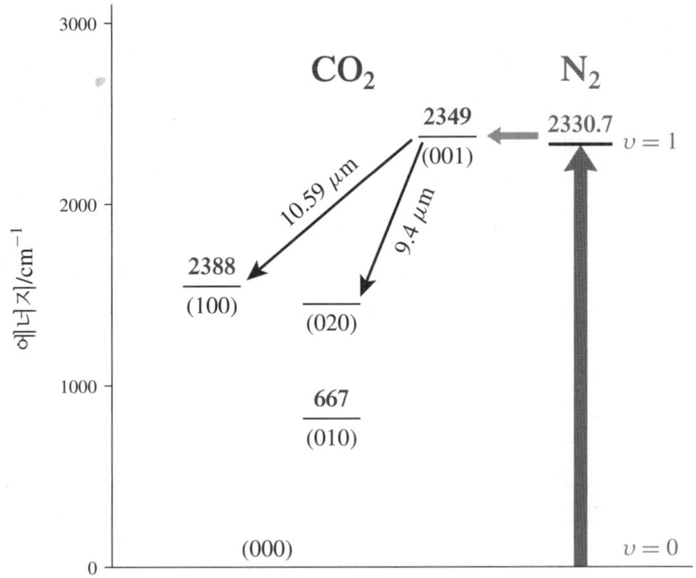

그림 16.15 CO_2 진동 상태(v_1 v_2 v_3)의 개체수 역전에 기초한 이산화탄소 레이저.

너지를 CO_2로 전달하여 CO_2를 v_3 비대칭 신축 모드로 들뜨게 한다. 이것은 $N_2(v = 1)$ 준위는 2331 cm^{-1}이고, CO_2 (001) 준위($v_3 = 1$)는 2349 cm^{-1}이므로 거의 일치하기 때문에 가능하다. 가장 강한 레이저 방출은 (001)로부터 대칭 신축 v_1의 첫 번째 들뜬 상태인($v_1 = 1$)(100)으로의 전이로서, 10.59 μm에서 강한 적외선 방출이 생성된다. 두 번째 레이저 방출은 9.4 μm에서 일어나는 (001)에서 (020) 전이이다. 다른 대칭 상태 사이의 전이도 진동 Hamiltonian에서 작은 비조화성에 의해 가능하다. CO_2 레이저의 고강도 적외선 복사는 실로 산업공정에서 금속이나 다른 물질을 절단하는 것이 가능하게 만든다. 본질적으로 목표물을 녹여서 관통한다. CO_2 레이저는 또한 피부 수술 및 다른 의학적 처치에도 사용된다.

*아르곤-이온 레이저*에서는 1 torr 하의 아르곤 기체가 전기방전에 의해 이온화되어 Ar^+와 Ar^{2+}를 생성한다. 이들 이온은 모두 낮은 전자 상태로 레이저 전이를 일으킬 수 있다. Ar^+으로부터 두 개의 가장 강한 방출은 488 nm의 파란선과 514 nm의 초록선이다.

엑시플렉스(exciplex) *레이저*[또는 *엑시머*(excimer) *레이저*]는 불활성 기체 원자와 들뜬 유사-분자를 형성하는 반응성 할로겐 원자를 사용한다. XeF* 같은 분자는 단지 들뜬 전자 상태에서만 안정하며 바닥 상태로 전이한 후 재빨리 해리된다. 이것은 큰 개체수 역전을 가능케 하는데, 자외선 영역에서 레이저 작용을 한다. 이러한 행동을 하는 간단한 모형은 표 12.1에 포함된 He_2^* eximer이다.

염료(dye) *레이저*는 액체 용액이나 서스펜션(현탄액)에서 Rhodamine 6G같은 유기 염료 분자에 기초를 둔다. 이들은 수많은 중첩되는 $\pi^* \leftarrow \pi$ 전이를 포괄하는 광범위한 영역의 파장대를 조절할 수 있다는 장점이 있다. 염료 레이저는 종종 다른 레이저에 의해 펌프질된다.

*화학 레이저*는 개체수 역전을 일으키기 위해 화학 반응을 사용하는데, 화학 에너지를 직접 전자기 복사로 변환한다. 최초의 화학 레이저는 $Cl + H_2 \rightarrow HCl^* + H$ 반응에 기초하여 1965년 Kasper와 Pimentel에 의해 시연되었다. 반응은 들뜬 진동상태의 HCl 분자의 형성으로 이끈다. 결과적인 개체수 역전은 적외선 영역의 레이저 작용을 일으킨다. 현재 흥미로운 두 장치는 플루오린화 수소(HF) 레이저와 화학적 산소-아이오딘 레이저(COIL)인데, 모두 전략 방위 구상("Star Wars")과 연계되어 고려되었다. HF 레이저는 가장 발열이라고 알려진 $F + H_2 \rightarrow HF^* + H$를 사용하는데, 들뜬 HF 분자를 생성한다. 레이저 방출은 적외선 영역인 2.7 μm에서 일어난다. 유사한 DF 레이저(^{1}H 원자 대신 ^{2}H 사용)는 레이저 파장을 3.5 μm로 이동시키는데, 이 경우 대기가 더 투과되기 쉽다(파장은 환산 질량의 제곱근에 비례한다). COIL 레이저는 들뜬 $^1\Delta$ 산소 분자와 에너지 교환에 의해 아이오딘 원자 내 개체수 역전을 야기한다: $I + O_2^* \rightarrow I^* + O_2$. 아이오딘에서 레이저 전이는 $^2P_{3/2} \leftarrow {}^2P_{1/2}$으로 1.315 μm에서 일어난다.

반도체 레이저(*레이저 다이오드*)는 레이저 프린터, CD 플레이어, 바코드 리더기, 레이저 포인터, 광섬유 통신 및 다양한 현대 기기에서 주로 매일 사용되고 있다. 이것은 소형이고, 휴대 가능하고, 저비용이며, 전력 소모가 적다. 반도체 레이저는 *p*-형과 *n*-형 레이저의 접합 부근에서 생성된다. 전류가 흐르면 *n*-영역으로부터 전자가 *p*-영역에 있는 정공으로 떨어지면서 접합으로부터 레이저 빛을 생성한다. 가장 흔히 사용되는 반도체는 비소화갈륨과 다른 III~V 화합물이다. (실리콘-기반 반도체는 에너지가 열로 분산되기 때문에 레이저 작용을 하지 않는다.) 비소화 알루미늄 갈륨 레이저는 CD 플레이어에 사용되는데 720 nm 근처에서 적외선 복사를 생성한다.

16.9 라만 분광학

우리가 지금까지 살펴본 분광학 과정은 분자 에너지 상태 사이의 전이를 수반하는 흡수, 광자의 자극 방출 및 자발적 방출을 포함한다. 또한 광자가 분자에 의해 *산란*되는 것도 가능하다. 대부분의 산란은 *탄성* 산란으로 광자의 에너지는 변하지 않고 굴절되는 방향만 달라지는 산란이다. 이 과정은 방출된 광자가 입사 광자와 파장이 같은데 *Rayleigh 산란*이라고 한다. Rayleigh 산란의 세기는 λ^{-4}에 비례하므로 짧은 파장(가시광선 스펙트럼의 파란색 끝)에 더 효과적이다. 하늘의 색깔은 사실상 대기 중 분자에 의해 햇빛의 파란색 파장이 먼저 산란되기 때문이다. 약 $1/10^7$ 정도는

*비탄성 산란*이 일어나는데, 이 경우에는 입사 광자와 방출 광자의 파장이 다르다. 이 산란은 *Raman 산란*이라고 하는데, 1928년 C. V. Raman에 의해 발견되었다. 광자 에너지의 증가나 감소는 동시에 일어나는 분자의 회전-진동 상태에서의 변화와 관련이 있다.

*Raman 분광학*에서는 광자의 비탄성 산란을 탐색하는데, 분자의 에너지 준위를 연구하기 위한 흡수 및 방출 스펙트럼에 대한 보충 기술이다. Raman 스펙트럼은 진동과 회전 계수를 얻기 위해 적외선이나 마이크로파 대신 가시광선을 사용한다. 이것은 입사 진동수가 물에 의한 흡수가 없도록 선택되기 때문에 수용액에서 분자를 연구하는 데 특히 유용하다. 레이저의 개발로 인해 Raman 분광학이 크게 발전하였다. 레이저의 고강도 세기와 방향성은 Raman 산란의 낮은 확률을 보충할 수 있다. *Stokes 선*은 산란된 빛의 에너지가 입사된 빛보다 낮은 경우이고, *반-Stokes 선*은 산란된 빛의 에너지가 입사된 빛보다 높은 경우이다. Rayleigh 선으로부터 에너지 이동은 분자 내 어떤 회전-진동 에너지 차이와 같다. 그림 16.16에는 CCl_4의 Raman 스펙트럼을 나타내었다. Stokes 선과 반-Stokes 선은 Rayleigh 선으로부터 동일한 위치에 나타난다. 반-Stokes 선은 분자가 초기에 들뜬 진동 상태에 있을 때만 나타나기 때문에 Stokes 선의 세기가 더 세다. 초기 레이저 빔이 높은 단색성이기 때문에, Rayleigh 진동수로부터 파장의 일부만 달라지는 전이가 관측 가능하고, 따라서 레이저-Raman 분광학에 의하면 순수한 회전 전이만 관측할 수 있다.

적외선과 Raman 분광학 모두 분자의 진동 에너지를 측정하지만 다른 선택 규칙을 따른다. 진동이 적외선(IR) 활성이기 위해서는 진동할 때 분자의 쌍극자 모멘트가

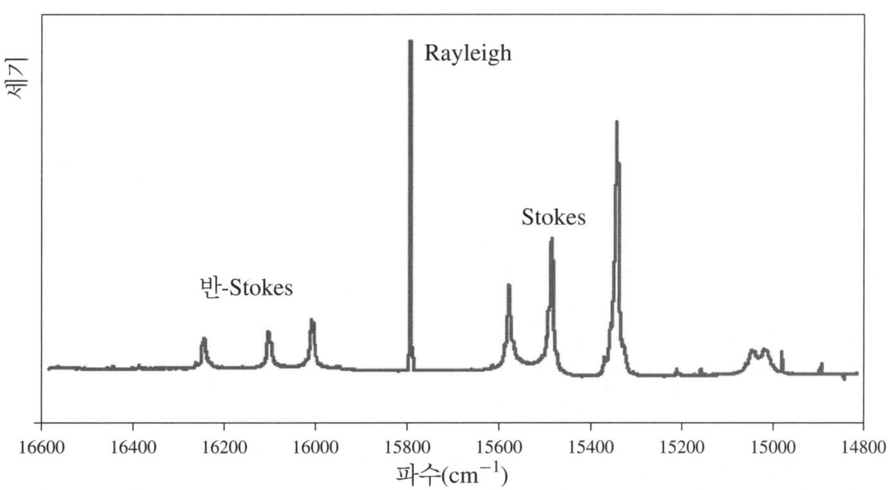

그림 16.16 복사선 632.8 nm을 사용한 CCl_4의 진동 Raman 스펙트럼. 오른쪽에서 왼쪽으로 파수 단위로 증가한다.

변화해야 한다. 예를 들어 이산화탄소의 비대칭 신축 ν_3와 굽힘 진동 모드 ν_2는 IR 활성인 반면 대칭 신축 ν_1은 아니다(그림 16.3 참조). 전이가 Raman 활성이기 위해서는 진동할 때 분자의 *편극도*가 변해야 한다. 분자가 팽창하고 수축하기 때문에 대칭 신축에서는 편극도가 변하지만 다른 두 모드에서는 편극도가 변하지 않는다. 따라서 CO_2에서는 단지 ν_1만 Raman 활성이다. 반전 중심을 가지고 있는 CO_2같은 분자에 대해서는 적외선과 Raman 모두 활성인(또는 모두 비활성인) 노말 모드는 없다. 이것을 *상호 배타 규칙*이라고 한다. 대칭 중심이 없는 분자에서, 진동 모드는 적외선과 Raman에 모두 활성일 수 있다. 예를 들어, 모든 H_2O와 NH_3 분자의 모든 진동은 적외선과 Raman *모두* 활성이다.

분자가 복사장과 상호작용할 때, Hamiltonian은 다음과 같이 표현할 수 있다.

$$V = -\boldsymbol{\mu} \cdot \mathbf{E} + \tfrac{1}{2}\mathbf{E} \cdot \boldsymbol{\alpha} \cdot \mathbf{E} = -\sum_i \mu_i E_i + \tfrac{1}{2}\sum_{ij} \alpha_{ij} E_i E_j \qquad \textbf{(16.41)}$$

여기서 i, j는 직교 좌표 x, y, z에 대해 합한다. 이것은 식 (6.53)의 일반화이며, 복사의 전기장에서 2차 항도 기여한다. 섭동 Hamiltonian의 두 부분은 양자론이나 복사의 항(6.5절)으로 해석될 수 있다. 전기장 **E**에 선형인 항은 흡수와 방출과 같은 단일-광자 과정을 생성하는 반면, **E**에 2차인 항은 Rayleigh와 Raman 산란을 포함해 두-광자 과정의 요인이다. 분자가 "실제" 들뜬 상태로의 전이를 일으킴에 따라 산란은 광자의 흡수로서 가시화할 수 있고, 뒤따라 광자의 재방출이 일어난다. 만일 입사광선이 전자 전이 진동수에 해당하면, 중간 상태는 분자의 실제 들뜬 상태이다. 이것은 *공명 Raman 분광학*으로 알려져 있고, 훨씬 세기가 센 Raman 산란을 야기한다. 공명 Raman 분광학은 복잡한 생체계 분자를 선택적으로 연구하는 데 특히 유용하다.

Raman 효과가 2스핀−1광자를 포함하기 때문에, 각운동량 선택 규칙은 $\Delta J = 0, \pm 2$가 된다. 이 때문에 이원자 분자와 선형 분자의 회전-진동 스펙트럼에는 3개의 분명한 가지가 나타난다: *O-가지*($\Delta J = -2$), *Q-가지*($\Delta J = 0$), *S-가지*($\Delta J = +2$). 모든 이원자 분자와 선형 분자는 Raman 활성이다. 적외선이나 마이크로파 스펙트럼에서는 볼 수 없으나, Raman 분광학은 동핵 이원자 분자에 대한 회전 및 진동 에너지 준위를 결정할 수 있다.

쌍극자-모멘트 성분 μ_x, μ_y, μ_z는 IR 전이에 대한 선택 규칙을 결정하는 대응하는 좌표 x, y, z처럼 변환한다. 유사하게 편극도 텐서의 성분 α_{xx}, α_{xy} . . .는 직교 좌표 2차항 x^2, xy 등과 같이 변환한다. 이것은 보통 군 지표표의 오른쪽 행에 나열되어 있다. 예를 들어, CCl_4와 같은 정사면체 분자들은 A_1, E, T_2 대칭인 노말 모드를 가지고 있다. $\mathcal{T}_d$ 지표표는 이들이 모두 Raman 활성이라는 것을 보여주는 반면, IR-활성인 것은 T_2 뿐이다.

연습 문제

16.1 두 원자의 상호작용에 대한 Lennard-Jones 포텐셜은 다음과 같다.

$$V(R) = 4\epsilon\left[\left(\frac{\sigma}{R}\right)^{12} - \left(\frac{\sigma}{R}\right)^{6}\right]$$

R_e와 D_e를 결정하라. 핵간 거리가 $R = \sigma$는 무엇을 의미하는가?

16.2 표 16.1에 있는 분광학 상수로부터 할로겐화 수소들 각각에 대해 힘 상수 k와 핵간 거리 R_e를 계산하라. 해답은 본문에 주어져 있다.

16.3 표 16.1에 있는 NO에 대한 자료를 참조하여, (i) $J = 0$에서 $J = 1$ 전이에 대한 파수를 계산하라. (ii) 평형 핵간 거리를 pm 단위로 계산하라. (iii) 힘 상수를 N/m 단위로 계산하라. (iv) 비조화성 수정을 고려하여 $v = 0$에서 $v = 1$로의 전이에 대한 파수를 계산하라.

16.4 다음 분자들 각각에 대해 속박된 진동 상태의 수를 계산하라: H_2, HD, D_2.

16.5 $^1H^{35}Cl$에 대한 분광학적 결과로부터, $^1H^{37}Cl$, $^2H^{35}Cl$, $^2H^{37}Cl$에 대한 ω_e와 B_e를 예측하라.

16.6 300 K에서 바닥 전자 상태 및 바닥 진동 상태에 있는 N_2 분자에 대해 최빈 회전 상태 J_{max}를 결정하라.

16.7 구형 회전자의 최빈 준위 J_{max}에 대한 식을 유도하라. $B = 5.24\ cm^{-1}$일 때, 300 K에서 CH_4에 대한 J_{max}를 결정하라.

16.8 이원자 분자에서 원심 일그러짐에 대한 식 (16.20)과 (16.21)을 유도하라. 환산 질량 μ와 평형 거리 R인 분자가 힘 상수 k이고 Hooke 법칙을 따른다고 가정하자. 분자가 R부터 $R + \Delta R$까지 다음 원심력에 의해 늘어난다고 하자.

$$m_1\omega^2 r_1 + m_2\omega^2 r_2 = 2\mu\,\omega^2 R$$

여기서 ω는 각속도이다. $|J| = I\omega = \sqrt{J(J+1)}\hbar$를 사용해 양자역학적 각운동량을 제시하라. 원심-일그러짐 분자의 회전 에너지를 구하고, 상수 D_J를 결정하라. $\Delta R \ll R$이므로

$$\frac{1}{2\mu(R+\Delta R)^2} \approx \frac{1}{2\mu R^2} - \frac{\Delta R}{\mu R^3}$$

라고 가정한다.

16.9 $\mathcal{C}_{2v}$, $\mathcal{C}_{3v}$, $\mathcal{D}_{\infty h}$ 지표표를 참조하여 H_2O, NH_3, CO_2의 적외선-활성 모드와 Raman-활성 모드의 대칭 종을 구분하라.

16.10 $\mathcal{D}_{6h}$ 지표표를 참조하여 벤젠 C_6H_6에서 노말 모드 중 적외선-활성 모드와 Raman-활성 모드의 대칭 종을 구분하라.

제17장 통계 열역학

Statistical thermodynamics

앞 장에서 기술한 분광학에 의해 결정된 분자 매개변수는 통계열역학 방법을 이용하여 그들 분자의 열역학 성질을 계산할 수 있도록 해준다. 이 장에서는 단원자나 작은 다원자 분자로 구성된 이상기체를 주로 고려할 것이다.

통계 열역학(통계역학의 한 분야)은 물질의 미시적 성질과 거시적 성질을 연관시켜 준다. 열역학은 물리적 및 화학적 현상의 수많은 관측으로부터 얻어낸 거시적 물질의 거동에 대한 4가지 귀납적 일반화(0, 1, 2, 3법칙)에 기초를 두고 있다. 이러한 열역학 법칙을 적용하면, 수많은 실험적 사실을 조직화하고 상호 연관시킬 수 있다. 열역학 법칙에 의해 개개 물질의 거시적 성질인 상태방정식과 열용량을 설명할 수 있다. 열역학은 주로 물리적 및 화학적 현상의 기술(물질과 에너지의 거동의 "어떻게")과 연관된다. 기초가 되는 메커니즘("왜")은 이 책의 기술을 벗어나는 부분이다. 이에 반해 통계역학은 더 깊이 규명한다. 그것은 기술뿐만 아니라 설명도 할 수 있도록 한다. 우리는 원자 및 분자 구조에 대해 알려진 사실로부터 거시적 물질의 거동을 유추해 낼 수 있다. 거시적 샘플에서의 무한한 원자의 수를 다루기 위해, 원자 원리와 함께 물질의 통계적 양상을 설명할 수 있는 큰 수에 대한 법칙과 확률의 원리가 보충되어야 한다.

17.1 양자역학

통계열역학은 분자가 뉴턴 운동법칙에 의해 지배된다고 생각하는 순수한 *고전*역학에 기초를 두는 것이 가능하다. 이것은 보통 기체의 상태방정식처럼 많은 고온에서의 거동을 설명하기에 충분하다. 그러나 더 정확한 결과는 양자역학에 의존한다. 사실상 분자의 양자론으로부터 얻어진 극히 적은 결과만으로도 통계열역학에 대한 모든 필요한 기초를 제공하기에 충분하다. 간략하게 필요한 양자역학 공식을 검토해 보자.

기체 분자의 병진 운동은 양자역학적 상자-안-입자에 따라 모델링할 수 있다. $a \times b \times c$ 차원의 상자에 질량 m인 입자에 대해, 에너지 준위는 다음과 같다.

$$\epsilon_{n_1,n_2,n_3} = \frac{h^2}{8m}\left(\frac{n_1^2}{a^2}+\frac{n_2^2}{b^2}+\frac{n_3^2}{c^2}\right), \quad n_1, n_2, n_3 = 1, 2, 3, \ldots \tag{17.1}$$

운동은 3차원이기 때문에, 에너지는 3개의 양자수에 의존한다.

이원자 분자의 회전 에너지는 강체 회전자 근사에 의해 다음과 같이 주어진다.

$$\epsilon_{J,M} = \frac{\hbar^2}{2I}J(J+1), \quad J = 0, 1, 2, \ldots, \quad M = 0, \pm 1, \pm 2, \ldots, \pm J \tag{17.2}$$

여기서 I는 관성 모멘트이다. 원자 질량이 각각 m_1, m_2이고 핵간 거리가 R인 이원자 분자에 대해

$$I = \mu R^2, \quad \mu = \frac{m_1 m_2}{m_1 + m_2} \tag{17.3}$$

이고, 여기서 μ는 환산 질량이다. 평면상에서의 회전은 자유도가 2이다. 따라서 에너지는 두 개의 양자수, J와 M을 포함한다. 그러나 에너지의 값은 단지 J에만 의존한다. 따라서 M 값이 다른 것은 동일한 에너지를 갖는 축퇴된 양자 상태를 나타낸다. 한편 에너지 준위 ϵ_J는 $(2J + 1)$-중으로 축퇴되어 있다. 예를 들어, $J = 0$ 준위는 축퇴되어 있지 않고, $J = 1$은 3중으로 축퇴되어 있으며, $M = 0, \pm 1$이다. $J = 2$은 5중으로 축퇴되어 있으며 $M = +0, \pm 1, \pm 2$이다.

이원자 분자의 진동 에너지 준위는 조화 진동자 근사에 의해 다음과 같이 주어진다.

$$\epsilon_v = \left(v + \frac{1}{2}\right)h\nu_0, \quad v = 0, 1, 2, \ldots \tag{17.4}$$

여기서 ν_0는 기본 진동 진동수이다.

17.2 열역학 함수

수학적 열역학을 잠깐 살펴보면 통계열역학의 결과를 전개하는 데 도움이 될 것이다. 열역학 제1법칙과 제2법칙은 *열역학의 기본 방정식*으로부터 얻어질 수 있다.

$$dU = TdS - pdV \tag{17.5}$$

이것은 에너지 U가 엔트로피 S와 부피 V의 당연한 함수로 여겨질 수 있음을 암시한다. 독립 변수의 다른 조합에 대해 열역학 포텐셜 엔탈피 $H(S, p) = U + pV$, Helmholtz 자유 에너지 $A(T, V) = U - TS$ 및 Gibbs 자유 에너지 $G(T, p) = U + pV - TS$를 정의하는 것이 편리하다. 이것은 다음과 같은 관계식으로 유도된다.

$$dH = TdS + Vdp,$$
$$dA = -SdT - pdV,$$
$$dG = -SdT + Vdp \quad \textbf{(17.6)}$$

통계열역학의 전개는 부피 V, 온도 T, 분자 수 N의 특정 변수에 기초를 둔다. 따라서 가장 적당한 열역학 포텐셜은 Helmholtz 자유 에너지 함수 $A(T, V, N)$이다. 현재의 목적을 위해 분자 수 N은 고정되어 있다고 가정한다. 식 (17.6)의 두 번째 식으로부터 다음을 유도할 수 있다.

$$S = -\left(\frac{\partial A}{\partial T}\right)_{V,N} \quad \textbf{(17.7)}$$

그리고

$$p = -\left(\frac{\partial A}{\partial V}\right)_{T,N} \quad \textbf{(17.8)}$$

에너지를 다음과 같이 쓰면,

$$U = A + TS = A - T\left(\frac{\partial A}{\partial T}\right)_{V,N} \quad \textbf{(17.9)}$$

Gibbs-Helmholtz 식 중 하나를 얻을 수 있다.

$$U = -T^2\left(\frac{\partial A/T}{\partial T}\right)_{V,N} = \left(\frac{\partial A/T}{\partial 1/T}\right)_{V,N} \quad \textbf{(17.10)}$$

우리는 나중에 다음과 같이 주어진 일정 부피와 일정 압력에서 열용량을 계산할 것이다.

$$C_{\mathrm{V}} = \left(\frac{\partial U}{\partial T}\right)_{V,N} \quad \textbf{(17.11)}$$

그리고

$$C_{\mathrm{p}} = \left(\frac{\partial H}{\partial T}\right)_{p,N} \quad \textbf{(17.12)}$$

17.3 Boltzmann 분포

이제 통계역학에서의 근본적인 질문을 생각해 보자: 일정 부피 V와 일정 온도 T에서 각 입자의 허용된 에너지 준위 $\epsilon_0, \epsilon_1, \epsilon_2, \ldots$를 갖고 있는 N개의 약하게 상호작용하는 계(보통 분자)의 집합이 있다면, 분자는 에너지 준위 사이에 어떻게 분포될 것인가? 에너지 $\epsilon_0, \epsilon_1, \epsilon_2, \ldots$를 갖는 분자 수를 각각 $n_0, n_1, n_2, \ldots$로 표시하자. 이들은 *점유* 수라고 한다. N 분자를 갖는 계에 대해

$$\sum_k n_k = N \tag{17.13}$$

이다. 계의 총 에너지는 다음과 같다.

$$\sum_k n_k \epsilon_k = E \tag{17.14}$$

마지막 결과로 그냥 건너뛴다면, Boltzmann 분포는 다음과 같다.

$$p_k = \frac{e^{-\epsilon_k/kT}}{q} \tag{17.15}$$

이에 대한 유도과정은 이 절과 다음 절에서 자세히 알아볼 것이다.

거시적 계에 대해서 N은 10^{23} 정도이다. N 분자의 각 에너지의 (가상적) 자세한 목록은 *미시 상태*를 기술한다. 우리는 에너지 분포에 대응하는 점유 수 n_k의 집합에 의해 기술된 가능한 미시 상태 $W(n_0, n_1, n_2, \ldots)$의 수, 간략히 $W(n_k)$를 계산하고자 한다. 이것은 다음과 같이 유도될 수 있다. N개의 물체에 대한 치환의 수는 $N!$이라고 알려져 있다. 이것은 각 점유 수 $n_0!, n_1!, n_2!, \ldots$ 사이에서 가능한 치환은 고려하지 않기 때문에 미시 상태의 수보다 훨씬 더 크다. 그러나 다음과 같이 추론할 수 있다.

$$N! = W(n_k) n_0! n_1! n_2!, \ldots \tag{17.16}$$

따라서

$$W(n_k) = \frac{N!}{n_0! n_1! n_2!, \ldots} \tag{17.17}$$

이 된다. 이 함수의 로그를 취하면 함수가 단순하게 되기 때문에 더 쉽다. 즉,

$$\ln W = \ln(N!) - \ln(n_0!) - \ln(n_1!) - \ln(n_2!) - \cdots = \ln(N!) - \sum_k \ln(n_k!) \tag{17.18}$$

각 수의 계승은 Stirling 근사를 사용해 표현될 수 있다. 간단한 방법은 다음과 같이 조작하는 것이다.

$$\ln(n!) = \ln(n) + \ln(n-1) + \ln(n-2) + \cdots = \sum_{k=1}^{n} \ln k \tag{17.19}$$

이러한 매우 긴 합은 근사적으로 다음과 같이 적분으로 치환할 수 있다.

$$\sum_{k=1}^{n} \ln k \approx \int_0^n \ln x \, dx = n \ln n - n \tag{17.20}$$

따라서 미시 상태의 수는 근사적으로 다음과 같이 쓸 수 있다.

$$\ln W \approx N \ln N - N - \sum_k (n_k \ln n_k - n_k) \tag{17.21}$$

이제 제한 조건 (17.13)과 (17.14) 하에서 이 양의 최대값을 찾아보자. 제한된 최대값은 Lagrange 배수법을 사용해 찾을 수 있는데, 그렇게 함으로써 모든 n_k에서 변화에 대한 비조건(unconditional) 최대값을 계산한다.

$$F(n_k) = \ln W(n_k) - \alpha \sum_k n_k - \beta \sum_k n_k \epsilon_k \tag{17.22}$$

다음과 같이 실행하면

$$\frac{\partial F(n_k)}{\partial n_j} = -\frac{d(n_j \ln n_j - n_j)}{dn_j} - \alpha - \beta\epsilon_j = 0, \quad j = 0, 1, 2, \ldots \tag{17.23}$$

결과는

$$\ln n_j + \alpha + \beta\epsilon_j = 0 \tag{17.24}$$

또는

$$n_j = e^{-\alpha} e^{-\beta\epsilon_j} \tag{17.25}$$

가 된다. Lagrange 배수 α는 조건 $\sum_k n_k = N$에 의해 결정될 수 있다. 따라서

$$e^{-\alpha} = \frac{N}{q} \quad \text{또는} \quad q = \sum_j e^{-\beta\epsilon_k} \tag{17.26}$$

가 된다. 분자가 에너지 상태 ϵ_k에 있을 확률은 다음과 같다.

$$p_k = \frac{n_k}{N} \tag{17.27}$$

따라서 Boltzmann 분포는 다음과 같다.

$$p_k = \frac{e^{-\beta\epsilon_k}}{q} \tag{17.28}$$

여기서 $\sum_k p_k = 1$이고 q는 *분자 분배함수*(partition function)이다. 다음에 우리는 β와 q의 정확한 형태를 유도하고 열역학과의 연계를 보여주겠다.

17.4 몰 분배함수

Ludwig Boltzmann

J. Willard Gibbs

Boltzmann 분포는 또한 거시(또는 몰) 계에 다음 형태로 적용한다.

$$P_k = \frac{e^{-\beta E_k}}{Q} \tag{17.29}$$

여기서 Q는 *몰 분배함수*이다. N개의 상호작용하지 않는(또는 약하게 상호작용하는) 분자계에 대한 총에너지는 다음과 같이 각 분자 에너지의 합이다:

$$E_k = \epsilon_{k_1}^{(1)} + \epsilon_{k_2}^{(2)} + \cdots + \epsilon_{k_N}^{(N)} \tag{17.30}$$

여기서 k_1은 분자 번호 (1)의 상태, k_2은 분자 번호 (2)의 상태 등을 나타낸다. 라벨 k는 구성 집합 $\{k_1, k_2, \ldots, k_N\}$을 나타낸다. 몰 분배함수는 다음과 같이 주어진다.

$$Q = \sum_k e^{-\beta E_k} = \sum_{k_1} e^{-\beta\epsilon_{k_1}} \sum_{k_2} e^{-\beta\epsilon_{k_2}} \cdots \sum_{k_N} e^{-\beta\epsilon_{k_N}} \tag{17.31}$$

그러나 분자들이 똑같기 때문에 오른쪽은 N개의 동등한 항들의 곱이고, 그 각각은 분자 분배함수 q를 나타내므로, 명백하게 다음과 같이 쓸 수 있다.

$$Q = q^N \tag{17.32}$$

그러나 잠깐! 우리는 암시적으로 N개의 개별 분자가 서로 구별 가능하다고 가정하였다. 그러나 양자역학의 기본 원리는 동일한 입자는 서로 구별 불가능하다고 암시하고 있다. 입자수와 양자수 사이의 연관은 단순히 같은 양자 상태의 다른 관점이다. N개의 분자에 대한 이러한 과잉 계산은 N개 물체를 치환하는 방법의 수인 $N!$만큼 포함하고 있다. 따라서 우리는 식 (17.32) 대신 다음과 같이 써야 한다.

$$Q = \frac{q^N}{N!} \tag{17.33}$$

이 식은 분자가 기체상이거나 액체상이거나 동일하게 유지된다. 그러나 (17.32)는, 예를 들어 결정 격자에서 분자의 위치가 고정되어 있는 완전 결정처럼 구별 가능한 분자에 대해서는 명백하게 성립한다.

몰 계의 평균 에너지는 (17.29)로부터 다음과 같이 계산될 수 있다:

$$\overline{E} = \sum_k E_k P_k = \frac{1}{Q}\sum_k E_k e^{-\beta E_k} = -\frac{1}{Q}\frac{\partial Q}{\partial \beta} = -\frac{\partial \ln Q}{\partial \beta} \qquad \textbf{(17.34)}$$

Ludwig Boltzmann와 J. Willard Gibbs의 연구에 의하면, 통계열역학에서 거시적 양의 통계적 평균값은 모든 다른 값은 거의 확률적으로 무시될 수 있을 정도로 지배적이라고 결론을 내릴 수 있다. 따라서 평균은 거시적 열역학 변수와 동일하게 여길 수 있다. 예를 들어

$$\overline{E} = U \qquad \textbf{(17.35)}$$

가 열역학 에너지라고 결론을 내릴 수 있다. 따라서

$$U = -\frac{\partial \ln Q}{\partial \beta} \qquad \textbf{(17.36)}$$

라 쓸 수 있으며, 이것은 Gibbs-Helmholtz 관계 (17.10)과 같다고 할 수 있다. 여기서

$$\beta = 1/kT \text{ 과} \qquad \ln Q = -A/kT \qquad \textbf{(17.37)}$$

를 사용하였다. 여기서 k는 에너지/온도 차원의 기본 상수로 Boltzmann이 처음으로 도입하였으며, 이 Boltzmann 상수값은 다음과 같다.

$$k = 1.3806 \times 10^{-23}\ \mathrm{JK^{-1}} \qquad \textbf{(17.38)}$$

앞에 주어진 몇 가지 공식은 이제 더 정확하게 쓸 수 있다. 분자에 대한 Boltzmann 분포는 다음과 같다.

$$p_k = \frac{e^{-\epsilon_k/kT}}{q} \qquad \textbf{(17.39)}$$

여기서 몰 분배함수 q는 다음과 같다.

$$q = \sum_k e^{-\epsilon_k/kT} \qquad \textbf{(17.40)}$$

Boltzmann 분포는 낮은 에너지를 차지하는 개체수가 높은 에너지를 차지하는 개체수보다 훨씬 더 많은 피라미드 구조이다. T가 증가함에 따라 높은 에너지의 개체수 분율이 증가한다. 이러한 경향을 그림 17.1에 개략적으로 나타내었다.

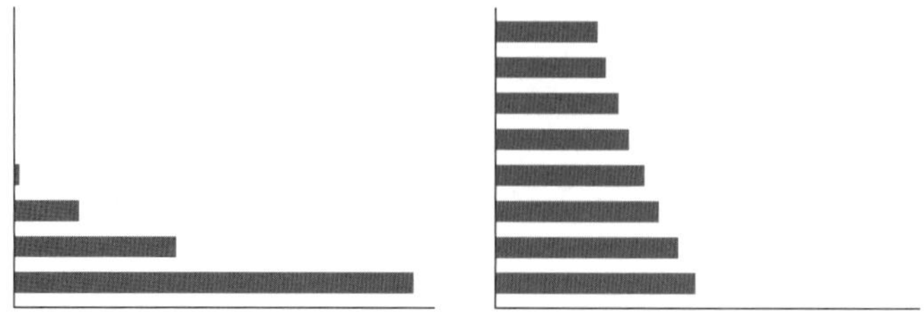

그림 17.1 낮은 온도(왼쪽)와 높은 온도(오른쪽)에서 Boltzmann 분포의 일반 형태.

17.2절에 기술한 열역학 함수는 이제 몰 분배함수 $Q(T, V, N)$의 형태로 표현할 수 있다. 변수 T와 N은 Q에 대한 식에 분명히 포함된다. 에너지의 부피(특히 기체의 부피)에 대한 의존성이 가능하므로 독립 변수로서 V가 포함된다. 앞서 언급하였듯이 Helmholtz 자유 에너지 A도 당연히 T, V, N의 함수이다. 분자의 성질과 열역학 사이의 연결은 식 (17.37)에 제안된 것처럼 다음과 같이 주어진다.

$$A = -kT \ln Q \tag{17.41}$$

다른 열역학 변수는 다음과 같다. 압력은 다음과 같이 결정되며

$$p = -\left(\frac{\partial A}{\partial V}\right)_{T,N} = kT\left(\frac{\partial \ln Q}{\partial V}\right)_{T,N} \tag{17.42}$$

이것을 이용하여 계의 상태방정식을 쓸 수 있다. 에너지는 다음과 같이 주어진다.

$$U = -T^2\left(\frac{\partial A/T}{\partial T}\right)_{V,N} = kT^2\left(\frac{\partial \ln Q}{\partial T}\right)_{V,N} \tag{17.43}$$

$A = U - TS$라 정의하면 엔트로피 식은 다음과 같이 된다.

$$S = \frac{U}{T} + k \ln Q \tag{17.44}$$

17.5 단원자 이상 기체

단원자 이상(또는 완전) 기체는 단지 병진 운동 에너지만 포함한다. 진동과 회전은 다원자 기체에서만 나타난다. 분자간 상호작용이 있으면 비이상 기체임을 의미한다. 분자 분배함수를 계산하기 위해서 상자 안 입자 에너지 (17.1)을 사용한다. 분자의 상태는 세 가지 양자수 n_1, n_2, n_3에 의해 결정되며, 각각은 독립적으로 1부터 ∞까지 적용한다. 따라서

$$q = \sum_{n_1}^{\infty}\sum_{n_2}^{\infty}\sum_{n_3}^{\infty} e^{\epsilon_{n_1 n_2 n_3}/kT} = \sum_{n_1}^{\infty} \exp\left(-\frac{h^2}{8ma^2kT}\, n_1^2\right) \times$$
$$\sum_{n_2}^{\infty} \exp\left(-\frac{h^2}{8mb^2kT}\, n_2^2\right) \sum_{n_3}^{\infty} \exp\left(-\frac{h^2}{8mc^2kT}\, n_3^2\right) \qquad \textbf{(17.45)}$$

3개의 합은 단지 상자의 크기 a, b, c만 다를 뿐 동등하다. 각 합은 엄청나게 많은 항들에 대해 적용되므로 근사적으로 다음과 같이 적분꼴로 바꿀 수 있다.

$$\int_0^{\infty} e^{-\alpha x^2}\, dx = \frac{1}{2}\sqrt{\frac{\pi}{\alpha}} \qquad \textbf{(17.46)}$$

이것을 위에 주어진 3개 요소 각각에 적용하면,

$$q = (2\pi mkT/h^2)^{3/2} a\, b\, c = (2\pi mkT)^{3/2} V/h^3 \qquad \textbf{(17.47)}$$

을 얻을 수 있다. 여기서 $V = abc$는 상자의 부피이다. 몰 분배함수는 $Q = q^N/N!$인데, 열역학 함수는 $\ln Q$에 의존하므로, Q에 로그를 취하고 Stirling 근사, $\ln(N!) = N \ln N - N = N \ln(N/e)$를 이용하면 $\ln Q$는 다음과 같이 된다.

$$\ln Q = N \ln q - \ln(N!) = N \ln(qN/e) \qquad \textbf{(17.48)}$$

상태방정식은 (17.42)로부터 다음과 같이 쓸 수 있다.

$$p = kT\left(\frac{\partial \ln Q}{\partial V}\right)_{T,N} \qquad \textbf{(17.49)}$$

여기서

$$\ln Q = V^N + V\text{에 무관한 항} \qquad \textbf{(17.50)}$$

임을 상기하면,

$$p = NkT/V \qquad \textbf{(17.51)}$$

이 된다. 이것은 바로 친숙한 이상기체 법칙 $pV = nRT$이다. 여기서 $n = N/N_A$이고, N_A은 Avogadro 수 6.022×10^{23}이다. Boltzmann 상수는 기체상수 R과 다음과 같이 관계된다.

$$k = R/N_A \qquad \textbf{(17.52)}$$

단원자 이상 기체의 에너지는 (17.43)으로부터 구할 수 있다.

$$\ln Q = \ln(T^{3N/2}) + T\text{에 무관한 항} \qquad \textbf{(17.53)}$$

이므로, 잘 알려진 다음 식

$$U = \frac{3}{2}NkT = \frac{3}{2}nRT \tag{17.54}$$

을 구할 수 있다. 정적(일정부피) 열용량은

$$C_V = \frac{\partial U}{\partial T} = \frac{3}{2}Nk \tag{17.55}$$

이고, $H = U + pV = \frac{3}{2}NkT + NkT$이므로 정압(일정압력) 열용량은

$$C_p = \frac{\partial H}{\partial T} = \frac{5}{2}Nk \tag{17.56}$$

이다. 앞에서 보았듯이 상태방정식과 에너지는 고전 통계역학으로부터 구할 수 있다. 분배함수 q와 고전적으로 유사한 것은 위상 적분 ω이다. 3차원에서 단일 입자의 위상 적분은 다음과 같다.

$$\omega = \int\int e^{-H(p,q)/kt} d^3\mathbf{p}d^3\mathbf{q} \tag{17.57}$$

여기서 $H(p, q)$는 고전 Hamiltonian 함수로서 단원자 기체 분자에 대해서는 다음과 같다.

$$H = \frac{p^2}{2m} = \frac{1}{2m}(p_x^2 + p_y^2 + p_z^2) \tag{17.58}$$

다음 적분을 사용하고

$$\int_{-\infty}^{\infty} e^{-p^2/2mkT}\, dp = \sqrt{2\pi mkT} \tag{17.59}$$

적분을 부피에 해당하는 $d^3\mathbf{q}$에 대해 수행하면, 다음을 얻을 수 있다.

$$\omega = (2\pi mkT)^{3/2}V \tag{17.60}$$

따라서

$$q = \omega/h^3 = (2\pi mkT)^{3/2}V/h^3 \tag{17.61}$$

은 (17.47)과 일치한다. 고전적 처리는 일반적으로 고온에서와 같이 적절한 자유도가 *완전히 들뜨게 되었다*고 말할 수 있을 때 분명하다.

17.6 Sakur-Tetrode 방정식

이상 기체의 엔트로피는 분배함수를 직접 포함하므로, 요소 h와 $N!$을 통합하기 위해 양자 결과가 사용되어야 한다. 식 (17.44)로부터

$$S = \frac{3}{2}Nk + k\ln\left(\frac{q^N}{N!}\right) \qquad \textbf{(17.62)}$$

을 구할 수 있다. Stirling 근사 $N! \approx (N/e)^N$를 사용하여, 이것은 다음과 같이 잘 알려진 *Sakur-Tetrode 식*으로 주어진다.

$$S = Nk\ln\left[\frac{(2\pi mkT)^{3/2}Ve^{5/2}}{h^3N}\right] \qquad \textbf{(17.63)}$$

이상 기체의 표준 몰 엔트로피는 $p^{\ominus} = 1$ bar에서 $N = N_A$, $N_Ak = R$, $V_m^{\ominus} = RT/p^{\ominus}$, $p^{\ominus} = 1$로 놓으면 계산될 수 있다. 숫자를 계산하면, 몰당

$$S_{\mathrm{m}}^{\ominus}/R = 1.5\ln M + 2.5\ln T - 1.1517 \qquad \textbf{(17.64)}$$

로 얻을 수 있고, 여기서 M은 g mol^{-1} 단위의 전통적인 분자량이다. 예를 들어, 298.15 K에서 아르곤($M = 39.95$)의 표준 몰 엔트로피의 계산된 이론적인 값은 $S_m^{\ominus} = 18.6237R = 154.8472$ JK^{-1} mol^{-1}이다. 실험값은 154.84 JK^{-1} mol^{-1}로 알려져 있다. 이러한 기막힌 일치는 이론과 실험 모두 성공을 의미한다. 절대 엔트로피의 실험적 결정은 다음과 같이 절대온도 0도까지 내려가면서 상전이의 열량 측정을 포함해 기체상, 액체상, 고체상의 열용량을 구해야 한다.

$$S_{\mathrm{m}}^{\ominus} = \int_0^T \frac{C_{\mathrm{p}}^{\ominus}(T)}{T}\,dT + \sum_i \frac{\Delta H_i^{\ominus}}{T_i} \qquad \textbf{(17.65)}$$

17.7 Born-Oppenheimer 근사

분자의 에너지는 무게 중심의 병진 에너지, 핵의 회전과 진동을 포함하는 내부 에너지, 전자 들뜸 에너지들로 엄격하게 분리할 수 있다. 다원자 분자의 통계열역학 성질을 적용할 때, 이들 자유도는 에너지를 구하는 데 있어서 근사적으로 더하면 된다:

$$\epsilon \approx \epsilon_{\text{병진}} + \epsilon_{\text{회전}} + \epsilon_{\text{진동}} + \epsilon_{\text{전자}} \qquad \textbf{(17.66)}$$

따라서 몰 분배함수는 다음과 같이 이들 개별 자유도 각각에 대한 요소로 분리된다.

$$q = \sum_n e^{-\epsilon_n/kT} \approx \sum_t e^{-\epsilon_t/kT} \sum_r e^{-\epsilon_r/kT} \sum_v e^{-\epsilon_v/kT} \sum_e e^{-\epsilon_e/kT} \quad \textbf{(17.67)}$$

여기서 t, r, v, e는 대응하는 자유도에 알맞은 양자수이다. Born-Oppenheimer 근사를 적용하면, 위 식의 각 합은 독립적으로 수행될 수 있다:

$$q \approx q_{병진}\, q_{회전}\, q_{진동}\, q_{전자} \quad \textbf{(17.68)}$$

여기서

$$q_{병진} = \sum_t e^{-\epsilon_t/kT} \text{ 등} \quad \textbf{(17.69)}$$

몰 분배함수는 다음과 같이 주어진다.

$$Q = \frac{q_{병진}^N}{N!}\, q_{회전}^N\, q_{전자}^N\, q_{진동}^N \quad \textbf{(17.70)}$$

요소 $q_{병진}$와 $N!$을 결합함으로써 위에서 유도한 단원자 이상 기체에 대한 모든 식이 다원자 이상 기체에 대한 병진 기여를 제공하는 데 있어서 변화되지 않고 수행될 수 있다. 분자 분배함수의 계승도(factorizability)는 로그를 취하면 더하기가 된다:

$$\ln Q = N \ln\left(\frac{q_{병진}e}{N}\right) + N\ln q_{회전} + N\ln q_{진동} + N\ln q_{전자} \quad \textbf{(17.71)}$$

그리고 모든 열역학 함수는 $\ln Q$에 의존하므로

$$X = X_{병진} + X_{회전} + X_{진동} + X_{전자} \quad \textbf{(17.72)}$$

이 된다. 여기서 X는 열역학 함수 A, p, U, S 등을 나타낸다. 병진 기여는 위에 주어진 단원자 식에 의해 주어진다. 이제 이상-기체 열역학 함수에 회전, 진동 및 전자 기여를 유도해야 한다.

상태방정식 (17.51)은 V에 대한 Q의 의존성에 의해 결정된다. 그러나 단지 병진 기여만 상자안 입자 에너지 준위를 통해서 V를 포함한다. 내부 자유도는 V에 독립적이므로, 상태방정식 $p = NkT/V$은 분명히 단원자 이상 기체뿐만 아니라 다원자 기체에도 적용된다.

17.8 이원자 분자의 회전

이원자 분자 (17.2)의 에너지 준위는 파수 단위로 다음과 같이 쓸 수 있다.

$$\frac{\epsilon_{J,M}}{hc} = BJ(J+1) \quad \textbf{(17.73)}$$

여기서 B는 분광학으로부터 결정되는 cm^{-1} 단위의 회전상수이다. 분자 분배함수에서 회전 요소는 다음과 같이 모든 J와 M에 대한 합으로 얻을 수 있다:

$$q_{\text{회전}} = \sum_{J=0}^{\infty} \sum_{M=-J}^{J} e^{-hcBJ(J+1)/kT} = \sum_{J=0}^{\infty} (2J+1)e^{-hcBJ(J+1)/kT} \tag{17.74}$$

에너지는 M에 독립적이므로, M에 대한 합은 축퇴도 $(2J + 1)$이 도입된다. 위의 합은 간단한 형태로 구할 수 없다. 그러나 일반적으로 $hcB/kT << 1$가 성립하므로, 합은 병진 분배함수처럼 근사적으로 적분으로 바꿀 수 있다. 부등호가 성립하지 않는 유일한 상황은 약 20K 정도의 낮은 온도에서 H_2 분자와 동소체에 대한 경우이다. 이것은 분리하여 고려될 것이다. 모든 다른 경우에는 다음과 같이 쓸 수 있다.

$$q_{\text{회전}} = \int_0^{\infty} (2J+1)e^{-hcBJ(J+1)/kT}\, dJ \tag{17.75}$$

적분은 $u = J(J + 1)$, $du = (2J + 1)dJ$로 변수 변환한 후 쉽게 계산된다. 그 결과는 다음과 같다.

$$q_{\text{회전}} = \frac{kT}{hcB} \tag{17.76}$$

이 결과는 HCl이나 CO같은 이종핵 분자에 대해서는 분명하다. 그러나 H_2나 Cl_2같은 동핵 분자에 대해서는 180° 회전시켜 두 원자를 바꾸면 원래 모양과 구별 불가능하게 된다. 다시 말해서, 양자역학에서 동일한 입자를 구별할 수 있는 방법이 없는 것처럼 이들을 분리하여 고려하지 않는다. 이 경우 병진에 대해서 $N!$ 요소를 도입하는 것과 마찬가지로, 회전 분배함수를 2로 나눔으로써 오차를 줄일 수 있다.

대칭 수 σ는 분자의 회전에 의해 얻어질 수 있는 구별 불가능한 방향의 수로서 정의된다. 이원자 분자에 대해 이종핵의 경우는 $\sigma = 1$이고, 동핵의 경우는 $\sigma = 2$이다. 따라서 회전 분배함수는 일반적으로 다음과 같이 쓸 수 있다.

$$q_{\text{회전}} = \frac{kT}{\sigma hcB} \tag{17.77}$$

선형 다원자 분자도 대칭 수를 포함시켜야 한다. 예를 들어, CO_2(O=C=O)는 $\sigma = 2$이고, HCN은 $\sigma = 1$이다.

대칭 수 2가 의미하는 것은 분배함수를 J의 짝수에 대해서만 행하든지 홀수에 대해서만 행하든지 하는 것이다. 또한 핵스핀의 교환을 고려해야 하는데, 대칭 함수 또는 비대칭 함수가 되기 때문이다. 핵의 교환에 대해 짝수 회전 양자수 $J = 0, 2, \ldots$은 대칭인 반면, 홀수 회전 양자수 $J = 1, 3, \ldots$은 비대칭이다. 핵의 회전에 대한 전체 대칭은 핵이 페르미온인 경우, 즉 핵스핀 $I = \frac{1}{2}, \frac{3}{2}, \ldots$ (즉, 양성자)인 경우에는 비대칭이어야 하고 핵이 보존인 경우, 즉 핵스핀 $I = 0, 1, \ldots$ (즉, 중성자, ^{12}C, ^{16}O)인 경우에는 대칭이어야 한다.

이제 열역학 함수에 회전 기여를 유도할 수 있다. 몰당 핵심 결과는

$$U_{\text{m}}^{\text{회전}} = RT, \quad C_{\text{V,m}}^{\text{회전}} = R, \quad S_{\text{m}}^{\text{회전}} = R \ln\left(\frac{ekT}{\sigma hcB}\right) \tag{17.78}$$

이다. 기체의 병진 에너지는 몰당 $\frac{3}{2}RT$이며, 병진 자유도(분자당 3) 하나에 $\frac{1}{2}kT$의 에너지가 수반된다는 것을 상기하자. 이것은 고전 통계역학의 등분배 원리로 알려져 있다. 이원자 분자의 회전은 2개의 자유도를 포함하기 때문에 회전 기여도는 $\frac{2}{2}RT$에 해당한다. 등분배는 병진과 회전에 대해서는 성립하지만 일반적으로 분자 진동(고온에서는 예외로 하고)에 적용될 때는 맞지 않는다.

가끔 이러한 결과를 다음 *특성 회전* 온도의 항으로 표현하는 것이 유용하다.

$$\Theta_{\text{회전}} = \frac{hcB}{k} \tag{17.79}$$

그러면 회전 분배함수는 다음과 같이 쓸 수 있다.

$$q_{\text{회전}} = \frac{T}{\sigma \Theta_{\text{회전}}} \tag{17.80}$$

17.9 다원자 분자의 회전

비선형 다원자 분자에 대한 회전 Hamiltonian은 다음과 같이 주어진다.

$$H_{\text{회전}} = \frac{J_1^2}{I_1} + \frac{J_2^2}{I_2} + \frac{J_3^2}{I_3} \tag{17.81}$$

여기서 I_1, I_2, I_3은 세 개의 주 관성모멘트를 나타내고, J_1, J_2, J_3는 대응하는 각운동량 성분을 나타낸다. 회전 자유도는 거의 항상 완전히 들뜨게 되므로, 고전 통계역학이 사용될 수 있다. 위상 적분은 다음과 같이 쓸 수 있다.

$$\omega_{\text{회전}} = \int \int e^{-J_1^2/2I_1kT} e^{-J_2^2/2I_2kT} e^{-J_3^2/2I_3kT} \, dJ_1 \, dJ_2 \, dJ_3 \, d(\text{각도}) \tag{17.82}$$

각운동량 성분에 대한 각 적분은 다음과 같다.

$$\int_{-\infty}^{\infty} e^{-J^2/2IkT} \, dJ = (2\pi IkT)^{1/2} \tag{17.83}$$

반면에 각도 θ, ϕ, ψ에 대한 적분은 $4\pi \times 2\pi = 8\pi^2$가 된다. 결과는

$$\omega_{회전} = 8\pi^2(2\pi I_1kT)^{1/2}(2\pi I_2kT)^{1/2}(2\pi I_3kT)^{1/2} \tag{17.84}$$

이 된다. 3개의 자유도와 적당한 대칭 수 σ를 이용하여, 회전 분배함수는 다음과 같이 쓸 수 있다.

$$q_{회전} = \frac{\omega_{회전}}{\sigma h^3} = \frac{8\pi^2(I_1I_2I_3)^{1/2}(kT)^{3/2}}{\sigma h^3} \tag{17.85}$$

분광학 상수 A, B, C(단위는 cm^{-1})의 항으로 이것은 다시 다음과 같이 쓸 수 있다.

$$q_{회전} = \frac{1}{\sigma}\left[\frac{\pi}{ABC}\left(\frac{kT}{hc}\right)^3\right]^{1/2} \tag{17.86}$$

회전 상수가 모두 다르다면, 즉 $A \neq B \neq C$ 분자는 *비대칭 회전자*라고 한다. *대칭 회전자*는 $C = B \neq A$인 반면, *구형 회전자*는 $A = B = C$이다. CH_4는 구형 회전자의 고전 예이다. 비선형 다원자 분자는 대칭 수가 2보다 크다. 예를 들어, NH_3는 $\sigma = 3$, CH_4와 C_6H_6는 $\sigma = 12$, SF_6는 $\sigma = 24$이다.

17.10 분자 진동

이원자 분자의 진동에 대한 조화 진동자 근사에 의하면 에너지 준위는 식 (17.4)가 된다. 이를 파수 단위로 표현하면, 다음과 같이 쓸 수 있다.

$$\frac{\epsilon_v}{hc} = \left(v + \frac{1}{2}\right)\tilde{\nu}, \quad v = 0, 1, 2, \ldots \tag{17.87}$$

여기서 $\tilde{\nu}$(ω_e로도 씀)는 분광학으로 결정된 파수 단위의 진동 상수이다. 에너지 원점은 최저 진동 에너지 준위가 $\epsilon_0 = 0$이 되도록 선택하는 것이 편리하다. 이제 영점 에너지는 분자의 전자 에너지에 포함된다. 그러면 진동 분배함수는 다음과 같다.

$$q_{진동} = \sum_{v=0}^{\infty} e^{-hc\tilde{\nu}v/kT} \tag{17.88}$$

이것은 다음 등비수열의 형태이다:

$$1 + x + x^2 + \cdots = \sum_{v=0}^{\infty} x^v = \frac{1}{1-x} \tag{17.89}$$

여기서 $x = e^{-u}$이고, $u = hc\tilde{\nu}/kT$이다. 이것은 또한 *특성 진동 온도* $\Theta_{진동} = hc\tilde{\nu}/k$를 이용해 $u = \Theta_{진동}/T$로 쓸 수 있다. 따라서

$$q_{진동} = (1 - e^{-u})^{-1} = (1 - e^{-hc\tilde{\nu}/kT})^{-1} \tag{17.90}$$

이 된다. 회전과 진동 계산 모두에 유용한 계수는 다음 *2차 복사 상수*이다:

$$\frac{hc}{k} = 1.438775\ \text{Kcm} \tag{17.91}$$

(이 상수는 흑체 복사의 Planck 이론에 나타난다.)

열역학 함수에 진동 기여는 다음과 같다.

$$\ln Q_{진동} = N \ln q_{진동} = -N \ln(1 - \mathrm{e}^{-u}). \tag{17.92}$$

T에 대한 도함수를 구하면 다음과 같이 변환될 수 있다.

$$\frac{d}{dT} = -\frac{hc\omega_e}{ku^2}\frac{d}{du} = -\frac{T}{u}\frac{d}{du} \tag{17.93}$$

이렇게 하면 다음과 같이 몰당 열역학 함수에 대한 공식을 얻게 된다.

$$U_{\mathrm{m}}^{진동} = RT\frac{u}{e^u - 1} \tag{17.94}$$

$$C_{\mathrm{V,m}}^{진동} = R\frac{u^2 e^u}{(e^u - 1)^2} \tag{17.95}$$

$$S_{\mathrm{m}}^{진동} = R\left[\frac{u}{e^u - 1} - \ln(1 - e^{-u})\right] \tag{17.96}$$

이들은 결정의 저온 열역학 행동과 연계하여 아인슈타인에 의해 처음으로 얻어졌기 때문에 *아인슈타인 함수*라고 부른다.

그림 17.2에는 열용량에 대한 진동 기여의 온도 의존성을 보여주었다. 고온 한계와 저온 한계를 추론해 보자. $T \to \infty$로 가면, $u \to 0$가 되고 $e^u \approx 1 + u$이 된다. 따라서 고온에서는 몰당 $C_{\mathrm{V,m}}^{진동} \approx R$이다. 이것은 실제로 분자 Hamiltonian은 두 개의 2차 기여를 포함하기 때문에(운동 에너지에 대해 $\frac{1}{2}kT$, 조화-진동자 포텐셜 에너지에 대해 $\frac{1}{2}kT$) 고전 등분배 원리와 일치한다. 결정은 단원자 원자나 이온으로 구성되어 있다는 관점에서, 이것은 *Dulong–Petit* 법칙으로 알려져 있다.

저온 한계에 대해서는, $T \to 0$로 가면, $u \to \infty$가 되고 $C_{\mathrm{V}}^{진동} \to 0$이 되는데, 이는 Dulong-Petit 법칙과 위배되며 20세기 초 수수께끼였다. 결정의 저온 한계 거동에 대한 아인슈타인의 설명은 양자론의 초기 성공이었다. $T \to 0$, $C_{\mathrm{V}}^{진동} \approx \alpha T^3$ 한계 의존성이 나중에 Debye에 의해 유도되었다.

다원자 분자에 대해 진동은 역학적으로 독립적인 협동 원자 운동 집합(*노말 모드 진동*이라고 함)의 중첩으로 표현될 수 있다. n개 원자로 이루어진 분자에 대해 $3n - 6$(선형 분자는 $3n - 5$)개 노말 모드가 있다. 각 노말 모드는 진동 진동수 $\tilde{\nu}_i$를 나타내는

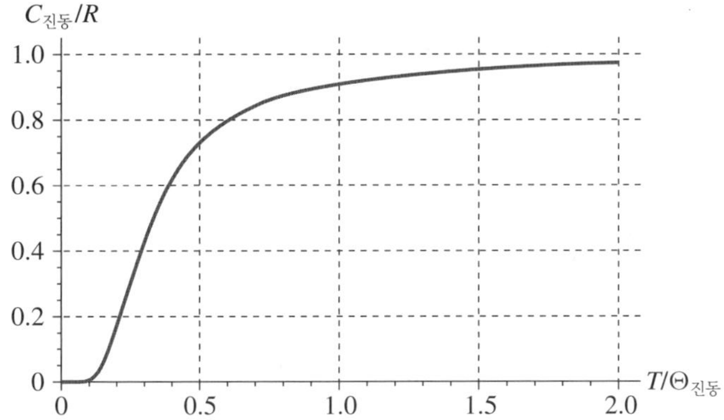

그림 17.2 진동 열용량의 온도 의존성.

데, 진동수는 보통 적외선 분광학이나 Raman 분광학에 의해 결정된다. 진동 분배함수는 다음과 같이 근사적으로 노말 모드 기여의 곱으로 쓸 수 있다:

$$q_{진동} = q_1 q_2 \cdot \cdot \cdot q_{3n-6 \text{ 또는 } 5} \quad \textbf{(17.97)}$$

그리고 열역학 함수는 진동 기여의 대응하는 합이다.

17.11 전자 기여도

상온에서 원자 및 분자의 전자 상태 사이의 에너지 차이, 특히 바닥 상태와 첫째 들뜬 상태 사이의 차이는 전형적으로 kT보다 훨씬 더 크다:

$$\epsilon_{전자} >> kT \quad \textbf{(17.98)}$$

따라서 대부분의 경우 들뜬 전자 상태에 대한 Boltzamnn 요소는 전적으로 무시된다. 특별한 예외는 다중 바닥 상태를 갖는 NO, O_2, NO_2, ClO_2를 위시하여 몇 개 안되는 분자로서, 낮은 들뜬 전자 상태도 가지고 있다. 전자 분배함수는 다음과 같으며,

$$q_{전자} = g_0 e^{-\epsilon_0/kT} + g_1 e^{-\epsilon_1/kT} + \ldots \quad \textbf{(17.99)}$$

g_0, g_1 등은 전자 준위의 다중도이다. $q_{회전}$나 $q_{진동}$와는 다르게 이 분배함수는 다른 일반적인 방법으로는 정확하게 계산될 수 없다. 그러나 두 번째 이상의 항이 무시될 수 있다는 사실로부터 보통 첫 항만 포함할 수 있다. 원자에 대해 $\epsilon_0 = 0$과 같이 에너지 원점을 선택하는 것이 가장 간단하다. 이원자 분자에 대해서는 $v = 0$ 진동 에너지 준위가 포텐셜-에너지 곡선의 최소값보다 $D_e - D_0$만큼 높은 위치에(근사적으로 $\frac{1}{2}h\nu$)있다는 것을 상기하라. 분리된 원자의 에너지가 정지하고 있는 상태를 원점으

로 정의하는 것이 편리한데, 그러면 바닥 상태를 $\epsilon_0 = -D_0$로 이동시킨다. 앞서 논의한 관점에서 이원자 분자에 대해 다음과 같이 쓸 수 있다.

$$q_{\text{전자}} = g_0 e^{D_0/kT} \tag{17.100}$$

열역학 함수에 전자 기여는 다음과 같은 형태로 쓸 수 있다.

$$\ln Q_{\text{전자}} = N \ln g_0 + \frac{ND_0}{kT} \tag{17.101}$$

여기서 D_0는 원자에 대해서는 0으로 생각한다. 에너지와 열용량은 낮은 들뜬 상태의 예외적인 경우는 배제하고 다음과 같이 주어진다.

$$U_{\text{전자}} = -ND_0,\ C_V^{\text{전자}} = 0 \tag{17.102}$$

엔트로피에 대한 전자 기여는 다음과 같다.

$$S_{\text{전자}} = Nk \ln g_0 \tag{17.103}$$

예를 들어, O_2의 엔트로피는 몰당 $S^{\ominus}_{\text{전자}} = R \ln 3$이다.

17.12 요약

그림 17.3 분자 매개 변수로부터 열역학 함수.

그림 17.3은 분자 매개 변수로부터 열역학 함수의 계산에 대한 개략적 흐름도를 보여준다. 표 17.1에는 단원자 및 다원자 이상 기체의 통계열역학에 대한 주요 결과를 요약하였다.

표 17.1 통계 열역학 공식

	병진	회전(선형)	회전(비선형)	진동	전자
q	$(2\pi mkT)^{3/2}V/h^3$	$\frac{kT}{\sigma hcB}$	$\frac{1}{\sigma}\left[\frac{\pi}{ABC}\left(\frac{kT}{hc}\right)^3\right]^{1/2}$	$(1-e^{-u})^{-1}$	$g_0 e^{D_0/kT}$
U_m	$\frac{1}{2}RT$	RT	$\frac{3}{2}RT$	$RT\frac{u}{e^u-1}$	$-N_A D_0$
$C_{V,m}$	$\frac{1}{2}R$	R	$\frac{3}{2}R$	$R\frac{u^2e^u}{(e^u-1)^2}$	0
S_m	$R\ln\left[\frac{(2\pi mkT)^{3/2}V_m e^{5/2}}{h^3 N_A}\right]$	$R\ln\left(\frac{ekT}{\sigma hcB}\right)$	$R\ln\left[\frac{1}{\sigma}\left(\frac{\pi}{ABC}\right)^{1/2}\left(\frac{ekT}{hc}\right)^{3/2}\right]$	$R\left[\frac{u}{e^u-1}-\ln(1-e^{-u})\right]$	$R\ln g_0$

진동 모드 i당 진동 기여: $u = hc\tilde{\nu}_i/kT$

부록 17A 수소 분자의 저온 열용량

H_2는 20 K까지 온도를 낮추어도 기체상으로 존재하는 끓는점이 가장 낮은 분자이다. 특성 회전 및 진동 온도는 각각 $\Theta_{회전} = 87.5$ K와 $\Theta_{진동} = 5986$ K이다. 상온 $T \approx 300$ K 이상에서 진동은 들뜨지 않지만 회전은 거의 완전히 들뜨게 된다. 열용량에 대한 회전 기여는 따라서 몰당 R인 등분배 값에 접근한다. 예외적으로 작은 관성 모멘트 때문에 회전은 약 50 K 이하 온도에서는 비활성이다. 실온 아래에서는 온도의 함수로서 열용량은 비정상적으로 거동하는데, 1927년 Dennison에 의해 설명되었다. H_2는 동핵 분자이기 때문에 단지 회전 상태 중 절반만 허용된다. para-수소라고 하는 (p-H_2) 단일항 핵-스핀 상태에서는 단지 짝수-J 회전 상태만 가능하고, ortho-수소라고 하는(o-H_2) 삼중항 핵-스핀 상태에서는 단지 홀수-J 회전 상태만 가능하다. 따라서 회전과 핵스핀 자유도를 나타내는 분자 분배함수는 다음과 같이 주어진다.

$$q_{회전}^{para} = \sum_{J\ 짝수} (2J+1)e^{-J(J+1)\Theta_{회전}/T} \tag{17.104}$$

또는

$$q_{회전}^{ortho} = 3\sum_{J\ 홀수} (2J+1)e^{-J(J+1)\Theta_{회전}/T} \tag{17.105}$$

여기서 요소 1과 3은 각각 para와 ortho 핵스핀 상태를 나타낸다.

몰당 열용량에 회전 기여는 다음 식을 이용해 계산할 수 있다.

$$C_{회전}(T) = \frac{\partial}{\partial T}\left(RT^2 \frac{\partial \ln q_{회전}}{\partial T}\right) \tag{17.106}$$

그림 17.4는 o-H_2와 p-H_2에 대한 그림이다. 상온에서 수소 기체는 3 : 1 혼합물을 구성한다. 두 형태는 활성 탄소나 백금같은 촉매가 없이는 상호변환되지 않는다. 따라서 그 비율은 온도가 낮은 한 그대로 유지된다. $\sigma = 1$, $\Theta_{회전} = 65.7$ K인 이종핵 이원자 분자인 HD 동위 분자에 대한 결과도 그림에 나타내었다.

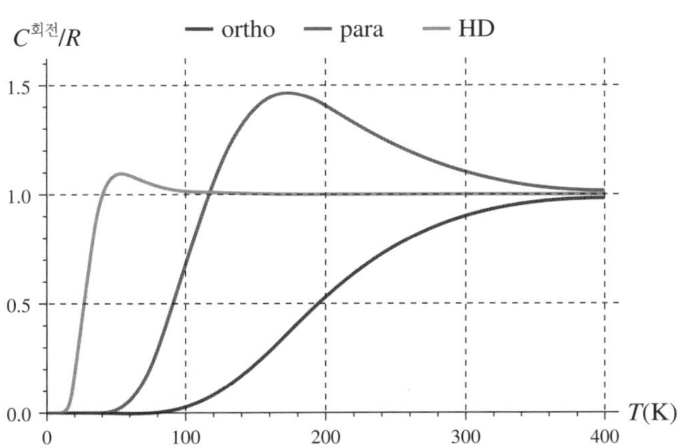

그림 17.4 ortho와 para H_2 및 HD의 열용량.

연습 문제

17.1 평형 상태에 있는 계의 엔트로피에 대한 Boltzmann의 유명한 공식은

$$S = k \ln \Omega \tag{17.107}$$

이다. 여기서 Ω는 거시 상태와 일치하는 미시 상태의 수를 나타낸다. 몰 분배함수는 다음과 같이 쓸 수 있다.

$$Q = \sum_n g_n e^{-E_n/kT} \tag{17.108}$$

여기서 합은 개별 상태보다는 에너지 준위에 대해 행하며, g_n은 에너지 준위 E_n의 축퇴도를 나타낸다. 확률이 가장 높은 에너지는 모든 다른 상태는 무시할 수 있을 만큼 절대적으로 크다고 가정한다. $g_n = \Omega$와 $E_n = U$로 놓으면 엔트로피에 대한 통계열역학 식 $S = \frac{U}{T} + k \ln Q$는 Boltzmann 식이 되는 것을 보여라.

17.2 대부분 N_2와 O_2인 대기 중 분자는 다음 중력 포텐셜 에너지를 느낀다.

$$E(h) = mgh \tag{17.109}$$

여기서 m은 분자 질량이고(간단히, N_2와 O_2의 통계적 평균 분자 질량과 일치하는 값, $M \approx .029$), $g \approx 9.8\ \mathrm{m/sec^2}$는 중력 가속도, h는 미터 단위의 해수면 위 고도이다. 대기는 상온, 압력은 해수면인 $p(0)$라고 가정하고 운동 에너지와 기체에 대한 다른 기여는 무시하고, Boltzmann 분포를 사용하여 h미터 고도에서의 압력에 대한 다음 식을 유도하라:

$$p(h) = p(0)e^{-Mgh/RT} \tag{17.110}$$

$h \approx 1600$ m (1 mile)인 Denver에서 평균 대기압을 계산하라.

17.3. 속력 v_x로 x-방향으로 움직이는 분자의 고전 운동 에너지는 다음과 같다.

$$\epsilon(v_x) = \frac{1}{2} m v_x^2 \tag{17.111}$$

$-\infty < v_x < \infty$ 구간에서 분자 속력의 분포에 대한 식을 유도하라. 분포를 총 확률이 1이 되도록 정규화시키면, 확률 밀도는 다음과 같음을 보여라.

$$\rho(v_x) = \left(\frac{m}{2\pi kT}\right)^{1/2} e^{-mv_x^2/2kT} \quad \textbf{(17.112)}$$

다음으로, 분자 속력 $v = \sqrt{v_x^2 + v_y^2 + v_z^2}$의 분포를 유도하라. 속력 공간에 극좌표를 사용하여 v_x, v_y, v_z에 대한 Boltzmann 분포 성분을 쓰고 정규화하라. 결과는 다음과 같이 유명한 Maxwell-Boltzmann 분포이다:

$$\rho(v) = 4\pi v^2 \left(\frac{m}{2\pi kT}\right)^{3/2} e^{-mv^2/2kT} \quad \textbf{(17.113)}$$

분포를 세 가지 다른 온도에서 스케치하면 다음과 같다.

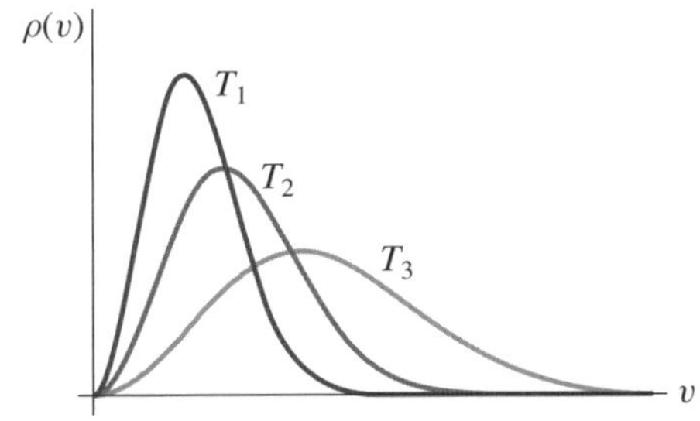

세 가지 온도에서 분자 속력의 Maxwell-Boltzmann 분포: $T_3 > T_2 > T_1$

17.4. 298 K에서 아이오딘 기체 I_2에 대하여 가장 낮은 3개의 진동 준위, $v = 0, 1, 2$에서 분자의 분율을 계산하라. 진동 상수는 $\tilde{\nu} = 214.5\ \text{cm}^{-1}$이라고 가정한다.

17.5. 이원자 분자의 J^{th} 회전 준위는 M의 가능한 값을 고려하면 축퇴도가 $2J + 1$이다. 온도 T에서 회전 최빈 확률 준위는 무엇인가?

17.6. 298 K에서 N_2의 회전 준위에 앞의 결과를 적용해 보라. 단 회전 상수는 $B = 1.9987\ \text{cm}^{-1}$이다.

17.7. 아이오딘 기체 $^{127}I_2$에 대한 분광학 상수는 $\tilde{\nu} = 214.5\ \text{cm}^{-1}$와 $B = 0.03737\ \text{cm}^{-1}$이다. 조화 진동과 강체 회전자 모형을 가정하고 298 K에서 몰 열용량 $C^{\ominus}_{\text{p,m}}$을 계산하라. 실험값은 36.90 $\text{JK}^{-1}\ \text{mol}^{-1}$이다.

17.8. 298 K에서 아이오딘 기체의 몰 엔트로피 $S^{\ominus}_{\text{p,m}}$을 계산하라. 실험값은 $S^{\ominus}_{\text{m}} = 260.69\ \text{JK}^{-1}\ \text{mol}^{-1}$이다.

17.9. 298 K에서 암모니아 NH_3 기체의 몰 열용량 $C^{\ominus}_{\text{p,m}}$을 계산하라. 기본 진동수는 $\nu_1 = 3337$, $\nu_2 = 950$, $\nu_3 = 3414$(2중-퇴화), $\nu_4 = 1627.5$(2중-퇴화) cm^{-1}이다. $C^{\ominus}_{\text{p,m}}$의 실험값은 35.06 $\text{JK}^{-1}\ \text{mol}^{-1}$이다.

양자화학 입문

제18장 핵 자기 공명

Nuclear magnetic resonance

핵 자기 공명(nuclear magnetic resonance, NMR)은 용도가 다양하고 과학, 기술 및 의약에 널리 적용되는 고도로 정교한 분광학 기술이다. 여기서는 대부분 ^{1}H와 ^{13}C를 포함하는 자기 공명을 다루고자 한다.

18.1 핵의 자기적 성질

앞에서 살펴보았듯이 핵은 질량과 전기 전하로 꽉 채워진 구조가 없는 점 전하로 취급할 수 있다. 제1장에서 논의한 바와 같이 더 기본 단계로 가면 핵은 실제로 핵자(양성자와 중성자)로 구성되어 있는데, 핵자 또한 그 자체가 쿼크로 이루어져 있다. 여기서 적합한 핵의 부수적 성질은 스핀 각운동량과 자기 운동량이다. 전자는 공간에서 임의의 방향을 따라 단지 두 가지 가능한 투영 즉 $\pm\frac{1}{2}\hbar$만 가지는 고유한 스핀 각운동량 $\mathbf{s}$를 갖고 있음을 상기하자. $\hbar$는 각운동량의 기본 양자 단위이기 때문에, 전자는 *스핀* $\frac{1}{2}$인 입자로 분류된다. 전자 스핀 상태는 양자수 $s = \frac{1}{2}$과 $m_s = \pm\frac{1}{2}$로 나타낸다. 회전하고 있는 전기 전하는 각운동량 $\mathbf{J}$에 비례하는 자기 모멘트 $\boldsymbol{\mu}$를 생성한다. 이는 다음과 같이 쓸 수 있다.

$$\boldsymbol{\mu} = \gamma\,\mathbf{J} \quad \textbf{(18.1)}$$

여기서 비례상수 γ는 *자기 회전비*(magnetogyric ratio)라고 한다. 따라서 μ의 z-성분은 각운동량 $\mathbf{J}$의 공간 양자화에 의해 결정되는데 다음 값들이 가능하다.

$$\mu_z = \gamma\hbar m_J \quad \text{여기서} \quad m_J = -J, -J+1, \ldots, +J \quad \textbf{(18.2)}$$

자기장 $\mathbf{B}$에서 자기 쌍극자 에너지는 다음과 같이 주어진다.

$$E = -\boldsymbol{\mu}\cdot\mathbf{B} = -\mu_z B \quad \textbf{(18.3)}$$

여기서 자기장은 z-축으로 정한다. 자기장(더 정확하게는 *자기 유도*)의 SI 단위는 *테슬라*(tesla)이며, T로 나타낸다. NMR에 사용되는 전자석은 10 T 이상의 장을 생성한다. 조그만 철 자석은 약 .01 T 정도의 장을 만든다. 반면 NIB(niobium-iron-boron) 같은 희토류 금속을 포함하는 어떤 자석은 1 T까지도 생성한다. 지구 자기장은 약 5×10^{-5} T (0.5가우스)이며, 지정학적 위치에 따라 다르다. 다른 극단적인 예로 실로 거대한 핵인 중성자 별은 10^8 T 정도일 것으로 예측된다. 에너지 관계식 (18.3)은 자기 모멘트에 대한 가장 편리한 단위, 즉 테슬라당 주울, $\mathrm{JT^{-1}}$를 결정한다.

각운동량이 ℓ인 전자의 궤도 운동에 대한 자기 모멘트는 다음과 같이 주어진다.

$$\mu_z = -\frac{e\hbar}{2m} m_\ell = -\mu_B m_\ell \tag{18.4}$$

여기서 음의 부호는 전기 전하가 음수임을 나타낸다. *Bohr 마그네톤*은 다음과 같이 정의된다.

$$\mu_B = \frac{e\hbar}{2m} = 9.274 \times 10^{-24}\ \mathrm{J\,T^{-1}} \tag{18.5}$$

전자 스핀에 의해 생성된 자기 모멘트는 *g-인자*를 도입해 다음과 같이 쓴다.

$$\mu_z = -g\,\mu_B\, m_s \tag{18.6}$$

식 (18.4)는 궤도 운동에 대해서는 $g = 1$임을 암시한다. 그러나 전자 스핀에 대해서는 $g = 2$(더 정확하게는 2.0023)이다. 인자 2가 $m_s = \frac{1}{2}$을 보상하므로, 스핀과 $\ell = 1$ 오비탈 자기 모멘트가 모두 1 Bohr 마그네톤에 해당한다.

많은 핵은 전자 각운동량과 유사한 스핀 각운동량을 갖고 있다. 핵스핀은 I로 나타내는데, 정수나 반정수 값이다: 0, $\frac{1}{2}$, 1, $\frac{3}{2}$ 등. 표 18.1에는 NMR의 화학적 응용에서 중요한 몇 가지 핵을 나열하였다. 양성자와 중성자는 모두 전자와 마찬가지로 스핀 $\frac{1}{2}$인 입자이다. 복잡한 핵은 그들을 구성하고 있는 핵자들의 스핀에 해당하는 각운동량을 갖고 있다. 중수소 ^{2}H는 $I = 1$인데, 스핀이 같은 방향인 양성자와 중성자를 갖고 있다. ^{4}He 핵은 $I = 0$이고, ^{12}C, ^{16}O, ^{20}Ne, ^{28}Si, ^{32}S도 마찬가지다. 이들 핵은 양성자와 중성자의 껍질이 채워져 있으므로, 원자와 분자에서 전자 껍질이 채워져 있는 경우와 비슷하게 구성 각운동량의 벡터 합이 0이 된다. 사실상 모든 짝수-짝수 핵은 스핀이 0이다. 핵의 자기 모멘트는 다음 *핵 마그네톤*의 크기이다.

$$\mu_N = \frac{e\hbar}{2M} = 5.051 \times 10^{-27}\,\mathrm{J\,T^{-1}} \tag{18.7}$$

여기서 M은 양성자의 질량이다. 핵 마그네톤은 Bohr 마그네톤보다 $\frac{m}{M} \approx 1836$ 인자만큼 작다.

식 (18.2)와 (18.6)을 연관시키면, 핵 운동량은 다음과 같이 표현된다.

$$\mu_z = g_I\, \mu_N\, m_I = \hbar \gamma_I\, m_I \tag{18.8}$$

표 18.1 NMR 분광학에 이용되는 몇 가지 상용 핵

핵	I	g_I	μ/μ_N	$\gamma_I/10^7 T^{-1} s^{-1}$	존재비 %
^1_0n	$\frac{1}{2}$	−3.8260	−1.9130	−18.324	
$^1_1$H	$\frac{1}{2}$	5.5857	2.7928	26.752	99.98
$^2_1$H	1	0.8574	0.8574	4.1067	0.0156
$^{11}_5$B	$\frac{3}{2}$	1.7923	2.6886	8.5841	80.4
$^{13}_6$C	$\frac{1}{2}$	1.4046	0.7023	6.7272	1.1
$^{14}_7$N	1	0.4038	0.4038	1.9338	99.634
$^{15}_7$N	$\frac{1}{2}$	−0.5664	−0.2832	−2.7126	0.366
$^{17}_8$O	$\frac{5}{2}$	−0.7572	−1.894	−3.627	0.037
$^{19}_9$F	$\frac{1}{2}$	5.2567	2.628	25.177	100
$^{31}_{15}$P	$\frac{1}{2}$	2.2634	1.2317	10.840	100

여기서 g_I는 핵의 g-인자이고 γ_I는 자기회전 비율이다. 회전하고 있는 양의 전기 전하에서 기대할 수 있듯이 대부분의 핵은 g-인자가 양수이다. 전기 전하가 없는 중성자도 자기 모멘트를 갖는다는 사실은 오랫동안 풀리지 않은 수수께끼였다. 이제는 이해할 수 있는데, 중성자의 구성 성분이 3개의 전하를 띤 쿼크 *udd*라는 것을 알고 나서였다. 음으로 하전된 d-쿼크는 주로 중성자의 최외각 영역에 위치하고, 따라서 전자처럼 음의 자기 모멘트를 생성한다. 결론적으로 ^{15}N, ^{17}O 등의 짝을 이루지 않은 중성자 스핀에 의해 지배되는 핵에 대한 g-인자도 또한 음수이다.

18.2 핵 자기 공명

자기장에서 핵 모멘트의 에너지는 식 (18.3)에 따라 다음과 같이 주어진다.

$$E_{m_I} = -\hbar\gamma_I\, m_I\, B \tag{18.9}$$

자기장에서 스핀 I인 핵의 에너지는 $2I + 1$ *Zeeman* 준위로 분리된다. 양성자 및 스핀 $\frac{1}{2}$인 핵은 가능한 준위가 단지 2개뿐이다:

$$E_{\pm 1/2} = \mp\frac{1}{2}\hbar\gamma\, B \tag{18.10}$$

여기서 α-스핀 상태($m_I = -\frac{1}{2}$)의 에너지가 β-스핀 상태($m_I = +\frac{1}{2}$)보다

$$\Delta E = \hbar\gamma\, B \tag{18.11}$$

만큼 더 낮다. 그림 18.1에는 자기장의 함수로서 양성자의 에너지를 나타내었다.

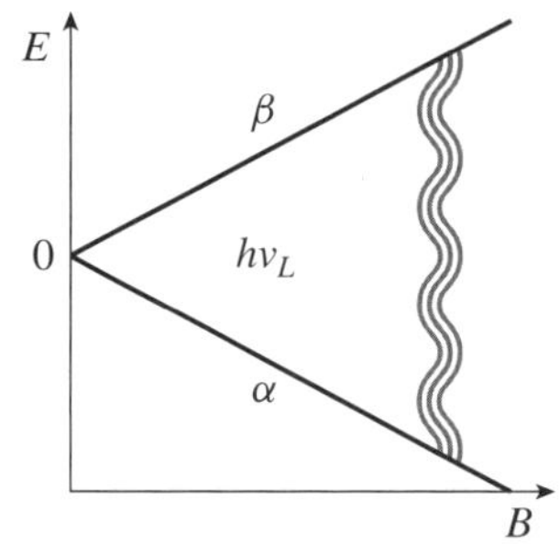

그림 18.1 Larmor 진동수 ν_L에서 NMR 전이를 보여주는 자기장에 놓여 있는 스핀-$\frac{1}{2}$핵의 에너지.

자기장이 0이면($\mathbf{B} = 0$) 두 스핀 상태는 축퇴된다. 자기장 B에서, 분리되는 에너지는 광자의 에너지 $\Delta E = \hbar\omega = h\nu$와 같다. 여기서

$$\omega_L = \gamma B \quad \text{또는} \quad \nu_L = \frac{\gamma B}{2\pi} \tag{18.12}$$

은 핵의 *Larmor 진동수*로 알려져 있다. 1 T 세기의 자기장에 놓여 있는 양성자에 대해, 양성자 스핀 배향이 $+\frac{1}{2}$에서 $-\frac{1}{2}$로 뒤바뀔 때 $\nu_L = 42.576$ MHz이다. 이 전이는 전자기 스펙트럼의 라디오파 진동수 영역이다. NMR 분광학은 결과적으로 라디오파 공업 기술을 활용하는 것이다.

전이는 라디오파 진동수와 자기장이 식 (18.12)를 정확하게 만족해야만 일어날 수 있다. 이것이 바로 이 기술을 *공명* 현상이라고 말하는 이유이다. 공명 조건이 맞지 않으면 복사가 핵 스핀에 의해 흡수되거나 방출될 수 없다. NMR 분광학의 초기 기술에서는 라디오파 진동수를 고정한 후 자기장 B 값을 스캔하여 공명을 관측하는 것이 더 편리했다. 이는 나중에 언급할 Fourier 변환 기술에 의해 대부분 대체되었다.

위쪽으로의 전이(흡수)에 대한 전이 확률은 아래쪽으로의 전이(자극 방출)에 대한 확률과 같다. 자발 방출의 기여도는 라디오파 전자기 복사에서 무시할 수 있다. 따라서 α와 β 스핀 상태에 있는 핵의 점유도가 같다면, 거시적 샘플에 의한 *알짜* 흡수는 0이 될 것이다. NMR 흡수가 관측되기 위해서는 낮은 상태의 점유도가 조금이라도 더 과량이여야 한다. 열적 평형 상태에서 점유도 비는 다음과 같은 Boltzmann 분포를 따른다.

$$\frac{N_\beta}{N_\alpha} = \frac{e^{-E_\beta/kT}}{e^{-E_\alpha/kT}} = e^{-\hbar\gamma B/kT} \tag{18.13}$$

따라서 상대적 점유도 차는 근사적으로 다음과 같다.

$$\frac{\Delta N}{N} = \frac{N_\alpha - N_\beta}{N_\alpha + N_\beta} \approx \frac{\hbar\gamma B}{2kT} \tag{18.14}$$

핵의 Zeeman 에너지는 매우 작기 때문에, α와 β 스핀 사이의 점유도는 거의 차이가 없다. 양성자가 1 T 장에 놓여 있으면 $\Delta N/N \approx 3 \times 10^{-6}$이다. 낮은 준위의 점유도가 단지 백만분의 1 정도 크더라도 NMR 분광학은 이러한 약한 신호를 감지할 수 있다. 자기장이 더 클수록 그리고 온도가 더 낮을수록 NMR 민감도는 증가한다.

18.3 화학적 이동

NMR은 핵이 처한 전자적 환경에 대한 고유한 상태를 나타내기 때문에 원자와 분자의 구조를 연구하는 데 있어서 매우 유용한 기술이다. 주어진 화학종의 모든 핵이 그들의 특성적 Larmor 진동수에 대응한다면, NMR은 화학 분석에 매우 유용하다. 화학에서 NMR의 실제 가치는 핵 주위 전자 구조의 미세한 차이 때문에 생기는 공명 진동수의 작은 변화를 감지할 수 있다는 것이다. 자기장은 핵 주위 전자구름에 오비탈 각운동량을 유도한다. 따라서 외부 자기장으로부터 핵을 효과적으로 부분 차폐시킨다. 핵의 위치에서 실제적 또는 *국지적* 자기장 값은 다음과 같다.

$$B_{\text{loc}} = (1 - \sigma)B \tag{18.15}$$

여기서 장의 감소 분율은 *가리움 상수* σ로 나타내는데, 전형적으로 백만분의 일 정도의 값이다. 따라서 국지적 환경에서 핵의 실제 공명 진동수는 다음과 같다.

$$\nu = (1 - \sigma)\frac{\gamma B}{2\pi} \tag{18.16}$$

이 효과를 보여주는 고전적 예가 그림 18.2에 나타낸 에탄올 CH_3CH_2OH의 NMR 스펙트럼이다. 3개의 봉우리는 세기 비가 3:2:1인데, 양성자들을 각자 3가지 화학

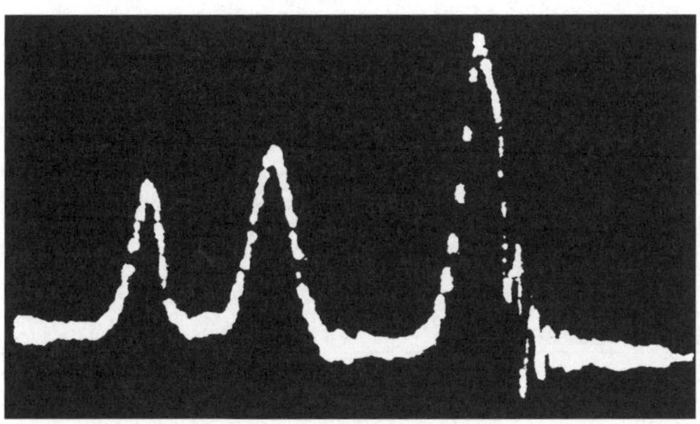

그림 18.2 오실로스코프 그림은 에탄올의 최초의 NMR 스펙트럼을 보여준다. 1951년 Stanford 대학. Varian Associates 회사의 허가 하에 게재함.

적으로 분명한 환경으로 분류할 수 있다: 3개의 메틸 양성자(CH_3), 2개의 메틸렌 양성자(CH_2), 1개의 하이드록실 양성자(OH).

핵의 전자적 환경에 기인한 공명 진동수의 변화는 *화학적 이동*(chemical shift)이라고 부른다. 화학적 이동은 *델타*(delta) 척도로 나타내는데 다음과 같이 정의된다.

$$\delta = \frac{\nu - \nu^{o}}{\nu^{o}} \times 10^{6} \tag{18.17}$$

여기서 ν^{o}는 표준 화합물의 공명 진동수를 나타내는데, 보통 표준 화합물로는 테트라메틸실란(TMS) $Si(CH_3)_4$을 사용하는데, 고도로 가리워진 화학적으로 동등한 양성자가 풍부하고 반응성이 작으며 여러 가지 액체에 잘 녹기 때문이다. TMS는 정의에 의해 $\delta = 0$이고, 그 밖의 거의 대부분 화합물은 δ 값이 양수인 "downfield"이다. 대부분 화합물은 델타 값이 0부터 12 사이의 값을 갖는다(할로겐화 수소는 음수 값인데, HI는 $\delta \approx -13$이다). 수소 원자는 $\delta \approx 13$이고, 발가벗은 양성자는 $\delta \approx 31$이다. 편의상 δ-척도는 오른쪽에서 왼쪽으로 증가하도록 도시하는데, 이는 자기장의 크기와 반대 방향이다. δ 값이 큰 핵은 *벗겨진다*(deshielded)고 하며, 극단적인 예는 바로 발가벗은 양성자이다. 그림 18.3에는 유기화합물에서 양성자와 ^{13}C의 화학적 이동에 대한 몇 가지 대표적인 값을 나타내었다.

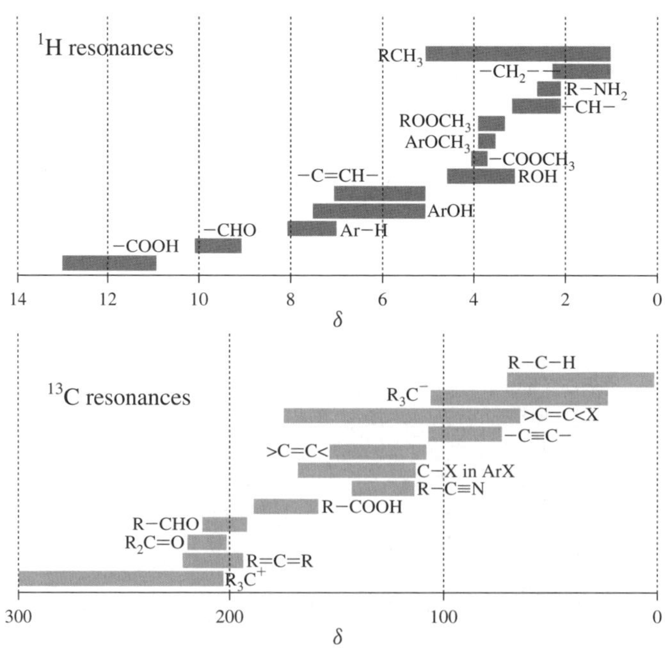

그림 18.3 일반적 유기화합물의 작용기에 대한 ^{1}H와 ^{13}C의 화학적 이동 영역. (P. Atkins, *Physical Chemistry*, (Freeman, New York, 2002)에서 발췌함.)

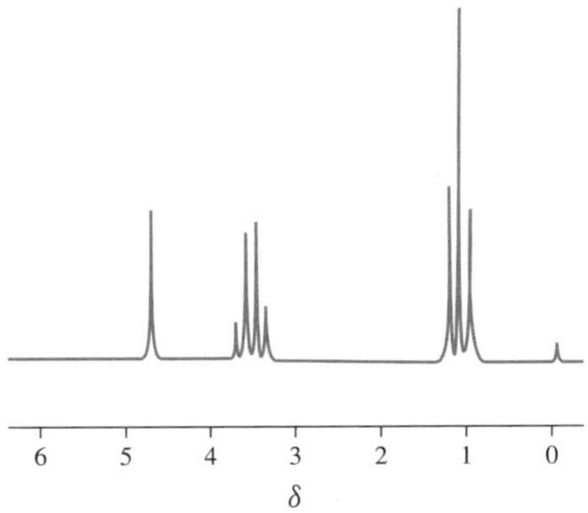

그림 18.4 화학적 이동의 δ 척도를 보여주는 에탄올의 고-해상도 NMR 스펙트럼. $\delta = 0$에서의 선은 TMS에 해당하는 기준을 표시하는 선이다.

^{13}C에 대한 δ 척도는 동위원소가 풍부한 TMS에서 ^{13}C 공명에 기초를 둔다. ^{13}C의 자연 존재비는 약 1.1%이다. 탄소 핵은 많은 전자에 의해 둘러싸여 있으므로 ^{13}C의 화학적 이동은 양성자의 화학적 이동보다 10배 정도 더 크다.

그림 18.4는 δ 척도로 나타낸 에탄올의 고-해상도 NMR 그림이다. 3가지 화학적 이동 성분의 "미세 구조" 분리는 다음 절에서 설명하겠다. 핵의 화학적 이동은 이론적으로 취급하기가 매우 어렵다. 그러나 그림 18.4의 예에서 볼 수 있듯이 경험적 규례에 따라 핵의 화학적 환경에 대한 실마리를 얻을 수 있다. 이것을 더 자세하게는 설명하지 않겠지만, 보통 핵의 벗겨짐이 증가하는(δ가 더 큰) 이유는 *전기음성도*가 더 큰 이웃 원자가 있기 때문이다. 예를 들어 에탄올 스펙트럼(그림 18.4)에서 $\delta \approx 5$인 양성자는 하이드록실 양성자라고 판명할 수 있는데, 그 이유는 산소 원자가 양성자 주위에 있는 전자 밀도를 상당히 끌어당기기 때문이다.

인접기는 또한 주어진 원자, 특히 유동적인 π-전자를 가진 원자들의 화학적 이동에도 기여할 수 있다. 예를 들어, 벤젠 고리에 있는 *고리 전류*는 자기장의 이차 제공자로 작용한다. 그림 18.5에서 볼 수 있듯이 이 고리 전류는 핵이 놓여 있는 위치에 따라 외부 자기장을 가려주거나 벗겨준다. 고리에 직접 붙어 있는 양성자를 포함하여 화살표가 외부 자기장 **B**에 평행인 곳에서는 *벗겨준다*. 그러나 순환 고리 안쪽에 위치한 핵은 *차폐* 효과를 나타낸다. *란탄족 이동 시료*를 사용하면, 인접한 기와의 상호작용은 구조에 대한 정보를 얻기 위해 활용될 수 있다. 란탄족 원소(57번부터 70번 원소까지)는 4*f*-전자를 포함하고 있는데, 이 4*f*-전자는 보통 화학 결합에는 포함되지 않지만 상자성에 대한 기여도는 크다. 따라서 유기 분자에 결합되어 있는 란탄족 착화합물은 양성자 공명을 분산시켜 화합물의 분석을 단순화시킨다. 대표적인 킬레이트 화합물은 tris(dipivaloylmethanato)europium, $Eu(dpm)_3$로, 여기서 dpm은 $(CH_3)_3C-CO{=}CH-CO-C(CH_3)_3$이다.

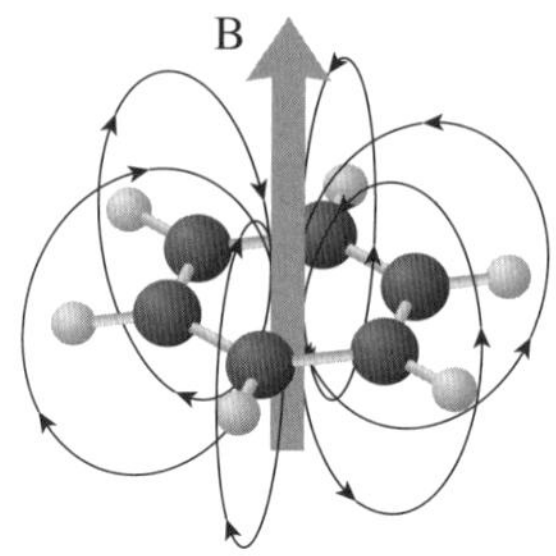

그림 18.5 벤젠에서 고리 전류에 의해 생성된, 고리 모양으로 나타낸 자기장.

18.4 스핀-스핀 결합

그림 18.4에 나타낸 에탄올 스펙트럼에서 공명 중 2개는 매우 가깝게 붙어 있는 다중항으로 분리된다(3중항과 4중항). 이들 다중항은 보통 3개 미만의 공유 결합으로 분리된 상대적으로 서로 가까운 자기장 사이의 스핀-스핀 결합의 결과이다. 동일한 화학적 환경에 처해 있는 동일한 핵은 *동등하다*(equivalent)고 말한다. 그들의 화학적 이동은 동일하며 스핀-스핀 결합을 보여주지 *않는다*. 한편, 동등하지 않은 자기장은 상호작용할 수 있고, 따라서 서로서로 다른 NMR 진동수에 영향을 미친다. 간단한 예로서 HD 분자를 살펴보면, 원자들이 화학적으로는 동등하더라도 스핀-$\frac{1}{2}$인 양성자는 스핀-1인 중성자와 상호작용한다. 양성자의 에너지는 그림 18.1에서 볼 수 있듯이 외부 자기장에 의해 두 개의 준위로 분리된다. 이웃의 중성자는 그 자체가 자석이므로 또한 양성자에 국지적 장으로 기여한다. 그림 18.6에서 볼 수 있듯이, 외부 장으로서 중성자의 *3개*의 가능한 배향, $M_I = -1, 0, +1$은 양성자에서의 자기장에 서로 다른 기여를 한다. 이러한 양성자의 공명은 세기가 모두 같고(삼중항) 각 간격이 동등하게 42.9 Hz인 3개의 선으로 분리된다. 이러한 분리는 외부 자기장 B에 비례하지 않지만, 화학적 이동은 B에 *비례*한다. 그림 18.6은 HD에서 양성자에 대한 에너지 준위와 NMR 전이를 나타낸다. HD 분자에서 핵-스핀 현상은 다음과 같은 *스핀 Hamiltonian*에 의해 함축하여 표현할 수 있다.

$$\hat{H} = -\hbar\gamma_H M_H(1-\sigma_H)B - \hbar\gamma_D M_D(1-\sigma_D)B + hJ_{HD}\mathbf{I}_H \cdot \mathbf{I}_D \qquad \textbf{(18.18)}$$

이 경우 두 핵이 화학적으로 같기 때문에 가리움 상수 σ_H와 σ_D는 똑같다. 자기장 B가 충분히 크다면 마지막 항은 거의 $hJ_{HD}M_H M_D$와 같다. *스핀-결합 상수* J는 Hz 단위로 나타낸 분리(splitting)에 비례한다고 할 수 있다.

다음으로 에탄올의 CH_2기처럼 두 개의 동등한 양성자의 경우를 고려해보자. 각 양성자는 $M_I = \pm\frac{1}{2}$의 두 개의 가능한 스핀 상태가 있다. 따라서 네 가지 스핀 상태의

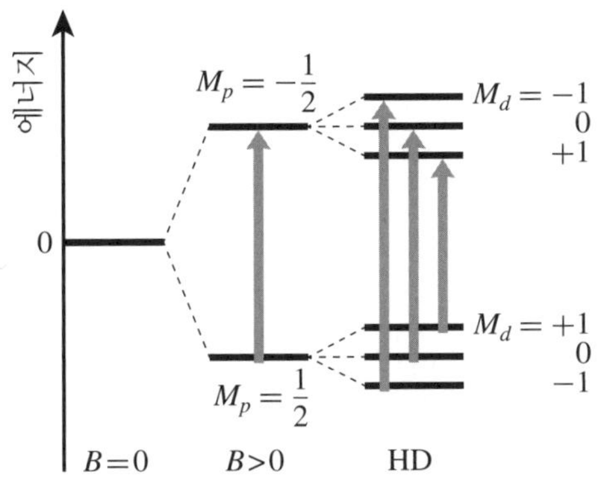

그림 18.6 HD 분자에서 양성자에 대한 핵의 에너지 준위. $B > 0$일 때 양성자의 두 Zeeman 준위는 중성자의 3가지 가능한 스핀 배향 $M_d = -1, 0, +1$과의 상호작용에 의해 다시 분리된다. 양성자 NMR 전이는 화살표로 나타내었는데 분리 간격은 42.9 Hz이다.

조합이 있게 된다. 전자스핀과 마찬가지로 이러한 조합은 각각 $M = 0$과 1을 가진 *단일항*과 *삼중항*을 형성한다. 삼중항 상태는 $\Delta M = \pm 1$의 NMR 전이가 허용되며 단일 공명 진동수를 보여주는 반면 단일항은 비활성이다. 결론적으로 스핀-스핀 분리는 동등한 핵 사이에서는 나타나지 *않는다*. 예를 들어 H_2 분자는 단지 단일 NMR 진동수만 보여준다. 그리고 에탄올에서 CH_2 양성자들은 서로 스핀-스핀 상호작용을 나타내지 않는다. 그러나 그들은 인접한 CH_3 양성자들을 분리시킨다. 그림 18.7의 왼쪽은 메틸렌기 CH_2 양성자처럼 두 개의 동등한 양성자에 의해 조합될 수 있는 4가지 가능한 스핀 상태를 나타내고, 인접한 양성자에 세기 비 1:2:1을 갖는 삼중항을 생성한다. 또한 그림 18.7의 오른쪽은 메틸기 CH_3에서처럼 세 개의 동등한 양성자에 의해 조합될 수 있는 8가지 가능한 스핀 상태를 나타내고, 인접한 양성자에

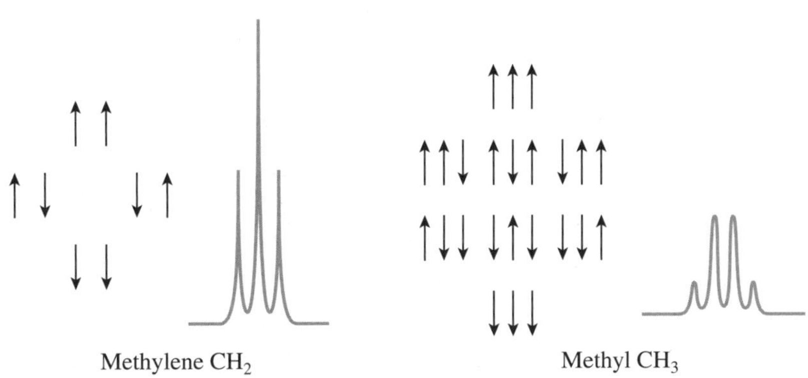

그림 18.7 메틸렌과 메틸 양성자로부터 분리 패턴.

세기 비 1:3:3:1을 갖는 사중항을 생성한다. 일반적으로 n개의 동등한 양성자는 이항식 계수 $1:n:n(n-1)/2\ldots$ (이것은 Pascal의 삼각형에서의 열과 같다)의 비를 갖는 $n+1$개 선의 패턴을 보여준다. 이소뷰테인 $(CH_3)_3CH^*$에서 별표로 표시한 제3의 수소는 9개의 동등한 메틸 양성자에 의해 10개의 선으로 분리되어야 한다.

이제 에탄올 CH_3CH_2OH(그림 18.4)의 NMR 스펙트럼을 해석할 수 있다. CH_3 양성자는 이웃하는 CH_2와 스핀-스핀 상호작용에 의해 1:2:1 삼중항으로 분리된다. 역으로 CH_2 양성자는 CH_3와의 상호작용에 의해 1:3:3:1 사중항으로 분리된다. OH(하이드록실) 양성자는 분명히 어떤 분리 요인이 된다거나 또는 스핀-스핀 분리가 일어나지 않는다. 이에 대한 부분은 인접한 분자 사이에 일어나는 하이드록실 양성자의 재빠른 교환을 포함하여 수소 결합으로 설명할 수 있다. 만일 이러한 교환 속도가 NMR 라디오파 진동수만큼 빠르거나 오히려 더 빠르다면 분리는 "빛이 바래진다". 이 경우에는 단지 화학적 이동의 운동-평균값을 가진 한 개의 선만 관측될 것이다. 결론적으로 NMR은 분자간 운동도 연구할 수 있는 유용한 도구가 됨을 알 수 있다.

18.5 스핀-스핀 상호작용 메커니즘

거리 **r**만큼 떨어져 있는 두 핵 자기의 상호작용 포텐셜은 다음과 같다.

$$V = \frac{\boldsymbol{\mu}_1 \cdot \boldsymbol{\mu}_2}{r^3} - \frac{3(\boldsymbol{\mu}_1 \cdot \mathbf{r})(\boldsymbol{\mu}_2 \cdot \mathbf{r})}{r^5} \qquad \mathbf{(18.19)}$$

이 상호작용은 고체에서 관측되는 넓은 NMR 스펙트럼에 대한 원인이다. 액체와 기체에서는 이 기여도가 모든 가능한 배향을 통해 일어나는 분자의 재빠른 변화 때문에 0이 된다. 그러나 액체와 기체에서 핵은 여전히 *전자*의 자기 모멘트를 포함하는 2차 메커니즘에 의해 공유 결합을 통해 상호작용한다. 주된 기여는 전자와 핵 스핀의 순간적 병치(juxtaposition)에 의해 생기는 *Fermi 접촉 상호작용*이다. 이 상호작용 에너지는 다음과 같이 주어진다.

$$\Delta E = -\frac{8\pi}{3}|\psi(0)|^2 \boldsymbol{\mu}_S \cdot \boldsymbol{\mu}_I \qquad \mathbf{(18.20)}$$

여기서 $\psi(0)$는 핵의 위치에서 전자 파동함수를 나타낸다. 에너지는 전자와 핵 스핀이 *반평행*일 때 가장 낮다. 고립되어 있는 수소 원자에 대해 평행과 반평행 스핀 배치 사이의 전이는 1420 MHz 또는 21 cm에 해당한다. 이는 라디오 천문학에서 관측된 우주 공간에 있는 수소 원자로부터 나오는 아주 약한 마이크로파 복사의 원천이다.

단지 s-원자 오비탈만이 핵에서 밀도가 0이 아니기 때문에, Fermi 접촉 상호작용에 기여하기 위해서 분자 오비탈은 어느 정도 s 특성을 가져야 한다. 두 개의 전자로

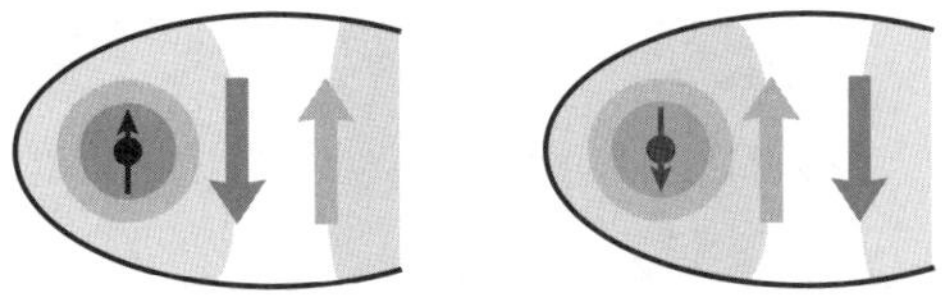

그림 18.8 Fermi 접촉 상호작용에 의해 유도된 스핀 편극. 진회색[연회색]으로 표시된 영역은 α [β] 전자 스핀 밀도가 약간 더 많다. 여기서 작은 화살표는 핵 스핀, 큰 화살표는 전자 스핀이다.

채워져 있는 분자 오비탈에서 핵 스핀이 스핀-단일항 전자쌍과 상호작용할 때, 이 상호작용은 전자 기여에 매우 작은 *스핀 편극*을 유도한다. 그림 18.8에서 볼 수 있듯이 핵 자기 바로 가까이에서는 핵 스핀에 *반평행*한 전자 스핀의 밀도가 약간 더 크다. 알짜 전자-스핀 각운동량은 0으로 유지되므로, 상대적으로 그 외 공간에서는 평행한 스핀의 밀도가 더 크다.

Fermi 접촉 상호작용에 의해 생성된 스핀 편극은 *전자-결합된 핵의 스핀-스핀 상호작용*이 가능하게 한다. 그림 18.9에서 볼 수 있듯이 다른 원자에 직접 결합되어 있는 원자 내 스핀-$\frac{1}{2}$ 핵에 대해 *반평행* 핵 스핀 상태는 분명히 에너지가 더 낮다. 평행 핵 스핀 상태는 스핀-스핀 2중항으로 에너지가 더 높다. 인접한 핵에 대한 결합 상수는 ^1J로 표시한다. 두 개 및 세 개의 결합으로 분리된 핵에 대해서는 상수를 ^2J (geminal 결합)와 ^3J(vicinal 결합)로 표시한다. 결합이 두 개 이상의 결합 오비탈을 통해 일어날 때는, 중간에 있는 원자 주위의 인접한 전자 스핀 밀도가 *평행*이 되는 경향이 있으므로 교환 에너지에 최대로 기여한다. 이것은 최대 전자-스핀 다중도에 대한 Hund 규칙과 같은 메커니즘이다. 그림 18.9로부터 ^2J 결합에서는 평행 핵 스핀 배치가 더 안정하지만, ^3J 결합에서는 반평행 배치를 더 선호한다는 것이 분명하다. 또 다른 핵-스핀 상태도 허용되지만 에너지는 더 높다. 스핀-스핀 결합은 스핀 Hamiltonian에서 $hJ\mathbf{I}_X \cdot \mathbf{I}_Y$ 항에 해당하기 때문에, ^1J과 ^3J 결합 상수는 음수가 되는 경향

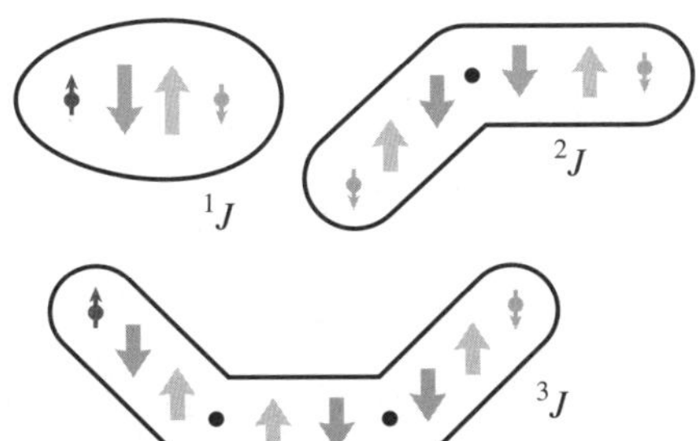

그림 18.9 한 개, 두 개, 세 개의 결합으로 분리된 핵에 대한 전자-결합된 핵의 스핀-스핀 상호작용에 대한 메커니즘. 여기에서는 가장 낮은-에너지의 핵-스핀 상태만 나타내었다. 여기서 작은 화살표는 핵 스핀, 큰 화살표는 전자 스핀이다.

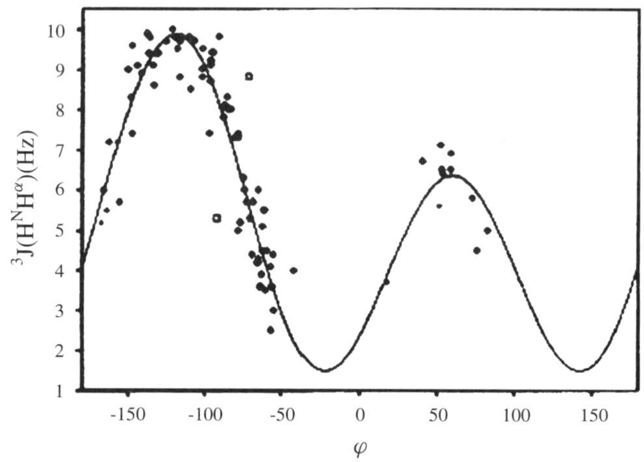

그림 18.10 효소 staphylococcal nuclease(SNase)에서의 $^3J_{HH}$ 결합을 Karplus 식에 최소자승법으로 맞춘 그림.

이 있는 반면 ^2J 결합 상수는 양수가 되는 경향이 있다. 이러한 일반화는 유기 화합물에서 양성자와 ^{13}C 핵을 포함하는 대부분의 결합에 대해 적용된다. 네 개 이상의 결합에 의해 분리된 핵 사이의 결합은 일반적으로 약하지만 때때로 검출될 수 있다. 수소보다 더 무거운 핵에 대해서는 핵-스핀과 전자 스핀 및 각운동량 사이의 부가적인 쌍극자 상호작용으로 인해 상황이 훨씬 더 복잡해진다.

HCCH와 HCNH 기에 대한 vicinal 결합 상수 $^3J_{HH}$는 근사적으로 *Karplus 식*으로 나타낼 수 있다. 그 중 하나는

$$^3J_{HH}(\phi) \approx A\cos^2\phi + B\cos\phi + C \tag{18.21}$$

인데, 여기서 ϕ는 두 양성자 사이의 이면각이다. 그림 18.10에는 단백질 구조의 연구에서 결정된 일련의 $HC_\alpha NH$ $^3J_{HH}$ 결합을 나타내었다.

18.6 자기화와 완화 과정

핵의 운동량 $\boldsymbol{\mu}$에 작용하는 자기장 $\mathbf{B}_0$는 토크 $\boldsymbol{\tau}$를 생성한다. 즉,

$$\boldsymbol{\tau} = \boldsymbol{\mu} \times \mathbf{B}_0 \tag{18.22}$$

뉴턴 제2법칙에 따르면, 토크는 각운동량 $\mathbf{I}$의 변화 속도와 같다. 따라서

$$\boldsymbol{\tau} = \frac{d\mathbf{I}}{dt} = \boldsymbol{\omega} \times \mathbf{I} \tag{18.23}$$

은 장의 축 주위에 있는 원뿔을 따라 회전하는 진동수 ω인 세차 회전을 나타낸다.

$\boldsymbol{\mu} = \gamma_I \mathbf{I}$이므로 세차 회전은 다음 Larmor 진동수(18.12)로 일어나는 것을 알 수 있다.

$$\omega = \omega_L = \gamma_I B_0 \tag{18.24}$$

거시적 샘플에서 개개의 핵 자기모멘트의 벡터 합은 *알짜 자기화* **M**을 생성한다. 이것은 식 (18.14)에 따라 점유도 차 $N_\alpha - N_\beta$에 비례하기 때문에 낮은 온도에서 더 크다. Z-방향에서 자기장 B_0는 알짜 *세로 방향* 자기화 M_Z를 생성할 것이다. *가로* 방향 성분 M_X와 M_Y는 개개의 핵이 무작위 위상으로 세차 회전할 때 평균적으로 0이 된다. 핵-스핀 계를 공명 진동수의 복사에 노출시키면 알짜 자기화를 변화시킬 수 있다. 에너지가 충분히 공급되면 α와 β 점유도가 동등한 스핀 계가 *포화*될 수 있으므로 $M_Z = 0$이 된다. 자기화는 결국 평형 값 M_0로 되돌아가는데, 이 과정을 스핀 완화라고 하며 *스핀-격자 완화 시간*이라 부르는 시간 상수 T_1와의 관계식은 다음과 같다.

$$M_Z = M_0(1 - e^{-t/T_1}) \tag{18.25}$$

스핀-격자 완화는 주로 분자 회전으로부터 얻어지는 스핀 계의 환경하에서 시간에 따라 변하는 자기장에 의해 유도된다.

알짜 자기화가 XY 평면에서 갑자기 회전한다면, **M**은 모든 스핀이 초기에 모두 위상이 같은 상태에서 Larmor 진동수 ω_L로 Z-축 주위로 세차 회전할 것이다. 그러나 시간이 지나면 스핀들은 세로 방향 자기화를 회복할 뿐만 아니라 위상이 달라질 것이다. 가로 방향 자기화 M_{XY}의 평형으로 되돌아가는 것을 나타내는 시간 상수 T_2는 스핀-스핀 완화 시간이라 부른다. 따라서 다음과 같다.

$$M_{XY} = M_0 e^{-t/T_2} \tag{18.26}$$

XY 평면에서 알짜 자기화는 0으로 돌아가는 반면 Z-축으로의 세로 방향 자기화는 M_0로 되돌아간다. 두 과정은 동시에 일어나며, T_1은 항상 T_2보다 크거나 같다.

우리는 지금까지 *실험실* 기준틀에 대한 스핀의 운동을 고려하였다. 그러나 Z-축을 따라 Larmor 진동수로 세차 회전을 하는 *회전*틀을 정의하는 것이 편리하다. 회전하는 좌표는 X'과 Y'으로 나타낸다. 실험실 기준틀에서 Larmor 진동수로 *회전*하는 자기화 벡터는 회전 기준틀에서는 고정이 된다. 반면 M_Z 자기화의 평형으로의 완화는 두 종류의 틀에서 똑같다. Larmor 진동수보다 더 빠르거나 더 느리게 회전하는 가로 방향 자기화 벡터는 $X'Y'$-틀에서는 각각 시계 방향이나 반시계 방향으로 회전하는 것 같이 보인다. 그림 18.11은 가로 방향 자기화가 어떻게 동시에 위상이 달라지고 평형 상태의 세로 방향 자기화로 완화하는지 보여주고 있다. 회전틀에서 보았을 때 가로 방향 성분은 개개 스핀의 위상이 동시성을 잃어감에 따라 원의 부채꼴에 대해 부채질한다. 동시에 자기화 벡터는 세차 회전의 점점 더 좁아지는 원뿔로 수렴하게 된다. 시간 상수 T_2와 T_1은 각 세차 회전에 대한 시간이다.

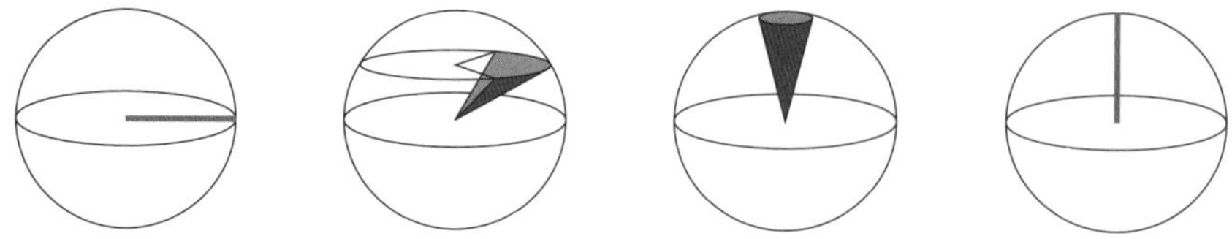

그림 18.11 회전틀에서 보았을 때 가로 방향 자기화의 완화.

18.7 펄스 기술과 Fourier 변환

NMR 전이를 유도하는 복사는 보통 샘플 주위를 감고 있는 라디오파 진동수(RF) 코일에 의해 생성된다. 이것은 근사적으로 Larmor 진동수에 들어맞는 교류에 의해 에너지를 얻는다. 코일은 복사 $\mathbf{B}_1$의 자기장이 정적 장 $\mathbf{B}_0$에 수직이 되도록 배열된다. 다른 형태의 분광학과 대조적으로 복사의 전기장은 여기서 어떤 역할도 하지 않는다. 가장 간단한 경우는 다음과 같은 실험실 틀에서 원형 편광된 RF 장이다.

$$B_{1X} = B_1 \cos \omega t, \qquad B_{1Y} = B_1 \sin \omega t \tag{18.27}$$

진동수 ω로 회전하는 회전틀로 변환하면, 복사장은 회전틀에서의 상수 자기장과 동등하게 다음과 같이 간단하게 된다.

$$B_{1X'} = B_1 = \text{상수}, \qquad B_{1Y'} = 0 \tag{18.28}$$

따라서 초기의 Z-방향에서의 자기화는 *Rabi 진동수*라고 부르는 다음 각 진동수를 가지고 Y' 축 주위로 세차 회전을 할 수 있다.

$$\omega_1 = \gamma_I B_1 \tag{18.29}$$

복사가 시간 Δt의 유한한 펄스로 구성되어 있다면, Rabi 세차 회전은 각 $\theta = \omega_1 \Delta t$를 통해 자기화를 되돌린다. 따라서 XY-평면으로의 $\mathbf{M}$의 회전은 다음 장에서 보여주겠지만, $\theta = \pi/2$인 90° 펄스를 가지고 수행될 수 있다. $\theta = \pi$인 180° 펄스는 $\mathbf{M}$에서 $-\mathbf{M}$로 자기화 벡터의 반전을 일으킨다.

최초의 NMR 스펙트럼은 진동수를 고정시키고 자기장을 변화시키거나 일정한 자기장 하에서 라디오파 진동수를 변화시켜가며 개별적인 공명을 기록하여 얻었다. 느리고 노동이 많이 필요한 연속파(continuous wave, CW) 접근법은 모든 핵이 라디오파 진동수 펄스에 의해 동시에 들뜨는 Fourier-변환 기술(FT-NMR)에 의해 널리 대체되었다. 이렇게 하면 한 번이나 기껏해야 두 번에 전체 스펙트럼을 생성할 수 있다. Andrew Derome은 종을 튜닝하는 것에 비교해서 FT-NMR에 대한 유사성을 다음과 같이 제안하였다[in *Modern NMR Techniques for Chemistry Research* (Pergamon,

New York, 1987)]. 원칙적으로는 일련의 튜닝 포크를 가지고 종을 들뜨게 함으로써 각 공명 진동수를 측정할 수 있다. 그러나 이것은 극히 지루한 일이 될 것이다. 더 좋은 방법은 망치로 종을 때려서 한 번에 모든 공명을 들뜨게 하도록 해 놓고, 진동수들의 스펙트럼을 확인하기 위해 BOINNNGGG을 Fourier-분석한다.

펄스식 Fourier-변환 NMR 분광학이 어떻게 작동하는 것일까? RF 코일은 복사를 일반적으로 단일 진동수 ω_0에서 생성한다. 그러나 만일 복사가 마이크로초 정도의 매우 짧은 펄스로 방출된다면, 이는 ω_0 주위의 넓은 띠에서 많은 진동수의 중첩에 해당하며, 이는 동시에 샘플에 있는 모든 스핀의 공명을 들뜨게 할 수 있다. 진동수 퍼짐과 펄스 길이는 $\Delta\omega\Delta t \approx 1$의 관계가 있으며, 이것은 에너지-시간 불확정성 원리와 같은 형태이다. 앞에서 언급하였듯이, 고강도 90° 펄스 후에 핵 자기화는 그림 18.11에 나타낸 것과 같다. 다시 실험실 틀로 돌아가면, *진동하는* 가로 방향 자기화를 볼 수 있을 것이다. 이것은 라디오파 전자기 복사의 *재방출*을 일으키는데, 이는 샘플 주위에 위치한 검출 코일에 의해 감지할 수 있다. 자기화가 평형 상태로 되돌아가는 시간 동안에 생성되는 신호는 *유도-자기 자유 붕괴*(free-induction decay, FID)라고 한다. 이것은 샘플의 *모든* 공명 진동수의 중첩이다. Fourier 변환은 NMR 분광기 속에 설치한 컴퓨터에 의해 수행하는데, 시간 영역 t로부터의 신호를 진동수 영역 ω로 번역하게 된다. 결과적인 FT-NMR 스펙트럼은 초기 CW 스펙트럼에서 나타난 것과 비슷하지만, 해상도나 민감도를 수천 배 발전시켰다. 그림 18.12에는 단지 한 개와 두 개의 공명 진동수를 갖는 모형 계에 대한 유도-자기 자유 감쇠와 Fourier 변환을 나타내었다. 그림 18.13에는 더 실제적인 예, 즉 에탄올에 대한 FID를 나타내었다. 진동수 ω_0는 다음과 같은 지수함수적으로 (감쇠하는 사인) 코사인 함수를 나타낸다.

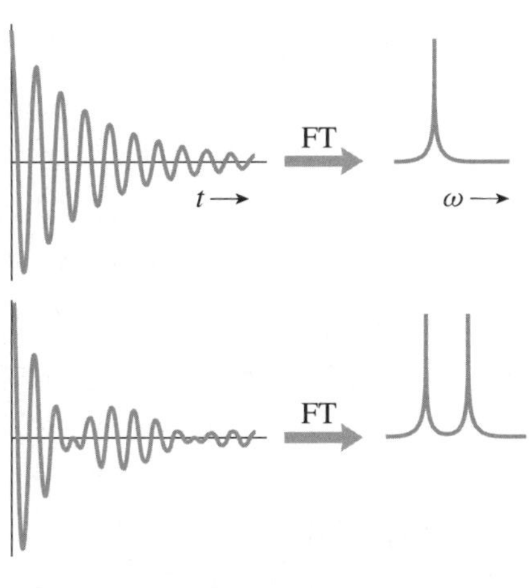

그림 18.12 한 개와 두 개의 공명 진동수를 갖는 간단한 계에 대한 유도-자기 자유 감쇠 신호와 그 Fourier 변환.

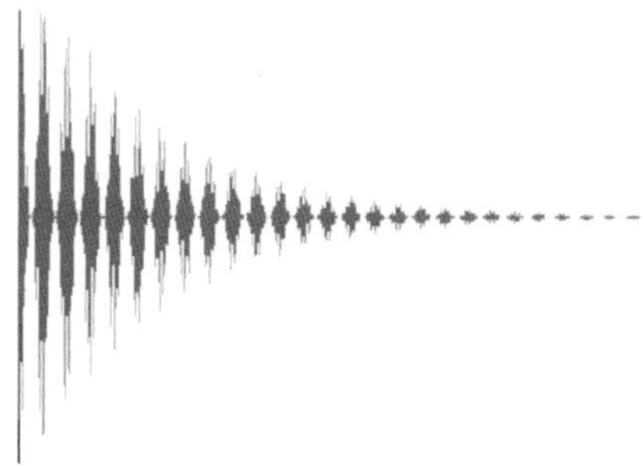

그림 18.13 에탄올에서 양성자 공명에 대한 유도-자기 자유 감쇠(FID) 신호. Fourier 변환은 그림 18.4에 나타낸 NMR 스펙트럼이 된다.

$$f(t) = f(0)\cos\omega_0 t\, e^{-t/T_2} \tag{18.30}$$

여기서 T_2는 가로 방향 완화 시간이다. 완전한 FID 신호는 기여하는 모든 진동수 성분의 중첩이다. 스펙트럼 분포는 다음과 같이 FID 신호의 실제 Fourier 변환으로부터 얻어진다.

$$S(\omega) = \int_0^\infty f(t)\cos\omega t\, dt \tag{18.31}$$

18.8 2차원 NMR

단백질처럼 복잡한 분자에 대한 고-분해능 NMR 스펙트럼은 수백 개의 선을 포함하기 때문에 분석이 거의 불가능하다. 1970년대 Richard Ernst와 공동연구자들은 연속적인 RF 펄스를 포함하고 2차원 이상의 Fourier 분석을 이용하는 고급 기술을 개발하였다(Ernst는 1991년 노벨상을 수상하였다). 이는 더 취급하기 쉬운 X-선 결정학과 함께 단백질 및 다른 생분자의 구조를 결정할 수 있도록 해주었다. 여기서는 단지 가장 간단한 기술, 즉 상관성 분광법(correlation spectroscopy, COSY)으로 알려진 2차원 NMR 방법을 고려하겠다. 재래식(1차원) NMR 스펙트럼은 진동수에 대한 세기의 그림이다. 2차원 분광법에서는 세기가 두 진동수의 함수로 그려지는데, 이는 마치 지형학적 지도와 같다. 1차원 FT-NMR에서는 신호를 시간의 함수로서 기록한 후 진동수 영역으로 Fourier 변환된다. 2차원 NMR에서는 신호를 두 시간 변수 t_1과 t_2의 함수로 기록하고, 결과는 두 번 Fourier 변환되어 두 진동수 변수의 함수를 제공한다. 2차원 분광법에 대한 일반적 설계는 그림 18.14에 나타내었듯이 준비-전개-혼합-검출(Preparation-Evolution-Mixing-Detection, PEMD)의 일련의 조작이다. 준비 단계에서는 샘플이 평형에 도달하도록 놓아 둔 다음 다시 90° 펄스로 들

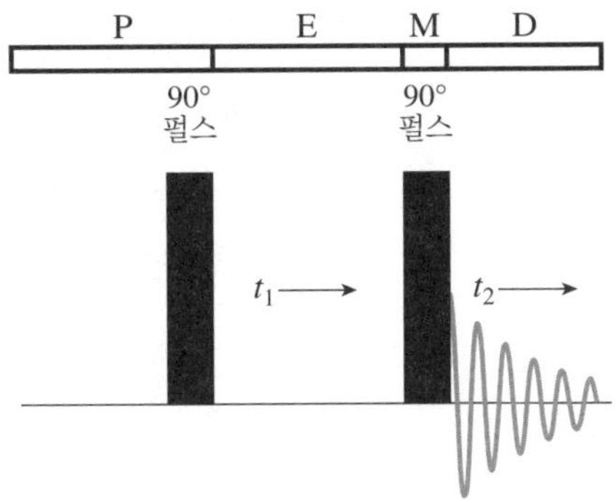

그림 18.14 상관성 분광법(COSY)에서 일련의 조작: 준비, 전개, 혼합, 검출. 신호는 2차원 Fourier 변환을 통해 분석된다.

뜨게 한다. 결과적인 자기화는 t_1 시간 동안 전개된다. 혼합 단계에서는 계를 또 다른 90° 펄스로 들뜨게 한다. 그러고 나서 신호를 두 번째 시간 변수 t_2의 함수로서 기록한다. 주기는 처음 $t_1 = 0$에서 시작하여 시간 간격 t_1을 증가시켜가며 끊임없이 반복하고, 결과적인 t_1과 t_2 함수는 Fourier 변환된다.

에탄올에 대한 화학적 이동 δ_1과 δ_2의 항으로 나타낸 두 진동수 좌표로 그려진 2차원 COSY 스펙트럼을 그림 18.15에 도시하였다. 18.3~18.4절에서 에탄올의 NMR 스펙트럼을 자세히 고찰했었다. 위쪽에 그려진 1차원 스펙트럼은 CH_3, OH, CH_2 양성자에 대한 3개의 화학적 이동 성분으로 이루어져 있으며, 이 중 두 개는 다중항으로 더 분리된다. COSY 스펙트럼은 대각선에 대해서 대칭인데, 대각선 봉우리들은 1차원 스펙트럼과 동일한 것이다. 2차원 스펙트럼에서 다중항은 정사각형이나 직사각형 배열로 나타나는 봉우리들이다. 이러한 2차원 다중항은 두 개의 분명한 형태로 나타난다: 같은 δ 값에 속하는 대각선-봉우리 다중항과 서로 다른 δ_1과 δ_2 좌표 주위에 중심이 된 횡단-봉우리 다중항. COSY 스펙트럼에서 횡단-봉우리 다중항이 나타난다는 것은 화학적 이동 δ_1과 δ_2에서 양성자가 J-결합된다는 것을 의미한다. OH와 CH_3를 연결하는 횡단-봉우리 다중항이 없다는 것은 그들 사이에 검출 가능한 결합이 없다는 것을 의미한다. 이러한 간단한 일반화가 2차원 NMR의 해석에 대한 핵심이다. 따라서 아무리 복잡할지라도 단일 COSY 스펙트럼으로부터 분자 내 결합의 전체 네크워크를 추적하는 것이 가능하다.

2차원 스펙트럼에서 횡단-봉우리가 어떻게 일어나는가? 만일 봉우리가 어떤 δ_1, δ_2에서 일어난다면, 이것은 진동수 δ_1의 들뜸이 전개 시간 t_1 동안에 존재한다는 것을 의미한다. 그리고 혼합 시간 동안에 어떤 자기화가 진동수 δ_2의 또 다른 들뜸으로 전달된다는 것이고 이는 시간 t_2 동안에 검출된다. 단지 스핀-스핀 결합에 의해 연결된 핵만 그러한 자기화의 전달이 일어날 수 있다.

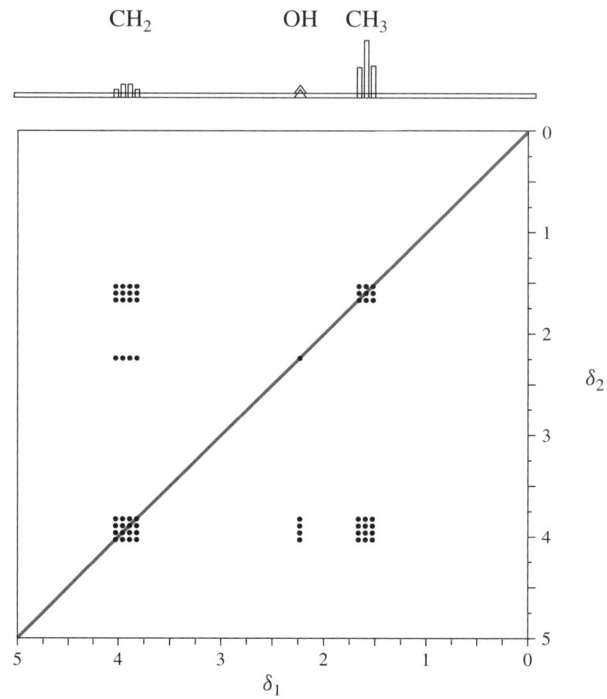

그림 18.15 에탄올의 COSY 스펙트럼. 진동수는 화학적 이동 δ의 항으로 표현된다. 위쪽에 나타낸 스펙트럼은 대응하는 1D-NMR이다.

COSY뿐만 아니라 그 외 많은 펄스-연계 기술이 다차원 NMR 스펙트럼을 얻는데 사용될 수 있다. 단지 여기서는 몇 가지 잘 알려진 기술만 나열하겠다: EXSY(exchange spectroscopy), NOESY(nuclear Overhauser effect spectroscopy), TOCSY(total correlation spectroscopy), ROESY(rotational nuclear Overhauser effect spectroscopy). 핵 Overhauser 효과(NOE)는 다른 봉우리가 방사광에 쬐여질 때 한 NMR 봉우리의 세기 변화를 살펴보게 된다.

18.9 자기 공명 이미지화

자기 공명 이미지화(magnetic resonance imaging, MRI)는 건강한 조직을 해치지 않으면서 생체의 내부를 관찰하는 기술이다. 이것이 제공하는 자세한 정도는 의학적 진단과 해부학적 연구에 의한 다른 이미지화하고는 비교할 수 없을 정도로 훌륭하다. X-선과는 대조적으로 MRI은 신체의 연조직(soft tissue)도 이미지화할 수 있다. 그림 18.17에 나타낸 두뇌의 이미지는 뇌혈관 질환이나 신경퇴행성 질환의 초기 검출

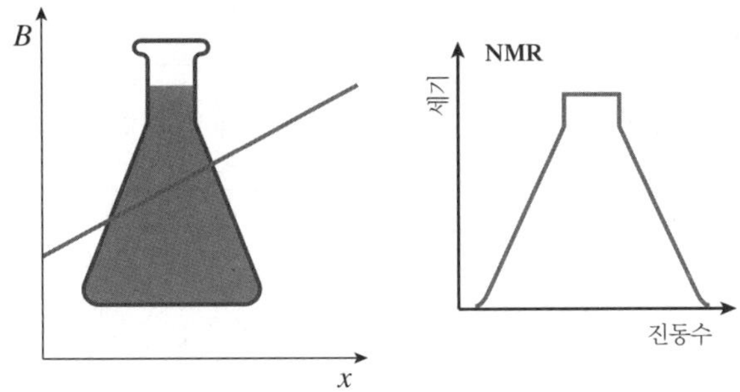

그림 18.16 MRI의 원리. 선형 기울기를 갖는 자기장에 놓여 있는 한 플라스크의 물에 대한 오른쪽의 NMR 스펙트럼.

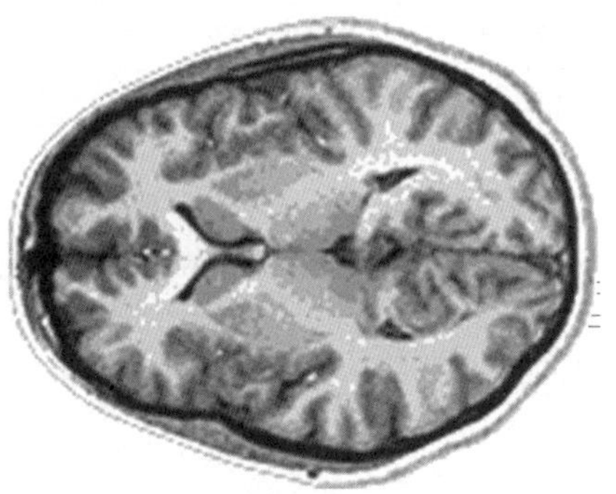

그림 18.17 인간 두뇌의 축 단면적의 MRI. 대뇌 피질이 여러 겹으로 겹쳐 있다는 것은 고도의 지능과 관련이 있다.

도 가능하게 해준다.

MRI의 기본 개념은 불균일 자기장에 놓여 있는 양성자의 계가 자기장의 세기에 비례하는 공명 진동수에 변화를 나타낸다는 것이다. 따라서 물체의 기하학은 진동수 지도로 변환될 수 있다. 원리는 한 플라스크의 물에 적용된 그림 18.16에 예시되어 있다. x, y, z 축을 따라 연속적으로 적용된 장 기울기에 따라 컴퓨터 분석을 통해 2차원 이미지화를 재구성할 수 있다. 생체 계에서 이미지 차이는 다양한 형태의 조직에서 양성자에 대한 T_1과 T_2의 차이를 이용하는 연속된 펄스를 통해 증가시킬 수 있다. 시간 차원이 추가되면 기능적 MRI는 지각 능력이나 인지 능력이 작동할 때 뇌의 서로 다른 부분에서 어떠한 변화가 일어나는가를 검출할 수 있다.

연습 문제

18.1 다음 diethylketone의 양성자 NMR 스펙트럼을 분석하라.

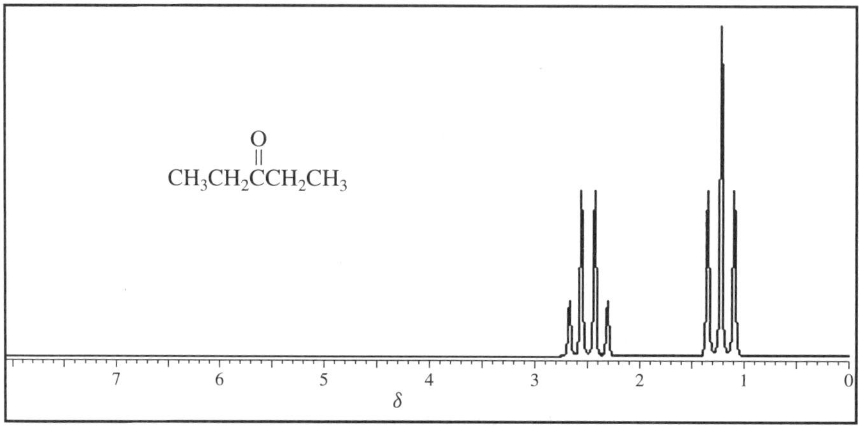

18.2 Methane CH_4의 NMR 스펙트럼은 단지 한 개의 봉우리만 나타난다. 그 이유를 설명하라. 다음 그림의 동위 원소 치환된 dideuteromethane의 양성자 NMR 스펙트럼을 설명하라.

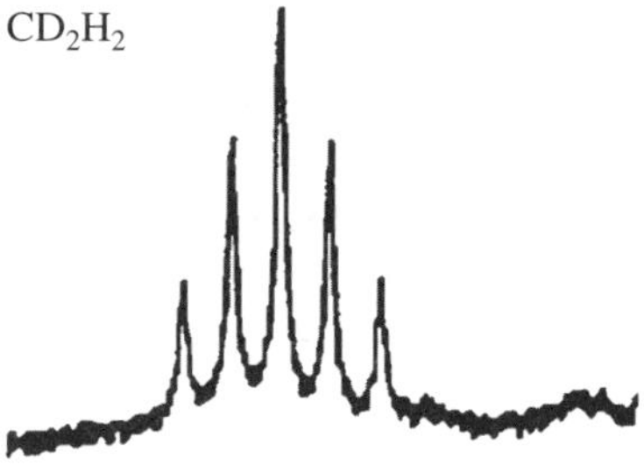

18.3 Toluene(methylbenzene)의 양성자 자기 공명 스펙트럼은 상대적 세기가 5 : 3인 두 개의 봉우리를 보여준다. 이 스펙트럼을 설명하라.

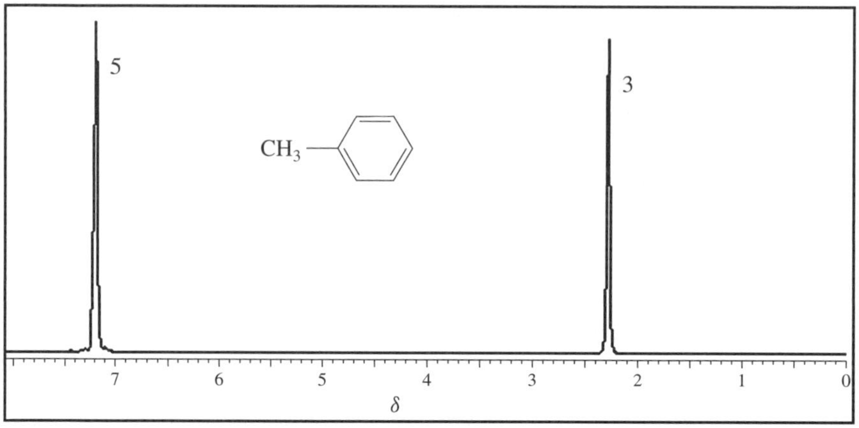

18.4 1,1-Dibromomethane의 양성자 자기 공명 스펙트럼을 분석하라. 브로민 핵은 분리에 영향을 미치지 않는다.

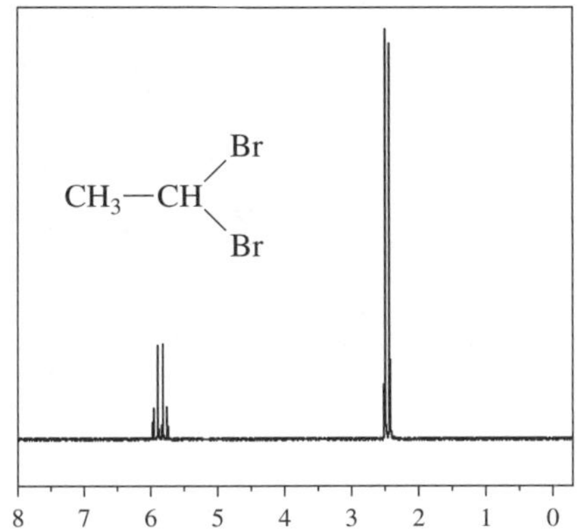

18.5 식 (18.19)에 있는 자기 모멘트 $\boldsymbol{\mu}_1$과 $\boldsymbol{\mu}_2$는 모두 z-축을 따라 배향되어 있다고 가정한다. 이 경우 쌍극자 상호작용 포텐셜 에너지의 각도 의존성은 $(3\cos^2\theta - 1)$ 인자를 포함한다는 것을 보여라. 이 양은 모든 배향에 대해 평균을 구하면 0이 된다는 것을 보여라.

18.6 90° 펄스 후에 샘플 내 스핀은 스핀-스핀 완화에 의해 위상이 달라지기 시작한다. 이 과정은 180° 펄스의 적용에 의해 시간에 대한 반전이 이루어질 수 있다는 것을 보여라. 이것은 많은 *스핀-메아리* 기술에서 이용된다.

양자화학 입문

제19장 경이로운 양자세계

Wonders of the quantum world

제1장부터 18장까지 공부한 후 양자이론 중요성과 양자이론을 토대로 물리, 화학, 그리고 생물의 기본 현상에 대한 개념을 성공적으로 이해할 수 있게 되었다고 여겨진다. 아무튼 양자이론은 수많은 물리 현상을 정확히 예측할 수 있는 매우 성공적인 물리 이론이다. 물론 이러한 예측은 수많은 관측이 수반되는 통계적 예측도 포함된다. 하지만 솔직히 우리들은 지금도 양자역학을 이해하지 못한다(적어도 나는 그렇다). 우리는 모두 비슷한 처지이다. Richard Feynman은 "나는 누구도 양자역학을 모른다"고 말하는 것이 안전하다고 썼다. Niels Bohr는 "현기증 없이 양자역학을 생각하는 사람은 양자역학을 제대로 이해하지 못하는 것이다"라고 이야기하였다. Roger Penrose에 따르면 "이론이 실험과 매우 잘 맞는 반면 수학적으로 굉장히 아름답다면 그 이론은 확실하게 말이 안된다"고도 한다. Feynman은 이 상황을 간결하게 "우리는 수수께끼에서 벗어날 수 없습니다 . . . 우리는 그것이 어떻게 작동하는지 알려줄 뿐입니다"라 표현하였다. 인간의 근원적인 불신은 종종 경험할 수 있는데 양자역학을 처음 만났을 때 생물학자 Peter Medawar는 다음과 같이 표현하였다. "생물체가 이상한 단백질을 거부하듯이 인간의 마음은 새로운 아이디어를 이상한 것처럼 취급한다." 앨버트 아인슈타인은 양자역학의 세계관을 창조한 사람 중 한 명임에도 불구하고 양자역학을 결코 받아들일 수 없었다. Maxwell은 효과적인 과학 공부는 이전의 연구 결과들을 단순화시켜야 되고 쉽게 알 수 있도록 줄이는 것이라고 믿었다. 따라서 "시계 우주(Clockwork universe)"는 고전물리의 정수를 은유적으로 표현하는 단어이다. 하지만 양자역학에서는 매일의 생활과 상식에 쉽게 연결되는 간단한 은유 표현이 부족하다.

Immanuel Kant

양자역학을 공부하는 데 있어서 Immanuel Kant의 형이상학의 핵심인 실제와 겉보기를 연결하는 비유를 잘 참고해야 한다. 그가 *현상*(phenomena)이라 부르는 겉보기는 내부적 외부적 모두의 관측과 경험을 나타낸다. 그가 *본체*(noumena)라 부르는 현상 너머 실제는 우리의 인식으로는 절대 알 수 없는 최종적인 원인을 나타낸다. 이론은 실제와 겉보기 사이를 연결해주기 위해 우리가 만든 모형이다.

19.1 코펜하겐 해석

그림 19.1은 1927년 5번째 Solvay 국제학회 참석자들의 초상화인데 양자역학의 기반을 세운 모든 이들이 포함되어 있다. 그들은 함께 모여 새로 틀을 짜는 이론의 근본 철학을 생각하였다. 이 학회는 먼저 Niels Bohr와 Albert Einstein 간의 기나긴-대화로 시작하였다.

양자역학의 *코펜하겐 해석*은 대부분 1920년 말 Neils Bohr, Werner Heisenberg, Max Born 등에 의해 이루어진 철학적 내용이었다. 그 코펜하겐 해석에 따르면 양자계는 측정이 이루어지기 전까지는 좀 말하기 까다로운 실존적인 안개 상태로 존재한다. 실용적인 면에서는 *측정*이 이루어진 후에만 변수에 값이 정해진다고 말할 수 있다. 측정되기 *전*의 어떤 값을 이야기하는 것은 의미가 없다고 생각되었다.

물론 이것은 관찰 여부에 관계없이 어떤 무언가가 존재해야 한다고 주장하는, 즉 *객관적 현실* 개념과는 많이 상충된다. 이런 관점은 자연을 대하는 고전적 관념("달은 우리가 쳐다보든 안보든 항상 존재한다")의 핵심이다. 특히 여러 철학자 중 Einstein은 "인식하는 것과는 별개로 어떤 외부 세상이 존재한다는 것을 믿는 것은 모든 자연과학의 기본"이라고 하였다.

또 다른 논란이 있는 코펜하겐 해석은 소위 *측정의 문제*이다. 모든 사람은 양자계가 관측되기 *전까지*는 시간-의존 Schrödinger 방정식에 따라 결정되어야 한다고 믿는다. 정통 코펜하겐 해석에 따르면 관측 자체가 파동 함수 자체를 측정량의 고유 상태 중의 하나인 고유 상태로 불연속적인 변화를 일으킨다는 것이다. 이런 신비한 변화를 *파동 함수 붕괴*라 부른다. 이런 계와 측정을 합해서 얽힌 양자 계의 일부로 보자는 시도도 있었지만 기존의 Schrödinger 방정식으로는 기술되지 *않았다*.

그림 19.1 1927년 양자이론에 대한 Solvay 회의. 미국물리학회 역사 소장품의 사진.

미세 세계의 현상을 고전적 거시 경험적 관점에서 보았을 때 필히 겉보기 모순점이 발생한다. 우리는 이 장에서 양자 이론의 직관에 가장 반하는 두 가지 점에 대해 초점을 맞추어 이야기할 것이다: 중첩(Schrödinger 고양이)과 얽힘(EPR과 Bell의 이론).

19.2 중첩

이중 슬릿 및 유사한 실험에서 중요한 것은 어떤 서로 다른 두 실체가 동시에 존재하는 상태가 양자 계에 있을 수 있다는 것이다. 더구나 그러한 상태는 두 성분 사이에 *간섭효과*를 보일 수도 있다는 것이다. 일반적으로 벤젠 분자는 최소 두 Kekulé 구조의 *공명 혼성*으로 표현될 수 있고 수소 결합은 두 보통 공유 결합 사이에 중간체라는 것에 화학자는 동의한다. 중첩의 기본 개념은 어떤 양자 상태가 각각 개별 상태인 Ψ_1과 Ψ_2로 존재할 수 있다면 이들의 선형 결합 또한 존재할 수 있고, 다음과 같이 나타낼 수 있다는 것이다.

$$|\Psi\rangle = c_1|\Psi_1\rangle + c_2|\Psi_2\rangle \qquad \textbf{(19.1)}$$

이를 일반화시키면 여러 개의 상태까지 확장시킬 수 있다. 코펜하겐 해석에 따르면 임의의 파동 함수 Ψ는 어떤 상황에서는 각각 $|c_1|^2$ 또는 $|c_2|^2$의 확률을 갖는 성분 상태 Ψ_1 또는 Ψ_2 중 하나로 *붕괴*할 수 있다는 것이다. 이러한 붕괴가 일어날 때 중첩의 다른 모든 성분 상태들은 완전히 사라진다.

광자로 간단한 중첩현상을 만드는 것은 상대적으로 쉽다. 이는 후에 어떤 중요한 실험에서 만나게 될 어떤 실험 장치에 도입될 것이다. 그림 19.2(a)는 *빔 분할기*의 작동을 보여준다. 이는 입사광의 절반을 반사하고 절반은 투과하는 부분 은도금된 유리판이다. 은도금된 쪽에서 반사된 파는 입사파에 대해 180°만큼 위상이 이동되었다. 그러나 반사되기 전 유리판을 투과한 파는 위상이 바뀌지 않는다. 입사된 광자가 이 빔 분할기를 지난 후 검출기 D_1과 D_2에서 검출될 확률은 50-50이다. 서로 반

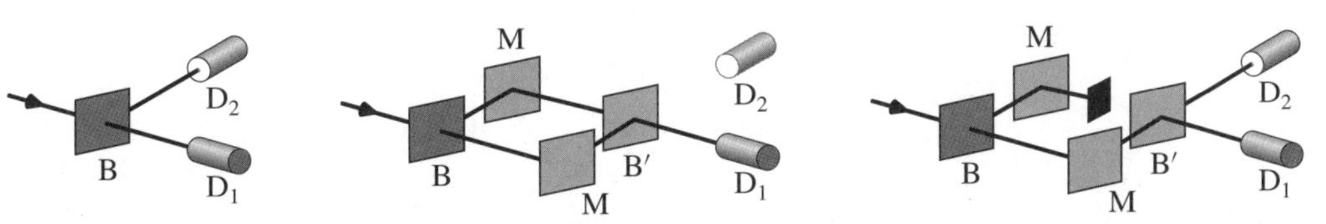

그림 19.2 광자 중첩을 설명하는 Mach-Zehnder 간섭계. M은 거울을 나타내고, B와 B′은 회색인 곳에 반사면을 가진 빔 분할기이고, D_1과 D_2는 검출기이다.

대로 향하는 빔 분할기와 두 거울을 기술한 그림 19.2(b)의 장치는 *Mach-Zehnder* 간섭계이다. 광자의 경로 길이가 정확히 똑같다면 모든 광자는 검출기 D_1으로 갈 것이고, D_2로는 가지 않을 것이다. 이 결과를 설명하기 위해서는 한 광자를 각 빔 분할기에서 두 광자 경로를 *모두* 지나는 파동으로 다루어야 한다. 따라서 이 광자의 파동 함수는 (19.1)과 비슷한 중첩으로 표현된다. 연속적인 반사에서 발생하는 위상변화를 모두 고려하여 검출기 D_1에 도착하는 두 파는 같은 위상이므로 서로 세기를 보강하고, 검출기 D_2에 도착하는 두 파는 위상이 180° 달라서 서로 상쇄될 것이다.

이제 그림 19.2(c)처럼 위 경로로 거울을 통과하는 빛을 차단하자. 이렇게 되면 두 번째 빔 분할기에 도달하는 모든 빛은 단지 아래쪽 경로만을 통과할 것이다. 이 경우에는 어떤 간섭도 없을 것이고, 두 번째 빔 분할기에서는 입사파의 절반씩 두 검출기로 보낼 것이다. 이 결과는 빛의 일부를 차단함에도 불구하고 빛의 검출량이 더 *늘어난 것*은 직관적인 면과 다르다. 하지만 광의 중첩에 근거해 설명하면 아주 명확하다.

19.3 Schrödinger 고양이

1935년 Erwin Schrödinger는 코펜하겐 해석을 엄격히 적용하면 "특이한" 양자 세계가 일상의 세계에서도 일어날 수 있는가에 대한 에세이를 발표하였다. 그는 미시세계에서 일어나는 양자역학적 현상의 기본인 중첩의 원리가 거시 세계에서 일어나는 현상에 어떻게 영향을 미치는지에 대해 분석하였다.

Schrödinger는 *Schrödinger 고양이*로 알려진 조금 끔찍한 *사고 실험*을 제안하였다. 이 실험의 보다 인도적인 형태는 그림 19.3과 같은 기구를 이용하는 것이다. 고양이는 불투명한 박스에 갇혀 있고, 가이거 계수기를 통해 약한 방사선 발생원을 모니터한다. 어떤 시간 내에 원자가 붕괴하면 고양이가 들어 있는 상자 속으로 개박하(catnip)(Schrödinger의 극악한 원래의 제안에서는 시안화수소)를 분사한다. 만일 이 분사가 일어난다면 고양이는 행복한 양자 상태로 이완될 것이다. 그렇지 않다면 어두운 상자에 갇혀 짜증나는 고양이는 약간의 교란 상태로 들떠 있을 것이다. 각 상태에 대해 50% 확률이 있다 하자. 그러면 여러분이 상자가 열리기 전까지 코펜하겐 해석을 믿는다면 고양이의 양자 상태는

$$|\Psi\rangle = \frac{1}{\sqrt{2}}\left(|☺\rangle + |☹\rangle\right) \tag{19.2}$$

로 기술되어야 한다. 상자가 열린 후에 *관측되는* 고양이는, 행복한 상태 아니면 화난 상태의 인식 가능한 상태의 붕괴된 파동 함수로 표현될 것이다. 이 실험의 연장선상에서 Wigner의 친구로 알려진 한 관측자가 똑같은 기구를 갖춘 어떤 방에 초대되

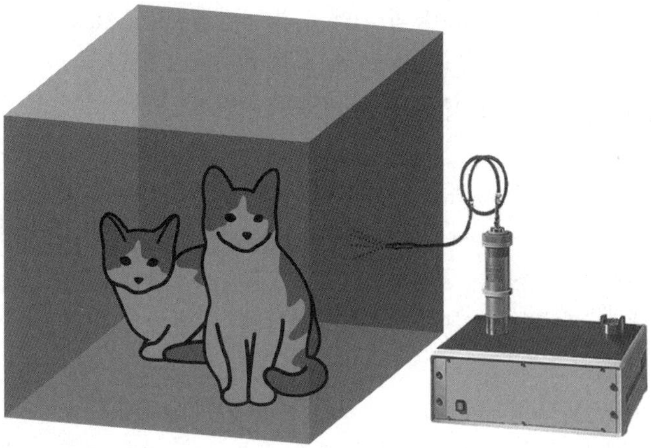

그림 19.3 Schrödinger 고양이 실험. 작은 방사성 발생원으로부터 어떤 붕괴가 일어날 때 개박하가 뿌려진다. Sarah Blinder와 Amy Blinder에 의한 제안된 버전, *Am. J. Phys.* **69**, 633 (2001).

었다고 하자. 그리고 방문이 열리기 전까지는 *Wigner의 친구* 역시 하나의 양자 중첩 상태로 되어 있을 것이다. 이는 말도 안 되는 일이 일어난 것이다. 우리는 원자계가 양자 상태의 중첩으로 기술된다는 것을 받아들일 수 있다. 그러나 고양이는 받아들일 수 있을까?

원자가 방사선 붕괴 상태와 붕괴되지 않는 상태의 중첩 상태에 있다면 완전히 받아들일 수 있다. 문제는 우리가 방사성 과정이 진행된 후 상자 안에서 무슨 일이 일어났는지 궁금해 할 때 시작된다. 미시 수준에서의 중첩이 거시 세계의 물체로 확대 적용될 수 있을까? 우리 고양이는 화난 상태와 만족스런 상태의 중첩인 모습으로 멈추어 있을 수 있을까? Gell-Mann과 일부 학자들은 중첩된 양자 상태들의 일치(coherence)는 계와 주변 환경과의 기약(irreducible) 상호 작용에 의해 깨질 수 있다고 제안하였다. 고양이는 미시세계의 작은 입자가 아니고 수많은 원자로 구성된 거대한 복합계이다. 이 복합계는 거시적으로 구별 불가능한 엄청난 수의 양자 상태를 가질 수 있다. 더구나 주위와 강한 상호작용은 바로 고양이의 양자 거동(behavior)을 바꿔 버린다. 현대적인 관점에서는, *결깨짐*(decoherence)을 도입하여 Schrödinger 고양이 역설을 해결한다. 결깨짐은 어떤 양자계 내에서의 상호작용 및 주위와의 상호작용에 의해서 발생되는 연속적인 "자가 측정(self-measurement)"의 산물로 본다. 따라서 고양이 같은 복잡한 물체도 고전적 물체로 잘 기술될 수 있을 것이다. 이는 핵이 붕괴되는 순간 양자 중첩이 없어지고 그 이후의 모든 것이 고전적 결정론을 따른다는 것을 암시한다.

양자계에서 결깨짐은 NMR(T_2 과정)에서 가로 방향 이완(relaxation)과 유사한데, NMR에서도 핵스핀의 위상 일치(coherence)가 깨진다. *의식*(consciousness)이 어느 정도 파동 함수의 붕괴와 관련된다는 흥미로운 제안이 제기되었지만 연관성은 없는 것 같다.

양자 중첩은 원자 규모에서는 잘 적용되고 이해된다. 1996년 Christopher Monroe와 그의 동료들은 하나의 베릴륨 이온을 이용해 80 nm 떨어진 두 개의 다른 전자 상태를 나타내는 파동묶음의 중첩을 만들 수 있었다. 그들은 적절히 조정된 레이저 펄스를 사용해 두 파동묶음 사이 간섭을 발견할 수 있었다. 이 실험은 “Schrödinger 양이온”으로 알려지게 되었다.

2000년 David Wineland와 그의 동료들은 초전도 “Schrödinger 고양이”를 보여주었다. 단일 양자 상태에 있는 수십억 개의 전자쌍으로 된 초전도 전류는 초전도 양자 간섭 장치(SQUID) 회로와 같이 거시적인 크기의 초전도체 내부에서 흐를 수 있다. 이들은 동시에 반대 방향으로 흐르는 초전도 전류에 대한 중첩 상태를 만들 수 있었다.

19.4 Einstein-Podolsky-Rosen 실험

1935년(Schrödinger 고양이와 같은 해) Albert Einstein은 Boris Podolsky, Nathan Rosen와 공동으로 양자역학의 불합리성에 대한 사고 실험을 제안하였다. 이 “EPR 사고 실험”에 의해서 20세기 주된 논쟁거리 중 하나가 논란의 중심이 되었고 계속하여 꾸준한 사고와 분석 대상이 되었다. EPR의 주제는 아원자 입자의 운동량과 위치는 동시에 정확히 알 수 없다는 Heisenberg 불확정성 원리의 해석이었다. 입자는 명확한 운동량 상태에 있을 수 있다. 하지만 위치가 어디인지는 정확히 알 수 없다. 거꾸로 우리가 입자의 위치를 정확히 안다고 할 때는 그 입자의 운동량을 정확히 모른다. 또한 $\Delta x \Delta p \geq \hbar/2$를 만족하지만, 운동량과 위치 모두 정확하지 않는 어떤 상태도 존재할 수 있다. 이 같은 문제는 측정 기술이 부족하여 발생된 것이 아니고 자연에 대한 양자역학적 기술이 적절하지 않기 때문이다. 그림 19.4에 나타낸 것처럼 원

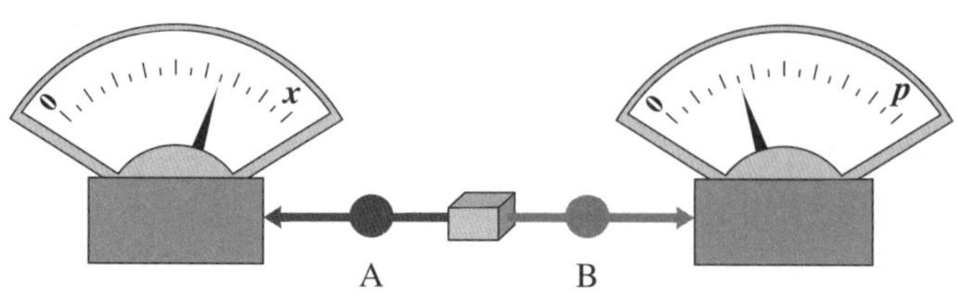

그림 19.4 Einstein-Podolski-Rosen(EPR) 사고 실험.

래의 EPR 실험에서 두 입자 A와 B는 같은 발생장치에서 동시에 만들어졌고, 방사성원소의 붕괴에서처럼 서로 반대 방향으로 날아간다. 이후 입자 A의 위치 x를 측정하였고(원칙적으로 정확히 측정할 수 있음), 동시에 입자 B의 운동량 p_x도 정확히 측정하였다. 운동량 보존(양자역학에서도 성립)에 의해서 A의 운동량은 B와 반대여야 한다. 따라서 입자 A의 위치와 운동량은 언뜻 보기에 동시에 측정된 것처럼 보인다!

EPR에 대한 코펜하겐 반응은 A와 B 입자가 분리할 수 *없는* 하나의 양자 계의 일부로서 두 측정은 계속하여 연관되어 있기 때문에 독립적인 측정이라 볼 수 *없다*는 것이었다. 따라서 A 입자의 위치를 측정하는 것은 A의 운동량 측정을 방해하기 때문에 B의 운동량 측정도 방해할 것이라는 것이다. 이러한 두 입자의 상태는 *얽혀 있다*(entangled)고 말한다. 이러한 얽힘은 두 입자 사이 거리가 아무리 멀리 떨어져 있어도 상관없다. Einstein은 이것이 상대성 이론의 *지역성*(locality)[또는 지역적 실증주의(local realism)]과 상반되고, 빛보다 빠른 A와 B 사이의 의사소통("상당히 먼 거리에서 엉터리 결과")과 같다고 주장하였다. 그는 우리가 아직 알지 못하는 숨겨진 변수가 아원자 입자에 포함되어 있다고 생각하였는데, 이 *숨겨진 변수*(hidden variable)는 두 양자 상태가 분리된 후에도 *객관적 실체*(objective reality) 역할을 한다고 생각하였다. 이는 측정값은 측정이 이루어지기 전까지는 절대 *존재*할 수 없다는 코펜하겐 관점과 일치하지 않았다. Einstein은 양자역학이 뜻하는 지역성과 객관적 실체의 깨짐을 감수할 수 없었다. Einstein은 양자역학이 *현상학적으로 옳은* 이론이라는 것은 인정하였다. 하지만 물리적 실체를 부정확하게 설명하므로 반대하였고, 이는 다음 제목의 EPR 논문에 잘 요약되어 있다: "물리적 실체에 대한 양자역학적 설명이 완전하다고 볼 수 있는가?"

숨겨진 변수에 대한 개념은 간단한 예로 설명할 수 있다. 동전 던지기(앞면 또는 뒷면)의 결과는 단순하게 생각하면 무작위 발생으로 간주될 수 있다. 그러나 동전의 복잡한 궤적을 자세히 분석하면 결과를 완전히 미리 결정할 수 있다. "숨겨진 변수"는 동전의 움직임을 나타내는 좌표 및 운동량이다. 이것은 역학에서 확실히 어려운 문제이다. 그러나 원칙적으로 동전 던지기의 결과는 겉보기와는 다르게 무작위라고 할 수 없을 정도로 미리 알 수 있다. 더욱이, 동전 던지기의 대략적인 통계적 특성(약 50% 앞면, 50% 뒷면)은 동전이 던져질 때 실제로 가능한 많은 초기조건 분포들의 결과이다.

1951년 David Bohm은 개념적으로 같지만 수학적으로 더 분석하기 쉬운 수정된 EPR 실험을 제안하였다. 이것은 입자들 사이의 운동량 상관관계보다는 *스핀* 상관관계가 사용된다. Bohm은 반대 방향으로 날아가는 단일항 상태이면서 한 쌍의 spin-$\frac{1}{2}$인 입자를 가지고 설명하였다. 이들의 스핀 성분들은 그림 19.5에서처럼 Stern-Gerlach 검출기에서 측정된다. 두 입자의 스핀 방향은 서로 반평행 상태이고 이 상태는 이들 입자들이 분리된 이후에도 지속된다. 따라서 입자 A가 스핀 up인 경우, 입자 B는 스핀

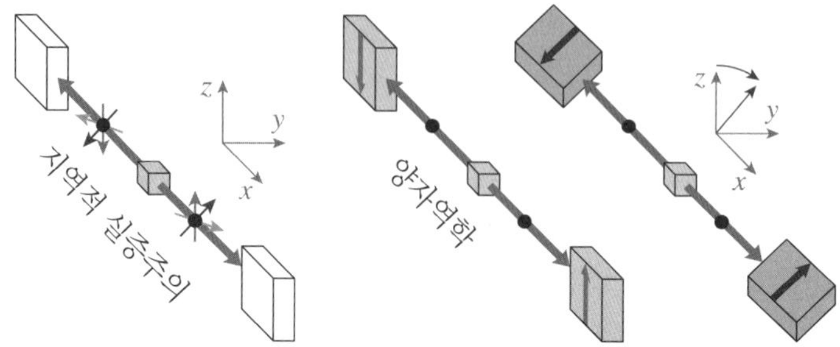

그림 19.5 상관있는 스핀-$\frac{1}{2}$ 입자들 쌍에 대한 Bohm의 수정된 EPR 실험. 지역적 실증주의 모형에 따른 해석(*왼쪽*). 서로 다른 방향의 두 Stern-Gerlach 검출기에 대한 양자역학적 해석(*오른쪽*).

down이 되어야 하고 그 반대도 마찬가지이다. 따라서 두 스핀이 *서로 관련이 되어 있다*. 이는 두 검출기의 초기 방향이 z-방향인 경우에도 마찬가지다. 놀랍게도 두 검출기가 *똑같이* z-축에 대해 임의의 각도로 회전하더라도 완벽한 상관관계가 성립한다.

각 독립적인 검출기에서 측정된 결과는 완전히 무작위적이었다. 하지만 매 경우에 다른 검출기의 결과는 서로 반대의 값을 나타내었다. 두 입자들의 상태는 *무작위*적이지만 각 쌍의 결과는 *상관적*이었다. 어떤 점에서 한 입자의 스핀 상태를 측정하면 순간적으로 다른 입자의 스핀 상태를 반대로 만들어 버린 결과가 된다. 이런 얽힘은 두 입자가 아무리 멀리 떨어진다 해도 관계없이 일어난다. 이러한 순간적인 "통신" 혹은 "텔레파시"에 대한 가능성을 인정할 수 없다는 것이 EPR 논점의 핵심인데, 이는 바로 양자역학이 완전하지 않다는 것을 말한다.

양자역학을 부정하기 위해서 이와 같은 역설을 이용하여 EPR 실험을 만들었다는 것은 잘못된 오해이다. 사실, EPR 논쟁에서 양자역학의 정확성에 대해 의문을 가진 사람은 없다. 단지 이들의 의도는 미시적 상태를 완벽하게 기술하기에는 양자역학이 부족하다는 것을 보이는 것이었다. 그들은 원자 현상에서 통계적 결과 이상의 더 많은 것을 예측할 수 있는 더 근본적인 이론이 발견되도록 자극하기를 바랐다. 고전적인 세계관에서 볼 때 가장 비직관적인 얽힘(entanglement)은 양자역학의 한 특징이다. EPR은 이러한 얽힘을 충분히 알 수 있을 만큼 매우 좋은 실험이다.

지역적 실증주의에 따르면 Bohm의 실험에서 자주 발생되는 상관관계는 가능한 모든 방향에서 스핀 상태를 정할 수 있는 *숨겨진 변수*가 존재하기 때문이라고 볼 수 있다. 마치 그림 19.5의 왼쪽과 같은 상황에서처럼 각각의 입자가 모든 상세 정보를 담고 있는 작은 암호 책을 가지고 있는 것과 같다. 결론적으로 자연에 대한 지역적 실증주의와 양자역학적 해석은 *각자 독립적으로* EPR과 Bohm 실험의 결과를 일관성있게 설명할 수 있다고 볼 수 있다. 다음으로는 이 두 대립되는 세계관을 지역적 실증주의(LR)와 양자역학(QM)이라고 언급할 것이다. 숨겨진 변수나 다른 보조물 *없이* 우리는 QM이 전통적으로 완전히 공식화된 이론임을 이해할 수 있을 것이다.

19.5 Bell의 정리

1964년 J. S. Bell은 지역적 실증주의와 양자역학 중 어느 것이 타당한지 *실험적으로* 결정할 수 있는 기발한 방법을 고안하였다. 그의 아이디어는 Stern-Gerlach 검출기의 방향을 *다르게* 하여 측정하는 것이었다. 지금까지는 반대 방향으로 향한 두 개의 검출기만을 고려하였다. 두 검출기 사이 각도가 θ일 때 *반평행*인 스핀을 기록할 확률을 $P(\theta)$라 생각하자. θ가 180°인 경우(서로 반평행으로 놓인 검출기)만 $P(\pi) = 1$이 되는데, 이는 확실하게 검출된다는 것을 뜻한다(확률의 최대 크기를 1이라 하면). $\theta = 0$인 경우(같은 방향으로 평행하게 놓인 검출기)는 확률은 영이 되어 $P(0) = 0$가 된다. 서로 90° 각도로 배치된 검출기에 대해서는 평행인 스핀과 반평행인 스핀 입자들이 절반씩 검출될 것이다. 따라서 $P(\pi/2) = 1/2$이 된다. $P(\theta)$에 대한 일반적인 관계식을 얻기 위해서 스핀 $\frac{1}{2}$에 대한 양자역학의 연산자 S_x, S_y, S_z를 사용해야 한다. 그리고 다음 관계식을 갖는 무차원(dimensionless) Pauli 스핀 연산자 σ_x, σ_y, σ_z를 사용하는 것이 편리하다.

$$\mathbf{S} = \frac{\hbar}{2}\boldsymbol{\sigma} \tag{19.3}$$

식 (7.60)으로부터 다음 연산자 관계식을 얻을 수 있다.

$$\begin{aligned} &\sigma_x|\alpha\rangle = |\beta\rangle, \qquad \sigma_y|\alpha\rangle = i|\beta\rangle, \qquad \sigma_z|\alpha\rangle = |\alpha\rangle, \\ &\sigma_x|\beta\rangle = |\alpha\rangle, \qquad \sigma_y|\beta\rangle = -i|\alpha\rangle, \qquad \sigma_z|\beta\rangle = -|\beta\rangle \end{aligned} \tag{19.4}$$

z-축에 대해 각도 θ인 검출기의 스핀 성분에 대한 Pauli 스핀 연산자는 다음과 같이 주어진다.

$$\sigma_\theta = \cos\theta\,\sigma_z - \sin\theta\,\sigma_y \tag{19.5}$$

검출기 하나가 각도 θ만큼 회전되고 다른 검출기는 각도 $\theta = 0$인 수직 상태로 그대로 있다고 가정하자. 수직 검출기는 z-축에 대해 α 스핀 상태(스핀 up)인 입자를 택할 것이다. 따라서 다른 입자는 β 스핀 상태(스핀 down)에 있을 것이다. β 스핀에 대한 σ_θ의 기대값은 다음과 같이 주어진다.

$$\langle\beta|\sigma_\theta|\beta\rangle = \cos\theta\,\langle\beta|\sigma_z|\beta\rangle - \sin\theta\,\langle\beta|\sigma_y|\beta\rangle = -\cos\theta \tag{19.6}$$

이 기대값은 다음 식에 의하여 스핀 up과 스핀 down에 대한 확률 $P\uparrow(\theta)$와 $P\downarrow(\theta)$와 연관되어 있다.

$$\langle\sigma_\theta\rangle = P\uparrow - P\downarrow = 2P\uparrow - 1 \tag{19.7}$$

여기서 $P\uparrow + P\downarrow = 1$이다. 식 (19.6)과 (19.7)에서 각도 θ 방향에서 스핀 up을 검출할 확률은 다음 식으로 주어진다.

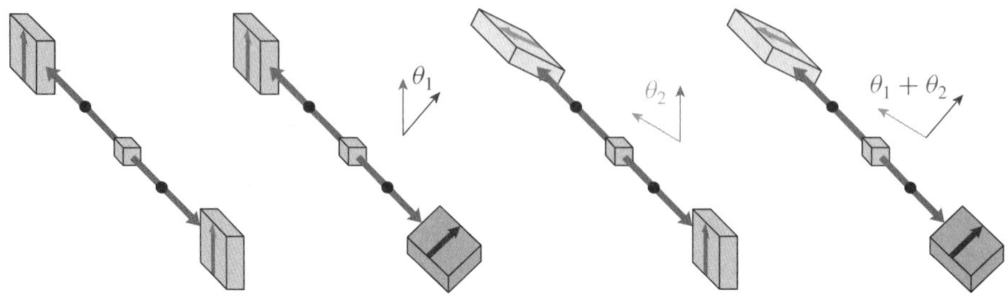

그림 19.6 Bell의 부등식을 설명하는 일련의 실험들. $P(\theta)$는 반평행 스핀으로 기록되는 측정의 비율을 나타낸다.

$$P\uparrow(\theta) = \frac{1 - \cos\theta}{2} = \sin^2(\theta/2) \quad \textbf{(19.8)}$$

Bell을 따라 잠정적으로 지역적 실증주의 관점이라 가정하자. 그림 19.6을 참고하여 입자들이 초기에 z-축에 평행한 두 검출기에 관측되었다고 생각하자. 그러면 $P(0) = 0$이므로 연관된 스핀을 발견할 확률은 영이 될 것이다. 이제 검출기 중의 하나가 시계 방향으로 각도 θ_1만큼 회전한다면 입자를 발견할 확률은 영에서 $P(\theta_1) = \sin^2(\theta_1/2)$까지 증가할 것이다. 똑같이 다른 반시계 방향으로 θ_2만큼 회전된 검출기에서는 평균 $P(\theta_2) = \sin^2(\theta_2/2)$의 기대값으로 기록될 것이다. 두 검출기가 모두 회전한다고 가정하자. 지역적 실증주의의 관점에서 우리는 다음과 같이 추론할 수 있다. 많은 스핀이 평행해지므로 확률 $P(\theta_1)$는 0에서 증가한다. 다른 검출기의 회전은 $P(\theta_2)$에 유사한 증가를 보여준다. 이 두 결과가 서로 독립적이라고 가정하면, 첫 번째 추측은 두 검출기를 상대 각도 $\theta = \theta_1 + \theta_2$로 회전한 후의 검출될 확률은 $P(\theta_1) + P(\theta_2)$에 의해 주어진다는 것이다. 그러나 이 경우에는 확률을 과도하게 잡은 것이다. 두 검출기가 반평행한 스핀으로 기록한 쌍들이 실제로는 서로 평행해야 하고, 따라서 적절하게 상관되지 않는 예가 존재하기 때문이다. 따라서 이 $P(\theta_1 + \theta_2)$는 합 $P(\theta_1) + P(\theta_2)$보다 *작아야* 하며, 이는 다음과 같은 부등식으로 표현될 수 있다.

$$P(\theta_1 + \theta_2) \leq P(\theta_1) + P(\theta_2) \quad \textbf{(19.9)}$$

식 (19.9)는 *Bell 부등식*의 한 예이다. 더 일반적 표현은 다음과 같다.

$$P(a, b) \leq P(b, c) + P(c, a) \quad \textbf{(19.10)}$$

여기서 a, b, c는 세 개의 다른 축으로 위 식은 이 축들에 대한 상관관계를 나타낸다. 이 Bell의 부등식은 객관적 실체에 따라 모든 입자쌍에 대해 세 축 방향의 스핀 성

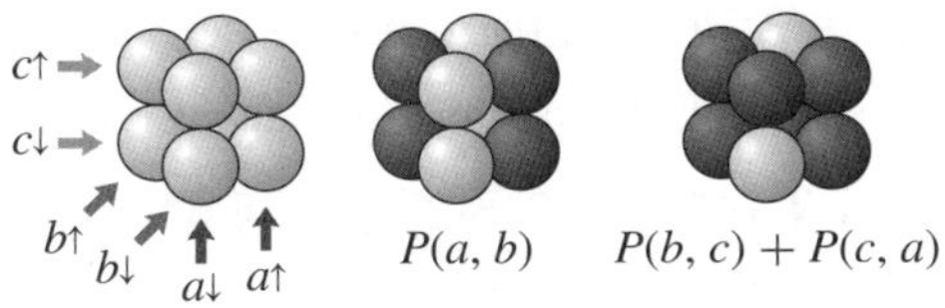

그림 19.7 3차원 벤다이어그램을 사용하여 도형적으로 설명한 Bell의 부등식. 각 8개 구역은 변수 *a*, *b*, *c*의 한 조합을 나타낸다. *P*(*a*, *b*)는 *P*(*b*, *c*) + *P*(*c*, *a*)의 부분 집합 중 하나이다.

분들이 확실하게 존재한다고 가정할 때 증명될 수 있다. 이는 $2^3 = 8$개의 3-성분 확률함수 $P(a\uparrow, b\uparrow, c\uparrow)$, $P(a\uparrow, b\uparrow, c\downarrow)$ 등의 집합에 의해 표현될 수 있다. 분명히 식 (19.10)의 각각의 상관 확률은 예를 들어 다음 4개의 3-성분의 합과 같으며,

$$P(a, b) = P(a\uparrow, b\downarrow, c\uparrow) + P(a\downarrow, b\uparrow, c\downarrow) + P(a\downarrow, b\uparrow, c\uparrow) + P(a\uparrow, b\uparrow, c\downarrow) \quad \textbf{(19.11)}$$

다른 두 개도 유사하게 표현된다. 그림 19.7에서 Bell 부등식을 도형적으로 증명하였는데, 사실 Bell 부등식은 스핀 변수뿐 아니라 확률 이론에서 매우 일반적인 결과이다.

식 (19.7)의 형태로 나타낸 Bell의 부등식은 명백히 양자역학과 *맞지 않는다*. 식 (19.6)의 확률로 보면

$$0 \le \theta_1, \theta_2 \le \pi \text{일 때} \quad \sin^2[(\theta_1 + \theta_2)/2] \ge \sin^2(\theta_1/2) + \sin^2(\theta_2/2) \quad \textbf{(19.12)}$$

이므로 부등식의 부등호가 *바뀐다*. 예를 들면 $\theta_1 = 20°$, $\theta_2 = 30°$일 때 식 (19.12)에 의하면 $0.1786 > 0.0971$이 된다. 고전적 인과관계에 의하면, 이것은 범위를 벗어난 사건들 사이의 예상된 상관관계보다 양자역학에서는 더 큰 상관관계가 예측된다는 것을 의미한다. 실제로, 잘못된 장치 때문에 우연히 측정하지 못한 부분이 있더라도 부등식 (19.12)의 유효성은 손상되지 않을 것이다.

양자역학과 지역적 실증주의 묘사가 근본적으로 일치하지 않는 것은 다음의 2-스핀(two-spin) 단일항(singlet) 상태 파동 함수로부터 분명하다.

$$|\Psi\rangle = \frac{1}{\sqrt{2}}\Big(|\alpha\rangle_1|\beta\rangle_2 - |\beta\rangle_1|\alpha\rangle_2\Big) \quad \textbf{(19.13)}$$

이런 함수를 두 개의 서로 상호작용하지 않는 입자를 나타내는 것처럼 단순한 곱의 형태 $|\Psi\rangle = |\psi\rangle_1|\psi\rangle_2$로 표현할 수는 없다. 따라서 서로 독립적으로 작용하는 두 입자는 단일항 상태의 얽힘을 표현할 수 있는 방법이 없다.

Bell 부등식을 가지고 지역적 실증주의와 양자역학 중 어느 것이 옳은지 명확히 구분할 수 있는 시험을 할 수 있다. 다음 절에서 언급할 다양한 실험으로부터 알 수 있듯이 양자역학이 옳다는 것은 명백한 사실이다. 따라서 우리는 지역적 실증주의가

나타나지 않는 우주에서 살고 있다고 결론을 내릴 수 있다. 그리고 Schrödinger에 의해 처음 사용된 양자적 *얽힘*이 실제로 발생되었다. 우리는 이 결론을 이끌어 내는 데 있어서 여전히 실제로 아직 해결되지 않은 수많은 형이상학적 논쟁은 피하고 있다. 이 놀라운 결과는 종종 다음의 벨의 정리로 요약된다:

지역적 실증주의 모형은 양자역학에 의해 깨졌다.

Henry Stapp은 Bell의 이론을 "20세기에 있어서 가장 혁명적인 과학발견"이라고 하였다. 양자역학의 고유한 비지역성은 한번 같이 있었던 두 입자는 서로 다른 은하에 있을 정도로 멀리 떨어져 있어도 계속적으로 서로 순간적인 영향을 미칠 수 있음을 의미한다. 심지어 빅뱅에서 출발한 우주의 모든 물질이 어떤 식으로든 상호 얽혀 있다고 볼 수도 있다.

19.6 Aspect의 실험

Bell의 이론은 지금까지 잘 인증된 실험적 사실이다. 가장 정교한 실험은 질량이 있는 입자들의 스핀보다는 *광자*의 편극을 측정하는 EPR-Bohm의 아날로그적 실험이다. 스핀 up과 스핀 down 대신 광자는 왼손 원형 편광과 오른손 원형 편광을 가질 수 있다. 어떤 경우에는 서로 연관된 두 광자(하나는 왼쪽, 하나는 오른쪽)가 반대 방향으로 방출될 수 있다. 1946년 Wheeler는 포지트로늄(양전자)의 소멸에서 방출되는 두 광자쌍이 반대 편극으로 얽혀 있다고 제안하였다. 이는 1949년 Wu와 Shaknov에 의해 실험적으로 확인되었다.

원형 편광은 두 개의 선형 편광이 서로 수직방향, 즉 "수평(H)"과 "수직(V)"으로 중첩된 것과 같다. 스핀-1/2 입자의 두 양자 상태는 방향이 180° 차이가 나지만, 광자는 두 개의 직교 편극 상태가 90° 차이가 난다. 따라서 스핀-1/2 입자에 대한 공식을 광자에 적용할 때는 일반적으로 θ 대신 $\theta/2$를 사용한다. 두 광자 사이 상관계수 $E(a, b)$를 다음과 같이 정의하는 것이 유용하다. 예를 들면 한 광자는 H, 다른 광자는 V 상태에 있을 때는 $E = 1$(완전 상관관계)이고, 두 광자가 모두 H이거나 V 상태라면 $E = -1$(완전 반상관)로 정의한다. 두 광자 a, b의 편극 벡터 사이각 θ의 함수로 표현하면 $E(90°) = 1$이고, $E(0°) = -1$이 될 것이다. $\theta = 45°$인 경우에는 상관과 반상관이 같은 확률로 기여하므로 $E(45°) = 0$의 통계적 결과를 얻을 것이다. 임의각 θ에 대한 양자역학적 결과는

$$E(\theta) = \sin^2\theta - \cos^2\theta \qquad \textbf{(19.14)}$$

이다. 각도 = 0°, 45°, 90°의 경우 지역적 실증주의와 양자역학의 결과는 일치한다. 일반적 경우에 대해 광자 편광에 적당하게 Bell의 부등식을 수정한 사람은 Clauser,

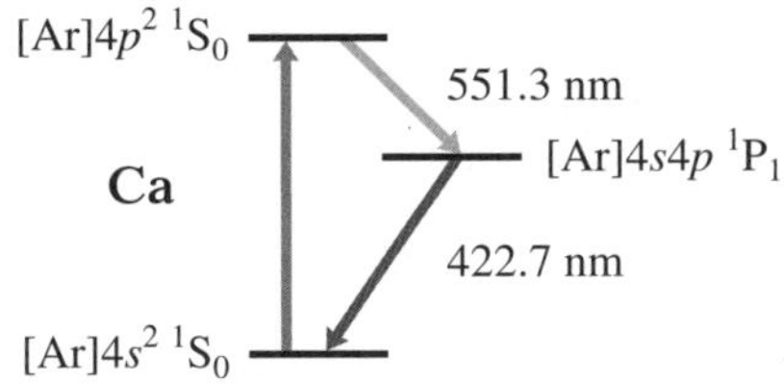

그림 19.8 레이저에 의해 들뜬 후 칼슘 원자에서 방출된 두 편광-상관된 광자.

Horne, Shimony, Holt이다. 이 CHSM 관계식에 의하면 $|S| \leq 2$이고, 여기서

$$S \equiv E(a, b) + E(a, b') + \mathrm{E}(a', b) - \mathrm{E}(a', b') \tag{19.15}$$

이다. Bell 부등식이 맞지 않다는 것은 1970년대에 Clauser, Horne, Shimony와 이들의 공동연구자들에 의해서 성공적으로 설명되었다. 확실한 실험적 증명은 1982년에 Alain Aspect와 그의 동료들에 의해 이루어졌다. 그림 19.8에서처럼 두 상관된 광자들이 이중 여기된(doubly-excited) 칼슘 원자에 의해 생성되었다. 두 레이저로 쪼여진 원자 빔에 의해서 칼슘 원자는 2-광자 흡수(two-photon absorption)로 $[\mathrm{Ar}]4p^2\ {}^1S_0$ 상태로 여기된다. 551.3 nm 파장의 녹색 광자를 자발적으로 방출하면서 칼슘 원자는 여기 상태 $[\mathrm{Ar}]4s4p\ {}^1\mathrm{P}_1$로 바뀐다. 바로 뒤이어 422.7 nm(파란색) 광자를 방출하면서 칼슘 원자는 $[\mathrm{Ar}]4s^2\ {}^1S_0$ 바닥 상태로 되돌아간다. 광자는 일정한 크기의 각운동량을 가지고 있고, 이들 벡터 모두를 합하면 영이 된다. 따라서 두 광자는 서로 반대의 원형 편광으로 묶여 있다. 그림 19.9에 그려진 Aspect 실험에서처럼 a_1, a_2와 b_1, b_2의 편광 검출기는 두 광자들의 선형 편광을 측정하고 두 광자 신호가 일치하는지를 검사한다. Aspect 실험에서 결과는 그림 19.10에서처럼 두 편광기 사이각의 함수에 대한 상관성을 보여준다. 이는 식 (19.12)의 양자역학적 결과와 완벽하게 일치한다. 지역적 실증주의와 최대 편차는 22.5°만큼 분리된 두 검출기를 사용한 일련의 측정에서 발생한다. CHSH 조건 $S \leq 2$와는 대조적으로 Aspect 결과는

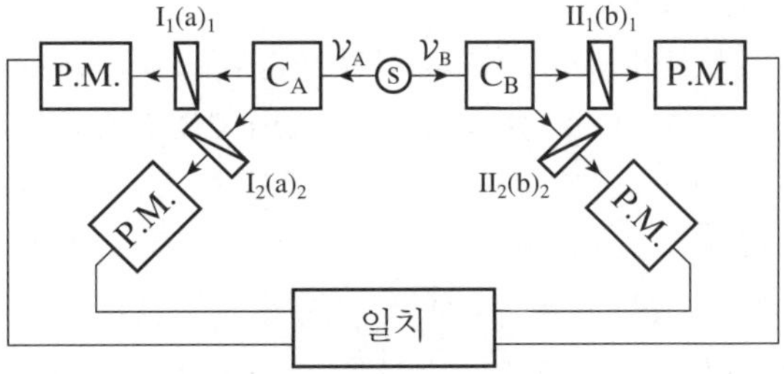

그림 19.9 Aspect 실험에 대한 도식적 그림: *Phys. Rev. D* **14**, 1944 (1976). C_A와 C_B는 선형 편광을 광전자 증배관 PM에 보내는 2-채널 편광자이다.

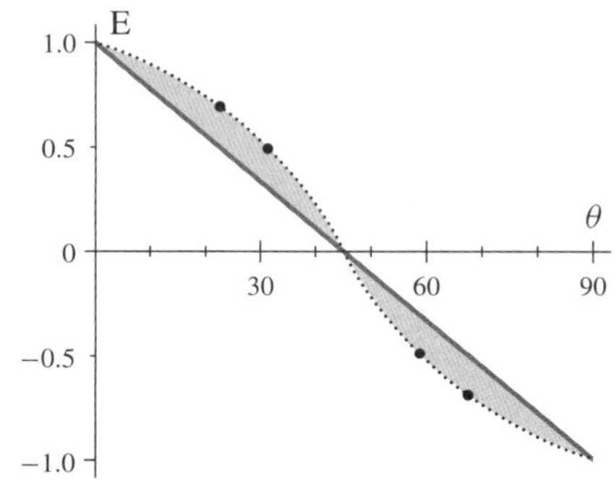

그림 19.10 Aspect 실험의 결과. 점선은 양자역학에 의한 결과이다(검출기의 효율을 고려해 0.955를 곱한 것임). 음영 부분은 Bell의 부등식이 성립하지 않는 부분이다. (A. Aspect, P. Grangier, and G. Roger, *Phys. Rev. Lett.* **49**, 91 (1982) 논문에서 발췌함.)

$S = 2.697 \pm 0.015$이었다. 따라서 Bell 부등식은 표준편차 40 이상의 정확도로 증명되었다.

추가 수정을 통해 지역적 실증주의 실험을 위해 원격 구멍(loophole)을 만들어서 편광 검출기가 어떻게든 빛에 버금가는 빠른 속도로 서로 신호를 보낼 수 있게 하였다. Aspect는 두 광자가 *이미 출발 후* 고속으로 전환된 거울이 두 광자를 다른 검출기로 보낼 수 있는 실험을 설계하였다. 이러한 “지연된 선택” 실험에서 Bell 부등식은 또한 성립되지 않았다. 현재 이 결과는 비-지역성(non-locality)을 검증하는 가장 결정적인 검증이라 생각된다.

19.7 다중 광자 얽힘

얽힘에 관한 일반적인 원리는 운동량, 스핀 등의 모든 양자역학적인 관측량에 적용 가능하다. 그러나 실제로 가장 접근하기 쉬운 얽힘 현상은 광자 편광이다. 이는 광자를 검출하고 조절하기에 매우 효율적인 기구들이 있기 때문이다. 원자 폭포 광원(atomic cascade source)보다 더 효율적인 편광-얽힘 광자 쌍을 만드는 기술들이 1980년대 이후로 사용되어 왔다. *매개적 하강 변환*(parametric down conversion)으로 알려진 이 기술은 일반적으로 β-barium borate(BBO)결정의 비선형 광학적 특성을 이용한 것이다. 그림 19.11에 나타낸 것처럼 고밀도 아르곤-이온 UV 레이저의 진동수 ν_0의 광자를 특별히 준비된 BBO 결정에 쪼이면, 광자의 일부는 진동수 $\nu_0/2$의 H와 V의 선형 편광으로 down 변환된다. 두 특정 방향으로 결정을 빠져나가는 H 및 V 광자는 얽힌 쌍을 형성할 수 있으며, 이는 그림 19.11의 원 교차점에서 보여준다. 광학장치를 적당히 조정하면 다음과 같은 4개의 *EPR-Bell* 상태를 만들 수 있다.

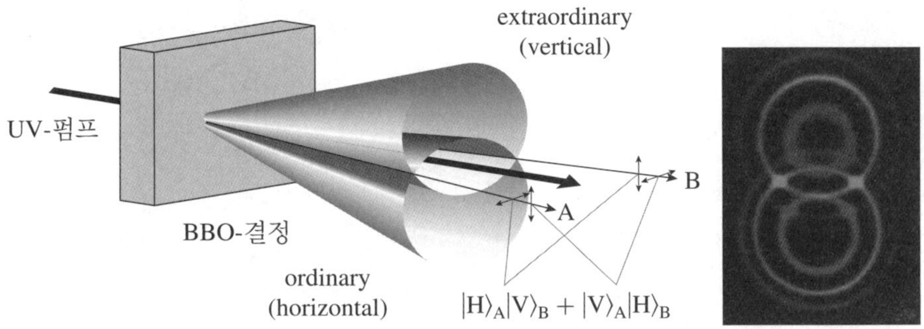

그림 19.11 타입-II 매개 down 변환에 의한 얽힌 광자를 생산하는 실험 장치. H와 V 편광된 광자들이 원추형으로 BBO 결정에서 방출되고 있다. 오른쪽에 적외선 광의 출력상을 나타내었다. 원추의 교차점에서 얽힌 광자빔이 생성된다. P. G. Kwiat, et al, *Phys. Rev. Lett.* **75** 4337(1995).

$$|\Psi^{\pm}\rangle = \frac{1}{\sqrt{2}}\Big(|H\rangle_1|V\rangle_2 \pm |V\rangle_1|H\rangle_2\Big),$$
$$|\Phi^{\pm}\rangle = \frac{1}{\sqrt{2}}\Big(|H\rangle_1|H\rangle_2 \pm |V\rangle_1|V\rangle_2\Big) \quad \textbf{(19.16)}$$

상관된 두 입자들의 경우에 지역적 실증주의와 양자역학 중 어느 것이 진실인가는 Bell 부등식의 통계적 깨짐에 따라 달라진다. 계속하여 1989년경 3개 이상의 상관 입자들에 대한 부등식은 더 이상 필요하지 않다고 Greenberger, Horne, Zeilinger(GHZ) 등에 의해서 제안되었다. 그들은 측정을 통해 LR과 QM 사이 어느 것이 옳은지 확실하게 보여주었다. Zeilinger와 그 동료들은 1999년 3개의 얽힌 광자들의 GHZ 상태를, 2001년에는 4개의 얽힌 광자들의 GHZ 상태를 만들 수 있었다. 앞으로 우리는 4개의 광자 실험을 기술할 것이다.

그림 19.12에 나타낸 것처럼 두 쌍의 얽힌 광자에 대한 광원 A와 B는 똑같은 BBO 결정에 UV 펄스를 두 번 통과시켜 만들었다. 광원 A는 1과 2의 광자를 내보내고, 광원 B는 광자 3과 4를 내보낸다. 이때 이들 4개의 광자 상태는 다음과 같이 기술될 수 있다.

$$|\Psi\rangle = \frac{1}{\sqrt{2}}\Big(|H\rangle_1|V\rangle_2 - |V\rangle_1|H\rangle_2\Big) \otimes \frac{1}{\sqrt{2}}\Big(|H\rangle_3|V\rangle_4 - |V\rangle_3|H\rangle_4\Big) \quad \textbf{(19.17)}$$

각 쌍에서 나온 광자(2번과 3번 광자)는 편광빔 분할기(PBS)를 지나면서 H 편광은 통과하고 V 편광은 반사한다. 검출기 D2와 D3는 각각 하나의 광자가 들어올 때 일치성으로 기록한다(두 개의 광자가 똑같은 검출기에 들어오는 경우는 버린다). 결론적으로 광자 2′과 3′은 모두 H이거나 모두 V여야 한다. 이 지점에서 4개 광자들의 GHZ 상태는 다음과 같이 된다.

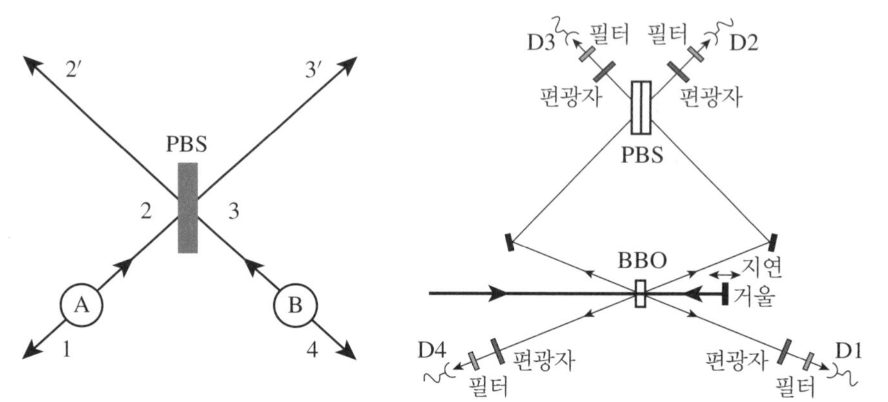

그림 19.12 4개의 광자 얽힘을 검출할 수 있는 실험. 일반적 원리는 왼쪽에, 더 자세한 것은 오른쪽에 설명하였다. 광원 A와 B는 각각 하나의 얽힌 광자 쌍을 내보낸다. 이는 실제로 UV 펄스를 BBO 결정에 두 번 통과시켜 만든다. PBS는 H 광자는 통과시키고 V 광자는 반사시키는 편광빔 분할기이다. D1~D4는 광 검출기이다. J.-W. Pan, M. Daniell, S. Gasparoni, G. Weihs and A. Zeilinger, *Phys. Rev. Lett.* **86** 4435 (2001).

$$|\Psi\rangle = \frac{1}{\sqrt{2}}\Big(|H\rangle_1|V\rangle_{2'}|V\rangle_{3'}|H\rangle_4 + |V\rangle_1|H\rangle_{2'}|H\rangle_{3'}|V\rangle_4\Big) \qquad \textbf{(19.18)}$$

이 상태는 HVVH 또는 VHHV의 4-중(fourfold) 일치를 관측함으로써 확인되었다. 하지만 14개의 다른 가능한 조합 어떤 것도 약 200:1의 신호 대 잡음비 하에서 관측되지 않았다.

이러한 관측은 결맞음 상태 (19.18)에 대한 필요조건은 되지만 확실하게 충분조건은 되지 못한다. 4개의 광자가 HVVH 및 VHHV의 통계적 중첩일 수 있는 원격 가능성을 제거하기 위해 ±45°만큼 회전된 편광자를 사용하여 추가 측정이 이루어졌다. ±45° 대각 선형 편광의 기본 함수는 다음 식으로 주어진다.

$$|\pm 45°\rangle = \frac{1}{\sqrt{2}}\big(|H\rangle \pm |L\rangle\big) \qquad \textbf{(19.19)}$$

식 (19.18)을 대각선 기저로 변환시키면 *짝수*의 $|+45°\rangle$ 구성 요소를 포함하는 8개의 항들이 겹침이 되지만, 홀수의 $|+45°\rangle$는 없다. 이것은 (+45°/+45°/+45°/+45°)로 설정된 4중 편광 필터와 (+45°/+45°/+45°/−45°)로 설정된 4중 편광 필터를 가지고 일치성을 비교해 검증할 수 있다. 첫 번째 배치(configuration)의 개수는 두 번째 배치보다 약 10배 정도였다. 이상적인 조건에서는 두 번째 설정의 개수는 거의 영으로 기대된다. 지역적 실증주의에 의하면 같은 개수가 예측되기 때문에, 양자역학에 의한 예측이 훨씬 믿을 만하다.

이러한 다중 얽힘의 뚜렷한 특징은 편광자를 적절히 배치해 3개의 검출기를 측정하면 나머지 한 개 검출기의 값은 100% 결정된다는 것이다. Bell의 부등식을 검증하는 실험과 달리, GHZ 상태에 대한 예측을 통해 통계적 분포가 아닌 명확한 결과를 알 수 있다.

현 연구에 대한 가장 활발한 분야는 순간 이동, 통신, 암호화 및 양자 계산에 얽힌 광자를 응용하는 방법을 탐색하는 것이다.

19.8 양자 이론의 철학적 문제

이 책의 내용은 양자역학에 관한 대부분의 교과서와 마찬가지로 원자 크기의 계의 특성을 계산하는 방법에 초점을 맞추었다. 의심할 여지없이 이러한 접근법은 아주 성공적으로 적용되어 과학의 어떤 분야에서도 실험과 유효숫자 10자리까지 일치할 정도로 결과를 아주 잘 예측할 수 있었다. 뿐만 아니라 이러한 양자역학적 모형은 21세기 생활을 이끄는 레이저, 컴퓨터 및 기타 반도체 장치, 별이 빛나는 원인, 핵무기, 스마트폰을 비롯한 원격통신, 생물공학, MRI같은 의료기술 등의 기술발전에도 큰 도움이 되었다.

대부분의 물리학자들이 여전히 "정책 노선" 정도로 인식하는 코펜하겐의 해석으로 약간 보강은 되었지만 그럼에도 불구하고 양자역학은 여전히 완전히 틀이 갖추어진 물리 이론이 아니라 단순히 레시피의 모음으로 남아 있다. 19세기 초 Carnot, Joule, Clausius 시대에 잘 알려진 열역학법칙과 양자이론의 현 상태를 비교해 보자. 열역학은 그 당시 열과 일 예를 들면 증기 기관차 등의 관측된 현상을 (어떤 물질이나 에너지 등의 본질적인 성질에 대한 외부 개념을 도입하지 않고) 잘 설명할 수 있었던 성공적인 물리 이론이었다. 열역학의 성공에는 분자와 그들의 운동 같은 물리의 실체를 이해하는 데 필요한 요소를 더 깊이 이해할 필요가 없었다.

올바른 과학적 이론은 이론이 실제로 묘사하는 것이 무엇이고 어떻게 작동하는지 우리에게 설명해 주어야 한다. 제안된 지 여러 해가 지났지만 아직도 계속 심각한 형이상학적 문제를 지니고 있는 de Broglie와 Bohm의 파일럿 파 이론과 Hugh Everett이 처음 제안한 다-세계(many-worlds) 해석 이론이 있다

De Broglie와 Bohm 이론(*Bohmian 역학*이라고도 함)은 양자역학의 인과관계에 관한 해석이다. 이는 1927년 de Broglie에 의해 제안되었고, 1952년 David Bohm에 의해 새로 조명되었다. 이는 양자역학의 숨겨진 변수(hidden variable) 해석이라 부르는 것의 가장 간단한 예이다. 입자 계는 보통 Schrödinger 방정식에 의해 시간의존성을 갖는 파동 함수로 기술된다. 이 파동 함수는 초기 조건에 따라 궤적이 달라지며 입자의 운동을 유도하는 *파일럿 파*의 역할을 한다. 입자의 속도는 파동 함수의 기울기에 의해 결정된다. 따라서 양자역학의 이러한 공식은 뉴턴 역학과 같은 결정론적

이론이라 생각할 수 있다.

1957년 제안된 Everett의 다-세계 해석 이론에 의하면, 양자계의 시간에 따른 변화는 파동 함수붕괴를 도입해 보강할 필요도 없이, Schrödinger 방정식에 의해 완전히 예측 가능하다. 양자 실험을 할 때마다 우리가 실제로 경험한 결과를 가진 하나의 세계만 알고 있더라도 각각 다른 세계에서 발생하는 모든 가능한 결과를 얻을 수 있다. 따라서 이는 양자역학의 다-세계 해석 이론으로 알려졌고, 우리가 알고 있는 세계 이외에 우주에는 무수히 많은 세계가 있어야 한다고 주장한다. 이 이론을 견지하는 사람은 영국의 양자 이론학자인 David Deutsch로 양자 컴퓨터의 조작이 실제로 다른 세계에서의 동시적인 계산을 포함한다고 믿는다. 또한 어떤 사람은 다-세계 해석 이론은 우리가 실제로 다원적 우주에 살고 있다는 우주론적 개념과 관련이 있을 수 있다고 추측해 왔다.

현재 유행하는 여러 양자역학 해석은 *결깨짐*을 이용하는데, 양자역학의 중첩에 의한 결맞음이 거시적인 환경과 상호작용에 의해 점차로 깨진다는 것을 뜻한다. 이 개념은 Wojtek Zurek의 도움을 통해 H. Dieter Zeh에 의해 1970년 처음으로 제안되었다. 사실 결깨짐은 파동 함수 붕괴에 대한 메커니즘에 기여할 수 있다. 결깨짐이 작용하면 $\Psi = \sum_n c_n \psi_n$같은 중첩은 $\sum_n |c_n|^2 \rho_n$ 같은 고전적인 집합 상태로 축소될 수 있다. 양자 컴퓨터는 결맞는 양자 상태의 유니테리 진화(unitary evolution)에 의존하기 때문에 결깨짐은 양자 컴퓨터를 실현하는 데 가장 큰 장애물이었다.

결깨짐은 분명히 오랫동안 논란이 된 *측정의 문제*와 관련이 있다. 또한 결깨짐은 *시간의 화살*을 설명하는 데 도움이 될 수 있다. 즉, 물리의 기본 방정식이 시간 반전에 대해서는 대칭적이라는 사실에도 불구하고 왜 시간이 한 방향으로만 흐르는지에 대한 답을 줄 수도 있다. 나아가 결깨짐은 어떻게 "고전 세계"가 양자역학으로부터 나타나게 되는지에 대한 끊임없는 질문을 고려하는 데도 적합하다.

또한 현 상태로의 양자역학이 중력을 일관성 있게 통합할 수 있을 때까지는 최종적인 이론이 될 수 없다는 것도 인정해야 한다. 양자장 이론과 일반상대성 이론이 양립할 수 없다는 유명한 문제는 아직 해야 할 일이 남았다는 것을 보여준다.

아마 미래에는 결국 양자역학을 완전히 이해하게 될 것이다. Shakespeare의 희극 *십이야(Twelfth Night)*에 나오는 비올라의 말을 인용하면, "오 시간이여, 내가 아니고, 네가 이것을 풀어야 한다. 내가 그 매듭을 풀기에는 너무 어렵다."

연습 문제

19.1 스핀-$\frac{1}{2}$ 상태의 두 입자에 대한 단일항 상태(singlet state)는 다음 파동 함수로 기술된다.

$$|\Psi\rangle = \frac{1}{\sqrt{2}}\big(|\alpha\rangle_1|\beta\rangle_2 - |\beta\rangle_1|\alpha\rangle_2\big)$$

여기서 $|\alpha\rangle$와 $|\beta\rangle$는 z-축에 대한 것이다. z-축에 수직한 축에 대해 대응하는 스핀 up과 스핀 down 고유 함수는 다음과 같이 주어진다.

$$|\uparrow\rangle = \frac{1}{\sqrt{2}}\big(|\alpha\rangle - |\beta\rangle\big) \qquad |\downarrow\rangle = \frac{1}{\sqrt{2}}\big(|\alpha\rangle + |\beta\rangle\big)$$

$|\Psi\rangle$를 $|\uparrow\rangle$과 $|\downarrow\rangle$으로 표현하라. 파동 함수의 형태는 단일항 스핀 상태의 구면 대칭성 때문에 불변해야 함을 증명해야 한다.

19.2 아래 그림처럼 설치된 편광기에 편광이 되지 않은 빛이 입사되었다고 생각하자.

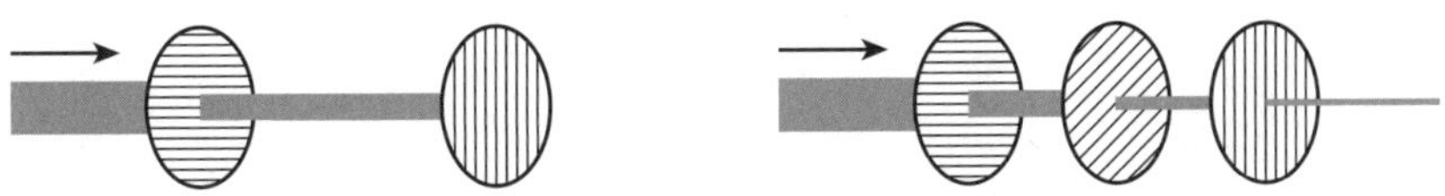

이 빔은 왼쪽 그림에서처럼 연속적인 수평과 수직 편광기에 의해 완전히 차단된다. 그러나 오른쪽 그림처럼 45° 편광기가 도입되면 입사 빔의 일부가 뚫고 지나간다. 그 이유를 설명하라.

양자화학 입문

제20장 양자 컴퓨터

Quantum computers

지난 50년 동안 최신 반도체 기반 컴퓨터는 Moore의 법칙으로 알려진 것처럼 용량은 두 배로 커졌고, 성능은 거의 매 18개월마다 두 배가 되었다. 컴퓨터 부품의 크기가 더 작아짐에 따라 양자 효과는 컴퓨터 신뢰성에 큰 영향을 미칠 정도로 중요해졌다. 하지만 양자세계의 두 가지 큰 특성인 중첩과 얽힘은 단점을 장점으로 전환하면서 정보를 암호화하고 처리하는 데 있어서 기존 컴퓨터 성능보다 훨씬 좋은 방법을 제공하게 되었다. 1982년 Richard Feynman은 양자 원리를 이용하여 새로운 컴퓨터를 만들 수 있는 가능성을 언급하였다. 양자 컴퓨터가 만들어진다면 기존 컴퓨터의 성능을 크게 뛰어 넘을 것이다. 양자 계산의 잠재력은 1985년 Oxford의 David Deutsch의 논문에서 고전적인 Turing 기계를 일반화한 범용 양자 컴퓨터가 처음 언급되었다. 양자 컴퓨터의 최초의 핵심 요소는 1994년 AT&T 실험실의 Peter Shor에 의해 개발되었는데, 큰 수의 인수 분해를 어떤 기존의 컴퓨터보다도 훨씬 효과적으로 할 수 있는 알고리즘이다. 비밀 전자 금융처리에 사용되는 기존의 Rivest, Shamir, Adleman(RSA)과 같은 암호화 기술은 큰 수를 인수 분해하는 데 있어서 어려움에 처해 있었다. 1996년 같은 AT&T 실험실의 Lov Grover에 의해 개발된 또 다른 알고리즘은 큰 데이터베이스에서 원하는 자료를 빠르게 찾는 방법이었다. 확실히 그러한 알고리즘을 수행할 양자 컴퓨터는 아직 없지만 개발해야 할 동기는 분명하였다.

원자와 분자 문제에 양자 컴퓨터를 적용할 전망은 고전 및 양자 알고리즘의 상대적인 계산상 복잡성 때문에 아주 매력적이다. 이러한 복잡성은 컴퓨터 메모리가 얼마나 커야 되고 계산 시간이 얼마나 소요되는지와 직접 관련되어 있다. 고전 컴퓨터에서는 문제를 원자와 분자에 적용하면 계 크기가 지수적으로 커지는데, n을 전자의 수라 할 때 대략 2^n의 차수로 커진다. 그러나 양자 컴퓨터를 사용하면 원칙적으로 계 크기는 단지 다항식으로, 즉 n^3, n^4으로 커진다. 이같이 다항식으로 커지는 계산을 통해 풀 수 있는 문제는 보통 용이한 반면 지수적으로 증가하는 계산이 필요한 문제는 처리하기 어렵다고 할 수 있다.

컴퓨터 과학에서 정보의 기본 단위는 이진법, 즉 비트이고 이에 대한 물리적 표현은 안정된 두 상태 $|0\rangle$과 $|1\rangle$이다. 기존의 컴퓨터에서는 이들 두 상태는 실리콘 마이

크로칩 내에서 아주 작게 하전된 축전기와 하전되지 않은 축전기에 해당한다. 원자 수준에서 볼 때 비트는 개념적으로 전자의 두 스핀 상태 혹은 광자의 두 편광 상태로 표현될 수 있다. 경제적인 관점과는 별개로 원자의 2-준위 계는 고전적인 성분 이상의 기능을 가지고 있다. 즉, 다음과 같이 *결맞은 중첩* 상태가 존재할 수 있다.

$$|\Psi\rangle = a_0|0\rangle + a_1|1\rangle \tag{20.1}$$

이러한 상태는 양자 컴퓨터에서 정보의 기본 단위인 양자비트 혹은 *큐비트*(qubit)를 나타낸다. 단지 0과 1로서 하나의 값을 저장하는 고전적인 비트와 다르게 큐비트는 0과 1을 동시에 저장할 수 있다. 두 개의 큐비트 레지스터(register) 상태는 다음과 같이 쓸 수 있고,

$$|\Psi\rangle = a_0|00\rangle + a_1|01\rangle + a_2|10\rangle + a_3|11\rangle \tag{20.2}$$

대등한 4개의 고전적인 비트를 포함한다. 64-큐비트의 양자 레지스터는 한번에 $2^{64} \approx 10^{19}$개의 값을 저장할 수 있다. 더 놀라운 일은 큐비트의 상호 얽힘에 의해 이런 모든 값을 한꺼번에 계산할 수 있다는 것이다. 따라서 양자 컴퓨터는 엄청난 병렬모드로 연산을 할 수 있다. 300-큐비트의 양자 컴퓨터는 이론적으로 지금까지 알려진 우주의 모든 원자수보다 큰 $2^{300} \approx 10^{90}$비트의 정보를 저장할 수 있다. 또한 동시에 2^{300}개의 계산을 수행할 수 있다. 고전 컴퓨터는 하나의 악기, 양자 컴퓨터는 완전한 오케스트라로 비유할 수 있다. 음악이 잘 연주되면 교향곡은 단순히 부분적인 곡을 합하는 것보다 내용면에 있어서 더 훌륭하다. 양자 컴퓨터를 구성할 때의 주요 기술적 문제는 양자 얽힘의 해체, 즉 *결깨짐*을 유발하는 기계 내 및 환경과의 상호작용을 최소화하는 것이다.

20.1 큐비트

양자 컴퓨터의 기본 아이디어는 디지털 컴퓨터에서 정보의 기본 단위인 비트를 *큐비트*(qubit)로 바꾸는 것이다. 큐비트는 2차원 복소수 공간인 Hilbert 공간 $\mathbb{C}^2$에서 정규화된 양자 상태 벡터로 정의된다. 기본적으로 큐비트의 기본 벡터는 다음과 같이 Dirac 표현을 사용해 나타낸다.

$$|0\rangle = \begin{pmatrix}1\\0\end{pmatrix}, \qquad |1\rangle = \begin{pmatrix}0\\1\end{pmatrix} \tag{20.3}$$

$\mathbb{C}^2$의 일반적인 상태는 다음과 같이 두 고전 상태들의 복소수 선형 조합으로 쓸 수 있다:

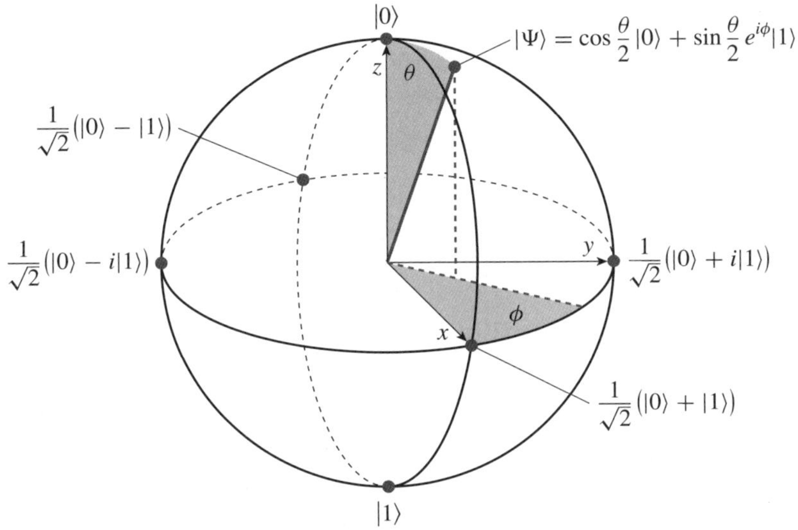

그림 20.1 Bloch 구. 큐비트 $|\Psi\rangle$와 6개의 중요한 점은 회색 점으로 표시하였다.

$$|\Psi\rangle = \alpha|0\rangle + \beta|1\rangle \tag{20.4}$$

여기서 α와 β는 복소수이다. 하지만 큐비트는 어떤 고전적으로 잘 알려진 것과는 완전히 다른 선형 결합이다. $|\Psi|$는 1이라 가정한다. 따라서 α와 β는 다음의 정규화 조건을 만족해야 한다:

$$|\alpha|^2 + |\beta|^2 = 1 \tag{20.5}$$

그림 20.1에서 보여준 것처럼 *Bloch 구*는 큐비트를 기하학적으로 잘 나타낸다. 위도 및 경도와 비슷하게 각도 θ와 ϕ는 큐비트의 상태를 기술한다. 정반대의 점은 어떤 상태 벡터의 음의 상태보다는 직교 상태를 나타낸다. Bloch 구에서 $|0\rangle$은 북극($\theta = 0$), $|1\rangle$은 남극($\theta = \pi$)에 해당된다. $\theta = \pi/2$인 Bloch 구의 적도에서는 추가적으로 4개의 *중요한 점* $\phi = 0, \pi/2, \pi, 3\pi/2$에 각각 대응하는 $(|0\rangle + |1\rangle)/\sqrt{2}$, $(|0\rangle + i|1\rangle)/\sqrt{2}$, $(|0\rangle - |1\rangle)/\sqrt{2}$, $(|0\rangle - i|1\rangle)/\sqrt{2}$ 상태들이 존재한다. Bloch 구면상의 점들과 큐비트 상태는 일대 일로 대응한다. Bloch 구면상의 큐비트에 대한 편리한 매개변수 θ와 ϕ의 표기는 다음과 같이 스피너(spinor)의 특별한 반각으로 표기한다.

$$|\Psi\rangle = \cos\frac{\theta}{2}|0\rangle + \sin\frac{\theta}{2}e^{i\phi}|1\rangle \tag{20.6}$$

큐비트에 대한 실제 물리적 계는 여러 가지가 있다: $|0\rangle$과 $|1\rangle$은 광자의 두 편광 상태를 표현할 수 있고, 전자나 핵자의 스핀 $\pm\frac{1}{2}$인 두 상태, 혹은 초전도체 내에서

소용돌이의 방향, 혹은 원자나 분자의 두 개의 다른 에너지 준위를 나타낼 수 있다. θ와 ϕ는 연속적인 실수이므로 큐비트는 많은 양의 정보를 나타낼 수 있다. Nielsen와 Chuang는 "역설적으로 단위 구상에 너무 많은 점들이 있어서 원리적으로는 Shakespeare 문학 책 전부를 θ에 대한 무한 이진(binary) 전개로 저장할 수 있다."고 언급하였다. 그러나 큐비트를 실제 측정하면 단지 두 개의 다른 결과인 ±1 중 하나로 나오고 이는 큐비트를 $|0\rangle$ 또는 $|1\rangle$로 붕괴시킨다.

20.2 양자 게이트와 회로

앞으로 고려할 양자 계산 모형은 고전적 비트와 논리 게이트(gate)로 구성된 고전적 회로 모형을 일반화한 것이다. 양자 회로는 유니테리 연산에 대응되는 게이트를 사용하여 큐비트에 변환을 수행한다. 우리 목적을 위해서는 유니테리 게이트를 하나 또는 두 개의 큐비트만 포함하게끔 제한하면 충분하다고 생각한다. 큐비트에서 양자 게이트는 고전적 논리 게이트와 비슷하다. 고전적 논리 게이트에는 단일-비트 논리 게이트, 즉 NOT 게이트만 존재하지만, 큐비트에서는 여러 다른 1-큐비트 양자 게이트도 가능하다. 1-큐비트 양자 게이트는 큐비트 $\begin{pmatrix}\alpha\\ \beta\end{pmatrix}$를 다른 큐비트 $\begin{pmatrix}\alpha'\\ \beta'\end{pmatrix}$로 변환한다. 식 (20.5)를 만족시키려면, 다음 조건을 만족해야 한다.

$$|\alpha'|^2 + |\beta'|^2 = |\alpha|^2 + |\beta|^2 = 1 \tag{20.7}$$

따라서 큐비트 $\begin{pmatrix}\alpha\\ \beta\end{pmatrix}$의 크기는 불변이다. 여기서 선형성이 유지되어야 하므로 양자 게이트로서 사용할 수 있는 연산자는 *유니테리*(unitary) 연산자밖에 없다. 유니테리 연산자 U는 크기를 변화시키지 않는다. 따라서 모든 Ψ에 대해 $|U\Psi| = |\Psi|$가 성립한다. 가장 중요한 1-큐비트로 된 게이트는 그들이 형성한 2×2 유니테리 변환과 함께 그림 20.2에 나타내었다. 예를 들면 기본 상태의 각각에 Hadamard 게이트를 적용하면 다음과 같이 된다.

$$H|0\rangle = \frac{1}{\sqrt{2}}\Big(|0\rangle + |1\rangle\Big), \qquad H|1\rangle = \frac{1}{\sqrt{2}}\Big(|0\rangle - |1\rangle\Big) \tag{20.8}$$

Pauli-X, Y, Z 게이트는 Pauli 스핀 연산자 σ_x, σ_y, σ_z를 따라 이름을 붙였는데, 똑같은 행렬 표현을 나타낸다. Pauli-X 게이트는 NOT 게이트와 동등하고, 이는 고전적인 NOT 게이트(▷○)처럼 기본 벡터들을 다음과 같이 변환시킨다.

$$X|0\rangle = |1\rangle, \qquad X|1\rangle = |0\rangle \tag{20.9}$$

Identity (또는 IDLE): $\boxed{\mathbf{I}} = \begin{pmatrix} 1 & 0 \\ 0 & 1 \end{pmatrix}$

Hadamard 게이트: $\boxed{\mathbf{H}} = \frac{1}{\sqrt{2}}\begin{pmatrix} 1 & 1 \\ 1 & -1 \end{pmatrix}$

Pauli-X (또는 NOT) 게이트: $\boxed{\mathbf{X}} = \begin{pmatrix} 0 & 1 \\ 1 & 0 \end{pmatrix}$

Pauli-Y 게이트: $\boxed{\mathbf{Y}} = \begin{pmatrix} 1 & -i \\ i & 0 \end{pmatrix}$

Pauli-Z 게이트: $\boxed{\mathbf{Z}} = \begin{pmatrix} 1 & 0 \\ 0 & -1 \end{pmatrix}$

Phase (또는 $\pi/2$) 게이트: $\boxed{\mathbf{S}} = \begin{pmatrix} 1 & 0 \\ 0 & i \end{pmatrix}$

$\pi/8$ 게이트: $\boxed{\mathbf{T}} = \begin{pmatrix} 1 & 0 \\ 0 & e^{i\pi/4} \end{pmatrix}$

측정: 

그림 20.2 1-큐비트로 된 게이트들.

Bloch 구상의 한 큐비트를 x, y, z 축에 대해 회전시키는 연산자는 다음처럼 Pauli 행렬의 지수 형태로 만들 수 있다:

$$R_x(\alpha) = e^{-i\alpha X/2} = \cos\tfrac{\alpha}{2} I - i\sin\tfrac{\alpha}{2} X = \begin{pmatrix} \cos\frac{\alpha}{2} & -i\sin\frac{\alpha}{2} \\ -i\sin\frac{\alpha}{2} & \cos\frac{\alpha}{2} \end{pmatrix}$$

$$R_y(\beta) = e^{-i\beta Y/2} = \cos\tfrac{\beta}{2} I - i\sin\tfrac{\beta}{2} Y = \begin{pmatrix} \cos\frac{\beta}{2} & -\sin\frac{\beta}{2} \\ \sin\frac{\beta}{2} & \cos\frac{\beta}{2} \end{pmatrix}$$

$$R_z(\gamma) = e^{-i\gamma Z/2} = \cos\tfrac{\gamma}{2} I - i\sin\tfrac{\gamma}{2} Z = \begin{pmatrix} e^{-i\gamma/2} & 0 \\ 0 & e^{i\gamma/2} \end{pmatrix} \quad \textbf{(20.10)}$$

식 (20.10)을 일반화시키면, Bloch 구상의 어떤 유니테리 벡터 $\mathbf{n} = (n_1, n_2, n_3)$에 대해 각도 θ만큼 회전시키는 연산자는 다음과 같이 표현된다.

$$R_{\mathbf{n}}(\theta) = e^{-i\theta\,\mathbf{n}\cdot\mathbf{\Sigma}/2} = \cos\frac{\theta}{2} I - i\sin\frac{\theta}{2}\mathbf{n}\cdot\mathbf{\Sigma} \quad \textbf{(20.11)}$$

여기서 $\mathbf{\Sigma} = (X, Y, Z)$이다. Bloch 구상의 임의 회전은 3개의 *Euler 각*만큼 다음과 같이 연속적으로 회전시킨다. 여러 가지 가능한 회전 중에서 다음의 Euler 회전각을 택하면, (1) z-축에 대해 α 각도만큼 회전, (2) (1)에 의해 만들어진 새로운 x-축에 대해 β 각도만큼 회전, (3) (1)에 의해 만들어진 새로운 z-축에 대해 γ 각도만큼 회전. 이러한 연속적인 회전을 다음의 유니테리 연산자로 표현할 수 있다.

$$U = e^{i\delta} R_z(\gamma) R_x(\beta) R_z(\alpha) \quad \textbf{(20.12)}$$

여기서 글로벌 위상 인자 $e^{i\delta}$를 사용하면 일부 행렬은 표준 형태로 표현 가능하다. 1-큐비트에 작용하는 어떤 유니테리 연산자도 연속적인 회전을 나타내는 식 (20.12)로, 혹은 다른 방법으로 쓸 수 있다. 예를 들면, 연산자 U는 $\alpha = \beta = \gamma = \delta = \pi/2$의 각을 가진 Hadamard 게이트 H가 됨을 보일 수 있다. 또 다른 조합을 하면 $H = iR_x(\pi)R_y(\pi/2)$가 된다. 나중에 알게 되겠지만 회전 게이트는 양자 계의 시뮬레이션에서 매우 중요하다.

다중-큐비트 상태와 연산자는 *tensor 곱*과 *Kronecker 곱*으로 구성된 행렬로 표현할 수 있다. 예를 들면 $A = \begin{pmatrix} a_{11} & a_{12} \\ a_{21} & a_{22} \end{pmatrix}$과 $B = \begin{pmatrix} b_{11} & b_{12} \\ b_{21} & b_{22} \end{pmatrix}$를 2차원 복소수 Hilbert 공간($\mathbb{C}^2$)에서의 행렬이라 하자. 그러면 $\mathbb{C}^2 \otimes \mathbb{C}^2$ 공간에서 $A \otimes B$는 다음과 같이 주어진다.

$$A \otimes B = \begin{pmatrix} a_{11}B & a_{12}B \\ a_{21}B & a_{22}B \end{pmatrix} = \begin{pmatrix} a_{11}b_{11} & a_{11}b_{12} & a_{12}b_{11} & a_{12}b_{12} \\ a_{11}b_{21} & a_{11}b_{22} & a_{12}b_{21} & a_{12}b_{22} \\ a_{21}b_{11} & a_{21}b_{12} & a_{22}b_{11} & a_{22}b_{12} \\ a_{21}b_{21} & a_{21}b_{22} & a_{22}b_{21} & a_{22}b_{22} \end{pmatrix} \quad \textbf{(20.13)}$$

$\Psi_1 = \begin{pmatrix} \alpha_1 \\ \beta_1 \end{pmatrix}$과 $\Psi_2 = \begin{pmatrix} \alpha_2 \\ \beta_2 \end{pmatrix}$의 두 큐비트 상태 곱은 다음과 같이 주어진다.

$$\Psi = \Psi_1 \otimes \Psi_2 = \begin{pmatrix} \alpha_1\alpha_2 \\ \alpha_1\beta_2 \\ \beta_1\alpha_2 \\ \beta_1\beta_2 \end{pmatrix} \quad \textbf{(20.14)}$$

다음은 2-큐비트 게이트를 생각하자. 2개의 큐비트는 $\mathbb{C}^2 \otimes \mathbb{C}^2$ 공간에서 작동한다. 따라서 4×4 유니테리 행렬로 표현된다. 유니테리 행렬 U의 역행렬은 $U^\dagger$이므로 모든 양자 게이트는 고전적 논리 게이트와 반대로 *가역적*이다. 어떤 양자 게이트에 대해 입력값은 출력값으로부터 계산할 수 있다. 그러나 고전적인 XOR 게이트 $x \oplus y$에서는 출력값이 1인 경우 입력값이 $|10\rangle$인지 $|01\rangle$인지 모른다. 출력값으로부터 입력값이 결정되지 않는다. 가장 단순한 2-큐비트 게이트는 CNOT(controlled NOT) 게이트이다. 두 개의 입력 큐비트를 x, y라 표시하자. 첫 입력 큐비트 x는 *조절 큐비트*, 두 번째 y는 *표적 큐비트*라 부른다. 이 표적 큐비트는 오직 $x = 1$이면 바뀐다. $x = 0$이면 두 번째 큐비트는 바뀌지 않는다. CNOT의 표현은 그림 20.3에 나타내었

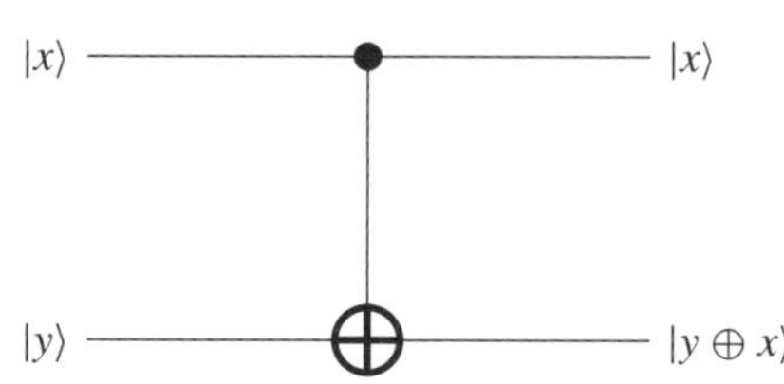

그림 20.3 조절되는 NOT (CNOT) 게이트.

다. 이 그림 20.3에서 검은 점은 조절되는 큐비트가 작동하는 것을 나타낸다. CNOT 게이트에 대응되는 유니테리 행렬은 다음과 같이 주어진다.

$$U_{\text{CNOT}} = \begin{pmatrix} 1 & 0 & 0 & 0 \\ 0 & 1 & 0 & 0 \\ 0 & 0 & 0 & 1 \\ 0 & 0 & 1 & 0 \end{pmatrix} \tag{20.15}$$

실제로 U_{CNOT}행렬은 $|00\rangle$과 $|01\rangle$ 상태를 변화시키지 않지만 $|10\rangle$ 상태와 $|11\rangle$ 상태는 서로 바뀌게 한다. CNOT 게이트는 가장 간단한 얽힘 큐비트를 만드는 역할을 하고, 어떤 점에선 고전적 게이트를 양자게이트로 "양자화시키는" 역할을 한다.

CNOT 게이트의 일반화는 두 개의 큐비트에 작용하는 조절되는 게이트이다. 여기서 조절되는 큐비트는 표적 큐비트에 유니테리 연산 V를 결정한다. 만일 1-큐비트 게이트 V를 2×2 행렬로 표현하면:

$$V = \begin{pmatrix} V_{11} & V_{12} \\ V_{21} & V_{22} \end{pmatrix} \tag{20.16}$$

대응하는 2-큐비트 행렬은 다음과 같다.

$$U_{\text{CV}} = \begin{pmatrix} 1 & 0 & 0 & 0 \\ 0 & 1 & 0 & 0 \\ 0 & 0 & V_{11} & V_{12} \\ 0 & 0 & V_{21} & V_{22} \end{pmatrix} \tag{20.17}$$

조절되는 V-게이트 기호는 그림 20.4에 나타내었다.

조절되는 레지스터와 표적 레지스터를 교환하면 *역으로 조절되는 게이트*가 된다. 그림 20.5에는 역으로 조절되는 게이트를 나타냈는데 이를 행렬로 표현하면 다음과 같다:

$$U_{\text{ICV}} = \begin{pmatrix} 1 & 0 & 0 & 0 \\ 0 & V_{11} & 0 & V_{12} \\ 0 & 0 & 1 & 0 \\ 0 & V_{21} & 0 & V_{22} \end{pmatrix} \tag{20.18}$$

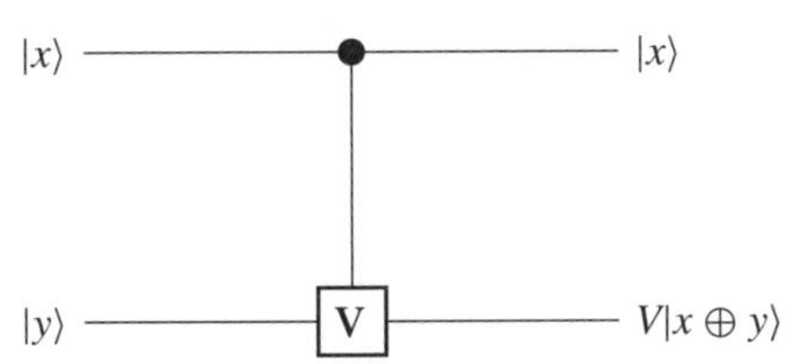

그림 20.4 조절되는 V 게이트.

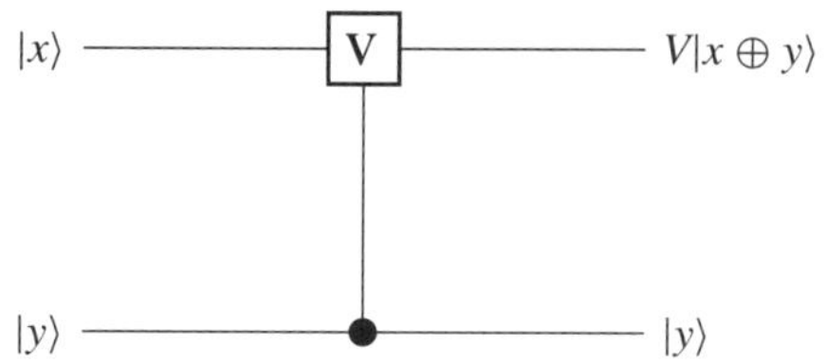

그림 20.5 역으로 조절되는 V 게이트.

만일 V가 S나 T처럼 위상 게이트라면, 일반적으로 $R_n = \begin{pmatrix} 1 & 0 \\ 0 & e^{i\pi/2^{n-1}} \end{pmatrix}$이 되고, 대응하는 조절되는 게이트와 역으로 조절되는 게이트는 동일하다:

$$U_{\text{CR}} = U_{\text{ICR}} = \begin{pmatrix} 1 & 0 & 0 & 0 \\ 0 & 1 & 0 & 0 \\ 0 & 0 & 1 & 0 \\ 0 & 0 & 0 & e^{i\pi/2^{n-1}} \end{pmatrix} \tag{20.19}$$

또 다른 중요한 2-큐비트 게이트는 SWAP 게이트인데, 두 개의 입력 큐비트의 상태를 서로 바꾸는 역할을 한다. 이는 다음과 같이 표현된다.

$$U_{\text{SWAP}} = \begin{pmatrix} 1 & 0 & 0 & 0 \\ 0 & 0 & 1 & 0 \\ 0 & 1 & 0 & 0 \\ 0 & 0 & 0 & 1 \end{pmatrix} \tag{20.20}$$

이 게이트는 그림 20.6에 나타내었다. SWAP 게이트와 그림 20.7의 연속적인 CNOT가 같다는 것을 증명하는 것은 쉽다.

양자 컴퓨터 회로에서 각 큐비트의 경로는 하나의 수평선(——)으로 표시되고, 이러한 수평선은 보통 여러 게이트들이 연결되어 있다. 큐비트는 양자선을 따라 왼쪽에서 오른쪽으로 움직인다고 이해하면 된다. 보통 고전적 비트를 나타내는 선은 측정 후에 이중선(═)으로 표기한다. 예를 들면 $|\Phi^{\pm}\rangle = \frac{1}{\sqrt{2}}(|00\rangle \pm |11\rangle)$과 $|\Psi^{\pm}\rangle =$

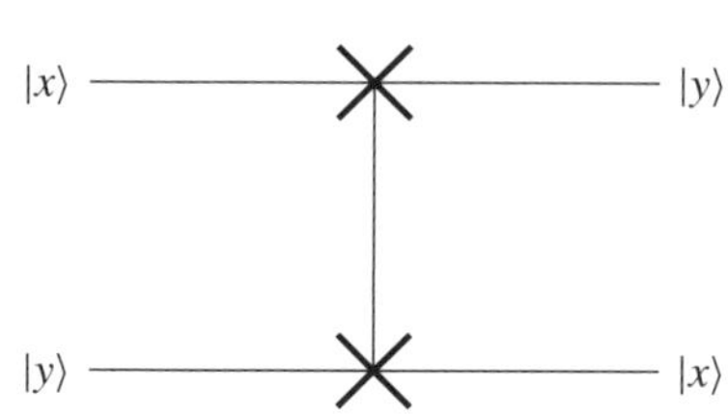

그림 20.6 SWAP 게이트.

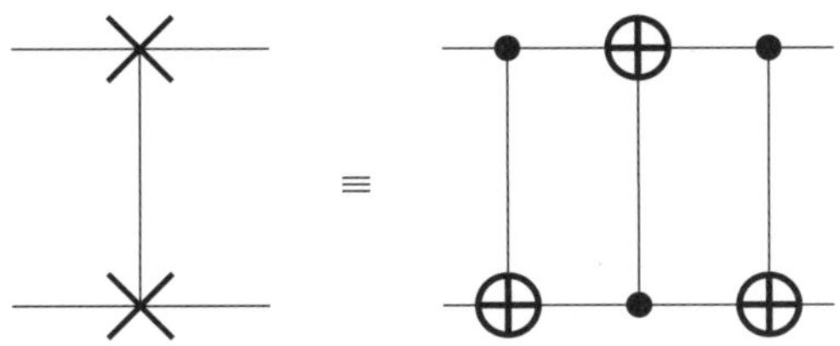

그림 20.7 SWAP 게이트와 동등한 CNOT 조작의 순서.

$\frac{1}{\sqrt{2}}(|01\rangle \pm |10\rangle)$의 중첩 상태인 Bell 상태를 만들 수 있는 양자 회로를 살펴보자. 이는 2개의 큐비트가 최대로 얽혀 있는 상태이다. 이러한 Bell 상태는 그림 20.8의 회로에 의해 형성될 수 있다. 첫 번째 큐비트는 Hadamard 게이트를 지난 다음 두 큐비트가 CNOT 게이트에 의해 얽힌다. 이 계에 입력이 $|0\rangle \otimes |0\rangle = |00\rangle$이면 Hadamard 게이트는 이 상태를 다음의 상태로 바꾼다.

$$\frac{1}{\sqrt{2}}\Big(|0\rangle + |1\rangle\Big) \otimes |0\rangle = \frac{1}{\sqrt{2}}\Big(|00\rangle + |10\rangle\Big)$$

그리고 CNOT 게이트는 이 상태를 $\frac{1}{\sqrt{2}}\Big(|00\rangle + |11\rangle\Big) = |\Phi^+\rangle$로 바꾼다. 4개의 가능한 입력값에 대해 아래와 같은 4개의 결과를 얻을 수 있다.

$$\begin{aligned} &|00\rangle \rightarrow \frac{1}{\sqrt{2}}\Big(|00\rangle + |11\rangle\Big) = |\Phi^+\rangle, \ |01\rangle \rightarrow \frac{1}{\sqrt{2}}\Big(|01\rangle + |10\rangle\Big) = |\Psi^+\rangle, \\ &|10\rangle \rightarrow \frac{1}{\sqrt{2}}\Big(|00\rangle - |11\rangle\Big) = |\Phi^-\rangle, \ |11\rangle \rightarrow \frac{1}{\sqrt{2}}\Big(|01\rangle - |10\rangle\Big) = |\Psi^-\rangle \end{aligned} \tag{20.21}$$

Bell 상태를 이용해 19.5절에서 기술한 Einstein-Podolski-Rosen 실험에 대한 Bohm의 버전으로 상관측정(correlation of measurement)을 할 수 있다. $|\Phi^+\rangle$ 혹은 $|\Phi^-\rangle$ 상태에서 측정을 하게 되면 두 입자 상태는 같은 확률로 $|00\rangle$이나 $|11\rangle$ 상태로 바뀐다. 따라서 한 입자의 스핀을 측정하면 $+1$ 혹은 -1을 얻는데, 다른 입자도 필연적으로 같은 결과를 얻게 된다. 비슷하게 $|\Psi^+\rangle$ 혹은 $|\Psi^-\rangle$ 상태도 측정에서 $|01\rangle$ 혹은

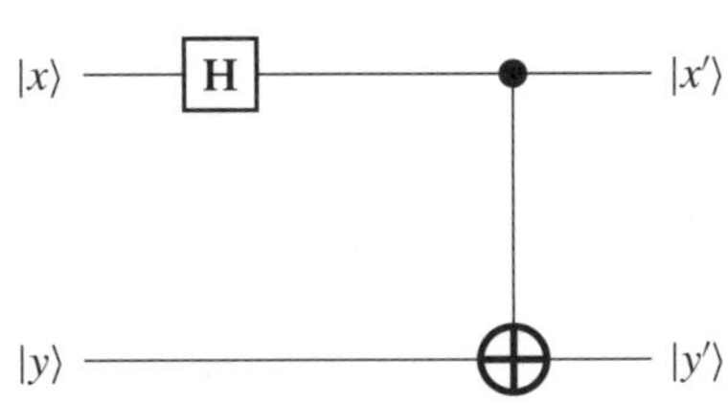

그림 20.8 Bell 상태를 만들 수 있는 회로.

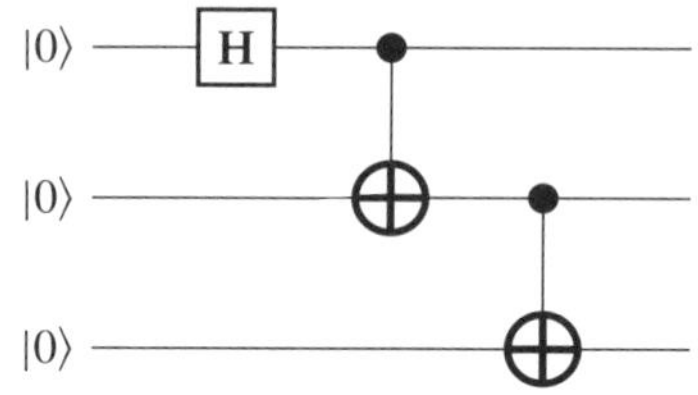

그림 20.9 GHZ 상태 $\frac{1}{\sqrt{2}}(|000\rangle + |111\rangle)$를 만들 수 있는 회로

$|10\rangle$ 상태로 나오게 된다. 두 입자의 스핀 측정은 필연적으로 서로 *반대의* 결과를 얻게 될 것이다.

또 다른 흥미로운 예는 그림 20.9에 나타낸 양자 회로이다. 이 회로는 *GHZ 상태*를 만들 수 있는데, 이 상태는 다음과 같이 *3개*의 큐비트가 중첩되어 얽힌 상태이다:

$$|\Psi\rangle_{\mathrm{GHZ}} = \frac{1}{\sqrt{2}}\big(|000\rangle + |111\rangle\big) \tag{20.22}$$

여기서 GHZ는 3(및 4)개의 광자의 얽힘 상태를 처음 만들었던 사람들 Greenberger, Horne, Zeilinger의 약자이다. 이러한 실험은 여러 번의 실험을 통계적으로 분석하여 증명하는 것보다 단 한 번의 실험으로 Bell의 정리를 증명할 수 있다. Bell의 정리는 양자역학의 결과는 지역적 실증주의에 바탕을 둔 어떤 묘사와도 양립할 수 없다는 것이다.

이 장에서 고려한 양자 알고리즘은 *양자 회로 모형*에 기반을 두고 있다. 이는 순차적으로 선에 연결된 하나 및 두 개의 큐비트 게이트를 사용한다. 그리고 큐비트의 초기 레지스터로 시작하여 나중에는 회로에서 측정을 할 수 있는 고전적인 비트의 레지스터로 변환된다.

20.3 Stern-Gerlach 실험의 시뮬레이션

7.6절의 Stern-Gerlach 실험에서 스핀 1/2인 중성 입자의 편광되지 않은 빔을 균일하지 않는 자기장(S과 N의 자석)으로 보내 빔을 스핀 up과 스핀 down으로 분리하였다. 단순화시키기 위해 그림 20.10에는 단지 스핀 up 빔만을 나타내었다. 이 빔은 두 번째 자석을 통과하면서 원래의 편광 방향과 θ만큼 틀어져 나올 수 있다. 이것은 또한 빔을($\theta = 0$ 또는 π인 경우 제외) 새로운 편광 방향에 대한 스핀 up 및 스핀 down 빔으로 분리한다.

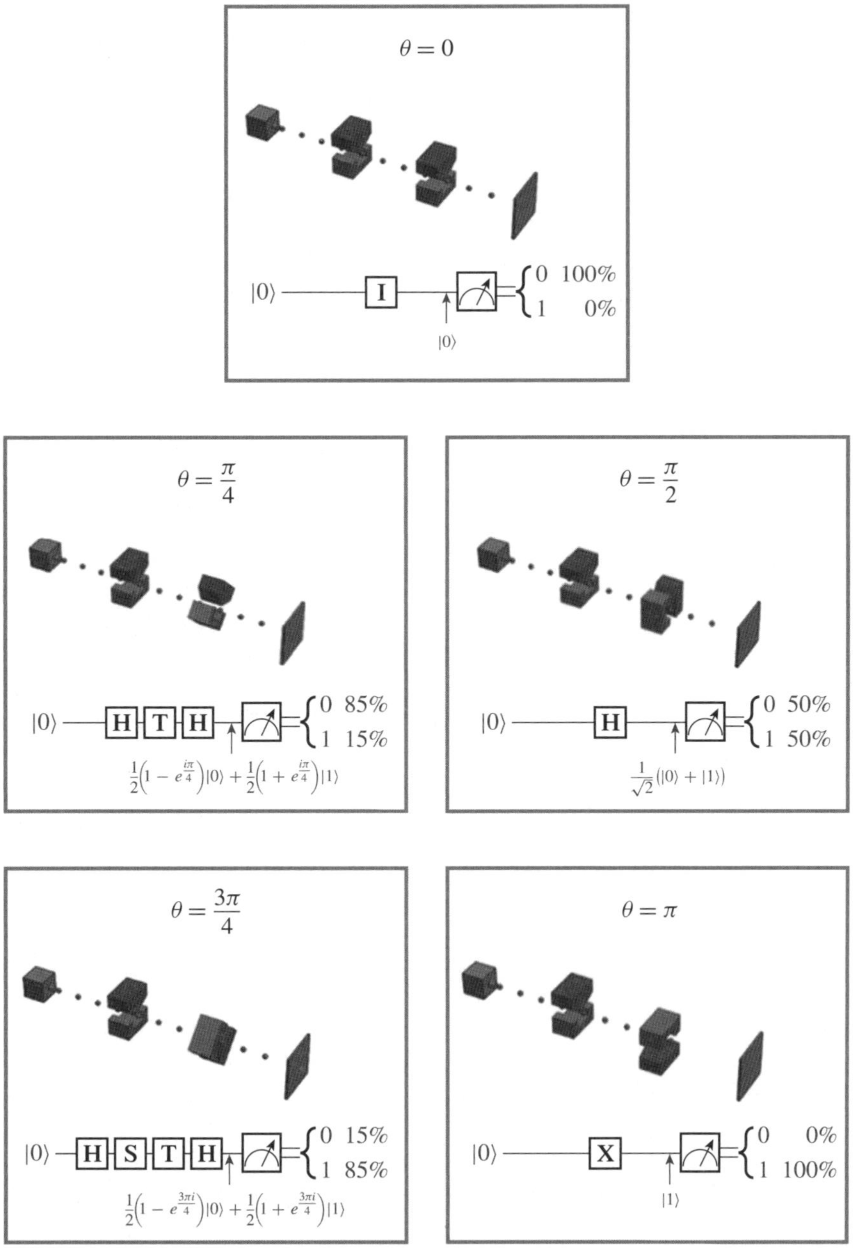

그림 20.10 Stern-Gerlach 실험과 양자 컴퓨터 시뮬레이션.

이러한 Stern-Gerlach 실험의 결과는 양자 컴퓨터로 시뮬레이션할 수 있다. 큐비트 $|0\rangle$과 $|1\rangle$은 각각 스핀 ↑과 스핀 ↓ 상태에 해당한다. 초기 상태 $|0\rangle$은 첫 번째 자석을 떠난 편광빔을 뜻한다. 양자 게이트들의 순서를 적당히 바꾸면 두 번째 자석을

통과한 편광빔의 각도가 θ만큼 틀어지게 시뮬레이션할 수 있다. 측정 기호 뒤에 표시된 것처럼 양자 컴퓨터에서 여러 차례 실행을 하면 통계적 결과를 증명할 수 있다.

예를 들면, $\theta = \pi/4$ 회전은 다음 연산에 의해서 얻어질 수 있다.

$$H\,T\,H|0\rangle = \begin{pmatrix} 1 & 1 \\ 1 & -1 \end{pmatrix} \begin{pmatrix} 1 & 0 \\ 0 & e^{i\pi/4} \end{pmatrix} \begin{pmatrix} 1 & 1 \\ 1 & -1 \end{pmatrix} \begin{pmatrix} 1 \\ 0 \end{pmatrix} = \begin{pmatrix} \frac{1}{2} + \frac{1}{2}e^{i\pi/4} \\ \frac{1}{2} - \frac{1}{2}e^{i\pi/4} \end{pmatrix}$$

초기 상태 스핀 $|0\rangle$에 위의 연속적인 측정의 결과는 $\left|\frac{1}{2} + \frac{1}{2}e^{i\pi/4}\right|^2 = 0.8536$, 즉 약 85%의 스핀 up의 결과를 얻을 수 있다.

20.4 양자 Fourier 변환

양자 Fourier 변환은 잘 알려진 *불연속적 Fourier 변환*(discrete Fourier transform, DFT)과 아주 유사하다. N개의 복소수 집합 $x_j (j = 0, 1, \ldots, N-1)$는 다음과 같이 N개의 또 다른 복소수 집합 $y_k (k = 0, 1, \ldots, N-1)$으로 변환될 수 있다.

$$y_k = \frac{1}{\sqrt{N}} \sum_{j=0}^{N-1} x_j\,(\omega_N)^{kj}, \qquad \omega_N = e^{2\pi i/N} \tag{20.23}$$

역 DFT는 $x_j = \frac{1}{\sqrt{N}} \sum_{k=0}^{N-1} y_k\,(\omega_N^*)^{kj}$으로 주어진다. F로 표기되는 *양자 Fourier 변환* QFT는 양자 상태에 대한 *진폭*을 살펴보면 DFT와 동등하다.

$$\Psi = \sum_{j=0}^{N-1} \alpha_j |j\rangle, \text{ 여기서 } \sum_{j=0}^{N-1} |\alpha_j|^2 = 1 \tag{20.24}$$

즉,

$$F\,\Psi = \sum_{k=0}^{N-1} \beta_k |k\rangle, \qquad \text{여기서} \qquad \beta_k = \frac{1}{\sqrt{N}} \sum_{j=0}^{N-1} \alpha_j\,(\omega_N)^{kj} \tag{20.25}$$

양자 Fourier 변환에 대응되는 유니테리 연산자는 다음 식으로 주어진다(ω_N을 ω로 나타냄):

$$F = \frac{1}{\sqrt{N}} \begin{pmatrix} 1 & 1 & 1 & \ldots & 1 \\ 1 & \omega & \omega^2 & \ldots & \omega^{N-1} \\ 1 & \omega^2 & \omega^4 & \ldots & \omega^{2(N-1)} \\ \vdots & \vdots & \vdots & & \vdots \\ 1 & \omega^{N-1} & \omega^{2(N-1)} & \ldots & \omega^{(N-1)^2} \end{pmatrix} \tag{20.26}$$

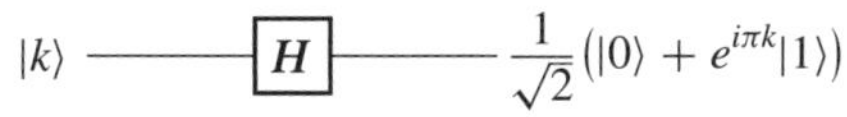

그림 20.11 $k = 0$ 또는 1인 Hadamard 게이트의 회로.

대부분의 QFT는 아래 식 (20.27)처럼 개별 기본 함수 $|k\rangle$에 적용된다.

$$F|k\rangle = \frac{1}{\sqrt{N}} \sum_{j=0}^{N-1} (\omega_N)^{kj} |j\rangle \tag{20.27}$$

Hadamard 게이트를 적용하면 식 (20.8)과 그림 20.11에서 보여준 것처럼 $N = 2$, $\omega_2 = -1$인 가장 간단한 QFT의 한 예가 될 것이다.

n개의 큐비트로 표현되는 양자 상태는 $N = 2^n$개의 기본 함수를 가진다. 예를 들면, 하나의 2-큐비트 상태는 아래처럼 표현되는 4개의 기본 함수로 기술될 수 있다.

$$\begin{aligned} |\mathbf{0}\rangle &= |0\rangle \otimes |0\rangle = |00\rangle, \qquad & |\mathbf{1}\rangle &= |0\rangle \otimes |1\rangle = |01\rangle, \\ |\mathbf{2}\rangle &= |1\rangle \otimes |0\rangle = |10\rangle, \qquad & |\mathbf{3}\rangle &= |1\rangle \otimes |1\rangle = |11\rangle \end{aligned} \tag{20.28}$$

요약하면,

$$|k\rangle = |k_1\rangle \otimes |k_2\rangle = |k_1 k_2\rangle \tag{20.29}$$

여기서 k는 이진수로 표현된다. $N = 4$, $\omega = \omega_4 = e^{i\pi/2} = i$이면 어떤 기본 함수에 대한 양자 Fourier 변환은 다음과 같이 주어진다.

$$F|k\rangle = \frac{1}{2} \sum_{j=0}^{3} \omega^{kj} |j\rangle \tag{20.30}$$

$|j\rangle = |j_1\rangle \otimes |j_2\rangle$를 고려하면,

$$\begin{aligned} F|k\rangle &= \frac{1}{2} \sum_{j_1=0}^{1} \sum_{j_2=0}^{1} \omega^{2kj_1} \omega^{kj_2} |j_1\rangle \otimes |j_2\rangle = \frac{1}{2} \Big(|0\rangle + \omega^{2k} |1\rangle \Big) \otimes \Big(|0\rangle + \omega^{k} |1\rangle \Big) = \\ &\frac{1}{\sqrt{2}} \Big(|0\rangle + e^{i\pi k_2} |1\rangle \Big) \otimes \frac{1}{\sqrt{2}} \Big(|0\rangle + e^{i\pi (k_1 + \frac{k_2}{2})} |1\rangle \Big) \end{aligned} \tag{20.31}$$

가 된다. 또한 위 식에서는 $e^{2\pi i k_1} = 1$이 사용되었다.

그림 20.12에는 2-큐비트 QFT에 대한 회로를 나타내었다. 상세한 작동과정은 그림 20.13에 나타내었다. 첫 레지스터를 $|\Psi_0\rangle = |k_1\rangle \otimes |k_2\rangle$로부터 출발하여 여기에

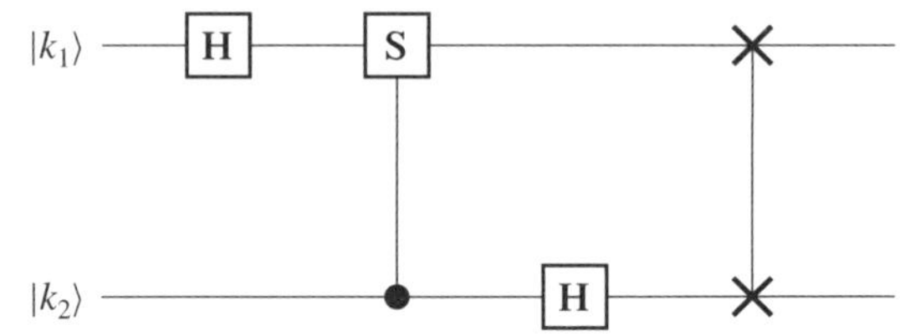

그림 20.12 2-큐비트 양자 Fourier 변환(QTF) 회로.

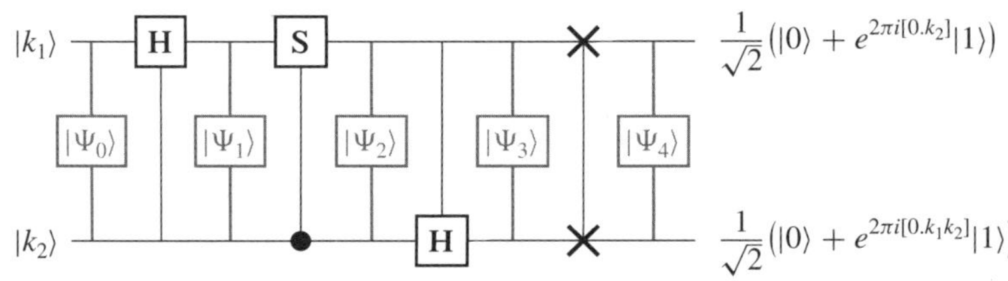

그림 20.13 2-큐비트 양자 Fourier 변환에 대한 상세한 작동과정.

Hadamard 게이트를 적용하면

$$|\Psi_1\rangle = \frac{1}{\sqrt{2}}\left(|0\rangle + e^{i\pi k_1}|1\rangle\right) \otimes |k_2\rangle \tag{20.32}$$

가 된다. 연속적으로 작용하게 될 역 조절-S(ICS) 게이트는 다음의 유니테리 연산자를 사용한다.

$$U_{\text{ICS}} = \begin{pmatrix} 1 & 0 & 0 & 0 \\ 0 & 1 & 0 & 0 \\ 0 & 0 & 1 & 0 \\ 0 & 0 & 0 & e^{i\pi/2} \end{pmatrix} \tag{20.33}$$

즉, 이 유니테리 연산자를 적용하면 다음의 식을 얻는다.

$$|\Psi_2\rangle = U_{\text{ICS}}|\Psi_1\rangle = \frac{1}{\sqrt{2}}\left(|0\rangle + e^{i\pi k_1}e^{i\pi\frac{k_2}{2}}|1\rangle\right) \otimes |k_2\rangle \tag{20.34}$$

두 번째 레지스터에 Hadamard 게이트를 적용하면

$$|\Psi_3\rangle = \frac{1}{\sqrt{2}}\left(|0\rangle + e^{i\pi\left(k_1+\frac{k_2}{2}\right)}|1\rangle\right) \otimes \frac{1}{\sqrt{2}}\left(|0\rangle + e^{i\pi k_2}|1\rangle\right) \tag{20.35}$$

가 된다. 최종 결과는 아래처럼 SWAP 게이트에 의해서 얻어진다:

$$|\Psi_4\rangle = \mathrm{SWAP}|\Psi_3\rangle = \frac{1}{\sqrt{2}}\left(|0\rangle + e^{i\pi k_2}|1\rangle\right) \otimes \frac{1}{\sqrt{2}}\left(|0\rangle + e^{i\pi\left(k_1+\frac{k_2}{2}\right)}|1\rangle\right) \tag{20.36}$$

위 과정과 비슷하게 우리는 3-큐비트 QFT를 유도할 수 있다. 식 (20.31)을 일반화시키면, 다음 식이 된다.

$$\begin{aligned} F\,|k\rangle = \frac{1}{\sqrt{2}}\left(|0\rangle + e^{i\pi k_3}|1\rangle\right) \otimes \frac{1}{\sqrt{2}}\left(|0\rangle + e^{i\pi(k_2+\frac{k_3}{2})}|1\rangle\right) \\ \otimes \frac{1}{\sqrt{2}}\left(|0\rangle + e^{i\pi(k_1+\frac{k_2}{2}+\frac{k_3}{4})}|1\rangle\right) = \\ \frac{1}{\sqrt{2}}\left(|0\rangle + e^{2\pi i[0.k_3]}|1\rangle\right) \otimes \frac{1}{\sqrt{2}}\left(|0\rangle + e^{2\pi i[0.k_2k_3]}|1\rangle\right) \\ \otimes \frac{1}{\sqrt{2}}\left(|0\rangle + e^{2\pi i[0.k_1k_2k_3]}|1\rangle\right) \end{aligned} \tag{20.37}$$

마지막 과정에서 우리는 아래와 같은 이진법의 부분 표현을 사용하였다.

$$k = k_1 + \frac{k_2}{2} + \frac{k_3}{4} + \cdots = 2[0.k_1k_2k_3\ldots] \tag{20.38}$$

대응되는 회로는 그림 20.14에 나타내었다. 위의 모든 예에서 한 기본 큐비트에 QFT를 적용하면 단위 크기의 복소수 위상 인자를 곱하여 모든 N 기본 큐비트들을 같은 비중으로 선형 결합된 상태로 바꾼다.

그 회로에서 사용된 역 조절되는-T(ICT) 게이트는 다음 유니테리 행렬로 표현된다.

$$U_{\mathrm{ICT}} = \begin{pmatrix} 1 & 0 & 0 & 0 \\ 0 & 1 & 0 & 0 \\ 0 & 0 & 1 & 0 \\ 0 & 0 & 0 & e^{i\pi/4} \end{pmatrix} \tag{20.39}$$

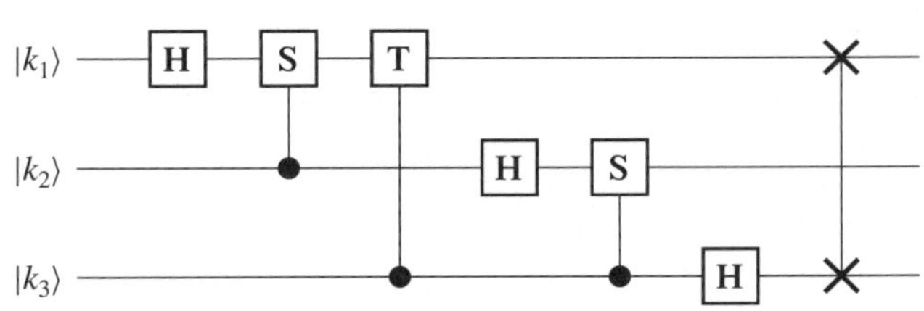

그림 20.14 3-큐비트로 된 양자 Fourier 변환.

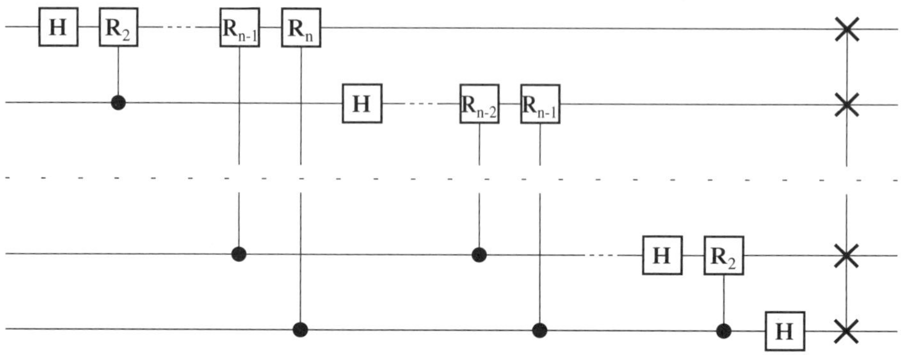

그림 20.15 *n*-큐비트 양자 Fourier 변환 회로.

우리는 다음의 일반화된 *조절-R_n 게이트*

$$R_n = \begin{pmatrix} 1 & 0 & 0 & 0 \\ 0 & 1 & 0 & 0 \\ 0 & 0 & 1 & 0 \\ 0 & 0 & 0 & e^{i\pi/2^{n-1}} \end{pmatrix} \quad \textbf{(20.40)}$$

를 정의할 수 있다. 일반화된 n-큐비트 QFT 회로는 그림 20.15에 나타내었다.

20.5 위상 추정 알고리즘

양자 Fourier 변환의 중요한 응용은 위상 추정이다. 양자화학에 적용하면, 전개 연산자 e^{-iHt}를 적용하여 에너지 고유값을 얻을 수 있다. U를 잘 알려진 $2^n \times 2^n$ 유니테리 행렬이라 하고, $|\Psi\rangle \in \mathbb{C}^{2^n}$를 고유 벡터들 중 하나라고 하자. 그러면 유니테리 행렬의 고유값은 크기 1의 복소수(고유위상이라고도 함)이므로 다음 식이 성립한다.

$$U|\Psi\rangle = e^{i\varphi}|\Psi\rangle \quad \textbf{(20.41)}$$

이 연산자 U의 활동은 특별히 정의되지 않는 "블랙박스"에 의해 수행되고, *오라클*(oracle)로 잘 알려져 있다. 이는 기호 $|\Psi\rangle$ —[U]— $e^{i\varphi}|\Psi\rangle$으로 표현한다. 위상 추정 알고리즘에 대한 기본 방법은 *위상 반환*(phase kickback)으로 알려져 있다. 1-큐비트 함수 $|\psi\rangle$를 수반하는 그림 20.16에 있는 작은 회로를 생각해보자. 두 레지스터에 대한 초기 입력값은 $|0\rangle \otimes |\psi\rangle$로 쓴다. 이 초기 값에 Hadamard 게이트를 적용하면 $\frac{1}{\sqrt{2}}(|0\rangle \otimes |\psi\rangle + |1\rangle \otimes |\psi\rangle)$가 된다. 조절된-U 게이트는 단지 조절된 레지스터의 성분 $|1\rangle$에만 적용된다. 이 결과는

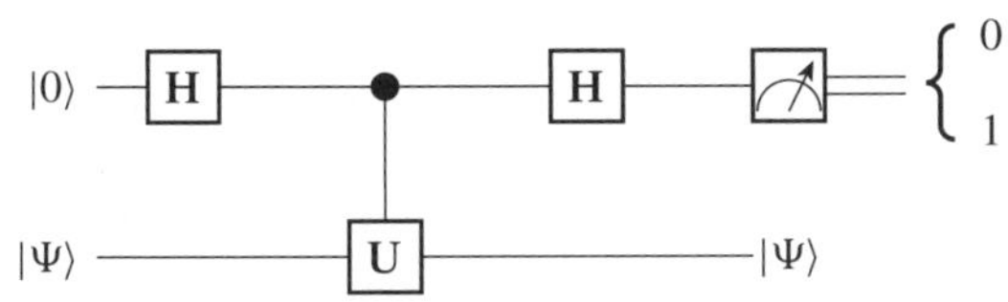

그림 20.16 위상 반환.

$$\frac{1}{\sqrt{2}}\Big(|0\rangle \otimes |\psi\rangle + |1\rangle \otimes e^{i\varphi}|\psi\rangle\Big) = \frac{1}{\sqrt{2}}\Big(|0\rangle + e^{i\varphi}|1\rangle\Big) \otimes |\psi\rangle \qquad \textbf{(20.42)}$$

가 된다. 여기서 레지스터 $|\psi\rangle$는 바뀌지 않는다. 여기에 또 다른 Hadamard 게이트를 적용하면, 이 조절 레지스터는 다음 상태가 된다.

$$\begin{aligned} H\frac{1}{\sqrt{2}}\Big(|0\rangle + e^{i\varphi}|1\rangle\Big) &= \frac{1}{2}\Big(|0\rangle + |1\rangle\Big) + \frac{1}{2}e^{i\varphi}\Big(|0\rangle - |1\rangle\Big) \\ &= \left(\frac{1+e^{i\varphi}}{2}\right)|0\rangle + \left(\frac{1-e^{i\varphi}}{2}\right)|1\rangle \qquad \textbf{(20.43)} \end{aligned}$$

마지막으로 이 조절 레지스터를 측정하면 다음의 확률로 비트 0 아니면 1이 나온다.

$$p(0) = \left|\frac{1+e^{i\varphi}}{2}\right|^2 = \cos^2\frac{\varphi}{2}, \qquad p(1) = \left|\frac{1-e^{i\varphi}}{2}\right|^2 = \sin^2\frac{\varphi}{2} \qquad \textbf{(20.44)}$$

통계적 분석을 하게 되면 위 식으로 부터 위상 φ를 구할 수 있다.

다중 큐비트 함수 $|\Psi\rangle$의 경우에는 n 비트까지 정확하게 위상 φ를 추정할 수 있다고 가정하자. 그러면 고유 벡터 $|\Psi\rangle$의 첫 n 큐비트를 U의 거듭 제곱을 포함한 일련의 조절연산자를 적용한 후 역 양자 Fourier 변환을 수행해야 한다. 이러한 위상 추정 회로는 그림 20.17에 나타내었다. 첫 번째 레지스터의 입력은 m 큐비트로 구성되

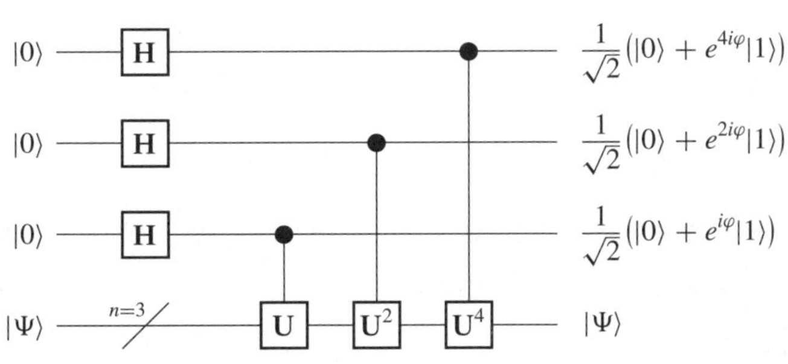

그림 20.17 위상 추정에 대한 회로.

어 있는데 모두 상태 $|0\rangle$에서 준비된다. 이것은 한 알고리즘을 수행하기 위한 양자 컴퓨터의 얽힘의 구성인 *ancilla*의 예이다. 두 번째 레지스터는 상태 $|\Psi\rangle$로 표현되는 n 큐비트로 된 입력을 포함한다. 확실한 개념을 잡기 위해, $m = 3$, $n = 3$인 특별한 경우를 생각해보자. 다음에 나오는 H 게이트는 다음에 나오는 조절 연산자 $U^{2n}(n = 0, 1, 2$에 대해)과 함께 큐비트 $|0\rangle$을 $\frac{1}{\sqrt{2}}(|0\rangle + e^{i2n\varphi}|1\rangle)$로 바꾸었다. 이렇게 위 레지스터의 출력은 다음처럼 곱의 상태로 출력된다:

$$|\mathrm{OUT}\rangle = \frac{1}{\sqrt{2}}\big(|0\rangle + e^{4i\varphi}|1\rangle\big) \otimes \frac{1}{\sqrt{2}}\big(|0\rangle + e^{2i\varphi}|1\rangle\big) \otimes \frac{1}{\sqrt{2}}\big(|0\rangle + e^{i\varphi}|1\rangle\big) \qquad \textbf{(20.45)}$$

이를 식 (20.37)의 마지막 줄과 비교하면 $|\mathrm{OUT}\rangle$는 벡터 $|k\rangle = |k_1\rangle \otimes |k_2\rangle \otimes |k_3\rangle$의 Fourier 변환으로 보인다. 따라서 역 Fourier 변환을 사용하면 $|k\rangle$를 구할 수 있다:

$$|k\rangle = F^{-1}|\mathrm{OUT}\rangle \qquad \textbf{(20.46)}$$

k의 크기($0 \le k \le 1$)는 $k = [0.k_1k_2k_3]$에 의해서 주어진다. 이는 위상에 대한 근사값을 3비트 정확도까지 표현한다:

$$\varphi = 2\pi[0.k_1k_2k_3\ldots] \qquad \textbf{(20.47)}$$

따라서 그림 20.17의 회로를 이용하면 위처럼 3비트 정확도까지 위상 φ를 정할 수 있다. 이 값의 오류는 $n + 1$로 명명한 첫 번째 무시된 비트에 의해 영향을 받는다. 따라서 측정된 위상 값의 에러 $\delta\varphi$는 $2\pi/2^{n+1}$ 크기가 된다. φ를 반복적으로 정하는 과정을 나타내는 그림은 $2\pi k$에 중심을 두고 너비가 $\sigma \approx \delta\varphi$인 가우스(Gaussian) 곡선을 닮았다. 분명히 $|k\rangle$에서 큐비트 수를 늘이면 계산된 위상은 더 정확해진다.

20.6 다-전자 계

다-전자로 이루어진 계는 다중 큐비트가 필요하다. D 큐비트의 Hilbert 공간, $\mathbb{C}^{2D}$, 은 $\mathbb{C}^2$의 D번 복사, 즉 $\mathbb{C}^2 \otimes \mathbb{C}^2 \ldots \otimes \mathbb{C}^2$처럼, D회의 *텐서 곱*이다. 각 $\mathbb{C}^2$의 공간에서 직교 기저벡터는 δ인데 확장된 기저벡터는 2^D번의 곱 상태로 구성된다:

$$|\delta_1, \delta_2, \ldots, \delta_D\rangle \;=\; |\delta_1\rangle \otimes |\delta_2\rangle \otimes \ldots. \otimes |\delta_D\rangle \qquad \textbf{(20.48)}$$

여기서 점유된 숫자가 0 또는 1과 같을 수 있음을 강조하기 위해 n_k 대신 δ_k 기호를 사용한다(Kronecker delta δ_{ij}에서 영감을 얻음). 특히 관심 있는 다차원 계는 많은 전자로 구성된 원자 또는 분자이며, 이들은 N개의 전자가 가능한 모든 조합으로 점유되며, D 스핀 오비탈을 가진 Fock 상태로 표시된다. D차원 Fock 상태는 N개의 점유된 스핀 오비탈과 $D-N$개의 점유되지 않는 스핀 오비탈(혹은 가상의)로 구성된다. 대부분의 경우 가상의 스핀 오비탈은 양의 에너지를 갖는다. 즉, $\epsilon_k > 0$. 고전 컴퓨터에서는 D차원 계의 모든 가능한 Fock 상태 수를 센다면 아마 2^D개의 메모리가 필요할 것이다. 하지만 양자 컴퓨터에서는 각 큐비트는 중첩의 상태로 있을 수 있고, 이 중첩의 상태는 똑같은 양자 정보를 포함할 수 있다. 더구나 원리적으로 양자 컴퓨터 계산은 전 집합에서 동시에 할 수 있으므로 이를 *양자 병행*론이라 부른다. 고전 알고리즘에서는 계의 크기가 커질수록 지수적으로 복잡성이 증가한다. 이런 계산능력의 예로서 30-큐비트 양자 컴퓨터는 10^{30}개, 즉 약 10억 개의 상태를 동시에 처리할 수 있다.

Fermion *생성 연산자* $a_k{}^\dagger$와 *소멸 연산자* a_k는 Fock 상태에서 전자들을 더하거나 없앨 수 있다. 이들 연산자는 다음의 반교환 관계식을 만족한다:

$$\{a_j, a_k{}^\dagger\} = \delta_{jk}, \qquad \{a_j, a_k\} = \{a_j^\dagger, a_k{}^\dagger\} = 0 \tag{20.49}$$

Fock 공간에서 첫 출발점인 *진공 상태* $|\text{vac}\rangle$는 다음과 같이 정의된다. 즉,

$$|\text{vac}\rangle = |0_1, 0_2, \ldots, 0_D\rangle \tag{20.50}$$

스핀 오비탈 k에 있는 전자는 생성 연산자 $a_k{}^\dagger$에 의해서 다음과 같이 계에 더해질 수 있다:

$$a_k{}^\dagger|\text{vac}\rangle = |0_1, 0_2, \ldots, 1_k, \ldots\rangle \tag{20.51}$$

Fock 공간의 순서에서 j가 k 앞에 오고, 스핀 오비탈 j에 있는 두 번째 전자를 더하면 다음과 같이 된다.

$$a_j{}^\dagger a_k{}^\dagger|\text{vac}\rangle = |0_1, 0_2, \ldots, 1_j, \ldots, 1_k, \ldots\rangle \tag{20.52}$$

하지만 k가 j 앞에 오면,

$$a_j{}^\dagger a_k{}^\dagger|\text{vac}\rangle = -|0_1, 0_2, \ldots, 1_k, \ldots, 1_j, \ldots\rangle \tag{20.53}$$

가 된다. 부호가 변하는 것은 반교환 관계식 $a_j^\dagger a_k^\dagger = -a_k^\dagger a_j^\dagger$ 때문이다. 이는 다전자 계에서 반대칭 원리와 잘 맞는다. 또한 Pauli 배타원리에 의해 $a_k^\dagger a_k^\dagger = 0$가 성립한다. 임의의 Fock 공간에 생성연산자 $a_k{}^\dagger$를 적용하면,

$$a_k{}^\dagger|\delta_1, \delta_2, \ldots, 0_k, \ldots\rangle = (-1)^{\sum_{j=1}^{k-1}\delta_j}|\delta_1, \delta_2, \ldots, 1_k, \ldots\rangle \tag{20.54}$$

가 되고, 여기서 합의 기호는 $j < k$를 만족하는 j의 점유된 스핀 오비탈 수를 뜻한다. 물론 스핀 오비탈 k가 이미 점유되었다면, $a_k{}^\dagger|\delta_1, \delta_2, \ldots, 1_k, \ldots\rangle = 0$가 성립한다.

유사한 관계가 소멸 연산자 a_k에 대해서도 성립한다. 특히

$$a_k|\delta_1, \delta_2, \ldots, 1_k, \ldots\rangle = (-1)^{\sum_{j=1}^{k-1}\delta_j}|\delta_1, \delta_2, \ldots, 0_k, \ldots\rangle \tag{20.55}$$

가 성립하고, $a_k|\delta_1, \delta_2, \ldots, 0_k, \ldots\rangle = 0$도 성립한다.

20.7 원자와 분자 Hamiltonian

어떤 원자나 분자의 N-전자 계는 상대론적 효과를 무시하고, Born-Oppenheimer 근사와 원자 단위를 적용하면 다음의 Hamiltonian으로 기술될 수 있다.

$$H = \sum_{i=1}^{N}\left\{-\frac{1}{2}\nabla_i^2 - \sum_A \frac{Z_A}{|\mathbf{r}_i - \mathbf{R}_A|}\right\} + \sum_{i>j=1}^{N}\frac{1}{r_{ij}} \tag{20.56}$$

이 Hamiltonian은 단지 1-체와 2-체 상호작용만 포함해야 양자 컴퓨터 회로를 적용할 수 있다. 2차 양자화 표현에서 Hamiltonian은 다음과 같이 주어진다.

$$H = \sum_{j,k} h_{j,k}a_j^{\dagger}a_k + \frac{1}{2}\sum_{j\neq k, p\neq q} v_{j,k,p,q}a_j^{\dagger}a_k^{\dagger}a_p a_q \tag{20.57}$$

여기서 계수 $h_{j,k}$와 $v_{j,k,p,q}$는 고전 컴퓨터에서 미리 계산할 필요가 있다. 이들 계수를 몇 개의 기본 함수로 표현하면,

$$h_{j,k} = \left\langle \phi_j(x) \middle| \left\{-\frac{1}{2}\nabla^2 - \sum_A \frac{Z_A}{|\mathbf{r} - \mathbf{R}_A|}\right\} \middle| \phi_k(x) \right\rangle \tag{20.58}$$

과

$$v_{j,k,p,q} = \left\langle \phi_j(x)\phi_k(x') \middle| \frac{1}{|\mathbf{r} - \mathbf{r}'|} \middle| \phi_p(x)\phi_q(x') \right\rangle \tag{20.59}$$

가 된다.

다음 단계는 이들 Hamiltonian에 작용할 생성 연산자와 소멸 연산자를 시뮬레이션 할 양자 게이트들의 집합을 구성하는 일이다. 큐비트는 종종 물리적으로 스핀 $\frac{1}{2}$의 전자나 핵으로 표현된다. 스핀 up 상태는 $|1\rangle$이나(또는 $|1/2\rangle$) 스핀 down은 $|-1\rangle$(또는 $|-1/2\rangle$)로 표현된다. 이와 비슷한 큐비트는 각각 $|0\rangle$과 $|1\rangle$로 표현된다. Pauli-스핀 표현법으로는 상승과 하강 연산자는 다음과 같이 정의된다.

$$\sigma^{\pm} = \frac{1}{2}\left(\sigma_x \pm i\sigma_y\right) \tag{20.60}$$

그리고 이를 다음 상태에 적용하면,

$$\sigma^+|-1\rangle = |1\rangle, \qquad \sigma^+|1\rangle = 0, \qquad \sigma^-|1\rangle = |-1\rangle, \qquad \sigma^-|-1\rangle = 0 \tag{20.61}$$

이들 관계식들을 이용하면 이와 비슷한 다음의 양자 게이트가 나온다.

$$Q_k^\dagger = \frac{1}{2}\Big(X_k + iY_k\Big), \qquad Q_k = \frac{1}{2}\Big(X_k - iY_k\Big) \tag{20.62}$$

이들을 다음 상태들에 적용하면,

$$Q_k^\dagger|1_k\rangle = |0_k\rangle, \qquad Q_k^\dagger|0_k\rangle = 0, \qquad Q_k|0_k\rangle = |1_k\rangle, \qquad Q_k|1_k\rangle = 0 \tag{20.63}$$

똑같은 큐비트에 Pauli 게이트를 포함하는 곱의 관계식을 살펴보면:

$$\begin{gathered} X^2 = Y^2 = Z^2 = I, \;\; XY = -YX = iZ, \;\; YZ = -ZY = iX, \\ ZX = -XZ = iY, \;\; QZ = -ZQ = Q, \;\;\; Q^\dagger Z = -ZQ^\dagger = -Q^\dagger \end{gathered} \tag{20.64}$$

생성/소멸 연산자와 Pauli 게이트 사이의 대응은 1-큐비트에서는 잘 맞지만, 다중 큐비트에 적용하면 문제가 생긴다: 즉 다른 스핀들에 연산자를 적용하면 교환되나, 다중-페르미온 상태에서는 적당한 반대 교환 관계식들을 만족할 필요가 있다. 이는 *Jordan–Wigner* 변환으로 해결될 수 있다. 기본적으로 이 변환을 통해 식 (20.54)과 (20.55)의 $(-1)^\delta$ 인자처럼 적당한 부호를 결정한다. 다음 Pauli-Z 게이트의 작용을 살펴보자.

$$Z_k|0_k\rangle = +|0_k\rangle, \qquad Z_k|1_k\rangle = -|1_k\rangle \tag{20.65}$$

이는 생성 연산자 ${a_k}^\dagger$에 대응하는 양자 게이트 ${A_k}^\dagger$를 암시한다:

$${A_k}^\dagger = \otimes_{j=1}^{k-1} Z_j \otimes Q_k^\dagger \otimes_{j=k+1}^{D} I_j \tag{20.66}$$

비슷하게

$$A_k = \otimes_{j=1}^{k-1} Z_j \otimes Q_k \otimes_{j=k+1}^{D} I_j \tag{20.67}$$

가 성립한다. 게이트 ${A_k}^\dagger$와 A_k는 이들의 작용이 Fock 상태의 다른 큐비트에 영향을 받으므로 *지역적이지 않다*. 예를 들면, $D = 4$, $k = 3$인 경우 다음 식처럼 된다.

$${A_3}^\dagger = Z_1 \otimes Z_2 \otimes Q_3^\dagger \otimes I_4, \qquad A_3 = Z_1 \otimes Z_2 \otimes Q_3 \otimes I_4 \tag{20.68}$$

다음으로, 분자 Hamiltonian의 부분을 나타내는 양자-컴퓨터 회로를 어떻게 구성하는지 보이고자 한다. Hamiltonian 식 (20.57)의 1-입자 합에서 대각선 항의 연산자는 수 연산자를 나타내는 ${a_k}^\dagger a_k = N_k$를 만든다. 대응하는 Jordan–Wigner 연산자는 다음과 같이 주어진다.

$$A_k{}^\dagger A_k = \left(\otimes_{j=1}^{k-1} Z_j \otimes Q_k^\dagger \otimes_{j=k+1}^{D} I_j\right)\left(\otimes_{j=1}^{k-1} Z_j \otimes Q_k \otimes_{j=k+1}^{D} I_j\right) = Q_k^\dagger Q_k = \frac{1}{2}\left(X_k + iY_k\right)\frac{1}{2}\left(X_k - iY_k\right) = \frac{1}{4}\left(2I_k - i\left[X_k, Y_k\right]\right) = \frac{1}{2}\left(I_k + Z_k\right) \tag{20.69}$$

여기서 $Z_j^2 = I_j$, $X_k^2 = Y_k^2 = I_k$가 성립하고, $[X_k, Y_k] = 2iZ_k$도 성립한다.

1-입자 합의 비대각선 성분, 예를 들면 $a_j{}^\dagger a_k$에 대해서는 $j, k = 2, 3$의 경우를 생각해보자:

$$A_3{}^\dagger A_2 = \left(Z_1 \otimes Z_2 \otimes Q_3^\dagger \otimes I_4\right)\left(Z_1 \otimes Q_2 \otimes I_3 \otimes I_4\right) = Z_1^2 \otimes Z_2 Q_2 \otimes Q_3^\dagger I_3 \otimes I_4 = -I_1 \otimes Q_2 \otimes Q_3^\dagger \otimes I_4 \tag{20.70}$$

반면에

$$A_2{}^\dagger A_3 = \left(Z_1 \otimes Q_2^\dagger \otimes I_3 \otimes I_4\right)\left(Z_1 \otimes Z_2 \otimes Q_3 \otimes I_4\right) = Z_1^2 \otimes Q_2^\dagger Z_2 \otimes I_3 Q_3 \otimes I_4 = -I_1 \otimes Q_2^\dagger \otimes Q_3 \otimes I_4 \tag{20.71}$$

가 된다. 따라서

$$A_2{}^\dagger A_3 + A_3{}^\dagger A_2 = -I_1 \otimes \left(Q_2^\dagger \otimes Q_3 + Q_2 \otimes Q_3^\dagger\right) \otimes I_4 = -\frac{1}{2} I_1 \otimes \left(X_2 \otimes X_3 + Y_2 \otimes Y_3\right) \otimes I_4 \tag{20.72}$$

가 성립한다. 첨자 j, k가 연속적이지 않다면, 이들 사이에 있는 첨자 m은 j와 k 요소(factor) 사이에 있는 Z_m 요소를 의미한다. 따라서

$$\begin{aligned} A_1{}^\dagger A_3 + A_3{}^\dagger A_1 &= -\frac{1}{2}\left(X_1 \otimes Z_2 \otimes X_3 + Y_1 \otimes Z_2 \otimes Y_3\right) \otimes I_4, \\ A_1{}^\dagger A_4 + A_4{}^\dagger A_1 &= -\frac{1}{2}\left(X_1 \otimes Z_2 \otimes Z_3 \otimes X_4 + Y_1 \otimes Z_2 \otimes Z_3 \otimes Y_4\right) \end{aligned} \tag{20.73}$$

등이 성립한다.

Hamiltonian 식 (20.57)에서 2-입자 항에 대해서도 비슷하게 진행하면 식 (20.66)과 식 (20.67)을 사용하여 $A_j{}^\dagger A_k{}^\dagger A_p A_q$ 형태의 곱을 계산할 필요가 있다. 2-전자의 쿨롱(Coulomb) 항과 교환(exchange) 항을 더하면, 다음 결과가 된다.

$$A_j{}^\dagger A_k{}^\dagger A_j A_k - A_j{}^\dagger A_k{}^\dagger A_k A_j = \frac{1}{2}\left(I_j + Z_j\right) \otimes \left(I_k + Z_k\right) \tag{20.74}$$

$j \neq k \neq p \neq q$인 경우에는

$$A_j^{\dagger}A_k^{\dagger}A_pA_q + A_q^{\dagger}A_p^{\dagger}A_kA_j =$$
$$-\frac{1}{2}\Big(X_j \otimes X_k \otimes X_p \otimes X_q - X_p \otimes X_q \otimes Y_j \otimes Y_k$$
$$+X_k \otimes X_q \otimes Y_j \otimes Y_p + X_j \otimes X_q \otimes Y_k \otimes Y_p + X_k \otimes X_p \otimes Y_j \otimes Y_q$$
$$+X_j \otimes X_p \otimes Y_k \otimes Y_q - X_j \otimes X_k \otimes Y_p \otimes Y_q + Y_j \otimes Y_k \otimes Y_p \otimes Y_q\Big) \quad \textbf{(20.75)}$$

가 된다.

20.8 양자 계의 시간 전개

우리가 소개하려는 양자 컴퓨터 프로그램의 주된 목표는 에너지 고유값을 정확히 계산하는 것이다. 계산하는 것은 대부분 바닥 상태의 에너지이다. 이 방법은 양자 계의 시간 전개에 의하면 계의 고유값은 계의 고유 상태들의 Fourier 중첩의 형태로 표현된다는 사실을 반영하는 것이다. 임의의 양자 상태 $\Psi(x_1, x_2, \ldots, x_N, t)$(간략히 $\Psi(x, t)$)에 대한 시간의존 Schrödinger 방정식에서 시작하자:

$$i\frac{\partial \Psi(x,t)}{\partial t} = H\Psi(x,t) \quad \textbf{(20.76)}$$

초기 상태가 $\Psi(x, 0)$라면, 이 방정식의 해는 다음과 같이 쓸 수 있다.

$$\Psi(x,t) = e^{-iHt}\Psi(x,0) \quad \textbf{(20.77)}$$

여기서 *전개 연산자* 혹은 *전파 인자*인 지수함수는 다음과 같이 멱급수 형태로 표현된다.

$$e^{-iHt} = \sum_{n=0}^{\infty}\frac{(-iHt)^n}{n!} = 1 + (-it)H + \frac{(-it)^2}{2!}H^2 + \frac{(-it)^3}{3!}H^3 + \ldots \quad \textbf{(20.78)}$$

초기 상태 $\Psi(x, 0)$는 다음과 같이 Hamiltonian H의 고유 상태들의 중첩으로 표현된다.

$$\Psi(x,0) = \sum_m c_m\psi_m(x) = c_0\psi_0(x) + c_1\psi_1(x) + c_2\psi_2(x) + \cdots + \text{연속} \quad \textbf{(20.79)}$$

여기서 $H\psi_m(x) = E_m\psi_m(x) = \omega_m\psi_m(x)$가 성립한다. 에너지는 진동수 단위 $E_m = \hbar\omega_m = \omega_m$로 표현하는 것이 유용하다. 바닥 상태는 m이 0인 상태이다. 여기에 전개 연산자를 적용하면,

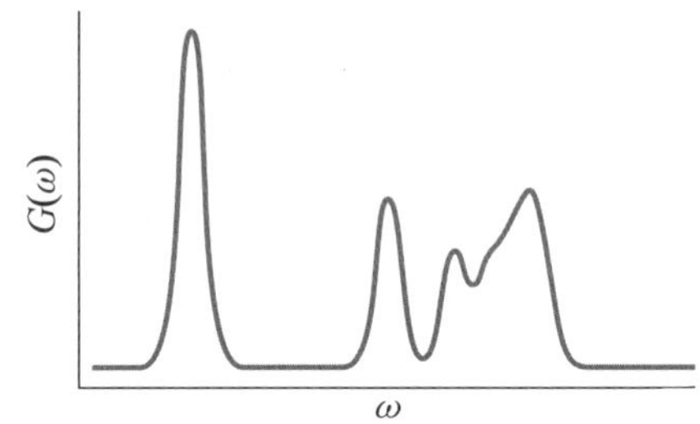

그림 20.18 양자 계산으로 계산된 스펙트럼의 시뮬레이션.

$$\Psi(x,t) = e^{-iHt}\Psi(x,0) = \sum_m c_m e^{-i\,\omega_m t}\psi_m(x) =$$
$$c_0 e^{-i\,\omega_0 t}\psi_0(x) + c_1 e^{-i\,\omega_1 t}\psi_1(x) + \cdots + \text{연속} \quad \textbf{(20.80)}$$

$\Psi(x, t)$와 $\Psi(x, 0)$의 스칼라 곱은 *자체상관*(autocorrelation function) 함수의 한 예가 된다:

$$F(t) = \langle\Psi(x,0)|\Psi(x,t)\rangle = \langle\Psi(x,0)|e^{-iHt}|\Psi(x,0)\rangle =$$
$$\sum_m |c_m|^2 e^{-i\,\omega_m t} = |c_0|^2 e^{-i\,\omega_0 t} + \ldots \quad \textbf{(20.81)}$$

자체상관 함수의 Fourier 변환은 에너지 고유값의 스펙트럼이 된다. 즉,

$$G(\omega) = \frac{1}{2\pi}\sum_m |c_m|^2\delta(\omega - \omega_m) + \text{연속} \quad \textbf{(20.82)}$$

실제로 $G(\omega)$의 최대값은 근사와 부정확성 때문에 그림 20.18에 나타낸 스펙트럼처럼 유한할 것이다.

이 장에서 추구했던 목적은 하나의 분자 계의 양자화된 에너지 준위 계산이다. 이는 시간 전개 연산자 e^{-iHt}에 의해 얻은 계의 동역학을 시뮬레이션하면 된다. 이것을 양자 컴퓨터상에서 구현하기 위해 이러한 지수함수적 변환이 실행되는 한 개 또는 두 개의 큐비트 게이트로 구성된 게이트 구성체를 만들어야 한다. 에너지 고유값들에 대한 근사는 큐비트 상태의 위상에서 이루어지는데 이는 위상-추정 알고리즘을 사용하여 정해진다.

20.9 Trotter 전개

시간 전개 연산자 e^{-iHt}는 분자 Hamiltonian의 두 번째 양자화 표현을 지수화하면 만들어진다. 그러나 Hamiltonian 항들 $H = h_1 + h_2 + \ldots$은 일반적으로 서로 교환하지 않는다. 따라서 비교환적인 지수적 연산자에 대한 근사적인 전개가 필요하다.

여기서 지수형 연산자 $e^{(A+B)t}$를 생각해보자. 연산자 A, B는 일반적으로 서로 교환되지 않는다.[1] 시간 간격 t가 $\Delta t = t/n$으로 나눠진다면 *Lie-Trotter product* 공식에 의해 다음 식이 성립한다.[2]

$$e^{(A+B)t} = \lim_{\Delta t \to 0} \left(e^{A\Delta t} e^{B\Delta t} \right)^n \tag{20.83}$$

유한한 n에 대해서는 다음과 같이 근사적으로 쓸 수 있다.

$$e^{(A+B)t} \approx \left(e^{A\Delta t} e^{B\Delta t} \right)^n + O(\Delta t^{n+1}) \tag{20.84}$$

오른쪽을 정리하면 다음과 같이 된다.

$$\begin{aligned} &\left(e^{A\Delta t/2} e^{B\Delta t/2} e^{A\Delta t/2} e^{B\Delta t/2} \right)^n = \left(e^{A\Delta t/2} e^{B\Delta t} e^{A\Delta t/2} \right)^n \text{ 또는} \\ &\left(e^{B\Delta t/2} e^{A\Delta t} e^{B\Delta t/2} \right)^n \end{aligned} \tag{20.85}$$

이는 1부터 10까지 어떤 수에 대한 지수형 연산자를 Trotter 근사에서 사용할 때 일반적으로 이용된다. 여기서 전파인자 e^{-iHt}는 중요한 Fourier 주파수를 원하는 수준의 정밀도로 기술하기 위해 충분히 오랫동안 적용되어야 한다.

식 (20.10)에 있는 것처럼 Pauli 행렬을 포함하는 지수형 연산자는 간단한 형태로 표현할 수 있다.

20.10 분자 구조의 시뮬레이션

Jordan-Wigner 변환과 Trotter 분할(decomposition)을 적용하면 양자 컴퓨터에 여러 페르미온으로 구성된 Hamiltonian 계의 에너지 준위들을 계산하는 것이 가능해진다. 원리적으로 양자 계의 에너지 준위들은 연산자 $U = e^{-iHt}$를 적용하여 시간 전개에 따른 변화를 시뮬레이션하면 구할 수 있다. 이는 큐비트 세트(set)에서 시간 전개를 구현하는 1-큐비트 및 2-큐비트 게이트 세트를 사용하여 양자 컴퓨터에서 수행될 수 있다. Aspuru-Guzik와 그의 동료들은 최근 전체 배열 상호작용(full configuration interaction, FCI) 계산을 위해 귀납적 양자 위상 추정 알고리즘을 이용하여 분자 계의 에너지 준위를 계산할 수 있는 양자 회로를 만들었다.

---

[1] Baker-Hausdorff 공식 $e^{(A+B)t} = e^{At}e^{Bt}e^{-\frac{1}{2}[A,\,B]t^2} + O(t^3)$.

[2] 간단한 증명:

$$e^{(A+B)t} = \lim_{n\to\infty} \left(1 + \frac{(A+B)t}{n}\right)^n = \lim_{n\to\infty} \left(1 + \frac{At}{n}\right)^n \left(1 + \frac{Bt}{n}\right)^n = \lim_{n\to\infty} \left(e^{At/n}\right)^n \left(e^{Bt/n}\right)^n$$

간단한 예를 들어 그 방법을 전개해 보자. 단일 입자의 Hamiltonian을 식 (20.69)의 Jordan-Wigner 변환을 하면 아래와 같은 형태를 갖는다.

$$H = ha^\dagger a \to hA^\dagger A = \frac{h}{2}(I + Z) \qquad \textbf{(20.86)}$$

Hamiltonian이 이것뿐이라면 시간 전개 연산자는 다음과 같이 주어질 것이다.

$$U = e^{-i\frac{h}{2}(I+Z)t} = e^{-iht/2}e^{-ihtZ/2} \qquad \textbf{(20.87)}$$

*I*와 *Z*는 교환 가능하므로 지수형 연산자는 여기서 두 지수형으로 분리하였다. 두 번째 지수형 연산자는 "회전된" Pauli 연산자의 형태 (20.10)이다. 따라서 두 번째는 다음과 같이 표현된다.

$$e^{-ihZt/2} = \cos\left(\frac{ht}{2}\right) I - i\sin\left(\frac{ht}{2}\right) Z = \begin{pmatrix} e^{-iht/2} & 0 \\ 0 & e^{iht/2} \end{pmatrix} \qquad \textbf{(20.88)}$$

및

$$U = \begin{pmatrix} e^{-iht} & 0 \\ 0 & 1 \end{pmatrix} \qquad \textbf{(20.89)}$$

초기 상태를 $\Psi(0) = \begin{pmatrix} 1 \\ 0 \end{pmatrix}$로 잡으면, 자기상관 함수는 다음 식으로 주어진다.

$$F(t) = \Psi^\dagger(0)U(t)\Psi(0) = e^{-iht} \qquad \textbf{(20.90)}$$

이는 계의 단일 고유값이 $E_0 = h$임을 암시한다.[3]

다음으로 스핀 오비탈 1과 2에 대한 Coulomb 적분과 교환 적분을 나타내는 Hamiltonian에 2-입자 기여를 고려해보자. 식 (20.74)를 사용하면 다음 식을 얻을 수 있다.

$$v(a_1{}^\dagger a_2{}^\dagger a_2 a_1 - a_1{}^\dagger a_2{}^\dagger a_1 a_2) \to v(A_1{}^\dagger A_2{}^\dagger A_2 A_1 - A_1{}^\dagger A_2{}^\dagger A_1 A_2) = \frac{v}{2}(I + Z) \otimes (I + Z) \qquad \textbf{(20.91)}$$

이 Hamiltonian에 대응되는 전파인자(propagator)는 다음과 같이 주어진다.

---

[3] 이것을 조화 진동자에 적용하면 $H = a^\dagger a + \frac{1}{2}$로부터 $E_0 = \frac{1}{2}$가 고유값이라는 것을 알 수 있다.

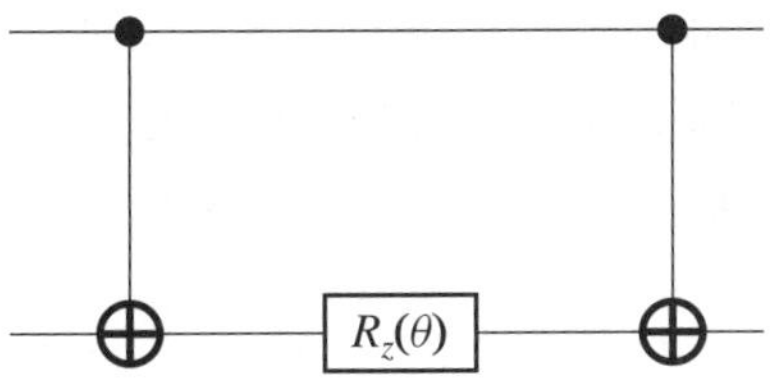

그림 20.19 2-입자 항에 대한 게이트.

$$U_{12} = e^{-i\frac{vt}{2}(I+Z)\otimes(I+Z)} \qquad \textbf{(20.92)}$$

$\exp\left(-i\frac{\theta}{2}Z\otimes Z\right)$ 형태의 연산을 할 수 있는 유니테리 게이트는 그림 20.19에 나타내었다. 먼저 CNOT 게이트는 두 큐비트를 얽게 한다. 그러면 $R_z(\theta) = e^{-i\frac{\theta}{2}Z}$ 회전 연산이 적용된 후 두 번째 CNOT 게이트가 적용된다.

Hamiltonian에 두 개의 단일 입자 항과 하나의 상호작용 항을 가지고 있는 단순화된 두 전자 계, 즉 헬륨 원자 또는 수소 분자에 적용할 수 있는 회로를 아주 단순화시켜 그림 20.20에 나타내었다. 필요한 최소 기본 큐비트들은 $|\phi_1\rangle$, $|\phi_2\rangle$로 표시하였다. 입력 매개변수들은 $h_{11} = h_{22} = h$와 $v_{1221} = v$이다. 게이트 $T(\theta)$는 유니테리 행렬 $\begin{pmatrix}1 & 0\\ 0 & e^{-i\theta}\end{pmatrix}$로 나타낸다. PEA는 그림 20.17에서 완벽하게 보여주었던 위상 평가 알고리즘(phase-estimation algorithm)에 대한 게이트를 나타낸다.

요약하자면, 양자 컴퓨터 회로에 의해 원자나 분자 계의 시뮬레이션에 대한 일반적인 절차는 다음과 같다: (1) 계의 Hamiltonian을 기존 컴퓨터 계산방법을 통해 수행된 일련의 분자 적분과 연계시키고 Jordan-Wigner 변환을 사용하여 Pauli 연산자들의 곱의 합으로 표현한다. (2) 이들 연산자는 각각 유니테리 게이트로 변환되는데, 이는 양자 컴퓨터에서 연산자는 연속적 수행은 근사적으로 Trotter 분할을 적용하여 수행한 전파인자 e^{-iHt}의 작용과 같다. (3) 시간 전파 영역(domain)의 양자 Fourier 변환에 의해 얻어진 고유 상태의 고유값을 근사적으로 알기 위하여 위상 평가 알고

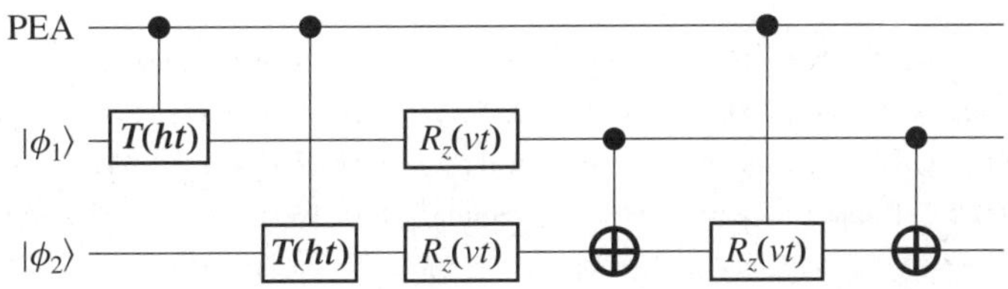

그림 20.20 2-입자 Hamiltonian에 대한 간단한 회로.

리즘을 적용한다. 그리고 이 결과를 더 좋은 근사값을 얻기 위한 입력값으로 대입하며, 계속해서 이 과정을 반복한다. 이러한 연산을 수행하는 양자 회로에 대한 자세한 사항은 최근 참고 문헌들에 자세히 기술되어 있다.[4]

[4] A. Aspuru-Guzik, A. Dutoi, P. Love and M. Head-Gordon, Simulated Quantum Computation of Molecular Energies, *Science*, **309**, 1704 (2005); J. D. Whitfield, J. Biamonte and A. Aspuru-Guzik, Simulation of electronic structure Hamiltonians using quantum computers, *Molecular Physics*, **109**, 735-750 (2011); I. Kassal, J. D. Whitfield, A. Perdomo-Ortiz, M.-H. Yung and A. Aspuru-Guzik, Simulating Chemistry Using Quantum Computers, *Ann. Rev. Phys. Chem.*, **62**, 185-207 (2011); P. J. J. O'Malley, et al., Scalable Quantum Simulation of Molecular Energies, *Physical Review X*, **6**, 031007 (2016).

참고 문헌

Suggested references

Atkins, P. W. and de Paula, J. (2014). Physical Chemistry, 12th Edition, Oxford University Press. The best-selling physical chemistry text worldwide. A solid alternative reference for all topics covered in this book.

House, J. E. (2003). Fundamentals of Quantum Chemistry, Elsevier Science & Technology, Amsterdam/New York. A companion volume in the Complementary Science Series. Greater emphasis on numerical problems and worked-out examples than this book.

Claf, A. A. (1957). Calculus Refresher, Dover, New York. A quick tune-up for students whose calculus has become rusty.

Blinder, S. M. (2013). Guide to Essential Math, 2nd Edition, Elsevier, Amsterdam. The author's review of the more advanced mathematical requisites for students in chemistry, physics and engineering.

Orear, J. (1979). Physics, Macmillan, New York. Contains all the background in general and modern physics needed for quantum mechanics on the level of this book.

Feynman, R. P., Leighton, R. B. and Sands, M. L. (1963). Feynman Lectures on Physics, Vols. I, II, III, Addison-Wesley, Reading, MA. Especially Vol. III on quantum mechanics. Feynman's unique masterly presentation of the fundamentals of physics. Great reading whenever you are so inclined. Limited overlap with our subject matter but worth skimming for Feynman's quotable pearls of wisdom on physics.

Atkins, P. W. (1989). General Chemistry, Freeman (Scientific American Books), San Francisco. Chapters 7-9 deal with the structure of atoms and molecules.

Porile, N. T. (1993). Modern University Chemistry, 2nd ed. McGraw-Hill, NewYork. A high-level general chemistry text. Chapter 5 contains a very accessible introduction to quantum theory.

Herzberg, G. (1944). Atomic Spectra and Atomic Structure, Dover, New York. A concise introduction to quantum theory and atomic structure.

Atkins, P. W. (1997). The Periodic Kingdom: A Journey into the Land of the Chemical Elements, Basic Books, New York. A metaphorical description of the periodic table of chemical elements. Appropriate for any level of scientific background.

Companion, A. L. (1979). Chemical Bonding, McGraw-Hill, New York. A chaing little volume covering chemical bonds on an elementary level.

Pauling, L. (1960). The Nature of the Chemical Bond, Cornell University Press, Ithaca, NY. Another science classic by one of the original heroes of quantum chemistry. Heavily slanted towards Pauling's views on resonance and valence-bond theory.

Coulson, C. A. (1961). Valence, Oxford University Press, London. Somewhat dated but a classic introduction to quantum theory of chemical bonding.

McWeeny, R. (1979). Coulson's Valence, 3rd ed., Oxford University Press, London. An update of Coulson's classic, seeking to preserve the flavour of the original.

Pauling, L. and Wilson, E. B. (1935). Introduction to Quantum Mechanics, McGraw-Hill, New York. Has long been the definitive exposition of quantum mechanics for chemists. Solutions of Schrödinger equation for haonic oscillator and hydrogen atom are worked out with step-by-step, giving all mathematical details. Now available as a Dover reprint.

Dirac, P. A. M. (1948). The Principles of Quantum Mechanics, 3rd ed., Clarendon Press, Oxford. A scientific classic by one of the creators of quantum mechanics. Advanced level, but even beginners can enjoy the elegance of Dirac's presentation.

Blinder, S. M. (1974). Foundations of Quantum Dynamics, Academic Press, London. The author's earlier monograph on the fundamental principles of time-dependent quantum mechanics, including transitions and time-dependent perturbation theory.

Levine, I. N. (2014). Quantum Chemistry, 7th Edition, Pearson Education, London. A longtime favorite text for undergraduate and graduate courses in quantum chemistry.

Levine, I. N. (1975). Molecular Spectroscopy, Wiley, New York. Originally a companion volume to the above. Detailed coverage of quantum-mechanical foundations of spectroscopy.

Ballhausen, C. J and Gray, H. B (1965). Molecular Orbital Theory, Benjamin, New York. Contains a detailed account of crystal and ligand field theories for transition metal ions.

Koch, W. and Holthausen, M. C. (2001). A Chemist's Guide to Density-Functional Theory, 2nd ed., Wiley-VCH, Weinheim. An up-to-date account of density-functional theory and applications.

Parr, R. G. and Yang W. (1989). Density-Functional Theory of Atoms and Molecules, Oxford University Press, New Yorkand Oxford.

Cotton, F. A. (1990). Chemical Applications of Group Theory, Wiley, New York. The standard reference on group theory for chemists.

Derome, A. E. (1987). Modern NMR Techniques for Chemistry Research, Pergamon, New York. A practical introduction for chemists using NMR.

Stryer, L. (1989). Molecular Design of Life, Freeman, New York. A lucid introduction to the chemical and physical basis of molecular biology.

Herbert, N. (1985). Quantum Reality: Beyond the New Physics, Doubleday, Garden City, NY. A patient exposition dealing with the "weirdness" of quantum mechanics.

Gribbin, J. (1996). Schrödinger's Kittens and the Search for Reality, Little, Brown & Co., Boston, MA. A stimulating nontechnical account of the perplexing paradoxes of quantum theory.

Aczel, A. D. (2001). Entanglement: The Greatest Mystery in Physics, Four Walls Eight Windows, New York. A popular account of recent developments on the wonders of the quantum world.

Johnson, G. (2003). A Shortcut Through Time: The Path to the Quantum Computer, Knopf, New York. An engaging popular-level introduction to the possibilities of quantum computation.

Karplus, M. and Porter, R. N. (1970). Atoms and Molecules: An Introduction for Students of Physical Chemistry, Benjamin, New York. Valuable for computational details on atomic and molecular orbitals and several key topics in quantum chemistry.

McQuarrie, D. A. (1983). Quantum Chemistry, University Science Books, Mill Valley, CA. A student-friendly introduction to the subject.

Ratner, M. A. and Schatz, G. C. (2001). Introduction to Quantum Mechanics in Chemistry, Prentice-Hall, Upper Saddle River, NJ. A recent quantum chemistry text for both undergraduate and graduate students. Keyed to approximately the same level as this book.

Fitts, D. D. (1999). Principles of Quantum Mechanics as Applied to Chemistry and Chemical Physics, Cambridge University Press, Cambridge, UK. Another alternative, as above.

Nielsen, M. A. and Chuang, I. L. (2010). Quantum Computation and Quantum Infomation, 10th Anniversary Edition, Cambridge University Press, Cambridge, UK. The definitive reference on this subject.

Fano, G. and Blinder, S. M. (2017). Twenty-First Century Quantum Mechanics: Hilbert Space to Quantum Computers, Springer International Publishing, New York. Mathematical methods and conceptual foundations of quantum mechanics from a modern point of view.

Blinder, S. M. and House, J. E., Editors (2018). Mathematical Physics in Theoretical Chemistry, Elsevier Science Publishing, Amsterdam. A collection of fairly advanced articles on various mathematical methods applied to theoretical chemistry.

McQuarrie, D. A. (1973). Statistical Theodynamics, Harper and Row, New York. The standard reference on the subject.

찾아보기

Index

ㅈ

ㅊ

옮긴이 소개

이 종 백 • 전남대학교 화학교육과
임 인 택 • 전남대학교 물리교육과
고 경 철 • 전남대학교 화학교육과

제2판
양자화학 입문

▌2022년 2월 25일 2판 1쇄 발행

▌지은이 S. M. Blinder
▌옮긴이 이종백 · 임인택 · 고경철
▌발행인 박 종 성
▌발행처 사이플러스 Science plus
▌우 04003 / 서울특별시 마포구 잔다리로 101
▌전화 02_332_6171 / 팩스 02_332_6185
▌등록 2005.10.20. 제2005-000222호

▌ISBN 979-11-88731-28-2 93430 값 29,000원

연습 문제의 해답은 사이플러스 홈페이지(www.sciplus.co.kr) 고객 센터에서 다운로드받을 수 있습니다.